Organisationsentwicklung in der Praxis
Herausgegeben von PD Dr. Friedrich Glasl

Band 2

Haupt
Freies Geistesleben

Friedrich Glasl

Konflikt-management

Ein Handbuch für Führungskräfte, Beraterinnen und Berater

8., aktualisierte und ergänzte Auflage

Haupt Verlag Bern · Stuttgart · Wien
Verlag Freies Geistesleben Stuttgart

Der Autor dieses Werkes, PD Dr. *Friedrich Glasl,*
ist erreichbar über die Trigon-Internetseite: *www.trigon.at*
oder via E-Mail: *friedrich.glasl@trigon.at*

1. Auflage 1980
2. Auflage 1990
3. Auflage 1992
4. Auflage 1993
5. Auflage 1997
6. Auflage 1999
7. Auflage 2002

Bibliografische Information der *Deutschen Bibliothek*

Die Deutsche Bibliothek verzeichnet diese Publikation in der Deutschen Nationalbibliografie;
detaillierte bibliografische Angaben sind im Internet über http://dnb.ddb.de abrufbar.

ISBN 978-3-258-06719-3 (Haupt)
ISBN 978-3-7725-0954-4 (Freies Geistesleben)

Gestaltung: René Tschirren

Dieses Papier ist umweltverträglich, weil chlorfrei hergestellt

www.haupt.ch
www.geistesleben.de

Inhaltsverzeichnis

Anhang

Einführung

1. Sozialer Konflikt und Konfliktlösung im Sozialen

Dieses Buch befasst sich mit Konflikten in Organisationen und hat ein zweifaches Ziel: Zum ersten will es Hilfen zum Erkennen und Verstehen von Konflikten bieten, zum zweiten soll es bei der konstruktiven Bewältigung sozialer Konflikte theoretische und praktische Anregungen bieten. Das Buch wendet sich in erster Linie an professionelle Helfer, Vermittler und Mediatorinnen, Beraterinnen und Trainer, darüber hinaus aber auch an Führungskräfte, Personalvertreter, Politiker und andere Personen, die sich in ihrem Beruf mit Reibungen, Spannungen und Konflikten aktiv auseinandersetzen müssen. Weil Gegensätze, Reibungen, Spannungen und Konflikte zu den alltäglichen Erscheinungen unseres Arbeitslebens gehören, muss heute von diesen Personen verlangt werden, dass sie mit Konflikten fachkundig und konstruktiv umgehen können.

1.1 Inflation des Konfliktbegriffes

Seit den späten Sechzigerjahren des vorigen Jahrhunderts hat das Interesse für soziale Konflikte in der Gesellschaft und in Organisationen stark zugenommen. In vielen grossen und kleinen Spannungen drückt sich aus, dass wir uns mitten in tiefergreifenden Umwälzungen befinden. Für die heutigen Probleme – man denke dabei an die weltweiten ökologischen Missstände, an weltwirtschaftliche Fragen, an die ungleiche Verteilung des Wohlstandes zwischen der nördlichen und der südlichen Halbkugel unseres Globus! – sind die Lösungskonzepte unserer Elterngeneration absolut nicht mehr ausreichend. Das einseitig technokratische Denken der Nachkriegsjahre hat ja gerade die Probleme heraufbeschworen, mit denen wir jetzt ringen. Die Vertreter der bekannten «New-Age-Bewegung» behaupten deshalb, dass wir an der Schwelle zu einem völlig neuen Zeitalter leben, in dem sich unser Denken, Fühlen, Wollen und Handeln revolutionieren muss, wenn wir als Menschheit nicht in den Abgrund schlittern wollen. Darum prallen neue Denkweisen auf alte Denkgewohnheiten, und neue Visionen für die Gestaltung unseres Zusammenlebens stossen auf den Widerstand gefestigter Interessen und deren Konzepte. Das makro-soziale Feld befindet sich in heftiger Turbulenz!

Alles was sich im kulturell-geistigen Bereich, im politisch-sozialen System und im volks- und weltwirtschaftlichen Umfeld der Organisationen abspielt, übt seine Wirkungen auf das Innenleben der Organisationen aus. Gegensätze und Spannungen werden auf diesem Wege vielfach «importiert». Sie zeigen sich vielleicht als innerbetriebliche Störungen, obschon ihre Wurzeln in gesellschaftlichen Faktoren zu suchen sind.

Aber auch das Umgekehrte ist der Fall: Konflikte werden aus dem Innenleben der Organisationen in das Umfeld exportiert. In einer psychiatrischen Klinik (beschrieben von E. Drukker/J. Hendriks 1981) wuchsen sich die Spannungen zwischen einigen Direktionsmitgliedern zu Konflikten in der ganzen Organisation aus, die über die Gesundheitsbehörden schliesslich auch auf das niederländische Parlament übergriffen und dort zu einer Regierungskrise führten. Oder: In einem grossen Chemieunternehmen führte die Uneinigkeit der Unternehmensleitung bezüglich Sicherheitsmassnahmen zu einer Katastrophe, die langfristig grossen volkswirtschaftlichen Schaden verursachte und dadurch im Lande die politischen Gegensätze vertiefte.

Wir kennen als Zeitgenossen diese Zustände. Aber es taucht dabei sofort eine Gefahr auf: Die Zunahme der Gegensätze und Spannungen hat zu einer bedenklichen Inflation des Konfliktbegriffes geführt! Rundfunk, Fernsehen und Zeitungen stürzen sich auf «attraktive Sensationen» und bezeichnen oft schon jede kleine Meinungsdifferenz oder Auseinandersetzung als Konflikt oder schwere Krise. Durch die Medien der Massenkommunikation werden somit auch relativ harmlose Differenzen zu schweren Kämpfen dramatisiert. In der Regel dient dies wenig einer konstruktiven Bewältigung dieser Probleme. Gewiss: Presse und Funk erfüllen eine wichtige Signal- und Kontrollfunktion. Aber durch eine journalistische Dramatisierung der Spannung kann sich die Auseinandersetzung tatsächlich zu einem viel dramatischeren Geschehen auswachsen. Es wirkt dann der bekannte Mechanismus der «selbstbestätigenden Prognose».

Aus diesem Grunde treten wir für eine differenzierte Verwendung des Begriffes Konflikt ein. Ein zu weiter «Container-Begriff», in den jeder das hineininterpretieren kann, was er möchte, dient nur der Vernebelung oder Polarisierung. Im Umgang mit dem Begriff «Konflikt» zeigt sich ein ähnliches Phänomen wie mit dem Begriff «Macht»: Er wird auf alle möglichen Situationen ausgeweitet und emotioneil überladen – und bewirkt eine Mythologisierung der Situation und eine Phantombildung. Die Betroffenen fühlen sich dadurch in kurzer Zeit machtlos und hilflos. Entweder resignieren sie – oder sie schlagen in blinder Wut um sich und zerstören noch mehr.

1.2 Definition des «sozialen Konfliktes»

Eine Überprüfung der Konfliktdefinitionen in der Literatur zeigt eine grosse Bandbreite des Begriffes. (Dies ist ja bei allen sozialwissenschaftlichen Gegenständen der Fall, weil allgemein akzeptierte Meta-Begriffe noch fehlen.)

Die Definitionen unterscheiden sich durch die Vielfalt der Aspekte sowie durch ihre Weite und Schärfe.

Am breitesten ist wohl die Umschreibung von D. Berlew (1977): «Ein Konflikt ist gegeben, wenn man untereinander eine Uneinigkeit hat.» Dieser Begriff ist aber theoretisch wie praktisch unbrauchbar, denn nach dieser Umschreibung lebt jeder mit jedem im Konflikt, weil es unwahrscheinlich ist, dass wir mit auch nur einem Menschen in jeder Hinsicht Einigkeit besitzen. Auch der Konfliktbegriff von Ralf Dahrendorf (1961) ist so weit und unbestimmt: «Der Begriff des Konflikts soll zunächst jede Beziehung von Elementen bezeichnen, die sich durch objektive (‹latente›) oder subjektive (‹manifeste›) Gegensätzlichkeit bezeichnen lässt.»

Gleichfalls sehr weit definiert L. von Rosenstiel (1980, p. 165): «Ein interindividueller – sogenannter sozialer – Konflikt liegt dann vor, wenn zwischen Konfliktparteien, die jeweils aus zumindest einer Person bestehen, unvereinbare Handlungstendenzen beobachtet werden.» Diese Definition macht Handlungstendenzen, Haltungen und Einstellungen zum Kernpunkt – ohne zu sagen, dass dies für die Parteien als störend oder blockierend erlebt wird.

Viele anglo-amerikanische Autoren betonen in ihren Definitionen Gegensätze zwischen den Zielen bzw. Interessen, welche die Parteien verfolgen. Beispiele dafür sind L. Kriesberg (1973, p. 17): «Social conflict is a relationship between two or more parties who (or whose spokesmen) believe they have incompatible goals.» Ähnlich lauten auch die Umschreibungen von G. Schwarz (1977, pp. 121 f.), von H. Werbik (1976) und E. Billmann (1978): Von Konflikten sprechen Werbik und Billmann dann, «...wenn zwei Parteien (Personen, Gruppen, Institutionen) unvereinbare Ziele verfolgen, so dass eine Partei nur dann ihr Ziel erreichen kann, wenn die andere Partei ihr Ziel nicht erreicht.» Offen bleibt hier jedoch, ob dies eine subjektive Erfahrung oder eine objektive Realität sein muss. Und es ist sehr oft der Fall, dass die Zielerreichung der einen Partei nicht die Zielerreichung der anderen ausschliessen muss.

L. Brown (1983) geht einen Schritt weiter, indem er zu den Interessengegensätzen ausdrücklich auch noch Verhaltensgegensätze nimmt (p. 4): «Conflict is incompatible behavior between parties whose interests differ.» Er folgt somit den Definitionen von L. Pondy (1967), S. Schmidt und T. Kochan (1972), D. Katz und R. Kahn (1978) und anderen. Schmidt und Kochan betonen überdies noch, dass zwischen den Parteien Abhängigkeiten von gemeinsamen Ressourcen und in gegenseitigen Aktivitäten bestehen müssen. Durch die Ressourcenabhängigkeit fallen aber sehr viele Konflikte ausserhalb dieser Definition, die primär um ideelle Streitgegenstände gehen: Ideologie- und Glaubenskämpfe, die bis zur gegenseitigen Ausrottung eskalieren können.

Ken Thomas (1976) kommt nach dem Vergleich vieler gängiger Definitionen zu der folgenden Begriffsumschreibung (p. 891): «Dyadic conflict will be considered to be a process which includes the perceptions, emotions, behaviors, and outcomes of the two parties (...). Conflict is the process which begins when one party perceives that the other has frustrated, or is about to frustrate, some concern of his.» Dyadischer Konflikt steht bei Thomas für sozialen Konflikt. Diese Definition kommt der Wirklichkeit sehr nahe, weil nicht nur gegensätzliche Interessen und Absichten einen Konflikt bedingen, sondern alle seelischen Tätigkeiten dazu beitragen: Perzeptionen, Gefühle, Verhalten. Auch einseitige Sicht der Dinge und einseitige Aktion kann Konflikt bedingen. Es braucht also nicht immer zwei Parteien, die übereinstimmend einen Konflikt erleben und im Handeln austragen. Vor allem bei Konfliktlösungen, die bloss von einer Partei unternommen werden, zeigt sich dies.

Sehr umfassend ist auch die Definition, die Hugo Prein (1982, p. 1) gibt (aus dem Holländischen übersetzt von F. G.): «Wir sprechen von einem sozialen Konflikt, wenn wenigstens zwischen zwei Parteien die Interessen, Ziele, Rollen und/ oder Auffassungen miteinander unvereinbar sind oder scheinen. Ein Konflikt ist erst dann eine psychologische Wirklichkeit, wenn sich wenigstens eine Partei (gleichgültig ob zu recht oder nicht) der Tatsache bewusst ist, dass die andere Partei sie bei der Verwirklichung der Interessen, Ziele, Rollen und/oder Auffassungen frustriert, darüber Gefühle der Feindseligkeit erlebt und auch ihrerseits die Gegenpartei hindert.» Prein betont noch mehr die Möglichkeit bloss einseitiger Konfliktsicht, Interessen, Verhaltensweisen und dergleichen, die doch zu einer sozialen Konfliktsituation führen können.

Viele der bereits genannten Elemente umfasst die Definition von Bruno Rüttinger (1980, p. 22), die besagt:

«Soziale Konflikte sind
- Spannungssituationen,
- in denen zwei oder mehrere Parteien,
- die voneinander abhängig sind,
- mit Nachdruck versuchen,
- scheinbare oder tatsächlich unvereinbare Handlungspläne
- zu verwirklichen und
- sich dabei ihrer Gegnerschaft bewusst sind.»

Rüttinger wird somit der Erfahrungstatsache sehr gerecht, und seine Definition ist mit den bezeichneten Elementen doch scharf gefasst. Er erlaubt es, deutlich von Nicht-Konflikt zu unterscheiden. Ein wichtiger Mangel erscheint uns aber, dass Rüttinger davon ausgeht, dass beide (oder mehrere) Parteien die Situation übereinstimmend als Situation der Gegnerschaft erleben. Dem ist nicht so – und dennoch kommt es zu allen bekannten Konfliktmechanismen, zur Eskalation usw.

Unsere eigene Definition sozialer Konflikte versucht eine Synthese der Konfliktdefinitionen – vor allem von Ken Thomas, Hugo Prein und Bruno Rüttinger – mit einer prägnanten Eingrenzung:

«Sozialer Konflikt ist eine Interaktion
- *zwischen Aktoren (Individuen, Gruppen, Organisationen usw.),*
- *wobei wenigstens ein Aktor*
- *eine Differenz bzw. Unvereinbarkeiten*
  im Wahrnehmen
  und im Denken bzw. Vorstellen
  und im Fühlen
  und im Wollen
- *mit dem anderen Aktor (den anderen Aktoren) in der Art erlebt,*
- *dass beim Verwirklichen dessen,*
  was der Aktor denkt, fühlt oder will eine Beeinträchtigung
- *durch einen anderen Aktor (die anderen Aktoren) erfolge.»*

Dabei kommt es uns vor allem auf das folgende an:
- Es besteht eine Interaktion, also ein aufeinander bezogenes Kommunizieren oder Handeln; es muss nicht immer grobes Gewalthandeln gegeben sein,
- es genügt, dass bloss einer der Aktoren die Unvereinbarkeit als solche erlebt und subjektiv dementsprechend handelt; objektiv lässt sich doch niemals zweifelsfrei feststellen, ob dieses Erleben da ist oder nicht,
- die Unvereinbarkeit kann im Denken/Vorstellen/Wahrnehmen, also bloss auf der kognitiven bzw. perzeptiven Ebene gegeben sein – aber es muss auch noch ein entsprechendes Realisierungshandeln (z. B. verbale Kommunikation) dazu kommen; kein sozialer Konflikt ist dann gegeben, wenn sich bloss unsere Denk- und Vorstellungsinhalte widersprechen – ohne dass es zu irgendwelchen Aktionen kommt (z. B. Überzeugungs- oder Bekehrungsversuche, Brainwashing oder andere mentale Beeinflussungen),
- die Unvereinbarkeit muss auch im Gefühls- bzw. im Willensleben gegeben sein; zu Beginn eines Konfliktes sind vielleicht nur widersprüchliche Begriffe vorhanden, die später auch das Fühlen und Wollen erfassen können,
- wenigstens eine Partei (Aktor) erlebt die Interaktion (ob zurecht oder zu unrecht ist gleichgültig) so, dass sie die Gründe für das Nicht-Verwirklichen der eigenen Gedanken, Gefühle und/oder Intentionen der anderen Partei zuschreibt; es ist dabei unerheblich, ob dies von der Gegenpartei bewusst oder unbewusst, willentlich oder unabsichtlich so geschieht,
- ohne die Realisierung und das Erleben der Beeinträchtigung (Behinderung, Widerstand, Abwehr oder Angriff) seitens immerhin einer Partei kann von einem sozialen Konflikt nicht gesprochen werden. Denn sonst wäre unsere ganze Erdenexistenz per definitionem nur Konflikt, weil wir wahrscheinlich anders perzipieren und denken, anders fühlen und wollen als unsere Mitmenschen,

- selbst wenn nur eine Partei dies subjektiv so erlebt, wird sie sich auch in ihrer Kommunikation mit dem vermeintlichen Gegner und im übrigen Verhalten so benehmen, dass sie die Beeinträchtigung durch den anderen Aktor unwirksam machen will.

1.3 Was ist kein sozialer Konflikt?

Nur solche Interaktionssituationen, in denen die oben genannten Merkmale insgesamt gegeben sind, bezeichnen wir als sozialen Konflikt.

Nun gibt es eine Fülle von Interaktionen, in denen nicht alle dieser Bedingungen gleichermassen erfüllt sind, die für den Konflikt konstituierend sind. Wir nennen sie deshalb gar nicht Konflikt, sondern:

- *Unvereinbarkeiten nur im kognitiven Bereich*
  Ich kann Begriffe anders definieren als mein Kollege – und wir können uns dieser Unterschiede – ohne Feindschaft! – voll bewusst sein. – Ich kann ein Ereignis anders wahrgenommen haben als meine Frau – ohne dass diese Unterschiede oder Gegensätze zum Erleben der Beeinträchtigung führen. – Kognitive Gegensätze können also vielfaltig bestehen. Sie allein brauchen noch nicht zum Konflikt zu führen, sondern sind vielmehr Voraussetzung für Kreativität und Leben. Aus dem Verschieden-Sein werden neue Ideen geboren. Konfliktlösung strebt deshalb nicht eine Beseitigung dieser Gegensätze an, sondern soll die Parteien lehren, mit ihnen konstruktiv umzugehen.
  Wenn wir uns der kognitiven Unvereinbarkeiten bewusst sind, dann sprechen wir von *logischen Widersprüchen, semantischen Unterschieden oder Perzeptionsdifferenzen.*

- *Unvereinbarkeiten nur im Fühlen*
  Mich befriedigt klassische Musik weit mehr als Jazz – für meinen Sohn ist dies umgekehrt. Wir können diese Unterschiede erleben und gegenseitig anerkennen, ohne uns gegenseitig daran zu ärgern. Erst wenn auf Grund dieser Vorliebe der Kampf um den gemeinsamen Plattenspieler beginnt, kann dies zum Konflikt werden: Dann ist das Erleben der Beeinträchtigung in der Realisierung da.
  Die Unvereinbarkeiten in diesem Bereich können wir als *emotionale Gegensätze* oder als *Ambivalenz* (Sympathie und Antipathie gleichzeitig) erleben. Sobald wir uns ihrer bewusst sind und dazu auch unvereinbare Vorstellungen usw. bilden, sprechen wir von einer «*Spannung*».

- *Unvereinbarkeiten im Wollen*
  Blosse Willensunterschiede ohne entsprechendes Umsetzen ins Handeln sind für sich noch kein Konflikt. Wir sprechen hier von «Antagonismen». Sobald sich zu den intentionaten Antagonismen auch Gefühlsgegensätze und unvereinbare Vorstellungen gesellen, entsteht eine «Krise»: Sie kann in Kürze zu feindseligem Verhalten führen.

- *Unvereinbares Verhalten stösst aufeinander*
  Sehr oft ist das Verhalten des einen Aktors unvereinbar mit dem Verhalten des anderen: In einer dichten Menschenmenge stossen wir einander unversehens mit den Ellbögen an, oder wir treten im Lift dem Nebenmann auf die Schuhe. So lange jedoch dieses beeinträchtigende Verhalten nicht auch mit entsprechenden Absichten, Gefühlen und Vorstellungen einhergeht, sprechen wir nur von einem «*Inzident*». Aber auch ein Inzident kann sich zu einer Krise oder zu einem vollen Konflikt auswachsen, wenn z. B. im dichten Verkehr ein Auto das andere berührt und leicht beschädigt und sich dazu Ärger einstellt – und wenn wir überdies auch den Eindruck haben, dass sich der Fahrer des teureren Autos sehr überheblich benimmt ...
  Diese Elemente und Begriffe fassen wir im Schema (Fig. 1.1) zusammen.

	Unvereinbarkeiten erlebt im								
	Wahrnehmen		Denken		Fühlen		Wollen		Handeln
Logischer Widerspruch			x						
Meinungsdifferenz			x						
Missverständnis	x		x						
Fehlperzeption	x								
Semantische Unterschiede			x		x				
Gefühlsgegensätze					x				
Ambivalenz					x				
Antagonismus							x		
Inzident									x
Spannung			x		x				
Krise	x		x		x		x		→ x
Konflikt	x	und	x	und	x	und	x	und	x

Fig. 1.1: Konflikte und Nicht-Konflikte

Unsere Methoden der Konfliktdiagnose und der Konfliktbehandlung sind auf diesen Konfliktbegriff aufgebaut. Wenn bloss ein Missverständnis vorhanden ist, dann genügt eine der beschriebenen Methoden, z. B. der «Perzeptionsklärung», um die Gegensätze aufzulösen. Und falls ein «Inzident» spielt, reicht es aus, wenn wir eine Erklärung über unsere wahren Absichten abgeben: Dies ist das Wesentliche einer «Entschuldigung», d.h., wir anerkennen zwar den Zusammenstoss auf der

Verhaltensebene, geben jedoch zu verstehen, dass dies nicht absichtlich geschehen ist und bei uns auch nichts mit negativen Gefühlen zu tun hat.

In den Kapiteln über die Eskalationsdynamik werden wir noch beschreiben, wie eine Meinungsdifferenz, eine Spannung oder ein Antagonismus zu einem tiefen Konflikt eskalieren kann, der die ganze Person in ihren Bann zieht. Aber bei frühzeitigem Erkennen braucht es nicht so weit zu kommen.

1.4 Unterschiedliche Begriffe der Konfliktbehandlung

In der Fachliteratur und in der Umgangssprache finden sich viele Ausdrücke für Eingriffe (Interventionen) in die Konfliktsituation, wie z. B. *Konfliktlösung, Konfliktmanagement, Konfliktregelung* usw. Es empfiehlt sich, diese Bezeichnungen nicht als gleichwertig und austauschbar zu betrachten, sondern für spezielle Arten der Interventionen zu verwenden.

Der Überbegriff für jegliche Art von Intervention ist *Konfliktbehandlung.* Dieses Wort bezeichnet alle möglichen Bemühungen, auf Konflikte einzuwirken. Es ist neutral und besagt überhaupt nicht, ob sich die Parteien durch die Interventionen nur mit dem Konflikt abfinden, oder ob sie bloss die weiteren Folgen unter Kontrolle halten wollen, ob sie die Probleme auch in ihren Wurzeln gelöst haben usw. Konfliktbehandlung bezeichnet nur ein Aktiv-Werden eines handelnden Subjektes: einer Konfliktpartei, mehrerer Parteien, von einem Interessensvertreter oder einer neutralen Drittpartei usw.

Des weiteren unterscheiden wir *präventive* Konfliktbehandlung und *kurative* Konfliktbehandlung: Präventive Konfliktbehandlung soll durch rechtzeitige Massnahmen von vornherein ein Ausbrechen oder Eskalieren eines Konfliktes verhindern. Kurative Konfliktbehandlung setzt ein, wenn bereits ein Kampf gegeben ist bzw. Schaden aufgetreten ist. Im Kapitel über die Interventionen gehen wir noch ausführlich auf beide Arten ein.

Sowohl für präventive als auch für kurative Konfliktbehandlung unterscheiden wir die gängigsten Bezeichnungen, je nachdem sie auf die folgenden Aspekte eines Konfliktes gerichtet sind:

1. Beeinflussung des vorhandenen *Konfliktpotentials:* Es kann an persönlichen Faktoren der Parteien liegen, dass eine Spannung zu einem Konflikt eskaliert: Die Charakterstruktur, bestimmte Verhaltensgewohnheiten, Auffassungen, Intentionen usw. – Es kann an sachlichen Faktoren liegen: Die mangelhafte Organisationsstruktur, eine unzureichende Funktionsabgrenzung, Probleme der Ablauforganisation usw. Diese Faktoren können in wechselseitiger Vernetzung Konflikte zwischen Aktoren begünstigen, fördern oder sogar provozieren.

Interventionen können sich vorrangig auf diese Faktoren des Konfliktpotentials richten.

2. Beeinflussung des *Konfliktprozesses:* Durch Aktionen und Gegenaktionen entsteht eine Kette verbaler oder nonverbaler Verhaltensweisen. Der Konfliktprozess wird von Mechanismen bestimmt, die zu Verzerrungen im Denk- und Vorstellungsleben und in der Wahrnehmungsfähigkeit der Parteien führen; andere Mechanismen verstärken das gegenseitige Misstrauen, oder es tritt eine Radikalisierung im Willensleben auf. All dies führt zu Verkettungen und Verstrickungen des Konfliktprozesses. Interventionen können sich auf die Faktoren des Konfliktprozesses konzentrieren.
3. Beeinflussung der *Konfliktfolgen:* Der Konfliktprozess hat zu sachlichen oder persönlichen Auswirkungen geführt: Jemand fühlt sich beleidigt oder ausgestossen, der Umsatz ist durch die Konflikte gesunken oder im Zuge des Kampfes ist konkreter Sachschaden aufgetreten usw. Diese Wirkungen können beabsichtigt oder unbeabsichtigt sein.

In der Literatur hat sich ein Sprachgebrauch eingebürgert, der unseren Definitionen entspricht (siehe E. Regnet 1992; A. Hugo-Becker und H. Becker 2000).

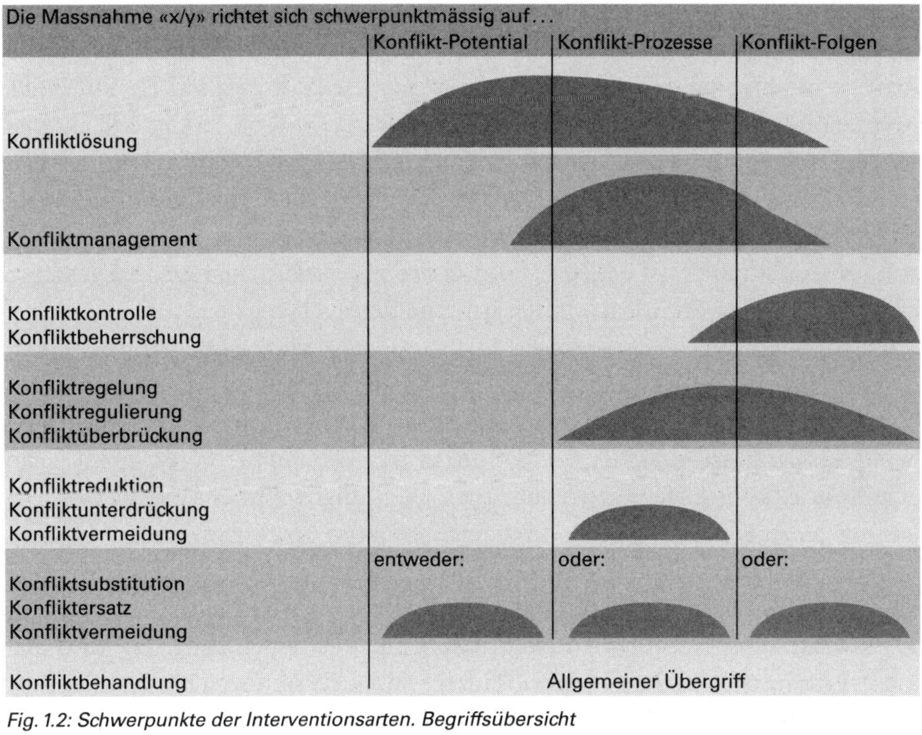

Fig. 1.2: Schwerpunkte der Interventionsarten. Begriffsübersicht

Konfliktlösung (resolution of conflicts, conflict-solving): Nach dem Verständnis der meisten Autoren soll Konfliktlösung die Quellen des Konfliktes beseitigen. R. Walton (1969, p. 5) betont, dass mit Konfliktlösung die wirksame und zumeist endgültige Beseitigung der ursprünglichen Differenzen und Spannungen der Parteien erreicht werden soll. Konfliktinterventionen konzentrieren sich hierbei vor allem auf das Konfliktpotential, indem z. B. die Organisation verbessert wird, Zielkonflikte bereinigt werden, der Einsatz knapper Güter allgemein oder durch organisatorische Massnahmen geregelt wird; oder es kommt zum Personalaustausch, unterqualifizierte Mitarbeiter werden weitergebildet und dergleichen. Ähnlich gebraucht J. Galtung (1973) diesen Begriff: Konfliktlösung setzt voraus, dass die vordem unvereinbaren Ziele der Parteien durch Interventionen wieder vereinbar geworden sind und sich die Beziehungen zwischen den Parteien wieder normalisieren. Also: Konfliktlösung wirkt auch auf den Konfliktprozess ein, durch Klärung der Vorstellungen und Haltungen der Parteien oder durch wirksame Beeinflussung der Bedingungen für eine De-Eskalation des Konfliktprozesses.

Konfliktmanagement bedeutet, dass sich die Interventionen hauptsächlich auf den Konfliktprozess richten (R. Kahn und E. Boulding 1964; R. Walton 1969), so dass die Konflikte einen guten Verlauf nehmen. Es wird mit einer Verbesserung der Vorstellungen, Einstellungen und Verhaltensweisen der Konfliktparteien versucht, die gegenseitige Aggressionssteigerung zu durchbrechen. Oft liegt dem Konfliktmanagement die Auffassung zugrunde, dass Gegensätze wesentliche Elemente des sozialen Lebens sind und deshalb die Konfliktparteien lernen sollten, mit ihnen weniger destruktiv umzugehen (so auch K. Boulding 1964, pp. 75 f. und K. Thomas 1976).

Konfliktkontrolle, Konfliktbeherrschung: Die möglichen schädlichen Folgen sozialer Konflikte sollen unterbunden oder minimalisiert werden, ohne aber direkt auf das Konfliktpotential oder den Konfliktprozess Einfluss auszuüben. Dies kann u. a. durch Strafen, Schadensvergütungen und dergleichen geschehen.

Konfliktregelung, Konfliktregulierung, Konfliktüberbrückung, Konfliktkanalisierung: Mit diesen Massnahmen ist eine äussere Beeinflussung des Verhaltens der Parteien durch gegenseitig vereinbarte oder generell auferlegte Regelungen bezweckt. B. Rüttinger (1980, p. 196) spricht von «Konfliktüberbrückung», wenn eine Konfliktlösung nicht erreichbar ist: durch Eingreifen des Vorgesetzten, Betonung gemeinsamer Ziele usw. tritt der Konflikt in den Hintergrund. Verschiedene Formen der «institutionalisierten Konfliktlösung» (J. Galtung 1973) sowie «Konfliktregulatoren» sind Konfliktregelungen in diesem Sinne.

Konfliktreduktion, Konfliktunterdrückung, Konfliktvermeidung: So wird zumeist polemisch eine Abschwächung der Konfliktäusserungen im Konfliktprozess genannt. H. Schmid (1972) bezeichnet alle sozialwissenschaftlich fundierten

Ansätze der Konfliktbehandlung als blosse «Konfliktreduktion», weil sie – wie er meint – nur die Formen und Auswirkungen der Konflikte im Interesse des kapitalistischen Systems abschwächen, ohne auf die prinzipiellen Probleme einzugehen.

Konfliktsubstitution, Konfliktersatz, Konfliktverschiebung: Dies bedeutet, dass wahlweise auf einen oder mehrere der Anknüpfungsmomente (Potentiale, Prozesse, Folgen) so eingewirkt wird, dass die ursprünglichen Faktoren des Konfliktes in den Hintergrund treten, oder indem die Aggression auf andere Personen oder Objekte abgelenkt oder umgeleitet wird. Dies kann geschehen, indem z. B. die anfänglichen Streitpunkte durch weniger schwierige ersetzt werden, oder indem sich die Parteien durch andere Personen vertreten lassen usw.

G. Schwarz (1995) beschreibt als «Konfliktlösungen» einige Vorgehensweisen, die einerseits von den Konfliktparteien als Verfahren der Konfliktaustragung oder der Konfliktbewältigung gesucht werden: u. a. Flucht, Vernichtung des Gegners, Unterordnung des einen unter den anderen usw. (p. 215 ff.). Schwarz erwähnt zwar nicht die Quellen, knüpft jedoch deutlich an bei den Modellen von R. Blake, H. Shepard und J. Mouton (1964) sowie K. Thomas und L. Pondy (1977, p. 1093 ff.). Mit den hier angeführten Haltungen werden zwar unkritische Lösungserwartungen der Parteien oder praktizierte Mechanismen der Konfliktverschiebung usw. beschrieben und reflektiert, jedoch keine Konfliktinterventionen geboten, die bei einer Erkenntnis der wirksamen Prozesse und Mechanismen in Konflikten ansetzen.

Aus diesen unterschiedlichen Bezeichnungen ergeht bereits, dass es viele Wege der Konfliktbehandlung gibt. Es lässt sich nicht von vornherein sagen, dass einer davon schlecht sei. Es kommt vielmehr auf die gesamte Situation an, auf die Bereitschaft der Konfliktparteien, die verfügbare Zeit und Energie und Fachkenntnis.

1.5 Der Aufbau des Buches

Im unmittelbar folgenden Kapitel 2 stellen wir die seelischen Faktoren dar, die in jedem Konflikt eine Rolle spielen. Es kommt zu besonderen Veränderungen und Trübungen im Wahrnehmen, Denken und Vorstellen der Konfliktparteien; das Gefühls- und das Willensleben wird stark beeinträchtigt – und all dies resultiert in Verhaltensweisen, die zu einer weiteren Verstrickung im Konflikt führen. Dieses Kapitel ist die Basis für die weiteren orientierenden und diagnostischen Aktionen jeder intervenierenden Partei.

Vor jeder Intervention brauchen wir eine grobe Orientierung: Was spielt sich ab? Wie gehen die Parteien miteinander um? Welche Chancen hat eine Konfliktbehandlung?

Von dieser ersten Orientierung hängt bereits viel ab: Wie soll ich Informationen einholen? Wenn wir hier zu Anfang den falschen Weg einschlagen, dann kann bereits vieles verdorben sein. Deshalb muss uns diese erste Orientierung ausreichende Anhaltspunkte liefern, wie wir die ersten Schritte zu setzen haben und was wir tun können, um überhaupt einen Zugang zum Konflikt zu gewinnen. Wir können auch erkennen, was wir unbedingt unterlassen sollen.

Diesen Zwecken dient unsere Darstellung der *Konflikttypen* in Kapitel 3.

Nach dieser ersten Orientierung können wir zur eigentlichen Diagnose schreiten. Kapitel 4 erörtert die Dimension der Diagnose, deren Erkundung gleichzeitig Ansatzpunkte für die Konfliktbehandlung ergeben muss. Die Kernfragen der Diagnose sind in Kürze:

1. Um welche Streitfragen geht es den Konfliktparteien eigentlich? Was ist der Streitgegenstand?
2. Wie ist es dazu gekommen? Was spielt sich dabei gegenwärtig ab? Hier stellen wir die wichtigsten Diagnosegesichtspunkte zur Eskalation dar. Das Verstehen der eskalierenden Prozesse ist für uns die wichtigste Basis für strategische Entscheidungen der Konfliktbehandlung. Im Teil 2 gehen wir dann in allen Details auf die vielfältigen Mechanismen der Eskalation ein.
3. Wer streitet eigentlich mit wem? In diesem Abschnitt sehen wir uns die Beschaffenheit der Konfliktparteien genau an.
4. Wie stehen die Parteien zueinander? Wie gehen sie mit den gegenseitigen Beziehungen eigentlich um? Welche Zwänge schafft die Organisation? Wie gestalten die Parteien informell die gegenseitigen Beziehungen?
5. Worauf wollen die Konfliktparteien eigentlich hinaus? Warum und wozu begeben sie sich in den Konflikt? Was wollen sie damit gewinnen? Was setzen sie dafür ein? Wie stehen sie grundsätzlich zu Konflikten?

Für die vertiefte Diagnose in Organisationen werden im Kapitel 5 noch verschiedene Aspekte behandelt: Wie stehen die Anführer der Konfliktparteien zu ihren eigenen Leuten? Welche Rollen prägen sich dabei aus?

Teil 2 ist eine Erweiterung und Vertiefung der Konfliktdiagnose.

Hier lege ich den Kern meines Konfliktmodells nochmals unter die Lupe: Die Dynamik der Eskalation. Was spielt sich im einzelnen ab? Erst durch gründliche Kenntnis der Eskalationsdynamik können wir die für jede Konfliktsituation passende Rolle, Strategie und Interventionsform finden. Seit dem Erscheinen der ersten Auflage meines Buches Konfliktmanagement 1980 habe ich von vielen professionellen Helfern in Konflikten dafür überwältigende Bestätigungen bekommen. Es hat seinen praktischen Wert deutlich bewiesen.

Teil 3 befasst sich mit den Möglichkeiten der Konfliktbehandlung. Wir knüpfen dabei an die diagnostischen Überlegungen des Teils I an und bringen zu den einzelnen Ansatzpunkten eine Vielzahl methodischer Möglichkeiten. Diese weiten wir in den letzten Kapiteln aus zu Interventionsstrategie-Konzepten und Rollenmodellen für die Drittpartei.

Die Beschäftigung mit sozialen Konflikten führt unweigerlich in eine sehr komplexe Materie. Dabei mussten wir aus vielen wissenschaftlichen Disziplinen schöpfen: Aus Psychologie und Psychiatrie, im besonderen aus den modernen Konzepten der Familientherapie, der Organisations- und Führungslehren, der Soziologie und Politikwissenschaften. Dadurch läuft natürlich auch der Leser immer wieder Gefahr, auf Gebiete zu kommen, die ihm weniger vertraut sind und wo er den roten Faden nur zu leicht verlieren kann. Diese Übersicht mag ein wenig dazu beitragen, angesichts der vielen verschlungenen Wege und Pfade heil aus dem Wald zu gelangen und wieder zu den Hauptstrassen zurückzufinden.

Teil 1
Konfliktdiagnose

2. Menschenbild und soziale Konflikte

2.1 Das dreifältige Wesen des Menschen

Die theoretische und praktische Beschäftigung mit sozialen Konflikten führt zu einer tieferen Auseinandersetzung mit Natur und Wesen des Menschen. So hatte z. B. Sigmund Freud auf Grund der von ihm beobachteten Konflikte sein Bild der drei Seelenschichten des Menschen erarbeitet: «Es», «Ich» und «Über-Ich». Spätere Konfliktpsychologen stellten wieder andere Schichten oder Wesensglieder der menschlichen Persönlichkeit dar, zwischen denen Spannung oder Harmonie bestehen kann.

Wir gründen unsere eigene Arbeit als Konfliktforscher und praktischer Konfliktberater auf ein ganzheitliches Menschenbild, das den Menschen als dreifältiges Wesen versteht: Leib – Seele – Geist. Der Mensch ist mit seiner Leiblichkeit Teil der physischen Welt und der Naturkräfte; mit seiner Seele lebt er im psychischen und sozialen Element und hat Beziehungen zu anderen beseelten Wesen, wird von diesen beeinflusst und nimmt selber auf sie Einfluss; und als geistiges Wesen kann der Mensch Erfahrungen mit geistigen Wirklichkeiten haben. Wie V. Frankl (1969, p. 76) anerkennen wir, dass sich das eigentlich menschliche und soziale Geschehen nur verstehen lässt, wenn wir den Menschen nicht bloss auf seine Leiblichkeit oder auf blosse psychische Gegebenheiten reduzieren. Leib, Seele und Geist sind die drei Dimensionen des ganzen, d. h. unteilbaren menschlichen Wesens.

Die heute herrschende Denkrichtung in der Medizin der westlichen Kulturen sowie die behavioristische Psychologie knüpfen an das materialistische Menschenbild an, das die *physische Körperlichkeit* und Tierhaftigkeit des Menschen betont (siehe dazu vor allem D. Morris 1967). Als neueste Strömung haben sich dazu die Bio-Soziologie und Tier-Ätiologie gesellt, die es unternehmen, aus den Experimenten mit Tieren Erkenntnisse für das menschliche Verhalten zu gewinnen (J. Eibl-Eibesfeldt, K. Lorenz, N. Tinbergen, D. Morris usw.).

Eine andere Schule geht von dem Paradigma aus, dass der Mensch *als psychosoziales Wesen* weitgehend von den kulturellen, sozialen und ökonomischen Gegebenheiten seiner *Gesellschaft geformt* wird: Milieu, Schule, Bevölkerungsschicht usw. werden in erster Linie als prägend für das Seelenleben und die soziale Person des Menschen betrachtet. Die meisten Ansätze der Kleingruppen-Psychologie, der Sozialpsychologie und Gruppendynamik legen ihren Theorien ein solches Bild zugrunde.

Eine dritte Richtung wird von den Vertretern der humanistischen Psychologie angeführt und betont die *geistige Dimension* des Menschen (C.G.Jung 1948; A.Maslow 1968; R.Assagioli 1971, 1973) neben der körperlichen und psycho-sozialen Seite. A.Maslow (1964) spricht von den «peak-experiences», wodurch sich Menschen im Zusammenhang mit geistigen Realitäten erleben. C.G.Jung hat zeit seines Lebens darum gerungen, die direkten geistigen Erfahrungen des Menschen mit der Welt der Archetypen, d.h. der Urbilder und Ursymbole, so zu verstehen und zu beschreiben, dass sie sich auch dem wissenschaftlich geschulten Arzt und Seelenforscher erschliessen können. R. Assagioli (1971) hat vielfältige Methoden entwickelt, die es dem übenden Menschen erlauben, erkennend in seine eigene geistige und seelische Realität einzudringen.

Nach dieser jungen Strömung der Psychologie zeichnet sich der Mensch durch eine dreifältige Wesenheit aus, die ihn von anderen Lebewesen unterscheidet: Der Mensch kennt eine geistige Dimension, eine psycho-soziale und eine physisch-leibliche.

Im Grunde ist dies auch der eigentliche Kern des christlichen Menschenbildes, das allen konfessionellen Ausprägungen eigen ist. Denn die *Gottes-Ebenbildlichkeit* des Menschen in der christlichen Theologie besagt genauer: Das Wesen des Menschen ist nach dem *Wesen* Gottes gestaltet. Der Mensch ist in seinem dreifältigen Wesen ein Bild, ein Gleichnis des Wesens des dreifaltigen Gottes. Während die göttliche Dreifaltigkeit die Person des Vaters, des Sohnes und des Heiligen Geistes umfasst, ist der Mensch seinem eigentlichen Wesen nach ein Dreiklang von Leib, Seele und Geist. Dem Geiste nach ist das Ich des Menschen göttlicher Natur; der Seele nach steht der Mensch zwischen geistiger Welt und materieller Welt und im Verkehr mit anderen beseelten Wesen; und dem Körper nach nimmt der Mensch an der stofflichen Welt teil. Auch wenn in Theologie, Philosophie und Psychologie dieser Dreiklang oft zu einem Dualismus von «Leib und Seele» reduziert worden ist (siehe dazu P.Hofstätter 1957, pp. 186ff.), so geht es in ganzheitlicher Sicht um das dreifältige oder dreigliedrige Wesensbild des Menschen.

Diese Grundauffassung des Urchristentums ist durch die Entwicklung der materialistisch orientierten Wissenschaften beinahe völlig inhaltlos geworden. R.Steiner (1932) hat für viele Lebensbereiche aufgezeigt, welche eminent wichtige Bedeutung die Einsicht in das dreifältige Wesen des Menschen hat. Er konnte auf der Basis dieses Menschenbildes durch die «Anthroposophie» eine Reihe von sehr praktischen Erneuerungsimpulsen in der Pädagogik und Heilpädagogik, in der Psychologie und Psychiatrie, in Medizin und Pharmazie, in paramedizinischen Therapien, in der Landwirtschaft und unter anderem auch für die menschengerechte Gestaltung sozialer Gebilde zu sozialen Organismen geben.

Auf sehr deutliche und originelle Weise hat nach dem Zweiten Weltkrieg Viktor Frankl (1946) das Bild des dreifältigen Menschen in seiner «Logotherapie» in praktisch therapeutisches Handeln umgesetzt. Er hat sich dabei eingehend mit den Einseitigkeiten der Psychoanalyse (körperlich triebhafte und instinktmässige Individualität) und des «Psychologismus» (u.a. A.Adler und seine Schule) auseinandergesetzt. Für Frankl geht es um die Anerkennung der drei Dimensionen des Menschen: seines Geistes, seiner Seele und seines Körpers in ihrem Ineinanderwirken. – Auf Grund dieser Betrachtungsweise unterscheidet Frankl zwischen *«somatogenen Neurosen»*, die von körperlichen Mängeln und Gegebenheiten bestimmt werden (Freud), und *«psychogenen Neurosen»*, die aus «Verwundungen» der Seele bzw. aus Problemen der zwischenmenschlichen Beziehungen des Menschen stammen (Adler), und zum dritten nennt er noch *«noogene Neurosen»*, bei denen direkte geistige Not, wie etwa innere Leere, frustrierte Suche nach einem Sinnbezug des Lebens, zu Krankheiten führen kann. Jede der genannten Anschauungen hat ihre relative Berechtigung; sobald aber eine verabsolutiert oder monopolisiert wird, überschreitet sie ihren Geltungsbereich. Besonders prägnant umschreibt Frankl (1969, p.76) dies in seinem sogenannten «dimensional-ontologischen Prinzip»: «Ein Phänomen, das aus der ihm eigenen Dimension in niedrigere Dimensionen hinabprojiziert wird, bildet sich verschieden ab. (...) Projiziert man zum Beispiel einen Zylinder aus der dritten Dimension in zweidimensionale Ebenen, erhält man einen Kreis und ein Rechteck. Der Zylinder besteht aber nicht aus Kreis und Rechteck. Und genau so ist es, wenn Sie den Menschen in die psychologische oder in die somatische Dimension hinabprojizieren, dann haben Sie psychische und somatische Phänomene, aber der Mensch ist weder die Psyche, noch das Soma, sondern mehr. Die Einheit lässt sich jedoch nicht in den niederen Dimensionen der psychologischen oder der biologischen Analyse finden, sondern nur in der menschlichen Dimension, da ist die coincidentia oppositorum.» Leib, Seele und Geist sind die drei Dimensionen des unteilbaren menschlichen Wesens.

Die dreifältige Wesenheit des Menschen wirkt sich im Sozialen in drei verschiedenen Seinsarten und sozialen Beziehungen aus.

2.1.1 Der Mensch in unterschiedlichen sozialen Beziehungen

D.Brüll (1970) beleuchtet auf Grund eines solchen dreigliedrigen (bzw. dreifältigen oder dreidimensionalen) Menschenbildes verschiedene Regungen im Menschen, die ihn sowohl sozial als auch a-sozial und anti-sozial werden lassen. (Fig.2.1).

Nach Brüll ist der *Mensch als biologisches Wesen* von Natur aus «anti-sozial». Um seinen physischen Körper instand zu halten, muss er Natur konsumieren, d.h. vernichten. Was jemand konsumiert, entzieht er anderen. In diesem Sinn ist der

Mensch anti-sozial. Darin liegt gleichzeitig etwas Paradoxes, das jedoch für das Wirtschaftsleben wesentlich ist: Denn zur Befriedigung der Konsumbedürfnisse ist der Mensch in der arbeitsteiligen Gesellschaft von anderen abhängig. Er kann nur dann konsumieren, wenn andere produzieren und das Produkt ihrer Leistung an ihn abtreten. Was konsumiert wird, ist das Ergebnis des Einsatzes der Fähigkeiten anderer.

Wesensdimensionen	Konsequenzen für das Soziale
1. Mensch als biologisches Wesen	Mensch ist anti-sozial: er muss Natur konsumieren, d. h. vernichten, also anderen Menschen entziehen. Notwendig: Anerkennung der gegenseitigen Abhänigkeit. Grundsatz der Brüderlichkeit im Bereich des Konsumierens und Produzierens, d. h. im Wirtschaftsleben!
2. Mensch als seelisches Wesen	Mensch ist sozial, d. h. braucht Kontakte mit anderen Mitmenschen, ist vom Respekt der anderen abhängig. Notwendig: Anerkennung der Gleichberechtigung. Grundsatz der Gleichheit in den gegenseitigen Rechtsbeziehungen!
3. Mensch als geistiges Wesen	Mensch ist a-sozial, weil er das Bedürfnis hat, allein zu sein, um sich selbst zu finden, vorhandene Möglichkeiten zu entdecken und zu entfalten. Notwendig: Freiraum geben und beanspruchen. Grundsatz der Freiheit im geistig-kulturellen Leben!

Fig. 2.1: Drei Wesensdimensionen nach D. Brüll

Deshalb müssen andere sozial gehandelt haben und ihre geistigen und physischen Kräfte systematisch eingesetzt haben, um sie den Konsumierenden zu Gute kommen zu lassen. Komplementär zur anti-sozialen Haltung des Konsumierenden stellt sich die zutiefst soziale, d. h. auf die Not und die Bedürfnisse anderer bezogene Leistung des Produzierenden: Die Brüderlichkeit. D. Brüll stellt nun neben den Menschen als leibliches, anti-soziales Wesen den *Menschen als geistiges Wesen.* Auf Grund seiner geistigen Wesensseite will der Mensch alles zur Entfaltung und Entwicklung bringen, was in ihm an Möglichkeiten und Intentionen vorhanden ist. Hierfür muss der Mensch a-sozial sein können. Mit «a-sozial» meint Brüll nicht kriminelles oder krankhaftes Verhalten nach dem landläufigen Sprachgebrauch, sondern vielmehr, dass der Mensch das Bedürfnis hat, sich zum Zwecke der «Musse» von der Gemeinschaft abzusondern und zu regenerieren bzw. über verschiedenes nachzudenken oder zu forschen, zu beten oder zu meditieren. Mit anderen Worten: Er will an sich selber arbeiten, um zu sich selbst, d. h. zu seinem *Selbst,* seinem geistigen Wesenskern, seinem Ich, zu finden.

Im geistig-kulturellen Bereich ist das so verstandene A-Soziale an seinem richtigen Platz. Wir brauchen Freiheit zur Selbstentfaltung und zur Selbstfindung. Wenn wir jedoch anderen Menschen unsere Meinung und Werthaltungen aufzwängen, d. h., anderen dasselbe Recht auf Freiheit nehmen, dann missachten wir den geistigen Wesenskern des anderen. Das Grundprinzip ist: Freiheit!

Als dritte Wesensqualität führt D. Brüll den Menschen als *seelisches Wesen* an, das im «Sozialen» verwurzelt ist. Neben den beiden bereits genannten Regungen (anti-sozial und a-sozial) haben wir als Menschen noch ein anderes Grundgefühl. Es sagt uns, dass auch anderen Menschen etwas zukomme; dass auch andere Menschen – so wie wir selbst – Rechte haben. Im Sozialen ist die Anerkennung der Existenzberechtigung anderer, das Respektieren ihrer Würde und ihrer Rechtsfähigkeit die eigentliche soziale Grundhaltung. Was sich auf der seelischen Ebene abspielt, ist das Um und Auf des Sozialen. Der Mensch sucht als seelisches Wesen Kontakte, Geborgenheit, Anerkennung, Achtung, Austausch, Begegnung usw. mit anderen Menschen. Er beeinflusst andere und wird selbst von seinen Mitmenschen beeinflusst, gebildet und gewiss auch verbildet. Das Soziale steht zwischen den beiden Polen des Geistigen und Körperlichen und dämmt deren Wirken ein. Das Grundprinzip ist: Gleichheit der Menschen als Träger von Rechten und Pflichten. Der Gefühlsgrund wird in der sozialen Dimension des Menschen von Sittlichkeitsgefühl und Rechtsempfinden bestimmt, ähnlich wie Protagoras (etwa 481 bis 415 v. Chr.) dies in seiner Mythe über die Göttergabe des Sittlichkeits- und Rechtsgefühls (A. Verdross 1963, pp. 16 ff.) bildhaft dargelegt hat (siehe auch F. Glasl 1980 und 1985).

Unser Bild des Menschen in seiner dreifältigen Wesensgestalt ergibt praktische Gesichtspunkte für Gestaltungen im Sozialen, und zwar: Damit der Mensch seinem Wesen entsprechend existieren und sich weiterentfalten kann, müssen soziale Strukturen für Geist, Seele und Leib förderliche Bedingungen schaffen. Wenn dies nicht geschieht, wird der Mensch durch die geschaffenen sozialen Gebilde erstickt oder deformiert. Er wird von seinem eigentlichen Wesen weggeführt, d. h. entfremdet! Weil die Einsicht in die Wesenheit des Menschen «das Mass aller Qualitäten und Wertungen» bei der Gestaltung des Sozialen ist, nennen wir diesen Ausgangspunkt das «neue Homomensura-Prinzip» (F. Glasl 1980 c). Nach V. Frankl (1969) könnte auch vom «dimensional-ontologischen Prinzip» gesprochen werden. A. Bos (1976) bezeichnet diese Gestaltungsprinzipien für das Soziale als «sozial-ökologische Prinzipien», weil mit ihrer Hilfe die sozialen Gebilde als «Milieu» für die Verwirklichung des Menschen geschaffen werden können. Denn der Mensch kann unseres Erachtens nur dann voll Mensch sein, wenn die soziale Umgebung jedem seiner drei Wesensglieder die ihrer Art entsprechenden Lebensbedingungen bietet. Indem der Mensch seine soziale Umwelt nach diesen Prinzipien aktiv entwirft und gestaltet, wird sein dreifältiges Wesen durch die soziale Umgebung nicht geleugnet oder eingeengt und auch nicht auf bloss ein oder zwei Dimensionen reduziert. Er schafft vielmehr die Bedingungen für die Entfaltung und das Zusammenwirken der Wesensglieder. Gleichzeitig schafft er nach den sozial-ökologischen Prinzipien die Voraussetzungen dafür, dass sich auch andere Menschen selbst verwirklichen können.

Nach solchen Gestaltungsprinzipien können wir soziale Gebilde organisch einrichten. Wir sprechen deshalb lieber von «sozialen Organismen» als von «sozialen Systemen». R. Steiner (1920) hat diese sozial-ökologischen Gestaltungsprinzipien aus den missverstandenen Parolen der Französischen Revolution von 1789, «Freiheit, Gleichheit, Brüderlichkeit!» neu entwickelt (siehe dazu auch W. Heidt 1973; W. Schmundt 1973; Ch. Lindenau 1983), weil er aufzeigte, dass jedes der drei Prinzipien für ein anderes gesellschaftliches Gebiet zu gelten hat: Die *Freiheit* soll das Grundprinzip für das *geistig-kulturelle Leben* der Gesellschaft sein, die *Gleichheit* für das *rechtliche Leben* in einem demokratischen Gemeinwesen, und die Brüderlichkeit für das Wirtschaftsleben. Steiner forderte darum eine Dreigliederung des makro-sozialen Gemeinwesens:

a) Als *geistiges Wesen* strebt der Mensch nach Entfaltung und Entwicklung und nimmt am *geistig-kulturellen Leben* der Gesellschaft teil. Um diese Funktion erfüllen zu können, muss deshalb im geistig-kulturellen Leben das Hauptprinzip der Freiheit wirken, indem jedem Individuum Freiheit der Meinungsäusserung; Freiheit des Denkens, Forschens und Lehrens; Freiheit der Religionswahl, Schulwahl und Berufswahl usw. garantiert werden. Den Institutionen im geistig-kulturellen Gesellschaftsbereich (z. B. Schulen, Medien, Theater, Forschung, Kirche) muss grösstmögliche Autonomie, Freiheit der Richtung und Freiheit im Gestalten und Verwalten der Einrichtungen gewährt werden. Staatliche Gängelung des kulturellen Lebens führt andernfalls zur Sterilität; ein staatliches Schulwesen, das Ziele, Inhalte und Formen des Unterrichtes zu bestimmen sucht, führt als Quasi-«Staatsreligion» (E. Reimer 1972, und I. Illich 1972, p. 25) zur grössten Unfreiheit und zur Dysfunktionalität. Überall dort, wo Gesinnungsterror, Meinungszensur, oder Bindung der Forschung und Lehre an die ökonomischen und politischen Interessen gegeben sind, wird die Grundvoraussetzung der Freiheit im geistig-kulturellen Bereich verneint. Es mangelt dann der Gesellschaft an einer funktionierenden Quelle der Selbsterneuerung. Es tritt Entfremdung im geistigen Bereich auf.

b) Als *körperliches Wesen* ist der Mensch im *Wirtschaftsleben* zur Deckung seiner Bedürfnisse auf die Leistungen anderer angewiesen. Wo er nicht auf diese elementare Solidarität seiner Mitmenschen bauen kann, ist seine materielle Existenz in Gefahr. Darum ist dieses Prinzip der *Solidarität – der Brüderlichkeit* – die eigentliche Grundvoraussetzung im Wirtschaftsleben: Die Produktion oder Dienstleistung muss sich also primär auf die Bedürfnisse anderer richten und nicht auf Eigengewinn. Andernfalls muss die gegenseitige Abhängigkeit zu den krassesten Formen wirtschaftlicher Erpressung und Ausbeutung führen. Entfremdung tritt im Wirtschaftsleben überall dort auf, wo Nachfragen künstlich produziert werden (I. Illich 1972, p. 58) und wo die Bedürftigkeit anderer bloss zur

Bereicherung der Produzierenden (Unternehmer und Arbeiter) ausgebeutet wird; wo die Menschen bloss als Konsumentenherde angesprochen und in weitere Einseitigkeiten gedrängt werden; wo der produzierende Mensch zu einem blossen Leistungstier oder Leistungsroboter gemacht wird, ohne den Sinnbezug – d. h. die Bedürftigkeit anderer! – seines Arbeitens und Leistens zu erkennen. Ausbeutung kann in diesem Sinne zwischen Unternehmer und Arbeiter auftreten, darüber hinaus auch im Verhältnis von Produzent (inklusive Arbeiter) und Konsument.

c) Als *seelisches Wesen* unterhält der Mensch vielfältige Beziehungen zu seinen Mitmenschen. Hierfür haben sich informelle wie formelle «Spielregeln» herausgebildet, die den Umgang mit Menschen anderer Herkunft und Zielrichtung, anderer Auffassung und Fähigkeiten usw. regeln. Eine umfassende Rechtsordnung regelt die vitalen Gebiete, in denen die einseitige Wahrnehmung der Interessen des einen zu einer Gefährdung der Existenz anderer führen könnte. Das Rechtsleben sichert so – ohne Ansehen der Person – gleiche Chancen für alle. Die Menschen stehen einander in einer Rechtsordnung als Träger von Rechten und Verpflichtungen gegenüber, die nicht willkürlich verschieden interpretiert oder angewendet werden dürfen. Im Bereich des *Rechtslebens* gilt deswegen als oberstes Prinzip das der *Gleichheit.* Dies bedeutet zweierlei: Einerseits sollen alle Personen oder Gruppen trotz unterschiedlicher Interessen oder Werte gleichen Zugang zu den Institutionen der Normsetzung und Rechtsprechung haben. Andererseits sollen alle Rechtssubjekte unterschiedslos in gleicher Weise nach diesen Normen behandelt werden. – Wo immer dieser wichtige Grundsatz verletzt wird, gibt es Willkürherrschaft in Form einer Elite- oder Massendiktatur; wo immer das Gleichheitsprinzip im Rechtsleben missachtet wird, entsteht Diskriminierung wie etwa noch in Nordirland (siehe dazu F. Glasl 1978) oder seinerzeit in Südafrika mit der Apartheidpolitik. Hier ist die *Rechtsungleichheit* institutionalisiert und es tritt in der Folge wesentliche Entfremdung im sozialen Bereich auf. Für die diskriminierten Gruppen sind die legalen Wege der Änderungen des Systems korrumpiert, so dass ihnen nur noch revolutionäre und gewaltsame Änderungsstrategien wirksam zu sein scheinen.

Diese drei gesellschaftlichen Bereiche sind *nicht* als drei Stände (Lehrstand, Wehrstand, Nährstand) zu verstehen. *Weil jeder* Mensch ein geistiges, seelisches und physisch-körperliches Wesen ist, nimmt jeder einzelne sowohl am geistig-kulturellen als auch am staatlich-rechtlichen und auch am wirtschaftlichen Leben seiner Gesellschaft teil und kann Freiheit, Gleichheit und Brüderlichkeit für sich fordern. Er müsste sie aber genau so seinen Mitmenschen zugestehen.

Dies ist der Ausgangspunkt der sozial-ökologischen Gestaltungsprinzipien: Die drei Dimensionen des menschlichen Wesens sind grundlegend voneinander verschieden; die soziale Umwelt hat die Bestätigung und Entfaltung der drei Wesensglieder zu ermöglichen und zu fördern; darum werden bei sozialen Gebilden drei Sphären, Bereiche oder Subsysteme unterschieden, die nach unterschiedlichen Prinzipien gestaltet werden müssten. Durch Missachtung dieser «sozialökologischen Prinzipien» wird der Mensch von den geschaffenen sozialen Institutionen in seiner Wesensentfaltung gehindert, d.h., er wird in die Entfremdung geführt (siehe zu den darauf begründeten Entfremdungserscheinungen: F. Glasl 1980 c).

Missachtung dieser Zusammenhänge schafft daher immer Konfliktpotential, d.h., die Menschen können sich der unmenschlichen Lebensbedingungen bewusst werden und sie können diese bekämpfen. Dies zeigt sich bei allen Emanzipationskonflikten, Befreiungsbewegungen und Demokratisierungsprozessen bis hin zu den Reformen in Russland und in anderen osteuropäischen Staaten.

2.1.2 Die drei Subsysteme der Organisation

Im vorhergehenden Abschnitt ist die Beziehung der drei Wesensdimensionen des Menschen mit der makro-sozialen Gesellschaft dargestellt worden. Im Lichte dieses dreifältigen Menschenbildes lassen sich folglich in jedem meso-sozialen Organismus (Betrieb, Amt, Krankenhaus, Schule usw.) drei soziale Subsysteme erkennen:

a) das *kulturelle Subsystem:* dieses umfasst die Identität einer Organisation, ihre grundlegenden Ziele und Werte, weiters ist es der Rahmen für das Lernen der einzelnen Menschen, der Gruppen und des ganzen sozialen Organismus – auch hier gilt als wichtigstes Funktionsprinzip das der authentischen Selbstbestimmung, der Freiheit und Selbstverantwortung;

b) *das soziale Subsystem:* hier sind die Beziehungen zwischen Einzelmenschen, in Gruppen und zwischen Gruppen und im Gesamtorganismus gestaltet – sowohl formell als auch informell – und hier gilt der Gleichheitsgrundsatz in Anwendung der Spielregeln und Normen, d.h., es geht bei allem um die Anerkennung der grundlegenden menschlichen Würde – unabhängig von der Bedeutung der ausgeübten Funktion;

c) das *technisch-instrumentelle Subsystem:* hier geht es um den zweckgerichteten Einsatz von Fähigkeiten der Menschen, von physischen Mitteln und Instrumenten, von Abläufen und Prozessen – und hier muss das Prinzip der objektiven Zweckorientierung gelten, mit dem die vorhandenen Fähigkeiten und Mittel uneigennützig zur Lösung der Probleme der Leistungserbringung für andere eingesetzt werden. Die Schaffung von Nutzen für andere ist die zeitgemässe Form des Brüderlichkeitsprinzipes.

Konfliktpotential ist dann vorhanden, wenn ein organisatorisches Subsystem nicht nach seinem eigentlichen Funktionsprinzip gestaltet oder geführt wird. Die betroffenen Personen können dann erleben, dass ihre gegenseitigen Beziehungen problematisch sind, und sie können sich dann als Parteien in einem Konflikt verstehen. Darüber hinaus ist Konfliktpotential gegeben, wenn das für ein Subsystem funktioneile Gestaltungsprinzip auf eines der anderen Subsysteme kritiklos übertragen wird und – nach A. Bos (1976) – dadurch «Grenzübergriffe» der Prinzipien stattfinden: So führt beispielsweise das Gleichheitsprinzip im geistig-kulturellen Bereich zur geistigen Gleichschaltung, Nivellierung und Sterilität. Eine dritte Möglichkeit für Konfliktpotential ergibt sich, wenn das Gestaltungsprinzip eines Subsystems verabsolutiert und stereotyp auf alle soziale Bereiche angewendet wird.

Wir gehen im Kapitel der Konfliktdiagnose noch ausführlich auf das «Konfliktpotential Organisation» ein. An dieser Stelle wollten wir nur auf die Schlussfolgerungen aus dem Menschenbild eingehen, die sich für die Organisationstheorie ergeben.

2.2 Der geistige Kern der Persönlichkeit

Auch der geistige Kern unserer Persönlichkeit ist dreigliedrig oder dreifältig. Wir tragen ein Bild des «besseren Menschen» in uns, das ganz und gar individuell und unser eigenes Bild ist. Jeder kann bestimmte positive Eigenschaften, Strebungen und Ziele, die einem als «heiligste Werte» viel bedeuten, auflisten und wird dabei erkennen, dass diese eine gewisse Stimmigkeit und Konfiguration aufweisen. Sie sind keine zufällige und willkürliche Liste, sondern bilden eine innere Gestalt.

Diese sind u.a. die bewussten Seiten unserer «Licht-Persönlichkeit», ein Bild unseres *«Höheren Selbst»*, unserer «Lichtseite» bzw. unseres «Engelwesens», das uns innerlich leitet. Dem steht ein anderes Bild in uns gegenüber, das die Gestalt unserer negativen Eigenschaften, unserer Schwachheiten und unmoralischen Strebungen und Triebe hat. Auch diese sind zusammen ein Ganzes, eine Quasi-Person, nämlich unsere *«Schattenpersönlichkeit»*, unser *«Doppelgänger»*. B. Lievegoed (1979) hat aufgezeigt, wie im Verlauf bestimmter, tiefer Lebenskrisen die Begegnung mit unserem eigenen «Doppelgänger» zu einem einschneidenden Erlebnis werden kann.

Zwischen beiden steht das *«alltägliche Ich»*, das einerseits bemüht ist, sich dem höheren Ich zu nähern, seine Werte zu leben und im täglichen Handeln mehr und mehr zu praktizieren, und das andererseits die Schattenseiten erkennen und verändern will: umbilden, entwickeln und erlösen.

Die Erkenntnis des Doppelgängers ist noch kaum hundert Jahre alt. A.-M. Rochblave-Spenlé (1973, pp. 16ff.) zeigt, dass dies erst in der Philosophie (Pascal: Der Mensch in seiner Doppelnatur zwischen Engel und Teufel), dann in der Belletristik (Corneille, Goethe, Pirandello, Dürrenmatt u.a.) aufgegriffen worden ist. Erst viel später setzten sich auch Psychologen und Psychiatrie ernsthaft damit auseinander, vor allem die «humanistische Psychologie» (A. Maslow 1964; R. Assagioli 1971; V. Frankl 1975 u. a.)

In Konflikten geht es auf die Dauer immer um eine Herausforderung an diese drei geistigen Wesenskerne. Im Zuge der Eskalation provozieren die Konfliktparteien mehr und mehr ihre Schattenseiten und Doppelgängernatur – und gleichzeitig ringen sie mit ihrem höheren Selbst, verlieren den Kontakt dazu oder versuchen krampfhaft, für sich selbst ein positives Selbstbild zu retten, das zu einer einseitigen Überschätzung der eigenen Lichtpersönlichkeit führt. Bei sozialen Konflikten geht es also darum, wie viel Nähe oder Distanz das alltägliche Ich zum höheren Selbst und zum Doppelgänger hat und wie aktiv bzw. wie passiv es damit umgeht. H.-E. Richter (1967, 1972) hat auf ähnlicher Grundlage eine Typologie von Beziehungskonflikten in der Familie entwickelt, die auch ausserhalb der Familienkonstellation sehr fruchtbar anzuwenden ist.

Im Laufe der menschlichen Biographie kommt es in den bekannten Krisenepisoden immer wieder zu Konfrontationen zwischen dem eigenen Licht und dem Schatten (siehe vor allem B. Lievegoed 1979, und R. Treichler 1981). Wir tragen dann auf Grund der inneren Auseinandersetzungen und Spannungen bereits viel Konfliktpotential in unser soziales Umfeld. Kleine Anlässe genügen, um grössere Konflikte auszulösen. Und die Konflikte werden dann eskalieren, wenn die Konfliktparteien zur aktiven und konstruktiven Auseinandersetzung mit ihrer Licht- und Schattenpersönlichkeit nicht instande sind, wenn sie z. B. den eigenen Doppelgänger nicht erkennen wollen, sondern seine Schattenseiten auf den «Feind» projizieren – oder wenn sie sich der Illusion hingeben, dass sie bereits in ihrem alltäglichen Handeln ihr höheres Selbst weitgehend leben und dafür dem Gegner vorwerfen, dass er es nicht anerkennen wolle und einem deshalb die eigenen Schattenseiten anhänge (siehe dazu Glasl 2002).

In Konflikten wird oft etwas von dem inneren Ringen, das jemand mit seinem Licht und Schatten erlebt und nicht ganz bewältigt, nach aussen verlagert (H. Murray 1933; G. Allport 1954; R. Bühlmann 1971): Wenn ich mir nicht eingestehen will, dass mich meine eigenen Schwächen ärgern, dann kann es unbemerkt geschehen, dass ich diese Schwächen desto deutlicher im Gegner sehe und heftig an ihm bekämpfe. Die Aggression gegen den Schatten des Feindes ist die nach aussen geleitete Kraft, die eigentlich nach innen meinem eigenen Schatten gilt. Darum sind soziale Konflikte immer eine existentielle Herausforderung an unser Selbstbild. Wir können die Gelegenheit zu einer weiteren selbsterzieherischen Arbeit an unserem alltäglichen Ich und unserem Doppelgänger aufgreifen – oder wir können uns noch mehr auf unsere Schattenseiten fixieren. Viele unserer hier beschriebenen Interventionsmethoden greifen gezielt diese Aspekte auf.

Im folgenden Abschnitt sehen wir uns die seelischen Faktoren näher an, die im sozialen Konflikt eine grosse Rolle spielen.

2.3 Seelische Faktoren in sozialen Konflikten

Konflikte üben auf die meisten Menschen eine Wirkung aus wie ein Fluss im Gebirge: Wir geraten in den Strudel der Konfliktereignisse und merken plötzlich, wie uns eine Macht mitzureissen droht. Wir müssen all unsere Sinne wach halten und sehr überlegt handeln, damit wir uns nicht in eine Dynamik des Geschehens weiter verstricken, die über unsere Kräfte geht. Wie ist diese Wirkung der Konflikte zu erklären?

Wir haben eingangs Leib, Seele und Geist unterschieden. Nun müssen wir uns näher ansehen, was mit den verschiedenen seelischen Aspekten im Konflikt geschieht.

Konflikte beeinträchtigen unsere *Wahrnehmungsfähigkeit* und unser *Denk- und Vorstellungsleben* so sehr, dass wir im Lauf der Ereignisse die Dinge in uns und um uns herum nicht mehr richtig sehen. Es ist so, als würde sich unser Auge immer mehr trüben; unsere Sicht auf uns und die gegnerischen Menschen im Konflikt, auf die Probleme und Geschehnisse wird geschmälert, verzerrt und völlig einseitig. Unser Denk- und Vorstellungsleben folgt Zwängen, deren wir uns nicht hinreichend bewusst sind.

Auch unser *Gefühlsleben* wird stark beeinträchtigt. Wir werden zunächst sehr hin und her gerissen zwischen Verstehen und Ablehnung, Sympathie und Antipathie; bis sich dann starke Gefühle und Emotionen ausbreiten und fixieren, von denen wir uns später nur ganz schwer lösen können. Sie setzen sich in uns fest und gewinnen ein Eigenleben.

Ähnlich auffällig sind die Veränderungen in unserem *Willensleben*. Wir werden einseitig auf unsere vermeintlichen Interessen fixiert; mit jeder Aktion und Reaktion im Zuge der Konfliktaustragung werden in uns solche Seiten angesprochen, deren wir uns im grossen und ganzen gar nicht bewusst sind. Wir können dann zu unserem Erstaunen feststellen, dass wir imstande sind zu hassen, wie wir es von uns nicht für möglich gehalten haben. Und dass sich in unseren Aktionen Dinge entladen, die nicht zu unseren besten menschlichen Absichten gehören und die mit unseren sonstigen sittlichen Auffassungen nicht zusammenpassen.

All diese Veränderungen und Beeinträchtigungen wirken zusammen. Sie beeinflussen einander, verstärken sich gegenseitig und führen dazu, dass wir auf diese Weise die Kontrolle über uns selbst verlieren. Dies drückt sich dann in unserem äusseren Verhalten aus: Es wird aggressiver, zerstörerischer. Wir lösen durch Wort und Tat Wirkungen aus, die wir zumeist so gar nicht gewollt hätten.

Und all dies bewirkt nur, dass auch unsere Gegenparteien im Konflikt zu mehr Gewalt greifen, dass auch sie starrer und rücksichtsloser werden und uns noch mehr ärgern, reizen und bedrängen. Dadurch steigern wir einander in eine Eskalation des Konfliktes, die zuletzt so intensiv werden kann, dass wir uns dem Konflikt völlig ausgeliefert fühlen.

Die hier bereits angedeuteten seelischen Faktoren wollen wir jetzt näher betrachten. Wenn wir an uns diese Wirkungen erkennen und verstehen, werden wir fähig, sie wieder unter Kontrolle zu bekommen.

Die folgende schematische Abbildung (Fig. 2.2) zeigt diese Faktoren in ihrer gegenseitigen Verknüpfung.

Die ersten drei Faktoren (1) Perzeptionen, (2) Gefühle, (3) Wille wirken innerlich in uns. Unser Gegner im Konflikt kann sie aber entweder über die äusserlich sichtbaren Faktoren (4) Verhalten (d. h. in Wort und Tat) wahrnehmen, oder er kann über seine Gefühle und seine Intuition die äusserlich verborgene Wirklichkeit direkt erleben. Die Wirkungen unseres verbalen und nonverbalen Verhaltens werden als (5) Effekte für unsere Gegenpartei innerlich wie äusserlich erfahrbar: Der Gegner fühlt sich verkannt, abgewiesen oder negiert. Oder es tritt objektiv feststellbarer Schaden auf, weil Güter zerstört werden oder weil durch den Konflikt die Arbeit merkbar leidet bzw. weil Kunden den Betrieb meiden und dergleichen. Die Wirkungen können also subjektiver oder objektiver Art sein.

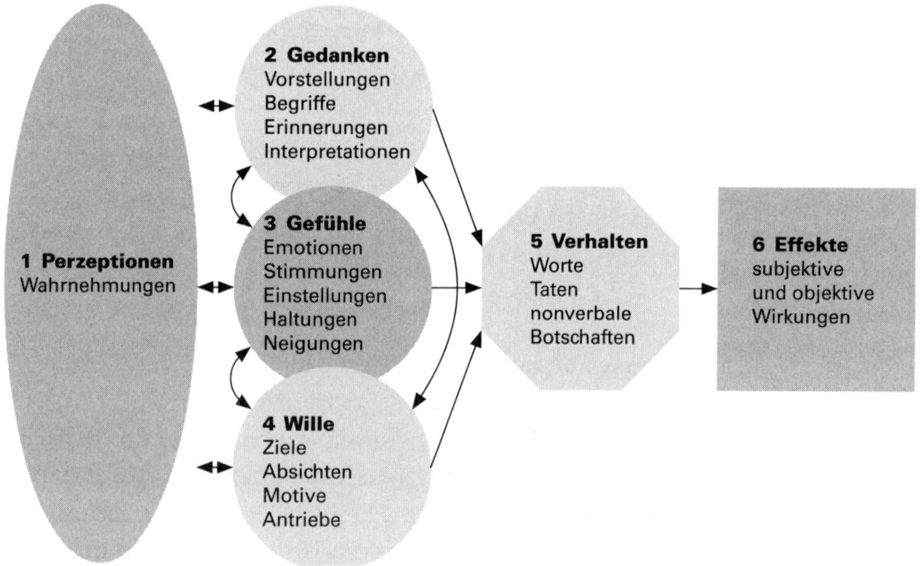

Fig. 2.2: Seelische Faktoren im Konflikt

2.3.1 Verzerrungen der Perzeptionen (1), des Denk- und Vorstellungslebens (2)

Im Laufe des Konfliktes beginnen wir, die Welt anders zu sehen und zu verstehen. Unser Blick verengt sich (R. White 1965) *zur selektiven Aufmerksamkeit:* Manche Dinge sehen wir besonders scharf, andere übersehen wir. Wir nehmen die Dinge sehr gut wahr, die für uns eine Gefährdung oder Bedrohung sein könnten. Wir erkennen direkt die ärgerlichen und störenden Eigenschaften und Verhaltensweisen unseres Gegners. Aber wir neigen dazu, dieselben Dinge an uns selbst zu übersehen, zu bagatellisieren oder zu verdrängen. Nach und nach wird unsere Wahrnehmung also gefiltert und verzerrt.

Eine besondere Form dieser selektiven Aufmerksamkeit ist eine auffällige *Einengung unserer Raum- und Zeitperspektiven.* Wir tun uns immer schwerer, viele und komplexe Dinge aufzunehmen, bei denen die Zusammenhänge recht kompliziert sind. Wir simplifizieren und reduzieren die Wirklichkeit zu einer einfachen und überschaubaren Konstruktion unserer Wirklichkeit. Diese legen wir uns zurecht, weil sie uns weniger verunsichert als die bestehende, vielschichtige Wirklichkeit. So zeigt sich, dass Menschen oder Gruppen im Konflikt unfähig werden, sich eine längere Zeitperiode konkret vorzustellen. Deshalb tritt *«kognitive Kurzsichtigkeit»* auf; und statt an die mittelfristigen Folgen unseres Tuns zu denken, konzentrieren wir uns nur auf das Heute und Morgen. Dadurch können sich fatale Situationen ergeben: Weil wir nur noch ans kurzfristige Behaupten denken, gefährden wir unsere langfristigen Überlebenschancen.

Genau so werden der *Konfliktstoff* und die *Konfliktgeschehnisse* einseitig und verzerrt wahrgenommen: Wir registrieren gar nicht, um welche Streitgegenstände es dem Gegner geht, weil wir nur unsere eigenen Konfliktpunkte im Kopf haben. Und wir machen uns ein lückenhaftes, unrealistisches Bild der Geschehnisse: Die Ursache der Verstrickungen wird mehr und mehr beim Gegner gesehen, während wir vielleicht genau so das eine oder andere Problem ausgelöst haben. Wenn die Konfliktparteien die Geschichte des Konfliktes erzählen, weichen meistens die Geschichtsbilder der verschiedenen Konfliktparteien in wesentlichen Punkten voneinander ab und werden in einer falschen Reihenfolge und Verknüpfung gesehen. R. Eckert und H. Willems (1992, S. 46 ff.) nennen dies nach dem systemischen Sprachgebrauch «differentielle Interpunktion von Ereignissen und die Attribuierung von Schuld». Diese verzerrten Bilder setzen sich fest und machen es den Konfliktparteien schwer, das laufende Geschehen korrekt wahrzunehmen.

Die stärkste Verzeichnung tritt in den *Bildern* auf, die wir *von uns selber* und *von der Gegenpartei* haben. Die beschriebene selektive Aufmerksamkeit bewirkt, dass wir auf Dauer nur noch ein schwarz-weisses Extrembild haben. Wir sehen uns selber als fair, gutwillig, konstruktiv usw., während wir die Gegenpartei mehr und mehr nur noch als schwierig, unsachlich, aggressiv, unzuverlässig usw. erleben. Wenn der Konflikt erheblich eskaliert, dann polarisieren sich die Selbst- und Fremdbilder so weit, dass wir dem Gegner schwere moralische Mängel zuschreiben und uns selbst als Vertreter des Guten sehen. Aus allen bereits beschriebenen Verzerrungsmechanismen der Perzeptionen ergeben sich also erhebliche Verallgemeinerungen und Pauschalisierungen, die sich als Vorurteile in uns (individuell und als Gruppe) festsetzen und die auch durch andere Wahrnehmungen nicht selbsttätig korrigiert werden können. Denn es haben sich im Vorstellungs- und Denkleben diese Bilder fixiert, so dass wir gar nicht mehr das wahrnehmen, was im Augenblick tatsächlich geschieht, sondern nur noch das, was wir meinen ohnedies schon zu wissen. Unser Vorstellen und Denken beeinflusst also das, was wir zu sehen glauben. R. Merton (1957) hat dies «self-fulfilling prophecy» genannt. Die Perzeptionen werden fixirt, Denken und Vorstellen erstarren und sind schwer veränderbar (siehe auch S. Frey 1999).

Die Konfliktparteien können die Welt nur noch so wahrnehmen, wie es ihren vorgefassten Meinungen entspricht. Es ist tragisch zu erleben, wie sich zwischen zwei Menschen diese verzerrten und fixierten Bilder geschoben haben, die gegenseitig den Blick auf die wirklichen Persönlichkeiten verstellen. In Wahrheit kämpfen gar nicht die beiden Parteien gegeneinander, sondern das Bild, das sich A von B gemacht hat, kämpft gegen das Bild, das sich B von A geschaffen hat. Und B tut dies gegenüber A ebenso.

Was bedeutet dies für Bemühungen der Konfliktbehandlung? Es geht einerseits darum, die *aufgetretenen Verzerrungen aufzuzeigen* und wo möglich zu *korrigieren.* Aber zusätzlich muss es auch gelingen, die psycho-sozialen *Mechanismen* zu *erkennen* und zu *verändern,* die zu den Verzerrungen der Perzeption geführt haben. Erst dann wird eine dauerhafte Entspannung möglich sein. Wo dies nicht gelingt, werden über kurz oder lang die unveränderten Perzeptionsmechanismen zu neuen Verzerrungen in den Wahrnehmungen, Vorstellungen und Gedanken führen, die Entzweiung bewirken.

2.3.2 Beeinträchtigungen des Gefühlslebens (3)

Hand in Hand mit den Veränderungen in den Perzeptionen gehen auch die Beeinträchtigungen im Gefühlsleben. Anfänglich tritt eine *erhöhte Empfindlichkeit* auf, die eine Haltung des beginnenden Misstrauens nährt: Kann ich mir der guten Absichten des anderen sicher sein? Werde ich nicht hereingelegt? Bin ich vielleicht zu gutmütig? Führt der Gegner etwa mehr im Schilde? Dies bewirkt zunächst Unsicherheit. Wir erleben recht unterschiedliche, widersprüchliche und auch gegensätzliche Gefühle in uns: Einerseits spüren wir Achtung und Respekt für den Gegner – andererseits kommt in uns auch Respektlosigkeit auf, die zur Verachtung anwachsen kann. Wir spüren Sympathie und dann wieder Antipathie, Nähe und Verbundenheit und dann wieder Distanz und Ablehnung. Diese Periode der *ambivalenten Gefühle* ist eine Zerreissprobe, die nur wenige lang durchhalten. Denn das Bedürfnis nach einhelligen, eindeutigen Gefühlen ist zumeist weit stärker als die Fähigkeit, ständig mit Ambivalenz, Widerspruch und Gegensatz in den Gefühlen zu leben. Deshalb kommt im Zuge der Konflikteskalation schnell eine Phase, in der die Mehrdeutigkeit der Gefühle der *Eindeutigkeit,* der *«Monovalenz»* weichen muss: Wenn Sympathie und Antiphatie nicht gleichzeitig in uns Platz haben, dann muss das eine Gefühl dem anderen radikal weichen.

So besteht im Konflikt eine starke *Tendenz, Polaritäten* in uns – die ja immer gleichzeitig Leben und Spannung zur Folge haben – aufzuheben, indem sie getrennt, d.h. polarisiert werden. In normalen Lebenssituationen wird der Gefühlsreichtum gerade durch das Vorhandensein von Polaritäten geprägt: Shakespeare lässt in vielen Theaterstücken neben dem tragischen Helden den Narren auftreten. Wegen der liebevollen Zuwendung für den Helden wird die Abneigung gegenüber dem Intriganten noch heftiger erlebt. Die Gefühle leben also rhythmisch in diesem Kosmos der Polaritäten. Wo diese polaren Gefühle der Einseitigkeit weichen, tritt an die Stelle des lebendigen Rhythmus die Erstarrung und Fixierung, der Krampf und schliesslich der seelische Tod. Es breitet sich unter dem Panzer der Unempfindlichkeit eine tödliche Gefühlskälte aus. Dadurch verlieren wir als Konfliktparteien die Beziehungen zueinander. Wir fallen in isolierte Individuen oder Gruppen auseinander. Es wird dann schwer, sich gegenseitig in die Gefühlsregungen des andern einzuleben (Fig. 2.4).

Um der Überempfindlichkeit zu begegnen, *kapseln sich die Parteien gegenseitig ab.* Nach aussen sind sie dann nicht mehr so verwundbar und verletzlich – aber nach innen steigert sich die Empfindlichkeit noch mehr. Damit werden die Fähigkeiten des Fühlens ihrem Zweck und Sinn entfremdet: Gefühle helfen uns nicht mehr, zum Innenleben des andern zu finden, um auf diese Weise miterleben und wahrnehmen können, sondern wir *verlieren die Fähigkeit der Empathie,* d.h. des Einfühlungsvermögens. Unsere Gefühlswahrnehmung wird dann in der Hauptsache übersteigerte Selbstwahrnehmung. In fortgeschrittenen Konflikten tritt dadurch eine Art des *«sozialen Autismus»* auf (T. Newcomb 1947) und das heisst, dass ähnlich einem autistisch gestörten Einzelmenschen keine Möglichkeit mehr besteht, die eigene seelische Stimmung durch Aussenwahrnehmungen zu korrigieren, da man nur noch die eigenen Stimmungen wahrnimmt und sie im Wahrnehmen noch selbst weiter verstärkt: Weil wir meinen, dass schlechtes Wetter sei, sind wir betrübt; dieses Betrübnis nehmen wir wahr, wie wenn das Wetter noch

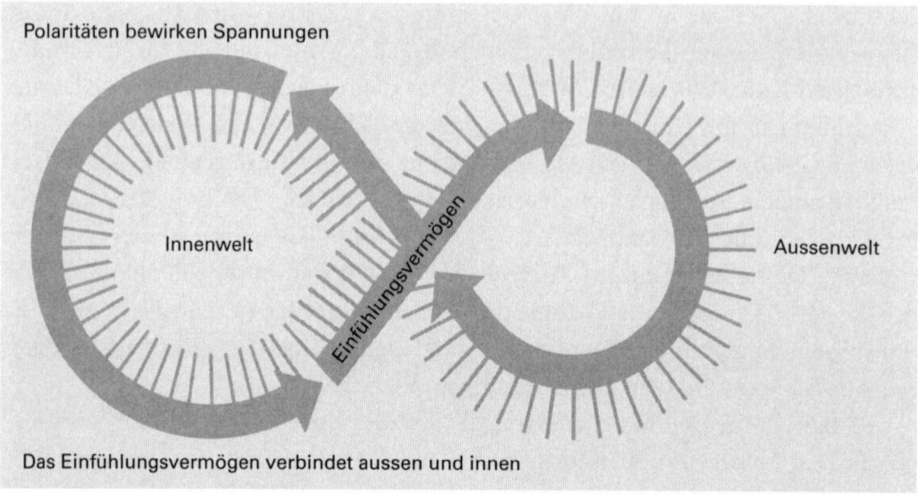

Fig. 2.3: Seelische Faktoren im Konflikt

schlechter wäre. Wir meinen zwar, das Wetter wahrzunehmen, aber in Wahrheit nehmen wir nur unsere Stimmung wahr und halten diese für das Wetter. Und jetzt geht der Selbstverstärkungsmechanismus weiter: «Weil das Wetter ja so miserabel ist, stimmt uns das noch mehr traurig!» – Und wenn wir danach aus dem Fenster schauen, nehmen wir unsere gesteigerte Betrübnis als abermalige Verschlechterung des Wetters war, und das macht uns wieder so unendlich trübsinnig...

So werden wir Gefangene unseres Innenlebens! Und das Fatale daran ist, dass wir dieses «selbstgemachte Wetter» der Umgebung, dem anderen zuschreiben!

Was wir hier im Gefühlsleben beschreiben, entsteht in innigem Zusammenwirken mit den Perzeptionen und mit den Willensregungen, die wir gleichzeitig wahrnehmen.

Ein intaktes Einfühlungsvermögen (Empathie) verbindet uns lebendig mit der Aussenwelt. Wir leben im Rhythmus von Einatmen und Ausatmen, Aufnehmen und Ausdrücken. Innen und Aussen sind eine Polarität, durch die Erleben und Selbstbewusstsein erst möglich werden (siehe Fig. 2.3).

Wenn wir uns nach aussen abschirmen und isolieren, kapseln wir uns innerlich auch gegenüber Polaritäten ab: Pole werden als Dualitäten erlebt, die unvereinbar sind; die Pole werden voneinander getrennt gesehen (Fig. 2.3), sie werden polarisiert und führen zu Rigidität, Intoleranz, Starrheit, egozentrischen Einstellungen, Krampf und Zerstörung.

Diese polarisierten Gefühlsabkapselungen schnüren uns von der Welt ab; wir verlieren uns in unserer geschlossenen Innenwelt und verlieren so uns selbst, weil wir nur im Dialog mit der Aussenwelt unser Selbst verwirklichen können. Was lässt sich daraus für die Konfliktbehandlung ableiten?

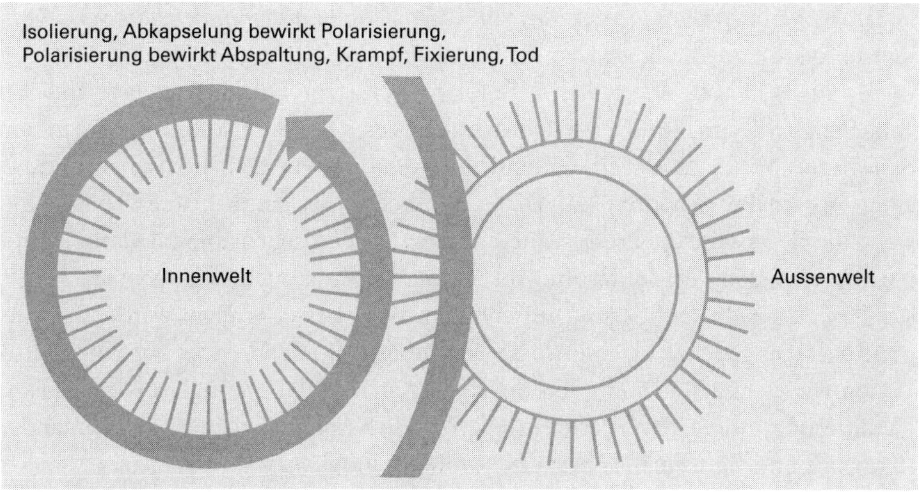

Fig. 2.4: Polarisierung von Innenwelt und Aussenwelt: Abkapselung

Zunächst wird es darum gehen, den Konfliktparteien wieder zum Erkennen ihrer Gefühle zu verhelfen: d.h. wie sie mit polaren, widersprüchlichen und gegensätzlichen Gefühlen umgehen, welche Auswirkungen dies auf ihr seelisches und körperliches Befinden hat. Sie müssen also wieder in einen Dialog zu ihrer Gefühlswelt treten. Erst danach kann damit begonnen werden, dass die Konfliktparteien gegenüber ihren Gegnern wieder Öffnung, Zuwendung, Interesse und positive Gefühle und Einstellungen zulassen und durch äusseres Verhalten in die Tat umsetzen. Interventionen in bezug auf die Gefühle und Einstellungen sind jedoch erfahrungsgemäss weit schwieriger und langwieriger als Konfliktlösungsbemühungen, die bei den Perzeptionen oder beim äusseren Verhalten ansetzen.

2.3.3 Korrumpierungen des Willenslebens (4)

In Konflikten erleben wir: Was wir denken oder wollen wird von anderen nicht bereitwillig aufgegriffen. Wir stossen auf Unverständnis, Ablehnung oder Widerstand. Nach kurzer Zeit wird sich die Frage stellen, ob wir nachgeben und uns zurückziehen, oder ob wir «jetzt erst recht» entschlossen sind, unseren Willen durchzusetzen. Wenn wir uns zum Beharren und Durchsetzen entscheiden, dann tritt auch im Willensleben *Erstarrung und Fixierung* auf. Wir werden weniger flexibel. Mehr und mehr kommen wir zur Auffassung, dass es nur wenige Alternativen gibt, unsere Absichten zu verwirklichen (P. Gerritsen/L. Kouwenhoven 1981). Wenn wir vor dem Konflikt zahlreiche Alternativen des Wollens und Handelns gesehen haben, so engt sich unser Wollen jetzt ein auf einige wenige Möglichkeiten. Bei weiterer Eskalation gilt später nur noch: Entweder dies oder nichts!

Im weiteren Verlauf werden *Ziele und Mittel direkt miteinander starr verknüpft;* und über kurz oder lang werden die Mittel mit den Zielen gleichgesetzt. Dadurch wächst die Starrheit. Wir wollen z. B. für eine erlittene Beleidigung vom anderen volle Rehabilitierung und versteifen uns gleichzeitig auf eine bestimmte Form (ein bestimmtes Mittel dazu): Eine öffentliche Erklärung vor dem Fernsehen und bei einer grossen Pressekonferenz! «Dies oder nichts», ist dann unsere Devise. Und wenn die Gegenseite die Pressekonferenz bzw. das Fernsehen ablehnt, dann kämpfen wir verbissen gerade darum. Aber wir fragen uns nicht, ob nicht das angestrebte Ziel der Rehabilitierung auf anderem Wege besser erreicht werden könnte, ohne dass dies gleichzeitig eine grosse Demütigung für den Gegner zur Folge hätte. Wären wir nicht schon so in den Konflikt verstrickt, dann könnten wir Ziel (Rehabilitierung) und Mittel (Fernsehen) gedanklich und willensmässig voneinander trennen. Dann wäre eine Lösung des Konfliktes möglich.

Wenn im Laufe der Auseinandersetzungen in einem Konflikt gegenseitig ein Schlagaustausch erfolgt, dann können wir mit Angriffen oder Beschuldigungen den Gegner sehr verletzen. Dies spricht dann *tiefere Gefühlsregionen* in ihm an, es kommt zu grosser Wut, zu Entrüstung und Zorn – und diese Emotionen öffnen den Zugang zu noch tieferen Regionen in unserem Willensleben: *Triebe und Begierden* werden wachgerüttelt, die dann mit einer tierischen Urgewalt ins Soziale hereinbrechen können. Dadurch kommt eine Kraft und ein Mass an Gewalt in die Konflikthandlungen, die wir vielleicht von uns selber gar nicht kennen. Im unterbewussten Triebleben liegt dann eine Kraft grosser Zerstörungsfähigkeit. Sie kann in uns aufbrechen und uns so mitreissen, dass wir erst dann, wenn der Zorn wieder verraucht ist, mit Schrecken erkennen, was da durch uns gewirkt hat und was es angerichtet hat. Dann können wir im Konflikt sagen: «Wir sind nicht mehr das, was wir sein wollen!» Etwas Mächtiges hat uns erfasst und mitgerissen.

Ähnlich wie im Denken und im Fühlen können auch im Wollen tiefere Schichten unserer Persönlichkeit provoziert werden, die nicht zum heutigen Grad unserer Entwicklung und Reife passen, sondern die vielleicht charakteristisch waren für die Phase unserer Adoleszenz, oder noch weiter zurück: unserer Pubertät, der Schulzeit oder des Kleinkindalters. Dies kommt dann an die Oberfläche und beherrscht das Geschehen. In der Psychologie wird dies als «Regression», d. h. als Rückgriff auf vorherige Entwicklungszustände bezeichnet (R. und J. Likert 1975). Diese Regression kann in unserer bisherigen Biographie zu einem Rückfall in das Willens- und Triebleben bereits überwundener Lebensphasen führen. Aber es ist darüber hinaus noch möglich, dass wir eine Regression sozusagen in Phasen der Menschheitsentwicklung erleben, indem wir uns nach dem Muster einer Stammeskultur der Vorzeit verhalten; ja noch mehr, dass wir in ein tierisches Begierden- und Triebleben verfallen, das nicht mit menschlichen Sittlichkeitsvorstellungen zu beurteilen ist.

All dies kann bei Konflikten Schritt für Schritt geschehen. Letztlich ist es uns nicht mehr wichtig, ob wir durch den Konflikt noch etwas gewinnen, sondern wir haben nur noch die einzige Absicht, den anderen zu verletzen, materiell zu schädigen oder geistig, seelisch und körperlich zu vernichten. Dann hat die Radikalität unseres Willenslebens ihren Tiefpunkt erreicht.

Die Konfliktbehandlung muss auf vielfältige Weise beim Wollen ansetzen: Es geht darum, bewusstes und unbewusstes Wollen gleichermassen sichtbar zu machen. Die Konfliktparteien müssen dann dazu ermutigt werden, sich der Wirklichkeit der tieferen destruktiven Schichten in ihrem Willensleben zu stellen und sie nicht einfach zu leugnen oder zu verdrängen. Des weiteren kann mit Konfliktlösungsmethoden versucht werden, die verhängnisvolle Koppelung von Zielen und Mitteln wieder aufzulösen, um auf diese Weise neue gegenseitige Zugeständnisse zu ermöglichen. – In der Regel sind solche Methoden direkt mit dem Behandeln des äusseren Verhaltens und dem Aufzeigen der Folgewirkungen verknüpft.

2.3.4 Veränderungen im äusseren Verhalten (5)

Alle drei bereits beschriebenen Faktoren wirken hauptsächlich innerhalb der Seele einer Konfliktpartei. Im äusseren Handeln werden sie zum Teil sichtbar und erlebbar und lösen somit wieder Reaktionen der Gegenpartei aus. Das Verhalten wird also weitgehend von den Perzeptionen und Gedanken, von den Gefühlen und vom Wollen der Handelnden geprägt. Dazu kommt noch, inwieweit wir geschickt oder ungeschickt sind, ob auch in anderen Lebenssituationen eine grosse Diskrepanz zwischen unserem Denken und Tun, zwischen Gefühlen und Äusserungen, zwischen Wollen und Verwirklichen besteht. Im Konfliktverlauf ist die Tendenz wirksam, dass bereits vorhandene Unstimmigkeiten bzw. Diskrepanzen noch weit grösser werden.

Im äusseren, verbalen und nonverbalen Konfliktverhalten drücken sich die inneren Faktoren in gegenseitiger Durchmischung aus. Das Verhalten wird von allen geprägt – und doch ist es kein eindeutiger Ausdruck eines dieser Faktoren. Dadurch fällt es uns im Konflikt auch so schwer, uns am Verhalten des anderen ein klares Bild dessen zu verschaffen, was im anderen vor sich geht.

Unsere Erfahrung hat uns gezeigt, dass wir im Konflikt gar nicht mehr die ansonsten vorhandene Vielfalt unserer Verhaltensweisen zeigen und nutzen können, sondern dass wir uns allmählich auf einige wenige einengen. Es tritt eine *Verarmung im Verhalten* auf. Überdies werden dann die verbliebenen Verhaltensweisen zu *stereotypen und fixierten* Verhaltens*mustern*. Die Konfliktgegner kennen diese dann gegenseitig schon so gut, dass sie ziemlich genau vorhersagen können, wie der Feind auf eine gegebene Situation reagieren werde. Hier wirken die Filter in der Perzeption mit den stereotypen Ausformungen von einigen wenigen Verhaltensmustern Hand in Hand! Bei Konflikten fliessen in das äussere Verhalten in der Regel 8 verschiedene Funktionen bewusst wie auch unbewusst zusammen (s. Fig. 2.5):

1. Der Inhalt

Inhalt und Anliegen, um die es uns bei einer Äusserung vordergründig geht. Aber gleichzeitig klingen mit der inhaltlichen Äusserung – in unserer Wortwahl, im Ton, in Hand- und Gesichtsausdruck usw. – auch noch 7 weitere Funktionen mit, die wir kurz folgendermassen umschreiben können (Fig. 2.5):

Wir können diese Funktionen, die *gleichzeitig* in *einer* Handlung zum Ausdruck kommen mögen, an einem Beispiel verdeutlichen: In einer Druckerei kam es zu einem wilden Streik, weil nach einer ersten Automatisierungswelle nun eine zweite drohte, die wieder einige Arbeitsplätze kosten würde. Nach einem unbedeutenden Zwischenfall zwischen dem Betriebsleiter und einem Meister, bei dem der Meister mit fristloser Entlassung bedroht wurde, weigerten sich die Arbeiter einer Schicht, die Arbeit fortzusetzen, wenn sich der Betriebsleiter nicht beim Meister entschuldigen und ihn wieder in den Betrieb zurückbitten werde. Die spontane Streikführung stürmte in das Büro des Direktors und der Wortführer schrie in aufgebrachtem Ton: «Jetzt reicht es! Wir werden immer von der Leitung überfahren und ungerecht behandelt! Wir wollen uns nicht behandeln lassen, als wären hier wir der letzte Dreck! Ihr müsst jetzt fühlen, dass wir uns nicht alles gefallen lassen. Der Meister kommt sofort zurück, oder es gibt noch mehr Stunk!» Und ohne eine Antwort des Direktors abzuwarten, machte die Delegation kehrt, knallte die Tür des Direktionsbüros zu und berief eine Versammlung ein, wobei es zu gröbsten Schimpftiraden über die Firmenleitung kam.

Mit diesem Ausbruch der Streikdelegation werden die folgenden Funktionen – mehr oder weniger bewusst oder unbewusst – angesprochen:

2. Selbst-Image-Funktion

Die Streikenden bringen ihrem Gegner zum Ausdruck, wie sie sich selber sehen und wie sie auch vom Gegner gesehen werden wollen: Als mutige, entschlossene, kämpferische Gruppe, die missachtet und unterschätzt worden ist usw. Damit wollen sie vielleicht dem Direktor zu verstehen geben, dass er sein Bild von ihnen wesentlich korrigieren müsse.

3. Gegner-Image-Funktion

Gleichzeitig lassen sie durchblicken, welches Bild sie sich vom Gegner gemacht haben: Sie sehen die Leitung als rücksichtslos, überheblich nur auf Profit ausgerichtet und dergleichen.

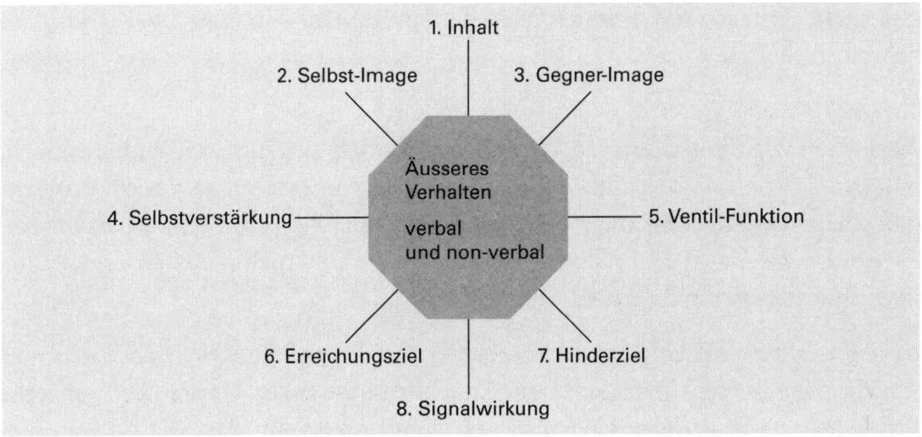

Fig. 2.5: Die 8 Funktionen des Konfliktverhaltens

4. Selbsverstärkungs-Funktion

Nachdem die Arbeiter – nach ihrem Eindruck – einige Zeit missachtet worden sind und jetzt endlich für ihr Recht kämpfen, treten sie sehr heftig auf, um sich selber Mut zuzusprechen. Sie beweisen sich gegenseitig, dass sie nicht feige oder nachgiebig sind, sondern ihr Recht einfordern. Und sie brauchen vielleicht gerade nach den bisherigen Erfahrungen diese Selbstverstärkung, damit sie nicht abermals zu Verlierern werden.

5. Ventil-Funktion

Abgesehen von den übrigen Zwecken, die dieser Ausbruch bewusst und unbewusst verfolgt, geht es den Arbeitern darum, sich einfach Luft zu machen. Der Dampfkessel stand schon zu lange unter Druck und der muss jetzt heraus, bevor noch mehr kaputt geht! Sie schreiten zur Aktion, um etwas von dem Überdruck los zu werden. Das ist an sich schon eine wichtige Funktion für sie.

6. Erreichungsziel-Funktion

Sie wollen durch dieses Auftreten einerseits erreichen, dass ihr Meister in Amt und Würden zurückkehren kann, überdies auch, dass sie als Verhandlungspartner ernst genommen werden und dass sie für das erlittene Unrecht entschädigt werden. Darum stellen sie ihre ultimativen Forderungen.

7. Hinderziel-Funktion

Die Arbeiter wollen einerseits ihre Forderungen durchsetzen, andererseits geht es ihnen auch darum, die Führung des Unternehmens am Durchsetzen einseitiger Unternehmensinteressen zu hindern: Dies soll eine Lehre für die Führung sein, es soll ihr schwer gemacht werden, sich über die Interessen der Arbeiter hinwegzusetzen; die Führung soll – aus der Sicht der Streikenden – in ihrer Überheblichkeit gebremst werden.

8. Signal-Funktion
Abgesehen von den erwähnten Wirkungen erhoffen sich die Streikenden einfach, dass die Geschäftsleitung aufhorcht und zur Kenntnis nimmt, dass es ein Problem gibt. Denn dies scheint von der Führung nicht so richtig registriert worden zu sein. Es soll also die Alarmglocke läuten! Dann kann die Unternehmensführung die Anliegen der Arbeiter nicht länger negieren.

In der konkreten Konfliktsituation geht es der einen Partei vielleicht vor allem um die Signal- und Ventilfunktion! Das übrige ist unter Umständen zunächst für sie gar nicht wichtig. Und nun geschieht es sehr oft, dass die Gegenpartei intuitiv wahrnimmt, dass es in erster Linie um die Hinderfunktion oder um das Gegnerimage geht. Und weil sie dies so auffasst, reagiert sie auf das Verhalten entsprechend. Dies hat schlimme Folgen, weil sich jetzt die andere Seite in ihrem Hauptanliegen falsch verstanden fühlt und noch stärker das Bedürfnis hat, Signale zu setzen und ihren gestauten Unmut zu ventilieren. – Auf diese Art können beide Parteien mehr und mehr aneinander vorbei agieren; auf beiden Seiten wächst der Ärger, mit jeder Aktion und Gegenaktion frustrieren sie einander noch mehr. Dies ist ein fataler Eskalationsprozess.

Für die Konfliktlösung ist es deswegen besonders hilfreich, wenn wir annähernd verstehen, welche der 8 Funktionen – und vielleicht mehrere miteinander verknüpft – das Grundanliegen der einen Partei ist, und wie dies die andere Partei auffasst und beantwortet. Es fördert schon die Entspannung, wenn wir einer Konfliktpartei zu verstehen geben, dass wir den Kern ihres Anliegens erkennen und respektieren!

Konfliktbehandlung kann danach auf vielfältige Weise beim Verhalten der Konfliktparteien ansetzen: Es kann verändert werden, durch Training kann eine bessere Deckung von Intention und Verhalten erreicht werden und dergleichen mehr.

2.3.5 Effekte des Konfliktverhaltens (6)

Meine Perzeptionen, Gedanken, Gefühle und Absichten fliessen im äusseren Verhalten zusammen und lösen bestimmte Wirkungen für meine Gegenpartei aus:

a) *subjektive Effekte,* weil sie sich beleidigt, missverstanden, abgewiesen fühlt usw.; weil sie sich in ihrem negativen Bild von mir bestätigt fühlt; weil dies alles zu radikaleren Gegenabsichten führt usw. Und dadurch greift mein Streitpartner zu Gegenmassnahmen, die wiederum mich bestürzen, verärgern und blockieren.

b) *objektive Effekte* treten zusätzlich auf, weil ich durch meine Aktion vielleicht Sachschaden angerichtet habe, oder weil durch Störaktionen bei Kunden etwa eine Geschäftsschädigung auftreten kann...

Als Akteure verlieren wir schnell den Blick für die Auswirkungen auf unseren Gegner. Denn wir sind viel zu sehr mit dem eigenen Überleben beschäftigt, wir werden ständig durch unser aufgebrachtes Innenleben (Perzeptionen, Vorstellungen und Gedanken; Gefühle und Emotionen; bewusste und unbewusste Absichten) bedrängt. Aber wenn wir durch eine Vehaltensweise des Gegners gekränkt und geschädigt worden sind, dann ziehen wir den Täter dafür voll zur Rechenschaft – gleichgültig ob der Effekt jetzt gewollt war oder nicht. Es interessiert mich nicht, dass mein Gegner erklärt, er habe nur einen Schneeball auf mich werfen wollen – wenn daraus eine Lawine geworden ist, die mein Haus zertrümmert hat, dann ziehe ich den Gegner für die Zerstörung meines Hauses voll zur Verantwortung. Mein Gegner wird sich jedoch dagegen verwehren, weil dies nicht seine Absicht gewesen sei.

Mit anderen Worten: Zwischen unserem Wollen und den Wirkungen des Tuns kann eine grosse Diskrepanz auftreten. Ich habe mein Verhalten nicht 100 % unter Kontrolle. Vielleicht habe ich im Unterbewusstsein gehofft, dass der Schaden grösser sein möge – aber es war nicht meine bewusste Absicht gewesen.

Dadurch eskalieren Konflikte noch mehr. Sie führen zu solchen *«dämonisierten Zonen»*: Ich tue meinem Gegner Dinge an, deren Wirkung nicht mit der bewussten Absicht identisch ist. Und mein Gegner schlägt auf eine Art zurück, die auch mich mehr schädigt als dies dem Bewusstsein und Wollen des Gegners entspricht. So wächst ein Bereich des Handelns und der Wirkungen, für den der Beschuldigte die Verantwortung abweist. Dies ist in einem Schema (Fig. 2.6) verdeutlicht.

A. Hugo Becker und H. Becker (2000, S. 126) weisen auf den zunehmenden Realitätsverlust der Konfliktparteien hin, u. a. weil das Sachproblem in den Hintergrund tritt und Nebenkriegsschauplätze eröffnet werden, weil die verletzten Gefühle in den Vordergrund treten, weil die Unterlegenen ihre Wut an Schwächeren auslassen usw.

Für die Konfliktbehandlung ergibt sich daraus vor allem das folgende: Die Konfliktparteien müssen darin unterstützt werden, sich gegenseitig mit den Folgen ihres Tuns auseinander zu setzen. Dann können die Unterschiede zwischen Wollen und Wirkungen erklärt und geklärt werden. Das heisst, das die Konfliktparteien zuerst ihre Perzeptionen der Wirkungen ihres Handelns darstellen werden. Danach können Emotionen und bewusstes wie unbewusstes Wollen angesprochen werden. Diese Klärungsbemühungen werden den Betroffenen letztendlich helfen, die im

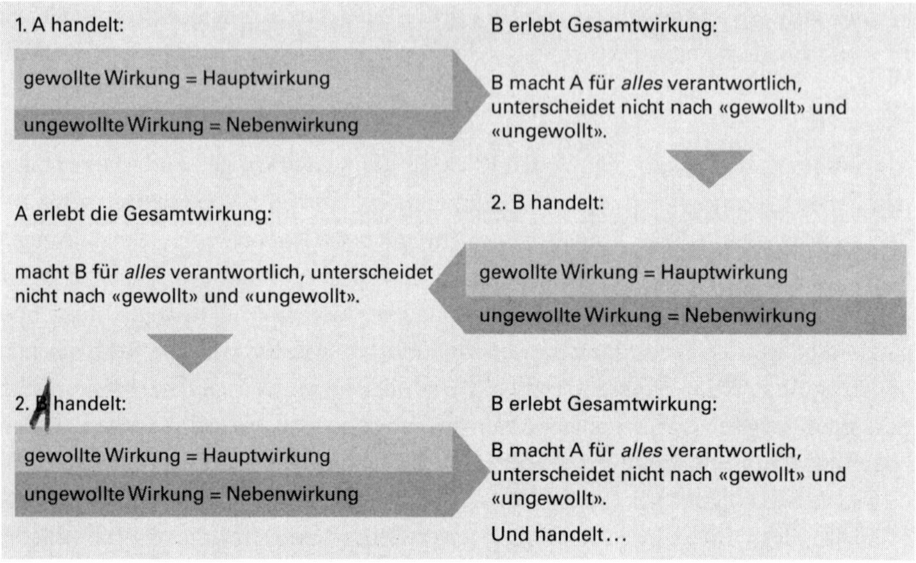

Fig. 2.6: Wie die dämonisierte Zone entsteht

Konflikt aufgetretenen Diskrepanzen aus eigener Kraft wieder zu überwinden. Konfliktlösung verhilft somit zur Verstärkung der Selbstlenkung und Selbstkontrolle der Konfliktparteien.

3. Typologie von Konflikten

3.1 Übersicht über die wichtigsten Systematisierungsversuche

Es gibt zahlreiche Bemühungen, Typen von Konflikten zu unterscheiden, die für die Theoriebildung oder für die praktische Konfliktbehandlung nützlich sein sollen.

Die bestehenden Typologien von Konflikten zu vergleichen und eventuell in eine umfassende Systematik einzuordnen ist jedoch schwierig, weil die Autoren von sehr unterschiedlichen wissenschaftlichen Disziplinen aus denken und handeln. Ökonomen wie K. Boulding, Politologen wie K. Deutsch und Soziologen wie G. Simmel, Psychologen wie K. Lewin und Psychiater, z. B. H.-E. Richter, aber auch Spieltheoretiker wie Th. Schelling oder A. Rapoport haben ganz wesentliche Beiträge zur Systematisierung geliefert. Mangels einer von allen als umfassend anerkannten Wissenschaftstheorie gehen die Systematisierungen noch von sehr unterschiedlichen Erkenntnisvoraussetzungen aus. Dazu kommt, dass die Blickwinkel von Theoriebildung und praktischer Anwendungen ebenfalls sehr unterschiedlich sind. So bestimmt die Theorie-Orientierung von A. Rapoport oder R. Dahrendorf deren Typologie, während andererseits R. Walton oder R. Blake Interesse an einer Typologie haben, die für die Interventionen in Konfliktsituationen praktische Kriterien liefern kann.

Noch unterschiedlicher sind die Gesichtspunkte zur Typenbildung selbst, nach denen die Autoren ein und denselben Konflikt analysieren, deuten und beeinflussen wollen, weil es noch lange keine umfassende Theorie über die gesellschaftlichen Dimensionen und Strukturen, über zwischenmenschliche Verhältnisse und über den Menschen und seine Natur gibt, die allgemein anerkannt wird.

Ein Vergleich bestehender Typologien wird noch durch den Umstand erschwert, dass verschiedene Autoren mehrere Kriterien gleichzeitig anwenden, die sich mit denen anderer Autoren in vielen Punkten überschneiden.

Schliesslich bleibt das Problem bestehen, dass eine Typologie vielleicht theoretischen Ansprüchen genügen könnte, dass sie jedoch wegen ihres Abstraktionsniveaus für die praxisorientierten Fachleute vielleicht keine Anknüpfungspunkte mehr liefert.

Soweit dies zum besseren Verständnis unserer eigenen Systematisierungsbemühungen notwendig ist, sollen hier einige der häufigsten Typologien in groben

Zügen dargestellt werden. Dazu ordnen wir sie in einen sehr groben Rahmen ein, der drei Haupt-Gesichtspunkte zum Ausgangspunkt der Typenbildung nimmt:

1. Konflikte nach unterschiedlichen *Streitgegenständen*,
2. unterschiedliche *Erscheinungsformen* der Auseinandersetzung,
3. Konflikte nach Merkmalen der *Konfliktparteien*, ihrer Position und wechselseitigen Beziehungen.

Bei zahlreichen Kategorien bleibt dann die Zuordnung im folgenden immer noch strittig. Sowohl theoretisch wie praktisch überlappen sich verschiedene Formen und überschneiden sich die Gesichtspunkte der Systematisierung. Aus diesem Grund gehen wir in unserem Ansatz von anderen Typengesichtspunkten aus.

3.1.1 Konflikte nach Streitgegenständen

Viele Konflikttheoretiker haben Konflikte nach der Art des Streitgegenstandes einzuteilen versucht. Der Streitgegenstand kann hierbei von den Konfliktparteien ausdrücklich bezeichnet worden sein; es ist aber auch möglich, dass er – den Parteien nicht bewusst – als Konfliktursache oder Auslöser gewirkt hat; oder dass er das Ziel der Auseinandersetzung, den begehrten Preis des Kampfes darstellt. Dazu einige Beispiele: G. Simmel (1908), später im Anschluss an ihn C. Kerr (1954), L. Coser (1956) und andere Autoren unterscheiden Konflikte als *«realistic»* und *«non-realistic»*. *«Realistische»*, von H. Krysmanski (1971) auch *«echt»* genannte Konflikte, haben deutliche, objektive Streitpunkte zum Gegenstand, z. B. die Verteilung von Einkommen oder Gewinn, die Änderung eines Gesetzes oder einer Massnahme der Regierung. *«Non-realistic»* bzw. *«unechte»* Konflikte haben eigentlich nur sehr unbestimmte, bzw. wechselnde oder überhaupt keine ausserhalb der Gegenpartei gelegenen Streitpunkte zum Inhalt, sondern den Charakter, die Einstellung und Verhaltensweisen der Parteien selbst.

Ähnlich ist die Unterscheidung von H. Guetzkow und J. Gyr (1954) in *«substantielle»* Konflikte, bei denen es um Sachfragen geht, die deutlich erkennbar sind, und *«effektive»* Konflikte, bei denen sich der Konflikt um die störenden Eigenschaften oder Verhaltensweisen der Konfliktparteien dreht. Für solche Konflikte, in denen nicht objektive Streitfragen, sondern die Beziehungen der Parteien selbst die primäre Konfliktquelle darstellen, hat C. Kerr (1954) die Bezeichnung *«induzierte»* Konflikte geprägt. Diese Einteilung legt R. Walton (1969) seiner Arbeit zugrunde. Ihm schliessen sich auch W. Mastenbroek (1976, 1981) und andere Autoren an. Nach der Meinung der Autoren führen diese unterschiedlichen Konfliktursachen auch zu unterschiedlichen Erscheinungsformen und legen darum unterschiedliche Behandlungsweisen nahe.

Die Typenbildung von K. Boulding (1962) baut einerseits auf Merkmale der Parteien, andererseits auf der Art des Streitgegenstandes (ähnlich B. Rüttinger 1980) auf und unterscheidet dann u.a. ökonomische Fragen, Rechtsfragen, ideologische und andere Konfliktgegenstände und dergleichen.

Die Unterscheidung zwischen *Wert-Fragen* und *Interessen-Streitigkeiten* ist eine der wichtigsten Grundlagen der Systematik von J. Bernard (1957) und V. Aubert (1963 und 1972). Aubert schreibt den Interessenkonflikten einen anderen Konfliktverlauf zu als den Wertkonflikten. Die Parteien eines Interessenkonfliktes erkennen dem Streitobjekt grossen Wert zu; sie haben ähnliche Ziele und Bedürfnisse. Sobald der Konfliktgegenstand jedoch ein unteilbares oder beschränkt verfügbares Gut ist, werden die Konfliktparteien in bezug darauf zu Konkurrenten. Konfliktlösung durch eine Kompromissformel ist dann möglich. Ein Wertekonflikt hingegen führt auch zum Dissens über die Bewertung eines Gutes; ein Kompromiss zwischen den Bewertungssystemen erscheint den Konfliktparteien zumeist als «Schändung der Wahrheit». Damit verwandt ist die in den «industrial relations» gebräuchliche Unterscheidung in *Rechtsstreit* vs. *Interessenstreit* (O. Kahn-Freund 1969), die sich jedoch mit dem Gesichtspunkt der Form der Konfliktregelung überschneidet.

L. Ephron (1961), L. Coser (1956) und auf beiden weiterbauend L. Pondy (1967 und 1969) nehmen u.a. die Zielsetzung der Konfliktparteien zum Kriterium. In der Folge unterscheiden sie Konflikte, die eine Änderung der Gesamtorganisation oder Gesamtgesellschaft anstreben, und nennen sie *«strategische»* Konflikte oder *«prinzipielle Spaltungen»* oder *«strukturorientierte»* Konflikte. Im Gegensatz dazu stehen Konflikte, die den Gesamtrahmen der Organisation von der Auseinandersetzung ausklammern und nur konkrete Fragen zwischen den Konfliktparteien zum Gegenstand haben; diese werden entweder als *«Friktionen»* oder als *«Issue-Konflikte»* bezeichnet.

Ob sich der Konflikt auf Fragen der *Zielsetzungen* zwischen den Parteien oder auf Differenzen in der Wahl der geeigneten *Mittel* zur Zielverwirklichung bezieht, wird u.a. von G. Marwell (1966) und M. Pedler und M. Leary (1978) zum Kriterium genommen.

3.1.2 Konflikte nach ihren Erscheinungsformen

Diese Unterscheidungen gehen von der Beobachtung aus, dass sich Konflikte auf sehr verschiedene Arten entfalten können, auch wenn ihnen ein und dieselbe Ursache bzw. dieselbe Veranlassung und ein identischer Konfliktgegenstand zugrunde liegen sollte.

Eine sehr gängige Unterscheidung ist die zwischen «*latenten*» und «*manifesten*» Konflikten, wie z.B. von R.Dahrendorf (1958) und L.Pondy (1967). Von latenten Konflikten wird dann gesprochen, wenn zwar in der objektiven Position der Konfliktparteien und in ihren Zielen Gegensätze vorliegen, diese aber nicht zu feindseligem Verhalten geführt haben. Manifest ist der Konflikt, wenn er sich auch in Konfliktverhalten äussert, das für die Gegenpartei benachteiligende Wirkungen hat.

L. Coser (1956) und u.a. C.Kerr (1954) differenzieren nach dem Ausmass der angewendeten *Gewalt:* Konflikte, die mit grossem Gewaltwaufwand ausgetragen werden, nennt C. Kerr «*extreme*» Konflikte.

Die beiden Autoren R.Mack und R.Synder (1957) beschreiben einen unterschiedlichen Konfliktverlauf für «*institutionalisierte*» und für «*nicht-institutionalisierte*» Konflikte. Im ersten Fall ist die Konfliktquelle in die Organisation eingebaut und führt wiederholt zu Auseinandersetzungen, die zu einem grossen Teil voraussagbare Formen annehmen. Oft bietet die Organisation zum Ventilieren und Austragen der Gegensätze tolerierte Formen an, z.B. wenn man sich eines Berufungsverfahrens bedient oder andere Rechtswege beschreitet, um sein Anliegen einer Entscheidung zuzuführen. Nichtinstitutionalisierte Konflikte sind in ihrem Verlauf unberechenbar; sie können zu allen möglichen Momenten aufbrechen und nach den verschiedensten Methoden behandelt werden.

A.Rapoport (1960) hat drei Typen von Auseinandersetzungen unterschieden, nämlich «*Kampf*», «*Spiel*» und «*Debatte*». Während der Kampf Formen annimmt, die bis zur Vernichtung des Gegners führen können, respektieren die Parteien eines Spieles einander, weil sie – wie z.B. beim Schachspiel – nur miteinander den Zweck des Spieles erreichen können. Dennoch kann dabei jede Partei ihre eigenen Interessen verfolgen. Für die Debatte gilt als Hauptmerkmal, dass die Parteien sich darum bemühen, ihre Gegenseite zu überzeugen. Das Schwergewicht liegt auf der geistigen Auseinandersetzung.

In vielerlei Hinsicht hat die Gliederung von J.Bernard (1957) die Systematik von Rapoport beeinflusst. Sie beschreibt drei typische Komplexe von Ursachen, Äusserungsformen und Lösungsmöglichkeiten und spricht von drei unterschiedlichen Situationen, nämlich von

1. sozialpsychologisch zu verstehenden «*Spannungen*», die weitgehend irrational und unkontrolliert verlaufen und mit Hassgefühlen, Vorurteilen usw. gepaart gehen;
2. weiter spricht sie von soziologisch zu verstehenden «*Gegensätzen*», die mit Gruppentatbeständen und kollektiven Interessen zu tun haben und sich in zahlreichen Konfrontationen, von gewaltlos und unpersönlich bis zu totalen Vernichtungskriegen, äussern können: Kriege, Bürgerkriege und Revolutionen, aber auch Streiks und Demonstrationen;

3. als dritten Typus beschreibt sie «*semantisch* zu verstehende *Differenzen*», Missverständnisse in bezug auf Begriffsinhalte, unterschiedliche Auffassungen von Ideen und Werten; diese Form äussert sich vor allem in einer Störung des Kommunikationsgeschehens zwischen den Konfliktparteien.

Weitgehend damit verwandt sind auch die Typologien von S. Robbins (1974), von W. Morris und M. Sashkin (1976) und zum Teil auch W. Mastenbroek (1976, 1981). Anstelle des Spannungsbegriffes von Bernard bevorzugen diese Autoren Ausdrücke wie «*emotionelle*» Konflikte, «*affektive*» Konflikte oder «*sozial-emotionelle*» Konflikte. Parallelen dazu weist auch die Unterscheidung in Interessenkonflikte vs. Konflikte des Verstehens von E. Glenn, R. Johnson, P. Kimmel und B. Wedge (1970) auf.

3.1.3 Konflikte nach den Eigenschaften der Konfliktparteien

Die Art der Konfliktparteien (Individuum, Gruppe oder ein grösseres soziales System) ist für viele Autoren ein wichtiger Bestimmungsgrund, um bestimmte Konflikte besonderen wissenschaftlichen Disziplinen zuzuordnen: der Psychologie die *intra-persönlichen* Konflikte, die sich für eine Einzelperson darstellen, sobald sie zwischen mehreren Alternativen zu wählen hat; oder die Konflikte *zwischen Einzelpersonen* als Objekt der Sozialpsychologie; in Paaren oder Dreiecksbeziehungen (F. Gommlich/A. Tieftrunk 1999, p. 53 ff.); Konflikte *in Gruppen* oder *zwischen Gruppen,* in Organisationen und anderen Arten von Institutionen als Arbeitsgebiete der Soziologie, der Organisationstheorie, der Wirtschaftswissenschaft, Verwaltungswissenschaft, der Rechtswissenschaft oder Politikwissenschaft und anderen. St. Chase (1951) hat eine Ordnung von Konflikten vorgenommen, die bei interindividuellen Konflikten beginnt und über Konflikte zwischen kleinen und grösseren Gruppen aufsteigt bis zu interkontinentalen Konflikten von militärischen Bündnissystemen. Ähnlich R. LeVine (1961), aber auch R. Dahrendorf (1961), der «Rollen» als kleinste soziale Einheit, d. h. Partei, nimmt, und andererseits auch noch in Betracht zieht, ob Gleiche gegen Gleiche, Chef gegen Mitarbeiter (Übergeordneter gegen Untergeordneten) oder Ganzes gegen einen Teil im Konflikt steht. – Auch K. Boulding (1962) versucht derartige Klassifizierungen und gelangt so zu einem grossen Katalog von Konflikttypen.

A. Rapoport (1974) differenziert den Gesichtspunkt, dass die Konfliktparteien einander ebenbürtig oder ungleich sein können. Im Falle eines Machtgleichgewichtes in der Position der Parteien spricht er dann von «*symmetrischen*» Konflikten, etwa zwischen zwei gleich grossen Staaten oder Firmen im Wettbewerb; wenn ein Fall der Ungleichheit vorliegt, spricht er von «*asymmetrischen*» Konflikten. Er lässt dabei unberücksichtigt, ob sich die Machtgleichheit oder -ungleichheit bei einer Position von formell einander unterstellten Personen oder bei Gleichgestellten zeigt. Die *faktischen* Machtverhältnisse sind für Rapoport ausschlaggebend (siehe auch B. Rüttinger 1980 pp. 30 ff.).

Die Unterscheidung R. Dahrendorfs (1958) *zwischen Herrschern und Beherrschten* hat vieles mit der «asymmetrischen Konfliktsituation» nach Rapoport gemeinsam.

Die Typologie von L. Pondy (1967 und 1969) führt dies noch weiter. Anknüpfend an L. Ephron (1961) entwickelt Pondy drei Basistypen von sozialen Situationen, die den Rahmen für Konflikte bilden können: 1. ein *«Verhandlungsmodell»*, in dem die Parteien gleichwertige Konkurrenten um begrenzte Mittel sind, 2. ein *«bürokratisches Modell»*, wobei Personen zueinander in einem vertikalen Einflussverhältnis stehen (wie beispielsweise ein Chef seinem Mitarbeiter übergeordnet ist), und 3. ein *«System-Modell»*, in dem die verschiedenen Parteien gleichwertig an der Erreichung eines gemeinsamen Zieles zusammenarbeiten, wie z. B. die autonomen Mitglieder eines Direktionsteams oder einer Expertenkommission. Die Differenzierung A. Rapoports (1974) in *«endogene»* und *«exogene»* Konflikte bezieht sich nicht auf Konfliktursachen, sondern darauf, ob die Parteien Teil eines grossen Systems sind, das den Konflikt kontrollieren könnte («endogene Konflikte»), oder ob kein Supersystem den Konflikt kontrollieren könnte («exogene Konflikte») (p. 175).

R. Mack und R. Snyder (1957) bilden noch drei weitere Paare von Begriffen, die sich aus der Natur der Parteien ableiten lassen. Sie sprechen von *«organisierten»* Konflikten, wenn einander deutlich erkennbare Konfliktparteien gegenüberstehen, wie z. B. Polizei, Heere und andere formell organisierte Verbände. In vieler Hinsicht ergeben sich hier Überschneidungen mit dem *«institutionalisierten»* oder *«nicht-institutionalisierten»* Konflikt. Konflikte, in denen sich spontan Gruppen bilden, die keine feste innere Struktur aufweisen, nennen sie entsprechend «unorganisierte» Konflikte. Das zweite Begriffspaar stellt *«primäre»* und *«sekundäre»* Konflikte einander gegenüber. In primären Konflikten sind die Konfliktparteien direkt miteinander face-to-face konfrontiert, wie im Ehekonflikt Mann und Frau bei den täglichen Auseinandersetzungen; während im «sekundären Konflikt» (auch als *«mediierter, indirekter»* Konflikt bezeichnet) der Konflikt unter Umständen über die Kinder ausgetragen wird. Damit verwandt ist das Begriffspaar *«persönliche, subjektive»* Konflikte, bei denen sich die Konfliktparteien direkt aneinander reiben, und *«unpersönliche, objektive»* Konflikte, in denen der Konflikt eigentlich nur über Repräsentanten, Delegierte oder Mandatare ausgetragen werden kann, etwa zwischen Staaten über ihre diplomatischen Vertreter, oder über Rechtsanwälte im Falle des Ehekonfliktes.

Weitaus abstrakter als die bisher angeführten Typologien ist die Systematik von J. Galtung (1965) (Fig. 3.1). Er bildet eine Matrix von vier Feldern:

	Intra-System-Konflikt	Inter-System-Konflikt
Individuelle Ebene	z. B. intra-psychische Konflikte	z. B. Konflikte zwischen Mann und Frau, Chef und Mitarbeiter
Kollektive Ebene	z. B. Wallonen und Flamen in Belgien	z. B. Krieg zwischen kommunistischen und kapitalistischen Staaten

Fig. 3.1: Konflikttypen nach J. Galtung

Mit verschiedenen Varianten findet sich eine derartige Betrachtung auch bei anderen, vornehmlich systemtheoretisch orientierten Autoren.

Für die Spieltheorie ergibt sich oft die Notwendigkeit, lediglich zwischen *Zwei-Parteien-Konflikten* oder *Mehr-Parteien-Konflikten* zu unterscheiden, unabhängig davon, ob es sich um die individuelle oder kollektive Ebene handelt, wie dies bei A. Rapoport oder P. Valkenburgh (1969) zu finden ist. Für den theoretisch interessierten Leser gibt Fig. 3.2 eine Übersicht der Einteilungskriterien, die sich in der Fachliteratur bis heute finden. Unsere Diagnose- und Interventionskonzepte gehen von Typenmodellen aus, die wir in den Abschnitten 3.3 ff. behandeln.

Streitobjekt	Erscheinungsform	Eigenschaften der Konfliktparteien
G. Simmel (und C. Kerr, L. Coser); realistic – non-realistic conflicts H. Krysmanski: echte und unechte Konflikte H. Guetzkow und J. Gyr und R. Walton: substantielle – affektive Konflikte; C. Kerr (und R. Walton): substantielle – induzierte Konflikte K. Boulding: ökonomische-juristische – ideologische usw. Konflikte B. Rüttiger: Wettbewerb um Mittel-Autonomie J. Bernard (und V. Aubert): Interessenkonflikte – Wertkonflikte L. Pondy (aufbauend auf L. Coser, L. Ephron): strategische = prinzipielle = strukturorientierte Konflikte vs. Issue-Konflikte = Friktionen = Reibungen G. Marwell: Zielkonflikte – Mittelkonflikte O. Kahn-Freund: Rechtsstreit – Interessenstreit	R. Dahrendorf (und L. Pondy): latente – manifeste Konflikte L. Coser (und C. Kerr): extreme – gewaltlose Konflikte R. Mack und R. Snyder: institutionalisierte – nicht-institutionalisierte Konflikte J. Bernard: Spannungen – Interessengegensätze – Kommunikationsstörungen A. Rapoport: Kampf – Spiel – Debatte S. Robbin, W. Morris, M. Sashkin, W. Mastenbroek: Interessengegensätze – emotionelle bzw. affektive bzw. sozial-emotionelle Konflikte (Spannungen) – Kommunikationsstörungen E. Glenn, R. Johnson, P. Kimmel, B. Wedge: Interessenkonflikte – Konflikte des Verstehens	St. Chase (und R. Le Vine): zwischenmenschliche – zwischen Gruppen – usw. Konflikte bis zu interkontinentalen Konflikten R. Dahrendorf: Rollenkonflikte – zwischenmenschliche Konflikte – Intragruppenkonflikte – usw. R. Dahrendorf: Konflikte zwischen Gleichen – Ungleichen A. Rapoport: symmetrische – asymmetrische Konflikte L. Ephron (und L. Pondy): Konflikte nach Verhandlungsbeziehungen – bürokratisches Modell – Systemmodell R. Mack und R. Snyder: organisierte – unorganisierte Konflikte; primäre – sekundäre Konflikte; persönliche (subjektive) – unpersönliche (objektive) Konflikte J. Galtung: individuelle – kollektive und Intra- oder Inter-Konflikte A. Rapoport (und P. Valkenburgh): Einparteien-Konflikte – Mehrparteien-Konflikte A. Rapoport: endogene – exogene Konflikte

Fig. 3.2: Zusammenfassende Übersicht über Konflikttypologien

3.2 Die Problematik Handlungs-orientierter Typologien

Inwiefern bieten aber bestimmte Typologien praktische Hilfen für Interventionen in Konfliktsituationen? Wir werden also nicht die Brauchbarkeit von Typologien zu Zwecken der reinen Theoriebildung diskutieren, sondern wählen einen *Handlungs-orientierten* Blickwinkel. Welchen praktischen Nutzen soll eine solche Typologie haben? Wie unterscheidet sich die Bestimmung des Konflikttypus von der eigentlichen Diagnose des Konfliktes?

Kurz gesagt, muss eine interventionsorientierte Konflikttypologie dazu dienen,

1. sich als Betroffener bzw. als dritte Partei bereits in den allerersten Stadien in der Konfliktsituation orientieren zu können;
2. die ersten Interventionen zur eigentlichen Bestimmung einer Diagnose und weiterer Interventionen zweckmässig auswählen zu können;
3. die eigene Rolle als beteiligte Konfliktpartner bzw. als Helfer für sich selbst und für das Klientensystem plausibel darlegen zu können und
4. durch einen Vergleich des Vorgehens in ähnlichen Typen das eigene Vorgehen gezielt evaluieren zu können, um zur weiteren Entwicklung von Konfliktbehandlungsstrategien Beiträge liefern zu können.

Für Aktionsforschung ist eine derartige Typenbildung ein wichtiger Deutungsrahmen.

Im folgenden gehen wir auf einige dieser Funktionen näher ein und diskutieren die erwähnten Typologien.

Die Zuordnung eines Konfliktes zu einem bestimmten Typus dient der *allerersten Orientierung und Indikationsstellung.* Darum ist eine Konflikttypologie für uns ein grobmaschiges Orientierungssystem. Es muss erlauben, schnell – und ohne eingehende Analysen – einige *Grundentscheidungen* bezüglich der *allerersten Schritte* in Richtung einer Konfliktbehandlung zu treffen. Danach kann erst eine tiefergehende Diagnose folgen, die den Dingen auf den Grund geht.

Eine Typologie muss dazu verhelfen, die Kernelemente eines Konfliktes zunächst einzukreisen und grob zu lokalisieren, bzw. bestimmte Fragen und Handlungsmöglichkeiten von vornherein auszuschliessen. Durch eine Typenbestimmung wird also vorläufig abgesteckt, auf welchem Feld Interventionen sinnvoll und nicht schädlich sind. Dabei ist wegen der Natur der globalen Orientierung nicht ausgeschlossen, dass später Revisionen erfolgen müssen. Unsere Erfahrung auf diesem Gebiet bestätigt uns, dass dieses Revidieren des Vorgehens gerade dadurch möglich wird, dass wir uns bei den ersten Annäherungsschritten ständig die Frage stellen, mit welchem Konflikttypus wir eigentlich zu tun haben. Die einzelnen Schritte bei Bestimmung des Konflikttypus beginnen deshalb groblinig, skizzenhaft und schreiten fort zu immer weiter verfeinerten Konstatierungen, die wiederum fugenlos in diagnostizierende Aktivitäten übergehen.

Eine Typenbestimmung, wie z. B. «meso-sozialer Positionskampf», sagt als grobe Lokalisierung damit noch nicht viel über die Art der Beziehungen zwischen den Positionsinhabern aus. Dazu bedarf es einer Diagnose des Eskalationsgeschehens, die zu konkreten Aussagen über die Art der gegenseitigen Beziehungen und deren Probleme führt. Innerhalb dieses Begrenzungsvorganges («Einkreisen») ist es nunmehr wichtig, die genauen Beziehungskonstellationen zwischen den Parteien und innerhalb der Parteien zu erkennen. Dazu geben wir in Kapitel 5 einige Modelle, die häufig vorkommende Konstellationen durchschauen helfen.

Eine Bestimmung des Konflikttypus bedeutet für die weiteren Interventionen nicht mehr und nicht weniger als in der Medizin die Grobbestimmung einer Krankheit durch den Arzt, wenn er zum ersten Mal mit einem Patienten zu tun bekommt und eine Indikation stellt:

- Handelt es sich um eine Infektionskrankheit?
- Handelt es sich um Schäden aufgrund von externen mechanischen bzw. chemischen Einflüssen (Unfall, Schnittwunde, Prellung, Verbrennung)?
- Handelt es sich um Schäden aufgrund interner Organschwächen?
- Sind die Äusserungen auf somatische Symptome beschränkt, oder zeigen sie sich auch in der Psyche des Patienten?

Aufgrund solcher Grobzuordnungen kann der Arzt entscheiden, wie schnell er eingreifen muss, welche näheren Untersuchungen er einleiten kann oder will und auf welche Selbsttätigkeit bzw. Mitwirkung des Patienten er rechnen kann. Ausserdem kann er entscheiden, welche Präventivmassnahmen er für andere Personen wie auch für sich selbst treffen muss, die z. B. bei Infektionskrankheiten anders sind als bei offenen Wunden, Schlagaderblutungen usw. Danach wird erst eine gediegene Untersuchung beginnen können, die für die Therapie Anhaltspunkte bieten muss.

Für Konfliktinterventionen hat eine Typenbestimmung ähnliche Funktionen. Wie im Zuge der Darstellung der Eskalationsstufen und der verschiedenen Konflikttypen gezeigt werden wird, legen verschiedene Typen ein anderes Vorgehen nahe. Wenn diese Unterschiede nicht genügend beachtet werden, dann kann unter Umständen ein Konfliktbeilegungsversuch durch eine Partei fehlschlagen oder es kann die Vertrauensbeziehung zur Drittpartei nach den ersten Annäherungsversuchen bereits wieder abgebrochen werden. Denn die allerersten Schritte sind für den Erfolg oder Misserfolg massgeblich.

Viele Typologien können dieser Erwartung nicht oder nur in sehr begrenztem Masse entsprechen. Sie gehen nämlich zumeist von einer unausgesprochenen

Unterstellung aus, die gerade im Konflikt nicht haltbar ist, nämlich, dass man sich genügend in den Konflikt vertieft haben muss, um seinen wahren Charakter erkennen zu können. Diese allgemeine Unterstellung kann jedoch in der Praxis kaum verwirklicht werden. Man müsste demnach bereits am Beginn in einer Konfliktsituation über Methoden verfügen, die einem ein untrügliches Urteil über die Art des Konfliktes ermöglichen. Ausserdem müsste man immun sein gegenüber allen möglichen Beeinflussungsversuchen und unbemerkten «Ansteckungsmechanismen», denen man sowohl als Konfliktpartei als auch als externe, dritte Partei unweigerlich immer ausgesetzt ist. Bei einigermassen eskalierten Konflikten ist die Chance für derartige objektive Konstatierungen bereits verschwindend klein. Dadurch kann ein Dritter sowohl in der Wahrnehmung des Konfliktes als auch in der Interpretation von Erscheinungsformen und möglichen Auslösern Trugschlüssen unterliegen. – Selbst wenn man erst gewissenhafte Analysen durchführen möchte, ist diese Gefahr gegeben. Meistens fordern Konfliktsituationen ein schnelles Eingreifen, das wenigstens unmittelbar weiteren Schaden eindämmt. Aber jegliche diagnostische Intervention ist bereits Intervention, auch wenn man dies nicht anstrebt. Sobald die Konfliktparteien begriffen haben – oder befürchten! –, dass es von den Ergebnissen einer Untersuchung abhängen kann, ob sie ihre Absichten durchsetzen können und ob sie Gewinn oder Verlust zu erwarten haben, werden sie in der Regel versuchen, die Untersuchungsergebnisse zu beeinflussen: indem sie andere Dinge, andere Sachverhalte, Ursachen oder Ziele vorwenden, oder indem sie die Situation widersprüchlich, undurchsichtig oder wenig greifbar machen. In vielen Fällen werden sich die Konfliktparteien bemühen, eine Drittpartei zum Bundesgenossen zu machen und über die wahren Motive und Hintergründe in die Irre zu führen.

G. Schwarz (1995) unterscheidet «Konfliktarten» (pp. 82–109, 128–155, 167–195) und orientiert sich dabei hauptsächlich an den (von der Drittpartei definierten) Streitpunkten bzw. Kernthemen der Auseinandersetzung. Weil jedoch die eigentlichen Streitpunkte in den allermeisten Fällen verdeckt und gemischt auftreten, eignet sich diese Typologie nicht für die erste Orientierung. Ausserdem bezieht sich Schwarz später bei der Darstellung seiner Konfliktlösungsansätze selbst nicht mehr auf die von ihm getroffenen Unterscheidungen, weil sie ja doch keine Handlungsrelevanz haben.

Am meisten treffen diese Einwände auf Typologien zu, die sich am Streitgegenstand orientieren. Ursachen und Anlässe sind in den ersten Phasen der Konfliktbehandlung kaum objektiv zu erkennen.

Die Unterscheidung G. Simmeis in «echte» und «unechte» Konflikte ist in der Praxis nur in den allerschwächsten Eskalationsstufen möglich (siehe Kap. 10). Je tiefer der Konflikt eskaliert, desto mehr wird die «sachliche Auseinandersetzung» von der «persönlichen» überlagert und beherrscht. Dadurch wird der Konflikt für die Konfliktparteien selbst sehr komplex. Für die Unterscheidung in «substantiell – affektiv», oder «instrumentell – sozial-emotionell – Interessenkonflikt» nach W. Mastenbroek (1976), gilt dasselbe. Man müsste in der Diagnose bereits weit fortgeschritten sein, um diese Aspekte objektiv und verlässlich entwirren zu können. Dies konzidiert auch R. Walton (1969, pp. 84–85), wenn er die Tarnmanöver der Parteien beschreibt. Gerade wenn Interessen der Konfliktparteien im Spiele sind, bemühen sie sich, diese zu verdecken, für die Gegenpartei und für Aussenstehende zu rationalisieren oder auf andere Weise zu verformen. Im Laufe eines Konfliktprozesses führt die Unzufriedenheit über das Misslingen der ersten Lösungsbemühungen von sogenannten instrumentellen, sachbezogenen Konflikten zu gegenseitigen Irritationen und Gefühlen der Feindseligkeit. Es tritt dann eine emotionelle Komponente hinzu, die immer stärker wird, selbst wenn die Konfliktparteien dies nicht zugeben würden. Dies führt dann, um mit C. Kerr zu sprechen, zu «induzierten» Interessenkonflikten, d. h., überall dort wo ursprünglich keine Interessengegensätze bestanden haben mögen, werden die Konfliktparteien nach den ersten Frustrationserlebnissen subjektiv doch meinen, dass ihre Interessen auf dem Spiele stehen. Dann können es subjektive Prestige- und Statusinteressen sein, die somit in die Konfliktdynamik hereinwirken und das Verhalten bestimmen.

Darum muss die Unterscheidung J. Bernards und V. Auberts in «Wertkonflikte» und «Interessenkonflikte» für Handlungszwecke im Beginnstadium eines Konfliktbehandlungsprozesses als unfruchtbar bezeichnet werden. Wenn auch in den Anfängen eines Konfliktes möglicherweise bestimmte Interessen einander gegenübergestanden haben, tritt eine Totalisierung und Ideologisierung des Konfliktes schnell auf. Um ihren Ärger und ihr aggressives Verhalten zu rechtfertigen, verlagern die Konfliktparteien ihre Streitfragen mehr und mehr auf die Wert- und Prinzipienebene. Werte und Interessen werden dann von den Konfliktparteien subjektiv verknüpft und als identisch erlebt, auch wo dies – nach dem Urteil eines «objektiven Externen»! – völlig zu Unrecht geschehen mag. Entscheidend ist an erster Stelle, wie diese Sachverhalte im subjektiven Erleben der Konfliktparteien aussehen, weil dies ihr Verhalten bestimmt. Wer als Beteiligter den Konflikt lösen will, muss dies berücksichtigen. Und damit hat eine dritte Partei zu arbeiten! Darum ist mit den Unterscheidungen von D. Senghaas (1971) und vor allem H. Schmid (1968, p. 44) für die Praxis überhaupt nichts gewonnen. H. Schmid plädiert stark für eine Trennung eines *subjektiven,* psychologischen *Interessenbegriffes,* von einem *objektiven,* soziologisch definierten Interessenbegriff. Demnach sollte Interesse im objektiven Sinn nach Schmid zu verstehen sein: «Ein Klassenkonflikt z. B. ist nicht deshalb ein Konflikt, weil die Klassen inkompatible Ziele haben, einander bekämpfen und hassen. Vielmehr ist er ein Konflikt, weil die Gesellschaftsstruktur dergestalt ist, dass die eine Klasse verliert, was die andere gewinnt...» Einstellungen und Absichten der Parteien können deshalb nach Schmid einen Konflikt nicht erzeugen. Gegen Ende seines Artikels muss Schmid (pp. 46f.) jedoch eingestehen, dass der objektive Interessenbegriff inhaltlich noch völlig unklar ist. Er stellt jeden Theoretiker vor die grössten Probleme, ihn objektiv so zu definieren, dass er selbst nicht eigene subjektive Interessen hineinprojektiert.

Bouldings Unterscheidung in ökonomische Konflikte, Rechtskonflikte, Ideologiekonflikte liefert hingegen praktische Anknüpfungsmomente, weil sich nach einiger Orientierung von den Issues der Konfliktparteien mit entsprechender Vorsicht sagen lässt, ob sie sich auf ökonomische Streitpunkte, Fragen von Rechten und Beziehungen oder von Ideen und Idelogien beziehen. In den Kapiteln 4 und 5 über die Diagnose werden wir diesen Gesichtspunkt aufgreifen.

Für Typologien nach den Erscheinungsformen gelten viele unserer Bedenken nicht, oder wenigstens nicht in dem starken Masse. Der «Phäno-Typus» lässt sich leichter erfassen als der «Geno-Typus». Vom Erscheinungstypus lässt sich jedoch nicht ohne weiteres auf die «Ursachen» eines Konfliktes schliessen. Dieselbe Streitfrage kann nämlich bei unterschiedlichen Parteien, in unterschiedlichen Umgebungen und zu unterschiedlichen Zeiten zu sehr verschiedenen Konfliktformen führen. Ursächliche Faktoren können also durch situationsgegebene Faktoren sowie durch Faktoren der inneren Struktur der Konfliktparteien und viele andere Einflüsse völlig umgeformt werden. Es besteht daher kaum jemals ein rechtliniger Zusammenhang zwischen Ursachen und Erscheinungsformen von Konflikten. Aufgrund einer Reihe von anderen Gesichtspunkten werden wir im Kapitel zur Diagnose darlegen, warum wir aus praktischen Gründen für die Konfliktdiagnose von einer Kausal-Denkweise nach naturwissenschaftlichem Vorbild überhaupt absehen müssen.

Die Unterscheidung von latenten und manifesten Konflikten (Dahrendorf, Pondy u.a.) ist irreführend. In Fällen, die von den meisten Autoren als «latente Konflikte» bezeichnet werden, müsste man genauer vom Vorhandensein von *potentiellen Konflikterregern*, also von *Konfliktpotential* sprechen. Zum Beispiel dann, wenn eine Organisation unzureichend strukturiert ist, oder wenn Funktionsumschreibungen zu allen möglichen Missverständnissen oder Kollisionen Anlass geben. Diese Faktoren *können* eventuell einmal einen Konflikt zwischen Individuen oder Gruppen auslösen, *müssen* es aber nicht. Solange besteht auch kein Konflikt, auch nicht latent, sondern höchstens ein «Problem»; erst wenn die betroffenen Personen einander mit Formen des *Konfliktverhaltens* begegnen, kann von einem Konflikt gesprochen werden. *Damit ist ein sozialer Konflikt immer «manifest» oder faktisch überhaupt nicht gegeben.* Gewiss kann der eine Konflikt sich vom anderen nach dem Ausmass der Gewaltanwendung unterscheiden. Aber auch ein wenig gewaltsamer Konflikt ist ein manifester Konflikt, sobald Konfliktverhalten gegeben ist. Konfliktverhalten kann bloss aus Rededuellen bestehen; es braucht nicht immer zu Handgreiflichkeiten zu führen. Nach unserem Verständnis ist auch eine Auseinandersetzung in Worten als Konfliktverhalten zu betrachten. Der von uns als (manifester) «kalter Konflikt» beschriebene Typus ähnelt in vielerlei Hinsicht dem sogenannten «latenten Konflikt», weil sich die Parteien bemühen, die Konfliktaustragung zu verschleiern.

Ob ein Konflikt gemäss bestimmten vorgegebenen Regeln ausgetragen wird oder in institutionalisierten Formen auftritt, lässt sich ohne weiteres in einem frühen Stadium erkennen. Dies ist auch bedeutsam für Interventionen, weil zu überlegen gilt, inwiefern die bestehenden Konfliktaustragungsregeln für die Behandlung des Konfliktes benutzt werden können. H. Prein (1982) legt darum grossen Wert auf eine nähere Analyse bestehender Konfliktlösungsregulative in einer gegebenen Konfliktsituation. In unserer eigenen Typologie werden wir auch daran anknüpfen können.

Unterscheidungen nach der Art der Konfliktparteien bieten wenig praktische Schwierigkeiten. Je mehr sich diese auf Formaleigenschaften (Grösse, Anzahl, formale Position) der Parteien beziehen, desto eindeutiger sind sie in kurzer Zeit festzustellen. In unserer Typologie können wir am besten anknüpfen bei den Ansätzen von L. Pondy, L. Ephron, R. Mack und R. Snyder und anderen, die sich von den direkt sichtbaren Merkmalen der Parteien leiten lassen.

G. Schwarz (1995) unterscheidet «Konfliktarten» nicht nur nach Streitpunkten, sondern auch nach Art und Grösse der Parteien: Paarkonflikte, Dreieckskonflikte, Untergruppenkonflikte, Organisationskonflikte (p. 96–167); dieser Gesichtspunkt kann jedoch erst im Zuge einer gediegenen Diagnose fruchtbar werden, wenn geklärt worden ist, ob es tatsächlich um die vordergründig sichtbaren Eigenschaften und Themen der Parteien geht (Kap. 5).

3.3 Dimensionen einer Handlungs-orientierten Typologie

Bei unserer Typologie gehen wir von Merkmalen aus, die einerseits «direkt auf der Hand liegen» und die erfahrungsgemäss – auch trotz gegebener Beeinflussungsversuche der Konfliktparteien – fruchtbare Anhaltspunkte liefern. Wir suchen darum die Orientierungspunkte für eine Handlungs-orientierte Typologie in den *Erscheinungsformen* der Konfliktaustragung. Auch wenn die Konfliktparteien etwas anderes vortäuschen, muss doch bei dem angeknüpft werden, was als Äusserung in Erscheinung tritt. Es ist gleichgültig, ob sie dies zu Täuschungszwecken tun oder nicht. So oder so prägt es das Konfliktgeschehen, das Verhalten der Konfliktparteien. Man muss also in erster Linie wahrnehmen, wie der Konflikt von den Konfliktparteien selbst dargestellt wird. Unser Urteil darüber als Aussenstehende ist – zumindest in den ersten Phasen der Konfliktintervention – überhaupt nicht fruchtbar.

Darum versuchen wir von Orientierungspunkten auszugehen, die nur ein Minimum an Interpretation erfordern und dennoch Anhaltspunkte für allererste Interventionen bieten. Wir gehen dabei von drei Gesichtspunkten aus:

1. *Der Rahmen des Konfliktes, die Konfliktarena*
   Wie weit ist der «Kriegsschauplatz» ausgedehnt? Ist er noch auf einen kleinen Kreis begrenzt oder hat er weitere Kreise gezogen?

2. *Die Reichweite der Bemühungen*
   Bejahen die Parteien die bestehenden Positionen (die eigene und die der Gegenpartei) innerhalb des Gesamtrahmens und die gegebenen Positionsbeziehungen, oder wollen sie diese mit Hilfe des Konfliktes gerade verändern? Akzeptieren sie den gemeinsamen Gesamtrahmen oder lehnen sie ihn ab?

3. *Die dominante Äusserungsform des Konfliktes*
   Wie formlos oder formgebunden zeigen sich die Auseinandersetzungen? Wie kann das soziale Klima bezeichnet werden: als heiss – oder als kalt?

Die «Issues» sind für uns wichtige Anknüpfungspunkte: Welche Problempunkte, welche Streitgegenstände werfen die Parteien in die Auseinandersetzung ein? Auf welche soziale Rahmengegebenheiten beziehen sie sich? – Die Issues werden zum einen nach ihrem inhaltlichen Gehalt betrachtet. Zum anderen spielt die Art und Weise, wie diese Issues vorgebracht werden, eine wesentliche Rolle. Welche Issues haben für welche Parteien stark emotionelle Bedeutung, welche lassen sie mehr oder weniger kalt? Wie werden diese Streitpunkte vorgebracht und welche Reaktionen lösen sie bei der anderen Seite aus?

Bei der Beschäftigung mit der Erscheinungsform von Konflikten müssen wir uns gegebenenfalls auch mittels nichtrationaler Wahrnehmungsmethoden in das Klima der Auseinandersetzung einleben, um «von innen heraus» Zugang zu der Form der Auseinandersetzung zu gewinnen. Wir können nicht nur als distanzierte Aussenstehende die Ausdrucksformen der Konfliktsituation registrieren und nach unseren eigenen Wertordnungen beurteilen.

Bei allen drei genannten Blickwinkeln für die Typenbestimmung muss aber betont werden, dass es sich zumeist nur um «Momentaufnahmen» in einem durchgängigen Konfliktprozess handeln kann. Je weiter der Konflikt – auch nach dem Eintreten eines Beraters in die Konfliktsituation – eskaliert, desto mehr kann sich die Konfliktarena ausweiten, desto mehr Gewalt kann zur Anwendung gelangen usw. Zusammen mit den Darstellungen der Eskalationsstufen (Kap. 10) wird es erst möglich sein, Schlussfolgerungen für Interventionen der Konfliktbehandlung zu ziehen. Aber auch diese sind möglicherweise immer noch beträchtlichen Fehlerquellen ausgesetzt. Es kann mit Hilfe der Typologie und der diagnostischen Methoden nur versucht werden, die Fehlermöglichkeiten auf ein einigermassen akzeptables Niveau zurückzudrängen.

3.4 Der Konfliktrahmen (die Arena): Mikro-, Meso- und Makro-Konflikte

Ein Konflikt zwischen den Lehrerinnen und Lehrern einer Schule kann sich in der mikro-sozialen Arena abspielen, wenn bei allem nur die Schulleitung in den Konflikt einbezogen ist und der Rest der Lehrer, der Schüler und Eltern darin nicht aktiv wird. Der Konflikt kann sich aber auch zur meso-sozialen Arena ausgeweitet haben, wenn Gruppen von Lehrern aufeinanderprallen oder wenn die Elternschaft, meist über Repräsentanten, mit einer Lehrergruppe oder einer Schülervertretung in Konfrontationen geraten ist. Wenn die Konflikte extremere Formen annehmen und auch Eingriffe von Organen der öffentlichen Verwaltung auf den Plan rufen, die wiederum zu Aktionen von politischen Parteien oder Interessenvertretungen der Lehrerschaft dieses Landes führen, dann kann der Konflikt sogar makro-sozialen Umfang annehmen.

Es lässt sich durch einfache Beobachtung aus den Issues der Konfliktparteien ohne viel weitere Interpretation oder Analyse erkennen, ob sich die Issues auf den mikro-sozialen, meso-sozialen oder makro-sozialen Rahmen beziehen. Und es ist relativ einfach, darauf zu achten, wer Issues artikuliert und in den Konflikt einbringt, ob das durch die Konfliktparteien direkt oder über «Sprecher», «Repräsentanten» oder andere Mittelspersonen geschieht. Es lässt sich dann die Frage beantworten, welchem Rahmen die Konfliktparteien dabei angehören. Spricht man im eigenen Namen oder als Vertreter eines Kollektivs? Achtet man darauf, dass der Konflikt nicht vom Mikro-Rahmen auf den Meso-Rahmen überschlägt?

Wir müssen an dieser Stelle vor einem Missverständnis warnen: Entscheidend ist nicht, ob die Konfliktparteien *formell* einem meso- oder makro-sozialen Gebilde angehören. Denn das wird in den meisten Fällen selbstverständlich der Fall sein, wie man Bürger eines Staates, Mitglied einer Kirche, Bewohnerin eines Stadtviertels oder Mitglied eines Vereines ist. Für die Bestimmung der Grenzen des Konfliktrahmens ist entscheidend, ob die Konflikthandlungen innerhalb eines kleinen Rahmens zum Tragen kommen und von Menschen in diesem Rahmen gesetzt werden, oder ob sie das Funktionieren eines grösseren sozialen Feldes beeinträchtigen.

Beschränkt sich der Konflikt also auf den mikro-sozialen Rahmen oder bewegt er sich zwischen mikro und meso hin und her?

Je grossräumiger die Arena ist, in der ein Konflikt aktiv ausgetragen wird, desto komplexer wird die soziale Situation. Denn dann werden die Spannungen im Schulleitungsteam zusätzlich überlagert von den vielen Beziehungen und Konflikten innerhalb der Lehrerschaft, unter den Eltern oder Schülern, und dann auch noch zwischen diesen Gruppierungen. Sobald der Konflikt später zu politischen Eingriffen der Gemeinde oder von Interessenvertretungen führt, treten zu den bereits ziemlich komplexen Verhältnissen neue, die sich mit den bestehenden vermengen. – Mit anderen Worten: es bilden sich Komplexitätsebenen, die einander überlagern, durchdringen und vielfach gegenseitig beeinflussen.

Bei Untersuchungen hat sich ergeben, dass eine grosse Zahl von psycho-sozialen Mechanismen in mikro-sozialen Konflikten (Kap. 7 bis 10) denen der meso- und makro-sozialen Gebilde ähnlich sind. Es ist sogar möglich, internationale Konflikte auf eine Formel zu bringen und zu simulieren, die Konflikten zwischen Einzelpersonen analog ist. Vor allem die Studien von R. White (1965, 1966 und 1977) über die Beziehungen zwischen den USA und der UdSSR, zwischen den Konfliktparteien im Vietnam-Krieg wie auch zwischen Israelis und Arabern illustrieren dies sehr deutlich. Dennoch muss davor gewarnt werden, aus der Analogie in der Analyse auch auf analoge Konfliktbehandlungsweisen schliessen zu wollen. In den Kapiteln über die Konfliktbehandlungsstrategien werden wir zeigen, dass dem Analogiedenken für Konfliktinterventionen in der Mikro-, Meso- oder Makro-Situation Grenzen gesetzt sind. Empirische Untersuchungen und Aktionsforschungsberichte zu dieser Thematik bestätigen dies. Im besonderen wollen wir hier verweisen auf J. Burton (1970), R. Fisher (1972), M. Lakin (1969, 1972).

3.4.1 Konflikte im mikro-sozialen Rahmen

Wir fassen darunter alle Konflikte zusammen, die zwischen zwei oder mehreren Einzelpersonen oder in kleinen Gruppen spielen. Hier kennt jeder jeden und es kann zu direkten, sogenannten Face-to-face-Interaktionen kommen. Die Gruppenmitglieder sind füreinander direkt erkennbar, das Gefüge der Beziehungen ist im grossen und ganzen für jeden überschaubar. Selbst wenn bestimmte Personen zu Schlüsselfiguren werden und manche Personen zeitlich eine führende Funktion auf sich nehmen, bleiben die Beziehungen direkt. Ein Konflikt im Direktionsteam einer Bank kann im mikro-sozialen Rahmen spielen und die Betroffenen tun vielleicht alles, damit die Arena nicht ausgeweitet wird. Die Konfliktbehandlungsinterventionen können sich direkt an die Gruppenmitglieder richten, weil die Beziehungen zwischen ihnen noch direkt sind.

R. Mack und R. Snyder beziehen sich mit den Typen «primäre» oder «persönliche Konflikte» auf diesen sozialen Rahmen. Die Arbeiten von H. Leymann (1993) zum «Mobbing» und von O. Neuberger (1995) zur «Mikropolitik» des Machteinsatzes in Organisationen befassen sich vor allem mit Konflikten im mikro-sozialen Rahmen.

3.4.2 Konflikte im meso-sozialen Rahmen

Soziale Gebilde der mittleren Grössenordnung («meso-sozial») wie Schulen, Verwaltungsbehörden, Fabriken usw. bauen sich aus mikro-sozialen Einheiten auf. *Innerhalb* dieser Einheiten gestalten sich die sozialen Beziehungen nach den Funktionsbedingungen der Kleingruppen, *zwischen* diesen Elementen der Organisation sind oft keine direkten Beziehungen mehr möglich. Die Kommunikation erfolgt zumeist über Mittelspersonen, die als Exponenten einer Abteilung oder eines Teams auftreten. Zu der Komplexität der Beziehungen in Kleingruppen tritt nunmehr auch die der weniger persönlichen Zwischengruppenbeziehung als weitere Komplexitätsebene. Die Intra- und die Interkommunikation kann unter sehr unterschiedlichen Bedingungen, Umständen und Formen erfolgen und für die beteiligten Personen zusätzliche Spannungen bewirken. Wie C. Kerr mit den Erläuterungen seines Konflikttypus der «induzierten» Konflikte ausführt, können sich zu den Interessen der Kleingruppen noch andere der Gruppenvertreter gesellen, die vielleicht den Konflikt nutzen, um sich zu profilieren und ihre Machtposition auszubauen. A. Rapoport (1974) illustriert die Situation bei Debatten mit ähnlichen Beobachtungen, wenn er betont, dass die Debattenredner in vielen Fällen nicht den Exponenten der Gegenpartei zu beeinflussen suchen, sondern vielmehr ihrer eigenen Hintermannschaft deutlich zeigen wollen, dass sie ihre Interessen kräftig vertreten.

Die Beziehungen von Exponenten, die direkten Interessen der Exponenten sowie ihre Position und Ambitionen können die Konfliktdynamik weitgehend prägen und sogar die direkten Konflikte der kollektiven Gebilde überlagern und in den Schatten stellen. Dies ist der Fall, wenn z. B. ein älterer Personalvertreter befürchtet, dass jüngere Kollegen seine Position einnehmen möchten. Damit er sich für die Wiederwahl in der Öffentlichkeit gut in Szene setzen kann, provoziert er Streit mit der Geschäftsleitung, der zu Polarisierungen im Unternehmen führt.

Es ist schwieriger festzustellen, welcher Art die Beziehungen der Gruppenexponenten zu ihren Hintermannschaften sind. In Kapitel 6.2 werden wir zur näheren Analyse dieser Beziehungen drei Modelle darstellen, die wir bildhaft «Volkstribun», «Senator» und «König im Exil» genannt haben. Das Durchschauen dieser Verhältnisse erfordert bereits tieferen Einblick in die Konfliktsituation, der jedoch erst in einer späteren Phase der Diagnosen und Interventionen zu gewinnen ist. Deshalb können dazu bei der Typenbestimmung nur erste Vermutungen angestellt werden.

Des weiteren tritt bei meso-sozialen Konflikten die Organisation mit ihren eigenen Zielen, Aufgaben, Strukturen und Prozeduren usw. auf, die das persönliche Verhalten, Denken und Fühlen mit beeinflussen oder überformen. Im Kapitel 5.4 zur Konfliktdiagnose diskutieren wir die wichtigsten Aspekte.

Für Konfliktinterventionen ergeben sich daraus sowohl Möglichkeiten als auch Beschränkungen. Bei stärker eskalierten Konflikten wird es erst notwendig sein, im meso-sozialen Rahmen Bedingungen zu schaffen, die es einem erlauben, an den mikro-sozialen Konflikten innerhalb des Gesamtgebildes fruchtbar zu arbeiten.

3.4.3 Konflikte im makro-sozialen Rahmen

Bei Konflikten, die das makro-soziale System zum aktiven Feld des Geschehens machen, tritt eine wesentlich höhere Komplexität auf als bei den bis jetzt genannten. Die Komplexitätsniveaus sind ineinander verschachtelt und erschweren eine gute Analyse und Interventionsstrategie. Die Einzelpersonen, die als Vertreter von Kollektiven im Konflikt handeln, sind vielfachen Spannungen ausgesetzt, und es kann, wenn wir C. Kerr und seine Ausführungen zum induzierten Konflikt hier weiterführen, zur mehrfach verflochtenen Induktion kommen. Einer unserer Praxisfälle illustriert dies.

In einem Konflikt in der Verwaltung einer Stadtgemeinde berührten sich die Konflikte aus der Organisation der Verwaltungsbehörde mit denen in der Gemeindevertretung, im politischen Exekutivorgan der Gemeindevertretung und in den Parteigremien. Ein politischer Funktionär, der mehrere Funktionen gleichzeitig bekleidet (Fraktionsvorsitzender, Ratsherr und Stadtrat), muss sich verschiedenen Hintermannschaften gegenüber verantworten und sich ihrer Unterstützung vergewissern. Die lokale politische Partei ist mit der Landesorganisation der Partei so verflochten, dass in wichtigen Angelegenheiten Eingriffe vom Landesparteigremium zu erwarten sind. Überdies steht jede Person gleichzeitig in den drei gesamtgesellschaftlichen Sphären des Wirtschaftslebens, des politischen und rechtlichen Lebens und des geistig-kulturellen Lebens; alle drei wirken auf jede Einzelperson ein. Information und Kommunikation gestalten sich durch die Medien der öffentlichen Meinung anders als in der Meso-Dimension (siehe L.W. Doob 1970, und L.W. Doob / W. J. Foltz 1973).

3.5 Einige Konsequenzen für Konflikte in verschieden weitem sozialem Rahmen

In den vorhergehenden Abschnitten ist grob skizziert worden, welche Probleme für den mikro-, meso- und makro-sozialen Rahmen charakteristisch sind.

Die Systematik J. Galtungs (1965) erscheint uns deshalb für die Praxis völlig unzureichend. Sie fasst zu grobmaschig den Mikro-, Meso-, und Makro-Rahmen zu einem einzigen «kollektiven» zusammen. Auch die Differenzierung in Intra- und Inter-Konflikte bleibt zu abstrakt, zumal in Konflikten die Komponenten der Intra-Konflikte mit denen der Inter-Konflikte immer unlösbar verknüpft sind. Das eigentliche Problem bleibt bei sozialen Konflikten immer die Wechselbeziehung zwischen den Faktoren, die in der Einzelseele wirken, mit denen, die zwischen den Menschen gegeben sind.

Bei der Darstellung der Eskalationsdynamik in den Kapiteln 7–10 soll noch gezeigt werden, dass der Konflikt die Tendenz hat, die soziale Arena auszuweiten von Mikro zu Meso bzw. zu Makro. Die Konstatierung, in welchem sozialen Rahmen der Konflikt tatsächlich spielt, ist dann die eines Durchgangsstadiums und nicht die eines Wesensmerkmals eines bestimmten Konfliktes. Für die Konfliktbehandlungsbemühungen liefert sie aber wichtige Anknüpfungsmomente. Dazu einige praktische Überlegungen:

In mikro-sozialen Konflikten kann zumeist nach kurzen Orientierungs- und Vorbereitungsaktivitäten mit Interventionen begonnen werden, die sich in der gesamten Kleingruppe vollziehen. Bei Konflikten im meso-sozialen Rahmen sind zu einem bestimmten Zeitpunkt auch Interventionen in Kleingruppen-Konstellationen geboten, aber diese Kleingruppen müssen davor einen tragfähigen Brückenschlag zu ihren Hintermannschaften geleistet haben, weil ansonsten die eventuell erreichten Ergebnisse in der darauffolgenden Begegnung mit ihren Hintermannschaften wieder zunichte gemacht werden können. Darum müssen wir viel Sorge für die Arbeit an diesen Beziehungen zwischen den Gruppen und ihren Exponenten aufwenden. – Bei der Arbeit an makro-sozialen Konflikten haben wir viel mehr mit ausserpersönlichen Kräften zu tun, die nur zum Teil von den Hauptakteuren beeinflusst werden können. Die Konfliktbehandlung wird sich darum mehr auf unpersönliche Faktoren richten müssen; hier erweist sich die von J. Galtung (1973) beschriebene Konfliktlösung über die «*Metakonflikte*» als besonders fruchtbar.

3.6 Die Reichweite der Bemühungen

Um bereits in einem frühen Stadium zu erkennen, um welches Anliegen es den Konfliktparteien bei der Auseinandersetzung überhaupt geht, müssen wir die Haltung der Parteien zueinander global differenzieren. Dies führt uns zu drei Konfliktarten nach der «Reichweite», d.h., ob die Parteien die eigene Position bzw. die der Gegenpartei sowie den Gesamtrahmen, der ihre Positionen zueinander regelt, akzeptieren oder ablehnen.

Auch die Reichweite ihrer Konfliktintentionen drückt sich in den Issues aus: sowohl inhaltlich, wenn sie betonen, dass sie mit den Grenzen ihrer Entscheidungs- oder Einflussmöglichkeiten grundsätzlich unzufrieden sind usw., als auch in der Art und Weise, wie die Issues vorgebracht und aufgegriffen werden. Ein Beispiel: Die Personalvertretung bzw. der Betriebsrat eines Unternehmens kann sich mit den formell verbrieften Rechten und Pflichten begnügen und seine eigene Position wie auch die Hausordnung oder die Betriebsverfassung akzeptieren. In diesem Falle haben wir mit der ersten Form zu tun:

3.6.1 Friktion, Reibungskonflikt, Issue-Konflikt

Beispiel: Die Personalvertretung protestiert gegen die von der Geschäftsleitung vorgesehene Feiertagsregelung, Zeiterfassungsmethode oder Unfallschutzvorrichtung in einer Werkstatt. Die Sachdiskussion wird hart geführt, aber man respektiert, dass man zueinander in einem festgelegten Positionsverhältnis steht. Streitfragen stellen diese Positionen nicht grundsätzlich in Zweifel, sondern beziehen sich höchstens auf graduelle Verbesserungen oder Klärungen der eigenen Position. – In unserem Beispiel würde sich dann der Betriebsrat mit den ihm zugeteilten Rechten begnügen und nur danach streben, dass er Informationen von der Geschäftsleitung etwas früher, vollständiger und regelmässiger erhält. Oder ein Abteilungsleiter würde nicht eine grundsätzliche Erweiterung der Partizipation bei Entscheidungen seines Bereiches anstreben, sondern nur eine Milderung des zu autoritären Auftretens seines eigenen Chefs.

A. Rapoport (1974) nennt dies «Issue-orientierte Konflikte», während L. Pondy (1967) in diesem Falle von «frictional conflicts», d.h. von Reibungskonflikten spricht. Wir folgen seiner Terminologie und wollen von Friktionen oder Reibungen sprechen.

3.6.2 Positionskampf

Der Betriebsrat kann auch in Konflikte verwickelt sein, in denen er sich mit seiner Position nicht zufrieden gibt. Er möchte über mehrere wichtige Angelegenheiten zu Rate gezogen werden und mitentscheiden. Dies ist die zweite Form, die sich in den Issues aussprechen kann:

Es geht also um eine Ablehnung der Positionsverhältnisse und Streben nach *Änderung der Positionsverhältnisse.* Dies braucht *nicht* zu bedeuten, dass man gleichzeitig eine Änderung des Gesamtrahmens anstrebt. In Fällen der vertikalen Abhängigkeit kann man nach mehr Delegation und partizipativer Führung streben, ohne zugleich auch die Positionen anderer Kollegen verändern zu wollen.

3.6.3 Systemveränderungs-Konflikt

Manche Streitfragen können den Betriebsrat dazu führen, dass er die Hausordnung, die Stiftungsstatuten und das Betriebsverfassungsgesetz usw. ablehnt und direkt oder indirekt ändern will. Er kann das Empfinden haben, dass die Einflussmöglichkeiten der Arbeitnehmer über die ganze Linie zu beschränkt sind. Kampfmassnahmen in diesem Betrieb können unter Umständen auch Auswirkungen auf die Verhältnisse in der ganzen Branche haben. Dies stellt den dritten Typus dar:

Im Konflikt wird eine Änderung des Gesamtrahmens zur Diskussion gestellt, bzw. eine Änderung soll abgewehrt werden. Beispiel: Eine umfassende Reorganisation wird von vielen Führungskräften massiv bekämpft; die Studenten setzten sich 1968 für eine umfassende Reform der Universitäten ein.

Viele Autoren haben sich mit diesem Typus beschäftigt. L. Coser (1956) spricht von «basic cleavages», d.h. prinzipiellen Spaltungen, weil in ihnen der Konsens bezüglich des organisatorischen Gesamtrahmens Streitobjekt ist.

A. Rapoport (1974) bezeichnet sie als «Struktur-orientierte Konflikte». Wir nähern uns dieser Terminologie und der von L. Pondy (1969) an und sprechen von Systemveränderungskonflikten, weil damit am wenigsten ein ursächlicher Zusammenhang zwischen der Struktur und dem Konflikt nahegelegt wird. Denn es geht uns nur um die Feststellung, ob die Konfliktparteien in den Issues Bezug nehmen auf das Gesamtsystem und nicht um die Frage, ob vielleicht objektiv besehen die Organisationsstruktur die wichtigste Konfliktquelle darstellt oder nicht.

In der Fachliteratur ist etwa seit dem Jahr 1967 ein heftiger Streit entbrannt, ob gesellschaftliche Strukturen nicht wirksamer mittels «Konfliktstrategien» anstelle von sogenannten «Harmoniestrategien» verändert werden könnten. A. Etzioni (1968), S. Alinsky (1969), Herbert Marcuse (1962, 1967) und andere namhafte Autoren waren darin die Wortführer. Für sie können auch kleinere Streitpunkte zum Anlass genommen werden, um umfassendere organisatorische oder gesellschaftliche Veränderung einzuleiten. Konflikte werden als Brecheisen für soziale Veränderungen benutzt. – Auch hierfür trifft die Typisierung als «Systemveränderungs-Konflikte» zu. Die Strategien und Methoden haben wir in zwei anderen Publikationen (F. Glasl 1969 und 1972) ausführlicher dargestellt.

Aus den bisherigen Ausführungen geht hervor, dass nicht jeder Systemveränderungs-Konflikt ein Konflikt des Meso- oder Makro-Rahmens zu sein braucht. Selbst die Auseinandersetzung zwischen den Konfliktparteien einer Kleingruppe kann mit dem Wandel der Gesamtstruktur der Kleingruppe enden, also Systemveränderungs-Effekte haben. Umgekehrt kann ein Konflikt im Meso-Rahmen spielen und doch nur um ganz beschränkte Issues gehen, die sich in keiner Weise auf die Gesamtstruktur und -kultur der Organisation beziehen, also keine Systemveränderung bezwecken.

3.7 Die dominante Äusserungsform des Konfliktes

Wir schenken den Erscheinungsformen des Konfliktes grosse Beachtung. Dabei ist es zunächst überhaupt nicht relevant zu unterscheiden, ob die Erscheinungsformen durch bewusstes oder unbewusstes, gewolltes oder ungewolltes, authentisches oder täuschendes Verhalten der Konfliktparteien hervorgerufen werden. Erst später werden solche Untersuchungen und Unterscheidungen fruchtbar sein. Durch einen tieferen Einblick in die Dynamik der gegebenen Konfliktsituation lassen sich dann Mittel und Wege finden, um den Beeinflussungsversuchen wirksam zu begegnen.

Bei der Betrachtung der dominanten, wirklich augenfälligen Äusserungsform des Konfliktes gehen wir von zwei Aspekten aus:

1. Wird der Konflikt formgebunden oder formfrei, formlos ausgetragen?
2. Wie lässt sich das soziale Klima der Interaktionen zwischen den Konfliktparteien umschreiben: als heiss oder als kalt?

Wir wollen diese Aspekte näher darstellen und zeigen, welche Folgerungen daraus in den Beginnphasen gezogen werden können.

3.7.1 Formgebundener und formloser Konflikt

Beim *formgebundenen Konflikt* bedienen sich die Konfliktparteien bestimmter Formen, die sie nicht selbst eigens dazu gefunden haben; vielmehr greifen sie zurück auf Institutionen, Prozeduren und Kampfmittel, die bereits anerkannt sind. Sie versuchen dann, ihre Ziele unter Anwendung dieser geregelten Formen zu erreichen. – In der Praxis heisst das, dass man sich an rechtliche Prozeduren hält, Gerichte anruft, Schiedskommissionen beansprucht usw. Die Konfliktaustragungsformen werden von den Parteien gleichzeitig als geeignete Konfliktlösungsmittel angesehen.

Dieser Typus deckt sich im grossen und ganzen mit den von R.Mack und R.Snyder (1957) dargestellten Typen des «institutionalisierten» Konfliktes. D.h., dass die soziale Institution, die für die Parteien den Gesamtrahmen bildet, solche Formen anbietet oder sogar zwingend vorschreibt.

Dadurch gewähren sie den Parteien einige Sicherheit. Überdies können sie, worauf N.Luhmann (1975) verweist, von den Konfliktpartnern als Legitimierungsmittel verwendet werden. Denn wenn man sich gesellschaftlich normierter Mittel und Wege bedient, um den Konflikt auszutragen, kann man sich zumindest gegen Vorwürfe schützen, die gegen die Methoden des Kampfes vorgebracht werden könnten.

Ein formgebundener Konflikt erleichtert in den meisten Fällen die Konfliktbehandlung im Sinne einer «Konfliktregelung». Bei Interventionsversuchen muss man sich dann die Frage vorlegen, ob die bestehenden institutionalisierten Konfliktlösungsverfahren von den Parteien bereits ausgeschöpft worden sind, bzw. ob sich die Konfliktparteien vielleicht gegen diese Verfahren wenden, weil sie ihnen nicht mehr zureichend zu sein scheinen. Dann steht die Suche nach geeigneten und akzeptierten Formen für die Parteien voll zur Diskussion. Andererseits kann die Formbetonung gerade die wirkliche Lösung der Probleme, die dem Konflikt zugrunde liegen, verhindern. Konflikte können durch Formstrenge abgewürgt, abgedrängt, verlagert oder deformiert, nicht immer jedoch gelöst oder «geheilt» werden. Bei Friktionen kommt es durch Formgebundenheit oft zu Ersatzlösungen, die die vorliegenden Probleme im Grunde unverändert bestehen lassen.

Beim formfreien (formlosen) Konflikt bedienen sich die Konfliktparteien keiner der vorgegebenen Formen. Dazu kann es verschiedene Gründe geben: Die Konfliktparteien sind mit den Formen selbst unzufrieden und wollen sie deshalb nicht anwenden. Vor allem bei Systemveränderungs-Konflikten greifen die bislang diskriminierten Parteien zu Mitteln, die nicht gesellschaftlich vorbestimmt sind. Damit können sie ihre Position je nach Zielsetzung freier definieren. Denn mit dem Akzeptieren vorgegebener Formen könnten Konflikte auch bloss repressiv «gelöst» werden. Darum greifen Minderheiten oder sehr radikale politische Gruppen mit Vorliebe zur formfreien Konfliktaustragung. Es kann aber ein Konflikt dermassen eskaliert sein, dass die anfängliche Formgebundenheit verlassen worden ist. Bestimmte Konfliktparteien können von vornherein eine ausgesprochene Formversion an den Tag legen, z.B. wenn anarchistische Gruppen in einen Systemveränderungs-Konflikt eingetreten sind. Jeglicher Formvorschlag von einer dritten

Partei verstärkt dann den Konflikt noch mehr, weil die Methoden der Konfliktaustragung selbst zu den strittigsten Punkten der Auseinandersetzung gehören.

Die meisten unserer Konfliktbehandlungsmethoden sind an relativ formgebundenen Konflikten entwickelt worden. Sobald irgendwelche Behandlungsmethoden zur Anwendung gelangen, werden bestimmte Formelemente in die Konfliktsituation eingeführt; der Konflikt wird in einen formgebundenen übergeführt.

3.7.2 Heisser und kalter Konflikt

Ausgangspunkt der Unterscheidung dieser zwei Konflikttypen ist der dominierende Verhaltensstil der *Interaktion* zwischen den Konfliktparteien. Wir richten uns also nicht auf den Verhaltensstil einer der Parteien, sondern auf ihr Zusammenspiel, auf das Klima der Beziehungen zwischen ihnen. Bei *heissen* Konflikten lässt sich u.a. eine Atmosphäre der Überaktivität und Überempfindlichkeit konstatieren. Die Parteien versuchen, einander mittels explosiver Taktiken zu überzeugen, Angriff und Verteidigung sind für alle klar sichtbar und nehmen oft aufsehenerregende Formen an. Kalte Konflikte führen zu einer zunehmenden Lähmung aller äusserlich sichtbaren Aktivitäten. Frustrationen und Hassgefühle werden «hinuntergeschluckt» und wirken in den Parteien destruktiv weiter, in den intensivsten Fällen bis zu selbstzerstörerischen Aktionen. In kurzer Zeit wird die Organisation «angesteckt». Es bilden sich Normen und Prozeduren, die ein gegenseitiges Ausweichen und Vermeiden begünstigen. Die Auseinandersetzung findet nur indirekt statt.

Im folgenden Kapitel werden wir beide Konflikttypen und die Folgerungen für Interventionen der Konfliktbehandlung ausführlicher darstellen.

Das Übersichtsschema (Fig. 3.3) schliesst den Rahmen der Typologie ab.

Sozialer Rahmen (Arena)	**Reichweite der Bemühungen**	**Dominante Erscheinungsformen**
1. *Mikro-soziale* Konflikte (zwischen Individuen und innerhalb von kleinen Gruppen) 2. *Meso-soziale* Konflikte (innerhalb einer Organisation, zwischen Gruppen und grösseren organisatorischen Sub-Einheiten) 3. *Makro-soziale* Konflikte (innerhalb von Bevölkerungsgruppen oder sozialen Kategorien sowie zwischen ihnen, Interessengruppen mit gesamtgesellschaftlichem Status usw.)	Akzeptieren oder Abweisen der gegenseitigen Systemposition der Parteien bzw. des gesamten organisatorischen Rahmens: 1. *Reibungen,* Friktionen, 2. *Positionskämpfe,* 3. *Systemveränderungs-Konflikte*	1. *Formgebundene* Konflikte 2. *Formfreie, formlose,* formungebundene Konflikte 3. *Heisse* Konflikte 4. *Kalte* Konflikte

Fig. 3.3: Übersicht: Interventions-orientierte Konflikttypologie

3.8 Zwei Konflikttypen näher betrachtet: Heisse und kalte Konflikte

Jede Konfliktpartei kann einen eigenen Verhaltensstil haben, der sich deutlich von der Gegenpartei unterscheidet. Wenn die Konfrontation länger dauert und eskaliert, dann kann sich trotz anfänglicher Unterschiede im Auftreten in der Interaktion der Konfliktparteien ein gemeinsamer Verhaltensstil, ein gleichartiges Verhaltensklima einstellen. Dies ist die dominierende Äusserungsform, das Produkt des Zusammenspiels und Zusammenwirkens der unterschiedlichen Konfliktparteien.

In diesem gemeinsamen Verhaltensstil lassen sich zwei markant unterschiedliche Formen der Konfliktaustragung unterscheiden: heisse oder kalte Konflikte. Für die Interventionen der Konfliktbehandlung sind beide Typen von grosser praktischer Bedeutung. Die wichtigste Inspirationsquelle für diese Typologie bildeten die Ausführungen R. Steiners (1910) zu «warmen und kalten Krankheitstypen», die einen unterschiedlichen Behandlungstypus erfordern. Steiner hat die Tragweite dieser beiden Grundtendenzen auch für das Verständnis von Fragen der Gemeinschaftsbildung und von historischen Zyklen beschrieben. Durch eine Vertiefung in diese Quellen kann sich der Hintergrund unserer nachfolgend beschriebenen Konflikttypen weiter erschliessen. Wir haben auf ihrer Grundlage diese beiden Konflikttypen empirisch erforscht. Diese Erkenntnisse haben sich seither in der Beratungspraxis vielfach bewährt.

3.8.1 Heisser Konflikt

Die Parteien eines heissen Konfliktes zeichnen sich durch eine heftige Begeisterungsstimmung aus. Sie sind von Idealen beseelt und meinen, dass ihre eigene Sache um vieles besser sei als die der Gegenseite. Sie versuchen, die eigenen Ideale auch auf andere auszutragen, ja andere damit zu überspülen und zu überwältigen. Es geht bei den Zusammenstössen zumeist darum, die Gegenseite zu einem gläubigen Anhänger der eigenen Ideale zu machen. Die Ziele sind in erster Linie «Erreichungsziele», d. h., die Konfliktparteien wollen ein bestimmtes Vorhaben, ein inspirierendes Ideal mit den gegebenen Mitteln konstruktiv verwirklichen. Der Zusammenstoss mit der Gegenpartei ist dabei eigentlich eine ungewollte Nebenwirkung des eigenen Erreichungszieles: Man möchte nicht die Gegenseite hindern oder frustrieren; wenn sie einem jedoch bei der Verwirklichung der Ideale im Wege steht, dann ist die Konfrontation unumgänglich. Die Konfliktparteien haben eher das Gefühl: «Dann muss man auch – wie bedauerlich dies sein mag – den Zusammenstoss mit der Gegenpartei in Kauf nehmen!»

In einem sehr progressiven Gymnasium, das vor einigen Jahrzehnten bereits zu den Pionieren der Schulerneuerung gehört hat, wurden verschiedene Auffassungen über eine am Kind orientierte Pädagogik und Didaktik vertreten. Die Meinungen prallten sehr hart aufeinander, weil jede Partei bei der Gegenseite eine Bresche schlagen wollte. Im Grunde ging es allen vorrangig darum, ihr eigenes Ideal – über das sie mit anderen Lehrerkollegen nicht mehr kommunizieren konnten – in der gegebenen Schule zu verwirklichen. Weil die Unterrichtsfächer untereinander zusammenhingen, kam es zu Konfrontationen. Jeder Lehrer bedauerte jedoch in der Öffentlichkeit den nachteiligen Effekt, den dies auf die Andersdenkenden hatte.

Bei heissen Konflikten sind die Konfliktparteien in der Regel von der Redlichkeit und Reinheit ihrer eigenen Motive überzeugt. Es passt nicht zu ihrem Selbstbild, dass sich zu den «heiligen Motiven» eventuell auch «unheilige Motive» gesellt haben könnten. Wenn die Gegenseite an der Lauterkeit des Gegners zweifelt, dann wird dies sehr entrüstet von der Hand gewiesen. – In dem bereits angeführten Beispiel der Schule waren manche Bedenken an der wirklich selbstlosen, rein sachbezogenen Motivation der Hauptakteure geäussert worden: z. B. dass ein Lehrer so fanatisch für eine bestimmte Auffassung eintrete, weil er dadurch bei den Schülern der Oberstufe populär werden möchte oder dass ein anderer Lehrer das Verlangen habe, sich vor den Eltern zu profilieren und für die Stelle eines Ko-Rektors kandidieren zu können. – Für heisse Konflikte ist es bezeichnend, dass die eigenen Motive nicht zur Diskussion stehen. Sie werden tabu. Nicht, weil die Konfliktparteien hierin etwa bewusst unredliche Motive verbergen wollten, sondern weil sie selbst an ihrer Lauterkeit nicht zweifeln können! Die eigene Motivation wird idealisiert, auch wenn tatsächlich zum Teil unlautere Aspekte eine Rolle spielen. Die Konfliktparteien haben bezüglich ihrer eigenen Motivation unbewusst einen «blinden Fleck». Sie nähren Illusionen hinsichtlich ihrer Motive. Um so heftiger werden dadurch die Abwehrhandlungen, wenn sie Verdächtigungen ausgesetzt sind. Auch eine dritte Partei erlebt diesen Widerstand: Eine kritische Motiv-Analyse wird von den Konfliktparteien abgewehrt.

Im Selbstbild der Konfliktparteien dominieren die übertrieben positiven Selbstbilder, wie sie auch I. Janis (1972) beschreibt: Man überschätzt die eigene Kraft und glaubt an die Geschlossenheit und Unüberwindlichkeit der eigenen Idee und der Gruppe. Die Partei agiert in euphorischer Stimmung. Die Gegenseite wird nicht so sehr angeschwärzt und nur ins Negative verkehrt, sondern eher bagatellisiert oder einfach übersehen. Dem ganzen Konflikt wohnt eine aufblähende, aufputschende Tendenz inne, die sich selbst verstärkt.

Die gegenseitigen Beziehungen werden – paradoxerweise – trotz der äusseren Konfrontationen vom gegenseitigen Streben nach Annäherung bestimmt. Die Konfliktparteien üben aufeinander Anziehungskraft aus, so wie auch ihre

Ideen und Ideale für sie magnetische Faszinationswirkung haben. P. van de Griend (1975) hat, in Anlehnung an P. Watzlawick, J. Beavin und D. Jackson (1968), die Wirkweise dieser paradoxen Anziehung und Abstossung in den gegenseitigen Beziehungen untersucht: Die Parteien streben im Grunde nach einer Begegnung und scheuen dabei das Aufeinanderprallen nicht. Im Grunde wird die Begegnung mit der Identität der eigenen Partei wie auch der Gegenpartei gesucht. Dies ist als entwicklungspsychologische Tatsache auch in der Pubertät und frühen Adoleszenz bekannt: Über den Widerstand gegen den Erwachsenen, selbst durch die härteste Konfrontation, wird eigentlich eine existentielle Begegnung gesucht. E. Hoedemaker (1968) hat frappante Beobachtungen zu dieser Erscheinung vorgelegt, die unsere Beschreibungen stützen. – In der angeführten Schule offenbarte sich dieses Bedürfnis an einer existentiellen Begegnung mit der Gegenseite, als später bei der Konfliktbehandlung mit viel gegenseitigem Interesse die vorliegenden Fragen der Grundauffassungen und persönlichen Ziele gemeinsam besprochen wurden.

Heisse Konflikte leiden unter einem «Handlungs-Überangebot» der Parteien: In der verfügbaren Zeit möchte jede Partei bis weit übers Erträgliche hinaus die Gegenseite in die Diskussion ziehen und mit den eigenen Auffassungen konfrontieren. Dies ähnelt vergleichsweise einem kleinen Raum, in dem sich zu viele Personen tummeln. Jede Partei ist damit beschäftigt, in diesem begrenzten Raum ihr eigenes Idealmodell der Schule zu verwirklichen. Es lässt sich allenorts ein «surplus» an Aktivitäten beobachten, die einander verdrängen. Dazu kommt, dass sich die Konfrontationen zumeist in Form von kürzeren, heftig explosiven Handlungen entladen. Alle gestaute Energie bricht aus und «überschwemmt» die soziale Umgebung der Konfliktpartei. Die Umgebung soll damit zu einer Erweiterung oder Fortsetzung der eigenen Innenwelt gemacht werden.

Die Grundeinstellung der Konfliktparteien ist expansiv: Es wird Gebietsvergrösserung angestrebt und ein Vermehren der Anhängerschar! Die Formen der «sozialen Ansteckung», wie sie in Kapitel 6.1 erörtert werden, sind im heissen Konflikt deutlich anders als im kalten Konflikt. Die Ansteckung ist motivierend, exaltierend und bewirkt eine starke Steigerung der gemeinsamen Risikobereitschaft der Mitglieder. Dadurch neigen sie dazu, ihre eigene Kraft und Potenz weit zu überschätzen.

Das Expansionsstreben greift auf alle möglichen Gebiete über. – In unserer Schule häuften sich innerhalb kurzer Zeit explosionsartige Ausbrüche. Es gab Perioden «unruhigen, gewitterhaften Wetters», die sehr eruptiv und spektakulär waren, neben relativ ruhigen, ja kreativen und «sonnigen Perioden». Die «Grosswetterlage» war jedoch labil, mit Neigung zu Turbulenzen. Wenn sich bei der einen oder anderen Partei ein wenig Unmut angehäuft hatte, dann konnte in kurzer Zeit eine heftige Entladung erwartet werden. Diese Äusserungsformen waren direkt, kräftig und sehr dramatisch – aber in Kürze war die Luft auch wiederum gesäubert. Wenigstens für eine Weile.

Heisse Konflikte führen zu einer starken Führerzentrierung. Im Beispiel der Schule traten kräftige Führerpersönlichkeiten als Sprachrohr der Ideen und Ideale in den Vordergrund. Sie bildeten für die eigene und die gegnerische Partei deutlich erkennbare Machts- und Willensbildungszentren. Auf diese Persönlichkeiten wurden alle Hoffnungen gesetzt. Durch Projektionsvorgänge wurden diese Personen von ihren Anhängern immer mehr hochstilisiert und idealisiert.

Die Akteure sind sich im allgemeinen des Schadens, den sie anderen zufügen, durchaus gut bewusst. Um diesen Schadenseffekt geht es ihnen ja primär nicht. Darum wird das Feststellen dieser Auswirkungen auch nicht mit Fragen der Schuld verknüpft. Und doch zweifelt die Gegenseite mit der Zeit daran, ob etwa das eine oder andere nicht doch um dieses Effektes willen geschehen sei. Die Konfliktparteien tragen dabei eine gegenseitige Überempfindlichkeit zur Schau. Mit viel Gefühl – und zuweilen mit Pathos! – wird die eigene Verwundbarkeit und Empfindlichkeit betont. Soweit einige der wichtigsten und auffälligsten Phänomene.

3.8.2 Kalter Konflikt

Beim Studium von Konflikten kann leicht der Eindruck entstehen, dass Konflikte immer spektakuläre und dramatische Formen annehmen, wie dies bei den heissen Konflikten beschrieben worden ist. Daneben ist jedoch noch eine andere Form zu beobachten, die weniger augenscheinlich auftritt, in der Wirkung aber destruktiv ist wie heisse Konflikte – wenn nicht sogar noch destruktiver!

Anstelle des Feuers der Begeisterung begegnet man bei den Konfliktparteien tiefen Enttäuschungen, einer weitgehenden Desillusionierung und Frustration. Es gibt eigentlich nichts mehr, für das sie sich erwärmen oder begeistern könnten. Es hat sich eine Stimmung verbreitet, dass man Ideale über Bord zu werfen habe, weil sie illusorisch sind. Begeisterung wird als verabscheuenswert «unerwachsen» abgewiesen. Hohe Ziele und Ideale erscheinen lediglich als rationalisierte Begierden. – Es gibt für die Konfliktparteien innerhalb der eigenen Glieder kaum noch verbindende Ideen.

Ein Praxisfall: Kurz nach der Pariser Studentenrevolte 1968 sprangen die Funken dieser Bewegung auf eine Fachhochschule über. Als neuer Schultypus verkehrte sie noch teilweise in einer experimentellen Phase. Nach einer kurzen, sehr heissen Konflikteskalation wurde der Konflikt von den zuständigen Behörden kräftig eingedämmt und unterdrückt. Es trat eine Abkühlung ein, ohne dass die Konflikte wirklich behandelt worden wären. Innerhalb des Dozentenstabes steigerte sich kurz danach der Konflikt weiter, jedoch in sehr kalter Form. Die bei der Gründung dieses Schultyps massgeblichen, zum Teil recht innovativen Ziele wurden als «mehr oder weniger naiv» belächelt oder mit einem Schulterzucken als «indiskutabel» abgetan: «Es kommt dem Minister darauf an, dass die Studenten innerhalb einer redlichen Periode ein Diplom erhalten können; und das auf billige Weise, punctum!»

Die Konfliktparteien eines kalten Konfliktes geben sich in der Regel keinen Selbsttäuschungen über ihre Motive hin. Sie können sogar verblüffend ehrlich – und sarkastisch oder zynisch! – über ihre wenig edlen Triebfedern sprechen! Die Stimmung lässt kaum ethische Bedenken bei den Parteien aufkommen. Sie erleben eine innere Leere und Kälte, die für moralische Skrupel keinen Nährboden bietet.

Bei Interviews unter den Dozentinnen und Dozenten wurden wir Berater ganz unumwunden über Intrigen informiert, die man kalt berechnend entworfen hatte und die – zugegebenermassen – auf eine Schädigung der Gegenparteien abstellten. Immer wieder wurde dabei beteuert, dass sich hier niemand über die Motive der Gegenseite Illusionen mache; man sei gut im Bilde, wie die Dinge stehen. Solche Offenbarungen wurden unter vier Augen bereitwillig gegeben; sobald jedoch die Dozenten eine gemeinsame Sitzung hatten, herrschte ein eisiges Klima, das sich eher durch stockende Kommunikation auszeichnete. Dann wurde geleugnet, dass man mit destruktiven Absichten um den Tisch sitze.

Im heissen Konflikt haben wir die vehemente Zunahme der Selbstüberschätzung konstatiert. Ganz anders ist dies im kalten Konflikt. Hier verlöscht das Selbstwertgefühl mit der Zeit völlig. Jede Person, jede Partei schliesst sich in sich selbst ein, wobei sich anstelle eines deutlichen Identitätserlebens ein «Hohlraum» auszubreiten scheint. Die ganze Bewegungstendenz im kalten Konflikt ist die der Schwere, des Sich-Eingrabens und Erstarrens.

Im kalten Konflikt fehlt den Parteien ein positives Selbstbild. Nur die Kontrastierung zu dem noch viel schwärzeren Bild der Gegenpartei gewährt einigermassen ein Existenzrecht. Es stehen hier die Schattenprojektionen auf die gegnerische Partei im Vordergrund. Diese gewähren eine Legitimation für das eigene negative Handeln: «Der andere ist noch um vieles schlechter als ich!»

Im Gegensatz zur Führerzentrierung in den heissen Konflikten zeigt sich in den kalten Konflikten ein Führungsvakuum. – Es war in der Fachhochschule schwierig, die meinungsbildenden Personen aufzuspüren. Keiner wurde als der eigentliche Repräsentant von Ideen oder Zielen der eigenen Gruppe betrachtet. Es fehlen die sozialen Orientierungspunkte oder Kerne. In der zunehmenden Atomisierung sind positive Bezugspersonen verschwunden. Gerade dadurch können die unpersönlichen Steuerungs- und Kontrollvorkehrungen einer Organisation, d.h. die Prozeduren und Vorschriften so starken Einfluss gewinnen. Die Parteien hindern einander nicht durch direkte persönliche Störaktionen, sondern sie legen einander Prozeduren und Systemzwänge in den Weg. Denn: Die Wirkung dieser Regelungsmechanismen kann somit nicht dem Willen einzelner Personen zugeschrieben werden.

Durch die Betonung der unpersönlichen Momente verbreitet sich in der Organisation sozialer Fatalismus: Der Druck der Organisation und der gegnerischen Partei wird zwingender, aber die Aussichten auf eine Beeinflussung dieses Geschehens nehmen ab. Der einzelne scheint einem unpersönlichen Koloss gegenüberzustehen, dessen Handeln einer menschlichen Beeinflussung unzugänglich ist. Dieses Bild der Organisation führt zu den Formen von Stress, die D. Gebert (1979) aufgezeigt hat: Durch die Ausweglosigkeit und mehr oder weniger totale Chan-cenlosigkeit, die unangenehme Situation zu beeinflussen, treiben die einzelnen Personen verschiedenen psychosomatischen Krankheiten zu. Diese Haltung findet in der Philosophie der Konfliktparteien ihren Ausdruck, nach der sie sich völlig als Produkt ihrer Umgebung fühlen. Deshalb müssen Änderungsversuche ihrer Meinung nach immer aussen, oben, d. h. bei anderen ansetzen. Sie selbst erleben sich nur als reaktives Produkt der (feindseligen) Umgebung. In Wahrheit schafft diese Haltung die entsprechende soziale Wirklichkeit: Weil man selbst die Initiative aus der Hand gegeben hat, wird man jetzt von aussen bestimmt. Indem die eigenen Ängste und Unzulänglichkeiten auf die soziale Umgebung projiziert worden sind, lässt man sich durch diese Aussenwelt aufs neue mit seinen Ängsten konfrontieren. Damit bildet sich ein Teufelskreis, der den sozialen Fatalismus als Grundstimmung nährt. Ursache und Wirkung sind wieder eins geworden.

Dem «Handlungs-Überangebot» steht im kalten Konflikt etwas völlig anderes gegenüber: Es kommt zum Erliegen der direkten Kommunikation zwischen den Parteien schlechthin. Gesprächs- und Begegnungsmöglichkeiten werden immer seltener und auf die Dauer möglichst gemieden. Direkte Face-to-face-Kontakte werden umgangen. An ihre Stelle treten indirekte, stark formalisierte Kontaktmöglichkeiten: Zumeist auf dem schriftlichen Wege. Eine Entscheidungsvorlage wandert von einem Schreibtisch zum anderen, jeder versieht sie mit eigenen Kommentaren und Gegenvorschlägen und lässt sie zum nächsten weiterleiten. Man vermeidet eine Auseinandersetzung, weil man es aufgegeben hat, einander überzeugen zu wollen. In kalten Konflikten wird im allgemeinen eine sehr grosse Erfindungsgabe im Konstruieren von Ausweich-Prozeduren, Kontakt-Vermeidungs-Verfahren und dergleichen entwickelt. Solche Prozeduren werden danach in die bestehende Organisation integriert. Damit nehmen die formalisierten Prozeduren der Verhaltensregulierung immer mehr überhand. Die Organisation neigt dazu, zu versteinern, zu erstarren und unter einem Wust von solchen Ausweich-Prozeduren zu ersticken. Einmal geschaffen, beständigen diese Prozeduren dieses Verhalten noch mehr. Nach und nach bildet sich zwischen den Parteien ein «*soziales Niemandsland*». Die Konfliktparteien achten sehr darauf, dass keiner dieses Niemandsland betritt: Es gibt keine Begegnungsplätze mehr. Die Organisation weist stets mehr Risse auf und zerfällt deutlich in viele kleine Einheiten. Ein Bindemittel fehlt.

In der genannten Fachhochschule führte die Entwicklung innerhalb einiger Monate dazu, dass die Sitzungen des Dozenten-Kollegiums immer seltener wurden. Die wenigen Dozentinnen und Dozenten, die noch zu Besprechungen erschienen waren, suchten nach Vorwänden, um später kommen oder früher weggehen zu können. Das Gesamtkollegium zerfiel danach in Fach-Cluster-Gruppen, in denen es zu Angriffen, Abwehrreaktionen, Misstrauen usw. kam; danach flüchtete man in noch kleinere Fachgruppen. Diese erwiesen sich als wenig fruchtbar, weil man unterschiedliche Auffassungen auch hier nicht überbrücken konnte. Schliesslich zog sich jeder Dozent in die Isolierung zurück. Um die einzelnen Fächer wurden sozusagen Laufgräben gegraben. Jeder verschanzte sich hinter der eigenen Facharbeit und hielt Diskussionen mit Fachfremden von sich ab.

Für den heissen Konflikt ist der Expansionsdrang typisch. Im kalten Konflikt tritt innerhalb des sozialen Systems der Konfliktparteien das Gegenteil auf, nämlich «*soziale Erosion*»: Die Beziehungen zwischen den einzelnen Personen kommen zum Erliegen und führen zu einem um sich greifenden Abbröckeln der bisherigen Einheiten. Wenn sich verschiedene Personen zu einem zeitlichen Bündnis zusammenfinden, dann ist das bindende Element die gemeinsame Ablehnung irgendeines wesentlichen Aspektes der Gegenparteien. Im übrigen wird der kalte Konflikt also von einer zentrifugalen Tendenz bestimmt, die in der Art wirkt, wie dies K. Lewin (1935), D. Krech und R. Crutchfield (1958), J. Brown (1957) und V. Aubert (1972) für die «Vermeidungs-Vermeidungs-Konflikte» beschrieben haben: Jeder flieht jeden und geht dem eventuellen Zwang zum Kommunizieren aus dem Weg.

Die soziale Erosion führt bei diesem Konflikttypus zur Bildung vieler kleiner, in sich autistisch (T. R. Newcomb 1947) geschlossener Einheiten. Im Zuge der weiteren Eskalation des kalten Konfliktes können diese noch mehr erodieren, bis nur noch vereinsamte Individuen übrigbleiben. Auftretende Ängste und negative Erwartungen finden durch «soziale Ansteckung» schnell Verbreitung.

Die Angst wirft im kalten Konflikt Gruppen und Einzelpersonen auf sich selbst zurück. Sie löst bei ihnen Gefühle der Ohnmacht aus. Weil sich jeder im Konflikt einer mächtigeren Situation ausgeliefert erlebt, glaubt er, dass die Gegenseite alle Macht in Händen hat. Aus dem Erleben der *Machtlosigkeit* wird auf die Gegenpartei somit Allmacht projiziert. Machtphantasien beherrschen die Szene.

Während die Konfliktparteien hinsichtlich ihrer eigenen *Motive keine* blinden Flecke kennen, bilden sie illusorische Vorstellungen über die *Auswirkungen* ihres

Verhaltens auf die Gesamtsituation oder wenigstens auf die Gegenpartei. Vehement werden darum «Feed-back»-Bemühungen von eigenen Kollegen oder von Aussenstehenden abgewiesen. Man ist in der eigenen Wahrnehmungsfähigkeit dermassen beeinträchtigt, dass diese Auswirkungen auf die Umgebung überhaupt nicht zum Bewusstsein durchdringen. Durch diesen Umstand ist beinahe jeder Versuch einer Drittpartei, den Konfliktparteien das Bild der eigenen Situation zurückzuspiegeln, von vornherein zum Scheitern verurteilt. Die Konfliktparteien verstehen es sogar, einander in der Auffassung zu bestärken, dass das von Dritten präsentierte Problembild eine grobe Verzerrung der Wirklichkeit sein müsse.

Kalte Konflikte sind jedoch nicht «latente Konflikte»! Es kommt vielmehr zu einem regen Austausch feindseligen, destruktiven Verhaltens wie in heissen Konfliktsituationen. Die Methoden sind nur anders: sie sind weniger offen sichtbar, viel mehr indirekt, versteckt und ungreifbar. D. Kolb und J. Bartunek (1992) beschreiben ähnliche Muster als «hidden conflict». Angriffe und Gegenangriffe werden zumeist ausgeklügelt und berechnend entworfen, so dass sie von der Gegenseite nicht direkt durchschaut werden. Man gönnt der Gegenpartei nicht den Triumph, dass sie einen bei offenen Feindseligkeiten ertappen und danach anklagen könne. Oft kommt es zu subtilen Formen der Aggression, die intelligent von den Lücken des bestehenden Normensystems Gebrauch zu machen verstehen, um den Gegner wirksam so zu verwunden, dass man sich selbst keiner moralischen Kritik aussetzt. Die Schädigungsabsichten zielen vielmehr auf nachhaltige Wirkungen, nicht auf kleine, oberflächliche Augenblickseffekte. Den Explosionen der heissen Konflikte stehen hier die *Implosionen* des kalten Konfliktes gegenüber: Es kommt zu Ausbrüchen mit selbstzerstörerischer Auswirkung. Mehrere Implosionen führen aber dazu, dass man an sich selbst zu zweifeln beginnt. Ja, dass man zu Eigenhass neigt und dass auf längere Frist das Selbstwertgefühl der Konfliktparteien grundsätzlich angetastet wird. Die Implosionserfahrungen wirken nach innen identitätszerstörend weiter. Dadurch ist die Behandlung kalter Konflikte viel zeitaufwendiger als die von heissen Konflikten: Es muss erst das Selbstvertrauen der Konfliktparteien aufgebaut werden, ehe die Begegnung zwischen den Konfliktparteien einige Fortschritte bringen wird.

3.8.3 Gegenüberstellung heisser und kalter Konflikte

Wie die Beschreibung gezeigt hat, sind die beiden Konflikttypen einander in den meisten Tendenzen diametral entgegengesetzt. In mancherlei Hinsicht weisen beide Typen Ähnlichkeiten auf mit dem von N. Miller (1956) und J. S. Brown (1957) beschriebenen Gegensatz zwischen «Annäherungskonflikten» und «Vermeidungskonflikten». Brown beschreibt die Ergebnisse seiner experimentellen Untersuchungen, die in den Äusserungsformen mit den Konflikten «heiss» und «kalt» vieles gemein haben. V. Aubert (1972) beschreibt für Konflikte, die wir als heiss bezeichnen, eine grosse zentripetale Kraft, die die Konfliktparteien immer wieder zu Konfrontationen antreibt, während er für den entgegengesetzten Fall vom Fehlen gemeinsamer Werte, von einer Wert-Krise, spricht. Daran sind auch zentrifugale Tendenzen gekoppelt; man flieht gegenseitig vor der Kommunikation. Nur bei starkem Kommunikationszwang, z.B. wenn die Parteien beim Einbringen der eigenen Leistung zu sehr aufeinander angewiesen sind, lässt man sich zu einer Kommunikation herbei, die mehr Kommunikationsvermeidung als wirkliche Begegnung ist.

Kann sich der Konflikttypus auch ändern? Soweit unsere Erfahrung reicht, haben alle Konflikte warme oder heisse Beginnphasen. Erst mit der zweiten Eskalationsstufe kann der Konflikt deutlich als kalter oder heisser Konflikt weitergehen. Auch wenn ein Konflikt einmal eingefroren worden ist und dann die Formen des kalten Konfliktes angenommen hat, kann er doch «kalt» weiter eskalieren (Kap. 10.11): Die Verschanzung kann erheblich zunehmen, die soziale Erosion kann bis zur völligen Atomisierung fortschreiten; der Einbruch in das positive Selbstwertgefühl kann bis zur völligen Verzweiflung an sich selbst führen usw. (siehe auch Glasl 2003b). Auch die Reichweite der kalten Konfliktstrategien kann immer grösser werden: Die Konfliktparteien legen es darauf an, die Gegenseite immer mehr in den vitalen Funktionen zu lähmen oder diese zu zerstören, so wie wir dies allgemein für die sechste, siebte usw. Eskalationsstufe dargestellt haben (Kap. 10.6).

Durch eine Häufung eskalierender Umstände in sehr kurzer Zeit kann der bislang kalte Konflikt plötzlich wieder in einen heissen umschlagen, wobei er sich dann nach unserer Beobachtung sofort heiss in derselben Stufe manifestiert, in der er kalt bereits angelangt ist. Durch den zusätzlichen Überraschungseffekt des Übertritts in eine neue heisse Episode kann der Konflikt sprunghaft akzelerieren und sich als viel destruktiver erweisen. Der Umschlag in sehr heisse Äusserungsformen tritt vor allem dann auf, wenn sich die Konfliktparteien – trotz eventueller weiterer Eskalationen – oft lange Zeit in einer «Dead-lock»-Pattstellung befunden haben, die ein Übergewicht oder eine Gewinnchance der einen und der anderen Seite deutlich unterband. Mit der Überführung in einen heissen Konflikt erwarten sich die Parteien dann den lang ersehnten Durchbruch: auch wenn dieser unweigerlich in die Selbstdestruktion führt.

Können heisse und kalte Konflikte gleichzeitig bestehen? In mehreren Organisationen haben wir erlebt, dass für kurze Zeit kalter und heisser Konflikt als Austragungsform aufeinanderprallten. Die Führungsspitze eines Schulberatungsinstitutes hatte eine längere Epoche eines heftigen heissen Konfliktes hinter sich, bis sie den Konflikt an der Spitze zu einem (nicht weniger heftigen) kalten Konflikt umfunktionierte. Nach einiger Zeit begann auf den unteren Ebenen in der Organisation ein heisser Konflikt, der zu Zusammenstössen der Institutsleitung mit den unteren Ebenen führte. Vorübergehend traten dann zwei Subsysteme mit unterschiedlichen Konfliktäusserungsformen, nämlich heiss und kalt, in Konfliktinteraktionen, bis sich schliesslich der Interaktionsstil einer Gruppe durchsetzte und zum dominanten Erscheinungsbild des Gesamtkonfliktes führte. In dem erwähnten Beispiel wandelte sich der Konflikt, nach Interventionen des Aufsichtsgremiums, insgesamt in einen intensiven kalten Konflikt.

In Kapitel 6.3 beschreiben wir – in Anlehnung an die Typologie von H.-E. Richter (1969, 1972) – vier unterschiedliche Konfliktkonstellationen im mesosozialen Rahmen. Die Hauptmerkmale dieser Konstellationen sind bestimmte Philosophien, mit deren Hilfe die Gruppen ihrer Beziehung zur Aussenwelt tendenziös umdeuten, um damit ihre Angst- oder Herrschaftsgefühle usw. zu verbergen. Der weiteren Ausbildung und Stützung dieser Zweckphilosophien (eigentlich Abwehrreaktionen) dienen dann stark konsolidierte Rollenkonstellationen, die für jeden der vier Typen wesentlich unterschiedlich sind.

Dabei nehmen die Konstellationen «Theater» und «Kreuzritterschar» heisse Äusserungsformen an, während sich die Typen «Sanatorium» und «Festung» in kalter Ausprägung zeigen. In der Praxis hat sich innerhalb der heissen bzw. kalten Typen oft eine Verschiebung ergeben, die als Folge der Konflikteskalation auftrat: Ein «Sanatorium» verschärfte sich weiter zu einer «Festung»-Situation, und die «Theatergruppe» zeigte allmählich die Okkupationsbestrebungen der «Kreuzritterschar». Die Ausführungen zur Behandlung der unterschiedlichen Typen heiss bzw. kalt gelten im allgemeinen auch für die vier genannten Konstellationen.

3.8.4 Anwendungsnutzen für die Konfliktbehandlung

Für die unterschiedliche *Behandlung von heissen oder kalten Konflikten* ergeben sich daraus wichtige Folgerungen.

In heissen Konflikten können sich Interventionen sofort auf die Klärung der gegenseitigen Perzeptionen, Einstellungen, Verhaltensweisen und der wechselseitigen Beziehungen konzentrieren (Kap. 11.2). Dazu zählen z.B. die Interventionsmethoden, die R. Blake (1964) vielfältig zur Klärung der Perzeptionen usw. angewendet hat; in ähnlicher Weise kann die Anwendung der Methoden der «confrontation-meetings» von R. Beckhard (1969) als direktes Verfahren u.a. hilfreich sein. In der Regel sind die Konfliktparteien daran interessiert, an den Konflikten «auf offener Bühne zu arbeiten», weil sich bisher der Konflikt öffentlich abgespielt hat.

Nach unserer Erfahrung ist es in *heissen* Konflikten in der Regel viel schwieriger, die Konfliktparteien zur Arbeit an den organisatorischen Aspekten und Rahmenbedingungen zu motivieren. Die Klärung der gegenseitigen Beziehungen schafft dafür gute Voraussetzungen. Für die Beginnphase konzentriert sich die Arbeit jedoch auf die persönlichen Aspekte, weil die Konfliktaustragung im heissen Konflikt zu einer übertriebenen Personifizierung der Konflikte tendiert. Darum ist es den Konfliktparteien auch einleuchtend, dass sie sich mit den Personen und ihren gegenseitigen Beziehungen auseinandersetzen müssen. – Solche Arbeiten können bereits in kurzer Zeit zu manchmal spektakulären Veränderungen und Klärungen führen. Gegenseitige Konfrontationen und eine Auseinandersetzung mit dem Gesamtsystem der Beziehungen oder der Organisation erweisen sich als realisierbar und fruchtbar. Erst später kann aufgrund der vorab erreichten Klärungen an den organisatorischen Aspekten gearbeitet werden.

Das Vorgehen im *kalten* Konflikt unterscheidet sich davon in vielerlei Hinsicht. Durch die entstandene Abigelung und Isolierung müssen erst sorgfältig innerhalb der Konfliktparteien Voraussetzungen geschaffen werden, ehe sie bereit und fähig sind, sich mit der anderen Partei konstruktiv auseinanderzusetzen. Als dritte Partei muss man im kalten Konflikt den einzelnen Parteien (Personen oder Gruppen) vorerst zur Selbstakzeptanz helfen. Durch die ständigen Implosionen, die weitere Frustrationen und Schuldgefühle zur Folge hatten, glauben die Konfliktparteien nicht mehr an ihre Fähigkeit, den Konflikt konstruktiv zu lösen. In unserer Praxisarbeit haben wir zumeist ganz «klein» begonnen, nämlich bei der Hilfe für die einzelnen Personen, so dass sie ihre eigene soziale Situation wieder verstehen und ihre innerliche Kontrolle darüber zurückgewinnen. Dies kann bedeuten, dass am Arbeitsstil der betreffenden Person gearbeitet wird, dass sie persönliches und vertrauliches «feed-back» erhält, zunächst nicht vor den Augen und Ohren der übrigen Mitarbeiter.

Als Berater muss man dem Klienten selbst moralisches Stehvermögen, moralische Selbstsicherheit beweisen und in der Lage sein, die Lichtaspekte in seinem Klienten zu erkennen, zu würdigen und an sie zu appellieren (siehe Glasl 2002). – Auf diese Weise kann mit den einzelnen Akteuren des Konfliktes eine bilaterale Beratungs- oder Begleitbeziehung unterhalten werden, ehe man in der Lage ist, mit den Konfliktpartnern an den weiteren Fragen des Konfliktes zu arbeiten.

Im kalten Konflikt können die Konfliktparteien oft nur mühsam zeigen, dass ein schwerer Konflikt besteht. Solange der Konflikt offiziell geleugnet wird, kann an der Behandlung wenig getan werden. In der Regel ist uns in solchen Situationen ein Durchbruch gelungen, wenn wir die Konfliktparteien dazu führen konnten, ihre Erwartungen für die Entwicklungen der nächsten Zeit auszusprechen. Wir haben sie danach mit eventuellen Auswirkungen ihres gegebenen Verhaltens konfrontiert und konnten sie veranlassen, über die Schadenswirkungen nachzudenken und diese dem Berater gegenüber auszusprechen. – In anderen Fällen war es manchmal notwendig, den kalten Konflikt vorübergehend «aufzutauen». Dabei wird versucht, den Konflikt in heisse Formen überzuführen (Konfliktkonversion), wodurch für alle deutlich und unleugbar zu erkennen ist, dass der Konflikt noch weiterwirkt. Mittel und Wege dazu gibt es vielerlei. In den meisten Fällen wird der Berater die Phänomene, die sich in seiner Gegenwart zwischen den Parteien beobachten lassen, selbst ansprechen. Er wird die Aufmerksamkeit der Parteien darauf konzentrieren und die Verhaltensweisen mit ihnen einsichtig machen. Nach unserer Auffassung ist aber für solche Interventionen die Grenze zur Manipulation nicht eindeutig zu bestimmen. Wir finden selbst das «Auftauen» oder «Anwärmen» eines kalten Konfliktes nur soweit zulässig, als damit der illusorischen Konfliktleugnung entgegengetreten werden kann. Indem er kurzfristig in einen warmen übergeführt wird, kann der Konflikt wenigstens seine – berechtigte – Anzeige- oder Signalfunktion erfüllen (Kap. 2.3.4): Die Konfliktparteien müssen das Bestehen von Reibungen und Spannungen gegenseitig anerkennen. Nach dem Aufzeigen der Konfliktwirklichkeit muss jedoch die Motivation der Parteien, sich einem Dritten zur Konfliktbehandlung anvertrauen zu wollen oder dies abzuweisen, respektiert werden.

Auch nachdem die Existenz von Konflikten unter Umständen anerkannt worden ist, muss bei kalten Konflikten anders vorgegangen werden. Konfrontations-Meetings nach dem Vorbild R. Beckhards fallen nicht auf guten Boden. Die Abwehrreaktionen der Konfliktparteien lassen solche Versuche wirkungslos abprallen. Überhaupt finden sich die Konfliktparteien nicht dazu bereit, sich mit «Data-feedback-Aktionen» (siehe dazu W. French und C. Bell 1973) auseinanderzusetzen. Sie weisen zurückgekoppelte Bilder über ihre Organisation oder das Management kategorisch ab. Der «blinde Fleck» macht es ihnen unmöglich, sich im angebotenen Spiegel der Probleme zu erkennen. Statt dessen verstärken sich die Abwehr- und Projektionsvorgänge und können jeden weiteren Schritt der dritten Partei scheitern lassen. Der tiefere Grund dazu dürfte sein: Jeder fürchtet, dass mit einer Anerkennung der aufgezeigten Probleme die Einflussmöglichkeiten zum eigenen Nachteil verändert werden könnten. Weil der Berater zu Beginn die Besonderheiten der Situation seiner Klienten zumeist noch ungenügend durchschaut, kann er durch Abwehr-Verhaltensweisen in völlig irrelevante Gebiete abgedrängt werden. Es ist für den Berater frappant zu sehen, dass die Parteien – bei aller Uneinigkeit – offensichtlich einen ungeschriebenen Vertrag miteinander geschlossen haben, nämlich: «Wir weisen das Zurückkoppeln von Problem- oder Situationsdiagnosen vehement zurück.» Dies belegen auch wieder neueste empirische Forschungen, wie z. B. von M. Reischenböck und S. Plötzeneder (2001) und K. Hagenauer (2001).

Der erste wichtige Ansatzpunkt für die Konfliktbehandlung ist also die Arbeit am Selbstwertgefühl der einzelnen beteiligten Akteure, Personen oder Gruppen. Der zweite Hauptansatzpunkt ist daneben noch die Veränderung der im kalten Konflikt entstandenen Umgehungs- und Vermeidungsprozeduren. Es kann im kalten Konflikt bereits in sehr frühem Stadium der Behandlung für die Parteien akzeptabel sein, dass die dritte Partei – unter Berufung auf ihr Fachprestige in Organisationsfragen – von aussen her bestimmte Prozeduren verändert! Hier tritt die Drittpartei nötigenfalls direkt auf und gibt inhaltliche Anweisungen, um die Wirkung der inkrustierten Kontaktvermeidungsprozeduren auszuschalten. Sie kann – wiederum mit vorläufiger, zeitlich genau begrenzter Wirkung – andere Verfahren an ihrer Statt vorschlagen, die zu einer direkteren Kommunikation führen. Durch solche Prozeduren können die Isolierung und das Zurückziehen in die Laufgräben der Organisation über strukturelle Massnahmen unterbunden werden. Mit derartigen Massnahmen der dritten Parteien können wir allerdings nicht mehr tun als Möglichkeiten oder Gelegenheiten schaffen. Trotz neuer Prozeduren werden die Konfliktparteien die Haltung gegenseitigen Vermeidens und Distanzierens vorerst noch beibehalten. So kann einerseits durch eine Stärkung des Selbstwertgefühles und durch das Schaffen neuer äusserer Rahmenbedingungen dafür gesorgt werden, dass die Konfliktparteien wieder Kommunikationsbeziehungen «von Angesicht zu Angesicht» aufnehmen. Die dritte Partei wird dabei helfen müssen, dass sich unter geänderten Bedingungen nicht die alten, gewohnten Verhaltensweisen aufs neue einstellen und auf die Dauer wieder zu neuen Vermeidungs- und Umgehungsprozeduren führen.

Die erwähnte Arbeit der dritten Partei scheint im Widerspruch zu unserer Konstatierung zu stehen, dass die Konfliktparteien im kalten Konflikt vorerst nicht in der Lage und gewillt sind, sich mit dem Gesamtsystem der gegenseitigen Beziehungen auseinanderzusetzen. Es ist aber der Berater, der sich mit Vorschlägen zur Änderung der genannten Prozeduren exponiert, und nicht die Konfliktparteien selbst. Im Grunde setzt der Berater hierbei beim bestehenden sozialen Fatalismus der Konfliktparteien an: Sie schieben vieles auf die unpersönlichen Faktoren der Organisation ab und sehen sich nur als Produkt ihrer sozialen Umgebung (siehe dazu die Fallbeschreibung der «Festungssituation» in Kap. 6); darum kann der externe Berater vorerst stellvertretend für die Konfliktparteien – gleichsam in der Rolle einer Schiedsinstanz! – solche Änderungen nahelegen. Und indem solche Massnahmen von zeitlich begrenzter Geltung sind, wird die Selbständigkeit des Klientsystems nicht grundlegend angetastet. Nachdem man in Anwendung der neuen Prozedur neue Kommunikationserfahrungen gewonnen hat, wird der Klient nach einer Evaluation des Effektes dieser Massnahme selbst über das Fortbestehen, Weiterentwickeln oder Aufheben dieser Interimmassnahme entscheiden müssen.

Nötigenfalls wird diese Entscheidung von den Konfliktparteien noch gesondert getroffen, wenn sie einer Gesamtentscheidung, in der sie direkt miteinander konfrontiert wären, noch nicht gewachsen sind.

Damit haben wir einige der wichtigsten Unterschiede im Vorgehen vorläufig skizziert. Bei der Erörterung des Prozesses der Konfliktbehandlung wie bei den einzelnen Interventionsarten werden wir vielfältig auf die Anwendungsunterschiede für heisse oder kalte Konflikte eingehen müssen (siehe dazu auch F. Glasl 1980d und 2003b). In unserer Erfahrung hat sich gezeigt, dass die Berücksichtigung der bisher genannten Elemente dazu helfen kann, wenigstens nicht durch grundlegend falsch gewählte Ansatzpunkte das Vertrauen und die Mitwirkungsbereitschaft der Klienten bereits mit den allerersten Schritten in der Konfliktbehandlung zu verlieren.

3.9 Zum Begriff des Mobbings

Seit 1984 findet bei Gewerkschaften, Therapeutinnen und Mediatoren das Phänomen «Mobbing» (Schlaugat 1999) viel Beachtung. Handelt es sich hierbei um eine neue Art von Konflikten?

Als Mobbing werden Problemsituationen bezeichnet, in denen einer Person durch Kolleginnen und Kollegen oder durch Vorgesetzte das Leben am Arbeitsplatz unerträglich gemacht wird, bis sie die Organisation freiwillig verlässt oder in Krankheit, wenn nicht sogar Selbstmord flüchtet. Wie O. Neuberger (1995, S. 92 ff.) betont, treten bei «Mobbing» überhaupt keine neuen Mechanismen und Dynamiken auf.

Allerdings ist für «Mobbing» das Folgende typisch:
- der Konflikt eskaliert nicht auf heisse Art sondern kalt und verdeckt,
- dadurch wird er erst sehr spät wahrgenommen, wenn er schon Eskalationsstufe 3 (siehe unten Kap. 9 und 10) erreicht hat,
- eine Person erlebt, dass sie von einer ganzen Gruppe angefeindet wird und die Einzelperson nimmt sich selbst zu 100% nur als Opfer wahr, während sie die anderen zu 100 % als Täter erlebt.

In der Praxis ist nur in ganz seltenen Fällen ein einseitiges Täter-Opfer-Verhältnis zu finden. In der Eskalation bis zur Stufe 3 kommt es immer zu wechselseitigen Provokationen, die aber vom «Opfer» nicht gesehen werden. Der Eindruck des einseitigen Täter-Opfer-Verhältnisses entsteht erst durch den Schulterschluss auf Stufe 3 und die Koalitionsbildung auf Stufe 4, wonach die Machtverhältnisse sehr ungleich werden. Weil ab diesem Zeitpunkt der Konflikt sichtbar wird, verfälscht ihn die Erinnerung des «Opfers» und lässt die Vorgeschichte einseitig erscheinen. Es ist darum Wachsamkeit geboten, sogald gegen jemanden der Vorwurf erhoben wird, dass er «mobbt», weil damit ungeprüft eine Schuldzuweisung erfolgen kann (siehe Esser/Wolmerath 1999). Nur eine sorgfältige Untersuchung des Konfliktverlaufs hilft aus dieser Falle. Interventionen sind dann wie in anderen Konfliktfällen zu planen.

4. Modelle der Konfliktdiagnose

Mit diesem Kapitel werden die methodischen und inhaltlichen Aspekte der Konfliktdiagnose konsistent dargestellt. Dies erfordert eine eingehendere Behandlung mancher Abschnitte. Wo dies den Rahmen des Umfanges der einzelnen Teile zu sehr sprengen würde, haben wir, mit Rücksicht auf die bessere Lesbarkeit, manche Aspekte in Kapitel 5 sowie in den Kapiteln 6 bis 10 ausführlich erörtert.

Wir stellen die Gesichtspunkte zur Diagnose immer zum Zwecke der Interventionen der Konfliktbehandlung dar. Darum werden zahlreiche Schlussfolgerungen aus unseren Betrachtungen zur Diagnose in den Kapiteln zu den Interventionsstrategien und Methoden der Konfliktbehandlung (Kap. 11 bis 15) erneut aufgegriffen und weitergeführt.

4.1 Bestimmung des Konflikttyps und Konfliktdiagnose

In Kapitel 3 ist dargelegt worden, welchen Nutzen es hat, den Typ eines Konfliktes zu bestimmen. Eine Typenbestimmung ist für einen Helfer oder Berater wichtig

1. bei der ersten Orientierung im Konflikt;
2. sie liefert Anhaltspunkte für erste diagnostische Schritte, weil die Diagnose für jeden Konflikttypus unterschiedlich sein muss;
3. sie hilft beim Entwurf einer vorläufigen Interventionsstrategie;
4. sie erlaubt der Drittpartei, ihre Beziehungen mit dem Klienten und ihre eigene Rolle näher zu umschreiben;
5. und schliesslich dient sie der dritten Partei, ihr Vorgehen in ähnlichen oder unterschiedlichen Konflikttypen kritisch auszuwerten, zu vergleichen und zu verbessern.

Typenbestimmung und *diagnostische* Aktivitäten sind die allerersten Handlungen in der Konfliktsituation. Gleichzeitig sind auch erste *behandelnde* Interventionen geboten: damit der Konflikt in der Zwischenzeit nicht weiter eskaliert, dass das Konfliktsystem abgegrenzt werden kann und dass dafür «Status-quo-Regelungen» getroffen werden usw. All diese Interventionen sind Bestandteil der *«Orientierungsphase»* des gesamten Konfliktbehandlungsprozesses. Solange der Konflikt noch akut ist, können diagnostische Interventionen und Interventionen der Konfliktbehandlung praktisch nicht sauber voneinander getrennt werden. In theoretischen Überlegungen wird oft eine Diagnosephase von Interventionen streng geschieden: R. Lewicki und P. Alderfer (1973) und M. Mulder (1978). Bei den meisten Autoren gehen jedoch Diagnose und Behandlungsinterventionen ineinander über. Auch wenn zu Beginn eines Konfliktbehandlungsprozesses der Nachdruck zumeist auf orientierenden und untersuchenden Aktivitäten liegt, muss eine dritte Partei beachten, dass bereits die Tatsache ihrer Anwesenheit in die Konfliktsituation *eingreift* und verschiedene Aktionen der Konfliktparteien auslösen wird: Die Parteien werden sich gegen Eingriffe von aussen abschirmen, oder sie werden die Drittpartei für sich zu gewinnen suchen; sie werden unter Umständen versuchen, vor den entscheidenden Eingriffen noch schnell die ganze Situation zu ihren Gunsten zu verändern; oder sie werden sich gerade darum bemühen, alles einzufrieren, so dass die externe Partei ihre Entscheidungen treffen kann.

Auch Interviews mit den Konfliktparteien greifen schon in die Situation ein. Wenn Fragen über die Issues, über die Hintergründe der Spannungen sowie über die einzelnen kritischen Episoden des Konfliktprozesses usw. gestellt werden, dann führt das Nachdenken über die Antworten zu einer neuerlichen «Konzeptualisierung» des Konfliktes: d. h., die Parteien ordnen dann ihre Perzeptionen, ihre subjektive Sicht auf die Probleme und ändern damit gleichzeitig ihre Anschauungen. Befragungen können aber auch zu einer weiteren Fixierung und Erstarrung der Standpunkte beitragen. Denn die Konfliktparteien meinen unter Umständen, dass sie später auf eventuelle Widersprüche in ihren Aussagen gewiesen werden können. Wir haben es wiederholt erlebt, dass die Meinungsmacher an ihre Gruppenmitglieder im geheimen einige Parolen und Standpunkte zur «Sprachregelung» ausgeben, die dann in den Einzelgesprächen vorgebracht werden müssen, um die Ergebnisse der Diagnose in eine bestimmte Richtung zu drängen.

Mit den diagnostischen Interventionen zeigt die Drittpartei auch, wie sie ihre Rolle versteht. Wenn sie im Zuge der Interviews den Eindruck weckt, dass sie sich zustimmend oder ablehnend verhalte kann dies für die Glaubwürdigkeit bei allen weiteren Interventionen schwerwiegende Folgen haben. Reine Informationssammlung gibt es kaum. Je weiter der Konflikt eskaliert ist, desto mehr wird der Zeitdruck die Drittpartei zu sofortigen de-eskalierenden Interventionen zwingen.

Aus den bisherigen Ausführungen ergibt sich, dass wir nicht eine vollständige, ausführliche und tiefschürfende Diagnose zur Voraussetzung von Interventionen der Konfliktbehandlung machen. Die dritte Partei wird oft nicht warten können, bis sie alle Zusammenhänge und Hintergründe im vorliegenden Konflikt völlig durchschaut. Handeln ist geboten, auch wenn die Situation nur teilweise erfasst werden kann. Man kann dies bedauern oder ablehnen, dennoch ist dies die Hauptvoraussetzung, unter der Konfliktbehandlung zu erfolgen hat.

Im Zuge einer Konfliktbehandlung vertieft sich auch die Diagnose. Nicht nur die Drittpartei versteht später besser, um welche Kernprobleme es sich eigentlich handelt, sondern auch die betroffenen Konfliktparteien gewinnen immer mehr Übersicht, Einsicht und Verständnis. Dies ist eigentlich das Ideale: dass die Parteien selbst – zusammen mit der Drittpartei – so am Konflikt arbeiten, dass sie die Geschehnisse immer besser durchschauen und damit steuern lernen. Es sind ihre Probleme, in denen sich ihre eigene Haltung, ihre Ambitionen, ihre Ansichten usw. manifestieren, und darum ist ihre eigene Einsicht in die Wirkfaktoren ihrer Konflikte am wichtigsten.

4.2 Zwei Hauptsphären der Konfliktbetrachtung

Für Diagnose und Behandlung der Konflikte zeigen sich in der Literatur zwei Strömungen, die unterschiedliche Ansatzstellen propagieren. So sieht eine Reihe von Autoren – wie z. B. L. Ephron (1961), D. Katz (1964), W. Gamson (1966), R. Corwin (1969), H. Schmid (1968), R. und J. Likert (1976), M. Mulder (1978) – die Quellen der sozialen Konflikte in erster Linie ausserhalb der Konfliktparteien gelegen.

In einer Organisation können die Funktionsumschreibungen, mit denen die Aufgaben, die Kompetenzen und die Verantwortlichkeiten eines jeden Mitarbeiters geregelt werden, unzureichend sein. Die Aufgaben können sich mit denen anderer Personen überschneiden; die Kompetenzen (Entscheidungsbefugnisse) können unklar, mehrdeutig oder lückenhaft umschrieben sein. In der Folge werden sich dann zwischen den betroffenen Menschen Kompetenzstreitigkeiten einstellen.

Aufträge, Arbeitsanweisungen, Prozeduren und generelle Vorschriften können mehrdeutig, widersprüchlich oder unklar sein, so dass sich bei der Anwendung später Unsicherheiten oder Gegensätze offenbaren (J. Seiler 1972).

Nach anderen Autoren sind die *sachlichen Mittel* die massgeblichen Konfliktfaktoren. K. Hammond und B. Brehmer (1969) erklären Konflikte u. a. als einen Konkurrenzkampf um knappe materielle Güter. Ähnlich sind auch die ökonomischen Modelle von Kenneth Boulding (1957) und viele Ansätze der Spieltheorie.

Nach dieser Schule der «Strukturalisten» bzw. der «Objektsphäre» (F. Glasl 1980) sind die wichtigsten Konfliktquellen in der sachlichen, aussermenschlichen Sphäre zu finden. Darum konzentrieren sich auch die Ansätze der Konfliktlösung dementsprechend auf diese Aspekte der Objektsphäre: Es werden Strukturen verändert, Funktionsumschreibungen angepasst, Prozeduren verdeutlicht oder vereinfacht; die materiellen Ressourcen werden neu verteilt usw. Die Einstellungen der Konfliktparteien, ihre Denk- und Verhaltensweisen sind *nicht* Gegenstand *direkter* Interventionen.

Anders denkt die Schule der «Personalisten» bzw. der «Subjektsphäre» (F. Glasl 1980): Die meisten psychologisch oder therapeutisch orientierten Autoren erklären Konflikte aus der Natur der Konfliktparteien. Die Schule der Psychoanalyse führt Konflikte auf die angeborene Trieb- und Instinktnatur des Menschen zurück. K. Lorenz (1963), A. Mitscherlich (1969), A. Storr (1968), R. Seiss (1969) und andere verstehen letztlich auch makro-soziale Konflikte zwischen ethnischen Gruppen, sowie Kriege zwischen politischen Systemen, als Ausflüsse der angeborenen Aggressivität, ähnlich der des Tieres.

J. Burton (1969) beschreibt Konflikte, im kleinen wie im grossen, als Kommunikationsweisen, die von den Parteien nicht mehr unter Kontrolle gehalten werden können, weil ihr Perzeptionsvermögen überfordert oder durch intrapsychische Vorgänge deformiert worden ist. In sehr ähnlicher Weise verstehen R. Walton (1969), A. Filley (1975) u. a. Konflikte in erster Linie als Ausflüsse persönlicher Einstellungen oder als Auswirkungen von Arbeitsstilen, von Persönlichkeitsmerkmalen und deren gegenseitiger Beeinflussung in der Interaktion.

Die Vertreter dieser Denkrichtung sehen Konfliktbehandlung deshalb folgerichtig als Arbeit an den persönlichen und zwischenmenschlichen Aspekten der Konfliktparteien. Sie bemühen sich um eine wirksame Beeinflussung des sozialen Klimas, der Führungsstile und der Gesamtkultur einer Organisation, d. h. der Wesensmerkmale der Subjektsphäre.

Mit der Unterscheidung in «Subjektsphäre und Objektsphäre» eines sozialen Konfliktes knüpfen wir an ähnliche Kategorien in der Organisationstheorie an. Bezüglich der Methoden der Organisationsentwicklung wurde in der Vergangenheit oft zwischen «personalem und strukturellem Ansatz» unterschieden (W. French und C. Bell 1973; D. Gebert 1974). A. Bekke (1976) spricht in diesem Sinne von «anaskopischem» bzw. «kataskopischem Ansatz» der Organisationsentwicklung. Nach dem anaskopischen (oder personalen) Ansatz wird vorrangig auf die Denkweisen, Einstellungen und Verhaltensformen der Individuen, auf die Beziehungen zwischen Einzelpersonen und zwischen Gruppen Einfluss genommen, und erst in der weiteren Folge werden von den Menschen selbst Strukturen und Prozeduren, Funktionsumschreibungen und andere Elemente der Objektsphäre verändert. Der kataskopische (bzw. strukturelle) Ansatz hingegen widmet sich vorrangig den Aspekten der Objektsphäre und erwartet sich davon in der weiteren Folge eine indirekte Beeinflussung auf die Menschen und ihre Mentalitäten.

In der Konfliktliteratur findet sich bei K. Thomas (1976) eine ähnliche Unterscheidung. Thomas umschreibt ein «Strukturmodell», das sich mit den von uns gegebenen Merkmalen der Objektsphäre weitgehend deckt; daneben charakterisiert er ein «Prozessmodell» von Konflikten. Zu den Hauptelementen des *Strukturmodells* zählt er die folgenden Aspekte:

1. Die *Verhaltensprädispositionen* der Parteien, d.h. andauernde Verhaltensneigungen, die von der sozialen Position oder Schicht, der man angehört, be stimmt werden;
2. der *soziale Druck*, dem die Parteien ausgesetzt sind und der sich aus Rollenerwartungen, sozialen Positionen und Normen und aus der internen Beschaffenheit ihrer Partei ergeben kann;
3. *Leistungsanreizsysteme*, die mit den direkten oder indirekten Belohnungen oder Strafen auf das Verhalten der Konfliktparteien Einfluss nehmen;
4. *Rollen und Prozeduren*, die sich auf das Verhalten der Parteien als Zwänge oder Prädispositionen auswirken.

Zu den Elementen des *«Prozessmodells»* zählt K. Thomas die folgenden:

1. die von den Konfliktparteien erlebten *Frustrationen;*
2. die *Konzeptualisierung* der Situation durch die Parteien als «Konfliktsituation». D.h., die Parteien müssen die bestehenden Spannungen selbst als Konflikte verstehen und definieren;
3. die äusseren *Verhaltensweisen* der Parteien, ihre Taktiken, Verhaltensgewohnheiten und längerfristigen Verhaltensstrategien;
4. die Art und Weise des *Reagierens* der Gegenpartei auf die eigene Konzeptualisierung und auf das Konfliktverhalten; das Geschehen im Konflikt ist das Ergebnis von gegenseitigen Reaktionen.

Die Unterscheidungen führen in der Regel immer zu einer «Henne-oder-Ei-Diskussion», die logisch dasjenige trennt, was praktisch vielfältig miteinander verknüpft ist. Deshalb sind diese zwei Sphären nicht die Grundlage unseres Modells. Unser Konzept der Diagnose und Intervention verbindet beide zu einem integralen Ansatz.

4.3 Linear-kausales und rekursiv vernetztes Denken bei der Konfliktdiagnose

Bei der Analyse von Konflikten wird nach Ursachen gesucht, die im Zuge der Konfliktbehandlung beseitigt werden sollen, um somit zu einer «kausalen Therapie» anstatt einer «Symptombekämpfung» zu gelangen. H. Schmid (1971) sieht, der marxistischen Theorie entsprechend, soziale Konflikte durch die Besitzverhältnisse einer kapitalistischen Gesellschaft verursacht. Dies ist für ihn die Kernursache. Aus ihr leiten sich viele andere Nebenursachen ab: die Interessen der Parteien, ihre Einstellungen usw. Die Struktur determiniert das menschliche Verhalten. Die Ursachen der Konflikte liegen in der Objektsphäre und diese erzeugt zwangsläufig Konflikte zwischen den Angehörigen der zwei unterschiedlichen gesellschaftlichen Klassen. Auch sonst finden sich in der Organisationstheorie viele Beispiele ähnlichen Denkens. R. Sanford (1964, p. 95) meint, früher habe man gedacht, dass Konflikte in Organisationen von «trouble-makers» gemacht werden, nun sehen wir, schreibt Sanford, dass «trouble-makers» gewöhnlich «troubled people» sind, d.h. Personen, die sich in Schwierigkeiten befinden. Und ihre Schwierigkeiten können zum Grossteil der Situation zugeschrieben werden, in der sie leben oder arbeiten. Darum empfiehlt dieser Autor, mehr auf die Einflüsse der Organisation zu achten als auf die individuellen Faktoren. A. Gouldner (1957) sieht so z.B. in einem Übermass an Regeln und engen Kontrollen wichtige Konfliktursachen. R. Corwin (1969) hat diese und viele andere Hypothesen über solche «ursächliche Faktoren» empirisch geprüft und gelangt zu sehr widersprüchlichen Befunden. Diesen organisatorischen Variablen wird jedoch immer eine kausal-determinierende Wirkung zugesprochen, auch wenn Corwin manche der behaupteten Konfliktursachen abschwächen oder abweisen muss. Der Denkansatz geht im Grunde davon aus, dass Faktoren der Objektdimension als Verursacher von sozialen Konflikten zwangsläufig wirken.

A. Rahim (1979) prüft auf dem Boden desselben kausal-deterministischen Denkens eine Reihe von Hypothesen des MAPS-design (MAPS = Multivariate Analysis, Participation and Structure). Nach der MAPS-Theorie verursachen heterogen zusammengestellte Arbeitsgruppen und inkongruente Aufgaben einer Arbeitsgruppe usw. notwendigerweise soziale Konflikte. Auch Rahim kommt zu wichtigen Relativierungen der behaupteten Hypothesen, behält jedoch das Kausalitätsdenken als Ansatz bei seinen Konfliktanalysen bei.

Die Kontingenztheorie von P. Lawrence und J. Lorsch (1969a) behauptet einen kausal-determinierenden Einfluss der Aussenwelt auf die Innenwelt der Organisation. Der Grad der Komplexität der Aussenwelt, die Geschwindigkeit des Wandels in ihr und die Schwierigkeit bzw. Möglichkeit einer Übersicht über die Vorgänge in der Aussenwelt sowie die Technologie der Arbeit wirken nach dieser Theorie direkt auf die Menschen in einer Organisation ein. A. Hazewinkel und andere (1978) müssen aufgrund von Feldexperimenten diese Theorie wesentlich einschränken.

Ähnlich denkt z.B. aber auch der Psychologe M. Mulder (1978), der eine Reihe von Faktoren überwiegend aus der Objektsphäre als «Konfliktvoraussetzungen» (pp. 18 ff.) bzw. «Konfliktursachen» betrachtet, die viele Konfliktfolgen in der Subjektsphäre bewirken. Später muss Mulder jedoch bekennen (p. 47), dass Ursachen und Wirkungen oft gerade in umgekehrter Richtung wirken. Was er anfänglich Konfliktfolgen genannt hatte, erweist sich dann als Konfliktursache, d.h. als konfliktfördernde Voraussetzung.

Psychologisch orientierte Autoren, z.B. A.Mitscherlich (1969), sehen zwar die Konfliktursachen in Faktoren der Subjektsphäre, gehen aber ihrerseits genau so von einem Denkmodell kausal-determinierter linearer Zusammenhänge von Ursache und Wirkung aus.

Dieses mechanistische Kausalitätsdenken geht jedoch an den Tatsachen des Funktionierens sozialer Organismen grundlegend vorbei. Was aus der Vergangenheit wirkt, was uns als Gewordenes, d.h. als «natura naturata» umgibt, so schreibt R.Steiner (1916) im Anklang an Thomas von Aquino, das wirkt als Notwendigkeit – was von der Zukunft her als Möglichkeit gegeben ist, das erfordert einen Akt der Freiheit, auch wenn von der gewordenen Natur her Antriebsimpulse wirken. K.Boulding (1964b, pp.136f.) weist auf ähnliche Weise darauf hin, dass soziale Systeme immer Notwendigkeit, Möglichkeit und Freiheit aufweisen. Weil Menschen Zukunftsvorstellung bilden und Pläne machen können, bringen sie ein Wahlelement in die soziale Situation. Natürlich kann nicht jeder beliebige Plan realisiert werden, weil z. B. begrenzte physische Mittel, Technologien usw. Notwendigkeiten und Unfreiheiten mit sich bringen. Dennoch besteht das Freiheitselement. Dadurch kann höchstens von begrenzten oder unbegrenzten *Zukunftsmöglichkeiten* gesprochen werden.

Darüber hinaus kann von Konfliktprozessen im besonderen gesagt werden, dass sie zyklisch sind (L.Pondy 1967; R.Walton 1969; K.Thomas 1976): Die eine Konfliktpartei ist für die andere «Aussenwelt», die sich mit dem Verschärfen der Konflikte ständig ändert. Die Konfliktparteien passen deshalb ihre Haltung zur Umgebung von Eskalationsstufe zu Eskalationsstufe fortwährend an. Diese geänderten Perzeptionen und Einstellungen wirken sich wiederum nach aussen aus, und in der Folge sieht sich die andere Konfliktpartei mit einer geänderten Situation konfrontiert. Diese Wechselwirkungen bestimmen das Konfliktgeschehen. Aber die Parteien sehen sich selbst mehr und mehr als Reagierende: Sie meinen, dass sie bloss «als Reaktion auf die Gegenpartei» zu mehr Gewalt gegriffen haben. Diese habe nach ihrem Empfinden mehr Gewalt provoziert. Im Konflikt kann deshalb nicht von eindeutigen und einseitigen, d.h. linearen Ursachen und daraus erfliessenden Folgen gesprochen werden, sondern von einer «mutal causality», d.h. von Wechselwirkungen verschiedener Faktoren. W.Gamson (1966) prüfte einige der Hypothesen von J.Coleman (1957), der wider Erwarten z.B. fand, dass eine partizipative Organisationsstruktur das Auftreten von Konflikten sogar noch verstärke, statt es zu verhindern. Gamson musste daraus schliessen, dass mit empirischen Untersuchungen gar nicht geklärt werden könne, «ob eine bestimmte Variable

Ursache oder Wirkung eines Konfliktes» sei (p.518). Er schlug deshalb vor, zwischen organisatorischen Variablen zu unterscheiden, die 1. Konflikte erlauben oder begünstigen («conducive variables», p.517), und solchen Variablen, die 2. Konflikte tatsächlich kausal «generieren». Partizipationskanäle in einer Organisation sind demnach «begünstigende Variable», weil im Partizipationsprozess die bereits bestehenden Konflikte besser an die Oberfläche gelangen können.

R. Mack und R. Snyder (1957) sprechen aufgrund ähnlicher Überlegungen von «multipler Kausalität», d.h. von einem Zusammenspiel vieler Faktoren, die erst in ihrer Kombination zum Konflikt führen. Vor Mack und Snyder hatte bereits R. Williams (1947) feststellen müssen, dass eine kausale Betrachtungsweise für die Konfliktbehandlung keine brauchbaren Ansatzpunkte bieten könne.

In ähnlicher Form betont auch R. Walton (1969) die Tatsache der wechselseitigen Wirkungen aller Faktoren einer Konfliktsituation. Nach einer Reihe von «provozierenden» Vorfällen lässt sich eine Konfliktpartei zu einem Verhalten reizen, dessen Folgen auf die andere Partei zurückwirken und diese zu einer Gegenmassnahme verleiten. Letztere wirkt abermals auf die erste Partei zurück. Mit jeder neuen Episode tritt eine weitere Vernetzung und Verflechtung der Faktoren auf. Aus diesem Grunde kann man mit der Konfliktbehandlung auch bei allen genannten Faktoren eines Konfliktzyklus ansetzen, meint Walton. Nach K. Thomas (1976) sind auch die Aspekte des Struktur- und des Prozessmodells in jeder Konfliktepisode miteinander verknüpft. Diese wechselseitige Beeinflussung kann nur mit einem Denken in «Vernetzungen» erfasst werden, wie es vor allem von F. Vester (1978, 1984), D. Dörner (1983, 1989), H. Ulrich / G. Probst (1988) dargestellt worden ist.

Die systemische Theorie (R. Beck und G. Schwarz 2000) bezeichnet dies als «zirkuläre Kausalität». In vielen Fällen wirken die eskalierenden Faktoren wirklich *zirkulär* verstärkend, indem die Wirkung wieder zur eigenen verstärkenden Ursache wird. In anderen Fällen ist aber keine direkte, zirkulär verursachende und verstärkende Beziehung gegeben, wenngleich eine Vielzahl von Faktoren aufeinander einwirken und im Verlauf der Zeit immer wieder eine Umkehrung von Ursache und Wirkung auftritt.

Wir bezeichnen deshalb die Organisation nicht als «Konfliktursache», sondern mit R. Walton und J. Dutton (1969a) als *«Konfliktpotential»*. J. Galtung (1969) spricht in seinem «Konfliktdreieck» über das Dilemma einer Partei als «Konflikt», der in der weiteren Folge zu Konfliktattitüden und schliesslich zu Konfliktverhalten führen kann. Wir sprechen hier statt von «Konflikt» besser von Konfliktpotential, weil der Begriff Konflikt damit zu weit gefasst wird. Konfliktpotential führt aber nicht zwangsläufig zur Perzeption der Situation als Konflikt; es bewirkt nicht automatisch feindselige Gefühle oder destruktives Konfliktverhalten. Immer ist es erforderlich, dass die Parteien auf das gegebene Konfliktpotential reagieren:

Im Wahrnehmen, Denken, Fühlen und Wollen sowie im Handeln. Wir verstehen unter Konfliktpotential nicht nur die Faktoren der Objektsphäre, sondern auch die der Subjektsphäre. Eine aggressive, extrovertierte Persönlichkeit bringt z.B. mehr Konfliktpotential in eine soziale Situation als eine ruhige, gemässigte Persönlichkeit.

4.4 Der sozial-ökologische Ansatz

Wir nennen unseren Denkansatz – Ch. McClelland (1972) und R. North (1977) folgend – einen *«ökologischen»* Denkansatz. In der biologisch orientierten Ökologie wird in ähnlicher Weise bei Untersuchungen nach Wachstum-förderlichen oder -hemmenden Faktoren auf eine Vielzahl zusammenwirkender Faktoren hingewiesen, die zum Gedeihen eines pflanzlichen Organismus beitragen. Die Minerale im Boden, die Mikro-Fauna und -Flora im Boden, weiters Licht, Luft, Temperatur, Wasser usw., aber auch die Nähe bestimmter anderer Pflanzen und Tiere in derselben «biologischen Nische» müssen auf richtige Weise zusammenwirken. Es ist sinnlos, die genannten Faktoren voneinander isoliert untersuchen und beeinflussen zu wollen.

In Analogie dazu nennen wir unseren Ansatz einen *«sozial-ökologischen Ansatz»*. Er entspricht weitgehend den sozialwissenschaftlichen Denkmodellen der «social ecology» (N. Nelissen 1970). Wenn die Konfliktanalyse nicht nach einem sozial-ökologischen Denkansatz erfolgt, dann müssen sich daraus für Interventionen in bereits bestehenden Konflikten unrichtige Folgerungen ergeben.

Konfliktinterventionen lassen sich etwa mit dem Eingriff einer Feuerwehr vergleichen. Die eigentliche Ursache eines Brandes ist vielleicht ein Kurzschluss in einem elektrischen Element gewesen. Danach schlug der Funke über auf Holzgegenstände. Wären Metall oder Porzellan in unmittelbarer Nähe gewesen, dann hätte sich der Funke nicht ausbreiten können. – Nun könnte die Feuerwehr den Strom abschalten. Damit wäre die ursprüngliche Ursache des Feuers aufgehoben. Dies wäre jedoch nicht wirksam, weil sich die Flammen bereits fortgepflanzt und das ganze Haus in Brand gesteckt haben. Das Feuer hat sein eigenes «Momentum» erreicht und wird von allen brennbaren Gegenständen und von Sauerstoff genährt. Die Feuerwehr wird jedoch nicht eine «kausale» Bekämpfungsmassnahme ergreifen und sich gar nicht erst um das Aufspüren des Kurzschlusselementes kümmern. Sie wird vielmehr mit Wasser, Löschschaum, Sand usw. die Sauerstoffzufuhr abdämmen. Sauerstoff *nährt* den Brand, ebenso die weiteren Holzgegenstände im Haus. Darum konzentrieren sich die Löschaktionen auf diese Faktoren.

Das Aufspüren des ursächlichen Momentes ist jedoch für präventive Massnahmen sinnvoll: Die Feuerwehr kann beim Bau von Häusern Sicherheitsvorschriften auferlegen oder auf eine genügende Isolierung bei Geräten achten. Bei rein mechanischen Systemen wäre das Aufspüren der Ursachen zweckmässig. Mit dem Beheben der ursächlichen Störung könnte das Funktionieren des gesamten Mechanismus wieder determiniert werden. Für organische, humane und soziale Gebilde trifft dies jedoch nicht mehr zu. Dies illustriert auch z.B. die Medizin. Wenn ein kleines Kind an Lungenentzündung erkrankt ist, weil es im Winter in ein Schwimmbecken gefallen ist, dann richtet sich die Therapie doch unmittelbar auf die Aktionen und Reaktionen des Körpers. Es ist dabei bedeutungslos, ob die «Ursache» eigentlich darin zu sehen ist, dass das Schwimmbecken nicht durch einen Zaun abgeschlossen worden ist und deshalb das Kind überhaupt ins Wasser fallen konnte. Nachträgliches Errichten eines Zaunes ändert nichts an der Krankheit. Auch nachträgliches Heizen des Wassers ist wirkungslos. Hingegen können solche Massnahmen präventiv wirken, weil sie das Kind in Zukunft entweder vor der Abkühlung schützen oder ihm den Zugang zum Wasser unmöglich machen.

Auch in einer Organisation hat sich der Konflikt zwischen Personen oder Gruppen aus dem Zusammenwirken verschiedenster Faktoren und Umstände ergeben. Es ist schwer, die Spannungen nur einem einzigen Faktor, z.B. einer mangelhaften Funktionsumschreibung, zuzurechnen. Auf eine lückenhafte Funktionsumschreibung reagieren Personen mit unterschiedlichen Ambitionen sehr verschieden. Wenn zwei ehrgeizige Führungskräfte eine Ausweitung ihres Einflussbereiches und der Anzahl unterstellter Mitarbeiter anstreben, werden sie die gegebenen Lücken dazu benutzen, den nicht geregelten Bereich an sich zu ziehen. Dann werden sich Differenzen und Konflikte zeigen. Wenn nun zwei andere Personen ihrer Funktion müde sind und diese lieber einschränken als ausweiten wollen, wird keiner sich in den nicht geregelten Bereich begeben und schon gar nicht einen Zusammenstoss mit der Nachbarperson heraufbeschwören. – Wenn hingegen eine Person expansiv eingestellt ist, während die zweite Person keine Ambitionen kennt, dann wird dieser ungeregelte Bereich der expansiven Person kampflos in den Schoss fallen. Ähnliches wird sich ereignen, wenn beispielsweise aufgrund einer Beschwerde oder einer Kontrollmassnahme eine der beiden Personen für das Unterbleiben von bestimmten Handlungen zur Verantwortung gezogen wird. Abhängig vom Verantwortungsbewusstsein und von der Angst vor eventuellen Sanktionen wird die eine oder andere Person versuchen, die Verantwortung für den nicht geregelten Bereich von sich abzuwälzen.

In allen Fällen haben wir mit einer *Konfliktmöglichkeit* zu tun. Die unzureichende organisatorische Regelung *kann* zu einem Konflikt zwischen Personen oder Gruppen führen. Ob dies wirklich geschieht, hängt jedoch immer von den Subjekten ab: 1. von ihrer *Perzeption* der Situation und der Gegenpartei und 2. von den Gedanken und Interpretationen, die an die Wahrnehmung geknüpft sind.

Es hängt auch ab von 3. den *Attitüden,* d.h. den inneren *Einstellungen* der betroffenen Parteien. Es kommt 4. darauf an, welche *Ziele,* Absichten die Parteien verfolgen: Aufstieg oder Sicherheit, Rache oder Verzicht usw. Schliesslich kann 5. auch ein unpassendes äusseres *Verhalten* der Parteien den Konflikt rund um die Unzulänglichkeiten der Funktionsumschreibung ausgelöst haben. Zwei Führungskräfte haben vielleicht ungenügend gelernt, Meinungsunterschiede so vorzubringen, dass sie nicht von der Gegenseite als verletzend oder aggressiv erlebt werden. Sie beherrschen oft nicht die erforderlichen sozialen Fähigkeiten, wodurch es ungewollt zu Spannungen kommt. Es kann also an vielen Faktoren liegen, ob das vorhandene Konfliktpotential wirklich zu einer konflikthaften Auseinandersetzung zwischen den Parteien führt. Nur insofern besteht eine determinierte Beziehung zwischen organisatorischen Mängeln und sozialen Konflikten, als die Konfliktparteien selbst unter Ausschaltung ihrer Bewusstseinsfunktionen, d.h. der Steuerfunktion ihres Ich, im sozialen Geschehen stehen. Nur wenn sie sich unreflektiert von aussen bzw. von ihren unbewussten Triebfedern bestimmen lassen, wirken solche «Konfliktursachen» direkt durch und führen zum Konflikt. Wir werden in Kapitel 10 zeigen, dass die Eskalation zu einer zunehmenden Determiniertheit der Parteien führt, wenn diese sich immer mehr von Kräften treiben lassen, die sie nicht mehr bewusstseinsmässig unter Kontrolle haben. Die Konfliktparteien verhalten sich dann gleichsam analog zu den Gesetzen des Mechanischen. Weil dort Empfinden und Bewusstsein fehlen, ist völlige Determiniertheit gegeben.

Aber selbst in solchen extremen Situationen sind es immer noch viele Faktoren, die im Zusammenwirken das Verhalten der Parteien beeinflussen. Ähnlich wie in unserem Beispiel des Brandes und der Feuerwehr kann die «Ursache» oder das «veranlassende Moment» bereits verschwunden sein, und doch kann der Brand weiter wüten. Die lückenhaften Funktionsumschreibungen können bereits korrigiert worden sein, und doch bleibt das Verhältnis zwischen den beiden Stelleninhabern immer noch gespannt. Die Parteien haben voneinander einige negative Züge kennengelernt und sind jetzt auf der Hut. Gelegentlich wird sich z.B. bei einer Sitzung über die Geschäftspolitik die Spannung wieder bemerkbar machen. Beide Parteien erleben dann, dass sie grundsätzlich verschiedene Auffassungen von einer wünschenswerten Geschäftspolitik haben. Sie können nicht unbefangen miteinander kommunizieren. Der Konflikt hat sich im zwischenmenschlichen Bereich verselbständigt und von den ursprünglichen Faktoren abgelöst. Er ist zu einer Spannung zwischen den Subjekten geworden. Wir nennen dies die «Eigendynamik» des Konfliktes, die von den psycho-sozialen Mechanismen des Konfliktes (siehe Kap. 2.3, 6 bis 10) in Bewegung gehalten wird, so wie Holz und Sauerstoff den Brand weiter genährt haben. Die Diagnose von Konflikten zum Zwecke von Interventionen hat diesen Tatsachen Rechnung zu tragen.

4.5 Das Was und das Wie sind gleich wichtig

Bei der Diagnose von Konflikten ist es wichtig, alle Wahrnehmungsorgane, alle verfügbaren Sinne zu gebrauchen. Eine dritte Partei muss für den Anfang vor allem beobachten und nicht zu schnell interpretieren wollen. Unsere Konflikttypologie ist gleichfalls auf Wahrnehmbares gegründet, auch wenn die Parteien ihre wirklichen Anliegen oft hinter anderen verbergen.

Wahrnehmung hat bei der Konfliktdiagnose nicht nur auf das *Was* zu achten, d.h. auf die inhaltlichen Streitpunkte («Issues»), sondern noch viel mehr auf das Wie: Auf welche Weise spricht eine Partei über ihren Gegner? Wann zeigt sie heftige Emotionen, Angst, Hass oder Hoffnungslosigkeit? Wie spricht sie über ihre Streitpunkte? Ereifert sie sich vielleicht bei Fragen der Funktionsumschreibung und bleibt sie gelassen, sobald sie über die Gesamtorganisation spricht?

Die verbalen und nonverbalen Ausdrucksformen der Konfliktparteien offenbaren dem Konfliktberater und der Mediatorin am Anfang mehr als ihre inhaltlichen Aussagen selbst. Sind Diskrepanzen zwischen dem Inhalt der Aussagen und den Ausdrucksformen während des Vorbringens dieser Inhalte zu beobachten? Handelt die Konfliktpartei dabei konsistent und authentisch, oder widersprechen ihre Ausdrucksformen den vorgebrachten Inhalten?

Bei der Ausbildung von Beraterinnen und Mediatoren haben wir immer wieder feststellen müssen, dass deren Wahrnehmungsfähigkeit weitaus weniger entwickelt ist als ihre Denkfähigkeit. Dies ist für die praktische Konfliktberatung eine grosse Schwäche. Für jeden Berater ist darum die ständige Schulung und Säuberung seiner sämtlichen Wahrnehmungs- und Sinnesorgane wichtig und notwendig. Er muss auch auf seine eigenen Gedanken, Mutmassungen, Gefühle und Willensregungen zu achten lernen, um sich weitgehend unvoreingenommen in die Erlebniswelt seiner Klienten einleben zu können. Erst später ist es angebracht und unbedingt notwendig, auch analytisch zu denken, zu vergleichen und Zusammenhänge aufzuspüren.

Mit der Betonung der Wahrnehmungsfunktion stimmen wir im grossen und ganzen mit den methodischen Überlegungen der Gestalttherapie (F. Perls 1975; E. und M. Polsterer 1973) und der Methodik der Psychosynthese (R. Assagioli 1971) überein. Bei der erkenntnistheoretischen Begründung solcher Wahrnehmungsmethoden stellen wir uns auf den Boden der Philosophie R. Steiners (1967).

Der sozial-ökologische Denkansatz sowie die Betonung der Wahrnehmungsfunktionen liegen auch der Darstellung der inhaltlichen Aspekte der Konfliktdiagnose im anschliessenden Abschnitt zugrunde.

5. Inhaltliche Dimensionen der Konfliktdiagnose

Konfliktdiagnose beginnt beim Wahrnehmen der Konfliktphänomene und gelangt so zum Erkennen der Konfliktmechanismen, die in den Parteien sowie in ihren gegenseitigen Beziehungen wirksam sind. Diese Mechanismen erhalten den Konflikt auf dem erreichten Eskalationsgrad bzw. treiben ihn noch zur weiteren Intensivierung. Ob das eine oder das andere geschieht, hängt von dem Bewusstseinsgrad der Parteien ab. Je weniger sie ihr eigenes Verhalten unter die Führung ihres Ich bringen können, desto mehr werden sie die Kontrolle über die soziale Situation verlieren. Die Konfliktmechanismen «gehen dann mit ihnen durch», wie vergleichsweise ein scheu gewordenes Pferd mit seinem Reiter durchgeht. Erst dann ist ein «mechanistisch-determiniertes» Verhalten vorhanden. Im Wirken der Konfliktmechanismen offenbart sich, in welchem Masse und in welcher Form die Konfliktparteien ihre Situation aus der Identität ihrer Person, ihrer Gruppe oder Organisation heraus unter Kontrolle haben. Wo sie die Kontrolle verloren haben, da werden ihre psycho-sozialen Funktionen unter dem Einfluss sowohl interner Antriebsfaktoren als auch äusserer Umstände, d.h. des Konfliktpotentials, desintegriert. Darum wendet sich die Konfliktdiagnose neben dem Wahrnehmen der Phänomene und neben dem Erkennen der wirksamen Mechanismen auch der Untersuchung des Konfliktpotentials zu. In den folgenden Ausführungen stellen wir die fünf wichtigsten inhaltlichen Aspekte der Konfliktdiagnose dar, das heisst, das «Was» der Diagnose:

1. *die Konflikt-Issues,* d.h. die von den Parteien in den Streit eingebrachten Konfliktpunkte, Streitgegenstände,
2. *den Konfliktverlauf,* d.h. die Geschichte des Entstehens und Intensivierens der Spannungen,
3. *die Parteien* des Konfliktes, ob Individuum, Gruppe oder ein grösseres soziales Gebilde,
4. *die Positionen und Beziehungen* der Parteien, sowohl ihre formell umschriebenen Positionen und Beziehungen als auch die informellen Positionen und Beziehungen, die gegenseitigen Rollenkonstellationen usw.,
5. *die Grundeinstellung zum Konflikt,* inwiefern die Parteien die Differenzen selbst lösbar achten, was sie sich von der Lösung erwarten und dergleichen mehr.

Bei jeder Diagnose erhebt sich die Frage, wie gründlich und vollständig man vorgehen will und kann. Wir können nicht alles ausführlich untersuchen, denn die Zeit drängt oder die Mittel reichen nicht aus oder die Konfliktparteien fühlen sich sonst zu reinen Untersuchungsobjekten degradiert. Überdies sind nicht alle Aspekte einer Untersuchung zugänglich. Manches wird maskiert, verzerrt oder zugedeckt. Nicht alles ist für die Diagnose relevant, weil auch nicht jeder Aspekt in gleichem Masse von den Parteien selbst und von der dritten Partei zu beeinflussen ist.

5.1 Die Konfliktgegenstände: «Issues»

Immer haben Konflikte irgendwelche Themen, Fragen oder Anliegen zum Konfliktgegenstand. Solche Reibungspunkte können aus der Objektsphäre stammen. Die Parteien sind dann z. B. mit der bestehenden Aufgaben- oder Kompetenzverteilung unzufrieden; sie möchten durch die Auseinandersetzungen eine Änderung der Arbeitsprozeduren erreichen usw. Die Konfliktgegenstände können auch der Subjektsphäre angehören: Es kommt zu Irritationen über den Führungsstil des Chefs; die persönlichen Besprechungsgewohnheiten bei einer Ressortsitzung führen zu erheblichen Verzögerungen von Entscheidungen; darum setzen einige Mitarbeiter alles daran, diese Gewohnheiten anzuprangern, anzugreifen und zu verändern.

Zur Benennung der Konfliktpunkte ziehen wir hier den englischen Ausdruck «Issues» vor. Er betont die Subjektivität dieser Streitpunkte und ist in der Fachliteratur bereits sehr eingebürgert.

Die Streitpunkte können für beide Parteien sehr unterschiedliche Angelegenheiten sein. Und je weiter der Konflikt eskaliert, desto mehr klaffen die Issues der Parteien auseinander. W. Balke, K. Hammond und G. Meyer (1973) führen einen Streik an, in dem die Vermittler in erster Linie aufzeigten, für welche unterschiedliche Angelegenheiten sich die Parteien eigentlich ereiferten. Diese waren sich dessen nicht bewusst und redeten darum ständig aneinander vorbei.

Im Zuge der Eskalation bilden sich die Parteien auch deswegen unterschiedliche Issue-Kataloge, weil ihre Perzeptionen mehr und mehr selektiv und verzerrt werden (siehe Kap. 2.3, 8 und 10) und weil die Parteien – bewusst wie auch unbewusst – ständig neue Issues in den Streit einbeziehen. Mit der Zeit leben die Parteien hinsichtlich der Konfliktpunkte in völlig verschiedenen Welten. Als Folge können sie gar nicht anders als gegenseitig Erwartungen frustrieren, verschieden interpretierte Begriffe gebrauchen, die gegenseitigen Absichten falsch einschätzen usw. Diese Vorgänge stützen die semantisch orientierten Konflikttheorien (J. Bernard 1957), die sich vor allem dieser Seite des Konfliktes zuwenden und andere Aspekte hingegen mehr vernachlässigen.

Aufgrund dieser Einsichten nimmt die Diagnose der Issues bei R. Fisher (1964), R. Walton (1969, pp. 73 ff.), M. Deutsch (1973, p. 370 f.), K. Thomas

(1976, pp. 896 ff.) einen grossen Raum innerhalb der Intervention zur Konfliktbehandlung ein.

Bei der Analyse der Issues sind folgende Fragen zweckmässig:

a) Welche Issues bringen die unterschiedlichen Parteien vor?
Für die verschiedenen Parteien sind es unterschiedliche Punkte, die Ärger, Angst, Hass usw. auslösen; und es sind unterschiedliche Kernfragen, für deren Lösung sie kämpfen. Für die dritte Partei ist es wichtig, diese Unterschiede zu kennen. Im weiteren Verlauf werden sich auch die Konfliktparteien damit auseinandersetzen müssen. Dazu können verschiedene Methoden behilflich sein, die gleichzeitig Interventionen der Diagnose und der Konfliktbehandlung sind.

Von der Metaplan wurden Techniken entwickelt (übernommen vom Siemens-Autorenteam 1974), um Issues im Rahmen von Gruppengesprächen schnell und übersichtlich zu erheben. Die Parteien erhalten dann Kärtchen, auf die sie jeweils die Überschrift eines Konfliktpunktes schreiben können. Hinterher werden die beschrifteten Kärtchen gesammelt und in einem Gesamtbild dargestellt. Die Issues werden dabei nach zusammenhängenden Themen gruppiert, miteinander verbunden und zu einer «Problemlandkarte» zusammengefügt. Eine ähnliche Methode, die «Aspekte-Liste» haben wir an anderem Orte beschrieben (F. Glasl und L. de la Houssaye 1975, pp. 109 ff.). Ch. Margerison und M. Leary (1975, p. 8 f.) beschreiben bei der Erhebung der Issues ähnliche Methoden wie R. Blake, H. Shepard und J. Mouton (1964). Sie ersuchten die Parteien in getrennten Gesprächen, alle Punkte, Erwartungen, Sorgen usw. aufzulisten und sie einander später zu präsentieren.

D. Sheane (1978) führt an, wie ein Polizist in Nordirland die Issues eines Extremisten herausfindet. Er beginnt ein Gespräch mit dem Terroristen, wobei er ihn von der Unrichtigkeit der terroristischen Aktionen zu überzeugen versucht. Der Terrorist weist diese Argumente ab und erklärt in der Folge, um welche Angelegenheiten es «eigentlich bei der Sache geht». Der Terrorist spricht damit zwar unstrukturiert, aber sehr direkt aus, was für *ihn* die wesentlichen Issues sind.

b) Welche Issues sind mit welchen Parteien verknüpft? Inwieweit decken sich die Issues der Parteien?
Die Parteien ereifern sich für unterschiedliche Problempunkte. Die dritte Partei kann für sich und für die Parteien visualisieren, inwieweit sich diese Konfliktpunkte überschneiden; welche Punkte alle Parteien teilen, auch wenn sie in Fragen des Wie und Warum unterschiedliche Auffassungen haben; welche Punkte nur für eine der Parteien problematisch sind, während sie die Gegenpartei unter Umständen als nichtexistent oder sehr unbedeutend erlebt. Einsicht in diese Tatsachen ist für die Arbeit an den Issues sehr wichtig. Als Methode kann dabei ein Austausch der getrennt inventarisierten Issues erfolgen. In einem massiv eskalierten Konflikt

zwischen einigen Abteilungsleitern einer Fabrik haben wir jede Partei in Anwesenheit der anderen die Konfliktpunkte auflisten lassen. Unseren vereinbarten Spielregeln gemäss konnte die Gegenpartei dazu informative Fragen stellen, um den vorgebrachten Konfliktgegenstand besser zu verstehen. Im nächsten Schritt haben alle Parteien zusammen die Issues bezeichnet, die sie offensichtlich gemeinsam haben. Mit den weniger gewichtigen Issues hatten wir in der Folge die ersten Klärungen der Streitpunkte vorgenommen. Ähnlich gehen auch H. Kaiser, G. Korthals-Beyerlein und H. Seel (1977, p. 109) vor, um von unbestimmten allgemeinen Gefühlen des Unbehagens zu spezifischen und besprechbaren Issues zu gelangen.

c) Wie weit kennen die Parteien die Issues der Gegenseite?
Jede Partei kennt in der Regel nur die eigenen Issues und hat Mutmassungen über die Streitpunkte der anderen Seite. Dies führt zu Fehlinterpretationen und Insinuationen, die den Konflikt weiter eskalieren lassen (siehe Kap. 8 und 10). K. Thomas (1976, p. 896) spricht deshalb von der «Egozentrität der Issues». Während der Konfliktdiagnose gewinnt man Einblick, wie weit sich die Konfliktparteien gegenseitig in die Problempunkte einleben können. Die Empathie nimmt im Zuge der Eskalation ab, weil sich die Parteien voneinander isolieren und weil der psychische Abstand zwischen ihnen wächst. Mit dieser Arbeit an den Issues kann begonnen werden, das gegenseitige Verständnis Schritt für Schritt wieder aufzubauen. Oft sieht eine Partei nicht, welche Probleme die andere Partei eigentlich bewegen, weil sie diese Probleme nicht wahrhaben will. Mit Hilfe unserer «Matrix der Spannungszonen» (siehe Fig. 5.1) konnten wir ein Gespräch der Parteien über ihre Konfliktpunkte erleichtern. Jede Partei notiert erst – auf einem eigenen Blatt für jede der anderen anwesenden Parteien – in einigen Schlagwörtern die wichtigsten Konfliktpunkte. D. h., Partei A meldet alle wichtigen Issues, die sie in bezug auf Partei B hat, dann in bezug auf Partei C, D und E. Zur gleichen Zeit listet Partei B auf, welche Issues zwischen ihr und Partei A, C, D und E stehen. Parteien C, D und E verfahren genau so. Im nächsten Schritt werden all diese Issues auf einer Gesamtmatrix zusammengetragen (Fig. 5.1). Als dritter Schritt wird das Gesamtbild betrachtet und Gemeinsamkeiten und Unterschiede werden bezeichnet. Schliesslich werden Paare gebildet (Anton mit Bernd, Carla mit Dieter, Eva mit Anton usw.), und jeder Partner wählt aus den Issues des gegenseitigen Verhältnisses einen Punkt, den er selbst vorgebracht hat, und einen Punkt, den der Partner aufgeführt hat, für die weitere Besprechung und Klärung aus.

Mit diesen und ähnlichen Methoden können die Perzeptionsunterschiede in bezug auf die Issues erkannt und bearbeitet und Verzerrungen, Insinuationen, Rationalisierungen usw. schrittweise in Angriff genommen, werden. J. Burton (1969) weist darauf hin, dass die von den Parteien erlebten oder vorgebrachten

Issues nicht immer die eigentlichen Konfliktquellen zu sein brauchen; sie sind den Parteien selbst oft nur verzerrt bewusst, oder sie werden irreführend artikuliert. R. Walton (1969, p. 84) spricht hier von «Umbrella-Issues», weil diese andere Punkte verdecken müssen; K. Thomas (1976, p. 896) bezeichnet sie als «Goblet-Issues» oder «verborgene Agenda-Punkte». Dennoch sind für die Drittpartei immer die Issues in der Form, wie sie von den Parteien erlebt und vorgebracht werden, der Ansatzpunkt für die Diagnose und Konfliktbehandlung. K. Boulding (1957) wies daraufhin, dass unser Verhalten nicht von der Realität selbst bestimmt wird, sondern von den Bildern, die wir uns von der Welt machen. Nur wenn die Konfliktinterventionen auf die Punkte eingehen, die erlebnismässig für die Konfliktparteien im Vordergrund stehen, werden diese zur Mitwirkung an der Konfliktbehandlung bereit sein. Andernfalls widersetzen sie sich, weil nach ihrem Urteil die dritte Partei an ihren (subjektiv so erlebten!) Kernpunkten vorbeigeht. Auch wenn die dritte Partei meint, die eigentlichen Issues besser als die Partei selbst erkennen zu können, muss sie vorerst beim Erleben der Parteien anknüpfen und kann in den nächsten Schritten höchstens einen Lern- und Bewusstwerdungsprozess bei den Parteien einleiten. Dadurch werden sie vielleicht ihre bisherigen Issues anders sehen und bewerten.

Partei . . . (vertikal) ↓ führt in bezug auf Partei . . . (horizontal) → die Issues an:	Anton	Bernd	Carla	Dieter	Eva
Anton	–	Issue a Issue e	Issue b	Issue c Issue f Issue g	Issue d Issue h
Bernd	Issue i Issue l	–	Issue j Issue m	Issue k Issue n Issue o	–
Carla	Issue p Issue c	Issue a	–	Issue b Issue d	Issue q Issue r
Dieter	Issue s Issue a	Issue t Issue b	–	–	Issue u Issue v
Eva	Issue c	Issue d	Issue q Issue r	Issue u	–

Fig. 5.1: Die Matrix der Spannungszonen

d) Wie sind die Issues – im Erleben der Parteien – miteinander verknüpft?

Konfliktpunkte können sehr allgemein sein («Freiheit», «Unrecht» usw.), oder sehr konkret und eng. Konkrete «Here-now-this»-Punkte (M. Deutsch 1973,

p. 372) sind leichter zu behandeln als weit gefasste globale oder vage Streitpunkte. R. Fisher (1964) empfiehlt deshalb, grosse und weite Issues zu «fraktionieren», d. h., sie in kleine und konkret überprüfbare Issues aufzulösen. Auf diese Weise können sich die Parteien leichter darüber einigen, was gemeinsames Anliegen ist und worüber sie eigentlich Differenzen haben. Dieser Regel folgen auch R. Walton (1969), M. Deutsch; H. Kaiser, G. Korthals-Beyerlein, H. Seel (1977, pp. 106 ff.), D. Sheane (1978), W. Mastenbroek (1979). Wir gehen gleichfalls nach diesem Prinzip vor, wenn die Issues nicht allzusehr miteinander verflochten sind. Mit zunehmender Eskalation tritt immer mehr eine Verfilzung der einzelnen Issues auf. Aufgabe der dritten Partei ist dann u. a., wieder zu einer Entflechtung zu gelangen, weil die Konfrontation andernfalls zu einer gegenseitigen Blockierung («dead-lock») führt. Je mehr Issues miteinander verflochten werden, desto starrer wird die Haltung der Parteien und umgekehrt.

e) Wie stark sind die Parteien emotional auf die Issues fixiert?
R. Fisher (1964) spricht von «Issue-rigidity», wenn die Konfliktparteien an bestimmten Punkten starr festhalten und keine wirklichen Alternativen dafür sehen. Sie können sich z. B. auf eine Rehabilitation ihrer Ehre mittels einer öffentlichen Erklärung vor der Presse versteifen und keine andere Form einer Ehrenrehabilitation akzeptieren wollen. Es wäre aber auch möglich, dass die «Rehabilitationserklärung» allenfalls auch durch eine gleichwertige Handlung ersetzt werden könnte: Der Arbeitgeber könnte dem Mitarbeiter, der sich in seiner Ehre angegriffen gefühlt hat, auch eine besser qualifizierte Funktion anbieten und somit im praktischen Handeln deutlich seine Absicht der Ehrenrehabilitation bekunden. Der Mitarbeiter gesteht sich und anderen jedoch eine solche Ersatzlösung nicht zu.

Die Rigidität bezüglich bestimmter Issues hängt auch mit der *«centrality of the issue»* (M. Deutsch 1973, p. 371) zusammen: Die Frage der Ehre kann für einen Mitarbeiter zu einem wichtigen Lebensthema schlechthin geworden sein. Immer und überall fallen ihm soziale Missstände auf, in denen eine Seite gedemütigt und entrechtet wird. Darum ist er in der Sache der Rehabilitation unbeugsam. Konzessionen würde er als Verleugnung seiner höchsten Prinzipien empfinden. Manche Streitfragen sind eben mehr emotionsbeladen als andere, manche berühren mehr den Kern der Identität der Konfliktparteien, andere werden als peripher und leichter austauschbar erlebt. Es ist wichtig, die Wertung der einzelnen Punkte durch den Gegner zu kennen. Die Bedeutung oder Gewichtigkeit der Issues kann an den inhaltlichen Aussagen der Parteien abgelesen werden, mehr aber noch daran erkannt werden, *wie* die Konfliktparteien über sie sprechen, wie sie darauf reagieren (kühl oder emotionell), wenn diese Punkte vom Gegner angesprochen werden.

Wir haben – inspiriert von einem Modell K. Bouldings (1964b, pp. 139ff.) – ein Hilfsmittel entwickelt, das eine einfache Visualisierung der Issues und ihres Gewichtes erlaubt und sich besonders beim Durchbrechen einer Pattstellung oder bei tiefer eskalierten Konflikten bewährt hat. Im ersten Schritt erstellen die Parteien für sich eine möglichst vollständige Liste der eigenen Issues, danach der Issues der Gegenpartei. Die Entdeckung eventueller Unterschiede in den Streitpunkten ist bereits an sich wichtig. Im zweiten Schritt versuchen die Parteien, die aufgelisteten Issues mit negativen oder positiven Scores zu bewerten. Für eine Issue, die für sie selbst den höchsten Nutzenwert hat, können sie +10 scoren, für die Issue mit dem niedrigsten Nutzenwert +1; und für die Issues mit dem höchsten Unlust-Wert oder «Unwert», «Schaden» usw. –10, bis zu einem Score von –1 für die am wenigsten unangenehmen Issues. Im dritten Schritt trägt jede Partei für sich alle Issues in ein Koordinatensystem ein. Die Partei A unterteilt das Feld mit einer vertikalen Linie und trägt die negativ gescorten Issues im Feld links der vertikalen Achse ein, die positiv gescorten Issues rechts der vertikalen Achse (Fig. 5.2). Für die Partei B wird eine horizontale Achse genommen: Alle von der Partei B negativ gescorten Issues werden unter der Achse, die positiven Scores über der Achse eingetragen (Fig. 5.3).

Im dritten Schritt werden die Issues in das gemeinsame Koordinatenfeld eingetragen, wobei die A-Achse und die B-Achse einander kreuzen (Fig. 5.4). Fig. 5.4 zeigt jetzt das Gesamtbild aus der Sicht der Partei A, die sich dabei jedoch in die

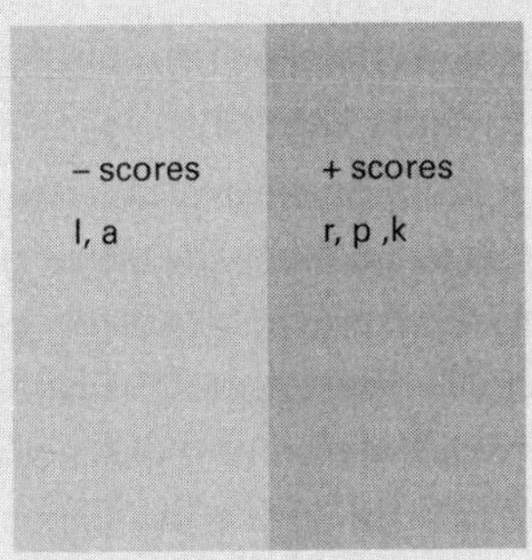

Beispiel für Issues und Scores der Partei A (Management)

r	Rationalisierung	+	7
p	Personaleinsparung	+	8
k	Verbesserung der Konkurrenzfähigkeit	+	10
l	Lohnerhöhungen	–	8
a	Arbeitszeitverkürzung	–	5

Fig. 5.2: Scores für Partei A

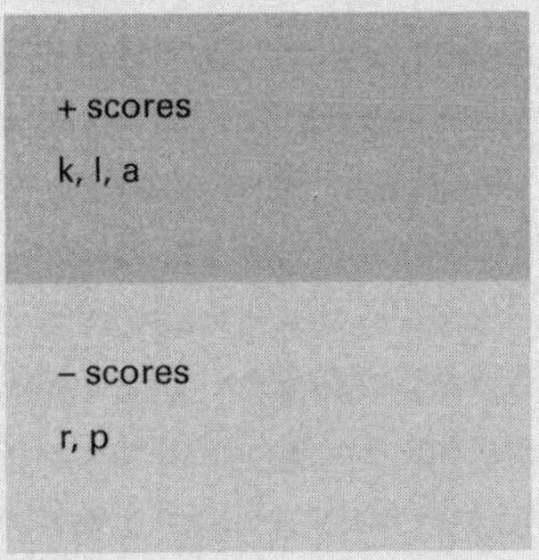

Beispiel für Issues und Scores der Partei B (Gewerkschaft)

r	Rationalisierung	–	2
p	Personaleinsparung	–	10
k	Verbesserung der Konkurrenzfähigkeit	+	8
l	Lohnerhöhungen	+	10
a	Arbeitszeitverkürzung	+	2

Fig. 5.3: Scores für Partei B

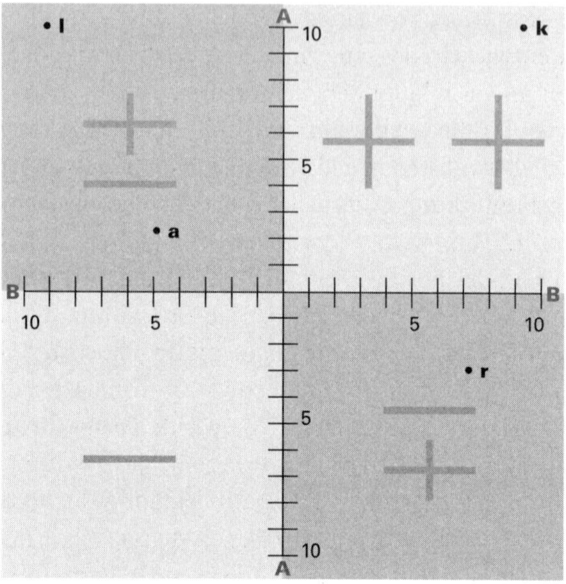

Fig. 5.4: Überlagerung der Scores der beiden Parteien

Gegenpartei B einzuleben versucht hat. Durch diese Visualisierung wird deutlich, dass bei manchen Issues «Gewinn» für die eine Seite einen «Verlust» für die Gegenseite zur Folge hat (K. Boulding 1964b, p. 139 «conflict move») und deswegen Widerstände oder Schwierigkeiten zu erwarten sind. Dies gilt für die Issues a, 1, r und p, die in den Feldern ± und ∓ lokalisiert sind. Die von beiden Parteien positiv bewerteten Issues bieten vielleicht einige Oberziele an, die beide Parteien teilen und führen in Bouldings Terminologie zu «trading moves», während Issues im «–»-Feld von beiden negativ bewertet werden (Bouldings «negative trading moves», p. 141) und gleichfalls Chancen auf einen Konsens bieten, wenn beide Parteien in diesem Feld eine Verschlechterung vermeiden. Dies kann für die nächsten Begegnungen zwischen den Parteien grossen Nutzen abwerfen und de-eskalierend wirken, weil sie bei ihren Bewegungen («moves») den Effekt für die Gegenpartei besser einschätzen werden.

f) Beziehen sich die Issues auf die Objektsphäre oder auf die Subjektsphäre?

R. Walton (1969) unterscheidet «emotionelle» oder «substantielle Issues». Wir ziehen es vor, über Issues aus der Objekt- oder Subjektsphäre zu sprechen. Issues aus beiden Sphären können die Parteien entweder sehr emotionell berühren oder indifferent lassen. Ein anderes ist die Haltung, welche die Parteien dazu einnehmen: emotionell oder nicht emotionell. Durch die Zurechnung von Issues zu einer der beiden Sphären lässt sich verdeutlichen, dass die Parteien verschiedene

Lösungsmöglichkeiten für die Konflikte sehen. Manchmal begünstigt die Kultur einer Organisation eine Deformation von Issues, d.h., es wird die Problematik quasi als «sachlich-objektives, unpersönliches Thema» präsentiert.

Die Beschäftigung mit den Issues ist für die weitere Konfliktbehandlung von grosser Bedeutung. Viele Interventionen der dritten Partei werden sich auf die Issues beziehen müssen.

5.2 Der Konfliktverlauf

Die Kapitel 6 bis 10 behandeln ausführlich den Konfliktverlauf als Eskalationsprozess. Dort werden die Basismechanismen und die neun Stufen der Eskalation so dargestellt, dass man damit den Eskalationsgrad bestimmen kann. Deshalb wollen wir uns an dieser Stelle auf die *Hauptfragen* beschränken, die zu einem Bild des Eskalationsgrades verhelfen können.

a) Was erleben die Konfliktparteien als Wendepunkte, als «entscheidende und kritische Momente» im Konfliktverlauf?
Der Konflikt eskaliert nicht unmerklich und gleitend, sondern springt von Stufe zu Stufe; er wird grösser, tiefer und intensiver. Die Parteien konnten in unserer Praxis ohne jegliche theoretische Vorkenntnis intuitiv und mit grosser Sicherheit solche «*Wendepunkte*» angeben. Sie konnten erläutern, was sich mit dem Sprung auf die nächsttiefere Eskalationsstufe im Konflikt geändert hat; welche «Spielregeln» danach Geltung erlangt haben; wie sich das Klima verändert hat; was durch einen solchen Wendepunkt unheilbar zerstört worden ist. Die Konflikt-Issues werden mit jedem Sprung komplexer und rigider und verlagern sich bei den mittleren Eskalationsstufen vor allem in die Subjektsphäre.

b) Was sind «crucial events», d.h. typisch exemplarische Episoden im Konfliktverlauf?
Zu bestimmten Zeiten kulminiert der Konflikt in besonderen Episoden, in denen sich z.B. die Kern-Issues, die typischen Verhaltensweisen der Parteien, ihre gegenseitigen Beziehungen usw. deutlich zeigen. Diese Episoden werden von ihnen als exemplarisch für die wichtigsten Phasen des Konfliktes erlebt. Für die Diagnose sind solche Episoden sehr wichtig. Wenn wir als Berater die Parteien bitten, diese Episoden lebendig und in allen Farben zu beschreiben, so werden bei den Parteien neben der gedanklichen Vorstellungserinnerung sogar wieder Gefühlserinnerungen auftreten. Manchmal ist es dazu nötig, dass eine Konfliktpartei eine Episode gleichsam simuliert bzw. nachspielt. Dann erst zeigt sich, welchen Platz bestimmte Issues und Parteien im Konflikt einnehmen.

c) Ist der Konflikt ausgedehnt worden?

Mit der stufenweisen Eskalation nimmt der Konflikt in der Regel an Umfang zu, weil mehr Issues in den Streit hineingezogen und mehr Personen oder Gruppen als Parteien aktiviert werden (Kap. 8). Nach einem kritischen Ereignis tritt eine solche Ausweitung ein. Was hat dazu beigetragen?

d) Ist der Konflikt intensiviert worden?

Haben sich die Parteien nach bestimmten Vorfällen mehr auf einige Issues versteift? Hat ihr Engagement zugenommen? Können sie sich innerlich vom Konflikt distanzieren, oder verfolgt er sie immer und überall, bis er zur Besessenheit führt?

e) Ist der Konflikt stabil oder labil?

Inwieweit neigt er dazu, sich weiter auszudehnen und zu intensivieren? Sind Faktoren und Mechanismen wirksam, die den Konflikt weiter eskalieren lassen – oder sind stabilisierende Tendenzen zu beobachten? Letzteres kann auch bedeuten, dass die Parteien versuchen, den Konflikt zu unterdrücken oder einzufrieren, so dass er als kalter Konflikt weiterwirkt.

Bei der Beschreibung der Eskalationsstufen weisen wir in Kap. 10 auf die fortwährenden Veränderungen in den Perzeptionen, Gefühlen und Einstellungen, Intentionen und äusseren Verhaltensweisen der Parteien hin, welche fixiert und stereotyp werden. Wir gehen deswegen an dieser Stelle nicht weiter darauf ein.

Es ist erstaunlich zu sehen, dass sich in den «kritischen, entscheidenden Momenten» sowie in den «exemplarischen Episoden» eines Konfliktprozesses in kurzen Zeiträumen die ganze Dynamik des Konfliktes offenbaren kann. Zu diesen Zeiten treten die Kern-Issues in den Vordergrund; die Parteien legen ein Verhalten an den Tag, das gleichfalls das Grundproblem ihrer Ich-Kontrolle deutlich spiegelt. Wie in einem Brennglas werden die im Konflikt vorhandenen dynamischen Faktoren gebündelt und konzentriert in eine derartige Episode fokussiert. Ähnliche Erfahrungen liegen auch denjenigen Autoren zugrunde, die sich im makro-sozialen Bereich der internationalen Beziehungen der genauen Analyse der Krisen-Entscheidungssituationen der politischen Führung zuwenden: G. Snyder (1960 und 1972), R. North (1962), Ch. McClelland (1962 und 1972), Ch. Hermann (1972) und viele andere. Ihr Ansatz ist genau so für die meso- und mikro-soziale Konfliktproblematik von grosser Bedeutung. Er geht von den Entscheidern aus, die sich einer Vielzahl von Umgebungseinflüssen ausgesetzt finden und die in irgendeiner Form diese Herausforderungssituation unter schwierigsten Stressbedingungen bewältigen müssen. Darum drückt sich in solchen exemplarischen kritischen Momenten oder Episoden deutlich aus,

- welchen Faktoren die Parteien dabei ausgesetzt waren,
- mit welchen Problemen des Verarbeitens und Handelns sie dabei gerungen haben und wie dabei Konfliktmechanismen ihre Entscheidungen beeinflusst haben,
- welche Kapazitäten den Konfliktparteien zur Verfügung gestanden haben, um soweit wie möglich Herr der Lage zu sein.

Daraus ergeben sich für die Interventionen der Konfliktbehandlung brauchbare Ansatzpunkte.

Zum Veranschaulichen des Konfliktverlaufs gebrauchen wir in Beratungsprojekten die «Konfliktpartitur» (den «Konfliktatlas») als Hilfsmittel (Figur 5.5). Aufgrund von Interviews und Dokumenten usw. rekonstruieren wir den Konfliktverlauf. Dazu tragen wir vertikal die aktiven Parteien auf, horizontal verläuft die Zeit. Zu den kritischen Momenten notieren wir die Daten und in wenigen Stichwörtern die Hauptakteure sowie die Issues, die für diesen Moment massgeblich waren. Mit verschiedenen Symbolen, Pfeilen, Konfliktzeichen usw. markieren wir die wechselseitigen Beziehungen zwischen den Vorfällen und den Parteien. Diese Visualisierung wird später mit den Parteien Schritt für Schritt besprochen und bewirkt zumeist schon eine wesentliche Klärung der Sicht auf die Vorgeschichte,

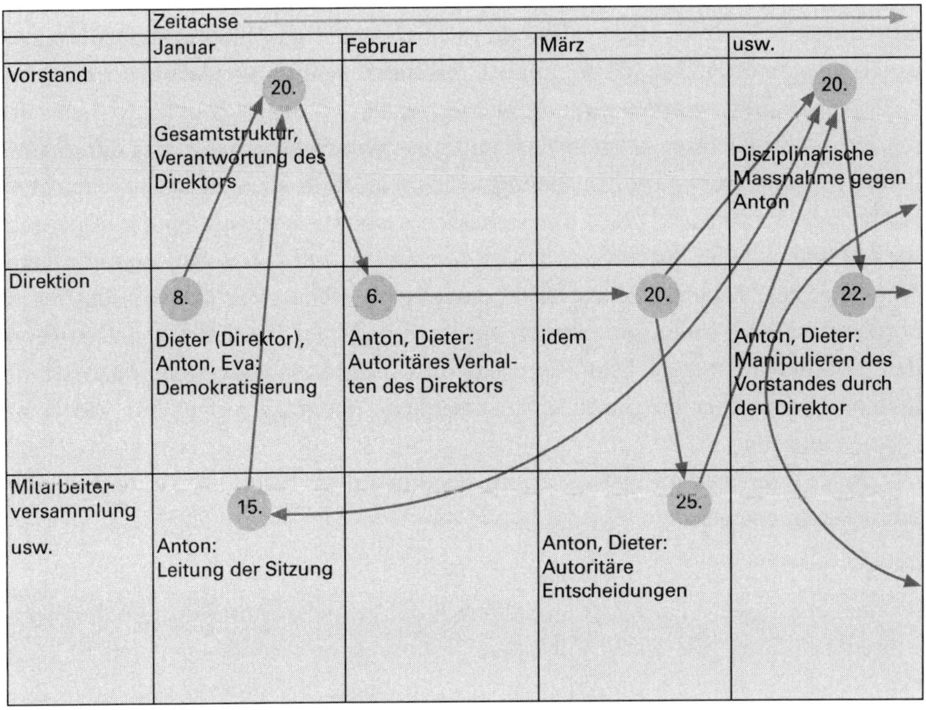

Fig. 5.5: Die Konfliktpartitur, der Konfliktatlas

Zusammenhänge und zu bearbeitenden Kernfragen. Die Konfliktparteien stellen sich der Tatsache der Verwicklungen und sehen die Notwendigkeit einer Entflechtung in einem schrittweisen Vorgehen.

Die richtige Diagnose des Eskalationsgrades ist für die Intervention der Konfliktbehandlung von grosser Bedeutung. Sie liefert Anhaltspunkte für Sofortmassnahmen, die ein Unkontrollierbarwerden des weiteren Konfliktverlaufes verhindern sollen und gleichzeitig eine Landefläche für die mittel- und langfristig wirksamen Interventionen bieten müssen. Einer Drittpartei hilft die Bestimmung des Eskalationsgrades und das Erkennen der im Konflikt wirksamen Mechanismen beim Entwurf einer globalen Strategie der Konfliktbehandlung.

Aus diesen Gründen steht die Eskalationsdynamik in diesem Buch im Mittelpunkt (Teil 2).

5.3 Die Konfliktparteien

Bei der Diagnose der Art und Beschaffenheit der Konfliktparteien lassen wir uns von sieben Hauptfragen (a bis g) leiten.

a) Wer sind eigentlich die Parteien?
Sind die Parteien Individuen oder sind es Gruppen? Zwei Abteilungsleiter können untereinander Konflikte haben, unter Umständen agieren sie vielleicht nur einen Gruppenkonflikt zwischen ihren Abteilungen aus.

Die Einzelpersonen können auch nur Sprecher sein, die im Auftrag der eigentlichen Personen den Konflikt austragen und vielleicht auch zu lösen versuchen. R. Mack und R. Snyder (1957) unterscheiden deshalb, ob es sich bei den Akteuren im Konflikt um die Betroffenen und Interessierten selbst handelt, und sprechen dann von einem persönlichen bzw. primären Konflikt; oder ob vielleicht sogar berufsmässige Vertreter (Advokaten, Gewerkschaftsvertreter usw.) stellvertretend den Konflikt austragen. Dann sprechen beide Autoren von «sekundären Konflikten». Beide Formen bieten unterschiedliche Voraussetzungen für die Konfliktbehandlung.

Im weiteren Verlauf gehen wir auf diagnostische Fragen bei Konflikten zwischen Gruppen ein.

b) Sind die Parteien organisiert oder formlos?
Formell organisierte Parteien beschreiten in der Regel bestimmte vorgeschriebene Prozeduren, um Differenzen mit einem Minimum an Gewalt austragen zu können. Regeln, Strukturen und Prozeduren stehen dann im Vordergrund.

Besondere Probleme zeigen sich dann, wenn eine Partei organisiert ist und sich auf einen offiziellen Status berufen kann, während die andere Partei als Gruppe nicht offiziell ist. Bei spontanen, wilden Streiks erschwert dieser Umstand eine geregelte Verhandlung zwischen den Parteien. Wem können bei der unorganisierten Partei Vorschläge vorgelegt werden? Wer hat bei ihr zu entscheiden? Bei Konflikten, in denen die sozial Schwächeren gegen die Mächtigeren rebellieren – z. B. bei Streiks der Bantus von Südafrika gegen die Weissen, bei Studentenunruhen, Fabrikbesetzungen usw. –, ist oft eine der wichtigsten Issues, ob die unorganisierte Partei überhaupt als Verhandlungspartei anerkannt werden soll. Besetzungs- und Geiselungsaktionen der Südmolukker in den Niederlanden zielten u. a. gerade darauf ab, als rechts- und handlungsfähiger politischer Partner ernst genommen zu werden. Diese Konflikte hatten deshalb für beide Seiten eine wesentlich expressive Funktion: Wird diese radikale Gruppe als Partner anerkannt oder wird ihr Anliegen bagatellisiert? Die organisierte Partei widersetzt sich dann lange bestimmten Versuchen der Konfliktbehandlung, weil sie für die Anerkennung der Gegenpartei keinen Präzedenzfall setzen will. Als paradoxe Folge wird sich durch die Abweisung die bisher unorganisierte Partei stärker strukturieren und organisieren, weil der Konflikt eine Strukturierung der Parteien fördert.

c) Welche sind die Kernpersonen der Konfliktparteien?
Welche Personen bestimmen das Konfliktgeschehen innerhalb der Parteien und welche treten massgeblich auf? Die Kenntnis solcher «Schlüsselpersonen» im Schnittpunkt vieler Beziehungen ist für die Konfliktbehandlung wichtig. An sie kann sich die dritte Partei wenden, und über ihre Beziehungen zu ihrer eigenen Partei als Hintermannschaft können auch die ersten Schritte der Konfliktbehandlung begonnen werden.

In der Praxis scheuten wir uns anfänglich, bei Interviews mit Angehörigen der Konfliktparteien direkt nach solchen Kernpersonen zu fragen. Wir konnten aber sehen, dass die Parteien solche Fragen durchaus als legitim erlebten und sehr behilflich waren, diese Personen zu finden und mit ihnen Kontakte aufzunehmen. Fragen dieser Art lauten zumeist: «Wen sollte ich auf keinen Fall in dieser Angelegenheit übergehen? Wer vertritt Ihrer Meinung nach am stärksten die entgegengesetzte Auffassung? Wen sehen Sie als Sprecher der Gegengruppe an? Wer vertritt Ihre Gruppe häufig am wirkungsvollsten? Mit wem sollten die nächsten Entscheidungen besprochen werden?» – Bei schriftlich durchgeführten Untersuchungen bitten wir gelegentlich, schätzungsweise die Grösse der eigenen Partei und der gegnerischen Parteien sowie die zentralen Persönlichkeiten anzugeben.

d) Welche Beziehung haben die Repräsentanten zu ihrer eigenen Hintermannschaft?
Die Kern- oder Schlüsselpersonen brauchen für den Anfang nicht notwendiger-

weise die einflussreichsten «Entscheider-Persönlichkeiten» (R. Fisher 1972) zu sein. Für die Interventionen der dritten Partei in der «Orientierungsphase» (Kap. 16.4) sind die Kontakte zu Personen nützlich, die innerhalb der *Kommunikationsstruktur* der Partei respektiert sind und ernsthaft angehört werden. H. Prein (1979a) betont deshalb aus ähnlichen Überlegungen, dass die Prozesse der Kommunikation und Interaktion innerhalb der Parteien näher untersucht werden sollten. Dazu gehört nach unseren Erfahrungen, dass man sich ein Bild der Stress-Belastbarkeit dieser Schlüssel-Kommunikatoren macht, weil sie Spannungen ausgesetzt sein werden. Erst für die «Konfliktlösungsphase» (Kap. 16.5) wird die Drittpartei solche Repräsentanten der Konfliktparteien direkt einbeziehen, die in ihren eigenen Reihen eine gesicherte Einflussposition haben.

Die Diagnose wendet sich aber bereits zu Beginn der eingehenderen Analyse der Einflussverhältnisse zwischen den Vertretern der Parteien und ihren Hintermannschaften zu.

e) Sind die Parteien scharf voneinander abgegrenzt?

Gibt es nur die Zugehörigkeit zu entweder der einen oder der anderen Gruppe (Exklusivität), oder gibt es Überlappungen unter den «Parteigängern»? Decken sich die Parteien hinsichtlich aller Issues oder gibt es wechselnde, auf verschiedene Issues unterschiedlich orientierte Sub-Parteien? J. Burton (1969, p. 16) weist anhand des Beispiels der Bürgerkriegsparteien in Zypern darauf hin, dass die Personen innerhalb der Hauptparteien nicht alle Issues gemeinsam hätten. Vielmehr kennen z. B. die Bewohner eines Armenviertels beider Parteien Gegensätze hinsichtlich anderer Issues als die mittelständischen Unternehmer, die Intellektuellen, die religiösen Würdenträger der beiden Bevölkerungsgruppen. Man sollte deshalb beobachten und untersuchen, um welche Sub-Issues herum sich innerhalb der Gesamtparteien Sub-Parteien gebildet haben (siehe Fig. 5.6). Dann können sich vielfältige Überschneidungen der Parteiengrenzen zeigen. Je weniger ein Konflikt eskaliert ist, desto mehr Doppelzugehörigkeiten werden zugestanden; sobald aber der Konflikt über die ersten drei Eskalationsstufen hinaus intensiviert ist, wird die Parteizugehörigkeit in der Regel rigider (Kap. 10.3).

Bei der Konfliktbehandlung in einem Gymnasium stellten sich zu den unterschiedlichen Issues und den dabei als Dilemma erlebten gegensätzlichen Positionen vielfältig wechselnde Parteienformationen heraus. Die betroffenen Personen waren sich dessen bei weitem nicht bewusst. Bei unserem Eintritt in diese Klientenorganisation zeichnete sich gerade die Tendenz ab, auf die Parteienmitglieder Druck auszuüben, sich zu einer einzigen Gesamtpartei zu bekennen. Der Grad der Gruppen-Exklusivität gibt viele Aufschlüsse. Auch die angewandten Methoden der Druckausübung sollten von der dritten Partei gut wahrgenommen werden: Mit

Personen	**Verhältnis der Schule nach aussen**		**Lern-methode**		**Lernziele**		**Gruppierung der Schüler**		**Interne Entscheidungen**		**Demokratische Mitbestimmung durch Eltern**	
	offen – geschlossen		aktiv – passiv		Bildung – Wissen		homogen – heterogen		Direktor – kollegial		viel	wenig
	a	b	a	b	a	b	a	b	a	b	a	b
Anton	X		X		X	X	X		X			X
Bernd		X	X	X		X		X		X		X
Carla	X	X	X		X			X	X		–	–
Dieter	X			X		X		X	X		X	
Eva	–	–	X	X	X	X	–	–	X		X	X
Franz		X	X		X		X		X			X
Gudrun	X		X		X		–	–	X		X	
Hans	X		–	–	–	–	X		X		X	
usw.												

x = überwiegende Präferenz für Position a oder b der Issues

Fig. 5.6: Visualisierung von Issue-orientierten Sub-Parteien in einer Schule

welchen Sanktionen werden die Personen bedroht, wenn sie sich nicht ausschliesslich zur einen oder anderen Gruppe bekennen? Wie verhält man sich gegenüber indifferenten Personen? Werden sie eventuell der «Doppelspionage» bezichtigt? usw.

f) Welche innere Kohäsion weisen die Parteien auf?

Wie ist der Zusammenhalt? Üben die Mitglieder der Parteien viel Druck aufeinander aus? All das beantwortet sich zum Teil mit den vorhergehenden Fragen. Darüber hinaus gilt das Augenmerk der internen Rollenstruktur der Parteien, wie wir sie in Kapitel 5.3 näher behandeln. M. Mulder (1978) untersucht die Machtverhältnisse innerhalb der Parteien, und W. Mastenbroek (1979 b) gibt Hinweise für die Analyse des «network» der Parteien, im besonderen für die Position der Parteien in der Hierarchie und ihre Beziehungen zu einem (gemeinsamen) Machtzentrum. Auch diese Gesichtspunkte liefern in der Diagnose wichtige Anknüpfungspunkte für die spätere Konfliktbehandlung.

g) Wie gross ist tatsächlich die Arena des Konfliktes?

Wir haben bei den Konflikttypen zwischen Mikro, Meso und Makro unterschieden. Die ersten Konstatierungen zum Umfang des Parteiensystems sind relativ einfach. In der Konfliktdiagnose ist eine genauere Beobachtung und Analyse notwendig: Auf welche Weise wirken die Faktoren aus der meso- oder makro-sozialen Umgebung in die mikro-sozialen Konflikte herein? Wirken auch Konfliktfaktoren aus der kleineren sozialen Arena in die grössere? Oder können wir hier einseitige Beeinflussungen erkennen?

Selbst wenn ein Konflikt von Anfang an in Makro wirkt – in einer Stadtgemeinde etwa mit den politischen Parteien, den gewählten Funktionären und den Beamten der Stadtverwaltung – brauchen die verschiedenen Personenkreise nicht in der gleichen Intensität im Konflikt mitzuwirken (Fig. 5.7). Im mittleren Personenkreis A, der etwa zehn Kernakteure umfasst, ist der Konflikt z.B. stark eskaliert; im nächstgrösseren Personenkreis B, etwa 20 Personen (Chefs von Abteilungen der Verwaltung, einige Mitglieder des Gemeinderates) ist der Konflikt mässig eskaliert; im äussersten Personenkreis C, der aus verschiedenen Beamten, Politikern und politisch aktiven Bürgern (z.B. Vorsitzender des Sportvereins, des Schulvereins usw.) besteht, ist der Konflikt nur leicht eskaliert.

Nach einigen Monaten nahm die Konfliktintensität in den Kreisen A und B zu, wie Fig. 5.8 veranschaulicht.

Im Kernsystem A hatten die Konflikte erheblich zugenommen und in enger Wechselwirkung auch im direkten Umgebungssystem B. Der weiteste Kreis schien dagegen doch abgeschirmt zu sein.

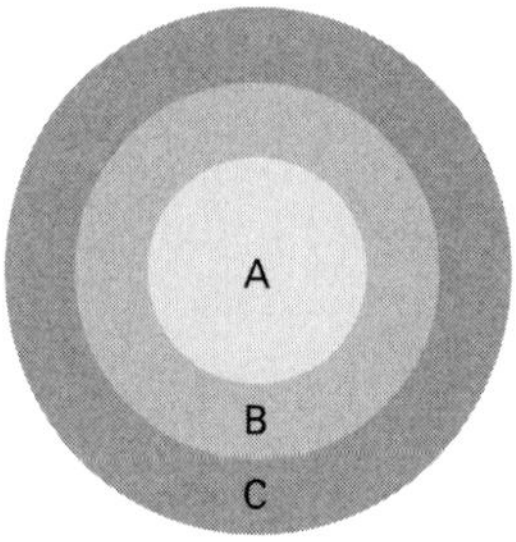

Fig. 5.7: Verschiedene Eskalationsgrade im Mikro-, Meso- und Makro-Rahmen

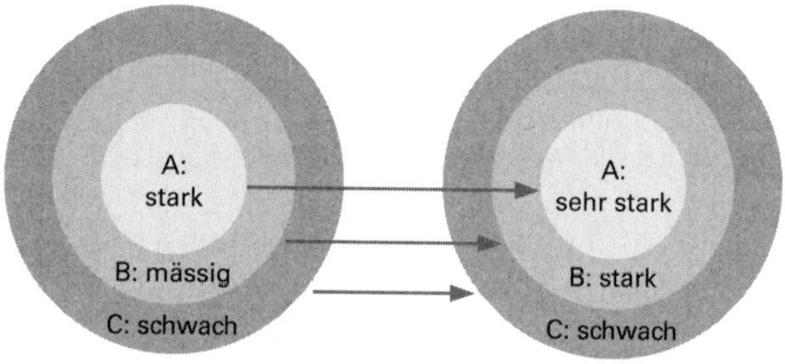

Fig. 5.8: Zunahme der Konfliktintensität

J. Burton (1969) spricht bei der Analyse der betroffenen Kreise vom «Differenzieren der Parteien nach der Systemebene» (p. 18). Sie erlaubt Einblicke in das Zusammenwirken der verschiedenen sozialen Systeme.

5.4 Die gegenseitigen Beziehungen der Parteien

Bei Konflikten in einer Organisation befinden sich die Parteien in ein und demselben Gesamtrahmen. Sie nehmen darin eine Position ein, die ihre gegenseitigen Beziehungen in vielerlei Hinsicht beeinflusst. Die Positionen und die Beziehungen der Parteien können formeller Art sein, wenn sie durch Konstitution, Statuten, Geschäftsordnung, Organigramm und andere Normen ausdrückllich geregelt sind; daneben können sie auch informeller Art sein und von den formellen Vorschriften wesentlich abweichen.

5.4.1 Informelle Beziehungen

In einem Arbeitsteam können sich spontan Beziehungen entwickeln, die keiner normativen Konstitution bedürfen oder diese oft faktisch ändern, weil sie als unzweckmässig oder unangenehm empfunden werden. Trotz des ursprünglich spontanen Charakters der informellen Beziehungen bilden sich auf die Dauer stets wiederkehrende und gefestigte Verhaltensmuster heraus. Diesen Beziehungsmustern liegt ein sogenannter «*ungeschriebener Rollenvertrag*» (R. Harrison 1971; H.-E. Richter 1972) zugrunde. Darunter sind die gegenseitigen *Rollenerwartungen*, die gewünschten Verhaltensweisen, die Konditionen und *Sanktionen* für die Einhaltung dieser Rollenverträge zu verstehen, die alle mehr oder weniger zwingend wirken können. Besonders bei zunehmender Intensivierung des Konfliktes macht sich der Zwangscharakter dieser Rollenverträge, in die man einander drängt und fixiert, für die Parteien als sehr drückend bemerkbar.

Bei der Diagnose dieser informellen Beziehungen sind unter anderem die folgenden Hauptfragen von Nutzen:

a) Welche Rollenverträge sind zu erkennen?
Lassen sich bei Begegnungen der Parteien bestimmte Verhaltensweisen beobachten, die im Umgang mit anderen Personen oder Gruppen nicht auftreten? Eine Partei benimmt sich darin z. B. besonders herablassend, während sich die Gegenpartei sehr untertänig verhält. Die eine Partei spricht in allem sehr apodiktisch und erwartet keine Einwände oder Widersprüche, während sich die Gegenpartei unsicher und verlegen äussert. Der Chef zeigt sich betont «männlich», hart und aggressiv, während sich seine Sekretärin «mädchenhaft», anschmiegsam und vom Imponiergehabe ihres Vorgesetzten sichtlich beeindruckt zeigt usw.

b) Welche Sanktionen setzen die Parteien ein, um das Verhalten zu erwirken, das ihren Erwartungen entspricht?
Bei Konflikten kann der Vater seinen Sohn zwingen, ihn als Autorität anzuerkennen, indem er droht, ihm sein Taschengeld vorzuenthalten, den Hausschlüssel zu entziehen usw. Bei Ehepartnern kann dies das Verweigern sexueller Kontakte sein, bei Nachbarn kann erhöhte gegenseitige Lärmbelästigung als Druckmittel gebraucht werden, sobald eine Seite aus den Rollenvorschriften auszubrechen versucht. Bei Konflikten in Organisationen ist es möglich, dass eine verhasste Abteilung strafweise genau «nach Vorschrift» behandelt wird, oder indem man einander beim Verteilen von Informationen umgeht usw. Der Chef kann einen aufsässigen Mitarbeiter bei Gehaltserhöhungen «übersehen», bzw. «vergessen», ihn bei wichtigen Besprechungen hinzuzuziehen; oder es können wichtige Sitzungen genau zu den Terminen festgesetzt werden, zu denen der Opponent unmöglich anwesend

sein kann und dergleichen mehr. – In den Anfangsphasen der Eskalation nehmen Sanktionen zumeist die Formen des sogenannten «dementierbaren Strafverhaltens» (J. Klapprott 1977) an, das in Kapitel 10.4 ausführlich dargestellt wird. Später wird es zur Drohung (Kap. 10.6) und zur offenen, direkten Gewaltanwendung. Eine genaue Beobachtung dieses Verhaltens gibt Hinweise auf die gegenseitigen Beziehungen und auf den Eskalationsgrad.

c) Was hat jede Partei bisher unternommen, um diese Rollenverträge zu verändern, zu durchbrechen oder abzuschütteln?

Eine Partei kann die Rollenerwartungen des Partners/Gegners negieren und stillschweigend übergehen oder offen dagegen rebellieren. Eine andere Form ist die des «Zusammenbruches» bzw. der «Implosion», wobei eine Partei in Tränen ausbricht, allgemeine Rat- und Hilflosigkeit zum Ausdruck bringt (siehe dazu H.-E. Richter 1967 und 1972) und zu einer völligen Blockade im Verhalten kommt. Derartige Ausbruchs- oder Änderungsversuche geben viele Hinweise auf die Natur der Beziehungen zwischen den Parteien. Wie hat die Gegenpartei auf solche einseitige Versuche reagiert? Welche Sanktionen wurden dagegen angewendet?

d) Wie lautet die eigentliche implizite Vertragsformel zwischen den Parteien?

Ein impliziter Rollenvertrag lässt sich mit einem formellen Vertrag vergleichen: Er enthält die unausgesprochenen, jedoch spürbar ausgedrückten gegenseitigen Erwartungen auf «Leistungen und Gegenleistungen». Z. B.: «Wenn sich Anton als Kommandant benimmt, dann hat Bernd als Untergebener seine Befehle kritiklos auszuführen.» Oder: «Wenn Bernd die erteilten Befehle ausführt, trifft ihn keine Verantwortung für unrichtige Massnahmen. Anton wird für alles den Kopf hin halten.» Oder zwischen Ehepartnern: «Wenn der Ehemann Manfred sich inaktiv verhält, dann kann seine Frau Frieda in allem die Initiativen ergreifen und Entscheidungen treffen. Die Trägheit Manfreds legitimiert das dominierende Verhalten Friedas. Das Herrscherverhalten Friedas entschuldigt das unterwürfige und fügsame Verhalten Manfreds», ähnlich den Beispielen der Autoren P. Watzlawick, J. Beavin und D. Jackson (1968).

Durch derartige «Leistungen und Gegenleistungen» stabilisieren die Parteien ihr einseitiges Verhalten. Der Rollenvertrag erlaubt ihnen das Ausleben ihrer Schwächen und Einseitigkeiten. Wie bei den Konstellationen in Kapitel 6.3 gezeigt wird, können Rollenverträge als umfassendes Rollenarrangement sogar die Beziehungen einer grossen Gruppe von Menschen regeln. Die Konfliktparteien sind sich der Formeln ihrer ungeschriebenen Rollenverträge in der Regel nicht bewusst. Die dritte Partei wird sich erst selbst ein Bild der möglichen «Vertragsformeln» machen und zu einem späteren Zeitpunkt Interventionen der Konfliktbehandlung darauf richten.

5.4.2 Formelle Positionen und Beziehungen der Parteien

Wir haben bereits wiederholt darauf hingewiesen, dass die Theorien in bezug auf die Organisation als «Konfliktursache» widersprüchlich sein müssen, weil von einer linear-kausalen Beziehung zwischen Organisation und Personen überhaupt nicht gesprochen werden kann. Wir haben diesem Denken unseren «sozial-ökologischen» Ansatz gegenübergestellt. Wir sprechen deshalb von «Konfliktpotential». – Auch wenn man den Zusammenhang zwischen den Faktoren des Konfliktpotentials und dem akuten Konfliktverhalten der Parteien nicht mechanistisch-kausal determiniert versteht, weist die Literatur noch weitere widersprüchliche Positionen auf. Ein Autor sieht z.B. Prozeduren als Konfliktpotential, während ein anderer Autor dieselben Prozeduren als Methode der Konfliktlösung betrachtet. Dazu führen wir illustrativ einige Beispiele an:

- Die *Hierarchie der Führung* ist nach L.Ephron (1961), L.Pondy (1969), R.Corwin (1969), W.Mastenbroek (1979 a und b) eine der häufigsten Konfliktquellen in einer Organisation, während die hierarchische Gliederung einer Organisation nach E.Litwak (1961), K.Boulding (1964b) ein Mittel zur Konfliktlösung ist.
- *Prozeduren* und stringente *Regelungen* des Arbeitsablaufes gelten bei A.Gouldner (1954), M. Crozier (1964), R.Corwin (1969) u.a. als Konfliktpotential, hingegen werden sie als angewiesenes Mittel zur Konfliktverhütung und Regelung empfohlen von R.Kahn und E.Boulding (1964), W.Scott (1965), N.Luhmann (1975), M.Mulder (1978).
- enge *Kontrollen* stellen nach W.Gamson (1966) Konflikterreger dar, während sie von R.Corwin (1969) eher als Mittel der Konfliktlösung angeführt werden.
- *Spezialisierung* birgt beispielsweise nach P.Lawrence und J.Lorsch (1969b), R.Walton und J.Dutton (1969 a) grosse Gefahren für Konflikte, während sie nach E.Litwak (1961) als Konfliktlösungsmöglichkeit angeführt wird.

R.Corwin (1969) prüfte eine Vielzahl von Hypothesen und Theorien an amerikanischen Schulen und musste konstatieren, dass ein und derselbe Faktor sowohl Konfliktpotential als auch Konfliktlösungsmöglichkeit sein kann. Ähnlich prüfte A.Rahim (1979) eine Reihe von Hypothesen über Faktoren der Objektsphäre als Konfliktpotential und kam zu den Befunden, dass ein Faktor sowohl konflikterregend als auch konfliktlösend wirken kann. Im besonderen untersuchte er, ob homogene oder heterogene Teamzusammenstellung und eine homogene oder heterogene Aufgabenstruktur in einem Team Konflikte begünstigt oder verhindert.

Die angeführten theoretischen Ansätze wie auch die empirischen Befunde müssen widersprüchlich sein, solange man von linear-kausaler Determination ausgeht und dabei die subjektive Haltung der Konfliktparteien ausser Betracht lässt. Ausserdem wird dabei nicht nach verschiedenen Typen von Organisationen unterschieden, die ihrem primären Leistungszweck entsprechend unterschiedlich organisiert und geführt werden müssen. Was für den einen Typus zweckmässig ist, kann für den anderen Typus dysfunktional sein. Dazu kommt, dass in diesen Organisationstheorien nicht nach verschiedenen Entwicklungsphasen im Bestehen einer Organisation differenziert wird, während z. B. F. Glasl / B. Lievegoed (2004), G. Lippit (1972) zeigen, dass je nach dem Entwicklungsstand der Organisation ein anderes Organisationsmodell gewählt werden sollte. Vergleichbar mit den Befunden einer entwicklungspsychologischen Betrachtung bei einem Individuum zeigt ein entwicklungssoziologischer Gesichtswinkel, dass eine Organisation von der Gründung über die Pionierphase, Differenzierungsphase, Integrationsphase und Assoziationsphase andere interne Gestaltungsprinzipien anwendet und auch ihr Verhältnis zur sozialen Umgebung jeweils anders definiert. Auch aus diesem Grund können keine eindeutigen Aussagen gemacht werden. Schliesslich müssen wir noch berücksichtigen, ob eine Organisation dem geistig-kulturellen Leben, dem rechtlich-politischen Bereich der Gesellschaft oder dem Wirtschaftsleben angehört. Die Situierung der Organisation in einer dieser drei gesellschaftlichen Organsphären ist ebenfalls von grosser Bedeutung.

Die genannten Parameter sind mehr oder weniger objektiv vorgegeben. *Aber doch bestimmen nicht die objektiven Sachverhalte, ob in einer Organisation Konflikte auftreten. Immer ist der subjektive Tatbestand ausschlaggebend:* Wie wird die Situation von den Parteien perzipiert? Wie erleben sie die praktizierten Gestaltungsprinzipien der Organisation? Welche Haltung nehmen sie dazu ein? Wie äussert sich dies in ihrem Verhalten zur anderen Partei und zur Umgebung? Nur das Erleben der Parteien, ihre subjektive Realität also, bestimmt, ob Konflikte zwischen ihnen auftreten.

5.4.2.1 Die Organisation als Konfliktpotential

Organisationen bestimmen die formelle Position und die formellen Beziehungen eines Mitarbeiters, einer Abteilung oder einer anderen organisatorischen Einheit. Wir müssen sie deshalb bei der Diagnose eingehender betrachten. Im Kapitel 2.1.2 haben wir bereits dargestellt, welche Folgerungen sich aus der Betrachtung des dreifältigen Menschen ergeben. Wir haben dann die Organisation als ein Ganzes von drei Subsystemen beschrieben (siehe Glasl/Lievegoed 2004):

1. kulturelles Subsystem
2. soziales Subsystem
3. technisch-instrumentelles Subsystem.

Diese drei Subsysteme wollen wir als Konfliktpotential an dieser Stelle genauer betrachten. Sie werden aus einer Reihe von Elementen gebildet. Fig. 5.9 gibt dazu eine schematische Übersicht.

Element	Umschreibung	Subsystem
1. Identität	Die gesellschaftliche Aufgabe der Organisation, Mission, Sinn und Zweck, Leitbild, Fernziel, Philosophie, Grundwerte, Image nach innen und aussen, historisches Selbstverständnis der Organisation	**kulturelles Subsystem**
2. Policy, Strategie	Langfristige Programme der Organisation, Unternehmenspolitik, Leitsätze, Strategie und längerfristige Konzepte, Pläne	
3. Struktur der Aufbauorganisation	Aufbauprinzipien der Organisation, Führungshierarchie, Linien- und Stabsstellen, zentrale und dezentrale Stellen, formales Layout	**soziales Subsystem**
4. Menschen, Gruppen, Klima	Wissen und Können der Mitarbeiter, Haltungen und Einstellungen, Beziehungen, Führungsstile, informelle Zusammenhänge und Gruppierungen, Rollen, Macht und Konflikte, Betriebsklima	
5. Einzelfunktionen, Organe	Aufgaben, Kompetenzen und Verantwortung, Aufgabeninhalte der einzelnen Funktionen, Gremien, Kommissionen, Projektgruppen, Spezialisten, Koordination	
6. Prozesse, Abläufe	Primäre Arbeitsprozesse, sekundäre und tertiäre Prozesse: Informationsprozesse, Entscheidungsprozesse, Planungs- und Steuerungsprozesse	**Technisch-instrumentelles Subsystem**
7. Physische Mittel	Instrumente, Maschinen, Geräte, Material, Möbel, Transportmittel, Gebäude, Räume, finanzielle Mittel	

Fig. 5.9: Die 7 Wesenselemente – 3 Subsysteme der Organisation

Bei der Erkundung des Konfliktpotentials der genannten sieben Wesenselemente stellen sich die folgenden Fragen:

1. Identität

Ist die Kernaufgabe der Organisation klar? Ist sie widersprüchlich, missverständlich, vage? Hat sich in der letzten Zeit ein Wandel der gesellschaftlichen Funktion ergeben? Sind alte Werte und neue Werte zueinander stimmig? Ist die Identität gesellschaftlich akzeptabel? Wie stellt sich die Identität zur Umwelt? Wie stehen die Menschen zum Selbstverständnis? Ist die Sinngebung für sie in ihrer eigenen Funktion erkennbar – überzeugend? usw. (siehe W. Hasper / F. Glasl 1988). Probleme mit der Identität äussern sich oft in anderen Wesenselementen der Organisation: Ein Sinnvakuum führt zu Streitigkeiten über Aufgaben und Kompetenzen oder über Prozeduren. Widersprüche zwischen der Gesamtidentität und der Teilidentität kleinerer Organisationseinheiten kann in langwierigen Strategie-Diskussionen und in Machtkämpfen sichtbar werden. In einem organischen Ganzen kann ja das Symptom an einer ganz anderen Stelle auftreten. Auch beim Menschen können Kopfschmerzen auf Probleme im Verdauungssystem, oder im Bewegungsapparat – aber auch in den Beziehungen zu Kollegen oder Familienmitgliedern zurückzuführen sein.

2. Policy, Strategie

Bestehen ausreichende Leitsätze, Strategien und Programme, mit denen die allgemeinen Ziele und Werte konkretisiert werden? Oder schweben die allgemeinen Ziele und Werte (Identität) in der Luft? Geht von den unternehmenspolitischen Leitsätzen eine integrierende Wirkung aus? Wie kräftig, klar, übersichtlich, widerspruchsfrei usw. sind die Leitsätze? Wie sehr sind Politik und Strategie akzeptiert? Neben der offiziell ausformulierten Politik gibt es viele ungeschriebene Regeln und Richtlinien («geheime Spielregeln»), Mythen, Legenden und Sagen, Erfolgsrezepte der Vergangenheit usw., die in den Denkgewohnheiten der Mitarbeiter verwurzelt sind. Diese ungeschriebenen, praktizierten Leitsätze können zu den proklamierten Leitsätzen im Widerspruch stehen und deren Geltung eigentlich in Frage stellen. Drücken sich diese Spannungen vielleicht im sozialen Subsystem aus? In zwischenmenschlichen Konflikten? Identifizieren sich bestimmte Gruppen mit den unterschiedlichen Leitsatzsystemen? Führt dies zu Kämpfen um Einflussnahme und Macht?

3. Struktur der Aufbauorganisation

Nach welchen Gedankenmodellen (siehe vor allem R. Vossbein 1989, pp. 33 ff.) ist die Organisation aufgebaut? Liegt der Aufbaustruktur ein statisches oder dynamisches Denken zugrunde? Ist dabei mechanistisch gedacht? Wie steht dieses Organisationsdenken zur gesamten Unternehmensphilosophie? Wie zweckmässig sind die Organisationskonzepte in bezug auf die gegenwärtigen Ziele, Kernaufgaben, Ressourcen usw.? Sind die verschiedenen Organisationseinheiten für die Mitarbeiter übersichtlich? Können sie sich erlebnismässig in ihnen zurechtfinden und darin eine «Heimat» haben? Wie wird von der Struktur die Spannung zwischen Differenzierung und Integration bewältigt?

4. Menschen, Gruppen, Klima

Wie werden die Mitarbeiter in ihrem Wissen und Können angesprochen? Welche Ziele und Ambitionen haben die Menschen? Sind die Menschen in unterschiedlichem Masse zur Leistung motiviert? Woran wird dies sichtbar? Welche informellen Zusammengehörigkeiten und Gegnerschaften haben sich gebildet? Wo gibt es Distanzen – wo Nähe? Vertrauen oder Misstrauen? Welche Bedeutung haben Macht, Status, Prestige, Karriere usw.? Was ist charakteristisch für das Betriebsklima?

Wie berücksichtigt die Organisation die Entwicklungsinteressen der Mitarbeiter? Welche Stile sind charakteristisch für die Führung? Wie werden menschliche und soziale Faktoren berücksichtigt und gepflegt?

Reibungen und Spannungen können sich in diesem Wesenselement zeigen – aber vielleicht sind sie Ausdruck des Sinn-Vakuums, der wenig konkreten Leitsätze, der Unglaubwürdigkeit von erklärten Werten und Grundsätzen?

5. Einzelfunktionen und Organe
Nach welchen Prinzipien ist die Arbeit über die Funktionen verteilt: nach gleichem Fachhintergrund, nach gleichartigen Verrichtungen usw.? Sind es sinnvolle Ganzheiten – oder willkürliche bzw. logische Trennungen und Zuteilungen? Sind Aufgaben, Kompetenzen und Verantwortung in einem ausgewogenen Verhältnis zueinander? Wieviel an eigener Planung und Kontrolle gehört zur Funktion? Welche gegenseitigen oder einseitigen Abhängigkeiten ergeben sich aus der Aufgaben- und Kompetenzverteilung? Wie akzeptieren dies die Menschen? Wie sehr können die einzelnen Funktionen den Sinn des Ganzen vermitteln?

6. Prozesse, Abläufe
Wie gut schliessen die einzelnen Funktionen im Ablauf aufeinander an? Gibt es im Ablauf Stau, Engstellen, unnötige Umwege oder Verzögerungen, Doppelgleisigkeiten und dergleichen? Orientieren sich die Abläufe an den Arbeitszielen? Wie werden die Prozesse geplant und gelenkt? Welche Abhängigkeiten ergeben sich daraus? Wie stehen die Menschen dazu? Wieviel Orientierung geben ihnen Unternehmenspolitik, Strategien, Strukturkonzepte usw.?

7. Physische Mittel
Wie menschengerecht (ergonomisch richtig) sind die Maschinen und Mittel? Wie zweckmässig oder zweckwidrig sind Instrumente, Gebäude usw.? Wo bedingen die physischen Mittel eine Trennung, wo sie aus ablauflogischen Gründen nicht sein sollte? Wie wirkt sich dies auf die Menschen aus?

Die 7 Wesenselemente sind untereinander vernetzt. Es gibt viele sichtbare und noch mehr «unterirdische» Verbindungslinien und Wasserläufe. Darum können wir uns bei der Diagnose nicht bloss auf einige der Wesenselemente beschränken, sondern müssen sie als Teil des Ganzen betrachten. Dazu ein Praxisbeispiel.

In einer psychiatrischen Klinik wurden immer mehr Stimmen laut, dass die bestehenden Funktionen deutlicher und straffer umschrieben werden müssten. Ausserdem verlangte man strengere Prozeduren, z. B. für Entscheidungen über die Zuweisung von Patienten zu bestimmten Abteilungen. Dies kam, weil jede Abteilung bei der Neuaufnahme von Patienten in der Aufnahmekommission vertreten war und in dieser Kommission versuchte, ihre Bettenkapazität bestens auszulasten.

Denn dies hatte Konsequenzen für die Rentabilität der Abteilung. Jede Abteilung war als Profit-Center geführt. Wenn Abteilungen unterbelegt waren, konnten sie über die Aufnahmekommission die Ertragslage beeinflussen. – Darin kam aber die Konkurrenzphilosophie zum Ausdruck, die Kultur der Teiloptimierung und das Fehlen eines verbindlichen Therapie-Konzeptes. In den vorhergehenden Jahren hatte es oft Diskussionen über die Behandlungsphilosophie und das Menschenbild gegeben. – Die Konflikte konnten gelöst werden, nachdem intensiv an der Zielsetzung und Philosophie der Klinik gearbeitet worden war. Mit anderen Worten: Die Spannungen im sozialen Subsystem waren Ausfluss der Probleme im kulturellen Subsystem. Jede direkte Arbeit an Funktionsumschreibungen oder an stringenten Normen für Abläufe hatte in der Vergangenheit bisher nur zu Scheinlösungen geführt; die Konflikte blieben jedoch bestehen.
Die Organisation ist als Konfliktpotential äusserst differenziert zu betrachten. Denn die sogenannten objektiven Sachverhalte müssen nicht von selbst zum Konflikt führen. Eine Organisation kann sehr unmenschlich konzipiert sein und kurzfristig mag vielleicht doch kein Konflikt ausbrechen, weil die meisten Menschen gelernt haben, ihr Verhalten diesen Zuständen anzupassen und manche der unmenschlichen Wirkungen wieder zu kompensieren. Dadurch bleiben viele Problemsituationen lange Zeit unsichtbar. Gewiss ist die Wahrscheinlichkeit gross, dass eine derartige Situation einmal als destruktiv erkannt wird und dass Änderungen versucht werden. Denn auf Dauer lassen sich Mitarbeiter nicht in ihrem Bewusstsein gängeln. Aber erst wenn diese inhumanen Zustände erkannt und als menschenunwürdig abgelehnt werden, kann daraus ein Konflikt entstehen. Entscheidend ist also, wie sich die Menschen dazu einstellen und verhalten. Darum ist die wichtigste Frage immer: *Werden diese Gegebenheiten akzeptiert oder nicht? Wie sieht die subjektive Wirklichkeit aus?* Nur wenn aus dem subjektiven Unbehagen ein Problem- und Spannungsbewusstsein entsteht, kommt es durch den Konflikt zu einer Veränderung.

Die drei Subsysteme funktionieren nach unterschiedlichen Prinzipien. Dadurch kommt es in jedem der Subsysteme zu anderen Abhängigkeitsbeziehungen. Was im kulturellen Subsystem angebracht ist, kann im sozialen Subsystem zu Spannungen führen und im technisch-instrumentellen Subsystem zu grossen Behinderungen und Konflikten – und umgekehrt! Wir müssen deshalb die Art der Beziehungen genauer ins Auge fassen.

5.4.2.2 Abhängigkeitsbeziehungen als Konfliktpotential

Im *kulturellen Subsystem* entsteht Konfliktpotential, wenn statt der *Freiheit* und *Selbstverantwortung* bloss Scheinfreiheit gewährt wird, während insgeheim Manipulation, Indoktrination und dergleichen gegeben sind. Die Mitarbeiter stehen einander im Prinzip als autonome, auf sich selbst gerichtete und eigenverantwortliche Wesen gegenüber. Deshalb sind in diesem Bereich vertikale, hierarchisch bestimmte Abhängigkeiten nur entwicklungshemmend und daher fehl am Platz. Hier herrscht die Art der Beziehung vor, die wir *Positions-Autonomie* der Parteien nennen. Durch den gemeinsamen organisatorischen Rahmen sind jedoch die Personen auch bei gegebener Positions-Autonomie dazu angehalten, in bestimmten Formen zusammenzuwirken. So können sich Zusammenschlüsse auf längere Dauer oder kurzlebige Ad-hoc-Zusammenschlüsse bilden, bis spezielle Entwicklungszwecke erfüllt sind, die aber immer auf dem Prinzip der Autonomie beruhen. Man muss sich in diesem Subsystem auch absondern können, nicht nur nach dem Kosten-Nutzen-Prinzip arbeiten usw. Denn die – ökonomisch gesehen – nutzlosesten Dinge und Tätigkeiten können für Sinn- und Zielfindung von unschätzbarem Wert sein.

Konfliktpotential kann aber auch entstehen, wenn dieses Prinzip der Freiheit in die anderen Subsysteme übertragen wird: Man kann z. B. nicht die Spielregeln einer Lerngruppe auf eine Produktionseinheit übertragen, weil diese an Unverbindlichkeit zugrunde gehen würde.

Im *sozialen Subsystem* verkehren die Personen und Gruppen miteinander als Träger allgemeiner Rechte und Pflichten. Funktionsumschreibungen und Organigramme sind Rechtsgebilde, weil sie festlegen, wie weit der Entscheidungsspielraum geht und wem welche Verantwortung zugerechnet wird. Diese Regelungen finden sich in Gewohnheitsrecht, allgemeinen Rechtsprinzipien der Fairness und Redlichkeit, in Kollektivverträgen und Betriebsvereinbarungen und anderen Spielregeln. Solche Spielregeln erlauben es den betroffenen Personen, ihre Interessensstandpunkte vorzubringen und gemäss bestimmten Formen auszutragen. Dies ist also ein «politischer», ein sozialer Prozess. Darum sprechen wir hier auch oft vom *politisch-sozialen Subsystem.* Die vielfältigen «Spielregeln» gewährleisten die gegenseitige Anerkennung als Rechtssubjekte, so dass um diese Anerkennung nicht jedesmal gekämpft werden muss. Diese Regeln sichern den sozialen Raum eines Individuums und gestalten die gegenseitigen Rechte und Pflichten. Dadurch bilden sich in diesem Subsystem vielfältige *komplementäre Abhängigkeiten.* Denn Rechte und Pflichten sind immer komplementär aufeinander bezogen (siehe F. Glasl 1983 b).

In diesem Rahmen finden auch noch die Auseinandersetzungen um redliche Arbeitsbedingungen, Entlohnungssysteme, Versicherungen, Schutz vor willkürlicher Behandlung, Schutz vor Missbrauch von Daten usw. statt. Diese Regeln sorgen dafür, dass das A-Soziale (für das im kulturellen Subsystem Raum besteht) und das Anti-Soziale (im technisch-instrumentellen Subsystem) nicht auf das soziale Subsystem übergreifen.

Eine genauere Betrachtung der Beziehungen und Abhängigkeiten in diesem Subsystem zeigt, dass es dabei in der Regel um Fragen der Verteilung geht: Welcher Anteil des Ertrages wird für die Kapitalgeber ausgeschüttet und wieviel kann den Einkommen der Mitarbeiter eines Unternehmens zufliessen? Einkommensfragen sind *Verteilungsfragen*, darum sind diese sozialen Beziehungen in diesen Angelegenheiten nach Ch. Hermann (1972) «*distributive Beziehungen*». Bei solchen «distributiven Beziehungen» in Verteilungsfragen entsteht «komplementäre Abhängigkeit» der Parteien. Wir können dies am besten an einem praktischen Beispiel illustrieren.

Zwischen dem Betriebsrat und der Unternehmensleitung besteht bei arbeitsrechtlichen Fragen, bei Entlohnungsproblemen usw. gegenseitige komplementäre Abhängigkeit. Sobald die Geschäftsleitung bemüht ist, die Arbeitskosten zu senken, ruft dies eine Abwehrmassnahme des Betriebsrates auf den Plan, um jegliche Minderung der Arbeitseinkommen zu verhindern. Durch die gesellschaftliche Position auf dem Arbeitsmarkt ist diese komplementäre Verknüpfung gegeben. Ähnliche Verhältnisse liegen – zumindest hinsichtlich der Einkommensverteilung und der Rechtsposition – auch zwischen Konsumenten und Produzenten, zwischen Arzt und Patient, Lehrern und Eltern usw., vor. Man kann in Anlehnung an die Spieltheorie von Positionen der Konfliktparteien sprechen, die für «Null-Summen-Spiele» charakteristisch sind: die eine Partei kann nur das gewinnen, was die andere Partei verliert. Die Parteien sind «komplementär» aneinander gekoppelt. L. Pondy (1967) spricht bei dieser Art von Beziehungen von einem «Verhandlungs-Modellrahmen» von Konflikten. Bei ihnen kommt es immer zu einer Diskrepanz der Gesamtheit der Forderungen und Erwartungen der komplementären (konkurrierenden) Parteien und der verfügbaren Güter (Erträge, Einfluss, Ansehen). R. McKersie, Ch. Perry und R. Walton (1965) sprechen von Verhandlungsbeziehungen, bei denen es um Distribution und darauf abgestellten Wettbewerb geht. So sind Kämpfe um die Macht im Grunde «Verteilungskämpfe»: Einfluss und Macht sieht Dahrendorf (1957) nach dem Modell der Spieltheorie als «Null-Summen-Konzepte», weil eine Partei nur Macht haben kann, insoweit die andere Partei keine Macht hat und statt dessen abhängig und gefügig ist. So besehen sind Änderungen des Organisationsgefüges, der Umschreibung von Aufgaben und Entscheidungskompetenzen, der Ziele und Rollen usw. immer eine Neuverteilung des Einflusses bzw. der Macht. Dieser Ansatz hat dazu geführt, die Beziehungen innerhalb einer Organisation *insgesamt* analog zu einem *politischen Kräftespiel* zu sehen (Glasl 2000).

Zu diesem Tatbestand passt auch Verhandeln als Methode zum Austragen der Differenzen und zum Finden von Regelungen. L. Pondy (1967) nennt deshalb diese Betrachtungsweise das «Verhandlungsmodell der Organisation».

All diese Merkmale treffen tatsächlich auf das soziale Subsystem zu, in welchem der Mensch für die prinzipiellen gegenseitigen Beziehungen und für die Regelungen der Positionen auf andere Menschen stösst, die gleich ihm Anerkennung ihrer Persönlichkeit, ihrer Rechtsfähigkeit und Würde fordern. Es ist hier grundsätzlich angebracht, von einem verhandlungsartigen Beziehungsgefüge zu sprechen. Die Mitarbeiterinnen und Mitarbeiter können einander das Recht auf Einkommen an sich nicht in Abrede stellen. In einem Verhandlungsprozess des Abstimmens, d.h. des Forderns und Gegenforderns, müssen sie die gegenseitigen Konsumbedürfnisse erkennen und anerkennen. Dazu müssen sie aber grundsätzlich Interesse füreinander und gegenseitige Achtung haben. Wo dies nicht der Fall ist, hört Verhandeln auf und beginnt der Machtkampf. Macht und die Regelung der Macht durch «Spielregeln» sind die wesentlichen Elemente des politisch-sozialen Lebens. Im Laufe der sozial- und arbeitsrechtlichen Entwicklung haben Organisationen einige soziale Grundrechte ihrer Mitarbeiter anerkannt. So ist allmählich in den Organisationen ein System kodifizierter Rechte und Pflichten entstanden, das in irgendeiner Form «rechtsstaatlich abgesichert» worden ist: Es gibt das Institut des Betriebsrates, es gibt Beschwerde- und Klageverfahren, Disziplinarmöglichkeiten, Arbeits- und Verwaltungsgerichte usw. Entlohnung sowie die allgemeinen und speziellen Arbeitsbedingungen sind der Willkür eines «unternehmerischen Gnadenerlasses» entzogen worden. Abteilungen für das Organisationswesen arbeiten an der ständigen Verbesserung des Systems der funktionell bedingten Rechte und Pflichten, Aufgaben und Kompetenzen, die einen konstitutionellen Rahmen für die Verteilung und Abgrenzung von Einflussphären (und Macht) bilden (R.Corwin 1969, p.515).

Dies alles birgt Konfliktpotential in sich:

- wenn im gegenseitigen Umgehen die Anerkennung der Würde und Rechtsfähigkeit durch eine Partei in Zweifel gezogen wird,
- wenn durch die gegenseitige Beurteilung und Bewertung der Gleichheitsgrundsatz verletzt zu sein scheint,
- wenn der Zugang zu den Institutionen, die diesen Bereich regeln und den neuen Gegebenheiten anpassen, einseitig erschwert oder verhindert wird,
- wenn bestehende Spielregeln und Normen ungleich, d. h. diskriminierend ausgelegt und angewendet werden,
- wenn die Regeln nicht durchsichtig sind und dadurch für die Repräsentanten der unterschiedlichen Interessengruppen Legitimierungsprobleme (N. Luhmann 1975) entstehen, usw.

Die geltenden Spielregeln sind ein Niederschlag der bestehenden Interessen- und Machtverhältnisse. Zum Zeitpunkt ihres Entstehens spiegeln sie deutlich die bestehenden Machtverhältnisse: In Zeiten der Hochkonjunktur mit grossem Arbeitskräftemangel können die Arbeitnehmer höhere Löhne aushandeln als in Zeiten der Arbeitslosigkeit. Nach dem Vertragsabschluss können sich die Verhältnisse erheblich geändert haben. Wenn eine Partei indessen an Macht gewonnen hat, wird sie vielleicht versuchen, zu einer günstigeren Verteilungsregelung zu kommen, gegen die sich die geschwächte Partei zur Wehr setzen wird. Unterschwellig können sich in den gegenseitigen Beziehungen in allen drei Dimensionen der Organisation Spannungen ergeben, die auf eine Verschiebung des Kräfteverhältnisses mittels kleiner Schritte zielen, oder die grundlegend auf einen Positionskampf oder einen Systemveränderungs-Konflikt angelegt sind.

Die Ausdehnung des Gleichheitsgrundsatzes auf die anderen Subsysteme der Organisation kann in diesen zum Konfliktpotential werden.

Im *technisch-instrumentellen Subsystem* sind die Prozesse und Mittel im Primärprozess auf das Verrichten der Kernaufgaben der Organisation ausgerichtet. Jeder Leistende steht in einer Zweckgemeinschaft. Durch Arbeitsteilung werden von verschiedenen Menschen Teilleistungen erbracht, die mittels Führung und Organisation letztlich wieder in den gemeinsamen Zweck einmünden. Dadurch entsteht «Synergie», die nach R. Cattell (1953), dem Schöpfer des Wortes «Synergie», in der Wirkung und Bedeutung *mehr ist als die Summe der Einzelleistungen.* In diesem Sinne haben alle an der Leistung beteiligten Personen ein im Produkt gleichsam objektivierbares Interesse am guten Funktionieren des Gesamtsystems, weil damit die von ihnen aufgewendete Kraft und Mühe nicht vernichtet wird.

Diese gegenseitige Abhängigkeitsbeziehung bezeichnen wir deshalb als «synergetische Interdependenz» aller am Leistungsgeschehen. Der Begriff der «pooled interdependency» von J. Thompson (1967) ist ähnlich zu verstehen, weil das Gesamtergebnis dann gut ist, wenn jeder in einem System der Arbeitsteilung seine besten Fähigkeiten vorbehaltlos einsetzen kann. Die Teilleistungen werden auf das selbe Ziel ausgerichtet, koordiniert und integriert, so dass sie einander unterstützen und ergänzen, ja sogar zu neuen kreativen und innovativen Leistungen stimulieren und steigern. Die Bedeutung der Synergiewirkung ist von vielen Organisationstheoretikern zum alleinigen Betrachtungswinkel der Gesamtorganisation gemacht worden.

W. Rüegg (1969, pp. 166 ff.) führt eine Reihe von (soziologischen) Definitionen des Betriebes an, in denen dies klar ersichtlich ist: Max Weber spricht so von einem Betrieb als Einrichtung für kontinuierliches Zweckhandeln bestimmter Art; W. Sombart bezeichnet den Betrieb als Veranstaltung zum Zwecke fortgesetzter Werkverrichtung; H. Sauermann definiert ähnlich «als Handlungs- und Werkeinheit beim Ablauf von Handlungen unter bestimmter Sinngebung»; E. Michel spricht von einer einheitlichen Zusammenordnung von Sachen und Menschen für den Vollzug von Arbeitsgängen, während Goetz Briefs den Betrieb als institutionelles System von Zweckmitteln zur menschlichen Bedarfsversorgung charakterisiert.

L. Ephron (1961) spricht beim Vorherrschen der synergetischen Beziehungen vom «administrativen Modell». Ähnlich R. Walton und J. Dutton (1969 a), die in diesem Zusammenhang in Anlehnung an Ch. Hermann (1972) von «integrativen Beziehungen» sprechen. Nach diesen Autoren handelt es sich beim Vorherrschen integrativer Beziehungen um gemeinsame Orientierung auf Problemlösung; Informationen müssen frei ausgetauscht werden, und die Beziehungen müssen offen sein. Wegen dieser Merkmale ist dieses Modell von R. Dahrendorf (1957) als «Harmoniemodell» charakterisiert worden. Im Zuge politisch-ideologischer Diskussionen in den Jahren um 1968 ist dieses sogenannte «Harmoniemodell» oft als «irreführend, beschönigend, zudeckend, systemerhaltend» usw. von den Anhängern des «Konfliktmodells» in Bausch und Bogen verurteilt worden (siehe dazu F. Glasl 1973). Nach unserem Urteil ist dabei nur eine Einseitigkeit durch eine andere ersetzt worden, ohne dass man sich damit der dreidimensionalen Wirklichkeit der Organisation irgendwie wesentlich genähert hätte. Durch den synergetischen Charakter der Gesamtleistung können am Ende die Einzelbeiträge nicht mehr funktionell gesondert identifiziert werden. Es ist deshalb müssig, über den genauen Anteil der einen oder anderen Person zum Gesamtprodukt zu streiten.

Wir können drei verschiedene Arten synergetischer Beziehungen und Abhängigkeitsverhältnisse unterscheiden:

- *Synergetisch laterale Interdependenz:* Einzelne Personen oder Gruppen haben eigene abgegrenzte und gesicherte Aufgaben-, Kompetenz- und Zielbereiche und sind untereinander gleichwertig bzw. gleichrangig. Dies ist ein *laterales* Verhältnis. Viele Abteilungen eines Unternehmens stehen auf diese Weise nebeneinander und müssen sich auf Ziele orientieren, die ihren begrenzten Bereich übersteigen. Dies erfordert unter ihnen Koordination des Einsatzes, um die Einzelfunktionen optimal ausüben zu können. Darin sind die Partner wechselseitig voneinander abhängig. In dieser Konstellation kann sich bei stagnierenden Entscheidungen oder bei Spannungen keine der Parteien formell über die andere stellen und somit keine autoritäre Anweisung geben. Die Parteien können einander jedoch in der Funktionsausübung hindern, stören oder frustrieren. L. Pondy (1967 und 1969) spricht bei derartigen Abhängigkeiten von einem «System-Modell». J. March und H. Simon (1958) analysieren die besonderen Bedingungen solcher «lateraler Konflikte» und sehen Koordination als die Kernlösung an.

- *Synergetisch vertikale Dependenz:* Zwischen den Parteien besteht ein Verhältnis der Über- und Unterordnung. Die übergeordnete Position kann formelle Anweisungen geben und in Entscheidungsprozesse eingreifen sowie Sanktionen für die Befolgung ihrer Anweisungen erteilen. L. Pondy (1967) spricht bei Spannungen im vertikalen Verhältnis von «Konflikten im bürokratischen Mo dell». Es spielen dort Fragen der Grenzen und des Missbrauchs der Autorität und dergleichen eine grosse Rolle. Konfliktbehandlung zwischen Personen in vertikaler Dependenz muss erst für Voraussetzungen sorgen, dass die schwächere Seite ihre Ansichten vorbringen kann und nicht früher oder später Sanktionen zu befürchten braucht.
- *Synergetische, sequentiell laterale Interdependenz:* L. de Sitter (1971) spricht von «sequentieller Abhängigkeit», wenn z. B. bei der Fliessbandproduktion alle Verrichtungen in einer bestimmten Reihenfolge von den vorhergehenden abhängen. Bei komplex vernetzten Vorgängen in einem Betrieb kann diese sequentielle Abhängigkeit von im Grunde gleichrangigen Arbeitsgruppen nur in eine Richtung wirken und wird dann wie vertikale Abhängigkeit erlebt, wenn eine faktische Beeinflussung in umgekehrter Richtung nicht möglich ist. – Für das strategische Konzept einer Unternehmung kann die Abteilung Produktentwicklung ihre Pläne erst dann erstellen, wenn die Marketingabteilung bestimmte Daten vorgelegt hat. Und die Fertigung kann erst nach dem Vorliegen der Marketingresultate und der Pläne der Produktentwicklung konkrete Angaben für langfristige Investitionen in der Fertigung machen usw.

Die Probleme der synergetischen Interdependenzen sind eine Folge der Arbeitsteilung. Sobald Aufgaben differenziert werden, d. h., wo aus einer Einheit eine Zweiheit oder Vielheit wird, kann sich eine derartige Teilung zum Konfliktpotential auswachsen, weil die geteilten Einheiten ihre eigene Sprache, Werte, Ziele und Normen entwickeln und Sub-Optimierung anstreben können. – Dies ist abhängig von den Personen, die mit dieser Teilung umgehen müssen. Für L. Lawrence und J. Lorsch (1969 b) ist deswegen das Kernproblem des Organisierens das des Differenzierens (Arbeitsteilung) und des dadurch notwendigen Integrierens. Integration hat synergetische Funktion. – B. Lievegoed (1974) beschreibt die Evolution einer Organisation von der Pionierphase über die Differenzierungsphase bis hin zur Integrationsphase. Er betont, dass eine Organisation in jeder Phase jeweils eine andere Philosophie für die Bewältigung des Problems der Differenzierung und Integrierung findet und finden muss. Denn Arbeitsteilung kann in einem Betrieb rein nach technologischen Gesichtspunkten (Formerei, Giesserei, Putzerei, Dreherei usw.), nach Produktgruppen, nach vorhandenen Fähigkeiten der Mitarbeiter usw. erfolgen (siehe auch H. Mintzberg 1979). So kann auch die Integration in jeder Phase auf andere Art und Weise erfolgen: In der Pionierphase durch die persönliche Kundennähe der Mitarbeiter und über das Charisma des Chefs; in der Differenzierungsphase über abstrakte Steuerungs- und Koordinationssysteme usw., und in der Integrationsphase über eine vom Bewusstsein der betroffenen Mitarbeiter durchdrungene Prozessorganisation und Zielidentifikation usw. In der Differenzierungsphase kann Koordination kompensatorisch angelegt sein, um die zunehmende Unübersichtlichkeit und Distanz von den Leistungszielen durch zusätzliche organisatorische Steuerungseinheiten zu kompensieren. Man kann sich um zusätzliche Verbindungssysteme, Koordinationsgremien usw. bemühen, die unter Umständen die Entfremdung nur noch vergrössern, weil sie sich neben der Arbeitsteilung noch obendrein zwischen die Produzierenden selbst stellen und somit das «Geräusch» in der Organisation zusätzlich erhöhen. Systeme der Arbeitsteilung und der dazu passenden Integration lassen sich nicht generell bewerten, sondern nur in Verbindung mit den Fähigkeiten, Einstellungen und dem Bewusstseinsgrad ihrer Anwender in den Organisationen.

Die drei genannten Arten von Abhängigkeiten und formellen Beziehungen können zu verschiedenem Konfliktpotential führen. Wir wollen dies hier kurz andeuten und im nächsten Abschnitt noch näher darauf eingehen.

Zwischen Personen oder organisatorischen Einheiten in synergetisch sequentieller Abhängigkeit ergeben sich in kritischen Situationen oft Verzerrungen in den Abhängigkeitsverhältnissen. Die sequentielle Abhängigkeit erscheint dann wie eine vertikale Interdependenz und bewirkt viel Unmut. Die Einkaufsabteilung besorgt das Material für die Fertigungsabteilung, diese erzeugt Geräte, und die nächste Abteilung sorgt für den Transport und die Lagerung in den Magazinen. Wenn die Einkaufsabteilung eine bestimmte Type von Schaltern für die laufende Produktion kurzfristig nicht beschaffen kann, liefert sie Ersatzschalter, die von der Produktionsabteilung eingebaut werden müssen. Dadurch treten Verzögerungen auf, Umstellungen der Bänder werden nötig usw., die zu einer Reihe von Folgeproblemen in der Produktion und im Transport und Magazin führen. Durch die *faktische* Beeinflussung in einer Richtung entsteht bei gespannter Situation sehr leicht der *Eindruck* einer *normativen* und *direktiven Beeinflussung* der nachfolgenden gleichrangigen Abteilung. Darum wird oft von der Produktion gefordert, dass ihr die kritischen vorgeordneten Abteilungen hierarchisch unterstellt werden: Einkauf, Arbeitsvorbereitung, Planung usw. Sie fühlen sich von der Einkaufsabteilung wie von oben herab, d. h. wie in vertikaler Abhängigkeit behandelt, sprechen ihr aber das Recht dazu ab! Viele Kompetenzstreitigkeiten in Fertigungsbetrieben beziehen sich auf den indirekten Wandel einer sequentiellen in eine vertikale Abhängigkeit. In den informellen Beziehungen kann sich so eine Differenzierung im Status der formell gleichrangigen Abteilungen herausbilden und zu Abwehrkämpfen der als illegitim erlebten Macht führen. Ähnliches geschieht auch, wenn eine Abteilung (z.B. als Stabsorgan) für die andere verbindliche Leistungsnormen setzen muss.

Die meiste Literatur zum Konfliktpotential bezieht sich auf vertikale Abhängigkeiten. Wir wollen hier nur kurz darauf eingehen. L.Pondy (1967) versteht die meisten Konflikte in diesem Abhängigkeitsverhältnis als Streit um die zugeteilten formellen Einflussmöglichkeiten. E.Jaques (1956) weist auf einen zu kleinen oder zu grossen Unterschied in dem von der Funktion erforderlichen und dem Mitarbeiter verfügbaren Zeithorizont («time-span») hierarchisch angrenzender Führungsebenen (siehe W.Hasper/F.Glasl 1988, pp.66ff.). M.Mulder (1978, pp.22ff.) zeigt, dass sowohl zu grosse als zu kleine Machtunterschiede für Konflikte förderlich sein können.

Konfliktpotential kann deshalb im technisch-instrumentellen Subsystem auftreten, wenn das Prinzip der Freiheit in den Leistungsbereich eingedrungen ist. Es wirkt sich als Unverbindlichkeit dysfunktional aus und führt zur weiteren Desorientierung aller, die zusammenarbeiten müssen. Einzelne organisatorische Einheiten oder Personen können sich auf irgendeine Art von Autonomie berufen, um sich damit eigentlich – wie L.Pondy (1967, p.300) aufzeigt – der Beeinflussung durch die andere Abteilung zu entziehen und vielleicht im weiteren Verlauf Obstruktionsmacht aufzubauen. Diese wirkt sich in synergetischer Abhängigkeit auf andere Leistende als Blockade aus und wird Widerstand zur Folge haben können.

Von der anderen Seite her kann Konfliktpotential entstehen, wenn sich die Leistenden zueinander quasi als «komplementär interdependente» Personen oder Gruppen benehmen. Beim Stagnieren von Entscheidungen neigen Personen in lateraler (synergetischer) Interdependenz oft dazu, übergeordnete Stellen anzurufen, die den gordischen Knoten durchhauen müssen. Dadurch transformieren sie die Abhängigkeiten in eine vertikale gegenüber einem gemeinsamen Macht- und Entscheidungszentrum. Auch wenn auf diese Weise eine Machtentscheidung getroffen wird, bleibt es fraglich, ob diese wirklich synergetisch optimale Effekte hat.

Jede Abhängigkeitsbeziehung bringt andere Konfliktmöglichkeiten mit sich.

Die *autonom-lateralen Beziehungen* gründen auf dem *Freiheitsprinzip.* Wenn dieses verletzt wird, kann Kampf um Autonomie beginnen und auch auf die anderen Abhängigkeitsbeziehungen zwischen den Parteien ausstrahlen. Darüber hinaus hüten die betroffenen Personen oder Gruppen ihre eigenen Wertauffassungen und Überzeugungen, um sich hier Selbstbestimmung zu sichern.

Komplementäre Beziehungen können nur nach dem *Gleichheitsprinzip* gut hantiert werden, d.h., wenn gegenseitige Achtung und Anerkennung zum Ausdruck kommen. Darum spielen hier Status und Prestige, Gefühle der gegenseitigen Bewertung und Wertschätzung und Respekt vor der Rechtsgleichheit eine wesentliche Rolle. Nach J.March und H.Simons (1958) und L.Ephron (1961), Ch.Hermann

(1972) u.a. müssen in diesen Beziehungen Verteilungs- und Allokationsprobleme gemeistert werden («distributive Beziehungen»). J. Thompson (1967) spricht hier von «reciprocal interdependency».

Bei den Formen der *synergetischen Abhängigkeiten* steht die Arbeitsteilung im Hinblick auf eine gemeinsame Zielorientierung im Mittelpunkt des Geschehens. Hier muss das *Prinzip der Geschwisterlichkeit (Brüderlichkeit)* zum Tragen kommen. J. Thompson (1967) nennt dies «pooled interdependency». March und Simon sprechen in diesen Fällen vom Kernproblem des Bewältigens von Koordinations- und Planungsproblemen («scheduling»), um alle Teilbeträge funktionell aufeinander abzustimmen. Oft wird hier von «Sachzwang» gesprochen. Dies trifft insofern zu, als die Abhängigkeiten viel mehr sachlich objektiv begründet sind, wenn einmal das gemeinsame Produkt definiert ist.

Konflikte ergeben sich, wenn man mit den gegebenen «interfaces» (Schnittstellen, Nahtstellen, Berührungsflächen) und den daraus erstehenden Interdependenzen nicht effektiv umgehen kann. Um die Möglichkeit zu Konflikten einzuschränken, versuchen verschiedene Organisationsmodelle, direkte Kontakte der voneinander abhängigen Gruppen zu unterbinden. Oder sie stellen Organisationseinheiten so zusammen, dass sich die Interdependenzen innerhalb einer Gruppe mit direkten Kontakten ergeben und eher zu Konflikten innerhalb einer Gruppe als zu Inter-Gruppenkonflikten führen (A. Rahim 1979, p. 99). Wenn die abhängigen Personen oder Gruppen miteinander direkt kommunizieren und wenn sie überdies ihre gegenseitigen Positionen und Beziehungen direkt beeinflussen oder verändern können, dann kehrt sich bei unbewältigten Abhängigkeitsproblemen der Unmut direkt gegen die andere Partei. Wenn jedoch ein organisatorischer Gesamtrahmen die gegenseitigen Positionen und Beziehungen prägt und festlegt und wenn die Parteien über eine dritte Stelle miteinander in Beziehung treten, dann kann sich bei Problemen der Unmut generell gegen «das System» richten, oder es wird die Gegenpartei persönlich für alles voll verantwortlich betrachtet, auch wenn sie lediglich in Ausführung vorgegebener Vorschriften gehandelt hat. Indirektheit der Beziehungen fördert eher Gefühle der Ohnmacht gegenüber dem System oder dem anderen Partner; dadurch wird diesen alles Mögliche angelastet, weil man sich selbst in der Position der Machtlosigkeit erlebt; «ergo muss die Gegenseite», so wird dann gefolgert, «über Macht verfügen!»

a) Objektive und subjektive Abhängigkeiten

Bei der Diagnose der gegenseitigen Abhängigkeitsbeziehungen ist es wichtig, die von der formellen Organisation vorgegebenen Abhängigkeitsverhältnisse und Beziehungen näher zu untersuchen. Dennoch sind nicht die objektiven bzw. formellen Tatbestände als solche ausschlaggebend, sondern immer nur die subjektiven

Perzeptionen und Einstellungen der Parteien zu den gegebenen Abhängigkeiten und Beziehungen.

Aus empirischen Untersuchungen von R. Corwin (1969), R. Walton und J. Dutton (1969 a) sowie R. Walton, J. Dutton und Th. Cafferty (1969 b) ergibt sich: Die Tatsache einer bestimmten Abhängigkeitsbeziehung bewirkt nicht unbedingt einen Konflikt. Die formelle Organisation besteht als objektiver Tatbestand nur in den Gebäuden, Anlagen, Maschinen und materiellen Mitteln, des weiteren in den von der Technologie vorgegebenen Abläufen. Im übrigen hat die formelle Organisation normativen Charakter und besteht nur «auf dem Papier». Nur insofern die normativen Aspekte einer formellen Organisation in der Erlebniswelt der Personen verankert sind, besteht die Organisation auch in psycho-sozialer Hinsicht (K. Boulding 1959). Das heisst also: Erst wenn die Menschen in einer Organisation Erwartungen, Ansprüche, Verpflichtungen usw. subjektiv erleben, wirkt eine formelle Organisation. Bei den Diskrepanzen zwischen «formeller» und «informeller Organisation» (siehe R. Dahrendorf 1965, pp. 88 ff.) drückt sich in der informellen Organisation aus, wie weit die formelle Organisation von den Personen anerkannt wird, wie sie die formell vorgegebenen sozialen Räume mit ihren persönlichen Fähigkeiten, Perzeptionen, Wünschen, Erwartungen, Verhaltensweisen usw. ausfüllen. Erst diese können zum Konflikt führen. Die Anforderungen der formellen Organisation können zu Überlastungen und Problemen bestimmter Personen führen, die diese Probleme nicht funktionell zu lösen verstehen. Damit wirken sie sich erst in sozialen Reibungen oder Spannungen aus. Wenn J. Seiler (1972, pp. 313 ff.) als eine der häufigsten Konfliktarten in Organisationen «illegitime Autorität» nennt, dann ist damit eine Diskrepanz zwischen den formell-normativen Aspekten und den von den Mitarbeitern unterschiedlich erlebten Einflussmöglichkeiten zum Ausdruck gekommen. Illegitime Autorität ist fehlende Anerkennung der normativ vorgegebenen Autorität.

Wir fassen deshalb die bisherige Diagnose der Abhängigkeitsbeziehungen zwischen den Konfliktparteien in folgenden Kernfragen zusammen:

- *Wodurch wird faktisch eine Interdependenz der Parteien begründet?*
- *Ist die Interdependenz der Parteien eigentlich geregelt, oder streben die Parteien aus den faktischen Verhältnissen eine normativ-formelle Bestätigung an?*
- *Decken sich die formell-normativ bzw. technologisch vorgegebenen Abhängigkeitsbeziehungen mit dem subjektiven Verständnis der Mitarbeiter?*
- *Wie gehen die Konfliktparteien mit diesen Abhängigkeiten um: Verstärken sie diese? Wollen sie ihnen entgehen? Wollen sie diese missbrauchen? Lehnen sie diese ab?*
- *Wie drückt sich dies in den Issues, in der Grundhaltung der Parteien aus?*

b) Symmetrische und asymmetrische Abhängigkeitsbeziehungen

Die Abhängigkeitsbeziehungen können symmetrisch, d.h. gegenseitig und gleichwertig sein, indem Transaktionen in beide Richtungen stattfinden und eine Handlung einer Gegenhandlung bzw. eine Leistung einer Gegenleistung entspricht. R. Walton und J. Dutton (1969a, pp. 74ff.) weisen darauf hin, dass derartige symmetrische Beziehungen für konfliktfreies Arbeiten förderlich sind, während einseitige Beziehungen leicht zum Erleben einer Ungleichwertigkeit führen können und daher Konfliktpotential sind wenn z.B. Stabsabteilungen immer die Probleme der Linienleute verstehen müssen, auf ihre Anforderungen einzugehen haben und immer in einer dienenden Rolle sind. Obschon die Stabs- und Linienabteilungen vom Organisationsplan her gleichwertig sind, werden diese Abhängigkeitsbeziehungen oft als einseitig erlebt. Dasselbe tritt auf, wenn z.B. eine Planungs- oder Kalkulationsabteilung Normen für eine andere Abteilung setzen muss und dazu ständig Informationen von ihr fordert, diese kritisch prüft, Korrekturen oder Ergänzungen verlangt und schliesslich dieser Abteilung einen fertigen Plan präsentiert, auf den sie wenig Einfluss nehmen kann. – Die Beziehungen werden dann zumeist nicht als gegenseitig erlebt. Th. Schelling (1957) zeigt auf, dass einseitige Kommunikationsbeziehungen zum Erleben von Macht führen: Wenn zwei Personen über ein Telefon gemeinsam eine Entscheidung fällen müssen, dann kann Partei A ein Übergewicht dadurch erreichen, dass sie vorwendet, sie könne Partei B wegen einer technischen Störung nicht mehr hören; darum gehe sie davon aus, dass ihr Vorschlag schliesslich ausgeführt werde. Bei Konflikten im täglichen Leben lässt sich oft beobachten, dass eine Seite eine Anweisung gibt, danach sofort den Raum verlässt und die Türe zuknallt. Damit wird einem möglichen Einwand vorgebeugt. Mit solchen Handlungen immunisiert sich eine Partei in Situationen wechselseitiger Abhängigkeitsbeziehungen gegen mögliche Beeinflussung von Seiten der anderen Partei. Denn symmetrische Interdependenz bedeutet, dass Partei A die Partei B beeinflussen kann und vice versa auch für Beeinflussung durch Partei B zugänglich ist. Ein Beispiel: In einem Beratungsbüro bringen die Gesellschafter ihre individuellen Wünsche ein, entscheiden über Ausgaben, Investitionen, Wünsche nach Weiterbildungsmöglichkeiten usw. in kollegialer Offenheit und gegenseitiger Abhängigkeit. Symmetrie bedeutet, dass Partei A in ihrem Tun ihre Auswirkungen auf Partei B in Rechnung stellt und für mögliche Rückwirkungen auf sie selbst empfänglich ist. Wo dieses Gleichgewicht verändert wird und ein Gefühl der Asymmetrie der Beziehungen auftritt, ist Konfliktpotential gegeben. Dies ist der Fall, wenn Partei A die Symmetrie der Beziehungen verändert, indem sie die andere Partei vor vollendete Tatsachen stellt. Etwa, indem der Gesellschafter mit mehr als 50% der Geschäftsanteile seinen Anspruch auf ein Freijahr durchdrücken will. Damit geht Partei A davon aus, dass sie die Folgen seines Handelns auf B einwirken lassen kann, während sie B daran hindert, das Verhalten von A gleichfalls zu beeinflussen, indem z.B. betont wird, dass die Zeit keinen Aufschub erlaube ohne wesentliche Verluste, dass die Ausführungsmassnahmen bereits verbindlich geregelt seien usw. (siehe dazu F. Glasl 1983 b).

Symmetrie bzw. Asymmetrie in den gegenseitigen Abhängigkeitsbeziehungen ist in den komplementären Beziehungen des sozialen Subsystems direkt mit dem Gleichheitsprinzip verknüpft. Das Erleben von Unterschieden in der gegenseitigen Achtung und Bewertung der Parteien ist Konfliktpotential.

Dies wäre in dem Beratungsbüro der Fall, wenn A vorher betont hätte, dass er ja sein Kapital auf andere Weise ertragsreicher anlegen könnte und sich doch überlege, ob er es nicht herausnehmen sollte.

Aber auch hinsichtlich der anderen Arten von Abhängigkeitsbeziehungen können die Parteien Symmetrie oder Asymmetrie erleben. Die Gegenseitigkeit in den Transaktionen braucht nicht unbedingt in demselben Bereich zu liegen. Eine Planungsabteilung kann zwar gemäss ihrer Aufgabe fortwährend Normen für eine Produktionsabteilung erstellen, wodurch Asymmetrie in diesem Bereich gegeben ist, während sie hinsichtlich bestimmter Informationen, die sie von der Produktionsabteilung fordert, deren Würde und Selbständigkeit ausdrücklich anerkennt und sich nicht auch in diesem Bereich als Normsetzer benimmt. Im täglichen, sozialen Verkehr sowie in anderen Angelegenheiten im Zuge der Leistungserbringung kann die Produktionsabteilung vielleicht Handlungsimpulse an die Planung geben, die diese respektiert und übernimmt. Insgesamt kann dann zwischen beiden Abteilungen doch Symmetrie in den Beziehungen bestehen. Wenn sich die Planungsabteilung auch dann als Normsetzer versteht und solche Handlungsimpulse zurückweist, scheint sie sich über die Produktionsabteilung zu stellen und dabei von einer «Hackordnung» auszugehen: Abteilungen mit höherem Status können nach der «Hackordnung» etwas von einer niedrigeren Abteilung fordern, nicht aber umgekehrt. So kann aus der formell lateralen synergetischen Abhängigkeit im Erleben der einen Partei eine synergetisch hierarchische Beziehung geworden sein, gegen die sie sich zur Wehr setzt.

Diese Diskussion lässt sich in den diagnostischen Fragen zusammenfassen:
- *Welche Forderungen können die Parteien aufgrund ihrer formalen Positionen stellen?*
- *Hat eine Partei ein Übergewicht an Forderungen?*
- *Sind Nutzen und Gegennutzen ausgeglichen?*
- *Sind die Interdependenzen in den einzelnen organisatorischen Subsystemen symmetrisch oder asymmetrisch?*
- *Sind sie insgesamt symmetrisch oder asymmetrisch?*

– *Wie werden Symmetrie bzw. Asymmetrie von den Parteien erlebt und bewertet? Werden sie akzeptiert oder abgewiesen?*

c) Verschleppen der Probleme in andere Abhängigkeitsbeziehungen
Die Konfliktparteien sind in vielfältigen Abhängigkeitsbeziehungen miteinander verknüpft. Wenn in einer Abhängigkeitsbziehung Probleme auftreten und dort von den Parteien nicht bewältigt werden, dann kann dies auf die anderen Abhängigkeitsbeziehungen ausstrahlen und dort zu uneigentlichen Spannungen führen. Die Probleme werden dorthin «verschleppt».

Es spielt sich dabei ein ähnlicher Vorgang ab, wie ihn Hk. Thierry (1977) und H. van Dongen (1979) beschreiben: Probleme treten in einem bestimmten Bereich der Organisation auf, z. B. im technisch-instrumentalen Subsystem, erweisen sich dort als unlösbar und werden z. B. in das soziale Subsystem verschleppt und dort vehement ausgetragen. Dies ist der Fall, wenn in einer Stahlgiesserei durch Lärm, Hitze, Schmutz usw. die physischen Arbeitsbedingungen untragbar schlecht sind und die Arbeiter bei der Betriebsleitung mehrmals auf eine Verbesserung des Arbeitsplatzes angedrungen haben. Die Betriebsleitung weigert sich, die gemeldeten Probleme anzuerkennen, weil jede Verbesserung zu grossen Neuinvestitionen führen würde. Damit wäre nach Ansicht der Betriebsleitung eine kostengünstige Produktion nicht mehr möglich. In der weiteren Folge wird das Problem verlagert: Die Arbeiter drohen über den Betriebsrat mit einer Arbeitsniederlegung, wenn ihre Klagen nicht ernsthaft aufgegriffen werden. Sie fordern beträchtliche Zulagen für Lärm, Schmutz, Hitze und andere widrige Arbeitsbedingungen. Im technisch-instrumentellen Subsystem, in dem das Problem aufgetreten ist, ist es «unlösbar» erschienen. Nun wird es als Problem im sozialen Subsystem formuliert und zu einer Frage der Arbeitsbeziehungen zwischen Arbeitgeber und Arbeitnehmer. Die Arbeiter werfen der Unternehmensleitung vor, dass sie den Anspruch der Arbeiter auf menschliche Arbeitsbedingungen nicht anerkenne und nur an Gewinnoptimierung interessiert sei – auf Kosten der Gesundheit der Arbeiter. Der Kampf um Lärmzulagen usw. wird stellvertretend geführt. In erster Linie geht es den Arbeitern um eine Anerkennung ihrer Würde. Das finanzielle Entgelt ist eine symbolische Ersatzhandlung, weil der «Basiskonflikt» ungelöst doch noch weiter besteht. – In vielen Organisationen werden so die Probleme aus einem Subsystem in das andere verschleppt und belasten dort die Beziehungen.

Dieses Verschleppen der Konflikte erklärt auch die Spannungen zwischen der Stabsabteilung «Produktionsplanung» und der Produktionsabteilung: In den synergetischen Beziehungen ist eine gewisse Einseitigkeit gegeben, die nunmehr zu einem Statusgefälle im sozialen Bereich führt. Die Planungsabteilung fühlt sich dann generell «höher» als die Produktionsabteilung. Damit führen die Abhängigkeitsbeziehungen im technisch-instrumentellen Subsystem, die primär nicht durch Statusunterschiede, sondern rein funktionell gegeben waren, in der Folge zu einer quasi-hierarchischen Abhängigkeit der Produktionsabteilung. Besonders bei synergetisch sequentieller Abhängigkeit tritt im Erleben der Parteien oft eine quasi-vertikale Abhängigkeit auf. Als «Lösung der Probleme» fordert dann die «quasi-vertikal höhere» Abteilung, dass ihr die andere Abteilung endlich auch formell unterstellt werde, so dass durch die Einheit der Anweisungsbefugnis eventuelle Differenzen gelöst werden können. Durch die hierarchische Unterstellung der Produktion unter die Planung wird höchstens auf den oberen Ebenen ein Problem der Entscheidungsfindung «gelöst», während auf den unteren Ebenen die Bewältigung der sequentiellen Abhängigkeit problematisch bleibt.

In einem Unternehmen kann die Einkommensverteilung (komplementäre Abhängigkeitsbeziehungen) unbefriedigend geregelt sein. Durch komplexe, schwer durchschaubare Gehaltssysteme kann die Personalvertretung den Eindruck gewinnen, dass die Verhältnisse verschleiert werden. Sie fühlt sich in ihrer Würde verletzt und vielleicht manipuliert. Von diesem Problem geht weiter ein negativer Einfluss auf die anderen Subsysteme und die darin gegebenen Beziehungen aus. Bei der Leistungserbringung entstehen Reibungsverluste, zwischen den Führungsebenen zeigen sich Kommunikationsprobleme, und Ausbildungsmassnahmen der Unternehmung werden durch Passivität boykottiert. Eine zusätzliche Verschleppung tritt in diesem Falle auf, sobald die Probleme des technisch-instrumentellen Subsystems ebenfalls auf dem Wege von Verhandlungen zu «lösen» versucht werden. So kann es zu Verhandlungsbeziehungen kommen, wo primär Kooperation stattfinden sollte.

In unserer Praxis hat sich gezeigt, dass die Unterscheidung der verschiedenen organisatorischen Beziehungen und die dabei gegebenen Abhängigkeitsbeziehungen für das Verständnis und die Behandlung von Rollenkonflikten in Organisationen wesentlich sind. Unser Konzept der «Art-gerechten» Gestaltungsprinzipien nach dem sozial-ökologischen Prinzip sowie deren Missachtung durch Grenzüberschreitungen oder durch Verschleppung kann bei der Konfliktdiagnose und Konfliktbehandlung für das Durchschauen der Beziehungen von Nutzen sein.

5.4.2.3 Typologie von Organisationen und Konfliktpotential

Vom Blickwinkel der drei genannten Subsysteme der Organisation aus gesehen, lassen sich drei Haupttypen von Organisationen erkennen:

a) *die professionelle Organisation:* In ihr sind die Werte und Leitideen der Organisation und die Lernprozesse der Mitarbeiterinnen und Mitarbeitern bestimmend für die Kernprozesse der Organisation, wenn sie schöpferische Leistungen erbringen will; es geht also um das kulturelle Subsystem;

b) *die Dienstleistungsorganisation:* In ihr gilt für die Kernprozese die Hauptsorge der Gestaltung der Beziehungen zu den Gebrauchern der Dienstleistungen, d.h. den Klienten oder Kunden; intern ist das Arbeitsklima unter den Beschäftigten Voraussetzung für eine qualitativ befriedigende Dienstleistung; es geht also um das soziale Subsystem;

c) *die Produktorganisation:* In ihr kommt es bei den Kernprozessen auf physische Arbeit an. Die Leistungsorganisation ist auf ein physisch-materielles Produkt ausgerichtet; es geht vor allem um das technisch-instrumentelle Subsystem.

Im folgenden werden wir die wesentlichsten Merkmale und Gestaltungsprinzipien der drei Haupttypen von Organisationen näher umschreiben und auf das Konfliktpotential hinweisen.

a) *Die professionelle Organisation*

A. Bos (1972) beschreibt die Hauptmerkmale der professionellen Organisation etwa folgendermassen (siehe auch B. Weber 1996 S. 178 ff):

- Der Organisationszweck ist das *Produzieren von Ideen:* Ein Forschungsinstitut untersucht zum Zwecke der Theoriebildung; ein Architektenbüro entwirft eine Fabrik nach den spezifischen Anforderungen der Fertigungstechnologie und der sozialen wie organisatorischen Prinzipien dieses Unternehmens; eine Schule übermittelt Ideen, entwickelt die Persönlichkeiten der Schülerinnen und Schülern und schult ihre Fähigkeiten. Eine professionelle Organisation richtet sich in erster Linie auf die Befriedigung geistiger Bedürfnisse.
- Als wichtigstes Gestaltungsprinzip gilt die *professionelle Freiheit* der professionellen Mitarbeiter. Darum verträgt sich eine autoritäre Führungshierarchie nicht mit den Erfordernissen dieser Organisation. Die beste Führungsform in professionellen Angelegenheiten ist die «kollegiale» oder «horizontale» Führung (E. Marx 1970), in der im gegenseitigen Beraten und Konsultieren Konsens gefunden wird. Dadurch erst können die entwickelten Ideen kreativ und originell auf die Bedürfnisse des besonderen Klienten zugeschnitten sein.

Neben den genannten Merkmalen ist am wichtigsten, dass die professionelle Organisation von den Lern- und Entwicklungsprozessen ihrer Menschen lebt. Der professionelle Arbeiter muss unbefangen forschen, experimentieren und lernen können, um zu den besten Ideen zu gelangen. Im direkten, lebendigen Kontakt mit dem Klienten (Studenten, Schüler usw.) vollzieht sich auch bei diesem ein Prozess der Ideenbildung. – Bürokratische Kontrollen müssen bei der professionellen Organisation ihren Zweck verfehlen, weil Professionelle in der Arbeit mit dem Klienten nur das erfolgreich tun können, was für sie authentisch ist. P.Blau und W.Scott (1962) sowie A.Gouldner (1957) stellten fest, dass Professionelle im Konfliktfall ihre Autonomie dem bürokratischen Regelzwang vorgehen lassen. Unsere Erfahrung bestätigt die Befunde von R.Corwin (1969), wonach nur solche professionelle Arbeiter ihrer Berufsethik vor irgendwelchen bürokratischen Regeln den Vorrang geben, die sich nicht als willenlose «Forschungsbeamte» oder «Unterrichts-Vollzugsbeamte» sehen, sondern sich als «Professionelle» verstehen.

Voraussetzung für professionelle Autonomie ist die professionelle Berufsethik. Weil der Professionelle auf sich selbst angewiesen ist, wird die Qualität seiner Leistung letztlich von seiner Inventivität und Moralität bestimmt. Ein eigener Moralkodex muss anstelle einer hierarchischen Kontrolle Qualitätsgarantie gewähren.

Wegen der erforderlichen professionellen Autonomie ist es um so mehr geboten, dass ganze Berufsgruppen um einen Ehrenkodex bemüht sind, an den sich jeder individuell gebunden fühlt. Durch einen ethischen Kodex wird einerseits die Freiheit des Professionellen abgesichert, andererseits bietet sie bei Professionellen in einer abhängigen Berufsposition den übrigen Mitarbeitern einen Schutz gegen den Missbrauch der Expertenkenntnis beim Verfolgen einseitiger Interessen.

Die Gestaltung der Lern- und Entwicklungsprozesse ist in diesem Typus von vitaler Bedeutung. Wenn Lehrerinnen und Lehrer einer Schule aufhören, sich fachlich und didaktisch weiterzubilden und ihre Erfahrungen untereinander zu besprechen, dann treten in kurzer Zeit Identitäts- und Motivationsprobleme auf («burn out»). Sobald Ärzte ihre fachliche und menschliche Weiterbildung vernachlässigen, verlieren sie den Anschluss an das Wissen ihrer Zeit und handeln uninteressiert, routinemässig und vielleicht aus bloss kommerziellen Interessen. Darum muss die Gruppe von Ärzten in einem Krankenhaus das gemeinsame kritische Fachgespräch, gegenseitiges «feed-back» sowie das In-Frage-Stellen von bestimmten Behandlungsmethoden ständig und systematisch betreiben («Intervisionsgespräche»). – Neben der ausführenden Arbeit müssen professionelle Arbeiter deshalb fortwährend Studiengruppen, Entwicklungsgruppen, Erfahrungsaustausch-Gespräche und dergleichen betreiben. Innerhalb solcher Gruppen ist der funktionelle Status, den ein Professioneller in der Organisation einnimmt, irrelevant.

Aus der Art der professionellen Organisation kann sich u.a. das folgende Konfliktpotential ergeben:

- die Freiheit und ethische Autonomie werden eingeschränkt;
- es werden politische Auflagen gemacht, die von vornherein zu Kompromissen mit der Wahrheit oder Ethik führen, z.B. wenn Forschungsergebnisse nicht publiziert werden dürfen, weil die Ergebnisse gegen die Interessen eines grossen Konzerns gehen, der bisher die Forschung mitsubventioniert hat;

- Staat oder Wirtschaft haben Patentoptionen auf die zu erwartenden Forschungsergebnisse, wodurch die Inventivität eingeschränkt wird;
- die professionelle Arbeit wird nur nach wirtschaftlichen Kriterien bewertet und schafft dadurch von vornherein eine Zwangssituation, während in diesem Bereich immer ein Experimentierspielraum gewährleistet sein muss;
- die Arbeit der Professionellen wird nur analog zu einer Fertigungsplanung organisiert und geplant, starre Anwesenheitszeiten und bürokratische Regeln erlauben es nicht, die kreativen Zeiten der Mitarbeiter optimal zu nutzen;
- durch persönliche Interessen der Mitarbeiter wird die Erfahrungskommunikation mit Kollegen eingeschränkt; es kommen Informationsmonopole auf, die einem Lernprozess aller Beteiligten im Wege stehen;
- die professionellen Arbeiter verteidigen sektiererisch ihre eigenen Ideen; die professionelle Organisation verlangt von ihren Mitarbeitern, dass sie einerseits sehr engagiert arbeiten, andererseits müssen sie für andere Ideen ihrer Kollegen grösste Toleranz aufbringen, um gerade in der Auseinandersetzung mit Andersdenkenden ihre eigenen Ideen auf ihren Wahrheitsgehalt zu prüfen;
- die professionellen Arbeiter sind nicht in der Lage, ihre persönlichen Auffassungen innerhalb eines verbindlichen Gesamtrahmens der Policy der Gesamtorganisation zu verfolgen; die Organisation zersplittert in individualistische und hobbyistische Solisten;
- die Organisation betreibt Raubbau an den Mitarbeiterinnen und Mitarbeitern und gibt ihnen keine Möglichkeit, sich weiterzuschulen, ihre Einsichten zu vertiefen und ihre Persönlichkeit zu entwickeln;
- die professionellen Arbeiter verlangen – zu Unrecht –, dass sie auch in den nichtprofessionellen Aspekten ihrer Arbeit grösste «professionelle Freiheit» haben müssen (z.B. beim Ausfüllen notwendiger administrativer Formulare, bei der Abrechnung von Kosten usw.), ohne dass sie den grundlegend anderen Charakter der übrigen Subsysteme in ihrer Organisation erkennen.

Auf die besonderen Probleme, die sich in einer Organisation mit sehr unterschiedlichen Abteilungen ergeben können, gehen wir zum Schluss dieses Abschnittes ein.

b) Die Dienstleistungsorganisation

A. Bos (1972) zufolge zeichnet eine Dienstleistungsorganisation das Folgende aus (siehe R. Normann 1987, H. Corsten 1988, F. Biehal 1993, H. von Sassen 1993):

- Organisationszweck ist das *«Produzieren eines Prozesses»;* durch die Leistung werden in erster Linie *psychische Bedürfnisse* befriedigt: Die Dienstleistung eines Reisebüros ist die Lösung eines Problems für Transport, Unterbringung,

Erlebnismöglichkeiten usw. eines Kunden, und das psychische Bedürfnis ist das nach Sorgenfreiheit, Sicherheit, Abenteuerlichkeit, Zuverlässigkeit und dergleichen. Ein Restaurant liefert mit dem Zubereiten von Speisen, dem Servieren, dem Kredenzen des Weins und mit dem Hofieren des Obers «Gemütlichkeit, Behaglichkeit, Entspannung, Prestigegefühle» usw.

- Für das *Image* eines Dienstleistungsbetriebes sind deshalb subjektive und persönliche Merkmale bestimmend: Genauigkeit, Zuverlässigkeit, Vornehmheit, Schlichtheit usw.
- Eine Dienstleistungsorganisation kann nicht auf Vorrat liefern; die Leistung vollzieht sich aufgrund eines konkreten Anstosses des Kunden im «*hic et nunc*». Ressourcenverwaltung, Planung usw. sind deshalb permanente Probleme.

Für uns tritt zu den beschriebenen Merkmalen noch wesentlich hinzu, dass die Dienstleistungsorganisation während ihrer Leistungserbringung die meiste Zeit in einer direkten Wechselbeziehung mit dem Kunden oder Klienten steht. Wenn wir als Patient in einem Krankenhaus sind, dann treten wir zwangsläufig in die Organisation selbst ein. Wir erleben «am eigenen Leib und an eigener Seele» das Funktionieren der Organisation *während* der Leistungserbringung. Wenn wir uns zu einer Behörde begeben und dort Daten geklärt und unter bestehende Normen subsummiert werden, dann erleben wir es als sehr unangenehm, wenn die verschiedenen amtlichen Funktionen schlecht aufeinander abgestimmt sind und wir von einem Schalter zum anderen weiter verwiesen werden. Wir dringen als «Kunden» viel tiefer in den funktionierenden Organismus einer Dienstleistungsorganisation ein. Die Leistung vollzieht sich zumeist auch in unserer Anwesenheit als Klient oder Kunde. Darum wird die befriedigende Leistung von vielen persönlichen, psychischen Faktoren bestimmt. Wir ärgern uns über die Hochnäsigkeit des Beamten, über die Interesselosigkeit der Versicherungsangestellten oder die Gereiztheit des Fräuleins am Bankschalter. Die Qualität der Beziehungen bestimmt hier die Leistungsqualität der Organisation. Ein schlechtes Betriebsklima färbt direkt auf die Qualität der Dienstleistung ab: Wenn unter den Krankenschwestern einer Pflegeabteilung Spannungen bestehen, dann kann sich der Patient weniger wohl fühlen. Er wird gereizt und unsicher und gibt zusätzlichen Anlass zu Spannungen.

Mit dem individuellen Mitarbeiter einer Dienstleistungsorganisation erlebt der Kunde symbolisch die ganze Organisation. Im Dienstleistungsbetrieb stehen deshalb «Service-Geist», Dienstbarkeit und Respekt für die Anliegen der Kunden an erster Stelle. Die Art der erbrachten Leistung zeichnet sich durch die Haltung, durch das Wie der Leistungserbringung aus.

Für eine Dienstleistungsorganisation ist deswegen das Pflegen der Umgangsformen wichtig: und zwar mit dem Kunden genauso wie mit den eigenen Mitarbeitern. Dies bildet eine untrennbare Einheit! Achtung der Person, der Gleichheit, der Fairness usw. sind lebensnotwendig. Für Fälle der Verletzung dieser Normen ist es geboten, dem Kunden Beschwerde- und Klagemöglichkeiten einzuräumen, so dass er der Organisation nicht schutzlos gegenübersteht. Schliesslich gibt der Kunde der Dienstleistungsorganisation einen Vertrauensvorschuss. Auch hier stehen darum die Prinzipien des Vertrauens, der Gleichheit und der Rechtssicherheit im Vordergrund.

Wie auch A. Bos betont, ist die öffentliche Verwaltung ihrem ganzen Organisationszweck entsprechend eine Dienstleistungsorganisation. Die modernen Bürokratien genügen heute in der Regel zwar dem formalen und formalrechtlichen Anspruch von Gleichheit und Rechtsstaatlichkeit, bieten aber noch lange keine Gewähr für eine «Service-Mentalität». Diese ist aber unerlässlich für das gute Funktionieren der öffentlichen Verwaltung. Wenn die Regeln der Verwaltung zum Selbstzweck entarten, dann benimmt sich die öffentliche Verwaltung eigentlich wie ein industrieller Betrieb der Serienfertigung, der nicht auf die Besonderheiten jeder menschlichen Begegnung – auch z. B. zwischen dem Bewohner einer Stadt und dem Gemeindebeamten! – eingeht (siehe F. Glasl 1983).

Wegen der direkten Berührung des Dienstleistungsorganismus mit dem Kunden sind in diesem Organisationstypus einer zu weit fortgeführten Arbeitsteilung psychische Grenzen gesetzt. Dienstleistungsorganisationen erkennen, dass sie ihre Kunden nicht einer unbegrenzten Anzahl von Spezialisten aussetzen dürfen. Es ist besser, wenn ein Kunde möglichst mit ein und derselben Kontaktperson zu tun hat. Dies erleichtert ihm die Orientierung und Koordinierung der Teilleistungen. Versicherungen gehen deshalb dazu über, alle Versicherungsvorfälle eines bestimmten Kundenkreises von demselben Stammteam behandeln zu lassen. Banken schaffen Schalter ab, die auf fachliche Handlungen spezialisiert sind (Devisen und Valuten; Anlagegeschäfte; Kredite usw.), und richten dafür «allround-service-centres» ein. Ein Kunde kann sich mit allen Anliegen an solche Zentren wenden. Krankenhäuser experimentieren mit «Teampflege», wobei eine Gruppe von Patienten von einer stabilen Gruppe von Krankenpflegern in allen Angelegenheiten ständig betreut wird.

Durch solche und ähnliche Massnahmen wird eine zu weit fortgeschrittene funktioneile Differenzierung prinzipiell wieder rückgängig gemacht. Dies soll der Verbesserung der Beziehungen zwischen Dienstleistungspersonal und dem Kunden dienen.

Zusammenfassend lässt sich in einer Dienstleistungsorganisation folgendes Konfliktpotential konstatieren:

- zum Zwecke der Rechtssicherheit tritt eine Übernormierung auf; die Regeln versuchen, alle Eventualfälle zu decken und engen dadurch das persönliche Verhalten der Mitarbeiter ein;
- das Verhalten der Mitarbeiter wird interesselos, routinemässig und ist nur auf die formale Erfüllung der Vorschriften gerichtet;
- die Arbeitsteilung ist zu weit durchgeführt; es wird für den Nutzniesser der Dienstleistung immer schwieriger, die unkoordinierten Teilleistungen selbst zu integrieren;
- die Ad-Hoc-Dienstleistung führt zu Kapazitätsengpässen, dadurch zu Stresserscheinungen bei den Mitarbeitern; Stress wird auf Kunden abreagiert.

Viele Dienstleistungsorganisationen weisen auch Merkmale entweder einer professionellen oder einer Produktorganisation auf. Dies erschwert eine eindeutige Organisation wesentlich, deshalb ist beim Organisieren differenziert vorzugehen.

c) Die Produktorganisation

Industrielle Organisationen liefern materielle Güter, die sich vom Erzeuger völlig trennen können. Sie zirkulieren möglicherweise um die ganze Welt, bis sie konsumiert und vernichtet werden. Die Gegebenheiten des Raumes und der Materie prägen den Charakter einer Produktorganisation. Der Fertigungsprozess für eine Maschine kann in unendlich viele technische Einzelhandlungen arbeitsteilig differenziert werden, ohne dass der Kunde davon etwas Nachteiliges merkt. Je breiter aber die Arbeitsteilung geworden ist, desto mehr funktionelle Ebenen erfordert danach die Führungsorganisation, um diese Weite zu überspannen (Kontrollspanne). Durch die fortgeschrittene Mechanisierung der physischen Produktion stehen im allgemeinen die physischen Produktionsmittel im Vordergrund. Die Produktion ist ein differenzierter sozio-technischer Prozess, darum müssen neben den Anforderungen der Technologie auch die der Leiblichkeit des Menschen unbedingt beachtet werden. Ergonomie, körpergerechte Bedienung einer Maschine, Schutz vor Lärm, Staub, Hitze und anderen Schäden des Körpers sind wichtig. Diese Anforderungen sind in den Jahren nach dem Zweiten Weltkrieg wesentlich erweitert worden. Man hat erkannt, dass monotone Arbeiten zu psychischer Abstumpfung, zu körperlicher Ermüdung und mangelnder Leistungsfähigkeit führen. R.J. Wherry (1954) führt deshalb vier Hauptkriterien für die Gestaltung der Arbeit an:

- Abwechslung während der Arbeit ist wichtig (Rotation von Aufgaben innerhalb eines Teams, «job rotation» zwischen verschiedenen Arbeitsgruppen).
- Der Arbeiter sollte die Resultate seiner Arbeit wirklich kennen, d.h. entweder «in natura» oder in deutlichen Übersichten, Graphiken und dergleichen. Damit wird eine Form der Erfolgs-Selbstkontrolle in die Arbeit aufgenommen, und der Arbeiter produziert nicht in ein bodenloses Fass!

- Arbeiter sollen die Produktionsgeschwindigkeit (z.B. Bandgeschwindigkeit, Maschinentempo usw.) mitbestimmen können, um sie dem Leistungshoch und Leistungstief im persönlichen Tagesrhythmus anzupassen. Darüber hinaus erlaubt ein eigener Planungsspielraum die optimale Auswahl der Arbeitsweise, die zum planenden Individuum passt.
- Die Arbeit muss immer Herausforderungscharakter enthalten. Darum muss eine Mischung von bekannten, routinemässig zu erledigenden und unbekannten Tätigkeiten mit Herausforderungscharakter gegeben sein. Durch psychisch und geistig anregende Tätigkeiten wird bessere körperliche Leistung möglich.

Diese Kriterien sind noch stark auf körperliche Arbeit ausgerichtet. Daneben kommt in einer Produktorganisation auch noch viel geistige Arbeit vor. Diese nährt sich – als professionelle Arbeit z.B. einer konventionellen Stabsabteilung – von den Lern- und Entwicklungsprozessen, die wir bei der professionellen Organisation beschrieben haben.

Die Einzelleistung hat sich der synergetischen Gesamtleistungserbringung einzuordnen. Darum nehmen Planungs- und Koordinierungsstellen in diesem Organisationstypus einen viel wichtigeren und auch besser objektiv bestimmbaren Platz ein als in den beiden anderen Typen. Als Folge der objektiven Bestimmbarkeit des physischen Produktes ist die Zielsetzung der Einzelleistung objektiver und zumeist quantifizierbar, messbar und kontrollierbar. Zielzuordnung und Unterordnung zum Zwecke der Steuerung eines komplexen Produktionsprozesses kann deswegen geschehen, ohne dass dies als Gehorsamszwang an sich erscheint.

Damit plädieren wir nicht von vornherein für eine hierarchische und autoritäre Führung einer Produktorganisation. Der Arbeiter an der Maschine kann über ein abgestuftes, gut entwickeltes System der Mitbestimmung am Arbeitsplatz zum weitgehenden Gestalter der eigenen Arbeit werden, wenngleich er die objektiv gegebenen Parameter anerkennen muss. F. Glasl und B. Lievegoed (2004) zeigen, wie die Arbeitsorganisation im Zuge der Entwicklung eines Betriebes von der Pionierphase zur Differenzierungsphase, zur Integrationsphase und Assoziationsphase von der Fremdbestimmung zur Selbstbestimmung gewandelt werden kann. An anderer Stelle (F. Glasl 1975c) haben wir im besonderen die Entwicklungsphasen in der industriellen Arbeitsorganisation aufgezeigt.

Das synergetische Leistungsprinzip, nach dem die einzelnen Fähigkeiten auf den gemeinsamen Leistungszweck ausgerichtet sein müssen, kann nur dann zum Tragen kommen, wenn der Arbeiter wirklich Sinn und Zweck seines Arbeitens kennt und versteht. Darum muss in einem sehr arbeitsteiligen Produktionsgeschehen sorgfältig am Erkennen der eigentlichen Bedürfnisse der Konsumenten gearbeitet werden. Weil sich das Produkt in der späteren Zirkulation von seinem

Erzeuger völlig lösen kann, besteht bei den Produktorganisationen die Gefahr, dass sich das Produkt vom Arbeiter löst und abstrakt wird. Dann wirkt Arbeit entfremdend. Das Prinzip der «Brüderlichkeit» heisst darum hier konkret: Orientierung auf die Konsumentenbedürfnisse in allen Handlungen der Produzierenden!

Nach den Gestaltungsprinzipien des humanistischen «Job design» (Arbeits-strukturierung) wird deshalb neben den bereits erwähnten Prinzipien von R. Wherry (1954) noch eine Reihe von Regeln für die Gestaltung von Aufgaben betont, die gegen die Entfremdungstendenzen gerichtet sind (siehe dazu vor allem L. Davis und J. Taylor 1972; E. Ulich, P. Groskurth und A. Bruggemann 1973; F. Vilmar 1973; M. Elden 1977).

Konfliktpotential ergibt sich, wenn diese Prinzipien – neben den bereits genannten – missachtet werden:

- ein Arbeiter kennt nicht die Resultate seiner Arbeit; er kennt nicht den Nutzen seiner Leistung für den Endverbraucher; dadurch kann auch das Ziel seiner Arbeit nicht objektiv definiert werden,
- durch endlose Zerstückelung der Arbeit einer Person ergeben sich Aufgaben, die für den Arbeiter kein sinnvolles Ganzes mehr erkennen lassen, wodurch auch der Sinnbezug zu den Konsumentenbedürfnissen von ihm nicht mehr hergestellt werden kann (siehe weiter dazu F. Glasl 1980c),
- die horizontale Arbeitstrennung führt dazu, dass Menschen ausschliesslich in einseitigen Fähigkeiten – z. B. *nur* planen, *nur* ausführen, *nur* kontrollieren usw. – angesprochen und in ihrem Wesen reduziert werden.

Auch wenn beim Typus Produktorganisation das technisch-instrumentelle Subsystem eindeutig dominierend ist, so darf dies keineswegs so verstanden werden, als ob die Produktorganisation insgesamt nur nach diesem Prinzip zu gestalten sei. Auch für den Maschinenarbeiter ist die Pflege des kulturellen und des sozialen Subsystems wichtig, auch wenn sie hier einen anderen Stellenwert erhalten als das technisch-instrumentelle Subsystem.

Bei jedem Organisationstypus besteht die Gefahr, dass die ganze Organisation nach den Prinzipien des dominanten Subsystems gestaltet wird: Eine Produktorganisation führt auch Ausbildung, Entwicklung usw. nur nach dem synergetischen Prinzip durch und gewährt dem Individuum und den professionellen Ausbildnern keine Freiheit. Eine professionelle Organisation wendet auf das ganze Geschehen nur den Freiheitsgrundsatz an und vernachlässigt den synergetischen Aspekt im Funktionieren der Organisation. Aus diesem Grunde kommt es z. B. in psychiatrischen Institutionen, in Beratungsbüros oder Schulen immer wieder zu Problemen rund um Führungsfragen, weil die Mitarbeiter oft meinen, sich immer und überall den Anforderungen synergetischen Handelns entziehen zu können. Aber auch in diesem Typus der Organisation muss zu einem beträchtlichen Teil bedürfnisorientiert gearbeitet werden; es müssen Ziele für die Leistung gesteckt werden, Teilleistungen müssen aufeinander abgestimmt und integriert werden usw.

Die relative Dominanz der drei Subsysteme in den drei Organisationstypen lässt sich schematisch folgendermassen darstellen (Fig. 5.10).

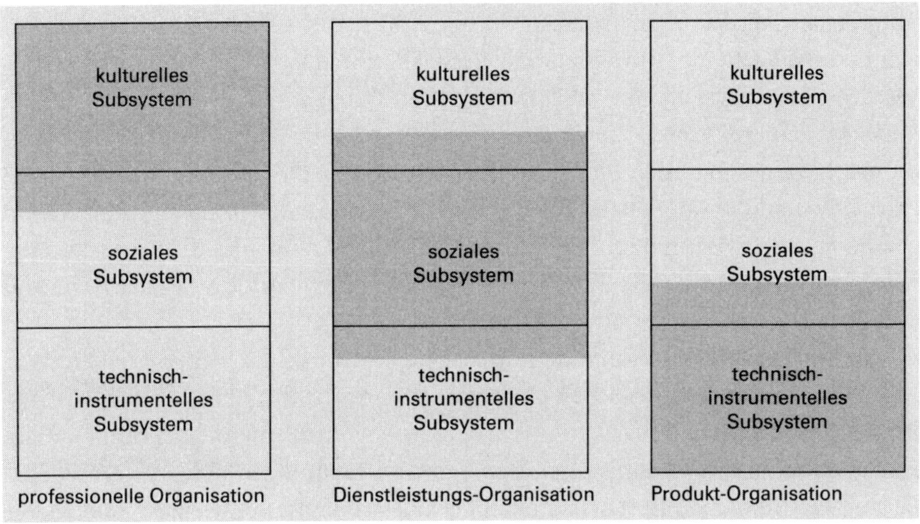

Fig. 5.10: Relative Dominanz der drei Subsysteme in drei Organisationstypen

5.4.2.4 *Zusammenfassung: Organisation als Konfliktpotential*

Mit diesen Ausführungen konnte das Thema «Organisation als Konfliktpotential» selbstverständlich nicht erschöpfend behandelt werden. Wir haben uns auf solche Gesichtspunkte beschränkt, die nach unserer Meinung in anderen Publikationen zu wenig behandelt werden. Ausserdem sollte mit diesen Überlegungen ein deutlicher Bezug zu dem von uns vertretenen Menschenbild geboten werden. Andere organisationswissenschaftliche Theorien und Modelle sollten also als Ergänzung zu unseren Darlegungen verstanden und benutzt werden.

Der Kern unserer Betrachtung der Organisation als Konfliktpotential ist die Einsicht, dass Organisationen nicht an sich «Konfliktursachen» sind. Sie wirken nur als Konflikt-«Potential». Denn manche Prinzipien, Ablaufmodelle oder Strukturen einer Organisation können zum beschriebenen Menschenbild im Widerspruch stehen – und doch ergeben sich nicht «automatisch» daraus soziale Konflikte. Es kommt immer darauf an, welche Haltung die betroffenen Menschen zu ihrer Situation einnehmen. Diese Haltung kann unterschiedlich sein: ein Verdrängen, ein Ausweichen, ein Leugnen des Bestehens von Problemen oder etwas anderes. Oder sie kann zu einer aktiven Auseinandersetzung mit den menschenwidrigen Grundsätzen und Organisationsformen Anlass geben. Wenn sich ein Bewusstsein der Unverträglichkeit und Unerträglichkeit der Zustände bildet und folgedessen Schritte zur Veränderung unternommen werden, dann ist vielleicht ein sozialer Konflikt gegeben, weil andere die Situation gegen jeglichen Änderungsversuch verteidigen. Durch solche Konflikte kann dann eine Organisation wesentlich umgestaltet werden. Wir haben in 90 von 100 Fällen erleben können, dass der Konflikt ein kräftiger Hinweis auf das Bestehen unmenschlicher und unproduktiver Organisationszustände war. Durch die Konfliktbehandlung kam es im weiteren Verlauf zu einem Prozess der Organisationsentwicklung. Dabei konnten nicht nur die geschlagenen Wunden geheilt werden, sondern die Organisation wurde gründlich überdacht. Somit wurde auch an den Zielen und Leitsätzen der Organisation gearbeitet, an Strukturen und Funktionen, an Abläufen und der Mittelausstattung. Die ganze Organisation in allen sieben Wesensgliedern wurde neu überdacht und neu gestaltet.

So besehen können Konflikte immer eine sehr positive Funktion haben. Weil Konflikte den ganzen Menschen angreifen, setzen sich die betroffenen Menschen im Konflikt mit der Organisation wirklich existentiell auseinander. Und sie gestalten dadurch ihre Organisation nach den Gesichtspunkten neu, die für die Entfaltung des Menschen in seiner dreifaltigen Wesenheit besser geeignet sind als die bisher praktizierten.

Aber selbst wenn eine Organisation im grossen und ganzen nach sozial-ökologischen Prinzipien geschaffen oder umgebildet wird, führt sie nicht automatisch zur Entwicklung der in ihr tätigen Menschen. Denn auch für die Entwicklung kann die Organisation nur «Potential» sein: Sie kann Entfaltung und Entwicklung begünstigen und ermöglichen, niemals aber kausal-zwingend bewirken. Auch im Guten kommt es darauf an, dass bei den Menschen ein Bewusstsein ihrer Situation entsteht und dass sie im Fühlen wie im Wollen die Möglichkeiten der Entwicklung begreifen und diese auch ergreifen und danach handeln.

5.5 Die Grundeinstellungen der Parteien zum Konflikt

Ob die Konfliktparteien selbständig oder mit Hilfe einer Dritten Partei am Konflikt arbeiten, wird von ihren Grundauffassungen bestimmt. Damit meinen wir:

1. wie die Parteien ihre *Gesamtsituation beurteilen,* d.h.: Finden sie die Konfrontation unvermeidbar? Sehen sie Möglichkeiten für eine Übereinstimmung?
2. wie die Parteien im allgemeinen und *grundsätzlich Konflikte bewerten:* d.h. haben für sie Konflikte eine positive oder negative Funktion?

3. was sie sich generell als Ergebnis der konflikthaften Auseinandersetzung erhoffen, d.h. wie sie *im konkreten Fall Kosten und Nutzen* der Auseinandersetzung für sich «*kalkulieren*»;
4. welche *Einstellung* die Parteien zu *bisherigen Versuchen einer Konfliktlösung* (durch die andere Partei oder durch Dritte) und zu den in der Organisation *vorhandenen Konfliktregelungsinstitutionen oder -verfahren* haben;
5. ob die *Einstellungen der Parteien* (1 bis 4) auf allen Seiten gleich, d.h. *symmetrisch*, oder ungleich, d.h. *asymmetrisch* sind. Eine Seite leugnet vielleicht grundsätzlich das Bestehen eines Konfliktes und verhält sich dementsprechend, während die andere Seite grundsätzlich einen Konflikt provoziert, um Veränderungen herbeizuführen.

Grundauffassungen und Haltungen der Parteien sowie deren dominantes Aktions- und Reaktionsmuster (F. Peschanel 1993, S. 63 ff) haben massgeblichen Einfluss auf die Möglichkeiten der Konfliktbehandlung. Die Drittpartei ist bereits in einem sehr frühen Stadium damit konfrontiert. Wir haben darum bei der Konflikttypologie, die zu Beginn aller diagnostischen Aktivitäten steht, Friktionen, Positionskämpfe und Systemveränderungs-Konflikte unterschieden.

Diese subjektiven Auffassungen und Einstellungen stecken bei jeder Konfliktbehandlung den Rahmen der Möglichkeiten und Begrenzungen ab. Sie bestimmen auch, ob die dritte Partei von allen betroffenen Parteien anerkannt wird oder ob sie eventuell nur von einer Partei akzeptiert wird und von dieser Position her einseitige Aktionen der Konfliktbehandlung unternimmt.

Bei Diagnosen müssen wir deshalb folgende Fragen näher untersuchen:

1. Wie perzipieren die Parteien ihre Gesamtsituation? (Gesamtperzeption)
Welche Bedeutung erkennen die Parteien der Subjektsphäre bzw. der Objektsphäre im konkreten Konflikt zu? Wenn die Konflikte weiter eskaliert sind, verlagert sich mit der 4. Eskalationsstufe (Kap. 10.4) die Aufmerksamkeit der Parteien mehr auf die Subjektsphäre. Damit schätzen sie gleichzeitig die Möglichkeiten bestimmter Konfliktbehandlungsansätze anders ein.

R. Blake, H. Shepard und J. Mouton (1964, pp. 10 ff.) unterscheiden in diesem Zusammenhang drei Grundauffassungen der Parteien. Sie nehmen dabei zwei Komponenten als Basis, nämlich die Überzeugung, dass Konfrontation vermeidbar oder unvermeidbar sei, und die Überzeugung, dass eine Übereinstimmung zwischen den Parteien überhaupt möglich oder unmöglich sei: Diese Auffassungen führen nach diesen Autoren zu neun unterschiedlichen Grundeinstellungen zur Konfliktlösung:

a) *Konfrontationen erscheinen den Parteien unvermeidbar, Übereinstimmung unmöglich:* Dann werden sie 1. entweder zu einer Auseinandersetzung schreiten, bei der das Ergebnis Sieg oder Niederlage sein wird; sie werden sich 2. eventuell dem Schiedsspruch einer dritten Partei unterwerfen oder 3. den Ausgang des Konfliktes dem Los oder irgendeinem anderen unpersönlichen Zufallsverfahren überlassen.
b) *Konfrontationen erscheinen den Parteien als vermeidbar, dennoch erscheint ein Konsens nicht möglich:* Dies wird 4. möglicherweise zum ein- oder mehrseitigen Rückzug der Parteien oder 5. zum gegenseitigen Isolieren oder 6. zu gegenseitigem indifferentem Verhalten führen.
c) *Trotz Konfrontation ist eine Übereinstimmung möglich:* Dies bewegt die Parteien 7. eventuell zu einer gemeinsamen Problemlösung, oder 8. zu Verhandlungen oder 9. zu einer gegenseitigen Duldung, wobei die Unterschiede vertuscht werden.

Wir können darin Blake, Shepart und Mouton nur bedingt folgen. Die subjektiven Auffassungen der Parteien sind für uns der Grundtatbestand, auf den die dritte Partei unbedingt eingehen muss. Damit ist jedoch noch nicht definitiv bestimmt, was eine dritte Partei mittel- und langfristig tun kann. Für die dritte Partei ist damit nur die Ausgangsposition bestimmt. Es ist darum bei der Konfliktbehandlung in der «Orientierungsphase» (Kap. 13) geboten, mit den Parteien an ihren Grundauffassungen und Grundeinstellungen zum Konflikt zu arbeiten. Dieser Bewusstwerdungs- und Lernprozess der Parteien gemeinsam mit der dritten Partei ändert im Behandlungsprozess die Grundvoraussetzungen für die weitere Konfliktbehandlung.

2. Wie bewerten die Parteien Konflikte grundsätzlich?
(Philosophische Basisorientierung)

Beurteilen die Konfliktparteien generell Konflikte als unerwünscht, als störend und schädlich – oder als positiv, als Anstoss für soziale Veränderungen? L. Coser (1956) hat in seiner Studie zur Funktion sozialer Konflikte aufgezeigt, dass Konflikte nicht an sich dysfunktional zu sein brauchen, sondern unter Umständen eine positive Funktion für die Weiterentwicklung eines sozialen Gebildes haben können. In den darauffolgenden Jahren ist in der Literatur zu Veränderungsstrategien (geplanter Wandel, Organisationsentwicklung, Bürgerinitiativen usw.) mehr der positive Nutzen sozialer Konflikte betont und zumeist auch propagiert worden (R. Dahrendorf 1961; S. Alinsky 1969; P. Reckman 1971). Dabei sind die negativen, dysfunktionalen Aspekte durchaus unterschätzt worden (siehe dazu F. Glasl 1973).

Diese Grundauffassungen konzentrieren sich jedoch nicht nur auf die Pole «gut» oder «schlecht», sondern sind weitaus differenzierter. K.Deutsch (1967) stellt sieben Grundanschauungen über Wert, Wesen und Funktion des Krieges im makro-sozialen Rahmen dar, die in gleicher Weise auch auf mikro- und meso-soziale Konflikte zutreffen. Auf Grundlage dieser Arbeit und der zwölf verschiedenen philosophischen Orientierungen, wie sie R.Steiner (1961) dargestellt hat, unterscheiden wir gleichfalls zwölf Basisauffassungen, die in Religion, Philosophie und Wissenschaft sowie im praktischen Handeln der Parteien zu erkennen sind.

An dieser Stelle können wir nicht auf alle zwölf Orientierungen eingehen. Wir werden nur die vier Hauptrichtungen a, b, c und d skizzieren, die gleichsam wie die vier Himmelsrichtungen eines Kompasses ein Koordinatensystem für alle anderen Richtungen abgeben.

Die vier Hauptrichtungen sind demnach (Fig. 5.11):

a) «Konflikte sind ihrem Wesen nach nur *materiell* bedingt»
b) «Konflikte haben wesentlich *geistige,* immaterielle Hintergründe»
c) «Konflikte sind wie Hunger, Krankheit, Erdbeben usw. *Realitäten* des Lebens»
d) «Konflikte sind notwendige *Geburtshelfer* geistiger, sozialer und materieller Veränderungen».

a) «Konflikte sind im Wesen nur materiell bedingt!» («Materialismus»)

Materielle Verhältnisse, Besitz oder Besitzlosigkeit, Witterungsverhältnisse, «geopolitische Einflüsse» usw. sind gemäss dieser Anschauung die bestimmenden Faktoren. In Konflikten wird versucht, hierin zu einer Umverteilung zu gelangen. In Organisationen werden die materiellen Ressourcen, über die man verfügen kann, als ausschlaggebend angesehen: Quantitäten des Personalbestandes, Budgetgrössen und dergleichen. Konflikte werden als Verteilungskämpfe um die Mittel in einer Organisation verstanden. Marxistisch orientierte Konflikttheoretiker wie z. B. H.Schmid (1968) anerkennen ausschliesslich eine «materielle Basis» von Konflikten. «Geistige Hintergründe» oder «geistige Mächte», die von anderen Seiten oft vorgewendet werden, sollen nach dieser Auffassung die wirklichen materiellen Verhältnisse nur verschleiern. Sie haben also die Funktion einer Zweckideologie und sind gemäss dieser Lehre keine realen Einflussfaktoren. Insofern «seelische» Faktoren mit im Spiel sind, lassen sie sich körperlich-konstitutionell determiniert erklären und beeinflussen. Typische Vertreter sind die Anhänger des klassischen dialektisch-historischen Materialismus, daneben – in verschiedenen Nuancen – die Theoretiker verschiedener ökonomischer Konflikttheorien.

Verwandte Spielarten sind noch die *mathematisch-spieltheoretischen Konflikttheorien* (K.Boulding 1962; P.Valkenburgh 1969 usw.) und die *rationalistischen Theorien* (I.Kant, Lord Tennyson, zitiert bei K.Deutsch 1967).

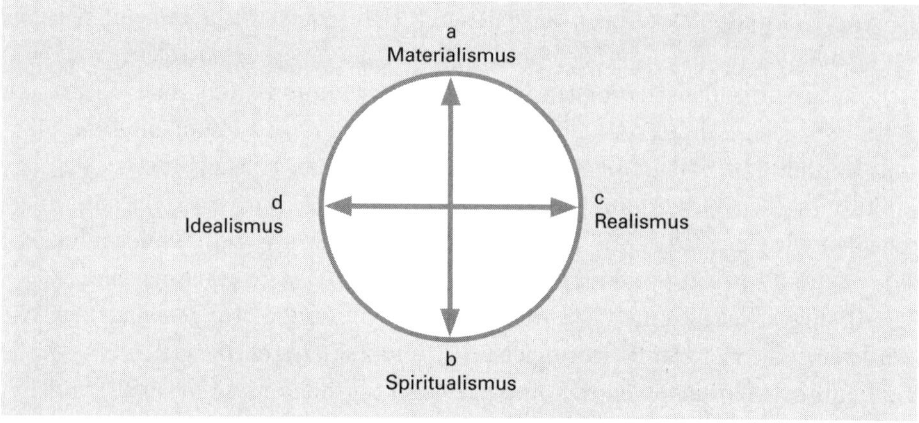

Fig. 5.11: Die 4 Hauptrichtungen der philosophischen Orientierungen

Diametral entgegengesetzt zur materialistischen Auffassung steht die Richtung des «Spiritualismus».

b) «Konflikte haben vorwiegend geistige Hintergründe» («Spiritualismus»)
Nach diesen Auffassungen werden geistige – über dem Menschen stehende –Wesen als die eigentliche Realität angesehen. Die materielle Welt ist nur der Schauplatz des Ringens übermenschlicher Mächte, wie z. B. der Tanz von Shiva im Hinduismus, der Zorn Gottes usw. Der Mensch kann in diese Auseinandersetzungen mit einbezogen werden, je nachdem er von der einen oder anderen Macht auserkoren wird bzw. sich für sie entscheidet. Dann fungiert er als Waffe oder Werkzeug dieser Mächte. Diese Auseinandersetzungen können sich abspielen zwischen fortschrittsfördernden und fortschrittshemmenden Mächten, zwischen Gut und Böse, Licht und Finsternis (Zarathustra, Hl. Augustinus). Es kann aber – nach einer anderen Nuance – Aufgabe des Menschen sein, nicht nur fatalistisch diesem Ringen zuzusehen oder sich gebrauchen zu lassen, sondern er kann aufgerufen sein, zu *prüfen, auf welcher Seite das Recht* und wo das Unrecht steht (Thomas von Aquino).

Gemäss dieser Grundauffassung sind Konflikte von vornherein «Glaubens- und Bekenntniskriege». Es stehen darin höchste Werte auf dem Spiel. Praktische Lösungen dürfen keine Kompromisse mit der Wahrheit machen. Diese Auffassung kann auch erst im Zuge der Eskalation auftreten und absoluten Wert annehmen.

Auch zu dieser Philosophie finden sich verschiedene Spielarten, wonach kontroversielle Grundauffassungen – die nicht unbedingt Ausdruck selbständiger geistiger Wesenheiten zu sein brauchen – einander gegenüberstehen (kognitiv und semantisch orientierte Schulen, siehe dazu E. Converse 1968).

Die zweite Achse der Grundauffassungen c und d bildet unterschiedliche Synthesen der unter a und b genannten Antipoden.

c) «Konflikte sind eine Realität des Lebens wie Hunger, Erdbeben und Krankheit» («Realismus»)

Neben allen möglichen Zuständen, die dem Menschen unangenehm sind, lassen sich auch soziale Gegensätze und Konflikte wahrnehmen. Sie gehören zum Leben wie das Geborenwerden und Sterben. Man kann diese Erscheinungen studieren und versuchen, sie in seinen Lebensplan einzukalkulieren. Möglicherweise steht hinter all dem ein bestimmter, dem Menschen verborgener höherer Sinn; möglicherweise sind auch lediglich materielle Faktoren bestimmend für Aggressionen, Unfrieden und Konflikte. Dann geht es vor allem darum, dass die Menschen an ihrem inneren Frieden arbeiten und dadurch die Welt gelassener hinnehmen. Auseinandersetzung mit Konflikten kann im Grunde nur dazu führen, die unabwendbaren Folgen besser akzeptieren und verarbeiten zu lassen.

Diese und ähnliche Auffassungen liegen verschiedenen religiösen Strömungen zugrunde, die in Konfliktsituationen «von innen heraus» befriedend wirken wollen. Nuancierungen davon sind in gewissem Sinne die *«behavioristischen Konfliktauffassungen»* (K. Lorenz 1938; A. Storr 1969), die aus dem Studium des menschlichen und tierischen Verhaltens folgern, in welchem Masse Aggressivität, menschlich-charakterliche Unvollkommenheiten und dergleichen für das Entstehen und Lösen von Konflikten relevant sind. Eine verwandte Form stellt die *psychoanalytische Schule* dar, die das Triebleben für bestimmend erachtet (S. Freud, A. Mitscherlich 1969; E. Boulding 1964 usw.). Charakteristisch für diese Auffassungen ist, dass man die gegebenen Faktoren zwar für beeinflussbar hält (konditionieren, ablenken, ritualisieren, sublimieren usw.), nicht aber für *entwickelbar* und damit überwindbar.

Dem steht die vierte Grundauffassung gegenüber:

d) «Konflikte sind Geburtshelfer jeder geistigen, sozialen und materiellen Entwicklung» («Idealismus»)

Mit Hilfe von Konflikten können bestehende, veraltete Strukturen abgebaut werden. Darin liegt ihre positive Funktion. Neue Prinzipien oder moderne Lebensformen können zum Durchbruch gelangen. Ohne Konflikte gäbe es nur Stillstand und keinen wirklichen Fortschritt. – Dem Neuen, das sich auf diese Weise durchsetzen will, müssen auch einzelne geopfert werden, denn «wo gehobelt wird, da fallen Späne». Konflikte können entweder zwangsläufig aufgrund der immanenten Entwicklungsdynamik auftreten, oder sie werden von Menschen bewusst provoziert, um dem Fortschritt zum Durchbruch zu verhelfen. Durch revolutionäre Änderungen der sozialen Rahmenbedingungen können nach und nach Bewusstsein und Verhalten des einzelnen positiv beeinflusst werden. Oft ist hier auch die Rede vom «Krieg, um alle Kriege zu beendigen»! Zu den Anhängern dieser

Auffassungen können – in verschiedenen Nuancierungen – z.B. die Philosophen Heraklit, Hegel und ferner Fichte gezählt werden.

Die weiteren Spielarten neigen entweder mehr dem materialistischen Pol (sozialistische Revolutions- und Evolutionsideologien) oder dem spiritualistischen Pol zu (z.B. Vertreter der religiös bzw. humanistisch fundierten gewaltlosen Ansätze für soziale Erneuerungen).

Es kann nicht Aufgabe der Konfliktdiagnose sein, die grundsätzlichen Konfliktphilosophien der Parteien genau zu erforschen. Es drückt sich vielmehr bereits bei den ersten Interventionen aus, zu welcher Hauptströmungen die Parteien grundsätzlich tendieren. Kenntnis dieser Auffassungstendenzen kann der Schlüssel sein, um Zugang zu den Parteien zu finden und ihre Mitwirkung oder Akzeptanz zu gewinnen. Auch die Drittpartei sollte sich selbst prüfen, zu welcher der Grundauffassungen sie neigt und inwiefern dies ihre Ansätze der Diagnose und Interventionen von vornherein färbt und beschränkt. Je mehr die Grundauffassungen der Parteien einander diametral gegenüberstehen, desto schwieriger wird es sein, sich auf Verfahren der Konfliktbehandlung zu einigen. Wenn hingegen die Grundauffassungen der Parteien gleich sind, besteht wenigstens in dieser Hinsicht eine Ebene der Übereinstimmung, die für die Konfliktbehandlung behilflich sein kann – vorausgesetzt, dass die Parteien einander nicht gerade als «Ketzer» oder «Links- oder Rechtsabweicher» bekämpfen.

3. Wie beurteilen die Konfliktparteien erhoffte Ergebnisse und den dazu erforderlichen Einsatz? (Strategiekalkül)

Welchen konkreten Nutzen hat der Konflikt für die Parteien? Was versprechen sie sich von einer Fortsetzung der Konfrontation? Was glauben sie zu verlieren, falls sie sich mit dem Gegner verständigen würden? Und zu welchem Einsatz sind sie bereit? Sind sie bereit, unter Umständen ihre Position oder weitere Karriere zu opfern? Sind sie entschlossen, psychische Spannungen in Kauf zu nehmen, um zu einer grundsätzlichen Klärung der Situation zu gelangen?

In Anlehnung an die Ansätze der Spieltheorie und Verhandlungstheorie (siehe dazu vor allem Th. Schelling 1958; S. Siegel und L. Fouraker 1960; P. Diesig 1961) kann davon gesprochen werden, dass die Parteien in irgendeiner Weise die erhofften Ergebnisse und den erforderlichen Einsatz in einer Art Kalkulation zueinander in Beziehung setzen. Wir sprechen darum von einem «Strategiekalkül». Die erwarteten Ergebnisse und die «Kosten» sind jedoch in den meisten Fällen nicht objektiv oder subjektiv quantifizierbar. Oft stehen materielle und immaterielle Werte einander gegenüber; überdies legen die Parteien in ihren gegenseitigen Beziehungen auch noch unterschiedliche materielle oder immaterielle Wertmassstäbe an. Dennoch erfolgt bei ihnen eine Abwägung, nach der sie das Gefühl haben, dass eine Fortsetzung oder Verschärfung des Konfliktes «sinnvoll» sei oder «den Einsatz lohne». Mit der Eskalation des Konfliktes ändert sich jedoch auch die Bewertungsbasis – wie C. North (1962) aufgrund von empirischen Analysen internationaler Konflikte aufzeigen konnte – für die «Kosten-Nutzen-Kalkulation» der Parteien. Diese Bewertungen sind deshalb – im Gegensatz zu den Annahmen der Spieltheorie – keine beständigen Grössen, sondern sie ändern Gewicht und Bedeutung im Laufe der Eskalation. Änderungen der Kalkülgrundlagen sind also sowohl Anstoss zu weiterer Eskalation wie auch Folgewirkung.

Für R. Blake, H. Shepard und J. Mouton (1964, p. 13) sowie für K. Thomas (1976, p. 922) ist eine derartige Kalkülbasis («low stake – moderate stake – high stake») Grundlage ihrer Konfliktlösungsstrategien. Wenn sich eine Partei von der Fortsetzung eines Konfliktes verspricht, dass sie ihre Position wesentlich verbessern kann, dann wird sie sich gegen eine dritte Partei zur Wehr setzen. Denn die Interventionen der Drittpartei werden als Gegenaktionen erlebt. Eine dritte Partei muss sich deshalb die Frage stellen, welchen Gewinn oder Verlust die verschiedenen Parteien als Folge möglicher Interventionen erwarten.

4. Welche Einstellungen haben die Parteien zu den bisherigen Versuchen der Konfliktlösung bzw. zu den vorhandenen Konfliktregulatoren?

Was haben die Parteien bereits selbst unternommen, um am Konflikt konstruktiv zu arbeiten? Wie haben sich diese Bemühungen der Konfliktlösung auf den weiteren Konfliktverlauf ausgewirkt? Sehen die Konfliktparteien den Konflikt für lösbar an, oder haben sie jegliche Hoffnung verloren? Stehen sie aktiv oder passiv zu ihrem Konflikt?

Weil die Parteien oft unterschiedliche Perzeptionen der Konflikte, deren vermeintlicher Ursachen und Wirkfaktoren haben, tragen die Bemühungen der Konfliktlösung oft noch zur weiteren Intensivierung der Konflikte bei.

Bei einem semi-staatlichen Beratungsinstitut griff nach kurzer Zeit das Aufsichtsgremium in einen heiss eskalierten Konflikt ein, indem es die formelle Autorität des Direktors erweiterte. Diese «Allmacht des autoritären Direktors» war jedoch gerade eine der Haupt-Issues der meisten Mitarbeiter dieser Institution. Durch diesen Eingriff eskalierte der Konflikt wesentlich tiefer.

In einem Unternehmen leitete die Führungsspitze eine Reorganisation ein, um die vermeintlichen organisatorischen Konfliktursachen auszuräumen. Damit griff die Führung jedoch in einen «Territorialkampf» und «Machtstreit» zweier Abteilungsleiter ein und verschärfte den Konflikt noch mehr.

Konfliktlösungsbemühungen haben oft nicht die beabsichtigte, sondern eher die gegenteilige Wirkung. Die vorhandenen «Konfliktregulatoren» erweisen sich zusehends als unwirksam, weil die Perzeptionen des Konfliktes weit auseinanderklaffen. Durch die weitere Eskalation werden diese Perzeptionen noch einseitiger und mehr und mehr verzerrt. Die Konfliktlösungsversuche werden dadurch selbst zu Konflikt-Issues. Bei der Diagnose des Konfliktverlaufes, insbesondere der Wendepunkte und der kritischen Episoden, entpuppen sich solche Konfliktlösungsbemühungen unter Umständen als eskalierende Faktoren.

Für die Konfliktdiagnose erweist sich deshalb eine nähere Analyse der in der Organisation vorhandenen Organe oder Prozeduren für das Lösen auftretender Differenzen als sehr wichtig. Wir sprechen von diesen Institutionen innerhalb einer Organisation als «*Konfliktregulatoren*».

Eine Reihe von Autoren – z.B. K.Boulding (1964, p.144f.), R.Walton (1969, p.76); R.Corwin (1969, pp.515ff.) – betont, dass untersucht werden sollte, warum die vorhandenen Konfliktregulatoren (meist «Konfliktregulationsmechanismen» genannt) umgangen werden oder sich als unwirksam herausstellen. Boulding, Corwin und Walton fassen damit eigentlich *alle* normativen Aspekte der Organisation unter dem Begriff «Regulationsmechanismen» oder «Konfliktbarrieren» zusammen, die hierarchische Gliederung der Führungs- und Entscheidungsprozesse usw. Für die Diagnose ist dieser Begriff der «Konfliktregulatoren» zu weit gefasst und deckt sich beinahe völlig mit der Organisation als Konfliktpotential. Organisation wird somit ganz allgemein als «Konfliktregulierungspotential» verstanden. Weitaus enger und für Operationen brauchbar fassen K.Thomas (1976, pp.925ff.) und H.Prein (1978, p.58 und 1982) den Begriff der Konfliktregulatoren. Wir ziehen gleichfalls einen engeren Begriff vor. Unter Konfliktregulatoren verstehen wir institutionalisierte Organe und Verfahren, die für die Behandlung von Problemen und Differenzen beansprucht werden, um eine Lähmung oder Überbelastung der Standardorgane und Standardverfahren in der Organisation zu vermeiden. Als Beispiele für Konfliktregulatoren führt Prein (1979a, p.106) vor allem an:

- integrative Rollen oder Funktionen, wie z.B. der gemeinsame Vorgesetzte, der Personalchef, Betriebsrat, Ombudsman usw.,
- Normen der Konfliktbehandlung in der Organisation,
- Prozeduren: Berufungsverfahren, Beschwerdeverfahren, Klagerecht.

Diese Regulatoren werden erst dann angesprochen, wenn die bestehenden «normalen» Möglichkeiten zur Bewältigung der Differenzen nicht mehr befriedigend funktionieren können.

Die Wirksamkeit solcher Konfliktregulatoren beruht zumeist auf dem Folgenden:

- ein Verfahren wird abgekürzt, direkter und schneller; dadurch können negative Folgen unterbunden werden;

- ein Verfahren wird verzögert; es schafft zeitlichen und räumlichen Abstand zu den Konflikt-Issues
- zwischen den Parteien kann «Abkühlung» auftreten; Dritte können zwischen den Parteien Abstand schaffen und in den Streitfragen objektivierend auf treten;
- ein Verfahren beteiligt andere als die direkten Konfliktparteien, um eine Stagnation aus Gründen gleich starker Interessen zu verhindern; diese Personen bedürfen eines besonderen Prestiges, um zu einem Interessenausgleich zu verhelfen, usw.

Bei der Konfliktdiagnose ist zu untersuchen, warum die vorhandenen Konfliktregulatoren von den Parteien entweder gar nicht angesprochen werden oder warum sie nicht in Wirkung treten.

Bei den unterschiedlichen Konflikttypen gehen die Parteien verschieden mit den Konfliktregulatoren um. Bei sogenannten *Reibungskonflikten* anerkennen die Parteien in der Regel die vorhandenen Konfliktregulatoren. Dennoch ist es möglich, dass diese unzureichend sind, weil die Issues zu umfangreich oder zu sehr emotionell beladen sind oder weil die erforderliche Zeit für die Lösung nicht verfügbar ist. Eine Analyse der Konfliktregulatoren kann in solchen Fällen zu einer Verbesserung der bestehenden Organe oder Prozeduren führen, so dass in der Zukunft auch ähnliche Differenzen bewältigt werden können. Bei Positionskämpfen erweisen sich die vorhandenen Konfliktregulatoren schon oft als unwirksam, weil unter Umständen die Personen, die in den Organen der Konfliktregulierung tätig sind, als voreingenommen gesehen werden. – Interne Organisationskonsulenten oder Vertreter der Personalabteilung werden bei heftigen Positionskämpfen nicht eingeschaltet, weil sie möglicherweise ihre eigenen Interessen im Gesamtsystem verfolgen können. Man ist «funktionell eingebunden» und kann keine Neutralität garantieren.

Bei einem Konflikt in einer Gemeindeverwaltung wurde die Abteilung «Personal und Organisation» von der Konfliktpartei A regelmässig übergangen, weil sie als Partei betrachtet wurde: Eine der Kern-Issues war die qualitative und quantitative Personalbesetzung der Abteilung A, dazu hatte die Personalabteilung in den vorhergehenden Jahren in geheimen Empfehlungen an den Stadtsenat davon abgeraten, den Personalbestand in der Abteilung A zu ändern. «Personal und Organisation» war in den Augen der Abteilung A Partei!

Bei *systemverändernden Konflikten* versagen die organisationsinternen Konfliktregulatoren, weil sie Bestandteil der Gesamtorganisation sind. Sie sorgen für Stabilisierung des Systems als Ganzes. Diese Stabilität wird gerade mit systemverändernden Konflikten in Frage gestellt. Die Aktionen der Parteien erstreben eine Änderung der massgeblichen Aspekte der Organisation, nicht nur eine «Ad-hoc»-Anpassung einzelner Bestandteile des organisatorischen Gesamtrahmens.

Wir haben in den Jahren 1968 bis 1970 bei Konflikten in Hochschulen Beratungen durchgeführt. Die Studentenunruhen verfolgten das Ziel, das System der Universitäten prinzipiell zu paralysieren. Die Studenten weigerten sich – meist zurecht! – die vorliegenden Konflikte gemäss den institutionalisierten Formen der Konfliktregulierung behandeln zu lassen, weil dies definitionsgemäss zu einer Bestätigung und Verstärkung des Systems hätte führen können: «Repressive Toleranz» sollte in den Augen der Studenten nur dem Erhalten des Gesamtrahmens dienen, auch wenn dies kleinere oder grössere Adaptierungen der Organisation beinhalten sollte. Indem man sich weigerte, von den verfügbaren Konfliktregulatoren Gebrauch zu machen, verweigerte man gleichzeitig, die Rechtmässigkeit dieser Institutionen anzuerkennen. Überdies sollte verhindert werden, dass die aufgetretenen Konflikte mit Hilfe der Konfliktregulatoren wiederum nur entsprechend den Normen, Prinzipien und Zielen der bestehenden Ordnung geregelt würden, während diese ja prinzipiell und entschieden in Frage gestellt worden waren.

Daraus wird verständlich, dass die vorhandenen Konfliktregulatoren nicht mehr funktionieren können. Aus demselben Grund werden sich systemverändernde Konflikte sehr schnell vom meso-sozialen Umfang zum makro-sozialen Feld ausweiten. Daneben können natürlich auch Mängel bei Konfliktregulatoren dazu führen, dass der Konflikt nicht wirksam gelöst wird. Konfliktregulatoren können nur unter ganz bestimmten Bedingungen funktionieren:

1. Der *Wirkungs- und Geltungsbereich* der Konfliktregulatoren muss grösser sein als das Feld des akuten Konfliktes, d. h., Konfliktregulatoren zur Lösung abteilungsinterner Konflikte versagen, wenn sie abteilungsübergreifende Konflikte zu lösen bekommen.
2. Die *Verfahren* der Konfliktregulierung müssen schneller funktionieren als der Konflikt eskaliert (P. Valkenburgh 1969); wenn es einige Wochen dauert, um ein Schiedsverfahren überhaupt einzuleiten, ist unter Umständen ein Streik schon längst in ein Stadium geraten, aus dem es keinen Weg zurück gibt.
3. Die Konfliktregulatoren müssen über *mehr Energie bzw. Durchsetzungsmacht* als die Konfliktparteien verfügen; wenn dies nicht gewährleistet ist, «geht der Konflikt mit den Regulatoren durch».
4. Die Organe und Verfahren der Konfliktregulatoren müssen relativ immun sein gegenüber Versuchen der *«sozialen Ansteckung»* (siehe Kap. 6) aus dem Konfliktsystem heraus; wenn unter den Konfliktparteien eine panische oder fatalistische Stimmung aufgetreten ist, dann muss sich das System der Konfliktregulatoren *relativ* («absolut» wird praktisch nicht möglich sein) weniger von diesen Stimmungen beeinflussen lassen.

5. *Für die einzelnen Schritte der Konfliktregulation gilt* (F. Glasl 1967), dass die Konfliktregulatoren
   - auf eine anerkannte Umschreibung des «Konfliktfalles» («casus belli») zurückgreifen können,
   - Organe zur Beobachtung des Verhaltens der Konfliktparteien haben,
   - Prozeduren für das Melden des Vorliegens eines Konfliktfalles besitzen,
   - Verfahren zur Beurteilung des Tat- und Rechtsbestandes kennen,
   - Entscheidungsverfahren für das gültige Feststellen eines Konfliktes und für geeignete Gegenmassnahmen institutionalisiert haben,
   - dass die Legitimität der beschlossenen Massnahmen nicht in Zweifel gezogen werden kann und dass
   - über Ausführungs- und Sanktionspotential verfügt werden kann und
   - der Konflikt als beendet erklärt werden kann (J. Galtung 1972, p. 123).

Das Melden bestehender Konflikte muss unkompliziert (z.B. ohne schriftliche Anträge), mit geringer Hürde (z. B. durch Vertrauenspersonen, die ausgewählt werden können) sowie diskret und «ungefährlich» möglich sein (d.h., dass ich mich durch das Melden eines Problems nicht eventuellen Sanktionen durch die Machtinstanzen aussetze). Eine erste Anhörung muss ohne Auflagen und Bedingungen möglich sein (siehe auch Glasl 1998).

Wenn diese Verfahren undeutlich, mehrdeutig oder unbekannt sind, werden die Entscheidungen der Organe der Konfliktregulierung nur schwer anerkannt werden. N. Luhmann (1975) weist darauf hin, dass in komplexen Situationen die inhaltliche Entscheidung anerkannt wird, solange die formale Richtigkeit des Entscheidungsverfahrens keinen Anlass zu Zweifeln bietet. Die *Legalität des Verfahrens* ist die Grundlage der *Legitimität des Inhaltes.*

Eine Diagnose dieser Aspekte ergibt Hinweise darauf, ob die bestehenden Institutionen der Konfliktregulierung benutzt werden können, oder ob sie gegebenenfalls verbessert oder erneuert werden müssen.

Bei der Erörterung der allgemeinen Gesichtspunkte für die Konfliktbehandlung werden wir auf die Möglichkeiten und Beschränkungen der institutionalisierten Konfliktregulatoren noch näher eingehen (Kap. 12.5).

5.6 Schlussbemerkungen zur Konfliktdiagnose

Die Ausführungen zu den Konflikttypen, zum Menschen- und Organisationsbild, zu kausalem und sozial-ökologischem Denken sowie zu den einzelnen inhaltlichen Dimensionen der Diagnose, weiter ergänzt durch die Darstellung der Kapitel 5 bis 10, erweisen sich dem Leser auf den ersten Blick als ziemlich komplex und gewiss schwer überschaubar. Wir meinen auch, dass nicht alle genannten Gesichtspunkte in jedem Konflikt in gleichem Masse relevant sind. Sie müssen deshalb nicht wie eine obligate «check-list» immer und überall an Konflikte angelegt werden. Wie pauschal oder wie detailliert die Diagnose zu sein hat, ist nur von der konkreten Situation her gültig zu beantworten. Man muss dabei sowohl analytisch systematisch als auch intuitiv vorgehen. Eine bloss rationalanalytische Vorgehensweise führt zu einer Fülle von Einzelergebnissen, die zusammengefügt noch keine Gesamtdiagnose ergeben. Viele Detailergebnisse verstellen unter Umständen sogar die Sicht auf das Ganze und Wesentliche der Konfliktsituation. Zwischen den Polen der analytischen Vorgehensweisen einerseits und der intuitiven Methoden andererseits bieten sich gegenwärtig viele gute Methoden an, welche auch bildhaft-imaginative und inspirative Fähigkeiten des Menschen ansprechen, so wie sie beispielsweise von Gestalttherapie und Psychosynthese und von anthroposophischen Richtungen entwickelt worden sind. Der Einsatz solcher Methoden erfordert allerdings eine ebenso gewissenhafte Schulung wie das verantwortungsvolle Arbeiten mit wissenschaftlich-analytischen Instrumenten. So kann zum Beispiel nach einer guten phänomenologischen Untersuchung und einer gründlichen rationalen Analyse versucht werden, das Wesentliche einer Konfliktsituation über das Medium der Farbe oder mit Hilfe einer Legenden-, Märchen- oder Fabelerzählung zu erfassen (siehe dazu F. Glasl 1981 und 1987). Wie auch die Erfahrungen mit Kreativitätsmethoden der Synektik und dergleichen belegen, kann durch solche Verfahren der Gesamtzusammenhang, das «geistige Band» oder die innere Gestalt der Beziehungen zwischen den Konfliktparteien holistisch erkannt und dargestellt werden. Streng rational-analytisches Vorgehen nach Erklärungsansätzen der Psychologie, Sozialpsychologie, Soziologie usw. erschöpft sich in der praktischen Anwendung zumeist selbst und führt nach unserer Erfahrung bei den Konfliktparteien zu der drängenden Frage nach dem Wesentlichen ihres Konfliktes. Erst kreative und künstlerische Methoden, die sich imaginativer, inspirativer und intuitiver Erkenntnisformen (siehe dazu R. Steiner 1967) bedienen, schöpfen das ganze menschliche Erkenntnispotential aus. Im Rahmen dieses Buches lassen wir es jedoch bei einem Hinweis bewenden (siehe dazu F. Glasl 1987).

Der *Gesamtzusammenhang* zwischen den *inhaltlichen Aspekten* der Konfliktdiagnose lässt sich auch noch folgendermassen kurz umreissen: In den Auseinandersetzungen eines Konfliktes sind die Konfliktparteien direkt oder indirekt miteinander konfrontiert. Ihre gegenseitigen Beziehungen werden belastet. In ihrer Interaktion präsentieren sie einander gegenseitig Probleme, die an sie Herausforderungen zur Bewältigung der offensichtlichen Differenzen stellen. *Was* sie davon aufgreifen und ins Spiel bringen, drückt sich in den Issues aus. *Wie* sie damit umgehen, bestimmt ihre gegenseitigen Aktionen und Reaktionen, die zu Konfliktepisoden werden. In ihnen manifestieren sich exemplarisch sowohl die sachlichen Probleme wie auch die Probleme ihrer gegenseitigen Beziehungen. Dies findet seinen Niederschlag im Konfliktverlauf, in den Schwellen und Wendepunkten und in kritischen Episoden. In diese Auseinandersetzungen und Konfrontationen fliessen viele Elemente. Sie entstammen der inneren Konstitution der Konfliktparteien, d.h. ihrer Art und Weise des Umgehens mit solchen Problemen, ihren Perzeptionen, Einstellungen, Gefühlen, Intentionen und Verhaltensweisen. Darüber hinaus offenbaren sich über die Parteien auch die Bedingungen und Möglichkeiten der sozialen Umgebung der Parteien, d.h. der Organisation, der besonderen Position und Funktion, der vorgegebenen organisatorischen Grundsätze, Prozesse, der Mittel usw. Immer wird derartiges Konfliktpotential durch die Parteien gegenseitig konkret präsentiert. Wir betrachten darum jede Konfliktpartei als «Problempräsentator». Denn die sachlichen Aspekte einer Organisation können nur insofern zu sozialen Konflikten führen, als sie über Personen oder Gruppen von Personen ausagiert, d.h. «präsentiert werden». Soziale Konflikte stellen demnach mittels der konkreten Probleme Herausforderungen an die Parteien dar: Sie zwingen dazu, sich als Partei selbstkritisch zu untersuchen und zu ändern; sie zwingen auch dazu, die bestehende Organisation kritisch zu überprüfen und nötigenfalls grundlegend zu ändern. Darüber hinaus stellen soziale Konflikte auch Herausforderungen für die Neugestaltung der gegenseitigen Beziehungen der Konfliktparteien dar. In der Grundperzeption der Konfliktparteien, in der Grundeinstellung zu den Problemen des Konfliktes usw. zeigt sich, wie die Konfliktparteien auf diese Herausforderung eingehen.

Es ist möglich, mit dieser Herausforderung so umzugehen, dass nur die Umgebungsfaktoren, nicht aber die handelnden Parteien verändert werden müssen. Es ist aber auch möglich, dass die Konfliktparteien die erkannten Herausforderungen aufgreifen und an der eigenen Entwicklung sowie an der Entwicklung der gegenseitigen Beziehungen zu arbeiten beginnen. Die Erfahrung hat uns gezeigt, dass auf diese Art ein Konflikt zu einem wirklichen Geburtshelfer sozialer Entwicklung werden kann. Heftige Konflikte greifen existentiell tief in die Biographien der Konfliktparteien ein. Sie können dazu keine unpersönliche und unverbindliche Haltung einnehmen. Sie erleben vielmehr, dass sie ihre gesamte Persönlichkeit und Identität in die Waagschale werfen müssen. Damit birgt aktive und konstruktive Arbeit an Konflikten immer die Chance in sich, dass durch seelische und geistige Not hindurch soziale Formen abgebaut werden, die sich als inhuman und sozial schädlich erwiesen haben. Durch die Konfliktbearbeitung können wir Organisationen so umgestalten, dass sie dem ganzen Menschen voll gerecht werden. Organisationen können bei Anwendung aktiver und konstruktiver Methoden der Konfliktbehandlung zu viel reiferen sozialen Formen kommen. Wir haben in unserer

Konfliktberatungspraxis diese Erfahrung immer wieder machen dürfen. Sie ist für uns eine der tiefsten Inspirations- und Motivationsquellen, die uns hilft, die zuweilen recht mühevolle Arbeit der Konfliktbehandlung überhaupt leisten zu können.

Im folgenden Kapitel 6 werden einzelne Aspekte der Konfliktdiagnose noch ausführlicher erörtert, und in den Kapiteln 7 bis 10 stellen wir den Prozess der Konflikteskalation ausführlich dar, wie er unserer Konfliktdiagnose zugrunde liegt.

6. Konfliktkonstellationen im meso-sozialen Rahmen

Im vorliegenden Kapitel wollen wir erst noch verschiedene Rollentypen von Führern innerhalb der Konfliktparteien wie auch als Repräsentanten in der Interaktion mit der anderen Partei behandeln, die zum Verständnis des Konfliktprozesses wichtig sind.

Alle angeführten Typologien verstehen sich als idealtypische Modelle, die in der *reinen* Form der Beschreibung in der Wirklichkeit höchst selten anzutreffen sind. Mit der Typenbildung sollen jedoch Erkennungshilfen für die Diagnose und darauf abgestimmte Interventionen der Konfliktbehandlung geboten werden, die wichtige Anhaltspunkte, Scharnierstellen und Kriterien für die Effektivität von Behandlungsinterventionen ergeben.

6.1 Die Bedeutung der Exponenten der Konfliktparteien

Für Interventionen der Konfliktbehandlung muss man gut unterscheiden können, wer eigentlich *Konfliktpartei* ist: Hat man mit Konflikten zwischen Individuen zu tun – oder mit Konflikten zwischen kollektiven Gebilden, d.h. Gruppen, Teams, Abteilungen usw.? Konflikte zwischen kollektiven Gebilden äussern sich mittelbar über Individuen, nämlich über ihre Exponenten oder Repräsentanten. Deshalb ist ein genaueres Bild der Beziehungen der «Repräsentanten» zu ihren Hintermannschaften notwendig.

Wir werden bei der Eskalationsdynamik zeigen, dass ab der zweiten Stufe die interne Kohäsion der Parteien zuzunehmen beginnt und später, auf Stufe vier, grosse Festigkeit erreicht hat. Hand in Hand geht damit auch die Kristallisation interner Rollen und eine Zentrierung der Kommunikation und Interaktion auf die Führer der Parteien. Mit experimentellen Untersuchungen ist dieses Erfahrungswissen vielfach bestätigt worden (H.Guetzkow und J.Gyr 1954; M.Sherif 1962; M.Mulder 1978 usw.). In der Auseinandersetzung werden die Führer viel häufiger von Mitgliedern der Gegenpartei angesprochen; umgekehrt machen sie sich häufiger zum «Sprachrohr» der Gruppe und werden durch zustimmend-verstärkendes Verhalten der Gruppenmitglieder in dieser Zentrumsfunktion bestärkt. Sie werden die «Drehscheiben der Kommunikation» und «Verteilerstellen», die Inhalt und Form der Kommunikation weitgehend bestimmen. Den Exponenten bzw. Repräsentanten der Gruppen kommt im Laufe des Konfliktes immer mehr Bedeutung zu.

Dazu kommt auf der vierten Eskalationsstufe, dass die Gruppenrepräsentanten – gewollt oder ungewollt – zur Projektionsfläche von Wunschvorstellungen ihrer eigenen Gruppenmitglieder werden. P. Hofstätter (1959) knüpft bei der Deutung dieses Vorganges an Sigmund Freud an: Ein Gruppenmitglied erlebt – durch innere oder äussere Umstände bedingt – seine Hilflosigkeit und hat das Bedürfnis, seine Machtbedürfnisse auf eine andere Person zu projizieren, die diesen Machtwunsch stellvertretend besser realisieren kann als das Gruppenmitglied selbst. Dadurch werden dem Führer aussergewöhnliche Kräfte zugeschrieben. Durch die spätere Identifikation mit diesem Führer kann das Gruppenmitglied indirekt doch an der Macht teilhaben. Ähnlich sind auch die Erklärungen von R. K. White (1951) und W. Eckhardt (1965).

Bei der Herausbildung des Images der Konfliktparteien zeigt sich, wie auf die *eigene Partei die positiven* und auf die *Gegenpartei* die *negativen* Eigenschaften projiziert werden, die mit den späteren Eskalationsstufen noch krassere Formen annimmt. Im besonderen erfolgt diese Projektion jedoch auf die Führer und Repräsentanten. Sie nehmen eine Stellung in den vordersten Reihen ein; sie sind für alle Betroffenen sichtbar und handeln namens der Partei oder in deren ausdrücklichem Auftrag. Dadurch erhalten sie eine Symbolfunktion für die Gruppe, im Guten wie im Schlechten. Sie werden die Träger der bewunderten wie auch der verachteten Eigenschaften. Gleichzeitig werden sie zum Massstab dessen, was erlaubt oder unerlaubt, was bewunderungswürdig oder abzulehnen ist. In ganz krassen Fällen werden die eigenen Führer so hoch hinaufstilisiert und idealisiert, dass sie als welthistorisch einmalige Persönlichkeiten weit über die Durchschnitts-Gruppenmitglieder hinausragen.

Zunächst werden sich die Images der Führer und ihrer Geführten nicht zu weit voneinander entfernen, weil dem Führer andernfalls seine Anerkennungsbasis entgleitet (P. Hofstätter 1959). Für die weiteren Eskalationsstufen ist jedoch übermässig hohes Idealisieren der Führer die Regel: Sie werden zu Helden und unerreichbaren Göttern und treten dann als Instrumente der Vorsehung auf.

Somit ist für die Beziehungen der Führer oder Repräsentanten zu den Gruppenmitgliedern ein doppelter vitiöser Projektionsmechanismus wirksam: 1. Einerseits werden beim Aufkommen der stereotypen Selbstbilder bestimmte Personen an die Front der Auseinandersetzung geschoben und es werden auf sie – und auf das Kollektiv der eigenen Partei insgesamt – positive Eigenschaften projiziert. Gute, kräftige Führer zu haben ist dann schmeichelhaft für die eigene Partei. Man kann sich über den Umweg der Identifikation besser wähnen, als man im allgemeinen ist. – 2. Andererseits werden nun die Führer in eine Position manövriert, in der sie sich bemühen müssen, diesen Projektionen zu entsprechen, weil sie andernfalls die ihnen gegebene Anerkennung verlieren könnten. Damit werden sie diese

Erwartungsprojektionen erfüllen und gleichzeitig verstärken, denn sie bestätigen scheinbar die Richtigkeit der Projektionen. A. Gladstone (1959) weist auf diese Zusammenhänge hin, die im Endeffekt weitere Projektionsvorgänge fördern werden. Die Repräsentanten oder Führer prägen somit durch ihre Aussagen, ihre Beispielswirkung und ihr Verhalten sehr stark die Normen innerhalb ihrer Partei. Dies wirkt zugunsten der Mechanismen der *«sozialen Ansteckung»*.

6.1.1 Soziale Ansteckung

In unseren Ausführungen zur Eskalationsdynamik werden wir zeigen, dass bestimmte Stimmungen, aggressive Einstellungen, pessimistische Antizipation usw. von den Parteien übernommen und verstärkt werden. Bei kollektiven Parteien kommt es hierbei zu «sozialer Ansteckung», deren Wirken wir jetzt näher beleuchten wollen.

Nach A. Gladstone (1959) kommt es zur Verbreitung negativer Einstellungen gegen die andere Partei, weil der Gruppenrepräsentant über den Weg der Projektion stellvertretend für das Gruppenmitglied aggressive Handlungen verrichtet. Die Gruppenmitglieder unterstützen ein kräftiges, selbstbewusstes und auf die eigenen Gruppeninteressen gerichtetes Verhalten ihrer Vertreter, weil sie sich dadurch selber als aktiv, entschlossen und standhaft bewerten dürfen. Wenn der Gruppenrepräsentant diesen Erwartungen der Mitglieder seiner Gruppe entspricht, verstärkt er somit gleichzeitig die Norm, dass dieses Auftreten *gerechtfertigt* sei.

In ähnlicher Weise erklären I. Janis und D. Katz (1959) soziale Ansteckung. Für sie ist ausschlaggebend, dass im allgemeinen in Gemeinschaften Gewaltakte der Gruppenmitglieder untereinander verboten sind und deshalb das Strafen und Durchsetzen von Gruppenregeln monopolisiert worden ist. Gewalt ist also zentralisiert und eine Gruppeninstitution und wird von den Führern oder Repräsentanten «verwaltet». Im Laufe des Konfliktes werden jedoch dieselben Personen, die sonst für das Unterbinden von Gewalt in der eigenen Gemeinschaft sorgen, zu Propagandisten der Gewalt – jetzt aber gegen eine andere Partei gerichtet! Die einzelnen Gruppenmitglieder dürfen nunmehr auf legitime Weise Gewalt ausüben. «Gewalt kann immense und bizarre Formen annehmen», schreiben Janis und Katz, «wenn die Institution, die sonst Gewalt verbietet, sie jetzt fördert.» Das einzelne Gruppenmitglied kann nunmehr die aggressivsten Impulse ausleben, die es bisher unterdrücken musste. Überdies ermöglicht dies dem einzelnen Mitglied, eventuelle Schuldgefühle bzw. moralische Skrupel von sich abzuwenden und der Gesamtgruppe zuzurechnen («compartmentalization»). Schuld wird also «sozialisiert», d. h. einem unpersönlichen, kollektiven Träger zugeschoben. Dies fördert soziale Ansteckung mit negativen Einstellungen in grossem Ausmass. (Und dieses

Abschieben der persönlichen Verantwortung und Schuld auf die Gemeinschaft löst nach Beendigung des Konfliktes die Frage der Kollektivschuld aus – die aber am Wesen der Schuld vorbeigeht. Wie V. Frankl meinen wir, dass Schuld nur einer Person, einem Ich-Wesen zugerechnet werden kann.) Auf den weiteren Eskalationsstufen hat sich gezeigt, dass sich jede Gruppe doch a priori als Vertreter des Rechtes und der einzig richtigen Moral schlechthin sieht und demnach eine Art «gerechten Krieges» mit dem Gegner zu führen meint. Dies führt gerade zu einem sprunghaften Anstieg der sozialen Ansteckung von der fünften Eskalationsstufe an. Auf den niedrigeren Eskalationsstufen trägt in erster Linie «soziales Lernen» zur sozialen Ansteckung bei: Nachdem sich ein Kollektiv einige Male mit Gewalt kompromittiert hat und eine gewisse Schwellenangst überwunden worden ist, lernt es, mit Gewalt zu leben. Eine Reihe von Angstvorstellungen erweisen sich für die Gruppe damit als unbegründet. Dazu kommt dann die Verstärkung durch den Exkulpierungseffekt und die Normprägung durch die Führer der eigenen Partei.

R. Raak (1970) bestätigt mit seinen historischen Analysen Befunde von R. Brown (1965), M. Wallach, N. Kogan und D. Bern (1962), nach denen die Risikobereitschaft in Konflikten durch soziale Ansteckung allgemein vergrössert wird. Weil das einzelne Gruppenmitglied beobachtet, dass auch andere Gruppenmitglieder zu riskantem Verhalten bereit sind, erscheint ihm die eigene Haltung weniger gefährlich und riskant. Wenn man sich mit den übrigen Gruppenmitgliedern der Schicksalsgemeinschaft verbunden weiss, trägt dies zur sozialen Ansteckung und Vergrösserung der Risikobereitschaft wesentlich bei. Nach J. Dash (1966) bildet sich durch die gegenseitige Resonanz zwischen den Gruppenmitgliedern ein Konsens über bestimmte Normen. A. Mitscherlich (1964) fügt dem noch hinzu, dass es das einzelne Gruppenmitglied unter dem Konformitätsdruck vorziehe, mit den Wölfen mitzuheulen, um selbst nicht abseits zu stehen und durch den Abstand zur Gruppe Hassobjekt zu werden.

Soziale Ansteckung ist als ein Prozess zu verstehen, der vielfältige Faktoren und Mechanismen zu einem Gesamtprozess vereinigt. Im Mittelpunkt steht die Erwartungshaltung der einzelnen Mitglieder und die Resonanzwirkung, die von dem gleichgeordneten Gruppenmitglied und von der Führerpersönlichkeit ausgehen kann. Diese Resonanzfunktion ist im Grunde sozial-autistischer Natur, so wie dies von T. Newcomb (1947) dargelegt worden ist. Dadurch tritt Selbstverstärkung auf, die sich zyklisch immer wieder so weit steigert, bis eine Entladung nach aussen erfolgen kann. Die Führerpersönlichkeiten sind in diesem Prozess deswegen von besonderer Wichtigkeit, weil sie symbolische Repräsentanten der Gruppenidentität sind und deshalb bei der Entwicklung oder Änderung von Gruppennormen eine zentrale Rolle spielen. Sie verwalten die Sanktionen und können direkt wie auch indirekt den Druck auf die Gruppenmitglieder erhöhen oder abschwächen.

6.1.2 Ansatzpunkte für die Konfliktbehandlung

Konfliktbehandlung wird sich darum den Normen, die im Laufe des Konfliktprozesses durch die Eskalation entstanden und intensiviert worden sind, zuwenden müssen. So wie es bei Individuen um ein Abbauen der negativen Einstellungen gegenüber der anderen Partei geht, so handelt es sich bei kollektiven Parteien um das Verändern sozialer Normen, die das Verhalten der Parteien zueinander bestimmen. Die Führungspersönlichkeiten und die Repräsentanten der Gruppen nehmen darin eine Schlüsselposition ein und können durch ihr Auftreten Konfliktbehandlung fruchtbar machen oder vereiteln.

Präventive Konfliktbehandlung wird daran arbeiten müssen, dass die Mechanismen und Faktoren der sozialen Ansteckung für die Konfliktparteien durchschaubar werden. Wenn diese Mechanismen in ihrem Wirken unberührt bleiben und der Konflikt nur von aussen her eingedämmt oder reguliert bzw. kanalisiert wird, dann kann bei der nächsten Krisenbelastung wiederum soziale Ansteckung auftreten, die zur Fortsetzung der Konflikte führt.

Arbeit an den Wirkfaktoren der sozialen Ansteckung ist sehr langwierig und schwierig. Die tieferliegenden Bedürfnisse der Gruppenmitglieder spielen dabei eine ebenso wichtige Rolle wie die gegenseitigen Beziehungen der Gruppenmitglieder untereinander und die zwischen dem Führer/Repräsentanten und der Gruppe. Die Beziehungen zwischen der Gruppe und ihren Repräsentanten werden dabei gewandelt werden. Dies bedeutet eigentlich immer, dass sich die Gruppe von den Führern emanzipieren muss. Deshalb bewirkt die Arbeit an den Mechanismen der sozialen Ansteckung eine Änderung der Führerrollen und der Rollen der Gruppenmitglieder.

Bei Eskalationsgraden ab der fünften Stufe wird es in der Regel unmöglich sein, direkt an der internen Führungsstruktur zu arbeiten. Dies erschiene der betreffenden Konfliktpartei als Versuch, ihre innere Stärke und ihre Identität zu brechen. Derartige Versuche würden auch den direkten Widerstand der Führer selbst herausfordern.

In den meisten Fällen wird erst dann ein günstiges Klima für diese Arbeit geschaffen sein, wenn durch Sofortmassnahmen und «Status-quo-Regelungen» sichergestellt ist, dass die Situation nicht weiter eskaliert. Hinter dem Schild derartiger Regelungen kann an den Mechanismen gearbeitet werden, um die Folgen der sozialen Ansteckung in der Vergangenheit zu heilen und ein Bewusstsein dafür aufzubauen, das für die Zukunft präventiv wirken kann.

6.2 Die Beziehungen der Repräsentanten zu ihren Parteien

Die Beziehungen der Repräsentanten zu ihrer eigenen Hintermannschaft können sich auf vielerlei Arten gestalten. Im Laufe des Konfliktes können sie noch weiter verändert werden. Die wechselseitigen Einflüsse von Gruppen und ihren Repräsentanten machen die Konfliktbeziehungen in einem solchen Fall weniger durchsichtig. In meso-sozialen Konflikten haben wir mit vielen Beziehungsebenen zu tun:

a) die Führer haben miteinander direkte Beziehungen
b) jeder Führer unterhält die Beziehungen zu seiner eigenen Partei
c) jeder Führer versucht, auch die Position seines gegnerischen Exponenten zu dessen eigener Hintermannschaft zu beeinflussen (ihn dort unbeliebt oder unglaubwürdig zu machen usw.)
d) und jeder Führer versucht, seine eigene Gruppe vor den Einflüssen des gegnerischen Führers abzuschirmen.

Von verschiedenen Autoren sind die Spannungen, denen die Repräsentanten der Konfliktparteien ausgesetzt sind, näher untersucht worden. A. Douglas (1957) beschreibt aufgrund ihrer Beobachtungen bei realen Verhandlungssituationen zwischen Arbeitgeber- und Arbeitnehmervertretern, dass die Repräsentanten in verschiedenen Phasen die unterschiedlichen Spannungspole näher akzentuieren. Beim «Feuerwerk» zu Beginn der Verhandlung bringen die Vertreter erst die Forderungen und Programme ihrer Hintermannschaften. Sie verhalten sich dabei rein als «ausführende Funktionäre ihrer Hintermannschaft». In der darauffolgenden Phase kommen sie jedoch so miteinander ins Gespräch, dass sie gegenseitig abtasten, wie weit jede Seite Zugeständnisse zu machen bereit wäre, welche Verhandlungsspielräume man bekommen hat und man lernt einander als Personen näher kennen. Dabei ist den Repräsentanten daran gelegen, in der «Hic-et-nunc»-Situation ein erträgliches Klima zu schaffen. Erst im folgenden Schritt wird versucht, in der sichtbar gewordenen Spannung Wege zur Lösung zu suchen. Dabei ist man ständig mit dem Dilemma konfrontiert, die Interessen der eigenen Hintermannschaft oder die des Gegners zu würdigen. R. Walton und R. McKersie (1965) und K. Thomas (1976) sagen deshalb, dass Repräsentanten einem Zweifrontenkonflikt ausgesetzt sind. Einerseits müssen z. B. bei einem Streik die gewählten Personalvertreter ihre Forderungen gegenüber der Unternehmungsleitung durchsetzen, andererseits müssen sie aber imstande sein, auf dem Wege von internen Verhandlungen mit ihrer eigenen Hintermannschaft, die erzielten Ergebnisse von der eigenen Partei akzeptieren und «ratifizieren» zu lassen. Damit sind die Parteienvertreter einem beträchtlichen Druck ausgesetzt, der bei zunehmender Eskalation für sie unerträglich werden kann. D. Druckman (1977) spricht angesichts dieses Dilemmas vom «Grenzrollenkonflikt der Repräsentanten». Bei Untersuchungen zum Verhalten der Konfliktparteien, sowie bei Verhandlungen im meso- und makro-sozialen Raum, sind diese Spannungsfelder zu berücksichtigen. Auch bei der Konfliktbehandlung kommt dem realistischen Einschätzen der Positionen der Repräsentanten grosse Bedeutung zu.

Diese genannten Spannungsfelder stellen im Konfliktprozess, dessen Stresswirkung im Zuge der Eskalation immer weiter zunimmt, grosse Anforderungen an die Konfliktparteien. Die Art und Weise des Umgehens mit diesen Spannungen wirkt sich auf ihr Verhalten gegenüber dem Gegener aus. Und überdies bietet es für die Wege der Konfliktbehandlung sowohl Möglichkeiten als auch Einschränkungen.

Bei denselben formellen Gegebenheiten (Instruktionen, Erwartungen der eigenen Hintermannschaft und Sanktionsmöglichkeiten gegenüber dem Repräsentanten) neigt der eine Gruppenvertreter dazu, in allem erst die Meinungen der Anhänger zu erkunden, wo der andere von sich aus das «Machbare» in der Situation gegenüber dem Gegner vertritt. Wenn sich in der direkten Begegnung mit dem Opponenten konkrete Lösungsmöglichkeiten abzeichnen, neigt der eine dazu, alle möglichen Vorbehalte anzubringen und nichts ohne ausdrückliches Einverständnis der Hintermannschaft zu tun, wo der andere bereit ist, selbst für diese Lösungen einzutreten und seine eigene Gruppe dafür zu gewinnen. Wo die eine Person bereits den Widerstand der eigenen Partei antizipiert und ihn gar nicht erst heraufbeschwören will, nimmt die andere dies als Herausforderung, die sie zu einem höheren Einsatz stimuliert. Beide Personen sind einem ähnlichen Druck ausgesetzt; beide Seiten können in sich denselben Konflikt spüren, aber beide Typen gehen doch anders mit dem Druck und mit den internen Konflikten um.

Weil sich in der meso-sozialen Dimension die Konfliktaustragung zumeist über Repräsentanten abspielt, ist es von Nutzen, sich ein Bild ihres Einflusses in der eigenen Gruppe zu machen. Auch die Konfliktbehandlung wird über verschiedene Repräsentanten vorgehen müssen (siehe dazu L. Goodstein und R. Boyer 1972; R. Fisher 1972). Darum ist es wichtig, sich über ihre Möglichkeiten und Beschränkungen im klaren zu sein.

6.2.1 Formelle Mandatsverhältnisse und die Persönlichkeit des Repräsentanten

Zwei wichtige Einflussgrössen müssen unterschieden werden. Zum einen kann es so sein, dass die eigene Partei ihrem Repräsentanten ausdrücklich sehr kleine Ermessensspielräume lässt. Sie gibt ihm genaue Instruktionen und erlaubt ihm kaum davon abzuweichen. Diese Erwartungen und Aufträge werden durch vielerlei Zwangsmittel abgesichert. Wenn sich der Repräsentant der Partei nicht an die ihm mitgegebenen Instruktionen hält, kann er erheblichen Nachteilen ausgesetzt sein. Die Gruppe straft ihn entweder formell oder setzt ihn der Lächerlichkeit aus und kann ihn aus der Gruppe ausstossen. Daneben kann die Gruppe ihre Repräsentanten durch intensive Kontrollen dazu führen, die Instruktionen genau zu beherzigen: Durch regelmässige Berichterstattungen, neue Diskussionen der eigenen Vorgehensweisen, direkte Kritik am bisher erzielten Ergebnis der Auseinandersetzung mit dem Repräsentanten der Gegenseite, dem Ruf als Gruppe oder als Repräsentant, dem Eindruck auf die öffentliche Meinung usw. (N. Vidmar 1971; D. Druckman 1977). Es kann also ein formelles Mandatierungsverhältnis vorliegen, wobei sehr grosse Unterschiede möglich sind: Ein Repräsentant kann durch ein *«gebundenes Mandat»* an enge Vorschriften und Erwartungen gekettet sein. Oder er kann mittels eines *«freien Mandates»* in der direkten Konfrontation den weiteren Verlauf der Auseinandersetzung nach seinem eigenen Urteil bestimmen.

Zum anderen ist jedoch ausschlaggebend, wie verschiedene Personen bei gleichem Mass an Autonomie doch unterschiedlich damit verfahren. Der eine Repräsentant wird sich ängstlich darum bemühen, in allem den Erwartungen seiner Hintermannschaft zu entsprechen und ihr zu Gefallen zu sein; er wird ständig in allem Tun und Lassen von seinen Auftraggebern gesteuert – selbst wenn dies unbewusst geschieht – und erlebt sich in grossem Masse davon abhängig. Eine andere Person versteht sich weitgehend autonom und will selbst bestimmen, wie sie sich in der konkreten Situation verhält. Nötigenfalls traut sie sich zu, ein mit der Gegenpartei erzieltes Ergebnis gegen den Widerstand der eigenen Hintermannschaft durchzusetzen (H. Prein 1979; H. Kelman 1972). Nochmals: Es zeigt sich unterschiedliches Verhalten, auch wenn formell dieselben Rollenzwänge usw. gegeben sind.

Diese beiden skizzierten Verhaltensweisen kennzeichnen unterschiedliche Typen von Repräsentanten, die unterschiedliche Möglichkeiten für die Konfliktbehandlung bieten.

6.2.2 Grundtypen der Beziehungen zwischen Repräsentant und Basisgruppe

Wir unterscheiden drei Grundtypen: 1. *«Volkstribun»*, 2. *«Senator»* und 3. *«König im Exil»*

1. Unter dem Typus des *«Volkstribunen»* verstehen wir Persönlichkeiten, die sich in allem als Sprachrohr ihrer Gruppe sehen. Sie glauben sich in einem starken

Abhängigkeitsverhältnis zu ihrer Hintermannschaft und werden weitgehend von den Stimmungen und Erwartungen ihrer Gruppe geprägt.

2. Mit dem Typus des «*Senators*» bezeichnen wir Persönlichkeiten, die zwar die Interessen ihrer Hintermannschaft klar vor Augen haben und diese zu wahren bemüht sind, die sich jedoch selbst einen eigenen Ermessensspielraum zumessen, den sie nach der eigenen Beurteilung der Situation ausfüllen. Sie nehmen eine relativ unabhängige Haltung an und sind gewillt, gegenüber der eigenen Gruppe unpopuläre Ansichten zu vertreten und für ihre Durchsetzung zu sorgen.

3. Mit dem Ausdruck «*König im Exil*» wollen wir einen Repräsentanten charakterisieren, der eigentlich keine faktische Verbindung zu irgendeiner Hintermannschaft besitzt, dafür aber um so kräftiger darauf pocht, die «Stimme des Volkes» darzustellen und als Vertreter der «schweigenden Mehrheit» respektiert und gehört zu werden verlangt. Diese Personen haben sich im Grunde mehr oder weniger selbst mandatiert und führen eigenmächtig einen wilden Streik, sperren die Arbeiter einer streikenden Fabrik «im Namen aller Unternehmer» aus und legen zumeist sehr extremes und radikales Verhalten an den Tag. In der Folge werden wir bei diesem Typus von der «*Selbstmandatierung*» bzw. vom «*Quasi-Repräsentanten*» sprechen.

Wir finden diese Erfahrungsbefunde auch in einschlägigen Untersuchungen der sozialen Wirklichkeit und in experimentellen Situationen bestätigt.

6.2.2.1 «Volkstribun» (Abhängiger Repräsentant)

R. Bauer (1958) hat in einer empirischen Untersuchung zu den wechselseitigen Einflüssen von Einzelpersonen und «Publikum» zwei grundsätzliche Typen von Persönlichkeiten unterscheiden können. Der Typus, der unserem «Volkstribun» entspricht, wird von Bauer als «*publikumsempfänglicher Typus*» bezeichnet. Solche Personen tasten stark die Meinungen ihrer Hintermannschaft ab und richten sich danach. Sie finden Widerstand ihrer Gruppe unerträglich und antizipieren durch ihr «inneres Publikum» auf solche Situationen. Das heisst, sie prüfen Informationen, Einstellungen und Verhaltensweisen innerlich an den Normen und Erwartungen ihrer Referenzgruppe und treffen vorbeugende Massnahmen. Ähnliche Ergebnisse haben sich bei den experimentellen Untersuchungen von J. Rotter (1966), R. Bobitt (1967), N. Vidmar (1971), J. Rubin und B. Brown (1975) J. Wall (1977) und anderen (siehe die Übersicht bei H. Lefcourt 1972) gezeigt. Es konnten dabei unterschiedliche Verhandlungsführer beobachtet werden, die einen anderen «locus of control» besassen, den wir am besten als «Erwartungs- und Steuerungsorientierung» bezeichnen können. Im Falle der abhängigen Volkstribunen wird von *externer Orientierung* gesprochen («externals»): Die Repräsentanten sind im Verhalten stark von Kräften ausserhalb ihrer Person gesteuert. Sie meinen auch, dass das Ergebnis der Begegnungen mit dem Vertreter der anderen Partei kaum von ihrem eigenen Verhalten abhänge. Darum neigen sie in ihrem Verhalten dazu, das des gegnerischen Repräsentanten mehr oder weniger zu spiegeln: Wenn ihr Gegner sehr aggressiv auftritt, dann legen auch sie aggressives, starres und hartes Verhalten an den Tag. Wenn sich der Gegner konzessionsbereit gibt, dann gehen sie gleichfalls kooperativer vor. (Modell der Reziprozitätstheorie der Verhandlungen von J. Wall 1977.) – Bei grossem Druck aus ihrer Hintermannschaft neigen sie gleichfalls dazu, aggressive Forderungen einfach weiterzugeben und in einem militanten, harten Ton zu vertreten.

«Volkstribune» lernen es, Erwartungen ihrer Hintermannschaft gut zu antizipieren und diese zu artikulieren. Äusserlich gesehen erscheinen sie oft als Personen, welche die Stimmungen und Absichten ihrer eigenen Partei treffend formulieren und kräftig vertreten, zumal sie auch bei gegebener Unsicherheit und Abhängigkeit öffentlich den Eindruck von mächtigen Meinungsmanipulatoren wecken können (so auch der «militante Typ» bei R. McKersie, Ch. Perry und R. Walton 1965). Und doch sind sie in erster Linie darum bemüht, der eigenen Gruppe «nach dem Mund zu reden». Nach Goethe könnte man sagen: «Er meint zu schieben und er wird geschoben.»

Dieser Typus lässt sich leicht zu immer extremeren und radikaleren Behauptungen hinreissen, die der eigenen Partei nicht immer den gewünschten Erfolg bringen, aber dem Bedürfnis nach Demonstration der eigenen Macht und Stärke entgegenkommen. Führer oder Repräsentanten dieses Typus sind erfolgreich, solange die Hintermannschaft ihre Wünsche auf sie projizieren kann.

Der erwähnte Vorgang lässt sich als «Mitkoppeln» bezeichnen. Die vorhandenen Gefühle und Stimmungen der Gruppe werden durch die Repräsentanten öffentlich artikuliert und gleichzeitig verstärkt. Der Repräsentant kann aber nur mitkoppeln, weil er fürchtet, sonst seine Popularität zu verlieren. Die Einflüsse gehen von der Gruppe zu ihm. Er ist Vollzieher und Verkündiger, nicht aber ursprünglicher Gestalter dieser Haltungen seiner Gruppe. Darum kann er nur bestehende Stimmungen verstärken, nicht aber einen Stimmungsumschwung herbeiführen. Dies ist seine Beschränkung bei einer Konfliktbehandlung, die einen generellen Umschwung im Denken, Fühlen und Wollen der Gruppenmitglieder erfordert.

Solche Repräsentanten erfüllen die Normen der Gruppe in vorbildlicher Weise. Sie dienen darum als Symbolfigur für die übrigen Gruppenmitglieder, welche das Vorbildverhalten der Repräsentanten als stellvertretend für die eigenen Wünsche sehen. Darum werden diese Persönlichkeiten durch stark irrationale Bewegungen nach oben getragen. Sie gelangen zu Einfluss, den sie dann im Sinne des mitkoppelnden Verstärkens noch weiter gebrauchen. Ebenso können sie aber mit einem plötzlichen Umschwung in der Haltung der Gruppe sozusagen in Ungnade fallen, wenn sich die Projektionsbedürfnisse anderen Repräsentanten zuwenden.

Volkstribune fürchten ständig, dass sie als Repräsentant von der eigenen Basis abgeschnitten werden. Wir sind wiederholt solchen Personen begegnet, die immer wieder forderten, mehrere Vertreter aus der eigenen Gruppe in die Beratungen mitnehmen zu dürfen. In solchen Situationen verhielten sie sich weitaus unnachgiebiger und aggressiver als in Begegnungen allein mit einem Repräsentanten der anderen Gruppe. Sie meinten offensichtlich, ihre Legitimation als Repräsentant dadurch vor eigenen Gruppenangehörigen beweisen zu müssen. – Wenn Konflikte bereits bis zur vierten Stufe eskaliert sind, dann wird die Eskalation vor allem durch das Verhalten dieses Typus noch mehr vorangetrieben.

6.2.2.2 «Senator» (Unabhängiger Repräsentant)

Den zweiten Typus nennt R. Bauer (1957) «publikumsresistent» («audience resistance»), weil sich diese Persönlichkeiten zwar mit der Meinung ihres Auditoriums auseinandersetzen, ohne sich aber von ihr massgeblich bestimmen zu lassen. Mit dem heutigen Sprachgebrauch könnte man sagen, solche Personen haben «soziales Stehvermögen». Sie üben selbst grossen Einfluss auf die öffentliche Meinung in ihrer Gruppe aus und geben dieser obendrein noch das Gefühl, richtig verstanden und vertreten worden zu sein. Sie gehen Widerständen in der eigenen Gruppe nicht aus dem Weg, sondern können diese aktiv überwinden. Die öffentliche Meinung der Gruppe ist in diesem Falle die «veröffentlichte Meinung» des Repräsentanten.

In den Untersuchungen von J. Rotter (1966), R. Bobbitt (1967), J. McGrath (1970) wie auch in der Übersicht von H. Lefcourt (1972) wird dieser Typus als «intern gesteuert» («internals») bezeichnet. Hierbei gehen die Repräsentanten davon aus, dass sie das Ergebnis wesentlich selbst bestimmen können. Dementsprechend verhalten sie sich in Konfliktsituationen ihrer Gegenpartei gegenüber grundlegend komplementär und entsprechend den Modellvorstellungen der Theorie des «operant conditioning framework» (J. Wall 1977): D. h. sie sind sich dessen bewusst, dass sie mit ihrem Verhalten das des Gegners konditionieren. Dessen Konzessionsbereitschaft oder Hartnäckigkeit verstehen sie als Reaktion auf ihr eigenes Verhalten. Wenn sich der Gegner aggressiv und unbeugsam verhält, neigen sie selbst zu mehr kooperativem Verhalten; hingegen erwidern sie eine weitgehend kooperationsbereite Haltung des gegnerischen Vertreters mit geringerer Konzessionsbereitschaft (R. Bobbitt 1967; J. Rubin und B. Brown 1975; M. Mulder 1978).

Wenn diese Personen einem sozialen Druck seitens ihrer eigenen Partei ausgesetzt sind, koppeln sie nicht einfach verstärkend mit, sondern sind zum «Rückkoppeln» und «Gegensteuern» fähig. Sie stellen den Erwartungen der Gruppe ihre eigenen entgegen und verstehen es, diese ganz oder teilweise durchzusetzen. Dadurch lassen sie sich weniger unbewusst provozieren, sondern bestimmen ihrerseits den Kurs der Gruppe. Im übrigen sind sie als sichtbare oder unsichtbare «Regisseure» (H.-E. Richter 1972) sehr einflussreich im Zuteilen der Rollen an andere und im Bestätigen eines solchen Rollengefüges.

Sie kennen nach unseren Beobachtungen kaum Angst, dass sie von der Basis ihrer eigenen Partei isoliert werden könnten. Wenn sie sich für bestimmte Aktivitäten in der Konfliktbehandlung engagieren, sind sie auch nicht besonders um die Durchsetzbarkeit ihrer einmal gewonnenen Überzeugungen besorgt. Dabei lassen sie sich nicht durch Vorstellungen lähmen, dass ihre eigene Einstellungsänderung bei ihrer Partei als Verrat an der Gruppe angesehen werden könnte. Vielmehr gebrauchen sie ihren Einfluss dazu, die Gruppenerwartungen und Gruppennormen selbst mitzugestalten und gegenüber der Gruppe sogar eine Gewissensfunktion auszuüben (I. Janis und D. Katz 1959). Gewiss können sie nicht gänzlich von den Auswirkungen ihres Verhaltens auf ihre Position und Rollenzwänge als Repräsentant absehen. Schliesslich sind sie auch Sanktionen ihrer Partei ausgesetzt und benutzen den Konflikt oft, um ihre Position gegenüber anderen konkurrierenden Führern zu verbessern. Sie stehen jedoch während der internen Verhandlungen (R. McKersie, Ch. Perry und R. Walton 1965; K. Thomas 1976) souveräner ihrer eigenen Partei gegenüber und sind geeignet, zwischen ihrer eigenen Partei und dem Gegner vermittelnd zu wirken (D. Druckman 1977). Nichtsdestoweniger sind auch diese Repräsentanten während des Eskalationsprozesses den beschriebenen Mechanismen ausgesetzt und von ihnen beeinflusst. Sie verfügen lediglich über andere Möglichkeiten, die Kontrolle ihres Bewusstseins wiederzufinden und ihr Verhalten zu steuern.

6.2.2.3 «König im Exil» (Quasi-Repräsentant, Selbstmandatierung)

In der Literatur finden sich dazu unseres Wissens noch keine Anknüpfungspunkte. Wir kennen diese Form aus der Arbeit in Konfliktsituationen des wilden Streiks und bei studentischen Aktionen als Folge der Pariser Studentenrevolten von 1968. Eine kleine Minderheit warf sich dabei zum Sprecher einer grossen Masse auf und behauptete, die wahren Anliegen dieser schweigenden Hintermannschaft zu vertreten. Wo wir in unserer Praxis diesen «Repräsentanten ohne Hinterland» begegneten, zeichneten sie sich durch einen hohen Grad der Ideologisierung aus. Sie sind bemüht, ihre Aktionen damit zu legitimieren. Dazu kommen häufig Transaktionen mit der weiteren sozialen Umgebung, die als Forum in die eigene Affäre einbezogen wird (ähnlich P. Diesig 1961) oder als Anhängerschaft geworben werden soll. Es hat sich als typisch gezeigt, dass «Könige im Exil» ihre Aktionen am liebsten «auf dem Marktplatz» durchführen wollen, um dort die Medien der öffentlichen Meinung anzusprechen und bewusst oder unbewusst zu «bespielen». Sie widersetzen sich hartnäckig bestimmten Formen der Auseinandersetzung. Vor allem zeigen sie Vorbehalte gegen Versuche der Konfliktbehandlung in geschlossenem, kleinerem Kreise. Diese Verhaltensweisen wirken stark polarisierend und führen schnell den Konflikt auf die vierte Eskalationsstufe und darüber hinaus. Als Aktivisten verstehen sie sich, um mit dem Dichter Bert Brecht zu sprechen, als die «gesellschaftlichen Frühaufsteher», weil sie nach ihrer Auffassung früher als andere die wahren Probleme erkennen und signalisieren. Dadurch stehen sie allein und müssen erst noch einige Zeit bewusstseinsbildend arbeiten, ehe sie durch Anhänger verstärkt werden. Darum werden die Hoffnungen auf eine breitere Anhängerschaft gesetzt, die dem Konflikt durch die Quantität ein «Momentum» verleihen sollen, das zu einem grösseren oder kleineren Durchbruch führen kann. Darum das Bedürfnis nach einem Wirken vor den Augen der Öffentlichkeit.

Soweit unsere skizzenhafte Charakterisierung der drei Typen von Repräsentanten. Wir haben dabei illustrieren wollen, dass das Verhalten der Gruppenvertreter in Konflikten sehr komplex und vielschichtig sein kann und deshalb bei Strategien der Konfliktbehandlung im makro- und meso-sozialen Rahmen mehr Vorkehrungsmassnahmen erfordert als in mikro-sozialen Konflikten. Im Verhalten der Gruppenmitglieder zu ihren Vertretern und vice versa mischen sich die mannigfaltigen Bedürfnisse und Erwartungen, die wir bei der Erwähnung der Projektionsvorgänge zwischen Führern und Geführten eingangs aufgeführt haben. Für Methoden der Konfliktbehandlung können sie Chancen oder Einschränkungen darstellen.

6.2.3 Konsequenzen für die Konfliktbehandlung

1. *Konfliktbehandlung über Volkstribune* gestaltet sich schwieriger als über Senatoren. Bei den Behandlungsmethoden wird es darum gehen, mit ihnen am Problem der Beziehungen mit der Hintermannschaft zu arbeiten. Wenn dies nicht geschieht, werden Behandlungsbemühungen von vornherein scheitern oder zu Rückschlägen führen.

Weil es Volkstribunen vorziehen, sich nicht von ihren Gruppenmitgliedern isolieren zu lassen, schlagen wir deshalb oft vor, dass sie mehrere Personen nach eigener Wahl mit einbeziehen. In der Regel wird das dazu dienen, mit dieser Gruppe eine kleine intermediäre Plattform als Ausgangspunkt für weitere Aktivitäten zu bilden. Dies hat für den Volkstribunen die folgenden positiven Wirkungen:

- es stärkt seine Position, weil er sich dadurch weniger dem Verdacht ausgesetzt weiss, dass er die Gruppe eventuell verraten könnte,
- er braucht weniger zu fürchten, gegen andere ausgespielt zu werden,
- diese Plattformgruppe kann durch die Entwicklung eigener Ideen und Vorstellungen eine genügend starke Gruppe bilden, die sich einen kleinen Freiraum autonomen Verhaltens erwirbt und absichert,
- die Mitglieder der Plattformgruppe können miteinander die Möglichkeiten des Brückenschlages zur Restgruppe besprechen und geeignete Massnahmen vorbereiten.

Eine derartige Plattformgruppe stützt den Exponenten gegen seine Gruppe ab und erlaubt ihm überdies, sich von Positionen zurückzuziehen, die er im Zuge der Eskalation eventuell eingenommen hat.

Bei einem Konflikt in einer Stahlfabrik hatten wir bei dem Leiter des Stahlwerkes (Aufbereitung des Materials) mit einem Volkstribun zu tun, der sich keine Gelegenheit entgehen liess, sich der Gunst seiner Mitarbeiter zu versichern. Dazu dienten Betriebsausflüge, Kegelabende usw. Immer betonte er seine Volksnähe, wobei er gleichzeitig unterstrich, dass er gewiss ein harter «aber sehr gerechter Chef» sei. Er wählte zwei Meinungsmacher aus seiner Abteilung zu sich in eine Plattformgruppe, in der die direkten Begegnungen mit dem Repräsentanten der gegnerischen Gruppe, der Einkaufsabteilung, stattfanden. Er griff auf seine Mitarbeiter wiederholt als auf seine «Stützen» zurück und liess sich von ihnen wiederholt bestätigen, dass er sich offen, direkt und hart gegenüber der anderen Partei verhalte. Nach Konfrontationsgesprächen erfolgten unter unserer Begleitung Nachbesprechungen, bei denen nur der Leiter des Stahlwerkes mit den zwei Meinungsmachern aus seiner Abteilung zugegen war. Dabei wurde «Manöverkritik» an dem Begegnungsgespräch geübt und besprochen, wie manche Verhaltensänderungen auch der eigenen Hintermannschaft ohne Gesichtsverlust nähergebracht werden könnten. Es zeigte sich in den Gesprächen mit der eigenen Hintermannschaft, dass diese zwei Personen als Mittelsmänner eine wichtige Funktion erhielten. Sie wirkten als interne Vermittler zwischen dem stark exponierten Chef der Abteilung und seiner Abteilungsmannschaft.

Die Bildung solcher Plattformgruppen erleichtert die Arbeit für alle Betroffenen. Es ist jedoch nicht immer möglich, sicher nicht in den Anfangsschritten der Konfliktbehandlung. Dann kann mit dem Volkstribunen versucht werden, manche der abhängigkeitsverstärkenden Faktoren zu schwächen, die sich aus den Rollenzwängen ergeben, und andererseits eine stärkere Haltung der inneren Unabhängigkeit zu entwickeln. Eines der Anfangsprobleme ist dabei, dass sich die abhängigen Repräsentanten nach aussen gerne als stark und mächtig präsentieren und nur ungern zugeben, dass sie sich mächtigen Zwängen seitens ihrer Gruppe ausgesetzt fühlen. Als dritte Partei kann man dabei wesentliche Hilfestellung gewähren.

Wirksame Interventionen können hierbei u.a. die folgenden sein:

- Mit den Repräsentanten wird untersucht, welche konditionierende Faktoren für sie bestehen; danach wird ihre Reaktion darauf betrachtet und behandelt (siehe Kap. 12.3 und 11.2.2).
- Mit den Repräsentanten wird nach den Methoden der Gestalttherapie mit Hilfe «geleiteter Phantasiereisen» exploriert, wo die Abhängigkeit von der eigenen Hintermannschaft Angstvorstellungen bewirkt. Mit der betreffenden Person können in der Vorstellung diese Angstzonen betreten und untersucht werden, danach können erst in der Vorstellung Wege ausgekundschaftet werden, um die Abhängigkeit von der Hintermannschaft aufzulockern und auf die Dauer zu durchbrechen.
- Nachdem die Angstzonen näher definiert worden sind, können diese mit den Methoden des «Psychodramas» dargestellt und Möglichkeiten der Überwindung solcher Abhängigkeiten ausprobiert werden. Verschiedene Widerstände werden dabei simuliert, und diese dienen dann als Herausforderung an den Repräsentanten, sich aktiv und konstruktiv mit ihnen auseinanderzusetzen.
- Dies ist dem «Überlernen» (P. Lang 1977) ähnlich: Mit der dritten Partei werden konkrete Verhaltensweisen in Rollenspielen simuliert und ausgetestet. Für die dabei auftretenden kritischen Momente kann man einige «Verhaltensprogramme» herausarbeiten, die in der sozialen Wirklichkeit später Halt geben.

Solche und ähnliche Vorgehensweisen können dazu führen, dass jemand in kleinen Schritten seine «Publikumsempfänglichkeit» aus eigener Kraft reduziert.

Als weitere Massnahme kann versucht werden, mit dem Volkstribun die Anzahl seiner Kontaktstellen vorübergehend zu begrenzen. Solche Massnahmen sind jedoch nur dann einigermassen effektiv, wenn dadurch nicht Verschiebungen in der Symmetrie der Einflussmöglichkeiten der Konfliktparteien untereinander auftreten. Überdies sollen sie nicht den Anschein wecken, dass der Repräsentant durch die Beschneidung der Kontaktmöglichkeiten entmachtet wird. Voraussetzung für einen positiven Effekt der Kontaktbegrenzung ist überdies, dass eindeutige und überprüfbare Spielregeln für die Kontaktpflege vereinbart werden. Nach N. Luhmann (1965) gewähren transparente Verfahren oder Spielregeln objektivierbare Kontrollmöglichkeiten: Dies gibt den Repräsentanten mehr Selbständigkeit in ihrem eigenen Auftreten. Sie brauchen weniger willkürliche Sanktionen zu fürchten.

Am wirksamsten ist im allgemeinen, das Problem der Beziehungen zu den verschiedenen Hintermannschaften selbst zum Gegenstand der Beratungen zu machen. Die Repräsentanten werden sich dabei dessen bewusst werden müssen, dass sie nur dann zu Fortschritten in der Konfliktbehandlung gelangen, wenn sie einander bei der Bewältigung der Beziehungen zur eigenen Hintermannschaft behilflich sind und vice versa.

2. *Konfliktbehandlung über Senatoren* bietet im allgemeinen weniger Probleme als mit den beiden anderen Typen. Wir können uns darum auf einige wenige Bemerkungen dazu beschränken. Bei Konfliktbehandlung nach dem Rollenmodell des Vermittlers kann dieser Typus des Repräsentanten zumeist mühelos eine interne Vermittlungs- und Befriedungsfunktion erfüllen. Seine Haltung und seine Position in der eigenen Partei begünstigen ihn dazu. Probleme treten bei Senatoren eher auf, wenn sie ihren eigenen Einfluss in ihrer Partei überschätzen, weil sie meinen, mehr oder weniger alles durchsetzen zu können. Unter Umständen unterschätzen sie die gegebenen Rollenzwänge und die vorhandenen sozialen Bindungen und bilden sich darüber illusionäre Vorstellungen.

Bei Interventionen über die Senatoren geht es in der Regel um das Aufbauen einer dialogischen Haltung zu den Angehörigen der eigenen Gruppe. Die eigene Gruppe wird im Verhältnis zum Repräsentanten zu emanzipiertem Verhalten kommen müssen. Dagegen kann sich jedoch der unabhängige Repräsentant innerlich zur Wehr setzen, sobald er bemerkt, dass eine wirksame Konfliktbehandlung direkt oder indirekt zu einer Änderung seiner Position in der Gruppe führen wird. Bei der Darstellung verschiedener Behandlungsstrategien werden wir auf die einzelnen Möglichkeiten der Konfliktbehandlung noch näher eingehen.

Interventionen werden sich zu diesem Zweck darauf richten, mit dem «Senator» die eigene Rolle und die daran geknüpfte Abhängigkeit seiner Gruppe näher zu analysieren. Dabei wird vor allem der Beitrag des Repräsentanten zur bisherigen Eskalation näher beleuchtet werden müssen.

Im übrigen kann gerade der Repräsentant dieses Typus am leichtesten selbst die Brücke zu seiner Hintermannschaft schlagen.

3. Es ist sehr schwierig, mit den «*Königen im Exil*» (den «*Quasi-Repräsentanten*») fruchtbare Ansätze für eine Konfliktbehandlung zu finden, denn der Konflikt dient oft primär der Absicht, sich für sein Anliegen gesellschaftliche Aufmerksamkeit zu erwerben und als konfliktaustragende Partei von der Gegenpartei anerkannt zu werden. Es ist also ein Kampf um die Anerkennung selbst, so wie in zwischenstaatlichen Verhältnissen Aufständische erst den Konflikt brauchen, um als «kriegführende Partei» anerkannt zu werden.

Innerhalb des meso-sozialen Rahmens kommen solche Parteiverhältnisse selten vor. In unserer Praxis haben wir bisher nur in wenigen Fällen (im Makro-Rahmen) damit Erfahrungen gewinnen können, die kaum zu generalisieren sind. Dennoch wollen wir einige Ansatzpunkte für Interventionen skizzieren:

- Wir können versuchen, im Einvernehmen mit den Parteien die Konfliktaustragung von der öffentlichen Arena in einen kleineren, von den Parteien beherrschbaren sozialen Rahmen zu verlagern. Mittels verschiedener Begegnungen in kleineren Gruppen kann es zu einer systematischen Arbeit an den Issues und den bei der Konfliktaustragung auftretenden Mechanismen kommen. Freilich ist damit zu rechnen, dass derartige Bemühungen von vornherein als «Bemühungen des Kanalisierens» oder «Kaltstellens» verdächtigt und torpediert werden.
- Als dritte Partei muss man in der Lage und fähig sein, gegenüber den «Königen im Exil» emphatisch vorzugehen, d. h. sich in ihr eigentliches, tieferes Anliegen einfühlen und eindenken zu können und sie darin wirklich als engagiert anzuerkennen. Nur wenn diese Anerkennung (die nicht als Zustimmung zu diesen Absichten verstanden werden muss!) von den «Quasi-Repräsentanten» erlebt wird, können sie Vertrauen in die dritte Partei gewinnen.
- Beim Ringen um gesellschaftliche Anerkennung entwickeln die Parteien ein Gefühl für Symmetrie in den gegenseitigen Beziehungen. Die dritte Partei wird im besonderen darum bemüht sein, Konditionen zwischen den Konfliktparteien zu schaffen, die symmetrische Verhältnisse (im Hinblick auf Positions-Gleichheit, Zugang zu Informationen, Schaffen von Chancen für Verständnis von der Gegenseite usw.) garantieren.
- Besondere Aufmerksamkeit verdient das Verhältnis der Konfliktparteien zu den Medien der öffentlichen Meinung. Am besten wirken gemeinsame Abkommen über das Ansprechen von Radio, Fernsehen oder Presse, die in deutlichen Spielregeln festgelegt werden. Die Kanäle zu den Meinungsmedien sind dem «König im Exil» wichtig, weil sie den Zugang zur Legitimierung ihrer Macht geben. Durch das Bearbeiten der makro-sozialen Umgebung ist eine direkte Eskalationsgefahr gegeben, weil sich auch die andere Seite dieser Kanäle bedienen wird, um nicht in der öffentlichen Meinung einen Rückstand zu erhalten. Dabei kann es aber nicht darum gehen, den Quasi-Repräsentanten einfach den Zugang zu den Medien zu blockieren, sondern mit ihnen gemeinsam eine Strategie der «public relations» zu finden. Dies führt zu «Status-quo-Regelungen», wie wir sie in der Orientierungsphase beschrieben haben. In einem Falle haben wir dafür Pressekonferenzen belegt, in denen mit den Vertretern der Medien direkte «gentleman's agreements» vereinbart werden konnten. Die wichtigste Wirkung eines solchen Abkommens war die indirekte Anerkennung

des berechtigten Anliegens der «Quasi-Repräsentanten» gegenüber der Öffentlichkeit, um die bisher vergeblich gekämpft worden war.

6.3 Drei Konfliktkonstellationen nach Horst-Eberhard Richter

Der Psychiater H.-E. Richter (1967 1972) hat für die Diagnose und Behandlung von Konflikten in Familien Modelle entwickelt, die sich auch auf Verhältnisse in ausserfamiliären Zusammenhängen anwenden lassen. Wir haben in unserer Beratungsarbeit seit 1972 diese Modelle bei der Diagnose von Konflikten in Schulen, Krankenhäusern, in Betrieben oder Institutionen der öffentlichen Verwaltung angewendet.

Bei den drei Modellen «Sanatorium», «Festung» und «Theater» ist das Kernproblem, dass sich zwischen den Mitgliedern einer Kleingruppe Spannungen und Konflikte aufbauen, die jedoch nicht offen und direkt ausgetragen werden. Man geht der gegenseitigen Konfrontation aus dem Weg und reagiert sich um so heftiger gegen die soziale Aussenwelt ab. Aller aufgestaute Unmut wird auf die Aussenwelt gerichtet; die Konflikte werden eigentlich exportiert und treten so maskiert, verzerrt und nur schwer greifbar auf. Die Aussenwelt wird sozusagen zu einem grossen Projektionsschirm, der stellvertretend mit den Konflikten beladen wird, nur um nach innen desto harmonischer und geschlossener erscheinen zu können. Bei den von Richter genannten Modellen handelt es sich um Konfliktverlagerung (Substitution) als kollektive Abwehrmassnahme.

Das wichtigste Mittel hierzu ist das Verfälschen der Aussenwelt. Die Gruppe baut sich ein Gruppen-Weltbild auf, in dem die Wirklichkeit erheblich umgedeutet wird. Man kultiviert dazu Illusionen, d. h. Zweckphilosophien, die durch die Rollenkonstellation in der Gruppe oder Organisation mit impliziten Rollenverträgen abgesichert werden und später schwer zu durchbrechen sind.

Dazu führt Richter die folgenden generellen Merkmale auf, die sich bei allen drei Typen finden:

- man besitzt ein gemeinsames, homogenes Leitbild, das auf die Aussenwelt projiziert wird,
- die Gruppenmitglieder werden in dieses Leitbild gedrängt und damit konformiert,
- innen herrscht relativ starke Solidarität, weil über die gemeinsame Umdeutung der Aussenwelt von den eigenen Problemen abgelenkt wird,
- man geht den internen Problemen aus dem Weg und ist nicht imstande, sich mit ihnen konstruktiv-aktiv auseinanderzusetzen,

- man hütet sich vor «Spaltpilzen», weil man von ihnen fürchtet, dass sie das homogene Weltbild zerstören könnten,
- die Gruppe zerfällt, sobald eine Person mit zentraler Rollenposition aus dem Gesamtrollenarrangement ausscheidet; vor allem wenn Personen das Gebilde verlassen, die anderen die Rollen zugeteilt haben.

Die drei erwähnten Typen bezeichnet Richter bildhaft folgendermassen:

1. *Sanatorium:* in der Gruppe tritt angstneurotische Deformation im Bild der Umwelt auf; die internen Rollenarrangements müssen dazu dienen, dass der innere Friede um jeden Preis gewahrt wird.
2. *Festung:* die Gruppe baut eine paranoide Deformation des Bildes der Aussenwelt auf. Sie kümmert sich in erster Linie um die Reinheit in ihren eigenen Reihen und versucht mit allen Mitteln Einflüsse der «feindlich gesinnten Umgebung» abzuwehren.
3. *Theater:* die Gruppe interpretiert das Geschehen in der Aussenwelt, namentlich ihren Einfluss auf die Aussenwelt, *hysterisch* um. Sie jagt der Anerkennung und dem Applaus nach und braucht ständig Äusserungen der Sympathie.

Wir haben Rollenkonstellationen dieser Art oft in Organisationen angetroffen, in denen durch ihren Organisationszweck bereits eine starke weltanschauliche, politisch-ideologische oder religiöse Orientierung gegeben war. Beim Auftreten von Spannungen oder Konflikten – die es gemäss diesen Philosophien eigentlich untereinander nicht geben sollte! –, war dadurch ein Klima gegeben, das für die Bildung von Konfliktverleugnungs- oder -verlagerungsphilosophien sehr förderlich war.

Daneben dürften «totale Organisationen», wie z. B. Klöster, Internate, Arbeitsgemeinschaften mit Einschluss der Familien- und Privatsphäre in derselben Gemeinschaft (Familienbetriebe), Kommunen usw., die verschiedene Aspekte der Person integral in den Arbeitsprozess mit einbeziehen, für die Bildung solcher Rollenkonstellationen anfällig sein. Denn die Rollenverhältnisse aus dem Arbeitsbereich nehmen direkt auch Einfluss auf die Rollenverhältnisse im Privatbereich, im Familiengefüge usw., wofür sie jedoch nicht bestimmt waren und deshalb weniger adäquat sein können.

Für ein tieferes Verständnis der drei Rollenkonstellationen «Sanatorium», «Festung» und «Theater» sei auf die Ausführungen von H. E. Richter (1967, 1972) selbst verwiesen. Wir wollen an dieser Stelle die einzelnen Typen nur kurz illustrativ skizzieren und unseren vierten Typ «Kreuzritter» anführen.

6.3.1 «Das Sanatorium»

Ängste sind uneingestandenermassen das bestimmende Motiv für das gegenseitige Umgehen in der Organisation. Dieser Angst versucht man zu entlaufen, indem alles vermieden oder von der Organisation abgewehrt wird, was die Angst ins Haus tragen oder weiter verstärken könnte.

Ein Unternehmen, das Anlagen für den Wintersport herstellte, lebte immerzu in grosser Angst, weil sich der Unternehmensleiter nicht sicher war, dass sich die geschäftlichen Erfolge der Vorjahre auch in Zukunft einstellen würden. Seit vielen Jahren kamen die Mitarbeiter aus dem Dorf oder der nächsten Umgebung. Die Führungskräfte bekleideten auch in der Dorfgemeinschaft einflussreiche Funktionen.

Für die Projektierung und Errichtung der Anlagen standen nur wenige schneefreie Monate zur Verfügung. Mit dem Beginn der Wintersaison erwarteten die Auftraggeber, dass die Anlagen sofort betriebsbereit wären. Dadurch traten im Produktionsprozess regelmässig Saisonspitzen auf, in denen alle Mitarbeiter mehrere Monate hindurch stark überlastet wurden. Darauf folgten Flauten, in denen sich die Unsicherheit wieder einstellte. Die ganze Organisation hätte eigentlich angesichts ihres Produktes und ihres Marktes besonders für die Bewältigung von Spannungen und Krisen fähig sein müssen. Nach aussen hin gab sich die Organisation als «eine grosse Familie», die harmonisch miteinander umging. Bei unseren Untersuchungen im Betrieb zeigte sich jedoch, dass an allen Orten sehr grosse Konflikte und Spannungen vorhanden waren, die nur nicht offen in Erscheinung treten konnten. Der gängige Weg zum Übertünchen der Konflikte war die «Sanatorium»-Kultur im ganzen Unternehmen:

- Der Unternehmensleiter – im besonderen mit dem Verkauf tätig – filterte alle beunruhigenden Ereignisse aus dem Markt vor seinen Mitarbeitern weg. Es durften nur günstige, optimistische, erfolgversprechende Meldungen an den Betrieb weitergegeben werden.
- Tatsächliche Erfolge im Markt – besonders in exotischen Gebieten, die für den Wintersport nur von untergeordneter Bedeutung waren – wurden stark übertrieben und in den Vordergrund gerückt. Sie dienten als «Beweis» dafür, dass die innere Harmonie mit geschäftlichem Erfolg belohnt werde; auf diese Weise waren im Unternehmen mehrere Standard-Erfolgslegenden entstanden und im Umlauf, die dieses Image stützen mussten. Durch das Verhalten des Chefs wurde die Pflege solcher Historien indirekt sehr gefördert. Auf diese Art hatte sich bei Berichterstattungen an den Unternehmensleiter ein positiver Informationsstil entwickelt, der vom Unternehmer immer belohnt wurde. Auf die Dauer hatte sich dadurch Scheininformation gebildet, die erheblich von den

realen Gegebenheiten abwich. Dennoch lebte bei den unteren Führungskräften dauerndes Unbehagen über diese Scheinwelt, die jedoch durch die dominierende Rolle des Chefs nicht zerstört werden konnte.

- Bei Geschäftsabschlüssen wurden nur sichere, risikolose Projekte akzeptiert.
- Neue Mitarbeiter wurden streng nach dem Kriterium der «Friedfertigkeit» ausgewählt. Dazu wurden umfangreiche Nachforschungen über die Vergangenheit und die Persönlichkeitsstruktur der neuen Mitarbeiter angestellt.
- Betriebsfremde wurden unter starkem sozialem Druck der Sanatorium-Philosophie angepasst und quasi in die grosse Familie aufgenommen; als Gegenleistung mussten sie sich den internen Harmoniebemühungen anpassen und andere Formen des Umgehens mit Spannungen ablegen.
- Im gegenseitigen Umgang wurden Höflichkeit, Freundlichkeit und Wohlwollen erwartet und stark gefördert; es hatte sich eine Kultur der Firmenfeiern, der Geschenke usw. entwickelt, die mit Nachdruck den Harmoniegeist unterstrich; dieses Verhalten wurde mit Beförderung in höhere Positionen honoriert.

Wie sich im Laufe unserer Tätigkeit zeigte, wurden wir als Berater nur zu dem Zweck herangezogen, dem Betrieb zu bestätigen, dass er ein ausgezeichnetes, harmonisches Betriebsklima besitze und dass es keinen Grund zur Besorgnis gebe. Jede Andeutung von eventuellen ungelösten Problemen, von Scheinlösungen und dergleichen wurde durch Überhören oder Umdeuten weggefiltert. – Im übrigen wurde versucht, auch den Berater in die «Familienkultur» einzubeziehen, indem ihm bereitwillig Familienanschluss angeboten wurde. Er wurde mit freundschaftlichen Geschenken überhäuft. Er durfte «sich völlig frei» unter den Mitarbeitern bewegen, weil es «bei uns nichts zu verbergen gibt»! Der Unternehmer nahm sowohl in der Dorfgemeinschaft wie auch im Unternehmen eine zentrale Rolle ein. Durch die Verflechtung der Arbeits- und Dorfsphäre war es den Mitarbeitern praktisch unmöglich, im Betrieb zu einer Änderung des Rollengefüges zu kommen, während die Unternehmerfamilie traditionell eine vorherrschende Position im Dorfleben bekleidete. Der Unternehmensleiter hatte um sich herum Rollen geprägt, die seine eigene Haltung spiegeln mussten. Auf diese Weise war ein ziemlich uniformes Verhaltensmuster entstanden, das immer wieder das Verhalten des Unternehmers reproduzierte wie ein vielfältiges Echo.

Die emanzipierten Führungskräfte lebten im ständigen Dilemma, sich entweder der Beruhigungs- und Beschwichtigungsphilosophie des Unternehmens zu fügen oder aus der Abhängigkeit auszubrechen und sich damit Spannungen und Risiken auszusetzen. Wegen der massiven Abwehr der Diagnose durch den Unternehmer und der Kürze unseres Beratungsauftrages konnte an dem bestehenden Rollengefüge nichts verändert werden.

6.3.2 «Die Festung»

Einzelne rollenbestimmende Personen fühlen sich ständig irgendwelchen Angriffen der Aussenwelt ausgesetzt. Dies führt zu einem Rollengefüge, in dem man sich in einem ständigen Abwehrkampf vor der feindlichen Aussenwelt absichert. Weil die Vertreter der Aussenwelt als unehrlich taktierend, gefährlich und aggressiv dargestellt werden, kann man sich selbst der beruhigenden Illusion hingeben, intern spannungsfrei zu leben.

Dies illustriert deutlich das folgende Beispiel. Auf Betreiben von Vertretern der Arbeitnehmer- und Arbeitgeberorganisationen war ein Forschungsinstitut gegründet worden, das sich bestimmten Fragen des Arbeitsmarktes und der industriellen Beziehungen zu widmen hatte. Mehrere Jahre nach der Gründung hatte sich erwiesen, dass die Institution sehr unproduktiv war. Es wurden grosse interne Missstände aufgedeckt und öffentlich angeprangert. Das fünfköpfige Direktorium des Institutes sah sich in einem permanenten verborgenen Abwehrkampf gegen Vertreter der Regierung, der Ministerialbürokratie, der politischen Interessengruppen und anderer wissenschaftlicher Institute. Man behauptete, dass die ganze Organisation nur zu dem Zweck ins Leben gerufen worden sei, um *nichts* zu leisten. Sie sollte lediglich eine politische Alibifunktion haben. Darum war grundsätzlich allen möglichen Bemühungen, doch noch produktive Arbeiten zu leisten, zu misstrauen. Bei Besuchen von Vertretern der Aussenwelt wurden umfangreiche Sicherungsvorkehrungen getroffen: Bestimmte Personen wurden instruiert, sich konform den Aussagen der Führungsspitze zu äussern.

Das ganze Haus war in Einflusszonen eingeteilt, die sich nach Stockwerken und Stiegenaufgängen gliederten. Es wurde dabei ängstlich vermieden, sich als abteilungsfremder Mitarbeiter zu lange auf den Gängen oder in der Nähe der anderen Abteilungen aufzuhalten. Berichte nach aussen wurden sorgfältig «diplomatisch nichtssagend und vieldeutig» formuliert, um nicht gegen die eigenen Interessen verwendet werden zu können. Das Direktorium hatte verschiedene Angehörige der mittleren Führungsebene zu «Torwächtern» bestellt, die im geheimen neue Mitarbeiter oder Gäste und mehr oder weniger alle Kollegen, die zum eigenen Kontaktkreis gehörten, zu überwachen hatten. Dies führte gelegentlich zu Säuberungsaktionen, mit denen man sich von Mitarbeitern trennte, die eventuell Fachambitionen gezeigt hatten und sich dem Konformitätsdruck der Organisation widersetzen wollten.

Als wir das Direktorium mit einer Fülle von Problemen in der internen Organisation und im eigenen Management konfrontierten, verhielt sich die Gruppe geschlossen abweisend. Sie gab zu erkennen, dass sie uns als trojanisches Pferd betrachtete, das von der Regierung eingeschleust worden sei, um die Organisation auszuspähen. Alle Beteuerungen unsererseits, dass wir der Organisation bei der Bewältigung der eigenen Probleme helfen wollten, wurden als «selbstverständliche taktische Manöver», «Tarnbehauptungen» usw. zurückgewiesen. Es dauerte mehr als ein halbes Jahr, ehe unsere Bemühungen fruchten konnten und uns ein Durchbruch gelang.

Auch in diesem Beispiel fanden wir die von Richter beschriebenen charakteristischen Züge wieder:

- Das «Böse» wurde systematisch «vor die Tür» gesetzt, d.h., alle Probleme wurden externalisiert. Bei unseren Versuchen, die Probleme des internen Funktionierens erkennbar zu machen und Versuche zu ihrer Lösung einzuleiten, wurde fortwährend in Ursachenanalysen der Aussenwelt abgedrängt. Man verstand sich hauptsächlich als Produkt seiner Umgebung, zu der man sich nur reaktiv verhielt (siehe eine ausführlichere Darstellung dieser Organisation bei F. Glasl 1980a).
- Die rollenprägenden Personen in der Organisation hatten eine Reihe von Rollen verteilt, die mit der paranoiden Abwehrhaltung in Einklang waren: bestimmte Personen übten die Funktion von «Wächtern» oder «Zensoren» aus, welche die Organisation vor Spionen oder Verrätern schützen mussten. Immer wieder wurden Personen, die bei den Mitgliedern des Direktoriums in Gunst kommen wollten, in diese Rollen gedrängt. Durch diese Rollen herrschte in der gesamten Organisation eine ständige Angst vor Verrätern, aber auch vor Spitzeln oder externen Spionen.
- Von den Personen in den Schlüsselrollen wurden ständig Mythen und Legenden über Angriffsversuche der Aussenwelt in Umlauf gebracht. Wer der Norm der Organisation entsprechen wollte, musste bei verschiedenen Gelegenheiten beweisen, dass er das hinterlistige Ränkespiel der Umgebung als «Angriffsvorbereitung» durchschaue. Dazu wurde von den Mitarbeitern der Organisation eine erstaunliche strategische Spitzfindigkeit an den Tag gelegt, die von der Führungsspitze immer honoriert wurde.
- Interne und externe Personen wurden ständig so unter Druck gesetzt, bis sie nach Meinung der Angehörigen der Organisation «Farbe bekannten», d.h., sich nach den Perzeptionen und Erwartungen des Direktoriums so verhielten, wie sie sich verhalten mussten, um die vorgegebenen Vermutungen zu bestätigen.

Diese Gesamtkonstellation von Rollen und Ideologie war am meisten stabil, wenn das Direktorium geschlossen beisammen war. Weil man uneingestandenermassen voneinander ständig Verrat oder Angriff befürchtete und weil eine Sphäre des grundsätzlichen Misstrauens waltete, überwachte jeder jeden und erlaubte man einander keinen Ausbruch aus den eingebürgerten Rollen. Anders war die Situation, wenn sich einzelne Direktoriumsmitglieder den Beratern allein gegenüber befanden. Dann waren sie bereit, ausführlich über die Probleme mit ihren Kollegen zu sprechen. Die Gesamtkonstellation der Plenumsitzungen führte hingegen wieder zum Stabilisieren der bestehenden Verhältnisse.

Der Ansatzpunkt zur Konfliktbehandlung konnte bei den individuellen Mitgliedern des Direktoriums gefunden werden. Nach anfänglichen Abwehr- und Ablenkungsversuchen gelang es den Beratern, auf glaubwürdige Weise Hilfe zur Bewältigung der Führungsprobleme *innerhalb der eigenen Ressorts* der Direktoren anzubieten. Dazu wurden sehr vertrauliche Beziehungen zu den einzelnen Direktoren aufgebaut, die den Direktoren Sicherheit für Versuche der Änderung des eigenen Verhaltens bieten konnten. Danach konnten wesentliche Änderungen nur durch Arbeit an der Institutionsphilosophie in Verbindung mit der Gesamt-Rollenkonstellation eingeleitet werden. Sanatorium und Burg sind ihrer Erscheinungsform nach kalte Konflikte. Für die Konfliktbehandlung gilt deshalb, was bereits über kalte Konflikte gesagt worden ist.

Der dritte Typ, «Theater», stellt der Äusserungsform nach eine heisse Konfliktsituation dar.

6.3.3 «Theater»

Die Angehörigen der Organisation jagen ständig dem Erfolg nach. Sie führen füreinander oder für die Aussenwelt Shows auf, um sich durch den Applaus zum Weiterspielen der Shows animieren zu lassen. Das Echo der Umgebung dient dem Aufrechterhalten des Selbstbildes: «Trotz gelegentlicher Spannungen und Ausbrüche sind wir eine kreative Gemeinschaft, bei der immer etwas los ist!»

Zur Verdeutlichung das Beispiel einer technischen Mittelschule: Der Schuldirektor, äusserlich ein freundlicher, geistreicher und bescheidener Mann, war aussergewöhnlich ehrgeizig und wollte mit seiner Schule beweisen, dass er im Unterrichtswesen zu den progressiven Männern gehöre. Seine Mitarbeiter mussten in jeder Rolle Erfolge buchen: Als Pädagogen mussten sie ständig mit spektakulären Experimenten die Aufmerksamkeit und Bewunderung der Eltern auf sich ziehen; als Mitglieder verschiedener nationaler Fachkommissionen mussten sie beweisen, dass ihre Ideen für andere mustergültig sein konnten; durch explosives Wachstum ihrer Schülerzahlen sollten sie in den Genuss besonderer Privilegien kommen, z. B. bei Schulneubauten von den zuständigen Behörden bevorzugt behandelt werden. Beinahe jeder Lehrer hatte auf seinem Fachgebiet glänzende Leistungen zu erbringen oder wenigstens bemerkenswerte Effekte zu erzielen. Es fühlten sich auf die

Dauer nur solche Personen von der Schule angezogen, die sich von dem ständig getriebenen und gereizten Klima zu besonderen Aktionen anspornen liessen. Der gegenseitige Wettkampf war sehr gross. Aber die Lehrerschaft gab sich nach aussen immer als solidarische, auf ein gemeinsames Ziel hin arbeitende, gut eingespielte, kreative und originelle Truppe. – Bei jeder Gelegenheit verbreitete der Direktor Erfolgsanekdoten seiner Mitarbeiter. Selbst agierte er in diesen Episoden nie als Star, sondern arrangierte im Hintergrund für seine Stars. – Mit der Zeit spitzten sich in der Schule die gegenseitigen Spannungen dermassen zu, dass die Gemeinschaft der Mitarbeiter erschöpft zusammenzubrechen drohte.

Die von Richter als charakteristisch angeführten Züge dieser Konstellation waren an dem Fallbeispiel deutlich zu erkennen:

- Die ganze Truppe war ständig auf der Suche nach positiver externer Bestätigung der eigenen Einmaligkeit und Originalität.
- Es kam täglich zu unechtem, übertriebenem und aufgeputschtem Agieren. Jeder stand immerzu unter Zwang: entweder intern Shows aufzuführen, oder sich mit einer spektakulären Nummer extern zu präsentieren.
- Personen erhielten von einem zentralen Regisseur Rollen zugewiesen, aus denen sie später kaum mehr ausbrechen konnten. Dabei traf man eine bunte Liste von sehr unterschiedlichen Rollen an: Stars und Primadonnen neben den notorischen Versagern; die Naiv-Schöne neben dem finsteren Intriganten; den Spassmacher neben dem königlich zurückhaltenden Weisen usw. Auch wenn es so schien, dass die Personen in ihren Rollenbeziehungen zueinander in direkten Rollenverhältnissen standen, waren diese Rollen doch ohne den «Regisseur» als zentrale Rollenverteilungsinstanz nicht denkbar.
- Der «Regisseur», der die ganze Rollenkonstellation allein oder mit anderen als «Regieassistenten» inszenierte und vor allem für die Einhaltung der Rollenver träge und für das turbulent-spektakuläre Treiben sorgte, blieb selbst zumeist im Hintergrund. Er weidete sich an den Erfolgen seiner Stars und rechnete sich deren Sympathiebezeugungen selbst zu. – In ähnlichen Fällen stürzte die ganze Rollenkonstellation sofort in sich zusammen, wenn der halb unsichtbare Regisseur aus irgendeinem Grunde die Organisation verliess und damit die Rollenverteilungsinstanz wie der Schlussstein in einem architektonischen Bau aus dem Spitzbogen entfernt wurde.
- Das Klima der Truppe atmete Sensation, Nervenkitzel und viele Theaterdonner und Theaterblitze, die der Aussenwelt beweisen sollten, dass man auf sehr direkte Art mit den gegenseitigen Konflikten auf dem Wege von Konfrontationen umzugehen verstand. Die eigentlichen Konflikte, die in den spannungsgeladenen Rollenbeziehungen lagen, wurden dadurch übertüncht.

In der genannten Schule war es mit relativ einfachen Mitteln möglich, über eine gemeinsame Analyse der gegenseitigen Rollen, Einstellungen und Verhaltensweisen zu einer Auflösung der gegenseitigen Rollenverträge zu gelangen. Der Regisseur ging seinen Mitarbeitern darin selbst beispielhaft voran. Die Interventionen der Konfliktbehandlung wurden von den Mitarbeitern der Schule selbst als etwas Spektakuläres aufgegriffen: «So etwas ist gewiss nur bei uns möglich!» Die Konfrontation mit dem Bild der eigenen Gemeinschaft lässt sich im Falle der «Theatergruppe» verhältnismässig leicht und wirkungsvoll gestalten. – Am schwierigsten ist der Abbau der alten Rollenbeziehungen für den Regisseur.

Vom Inszenator muss er sich zum Inspirator wandeln, ohne in der Zukunft in die Rollenmuster seiner Mitarbeiter eingreifen zu wollen. Nach unserer Erfahrung erfordert diese Änderung für den Regisseur eine tiefgehende Besinnung auf die eigenen Ziele und Erwartungen und die Position innerhalb der Gemeinschaft. In manchen Fällen kann sich beim Erkennen der Rollengefüge und der Rollenverträge der Unmut der ganzen Gruppe plötzlich gegen den Regisseur wenden und ihn ausstossen. Dabei dient er letztlich als allgemeiner Sündenbock für alles Unbehagen der Mitglieder dieser Organisation.

6.3.4 Vierter Typ: «Die Kreuzritterschar»

Als einen weiteren Sondertypus des heissen Konfliktes können wir aus unserer eigenen Praxis den der «Kreuzritterschar» darstellen. Zum Verständnis dieses Typs liess sich dabei nicht an H.-E. Richter anknüpfen, sondern an die Arbeiten der Individualpsychologie Alfred Adlers (1954), in denen der Herrsch- und Machttrieb betont wird. Herrschsucht wird im Falle der «Kreuzritterschar» zum gestaltenden Prinzip.

Wir können dies am Beispiel eines sehr erfolgreichen Beratungsinstitutes skizzenhaft aufzeigen.

Das Beratungsinstitut umfasst ungefähr zwanzig Mitarbeiter. Jeder einzelne Mitarbeiter war von einem Sendungsdrang erfüllt. Ständig wurde versucht, in der Aussenwelt Gebiete zu erobern und Anhänger (Klienten) zu gewinnen, die sich zur Gruppe der Berater loyal erklären würden. Das Institut befand sich in einer fortwährenden Offensive zur Aussenwelt. Das interne Bedürfnis, zu dominieren, konnte so andauernd nach aussen getragen werden. Andere sollten bekehrt, überzeugt und zu Gläubigen gemacht werden. Das Auftreten nach aussen war betont militant. Jeder errungene Sieg des einzelnen wurde sofort zu einem Totalsieg der ganzen Gemeinschaft, in deren Namen man handelte.

Intern herrschte eine strenge Zucht. Der Gründer und Direktor des Institutes galt nach innen wie nach aussen als genial. Um ihn hatte sich ein engerer Kreis von

«Auserwählten» geschart, die zu schwierigen Beratungsfällen als besonders gewichtige Mitarbeiter «ausgesandt» wurden. Dieser engere Kreis der «Palatine» rund um den «Kaiser» erfüllte Aufgaben, die jedoch mehr oder weniger dem Einfluss des Direktors zugeschrieben wurden und sein Prestige mehrten. Zwischen den Palatinen und den übrigen Mitarbeitern bestand in der Statushierarchie ein erheblicher Abstand, obschon die äussere Philosophie dieser Organisation immer wieder betonte, keine Rangunterschiede zu kennen. Bei den Mitarbeitern hatte sich insgesamt ein fehlerloses Gefühl für die Statuspyramide und die Position der einzelnen Kollegen in ihr entwickelt. Über die Sprossen der Statusleiter konnten Mitarbeiter direkt und indirekt auf die Kollegen mit niedrigerem Status gewissen Einfluss ausüben. Indem die auserwählten Mitarbeiter, die den Direktor umgaben, für den Chef Respekt forderten, konnten sie an dem Glanz seiner Aura partizipieren und andere dominieren, ohne in den Verruf zu kommen, herrschen zu wollen.

Mitarbeiter, die sich intuitiv oder bewusst diesem Rollengefüge widersetzten, wurden über kurz oder lang ausgestossen. Dies war das Werk der Palatine, die sich über den Umweg des Ausstosses anderer immer wieder Respekt zu sichern wussten. Der Direktor liess dies in der Regel geschehen, ohne sich selbst aktiv in solche Ausstossungsaffären zu mengen. Dadurch blieb sein Ruf immer unbefleckt.

Diese Form der inneren Organisation erlaubte es dem Beratungsinstitut lange Zeit, nach aussen hin erfolgreich und als homogene Gruppe aufzutreten. Die internen Spannungen, die dem Überlegenheits- und Herrschbedürfnis entstammten, konnten lange Zeit nach aussen abreagiert werden.

Diese Rollenkonstellation zerbrach, nachdem sich der Direktor aus Altersgründen aus der Organisation zurückgezogen hatte und der Kreis der Palatine – unter dem Druck der übrigen Kollegen – nach und nach in alle Winde zerstreut wurde. Bewussten Versuchen der Änderung dieses Gefüges hatten sie sich vorher kräftig widersetzt. Durch das Wegfallen der heroisierten Symbolfigur des Direktors war der Machtgruppe die Legitimierung ihres Handelns genommen.

In den Kapiteln 12.3 und 12.4 gehen wir auf die Möglichkeiten der Konfliktbehandlung in solchen Situationen ausführlich ein.

Teil 2
Die Dynamik der Eskalation

7. Einführung zur Eskalationsproblematik

7.1 Der Nutzen einer zusammenhängenden Eskalationstheorie

Es gab bis etwa 1975 nur wenige Versuche, den Prozess der Konfliktsteigerung, also der Eskalation, in einem umfassenden Modell zu beschreiben.

Am weitesten gingen noch die Darstellungen von Herman Kahn (1965), der für Konflikte zwischen Staaten oder militärischen Bündnissystemen im Atomzeitalter 44 qualitativ unterschiedliche Stufen der Konfliktsteigerung beschrieben hatte. H. Kahn wollte mit diesem Modell einen allgemeinen Diagnoserahmen liefern und den Politikern Möglichkeiten der Gewaltsteigerung und der Gewalteindämmung aufzeigen. Denn er erhoffte sich von einer feineren Unterscheidung des Einsatzes von Gewaltmitteln, dass die Atommächte in der Folge nuancierter über den Einsatz der Waffen denken und nicht beim geringsten Anlass meinen, sofort zu den letzten Mitteln greifen zu müssen, nämlich zum unbegrenzten, totalen Atomkrieg. Zum Verständnis der Eskalation im mikro- und meso-sozialen Bereich tragen die Theorien Kahns nur in beschränktem Masse bei, weil sich die eigentliche Differenzierung und Nuancierung der vierundvierzig Stufen in erster Linie aus dem technologisch hochdifferenzierten Arsenal der Kriegsfuhrung im 20. Jahrhundert ergibt, das für die Konflikte in Organisationen nicht verfügbar ist. Überdies beschränkt sich H. Kahn auf die bewusst hantierbaren Mittel, mit denen die Konfliktaustragung willentlich und bewusst gesteigert werden kann.

Der Eskalationsprozess ist also, nach dem Verständnis von H. Kahn, nicht von derselben Natur wie etwa eine Epidemie, die sich nach und nach auf das ganze soziale System ausbreitet. Eskalation kann nach Kahn *bewusst* strategisch dosiert, d. h. erhöht oder vermindert werden. Damit bewegt sich Kahn auf dem Boden der klassischen völkerrechtlichen Lehre und Praxis, die ein abgestuftes Sanktions-, Repressions- und Durchsetzungsinstrumentarium zur Verfügung stellt.

Andere Autoren vertreten eine andere Auffassung. Sie wenden sich vor allem den unbewusst wirkenden Mechanismen und Kräften zu und gelangen somit zu einer von A. Rapoport (1972) als «kataklysmische Theorie» bezeichneten Auffassung.

Nach diesem Verständnis der Eskalationsdynamik tritt eine Steigerung der meisten Konflikte mehr oder weniger *ungewollt* auf. Sobald der Eskalationsprozess ein- oder zweistufig begonnen worden ist, entwickelt er eine innere Dynamik, die ihn stets weiter und weiter treibt und zu einer Erhöhung der Spannung führt. Konfliktsteigerung ist demnach ein pathologisches Geschehen, das nur zum Teil bewusst gesteuert werden kann. Diese mehr oder weniger fatalistische Grundauffassung sieht kaum Möglichkeiten, eine weitere Steigerung der Konflikte einzudämmen oder sogar rückläufig zu machen. Lewis Fry Richardson (1960) hat zum ersten Male die Wirkung dieser fatalen Mechanismen näher zu erforschen versucht. Er führte bei kriegerischen Episoden statistische Analysen durch, um einige Gesetzmässigkeiten der Eskalationsdynamik untersuchen zu können (Qu. Wright 1965; A. Rapoport 1972; K. Boulding 1957). Richardson gelangte auf diesem Weg zu der Auffassung eines mehr oder weniger epidemischen Eskalationsprozesses. Die Hauptfaktoren sind nach Richardson die Gefühle der Feindseligkeit zwischen den Konfliktparteien; weiters die Art und Weise wie die Konfliktparteien einander perzipieren, sowie das allgemeine politische und soziale Klima, das eine «soziale Ansteckung» begünstigt. Nach Richardson führen diese Faktoren zu einem Spiralprozess.

Das Modell von L. Richardson wurde zwar für internationale Konflikte entwickelt, bietet aber auch für das Verstehen der Eskalation im mikro- und mesosozialen Konfliktrahmen grosse Hilfen. Denn es sind tatsächlich die Perzeptionen (die subjektiven Bilder der Konfliktparteien), die sie demnach zu mehr oder weniger gewaltsamen Mitteln greifen lassen. An die Stelle des Rüstungspotentials in der Formel Richardsons kann in der meso- oder mikro-sozialen Arena die verdeckte oder offene Aggressivität treten, wie sie sich in der Wortwahl oder in den Formen des nonverbalen Verhaltens usw. ausdrückt.

Derartige Ansätze sind von einer kleinen Anzahl von Konfliktforschern weiter verfolgt und entwickelt worden. S. Dodd (1959), O. R Holsti (1962, 1963), R. Abelson (1963), Qu. Wright (1965), Karl W. Deutsch (1969), D. Frei (1970), M. Nicholson (1970), D. Senghaas (1970, 1971), K. Thomas (1976), Th. W. Milburn (1977), vor allem aber Thomas C. Schelling (1957, 1958, 1972) sind die massgeblichen Autoren, die an einer Eskalationstheorie gearbeitet haben. Dennoch ist vor unserer Veröffentlichung 1979 nicht konsequent versucht worden, die Dynamik der Eskalation auch für die mikro- und meso-soziale Dimension in einem zusammenhängenden Ganzen darzustellen. Unser Modell stellt die wichtigsten dynamisierenden Mechanismen dar; es beschreibt und deutet neun Einzelstufen der Eskalation. Schlüsselbegriffe sind für uns die «Wendepunkte», die «Schwellen», mit denen die Grenzen der einzelnen Konfliktstufen qualitativ markiert werden.

Was ist der praktische Nutzen eines zusammenhängenden Eskalationsmodells?

Es ist für die Auswahl von Interventionsstrategien der Konfliktbehandlung wichtig zu erkennen, bis zu welchem Grad die Konflikte bereits angewachsen sind.

Wenn sich der Konflikt in den ersten Eskalationsstufen befindet, dann stehen der Konfliktbehandlung weniger tief verwurzelte Widerstände im Weg, als wenn sich der Konflikt bereits auf der fünften oder sechsten Stufe befindet. Der Eskalationsgrad ist entscheidend dafür, inwiefern ein bestimmtes Rollenmodell für die Konfliktlösung wirkungsvoll sein kann oder nicht (Kap. 14). Daneben ergibt das Erkennen der Eskalationsstufe Anhaltspunkte für eine wirksame Verknüpfung von Massnahmen mit kurzfristiger bzw. langfristiger Wirkung sowie für das Verhältnis von präventiven zu kurativen Massnahmen.

Aufgrund solcher praktischer Überlegungen ist im Bereich der internationalen Konflikte wiederholt versucht worden, einen «Krisen- oder Friedensbarometer» zu entwerfen: R. K. White (1949, 1951), Qu. Wright (1957), S. Dodd (1959), K. Boulding (1959), O. Holsti (1963). Unser Eskalationsmodell erlaubt die Entwicklung eines «Barometers» für den mikro- und meso-sozialen Bereich, denn uns geht es um das rechtzeitige und genaue Erkennen und Signalisieren von Konflikten, so dass weitere unheilvolle Auswirkungen durch konstruktive Massnahmen unterbunden werden können. J. Narbeshuber (2002) hat auf Basis unseres Eskalationsmodells ein Früherkennungsinstrument entwickelt, getestet und angewendet, das gleichzeitig die Unterscheidung von kalten und heissen Konflikten ermöglicht. Ein wirklichkeitsgemässes Eskalationsmodell ist deshalb sowohl für präventive als auch für kurative Zwecke dienlich.

In der Folge bringen wir eine knappe Übersicht bisheriger Eskalationstheorien, um ihnen danach unser Modell gegenüberstellen zu können.

7.2 Fünf Eskalationsstufen nach Louis Pondy

Vom latenten zum manifesten Konflikt

L. Pondy (1967) unterscheidet fünf Phasen des Eskalationsprozesses, die jedoch über einen sehr groben, globalen Rahmen nicht hinausgehen.

1. *Latenter Konflikt:* Verschiedene Faktoren können wirksam sein, die später zu einem offenen Konflikt führen. Vorerst sind sich die Parteien dieser Faktoren noch nicht bewusst, obschon sie bereits unterschwellig das Verhalten der Parteien bestimmen. Dies kann der Wettkampf um knappe Mittel sein, oder das Streben nach Autonomie, Unterschiede in Zielauffassungen usw.
2. *Perzipierter Konflikt:* Die Konfliktparteien werden auf die Gegensätze aufmerksam. Es ist auch möglich, dass eine Partei Konflikte wahrnimmt, wo eigentlich keine vorliegen. Bei Missverständnissen oder bei ungenauer Wahrnehmung können sich Spannungen einstellen, d. h., es können vermeintliche Konflikte perzipiert werden.

3. *Erlebter Konflikt:* Die Spannungen werden schon tiefer als bloss kognitiv von den Betroffenen erlebt. Sie sind auch gefühlsmässig in die Differenzen verwickelt und versuchen, damit fertig zu werden.
4. *Manifester Konflikt:* Die perzipierten und gefühlsmässig erlebten Spannungen äussern sich nun in Konfliktverhalten. Es kommt zu offener oder verdeckter Gewaltanwendung und der Gegenseite werden Schaden oder Frustrationen zugefügt.
5. *Nachwirkungen des Konfliktes:* Die bisher erfolgten Auseinandersetzungen können zu einer Änderung der ursächlichen Faktoren führen, die einen latenten Konflikt (Phase 1) bewirkt haben. Die gerade abgeschlossene Episode kann somit den Stoff für die nächste Episode liefern. Dadurch kann ein neuer Zyklus beginnen, der wieder die Phasen 1 bis 5 durchläuft.

Die Phasen 1 bis 5 beschreiben Faktoren, die ausserhalb der Parteien gelegen sind. Sie können lange Zeit unbemerkt in einer Organisation geschlummert haben, bis eine der Parteien auf sie aufmerksam wird. Die Phasen 2 bis 4 hingegen beschreiben Bewusstseinsstufen innerhalb der Parteien. Erst mit Phase 4 ist wieder äusseres Verhalten gegeben. Noch globaler und undifferenzierter sind die 3 Stufen von B. Rüttinger (1980): 1. Konfliktwahrnehmung, 2. das Erleben und Verhalten in der Konfliktsituation, 3. die Konfliktbeilegung (p. 24).

In diesem Sinne ist der Fünf-Phasen-Zyklus von L. Pondy eigentlich *kein Modell der Eskalation,* weil er keine nähere Unterscheidung von Intensitätsstufen des gegenseitigen Verhaltens der Konfliktparteien bietet. Ein Eskalationsmodell müsste es ermöglichen, verschiedene Grade der Konfliktintensität im Wahrnehmen, Erleben und Handeln zu unterscheiden. Mit anderen Worten: Wenn die Theorie von Pondy Erkennungspunkte für die graduellen Unterschiede im Konfliktverhalten nach der ersten, zweiten oder dritten Runde dieses zyklischen Prozesses liefert, ist sie als Erklärungs- oder Handlungsmodell brauchbar. Das tut sie aber nicht, denn in der vorliegenden Form besagt Pondy lediglich, dass die Perzeption der Spannungen zu Konfliktverhalten führen kann. Sein Modell kann keine qualitativen Unterschiede von Runde zu Runde charakterisieren.

7.3 Vier Eskalationsphasen bei internationalen Krisen nach Quincy Wright

Von der erlebten Spannung zum militärischen Eingriff

Quincy Wright (1965) hat seine Phasentheorie aus der Praxis der Staaten abgeleitet, knüpft bei Richardson an und unterscheidet zwei Hauptphasen:

I. Latenten Konflikt und II. offene Gewaltanwendung, den eigentlichen Konflikt. Jede der Hauptphasen umfasst wiederum zwei Phasen. Für die I. Hauptphase sind dies nur die folgenden, groben Merkmale:

Phase 1: *Bewusstsein von Inkonsistenzen:* Die betroffenen Parteien sind sich der Spannungen bewusst. Sie versuchen vorzubeugen und zu rüsten, um ihre eigene Machtposition zu sichern oder weiter auszubauen.

Phase 2: *Zunehmende Spannungen,* die zu einer Beeinträchtigung der zwischenstaatlichen Beziehungen führen.

In beiden Phasen der ersten Hauptphase kommt es zu Massnahmen der Sicherung der eigenen Position. Die Parteien sind stark vergangenheitsorientiert und wollen absichern, was sie erworben haben. Die eigenen Interessen stehen im Mittelpunkt.

Die Merkmale der II. Hauptphase sind:

Phase 3: *Nichtmilitärische Druckmassnahmen:* Die Staaten verfügen über eine breite Skala von Druckmitteln: Repressalien, Abbruch der diplomatischen Beziehungen, usw.

Phase 4: *Militärische Intervention,* um die eigenen Rechtsauffassungen und Interessen durchzusetzen.

Das Vierstufenmodell von Wright geht von ähnlichen Grundfaktoren aus wie die Theorie von Richardson. Die Art und Weise, wie die betroffenen Parteien sich und die Gegenseite einschätzen und Aktionen als feindselig bewerten, welche Gewinn- und Verlustchancen sie sich selbst und der Gegenseite geben, sind bei den einzelnen Entscheidungen im Zuge der Eskalation bestimmend.

Auch die öffentliche Meinung der internationalen Gemeinschaft, die verfügbaren Ressourcen und dergleichen wirken sich aus.

Alle vier Eskalationsphasen unterscheiden sich nicht nur durch unterschiedliche Bewusstseinszustände, sondern auch durch andere äussere Verhaltensweisen. Darum ist dieses theoretische Modell etwas vollständiger als das von Pondy. Wegen der grossen Unterschiede in den Gewaltmitteln des internationalen Bereiches und des meso- oder mikro-sozialen Rahmens, sind jedoch kaum Parallelen mit Konflikten in einer Organisation anzugeben.

Anders ist es mit den von Wright benutzten Parametern, wie z. B. der Selbsteinschätzung und Fremdeinschätzung, der Bewertung der eigenen Verlust- und Gewinnchancen usw. Diese Faktoren sind auch in der kleineren sozialen Dimension erkennbar.

7.4 Vierundvierzig Stufen der Eskalation nach Herman Kahn

Vom «normalen Wahnsinn» zum «bizarren Wahnsinn»

Nach einer Phase der Meinungsdifferenzen und des kalten Krieges wird nach H. Kahn (1965) die erste Stufe der Eskalation betreten. Die vierundvierzig Einzelstufen werden in sieben Hauptphasen zusammengefasst.

1. Hauptphase «*Subkrisen-Manöver*» (Stufen 1–3):
   Angesichts einer offensichtlichen und eingestandenen Krise kommt es zu politischen, diplomatischen, ökonomischen und anderen Gesten: Formelle Erklärungen, Warnungen und dergleichen zielen darauf ab, die eigene Entschlossenheit zu zeigen und die Eskalation beim Gegner einzudämmen.
2. Hauptphase «*Traditionelle Krise*» (Stufen 4–9):
   Die Standpunkte verhärten sich und es kommt zu ostentativen Formen der Gewaltanwendung. Darin wird die eigene Stärke zur Schau gestellt. Mittels legaler Formen der Belästigung lässt man einander wissen, dass man auch vor Gewaltanwendung nicht zurückschrecke. Bei gelegentlichen Konfrontationen will man einander auf die Probe stellen und die eigene Entschlossenheit vor Augen führen.
3. Hauptphase «*Intensive Krise*» (Stufen 10–20):
   Es kommt zu Bereitschaftserklärungen und zum Mobilisieren. Eine atomare Auseinandersetzung ist im Denken nicht ausgeschlossen, jedoch greift man zu Formen konventioneller Kriegsmittel, um Ärgeres zu unterbinden. Mit Ultimata, spektakulären Blockaden und drastischen, wenn auch begrenzten Gegenschlägen, spitzt sich die Krise weiterhin zu, wobei es den Konfliktparteien primär darum geht, die Gegenseite abzuschrecken und zu einer Kursänderung zu veranlassen.
4. Hauptphase «*Bizarre Krise*» (Stufen 21–25):
   Es kommt zu harten, aber begrenzten, selbst atomaren Kriegshandlungen, zum Zwecke der Abschreckung und um zu betonen, dass man einen totalen atomaren Krieg nicht provozieren wolle.
5. Hauptphase «*Exemplarische Angriffe auf die gegnerischen Zentralstellen*» (Stufen 26–31):
   Demonstrativ und exemplarisch werden wichtige militärische und zivile Objekte des Gegners angegriffen. Mittels beinahe vollständiger Evakuierungen

zeigt man, dass man auf das Schlimmste gefasst ist und davor nicht zurückschreckt. Entschlossenheit steht gegen Entschlossenheit.

6. Hauptphase «*Zentraler militärischer Krieg*» (Stufen 32–38):
   Wenngleich Schläge und Gegenschläge bereits auf vitale Elemente des Gegners gerichtet sind, bekundet man, dass man keinen totalen Atomkrieg anzetteln wolle. Die kriegerischen Massnahmen richten sich jedoch auf die Zerstörung des militärischen Potentials und der ökonomischen und zivilen Ressourcen.

7. Hauptphase «*Zentraler ziviler Krieg*» (Stufen 39–44):
   Bei allen Massnahmen steht das gegenseitige Aufrechnen im Mittelpunkt. Wenn die eine Partei grosse Verluste erlitten hat, dann möchte sie der Gegenseite wenigstens ebenso grossen Schaden zufügen. Im weiteren Verlauf stellt man auf eine vitale Zerstörung des Gegners ab, bis es schliesslich nur noch «Vorwärts-Befehle» gibt, ohne Rücksicht auf Verluste. Dies ist der Zusammenbruch der Systeme der Konfliktparteien, und auch die Militärs haben nun nichts mehr zu bestellen.

H. Kahns Eskalationsmodell gründet sich mit allen diffizilen Abstufungen auf das differenzierte Gewaltpotential der Atommächte. Im mikro- und meso-sozialen Rahmen besteht diese Differenzierung physischer Gewalt nicht. Für den Einsatz immaterieller Gewalt gibt das Modell zu wenig Parameter. Es wird kaum näher differenziert, wie sich im Laufe der Eskalation die Denk- und Gefühls- und Willensdimension in den Konfliktparteien verändern.

Überdies kann von Kahns Modell gesagt werden, dass es keine «Meta-Beschreibung» des Eskalationsprozesses gibt, sondern eigentlich das fatale Denken der Konfliktpartei selbst zum Ausdruck bringt. Es geht um das Zeigen der eigenen Entschlossenheit, Unverfrorenheit, man will die Gegenseite abschrecken, warnen, hindern! Bei allem bleiben jedoch Überlegungen, wie diese Intentionen durch die Art der Massnahmen auf die Gegenseite wirken könnten, dahingestellt. Das Paradoxe der Eskalation ist aber gerade die Wirkung auf die Gegenpartei, welche die meisten Intentionen des Gegners anders perzipiert als sie beabsichtigt sind. Die Darstellung der Denkweise der Konfliktparteien im Modell Kahns geht von der Prämisse aus, dass bis zur vorletzten Stufe in der Eskalation die Rationalität der Parteien bestimmend ist für ihr Verhalten, während die Erfahrung zeigt, dass das Geschehen zusehends von Irrationalität beherrscht wird. H. Kahn beschreibt darum in seinem Modell nur die Illusionen der Akteure in Konflikten und nicht die wirksamen Mechanismen und Faktoren.

Die wichtigste Leistung Kahns ist die Darstellung der Schwellen, der Eskalationsstufen. Durch die Voraussicht auf noch intensivere Formen der Gewaltanwendung lasse man sich dazu bewegen, nicht voreilig zu den äussersten Mitteln zu greifen. Die Schwellen wirken auf diese Art im Bewusstsein der Parteien prohibitiv. Einige dieser Schwellen hat Kahn formelhaft beschrieben (1965, p. 42), wie z. B. die Schwelle zwischen der ersten und zweiten Hauptphase: «Don't rock the boat!» In unserem eigenen Modell bemühen wir uns, dort anzusetzen und die Analyse und Beschreibung weiterzuführen.

Bei einer globalen Gegenüberstellung der verschiedenen Eskalationstheorien zeigt sich, dass L. Pondy die kognitiven Aspekte in den Mittelpunkt stellt. Dieser Autor zeichnet nach, wie die Tatsachen allmählich in verschiedene Bewusstseinslagen der Konfliktpartei durchdringen und dort zu einer Entschlossenheit führen, die sich letztlich im Verhalten äussert. Th. Schelling (1958) betont die irrationalen, emotionalen Faktoren. Er hebt die Bedeutung der symbolhaften, als selbstverständlich empfundenen Grenzen und Schwellen hervor, die sich auch gegenüber einer rationalen Haltung durchsetzen. Qu. Wright stellt die Wirkungen auf die Willenshaltung der Parteien dar, ihre Entschlossenheit, ihre Orientierung auf die Vergangenheit und die Blindheit bezüglich der Folgen der weiteren Zukunft. In den detaillierteren Beschreibungen der einzelnen Eskalationsstufen Kahns lassen sich einige der von uns einleitend beschriebenen Mechanismen und dynamisierenden Tendenzen indirekt erkennen (Kap. 8).

Neben den genannten Autoren haben auch noch andere das Wesen des Eskalationsprozesses zu charakterisieren versucht, wenngleich dies nicht immer zu einem Phasen- oder Stufenmodell führt. D. Senghaas (1970, 1971), D. Frei (1970), ferner auch A. Rapoport (1957) u. a. sehen den Eskalationsprozess im Grunde als ein autistisches Geschehen. Es tritt «Lernpathologie» auf: Die Konfliktparteien lassen sich nicht mehr unbefangen vom realen Geschehen belehren, sondern sie sehen einzig und allein die Aspekte, die ihre Angst und ihre pessimistischen, durch Misstrauen geprägten Erwartungen bestätigen. Darum kann sich der Konflikt nur noch verschlechtern.

F. Peschanel (1993, S. 208 ff.) stellt «zyklische Konflikte» als eine Sonderform des Konfliktverlaufes dar. Bestimmte Abläufe wiederholen sich immer wieder in zyklischen Abständen: Anna und Bruno prügeln einander, darauf folgt die Versöhnung und eine glückliche Zeit, bis sie einander wiederum prügeln. Zuneigung und Abneigung klappen immer wieder um («polarity reversal») und brauchen einander. In diesem Konfliktverlauf gibt es weder Eskalation noch De-Eskalation, sondern eine zyklische Stabilität. Peschanel rät deshalb Vermittlerinnen und Beratern ab, sich auf zyklische Konflikte einzulassen, weil die Parteien eigentlich keine Lösung suchen.

Die meisten Autoren charakterisieren den Verlauf der Eskalation als «zyklisch». Bestimmte Akte des Wahrnehmens, Beurteilens und neuen Entscheidens wiederholen sich und führen nach jeder Abrundung eines Zyklus zur Bereitschaft, Gewalt in einem noch grösseren Ausmass anzuwenden. Dadurch steigert sich die Intensität des Konfliktprozesses «spiralartig» immer mehr.

8. Basismechanismen der Eskalationsdynamik

In Konfliktsituationen sind viele Mechanismen gleichzeitig wirksam. Sie führen im Wechselspiel zur zunehmenden Verzerrung der Perzeptionen, zur Fixierung der negativen und feindseligen Einstellungen und zu destruktiverem Verhalten der Konfliktparteien.

Für das Verständnis der wichtigsten Faktoren, die den Eskalationsprozess vorantreiben, lassen sich einige Mechanismen beschreiben, die zueinander zumeist in einem paradoxen Verhältnis stehen. Durch das Paradoxe dieser Mechanismen wird die Konfliktsituation stets vieldeutiger. Dies erhöht die bereits bestehende Unsicherheit und erschwert es den Konfliktparteien, sich im Geschehen zurechtzufinden und die Situation zu kontrollieren. Was immer die Parteien aus den Mechanismen heraus tun, um Herr der Lage zu werden, sie manövrieren sich von Mal zu Mal nur noch tiefer in den Konflikt hinein.

Wir wollen diese Basismechanismen (oder Tendenzen) kurz so charakterisieren:

1. Die Konfliktparteien neigen dazu, die andere Seite als Ursache aller Probleme und Frustrationen zu sehen; sie projizieren alles Negative auf die Gegenpartei. Andererseits frustrieren sich die Konfliktparteien mit unbeherrschten Aktionen selbst. Dadurch wächst auf beiden Seiten das Unbehagen mit sich selbst. Wir bezeichnen dies kurz als: «*Zunehmende Projektion bei wachsender Selbstfrustration*».
2. Von den Konfliktparteien werden immer mehr Punkte in den Konflikt gezogen und zu «Konflikt-Issues» gemacht, so dass die Streitfragen an Anzahl, Umfang und Komplexität zunehmen. Andererseits neigen die Konfliktparteien dazu, die Situation stark zu vereinfachen, zu simplifizieren. Mit anderen Worten: Es kommt zu einer «*Ausweitung der strittigen Themen bei gleichzeitiger kognitiver Komplexitätsreduktion*».
3. Im Konflikt werden Streitpunkte aus der subjektiven bzw. objektiven Sphäre zusehends miteinander vermischt und verflochten; klare und eindeutig benennbare Ursachen-Wirkungs-Zusammenhänge sind nicht zu bestimmen. Die Konfliktparteien neigen jedoch zu simplifizierten Erklärungsmodellen über Ursachen und Wirkungen im Konflikt. Wir nennen dies: «*Wechselseitige Verflechtung von Ursachen und Wirkungen bei gleichzeitiger Simplifizierung der Kausalitätsbeziehungen*».

4. Während die Konfliktparteien einen stets weiteren Personenkreis zur eigenen Unterstützung in den Konflikt einbeziehen (Ausweitung des sozialen Umfangs), neigt die Art der Auseinandersetzung dazu, mehr und mehr zu personifizieren; die «Face-to-face Kontakte» nehmen ab. Wir umschreiben dies kurz als *«Ausweitung der sozialen Dimension bei gleichzeitiger Tendenz zum Personifizieren des Konfliktes»*.
5. Durch Erhöhung der Gewaltandrohung hoffen die Konfliktparteien gegenseitig, dass die andere Seite nachgeben möge – die tatsächliche Wirkung ist jedoch umgekehrt: der Gegner reagiert darauf gewaltsamer; dadurch tritt eine Beschleunigung der Eskalation auf. Was als Abschreckung und «Bremse» beabsichtigt ist, wirkt als Provokation und Beschleunigung. Oder kurz charakterisiert: *«Beschleunigung durch Bremsen»*.

In den folgenden Ausführungen beschreiben wir diese Mechanismen.

8.1 Zunehmende Projektion bei wachsender Selbstfrustration

In diesem Abschnitt wollen wir einen psycho-sozialen Vorgang darstellen, der sich durch den ganzen Konfliktprozess hinzieht und zu dessen Intensivierung beiträgt.

Im Grunde geht es darum, dass sowohl Partei A als auch Partei B mit eigenen inneren Problemen konfrontiert wird. Partei A (und parallel auch Partei B) muss bestimmte eigene Schwächen erkennen, die sie jedoch nicht akzeptieren will; darum schiebt sie der Gegenpartei diese in die Schuhe. Sie lässt sich gelegentlich zu destruktivem Verhalten hinreissen und bedauert sie kurz darauf, weil sie auf den gegebenen Anlass übermässig reagiert hat. Sie benutzt aber das «aggressive» Verhalten der Gegenpartei als Entschuldigungs- oder Erklärungsgrund für das eigene unkontrollierte Verhalten. Die entstehenden Gewissensskrupel erhöhen wieder die inneren Spannungen und tragen weiter zum Abladen der Schuld auf die Gegenseite bei.

Wir haben hier mit dem psychischen Abwehrmechanismus der «Projektion» zu tun, der für das Verständnis der Konfliktdynamik und ihrer wirksamen Behandlung von grosser Bedeutung ist. Wir wollen erst kurz einen praktischen Fall beschreiben:

In einer Stadt mittlerer Grösse war es zum heftigen Ausbruch eines Konflikts gekommen, der sich bereits über Jahre hingezogen hatte. Schliesslich wurden auch die politischen Parteien, die gewählten Gremien und die oberste Beamtenschicht in Mitleidenschaft gezogen. Kern des Konfliktes waren die Klagen der Schulleiter, der kulturellen Organisationen der Stadt sowie der Elternorganisationen und dergleichen über das Funktionieren der Schulverwaltung innerhalb der städtischen Verwaltung. Es wurde der Schulverwaltung vorgeworfen:

- bestimmte Angelegenheiten, die politisch brisant waren, blieben zu lange unerledigt liegen;
- bei Nachfragen und Klagen erklärte sich keiner der Beamten für zuständig; dadurch war unter der betreffenden Bevölkerung viel Unmut entstanden;
- der Abteilungschef bzw. der Stadtrat bezichtigten aneinander gegenseitig, die Sache verschleppt zu haben;
- der Abteilungschef bzw. der Stadtrat hatten bei öffentlichen Sitzungen und Verhandlungen Versprechungen abgegeben, die in der weiteren Folge nicht verwirklicht werden konnten.

Diese Beschwerden führten schliesslich zu organisierten Aktionen in der Stadt, mit denen der Stadtrat politisch angegriffen wurde. Schliesslich entschied das Kollegium des Stadtrates, den Abteilungschef seiner Funktion zu entheben.

Der Abteilungschef und der Stadtrat hatten einander jahrelang gegenseitig gestützt. Als die Feindseligkeiten zwischen ihnen offenkundig wurden, erklärten beide Hauptparteien, dass sie einander bereits zu lange – zu unrecht – gestützt und damit ihre eigene Position gefährdet hätten. Der Stadtrat warf dem Abteilungschef vor, dass er es nicht verstünde, seine Arbeit systematisch zu planen und zu steuern, Prioritäten zu bilden und eine praktische Policy zu entwickeln; er könne auch seine Mitarbeiter nicht führen, weil er alle interessanten Aufgaben, Repräsentationspflichten usw. immer an sich zöge; er sei äusserst status- und prestige empfindlich!

Der Abteilungschef erklärte, dass er seinem politischen Chef gegenüber immer loyal gewesen sei, auch wenn dieser vor dem Publikum die Beamten wiederholt als völlig unfähig abgestempelt habe; wichtige Fälle blieben gewöhnlich viel zu lange auf dem Schreibtisch des Stadtrates liegen; der Stadtrat lasse sich bei öffentlichen Sitzungen immer wieder zu unhaltbaren Versprechungen verleiten, die mit den finanziellen Mitteln und dem bestehenden Personal unmöglich zu erfüllen waren: Der Stadtrat sei bei allen als eitel, status- und prestigesüchtig bekannt, wodurch solche Probleme nie sachlich mit ihm zu besprechen seien.

Während unserer Arbeit an diesem Konflikt, bestätigten die meisten Beamten und Politiker, dass beide Personen einander in vielerlei Hinsicht ähnlich seien, dass sie aber gerade über die *eigenen* Schwächen *im anderen* so schonungslos herzögen. Sie hatten es nach der Meinung der anderen gut verstanden, treffsicher diese Eigenschaften im anderen zu provozieren, so dass sich sowohl der eine als der andere wiederholt Blössen gegeben hatte.

Zunächst wollen wir das gängige theoretische Konzept der Projektion näher darstellen, weil es in der Konfliktpsychologie bedeutungsvoll ist.

Kurz zusammengefasst geht es bei der Projektion um das folgende:

Eine Person ist in ihrer Psyche widerstrebenden Kräften ausgesetzt (so bereits Th. Ribot 1884, zit. von A. M. Rocheblave-Spenlé 1973) und sieht sich vor die Schwierigkeit gestellt, diese Regungen in irgend einer Weise in sich selbst zum Ausgleich zu bringen.

In dem beschriebenen Konflikt zwischen Abteilungschef und Stadtrat hatten beide Personen Jahre hindurch das Problem ihrer eigenen Arbeitsmethodik nicht lösen können. Beide verursachten damit für die Gegenseite Probleme. In den Augen des Abteilungschefs war aber nichts zur Behebung des Personalmangels geschehen. Für den Stadtrat war es in der Vergangenheit schwierig gewesen, als Vertreter einer Minderheitspartei im Exekutivkollegium der Stadt seinen Sitz zu behaupten und sich gegen politische Angriffe, die aus taktischen Gründen zumeist im Vorwurf der Amtsunfähigkeit gipfelten, zur Wehr zu setzen. In beiden Fällen war der interne Status der Hauptpersonen schwierig und spannungsgeladen gewesen.

Zurück zur Darstellung des Projektionskonzeptes: Die betreffende Person, die in grosser Spannung lebt, kann diesen Widerstreit lösen, indem sie zu verschiedenen Zeiten einmal die eine, dann die andere Strebung dominieren lässt. Sie kann jedoch auch ständig zwischen zwei Extremen hin und her schwanken und unschlüssig bleiben. S. Freud (Rochblave-Spenlé 1973) spricht nun davon, dass «ein Stück derselben Persönlichkeit» gewisse Wünsche vertritt, während sich ein «anderes Stück der Persönlichkeit» dagegen zur Wehr setzt.

Auf Dauer können diese Abwehrmassnahmen die ganze psychische Kraft der Person in Beschlag nehmen. Je weniger jemand kraft seiner Persönlichkeit imstande ist, sich mit diesen Widersprüchen im eigenen Innenleben bewusst und konstruktiv auseinanderzusetzen, desto mehr wird er dazu neigen, die abgelehnten Regungen und Neigungen als nicht zu ihm gehörig zu betrachten. Die moralischen, religiösen oder gesellschaftlichen Normen, die als Beurteilungsmassstäbe dem Zulassen oder Ablehnen der inneren Regungen zugrunde liegen, wirken der Projektion in die Hand. Weil bestimmte Regungen vom eigenen Gewissen nicht toleriert werden können, werden sie unterdrückt und in der weiteren Folge geleugnet. Sie stimmen nicht mit dem Selbstbild überein, das sich die Person bisher gemacht hat (A. Gladstone 1959; A. M. Rocheblave-Spenlé 1973).

Im Beispiel des Stadtrates und seines Abteilungschefs hatten beide hohe persönliche Ambitionen und ein sehr strenges «Ideal-Selbstkonzept». Beiden sagte man auch ein übertriebenes Ehrgefühl nach. Sie konnten die ihnen zur Last gelegten Schwächen nicht mit ihrem Selbstbild in Übereinklang bringen; ergo mussten sie entweder erlogen sein oder aber dem Gegner zugerechnet werden.

Dies ist nun der Kern des Projektionsvorganges: Bestimmte Aspekte der eigenen Persönlichkeit werden abgelehnt und danach als wesensfremd nach aussen verlagert. Es wird in der Literatur von «Ent-Äusserung», «Abspaltung», «Externalisierung» und «Nach-aussen-Verlagern» gesprochen. Freud sieht hierin einen Verdrängungsvorgang (R. Bühlmann 1971): Was eigentlich von innen kommt, wird als von aussen kommend umgedeutet. Ähnlich sieht C. G. Jung den Vorgang: Ein Subjekt spaltet bestimmte Inhalte von sich ab und unterschiebt sie anderen Personen. Die Gegenseite wird somit abgewertet, angeschwärzt. So entsteht ein scharfer Kontrast zwischen dem verteufelten Gegner und dem Ideal-Selbstbild. Durch ein Idealbild, das hohe Anforderungen an die Person stellt, wird diese Projektion begünstigt. Dadurch wird das Bewusstsein bezüglich der eigenen Eigenschaften abgedämpft; es treten innerliche «Wahrnehmungsblockaden» (G. Allport 1954) auf. Teile unseres Selbst werden geleugnet bzw. abgestossen. Sie blockieren jedoch in der Folge unsere Wahrnehmungen: Wenn sich in uns doch wieder dieselben Regungen melden, die wir von uns abgespalten haben, dann sind wir nicht mehr in der Lage, sie an uns zu beobachten; wir verlagern sie dann a priori auf den Gegner. Dadurch werden nun die Bewusstseinsblockierungen, «Repressionen» (G. W. Allport 1954), eingebaut: Bestimmte Wahrnehmungen dringen nicht mehr bis zum Bewusstsein durch, um uns nicht zu beunruhigen. Sobald sie doch zu bestimmten Regungen führen, werden sie der Gegenpartei oder der Aussenwelt als *Verursacher* angelastet. H. Murray (1933) nennt dies «komplementäre Projektion»: «Weil ich Angst habe, musst *du* mich bedroht haben!»

Neutra (Zitat bei H. R. Lückert 1957) spricht darum in diesem Sinne von Neurosen als «zweifacher Kontaktstörung»: Einerseits ist der Kontakt zu anderen Menschen gestört, andererseits ist der innere Kontakt, die «Beziehung zur inneren Tiefe», gestört.

Und diese zweifache Störung steht am Beginn eines Prozesses, in dessen Verlauf sich *sozialer Autismus* (T. Newcomb 1947) entwickelt und festsetzt, der die Grundstimmung im Konfliktprozess bildet (siehe Kap. 2.3).

Die Mechanismen, die zur Projektion führen, sind nun auf paradoxe Weise mit solchen der Selbstfrustrierung verknüpft. Dabei geben die Projektionsvorgänge Anlass zu Selbstvorwürfen, Schuldgefühlen und Enttäuschungen und diese verstärken aufs neue die Projektionsvorgänge. So bildet sich ein psycho-sozialer Teufelskreis, der die Eskalation in Gang setzt und in Bewegung hält.

Zur Gereiztheit, zum Ärger und zur Ambivalenz treten Schuldgefühle und Selbstvorwürfe der Partei A. Durch ungeschicktes, nicht völlig beherrschtes Verhalten der Partei B kann der Reiz zunehmen, bis sich Partei A ihren Unmut anmerken lässt. Schliesslich kann es zum «Dammbruch» kommen und Partei A lässt den gestauten Affekten für kurze Zeit freien Lauf. Diese treten eruptiv nach aussen, und zwar um vieles heftiger, als es dem Anlass entspricht. Jetzt entsteht für Partei A die Notwendigkeit, dieses Überreagieren offen zuzugestehen oder im nachhinhein zu rechtfertigen. Eine der Rechtfertigungsmöglichkeiten bietet sich direkt an: «Partei B ist selbst voll verantwortlich für meine heftige Reaktion!» Damit beginnt der Vorgang der «komplementären Projektion» (G. Allport 1954, H. Murray 1933): Um sich selbst frei zu sprechen, wird Partei B all das nachgesagt, was sich im eigenen Innenleben unangenehm bemerkbar gemacht hat: Unsicherheit, Unmut, Feindseligkeit, Aggressivität, Schädigungsabsicht usw.

W. Eckhardt (1965, p. 349) hat bestimmte Projektionsvorgänge zwischen kollektiven sozialen Gebilden untersucht, wobei Partei A jegliche Aggression verleugnete, dafür aber die Gegenpartei B heftiger Aggressionen bezichtigte. Die eigene, gewiss aggressiv zu bezeichnende Verhaltensweise, wurde als «Verteidigungsverhalten», als heilige Pflicht gesehen. Auch A. Gladstone (1959) beschreibt, wie Verhaltensweisen nach den herkömmlichen Auffassungen der Partei A im Normalfall moralisch verurteilt werden, im Konfliktfall als moralisches Gebot dargestellt werden.

Diese Rechtfertigung mengt sich mit dem bereits angestauten Unmut und richtet sich um vieles heftiger gegen Partei B. Die Energie der Selbstrechtfertigung der Partei A ist die eigentliche Energie des Angriffes gegen Partei B. Nach H.-E. Richter (1970) ist der Angriff auf Partei B darum so heftig, weil er *Ersatz* ist für eine *Selbstzurechtweisung* der Partei A.

Je mehr jedoch Partei A den feindseligen Regungen, die durch die Projektionen legitimiert worden sind, nachgibt und sich zu weiteren Projektionen verleiten lässt, desto tiefer gerät sie in ein unlösbares Gewissensdilemma: Die Gefühle der Schuld und der gelegentlichen Reue lassen sich nicht einfach aufs neue unterdrücken. Mit jeder feindseligen Handlung gegen B nimmt das innere Unbehagen noch weiterhin zu. – So hat sich A in eine paradoxe Situation manövriert, in der sich beide Einstellungen gleichermassen als problematisch erweisen:

- sowohl das Unter-Verschluss-Halten und Unterdrücken der Regungen des Innenlebens nährt das Unbehagen,
- als auch das gelegentliche Ausleben in destruktivem Verhalten gegenüber B trägt zur Steigerung des Unbehagens bei.

Gleichgültig, ob das eine oder andere getan wird, das innere Problem bleibt bestehen und nimmt sogar noch zu.

Die paradoxe Verkettung beider Mechanismen – Projektion und Selbstfrustration – kann nur durchbrochen werden, wenn wenigstens eine Partei den Projektionsvorgang in sich erkennen kann. Damit würde sie auch einsehen, dass das Problem zwischen Partei A und B im Grunde lautet: Wie gehe ich als Partei A mit meinen eigenen, inneren Spannungen und Gegensätzen um, die sich aus meiner Beziehung zu Partei B ergeben? Wenigstens eine Partei müsste das Problem der gegenseitigen Beziehungen akzeptieren wollen: Nämlich als Herausforderung, um an der eigenen Entwicklung mittels einer eindringlichen Konfrontation mit sich selbst – gespiegelt durch die Gegenpartei – zu arbeiten! Für diese Arbeit gilt die Grundvoraussetzung, dass Partei A oder B bereit sein muss, sich dem eigenen negativen Bild zu stellen und somit das «glorifizierte Selbstbild» zu überprüfen.

8.2 Issue-Lawine und Simplifizierung

Durch das Zusammenwirken dieser beiden Mechanismen wird das Problemfeld der Streitpunkte für die Konfliktparteien zusehends unübersichtlicher. Es werden immer mehr Fragen und Themen in den Streit geworfen. Um sich in der Fülle der Probleme orientieren zu können, wird auf diese Komplexitätszunahme mit Vereinfachungen und Über-Simplifikationen reagiert. Beide entgegengesetzte Tendenzen treten sowohl bewusst als auch unbewusst auf.

8.2.1 Bewusste Ausweitung der Streitfragen (Issues) zu taktischen Zwecken

Die Konfliktparteien versuchen bereits in den Anfängen der Eskalation, ihre eigene Position zu stärken und die der Gegenseite zu schwächen. Dazu dienen Informationen, Behauptungen und Argumente. Jede Partei möchte lieber einen Überschuss an Beweisen haben anstatt eines Beweismangels. Um nun die eigene Argumentation zu untermauern, wird von den Parteien soviel wie möglich herangetragen. Gleichzeitig verschliesst sich jede Partei allmählich den Argumenten der Gegenpartei. Viele verpuffen wirkungslos. Wenn Partei A konstatieren muss, dass die neuen Argumente ihre Wirkung auf Partei B verfehlen, dann muss sie noch andere Argumente anführen. So wird die Situation insgesamt komplexer und verwirrender. Es wird für die Konfliktparteien schwieriger, die Schwerpunkte und Zusammenhänge deutlich zu erkennen. Obschon die Ausweitung der Streitpunkte von den Parteien bewusst eingeleitet worden ist, sind die Reaktionen darauf im allgemeinen nicht mehr bewusst. Die entstandene und zunehmende Komplexität verstärkt die bestehende Unsicherheit und das Nichtakzeptieren bei den Parteien und trägt zu weiterem irrationalem Verhalten der Parteien bei. N. Rackham und J. Carlisle (1978) haben bei ihren empirischen Untersuchungen wirklicher Verhandlungen konstatieren können, dass ein guter Verhandlungsführer fähig ist, seine Argumentation zu beschränken. Wo dies nicht gelang, eskalierte die Verhandlung zur kämpferischen Auseinandersetzung. Es gehört überdies zu den alten

Taktiken der Verhandlungsführung, die Liste der Verhandlungspunkte absichtlich um eine Reihe von Punkten zu vermehren, um den Gegner über die eigenen Absichten und Prioritäten in die Irre zu führen. Mittels dieser Finte kann man der Gegenpartei mühelos Scheinzugeständnisse machen, weil man auf Punkte verzichtet, die nur zum Zwecke von Scheinkonzessionen in die Liste der Besprechungspunkte aufgenommen worden sind («politisches Wechselgeld»).

Durch derartiges Vorgehen kann eine Partei zwar kurzfristig einige taktische Vorteile erreichen, es beschleunigt aber nur die Eskalation. Dieter Senghaas (1971) führt die Ausweitung der Konfliktthematik u.a. darauf zurück, dass die Konfliktparteien den hohen Aufwand für die Austragung der Differenzen besser rechtfertigen können, wenn sie nachweisen, dass sie für sehr umfangreiche und komplexe Angelegenheiten zu Felde gezogen sind. Darum erfindet man gelegentlich zusätzlichen Konfliktstoff.

8.2.2 Unbewusste Ansteckung anderer Issues

Neben der gewollten Ausweitung der Streitfragen trägt der Konflikt auch sonst die Tendenz in sich, weiter um sich zu greifen: Unbewusst strahlt der Konflikt auf Gegenstände aus, die bisher im Streit keine Rolle gespielt haben. Sie werden vom Konflikt angesteckt. Wenn der Ehemann nach längerem Ehekonflikt seine persönliche Habe packt und das Haus verlässt, dann stellen sich bei der Ehefrau in den folgenden Tagen immer wieder Gefühle der Wut ein, sobald sie in einem Schrank noch ein Kleidungsstück ihres Mannes findet.

An dem folgenden Beispiel aus unserer Praxis kann dies deutlich gezeigt werden. In einem grossen Gymnasium hatten die Konflikte zwischen Gruppen von Lehrern anfänglich nur methodisch-didaktische Fragen zum Gegenstand. Es wurde intern darüber viel debattiert. Allmählich wurden die Konflikte ausgeweitet auf Fragen der Erziehungsphilosophie. Dies geschah, obschon sich jeder Lehrer zu den besonderen geistigen Fundamenten dieser Schule bekannte. In kurzer Zeit waren auf diesem Gebiet unversöhnliche Gegensätze aufgetreten. Die Diskussion griff nach einiger Zeit über auf Fragen der internen Organisation, der Entscheidungsbildung und Führung. Nach und nach wurden noch gesellschaftspolitische Probleme in die Debatten geworfen und heiss diskutiert.

Im Zuge des Konfliktlösungsprozesses konnten wir in einer Untersuchung feststellen, dass nur die didaktischen Differenzen auf erheblichen Auffassungsunterschieden beruhten. Diese waren jedoch überbetont worden. Auf den Gebieten der Basisphilosophie stellten sich nur einige unbedeutende Differenzen heraus. – Der Eskalationsprozess hatte die Konflikt-Issues so ausufern lassen.

Niklas Luhmann (1975, pp. 101 ff.) fasst ähnliche Beobachtungen als «Generalisierungstendenz» zusammen und konstatiert, dass «...Konflikte an sich zur Generalisierung tendieren, zur Ausdehnung auf alle Eigenschaften, Lagen, Beziehungen und Mittel der Gegner. In dem Masse, als Dissens und wechselseitige Behinderung bewusst werden, ergreifen sie mehr und mehr Themen, und zugleich ziehen die Gegner mehr und mehr soziale Beziehungen mit in den Konflikt, die an sich miteinander verträglich waren (...). Diese Tendenz zur Generalisierung schafft unnötige Konflikte.»

Noch ein anderer Umstand bewirkt, dass die Konflikt-Issues umfangreicher und komplexer werden: Die Konfliktparteien haben unterschiedliche Perzeptionen der Probleme. Sie fassen jeweils andere Aspekte der Problematik ins Auge. Mit der Zeit decken sich diese Perzeptionen nur noch in wenigen Punkten, wenn überhaupt noch.

8.2.3 Kognitive Komplexitätsreduktion

Gleichzeitig mit der soeben beschriebenen Tendenz der zunehmenden «Issue-Komplexität» tritt noch ein anderer Mechanismus auf: Die Konfliktparteien simplifizieren die totale Konfliktsituation. Das nach aussen gerichtete Handeln bewirkt Komplexitäts*zunahme*; im *Wahrnehmen* der Konfliktsituation tritt bei den Konfliktparteien Komplexitäts*reduktion* auf. Beide Mechanismen sind gleichfalls paradox miteinander verkoppelt. Dies trägt zu einer beträchtlichen Zunahme der Spannung bei. Aus der Perzeptionspsychologie ist bekannt (siehe vor allem M. D. Vernon 1962), wie bereits im «Normalfall» das menschliche Aufnahmevermögen begrenzt ist. Komplexere Zusammenhänge können nur beschränkt verarbeitet werden. Darum tritt die Neigung auf, die Anzahl der Elemente, die wir wahrnehmen, zu verringern und die Zusammenhänge zu vereinfachen. Ohne fortwährendes «Filtern und Vereinfachen» könnten wir im alltäglichen Geschehen den vielfältigen Sinneseindrücken gar nicht standhalten.

Es wird wichtiger, in der Fülle der zu verarbeitenden Eindrücke doch die Orientierung zu bewahren. Durch den Stress, d. h. durch den zunehmenden Zwang, für die psychische oder physische Selbsterhaltung wichtige Entscheidungen zu treffen, in stets kürzerer Zeit und bei schrumpfendem Handlungsspielraum, werden höhere Anforderungen an unsere Kapazität des Verarbeitens von Eindrücken gestellt als in entspannten Situationen. Wie jedoch viele Beobachtungen und empirische Untersuchungen des Verhaltens in Stress eindeutig zeigen (J. March und H. Simon 1958, p. 116 ff.; R. Lazarus, J. Deese und S. Osler 1952; O. Holsti 1963, Hüther 2002), nimmt die Fähigkeit zur Bewältigung komplexer Probleme noch wesentlich ab.

Durch die Zunahme der Komplexität in der Eskalation wächst bei den Konfliktparteien auch das Unbehagen an der Komplexität und sie nehmen dann ihre Zuflucht zu radikalen Vereinfachungen, zur Über-Simplifikation, die dann starr und stereotyp wird. Vor allem in der Konfrontation mit negativ empfundenen Objekten, Situationen oder Parteien (R. Lazarus und R. McCleary 1951) nimmt das Simplifizieren Überhand.

Auch hier bewirken zwei einander entgegengesetzte Mechanismen gegenseitige Verstärkung. Das bereits bestehende Dilemma der Konfliktparteien wird also noch grösser. Durch die Verkoppelung beider Mechanismen vermehrt jeder weitere Schritt das Unbehagen der Beteiligten. Dies leistet einem Denken in «Patentlösungen» mit bestechend «unzweideutigen» Erklärungen der Situation Vorschub. Zur Ursache aller Probleme wird dann – je nach der eigenen ideologischen Grundstimmung – der «Weltkommunismus» oder der «Kapitalismus»; der «Weltzionismus» oder das «Panarabertum» erklärt. Die zunehmende Komplexität verleiht der Eskalation weiteren Auftrieb und verschärft die Gegentendenz der Komplexitätsreduktion. Dadurch werden die Konfliktparteien in ihrem Denken starrer, in ihrem Auftreten radikaler und in ihren Forderungen extremer. Bei meso- und makro-sozialen Gebilden, die miteinander in Konflikt geraten sind, tritt bei wachsender Krisenstimmung eine allgemeine Überbelastung der massgeblichen Informationskanäle und der Entscheidungsorgane auf. Mehr widersprüchliche Informationen müssen in kürzerer Zeit gesichtet und verwertet werden, wobei die Konsequenzen der daraus erfolgenden Entscheidungen weittragender sind als in entspannten Situationen. M. Nicholson (1970) hat bei der Analyse wichtiger internationaler politischer Krisen festgestellt, dass die vorliegenden Informationen dann in der Regel noch schlechter verarbeitet werden. I. Janis (1962) bestätigt aufgrund seiner Analyse politischer Krisen diese Beobachtungen und führt eine Reihe weiterer Momente an, die dazu beitragen, dass von den Entscheidern unterschiedliche und allzu subtile Auffassungen weitgehend unterdrückt werden, wodurch Entscheidungen in Krisensituationen wesentlich weniger nuanciert sind als bei entspannten Verhältnissen.

8.3 Wechselseitige Kausalitätsumkehrung bei gleichzeitiger Simplifizierung der Kausalitätsbeziehungen

Durch Unterschiede in ihren Ausgangspositionen und Interessenlagen bilden sich die Konfliktparteien ihre eigenen «Theorien» über Ursachen und Hintergründe des Konfliktes, ebenso darüber, was ihn verschärft und in den bestehenden Zustand manövriert habe. In der Regel weichen ihre Einsichten in diese Ursachen-

und Wirkzusammenhänge stark voneinander ab. Jede Interaktion im Konflikt verstärkt diese Unterschiede zusätzlich. Diese *Auffassungsunterschiede* werden zum *Streitobjekt* an sich. Es entsteht der «Konflikt über den Konflikt».

Eine junge Fachhochschule wurde wenige Monate nach den Studentenrevolten in Paris 1968 von grossen Unruhen heimgesucht. Unter den Studenten gärte es überall, die Spannungen stiegen an, es kam zu kurzen Protestaktionen und Hörerstreiks. Schliesslich legte im Jahre 1970 eine Massenbesetzung den Lehrbetrieb lahm. Die Konfliktparteien waren mehrere Gruppen von Studenten, der dozierende Stab der Fachhochschule, die Leitung mit dem Rektor und das Kuratorium (ein Aufsichtsgremium in Verwaltungsangelegenheiten). In kürzester Zeit bildeten sich diese Gruppierungen ihre Auffassungen über Entstehung und wirksame Lösungsmöglichkeiten des Konfliktes und verteidigten diese fanatisch gegenüber anderen.

Die *Studentenvertretung* sah die Hauptursachen im Kuratorium, weil darin überwiegend Vertreter der Industrie dieser Region Sitz und Stimme hatten: Die Fachhochschule war dadurch zu einem Instrument der Industrie geworden. Der Rektor war – nach Meinung der Studenten – völlig das willenlose Ausführungsorgan des Kuratoriums; man betrachtete ihn als einen Manipulator durch und durch. Dozenten wurden – nach der Überzeugung der Studentinnen und Studenten – unter Druck gesetzt, wann immer sie sich dem Wirtschaftsleben gegenüber als zu unabhängig benommen hatten.

Die Gruppe der *Dozenten* war in sich zerteilt. Im allgemeinen sahen sie die folgenden Hauptursachen: Die Studenten hätten sich zu unselbständig benommen, darum musste viel reglementiert und dekretiert werden. Im Kuratorium befänden sich nur wenige Mitglieder mit Lehrerfahrung; darum konnten sie in Fragen des Lehrbetriebs wenig Rat geben. Eine Gruppe von Dozenten wollte – in den Augen der konservativeren Gruppe – populär sein und die radikalen Studenten für sich einnehmen; diese Dozenten gewährten Freiheiten, die sich für die übrigen Dozenten nachteilig auswirkten (Absentismus, Kritik an den Lehrveranstaltungen der «konservativen Dozenten» usw.); das Kuratorium liesse sich von den Studenten leicht beeinflussen und unter Druck setzen und unterstütze die Schulleitung nicht mehr. Dies waren die Hauptfaktoren aus Dozentensicht.

Die *Schulleitung*, d.h. Rektor und Konrektoren, hatten das Bild, dass ihre Autorität durch das Verhalten des Kuratoriums untergraben worden sei. Alle Probleme seien aus den Schwierigkeiten der Gründungsphase zu erklären; die Fachhochschule könne sich nur zweitrangige Dozenten auswählen, weil die wirklich fähigen Mitarbeiter lieber an die Universität oder in die Wirtschaft gehen wollten; die Studenten hätten nach Meinung des Rektors die Freiheiten missbraucht, so dass sie jetzt straffer geführt werden müssten.

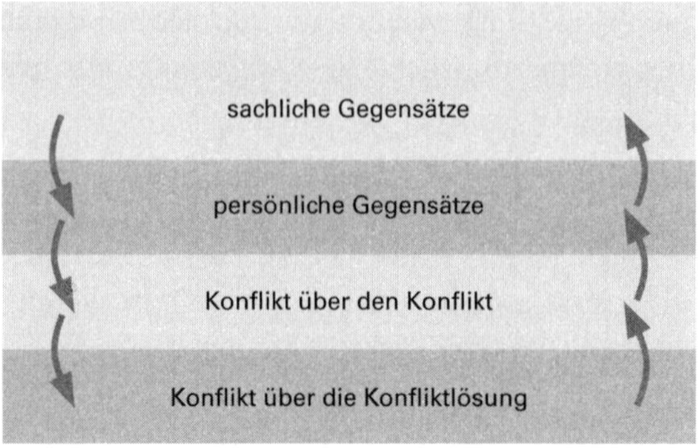

Fig. 8.1: Verstrickungen im Konflikt

Das *Kuratorium* sah lediglich eine Hauptursache: die Führungsschwäche des Rektors und der von ihm abhängigen Konrektoren. Durch die Eigenwilligkeit des Rektors, seine Ehrsucht und Herrschsucht sei viel böses Blut entstanden; das Kuratorium hätte darum verschiedene Male direkte Verhandlungen mit Delegationen der Studenten geführt, um das Ärgste von der Schule abzuwenden.

Jede Partei hatte also ihre Issues und ihre Ansichten. Was für die eine Partei Ursache war, erschien der anderen als Wirkung. Wenn die eine Seite aufgrund ihrer Problemsicht Schritte zur Lösung des vermeintlichen Problems unternehmen wollte, wandte sich die andere Seite dagegen, weil nach ihrer Überzeugung lediglich die Symptome kuriert wurden. Dadurch wuchs sich der Konflikt aus zum «Konflikt über den Konflikt» und weiters zum «Konflikt über die Konfliktlösung» (siehe Fig. 8.1).

Im Laufe des Konfliktes können sich diese Auffassungen und Erklärungsmodelle mehrmals ändern. Dadurch wird jegliches Kommunizieren über den Konflikt schwierig und ergibt mit der Zeit Anlass für neue Konflikte oder für eine Verschärfung.

Im Grunde sind Erklärungen, die sich die Konfliktparteien zurechtlegen, unbewusst auch Rationalisierungen. Es wird weniger nach objektiven Erklärungen für die Ursachen und Hintergründe gesucht, sondern vielmehr nach *Schuldigen.*

Dies befindet sich in Kontrast zu einem anderen Mechanismus. Man will sich trotz der zunehmenden Komplexität des Geschehens einfache und eindeutige Kausalitätsmodelle zurechtlegen.

Jede Partei simplifiziert die Kausalitätsbeziehungen so lange, bis sie im Grunde zu einer einzigen, für alles Geschehen verantwortlichen Ursache gelangt.

Im Zuge von Konfliktbehandlungsbemühungen haben wir sehr oft feststellen können, dass die Parteien selbst diejenigen Ereignisse in der zeitlichen Abfolge miteinander verwechselt haben, die wir historisch leicht auf den wahren Sachverhalt überprüfen konnten. Im Erleben der Konfliktparteien waren die Dinge doch so und nicht anders geschehen. Jede andere Darstellung war in ihren Augen eine «bewusste Verdrehung der Tatsachen»!

Solche Deutungsmodelle werden aufgebaut, um klare Anhaltspunkte für das eigene Handeln zu liefern. In der Hauptsache werden sie unbewusst gebildet. P. Watzlawick, J. Beavin und D. Jackson (1968) analysieren diese Mechanismen ausführlich und führen sie im besonderen auf *«Interpunktionsunterschiede» in der Kommunikation* zurück. Sie verdeutlichen dies am Beispiel eines Ehekonfliktes: Der Ehemann trägt ein sehr passives Verhalten zur Schau. Er ergreift kaum Initiativen, reagiert auf Anregungen sehr spät und lebt stark in sich zurückgezogen. Im Gespräch mit einem Berater erklärt er sein Verhalten einzig als «Reaktion» auf das Verhalten seiner Frau: Sie sei sehr dominierend, habe immer das erste und letzte Wort, treffe alle Entscheidungen selbst usw. Ihr Verhalten habe ihn passiv gemacht; er «reagiere» lediglich auf seine Frau. – Die Ehefrau betont hingegen, dass ihr Mann farblos und inaktiv sei. Dadurch sei sie gezwungen, alles selbst in die Hand zu nehmen. Sie *«reagiere»* nur auf den Persönlichkeitsstil ihres Mannes. Das Problem liege darum bei ihm. Er müsse sich ändern, danach könnten die Konflikte gelöst werden.

Dieses Beispiel Watzlawicks ist typisch für Konfliktsituationen. Auf die Dauer sehen die Konfliktparteien ihr eigenes Tun und Treiben nur noch als Reaktion auf die Gegenpartei. Sie meinen, dass nicht sie selbst durch ihr Verhalten die Situation bestimmen, sondern die Gegenpartei. Selbst seien sie bloss gezwungen zu reagieren. In solchen Situationen ist es völlig müssig, die Frage zu stellen, wer begonnen habe. Das Verhalten der einen Seite hat das der anderen begünstigt und sogar noch sehr extrem provoziert und beständigt. Wir sprechen lieber von «wechselseitiger Kausalität».

Diese Mechanismen führen immer zu einer Pattstellung. Die Konfliktparteien verriegeln einander den Weg zur Begegnung und sie bauen einander gerade die Barrieren auf, die sie am liebsten überwunden sehen möchten. Sie können den toten Punkt schliesslich nicht mehr aus eigener Kraft durchbrechen.

Wir haben dies in einem Konflikt in einer Stadtverwaltung sehr deutlich erlebt. Weil der Stadtrat (eine nebenamtliche Funktion) unsystematisch arbeite und die Vorlagen zu spät paraphiere und weiterleite, erklärte der Abteilungsleiter, kämen er und seine Abteilung immer in Terminschwierigkeiten. Der Stadtrat entgegnete darauf, dass der Abteilungsleiter Termine nie gut plane, überhaupt die Arbeit seiner Mitarbeiter nicht organisieren könne und deshalb immer zu wenig Zeit für die Bearbeitung lasse. – Es wurde nichts unternommen, um diese Verhältnisse zu ändern. Beide Seiten wiederholten nur bei jedem neuen Vorfall ihre alten Vorwürfe.

Die beiden Mechanismen «Kausalitätsumkehrung und Simplifizierung» sind so aneinander gekoppelt, dass sie sich gegenseitig verstärken. Was einerseits beabsichtigt ist, um die undurchsichtigen Zusammenhänge von Ursachen und Wirkungen zu verdeutlichen, führt nun dazu, dass es die Wirkzusammenhänge noch mehr trübt und zu eigenen Issues macht. Dies führt zu einer unheilvollen, schier endlosen Kette von Aktion und Reaktion, zum gegenseitigen Beschuldigen und Provozieren, obschon vielleicht das Entgegengesetzte die Absicht gewesen sein mag. Das Zusammenwirken beider Mechanismen gibt den Konfliktparteien nach und nach das Gefühl, dass der Konflikt unlösbar wird. Sie können den unheilvollen und offensichtlich zwingenden Geschehnissen (Mechanismen) nicht entgehen.

8.4 Ausweitung des sozialen Rahmens bei gleichzeitiger Tendenz zum Personifizieren

Im Konflikt wirken Mechanismen, wodurch zusätzliche Personen und Gruppen, die zur sozialen Umgebung der direkt Betroffenen gehören, in den Konflikt gezerrt werden. Je länger der Konflikt dauert und je verbitterter er wird, desto grösser wird die Neigung zur Ausweitung des sozialen Rahmens. Wie R. Walton (1975) an verschiedenen Beispielen deutlich macht, spielen bei Eskalation in der Meso-Dimension die Beziehungen von Führungskräften zu ihrer Hintermannschaft eine grosse Rolle, wie wir sie in Kapitel 6.2 ausführlich behandelt haben.

Die ursprünglichen Konfliktparteien versuchen, durch das Heranziehen anderer Personen oder Gruppen ihre Basis für Operationen zu verbreitern. Eine grössere Hintermannschaft gibt mehr Ansehen, mehr Macht und Einfluss. Hk. Thierry (1977) erklärt das Streben nach Ausweitung der sozialen Arena auch aus dem Versuch der Parteien, in einem erweiterten System einen neuen Gleichgewichtszustand zu finden. Damit verlagern sich die Grenzen des Parteiensystems, und es wird notwendig, dafür neue Kontrollmittel zu finden.

Ausserdem drängt der Konflikt in die soziale Ausweitung, wenn das eigene Image in Gefahr zu geraten droht. Oft verlegt Partei A den Konflikt in die soziale Umgebung, weil sie der Gegenpartei B einen Schritt voraus sein möchte: Ehe Partei B eventuell das Image von A bei anderen besudelt, muss Partei A selbst Schritte unternehmen und solche Möglichkeiten unterbinden. Damit führt gerade die Angst vor der Ausweitung durch die Gegenpartei bei A dazu, den Sprung in die weitere soziale Arena zu wagen.

Wenn diese Grenze einmal überschritten ist, folgen die Gegenmassnahmen Schlag auf Schlag. Alle tragen zur Ausweitung auf andere Gruppen bei.

Der folgende Fall ist dafür charakteristisch. Der Konflikt spielte in einer niederländischen öffentlichen Organisation, die bei Schulversuchen Unterstützung zu geben hatte. Der Konflikt begann im Direktionsteam und man achtete darauf, selbst die heftigsten Auseinandersetzungen nicht nach aussen durchschimmern zu lassen. Nach einigen Ausbrüchen im Direktorium suchten einige Teammitglieder bei ihrer eigenen Abteilung Sympathie und Unterstützung. Sie wollten in erster Linie ihre Spannungen los werden und zogen Kollegen ins Vertrauen, mit denen sie befreundet waren. Dies waren auch die meinungsbestimmenden Mitarbeiterinnnen und Mitarbeiter innerhalb der Abteilungen. Durch die positive, verstehende Resonanz seitens dieser Personen wurden sie allmählich in die Konfliktfragen einbezogen. Da der Direktor in seinem Institut wenig persönliche Freunde hatte, reagierte er sehr verärgert, als er dieser Vertrauensbeziehungen seiner Ko-Direktoren gewahr wurde. Dies bewog ihn, bei gelegentlichen Gesprächen mit verschiedenen Mitarbeitern diskriminierende Bemerkungen über die Konflikte und die betreffenden Direktionsmitglieder zu machen. Dieses Verhalten wurde von den übrigen Mitgliedern des Direktionsteams als bewusstes und gezieltes Manöver verstanden und energisch bekämpft. Nun bildeten sich um die Mitglieder des Direktoriums und deren Vertrauenspersonen Kerne von Parteien, die bei jeder Gelegenheit hart aufeinander prallten. So breitete sich das Konfliktgeschehen in der Organisation schnell aus. Dies vergrösserte den Druck auf die übrigen Mitarbeiter in der Organisation, die sich bisher noch indifferent verhalten hatten: Jedes Abseitsstehen wurde als Feigheit bestempelt. In der nächsten Phase sprang der Konflikt auch auf den Vorstand über, weil einige der Mitarbeiter über ihre Vertrauenspersonen im Vorstand die Angelegenheit auf die höchste Ebene gebracht und den Vorstand unter Druck gesetzt hatten, um ihn zum Einschreiten zu bewegen. Im folgenden Schritt weitete sich der Konflikt auf die Berufsorganisation aus. Zuletzt wurde der Konflikt von der lokalen Presse aufgegriffen und breitgetreten.

Durch derartige Prozesse der Ausweitung des sozialen Umfanges wird die Konfliktsituation zusehends komplexer. Eine grössere Zahl von Personen und deren Perzeptionen, Einstellungen und Verhaltensweisen geraten aneinander. Das Geschehen wird durch die Vielzahl der Akteure immer schwieriger zu zügeln und zu beherrschen. Mit jeder Ausweitung nimmt auch die Wahrscheinlichkeit zu Missverständnissen und Fehlverhalten zu. In kleinem Rahmen sind solche Vorfälle noch relativ einfach zu korrigieren. Je weiter die soziale Arena wird, desto schwieriger ist sie zu gestalten. Im Verhalten der Konfliktparteien sind bewusste und beabsichtigte Verhaltensweisen vermischt mit unbewussten und ungewollten. Diese tragen zu Verwirrungen und falschen Interpretationen bei. Jede Konfliktpartei macht die Gegenseite in vollem Umfang für die Folgen ihres Verhaltens verantwortlich. Sie geht davon aus, dass sich das Verhalten zur Gänze mit der Absicht deckt. Auch die unbewussten Verhaltensweisen und die ungewollten Folgen der Tat werden der anderen Partei voll zugerechnet.

Eine weitere Folge dieser Tendenz verleiht der Eskalation zusätzlichen Auftrieb. Obschon sich die soziale Arena Schritt für Schritt erheblich ausdehnt, wird der Kreis derer, die massgebliche Entscheidungen zu treffen haben, kleiner. M. Nicholson (1970, p. 110), O. Holsti (1963), Ch. McClelland (1962) und andere haben in ihren Studien zum Phänomen der Krisenentscheidungen gezeigt, dass diese Tendenz bei Konflikten immer da ist. Die massgeblichen Einflüsse im Konfliktgeschehen sind somit auf kleine Gruppen zurückzuführen, die eine eigene Innenwelt aufbauen. Zwischen die Kernpersonen schieben sich die Vorstellungen, die sie sich von der Sachlage und von der Gegenseite gemacht haben. Gleichzeitig werden die Interaktionen zwischen den Konfliktparteien in zunehmendem Masse *unpersönlich*. Man reagiert nicht mehr auf die *Person* des Gegners, sondern auf den *Typus* des Feindes, auf das Stereotyp, das man sich im Laufe der Konfrontation von ihm gebildet hat. Die Ausweitung des sozialen Rahmens ist ursprünglich dem Streben entsprungen, die eigene Macht und Kontrolle zu verstärken. Die Folgen des Geschehens sind aber entgegengesetzt: Mit jedem Schritt der Ausweitung nimmt in Wirklichkeit die Einflussmöglichkeit der Parteien ab! Letztendlich werden die Parteien mehr oder weniger ohnmächtig, wenngleich sie die Illusion haben, durch die Vermehrung der Zahl der Akteure ein grosses Machtarsenal zu besitzen. Durch diese Entwicklungen nimmt das Unbehagen der Konfliktparteien weiter zu.

Sie fühlen doch, dass die Situation unbeherrschbar wird. Mit jedem Vorstoss in die weiträumigere soziale Arena wird der Weg zurück schwerer. Man fürchtet dann, zuviele Konzessionen machen zu müssen und Prestige einzubüssen. Gleichzeitig nimmt – paradoxerweise – eine andere Tendenz zu: Mit dem Ausweiten des sozialen Rahmens *personifiziert* man den Konflikt immer mehr. A C. Filley (1975, p. 104 ff.) vor allem misst dieser Tendenz grosses Gewicht zu. Personifizieren bedeutet, dass man nicht mehr bestimmte Vorschläge und Argumente des Gegners unakzeptabel findet, sondern seine ganze Person. Nicht die Äusserungen der Gegenpartei sind ärgerlich, sondern der Urheber dieser Äusserung. Dies geschieht im Alltag auf vielerlei Arten. Wenn ein Schüler eine schlechte Prüfungsnote bekommen hat, dann könnte sein Vater sagen: «In deiner Prüfungsarbeit gibt es viele Fehler!» Schlimmer ist es, wenn der Vater sagt: «Deine Prüfungsarbeit ist wertlos.» Noch ärger: «Deine Prüfungen sind immer Mist!» Und personifiziert: «Du bist ein Mistkerl!» Eigenschaften von Handlungen oder Dingen werden in Form von Persönlichkeitsmerkmalen gesehen.

Das gleichzeitige Auftreten des Mechanismus zur Ausweitung des sozialen Rahmens, wodurch das Geschehen unpersönlicher wird, mit dem Mechanismus des Personifizierens treibt den Eskalationsprozess stark voran. In der Darstellung der Figuren 8.2 und 8.3 können wir skizzenhaft deutlich machen, welche Situation dadurch entsteht.

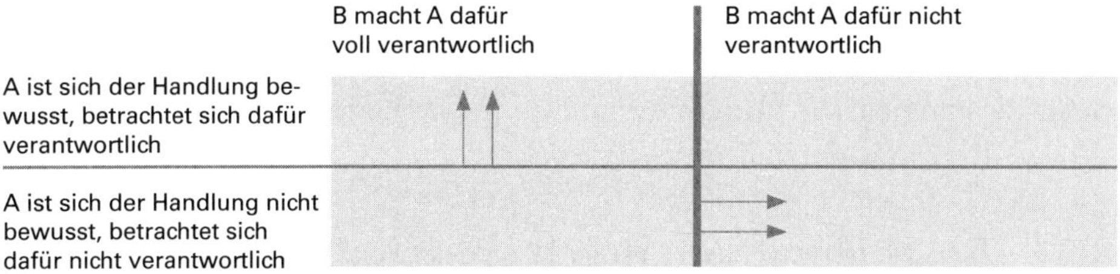

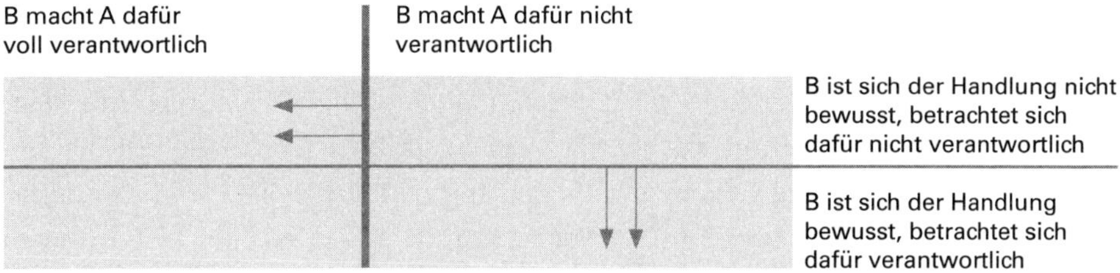

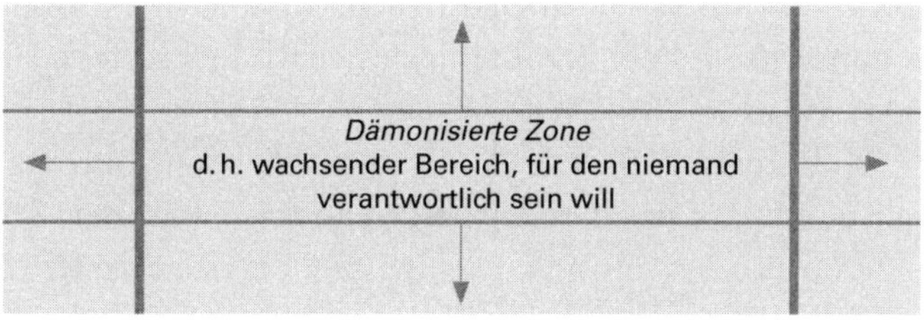

Oben: Fig. 8.2
Mitte: Fig. 8.3
Unten: Fig. 8.4

Partei B macht uns, als A, stets mehr für Dinge und Handlungsfolgen verantwortlich, von denen wir wissen, dass sie ausser unserer Macht liegen. Umgekehrt verhalten wir uns auch B gegenüber auf gleiche Weise (Fig. 8.3).

Während beide Parteien einander immer mehr Verantwortung und Schuld (siehe auch R. Eckert / H. Willems 1992, S. 46 f.) zurechnen, lehnen die Betroffenen es stets mehr ab, sich dafür verantwortlich zu betrachten. Dadurch wächst der Bereich, für den sich niemand verantwortlich achtet. D. Senghaas (1970) sieht ähnlich das Grundproblem der Eskalation in dem Umstand, dass bei den Konfliktparteien der Wille zur Beherrschung der Aussenwelt zunehme, dass sie aber mehr und mehr den Griff darauf verlieren. Darum verlagert sich der Konflikt auf Fragen des «Recht-Habens». Hier spielt auch komplementäre Projektion mit. Auch die Frage des Zurechnens der Verantwortung und des Ablehnens durch die Gegenpartei wird zum zusätzlichen Zankapfel. Je weiter dies voranschreitet, desto mehr werden die Konfliktparteien mit Aspekten des unterbewussten Handelns konfrontiert.

Die Konfliktparteien beginnen somit einander mit Aspekten ihres Unterbewussten, ihres Doppelgängers (siehe Kap. 10.5) und ihrer Unternatur zu identifizieren. Dieser, in Fig. 8.4 schematisierte Bereich wird auf diese Art Schritt für Schritt zu einer *«dämonisierten Zone»*, weil die Konfliktparteien glauben, dass sie darin die Gegenpartei als Akteur deutlich identifizieren können, während diese selbst das Gefühl bekommen, mit Phantomen und Gespenstern identifiziert zu werden. Die Eskalation erhält dadurch neuen Auftrieb.

8.5 Beschleunigung durch «pessimistische Antizipation»

Das Zusammenwirken der bisher beschriebenen Mechanismen führt zu einer Beschleunigung des Konfliktes. Dazu treten noch weitere Faktoren. Mit dem Fortschreiten der Eskalation wächst bei jeder Konfliktpartei das Gefühl der Beklemmung. Jeder hat die Gegenpartei – und indirekt sich selbst! – in Zwangslagen manövriert und unternimmt Versuche, daraus auszubrechen. Es wird auch Zeitdruck ausgeübt, weil die Parteien einander mit Forderungen und Handlungen konfrontieren, die zu einem raschen Entscheiden zwingen. Zeitverlust wird als Positionsverlust erlebt. Dadurch nehmen die Stresseffekte der Krisenentscheidungen weiter zu.

Im Abschnitt über die Issue-Lawine haben wir bereits daraufhingewiesen, dass die Konfliktparteien mehr Information in kürzerer Zeit sammeln, verarbeiten und überblicken müssen. Die wenigsten Personen oder Organisationen sind einer solchen Belastung auf längere Zeit gewachsen. Dadurch nimmt das Gefühl der Beklemmung, der Hast und Getriebenheit zu und in weiterer Folge: der Ausweglosigkeit. All dies verstärkt die Verhärtung und die «Flucht nach vorne».

Konflikt wird zum Wettkampf um die günstigere Position, um den Vorsprung an Macht, an Information, an Möglichkeiten des Ausweichens usw. «Hinzu kommt», so führt D. Frei (1970, p. 204) treffend aus, «dass jede Partei in ihrem Argwohn dazu neigt, im Zweifelsfall lieber nicht abzuwarten, bis die Gegenseite etwas unternimmt...» Wenn Partei A bemerkt, dass sich B auf eine gewaltsame Auseinandersetzung vorbereitet, dann trifft A *«vorbeugende»* Massnahmen, um ihren bestehenden Vorsprung ihrer Meinung nach wenigstens zu wahren. Wenn nun Partei B wieder einen Vorsprung erreicht hat, dann möchte Partei A zumindest keine Verschlechterung ihrer Position, sie möchte wenigstens *«gleichziehen»*. Dazu kommt, wie D. Frei an früherer Stelle (1970, p. 138) beschreibt, im Denken der Konfliktparteien die Annahme, dass man nur dann sicher ist, wenn man selbst für die schlimmste der denkbaren Alternativen gerüstet ist. G. Rathjens (1969) und der VS-Senator W. Proxmire (1970) geben aus der Aussenpolitik der USA Praxisbeispiele, die diese Haltung deutlich illustrieren. Das militärische Abwehrsystem war auf die «worst of all possibilities» der Gegenseite berechnet. Zwangsläufig führt diese Annahme dazu, dass eine Konfliktpartei beim Zurückgewinnen des eigenen Vorsprunges nicht mit dem blossen Gleichziehen zufrieden ist, sondern nach einer stärkeren Absicherung strebt. Sie greift einer Gegenmassnahme bereits vor. Dies sieht aber die Gegenpartei als einen Beweis dafür, dass ihr Feind nicht nur an die Verteidigung, sondern an eventuellen Angriff denke, weil die Reaktion unverhältnismässig gross war. Ähnlich beschreibt auch Th.W.Milburn (1977) bei der Analyse von Drohungstaktiken, dass die Parteien bei der Bemessung ihres Gewaltausmasses jeweils die Möglichkeit einkalkulieren, dass die Situation ausser Kontrolle geraten könnte. Weil man auch für die schlimmste der Möglichkeiten gerüstet sein will (D.Frei 1970), kommt es zur Überdosierung der Gewalt.

Dieses Geschehen führt gleichfalls zu einem Zirkelprozess: ein Glied bewirkt das nächste und dieses wirkt verstärkend auf das ursprünglich verursachende Moment zurück (Fig. 8.5).

Partei A	**Partei B**
A fürchtet, den Vorsprung zu verlieren, unternimmt Anstrengungen, um den bisherigen Vorsprung zurückzugewinnen	
	B sieht die Bemühungen von A, möchte die eigene Position nicht schwächen, will darum zumindest gleichziehen, antizipiert eine höhere Intensität in der Reaktion – und stellt den bisherigen Vorsprung wieder her
A sieht die Bemühungen von B, möchte die eigene Position nicht schwächen, will darum zumindest gleichziehen und antizipiert dabei eine höhere Intensität in der Reaktion von B, stellt den bisherigen Vorsprung wieder her	
	B sieht die Bemühungen von A, möchte…
A sieht die Bemühungen von B, möchte…	
	…

Fig. 8.5: Wechselseitige Verstärkung

Akzeleration tritt also auf, wenn die Konfliktparteien in derselben Zeiteinheit ihren Ausgangsvorsprung vergrössern wollen, bzw. wenn sie in einer kleineren Zeiteinheit ihren relativen Vorsprung wenigstens erhalten möchten.

Als Zirkelprozess dargestellt, bei dem das Verhalten des A ein ähnliches Verhalten bei B bewirkt, wobei dieses wieder das Verhalten von A verstärkt usw., ist dies in Fig. 8.6 wiedergegeben.

Der Charakter dieser Prozesse als circuli vitiosi ist neben den genannten Autoren noch von anderen in mehreren Varianten beschrieben worden, wobei Analogien zu dem physikalischen Vorgang der Redundanz (P.van de Griend 1975) zur in sich selbst zurückkoppelnden «Feed-back-Schlaufe» aufgezeigt werden konnten. C.Cofer und M.Appley (1964) sprechen vom «Anticipation-invigoration-Mechanismus», wonach in Wechselwirkung einer Person mit ihrer Umgebung eine bereits keimhaft vorhandene Einstellung bestätigt und in ihrer Wirkrichtung verstärkt wird. So wird eine bestimmte Verhaltensweise zur Umgebung durch das Echo in der Umgebung noch um vieles mehr fixiert. Das Lernen an den Reaktionsweisen der Umgebung ist für die Konfliktpartei also blockiert. Aus diesem Grund spricht D. Senghaas (1971) in Anlehnung an E. Bleuler von autistischen Prozessen, die zu einer «Lernpathologie» führen. Von derselben Art ist auch das Modell L. Richardsons, das eine mathematische Darstellung der Vorgänge bietet und eine zeitliche Beschleunigung plausibel macht (L. Richardson 1960; A. Rapoport 1957, p. 275 und 1972). Mit dem Wirken dieser Mechanismen neigen die Ereignisse im Konflikt dazu, sich zu überstürzen. Es wird für die Konfliktparteien noch schwieriger, die Sachlage zu überschauen und Anhaltspunkte für die Orientierung zu finden.

So führt die pessimistische Beurteilung der Sachlage zu einer antizipatorischen Verstärkung. Eigentlich ist die Wirkung dieses Verhaltens dem erwarteten Effekt entgegengesetzt. Konfliktpartei A will durch den Ausbau des Vorsprunges eine zukünftige Unterlegenheit gerade verhindern.

Der Gegner B fühlt sich durch dieses Verhalten aber zu einer Intensivierung gezwungen. Die Erwartungen sind, wie H. Kahn (1965, p. 12 ff.) zeigt, in sich selbst bereits paradoxer Art: «Keine Seite ist bereit, zurückzustecken, genau aus dem Grunde, weil sie hofft, ihre Ziele ohne Krieg erreichen zu können. Dazu ist sie bereit, selbst Krieg zu riskieren, um die eigenen Ziele durchsetzen zu können; und sie gibt sich dem Glauben hin, die andere Seite werde zurückstecken oder auf einen Kompromiss einschwenken, bevor die Krise zu gross geworden ist...»

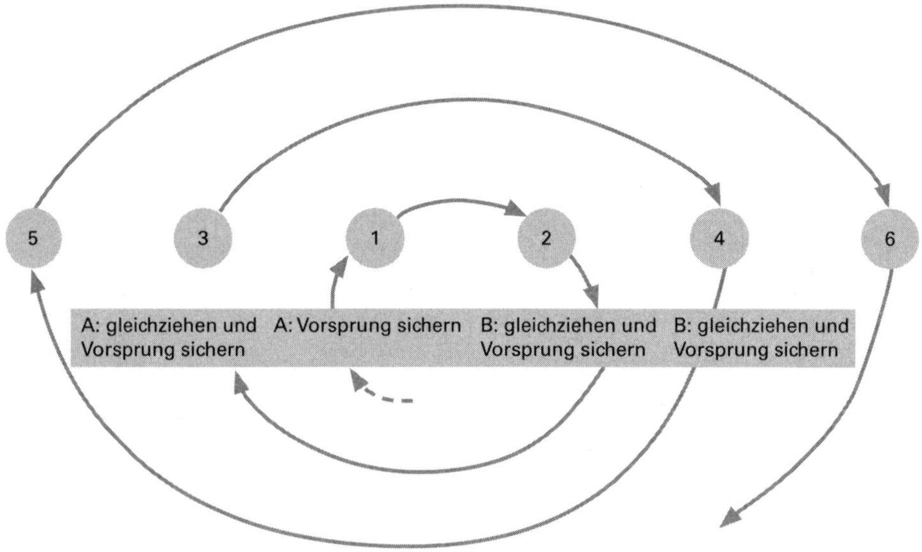

Fig. 8.6: Zirkelprozess der Eskalation

9. Wendepunkte in der Eskalation

Kleine Reibungen und Spannungen wachsen stufenweise zu intensiven Konflikten an. So kann es z. B. längere Zeit zu einem Austausch von Gewalthandlungen mittels intellektuell-logischer Auseinandersetzungen kommen, bis durch eine einseitige oder beidseitige Aktion eine wesentliche Steigerung im Gewaltausmass auftritt. Man erlebt dann als Konfliktpartei, dass man eine bestimmte Stufe verlassen hat und zu viel härteren Waffen greifen muss, um sich durchsetzen zu können. Auch die Gegenpartei denkt so, und damit passen Aktionen und Reaktionen wieder zueinander. Durch neuerliche, besondere Vorfälle kann ein weiterer Durchbruch zu einem noch höheren Gewaltniveau erfolgen.

Diese Steigerung der Konfliktintensität erfolgt also stufenweise. Jede Stufe ist durch einen «Wendepunkt» markiert, der von den Konfliktparteien als kritische Schwelle erlebt wird.

Zum Verständnis des Charakters und der Wirkung derartiger Wendepunkte müssen wir einen Exkurs zu dem von Thomas Schelling geprägten Begriff der Erwartungskoordination machen. Schelling (1957, pp. 20 ff.) hat konstatiert, dass auch bei schweigend geführten Verhandlungen eine Abstimmung der Erwartungen und eine «selbstverständliche, stillschweigende Übereinkunft der Vorstellungen» (tacit agreement) zustande kommen. Auch wenn die mündliche Kommunikation aus verschiedenen Umständen ausgeschlossen oder stark beeinträchtigt ist, finden derartige Austausch- und Abstimmungsprozesse statt, die nach ungeschriebenen Regeln ablaufen. Die Erwartungen der Verhandlungspartner richten sich dann auf bestimmte Objekte, die eine stark gemütshafte, symbolhafte Bedeutung haben. Wenn Kriegsführende sich etwas zurückziehen, dann wählen sie markante Elemente der Landschaft als neue Grenzlinien: Einen Flusslauf, einen wichtigen Strassenzug, eine Eisenbahnlinie usw. Mit dem Rückzug bis zu diesem Punkt bekunden sie deutlich – ohne weitere mündliche oder schriftliche Erklärungen! – dass sie nicht völlig den Rückzug antreten. Sie bekunden damit ihre Bereitschaft, den Widerstand von dieser Stelle aus neu aufzunehmen.

Auch wenn man zum Angriff übergeht, geschieht dies in einer stufen- bzw. etappenweisen Strategie: Man versucht, bis zu solchen markanten Punkten vorzustossen. Nicht etwa weil sie objektiv strategisch wichtige Positionen sind, sondern weil sie «eindeutige, unzweifelhaft» zu erkennende Punkte sind. Auch die Gegenpartei stellt sich auf solche Punkte oder Objekte ein. Th. Schelling nennt sie «stillschweigende Focus-Punkte», «Punkte der stillschweigenden Erwartungskoordination». Er hat sie in einer Reihe von Experimenten (1957, pp. 20–25, 1958, pp. 207–208) nachgewiesen. Bei all diesen Fällen handelt es sich um Punkte, die in erster Linie nicht an die Logik, sondern an das Gefühl und die Phantasie appellieren (1957, p. 21). Sie sprechen die unterbewussten seelischen Ebenen an und haben – mit der Sprache C. G. Jungs – «archetypische» Bedeutung (H. Kahn 1965, p. 58). Gerade dadurch ist es den Verhandlungspartnern möglich, sich auf sie zu berufen: Sie überzeugen durch ihre «offensichtliche Einfachheit» und «Selbstverständlichkeit» und erlauben den Konfliktparteien, Grenzen der Gewaltanwendung unausgesprochen miteinander festzulegen. Man kann auf diese Weise einander zu verstehen geben, dass man die Gewalt nicht grenzenlos intensivieren möchte. Beispiele in der Kriegsführung sind: «Keine nuklearen Waffen! Nicht das Hinterland des Feindes angreifen! Nicht die Machtzentren zerstören! Nicht den Kriegsschauplatz ausweiten! Nicht andere Parteien in den Konflikt einbeziehen!» usw. Herman Kahn (1965, pp. 42 ff.) beschreibt derartige symbolische Schwellen bzw. Wendepunkte für internationale Konflikte. Man bemüht sich lange Zeit, den Krieg nicht eskalieren zu lassen und achtet darauf, diese Grenzwerte nicht zu überschreiten. Sobald jedoch eine Partei eine dieser Schwellen – gewollt oder ungewollt – überschreitet, betritt man ein qualitativ neues Niveau der Gewalthandlungen. Auch am Beispiel der Bürgerkriegshandlungen in Nordirland (F. Glasl 1978) können derartige Schwellenwerte aufgezeigt werden: Als Schwellenwert gilt die von Katholiken und Protestanten absolut anerkannte Norm, keine Kinder, Frauen oder Priester zu töten. 1975 drohte eine erhebliche Verschärfung der Situation, als man die britische Armee beschuldigte, absichtlich ein Kind mit einem Panzer überfahren zu haben. Alle Parteien bemühten sich, schnell nachzuweisen, dass es sich nur um eine versehentliche Tötung gehandelt haben könne. Daneben gibt es Schwellenpunkte der Provokation: Es kommt in Nordirland vor, dass das Verlagern des Konfliktes auf bestimmte Gebiete oder Gebäude, die hohen symbolischen Wert für eine Konfliktpartei haben, stark provozierend wirkt und zu einer sprunghaften Zunahme der Gewalt führen wird. So führte der Polizeischutz für die Orange-Hall in Londonderry (Ulster 1972 p. 100), bei den Katholiken zu der Überzeugung, dass sich die Polizei eindeutig auf die Seite der Protestanten stelle. Eine weitere qualitative Steigerung bewirkte eine protestantische Demonstration auf den Stadtmauern von Londonderry, wobei antikatholische Lieder gesungen wurden.

Gerade diese Stadtmauern und die Orange-Hall haben in der jahrhundertealten Geschichte der blutigen Auseinandersetzungen zwischen der katholischen und protestantischen Bevölkerung eine grosse Rolle gespielt. Sie sind für die Gegenpartei eine direkte «Herausforderung», diese Beleidigung nicht zu akzeptieren. Kurz danach kam es zu blutigen Auseinandersetzungen grössten Ausmasses (Ulster, Sunday Times Insight Team 1972, p. 114).

Alle genannten Schwellenmomente haben nach Th. Schelling (1957, pp. 29 ff.) die gemeinsamen Merkmale:

- dass sie sozusagen «evident» sind, d.h. eine selbstverständliche Geltung beanspruchen und auch als allgemein gültig anerkannt werden,
- sie appellieren an erster Stelle nicht an Logik, sondern an das Gefühl,
- sie haben symbolische Bedeutung,
- sie sind einfach, hervorstechend und einzigartig und liefern deutliche Meilensteine im Kontinuum möglicher Lösungen oder Übereinstimmungspunkte.

Derartige Schwellenwerte und Wendepunkte lassen sich auch im meso- und mikro-sozialen Rahmen beobachten, d.h. bei Konflikten innerhalb von kleinen Gruppen. Zur Illustration geben wir einige markante Beispiele:

- In einer privaten *Schule* gab es seit einigen Monaten intensive Spannungen zwischen den Fachdozenten. Obschon diese Konflikte für alle Dozenten unerquicklich waren, respektierte jeder die ungeschriebene Regel, dass die Konflikte nicht vor der Aussenwelt in Erscheinung treten dürfen.
  Bis ein Dozent doch die Schüler und Eltern informierte. Es folgten überhitzte Aktionen, und die Umstehenden wurden in den Konflikt miteinbezogen. Offensichtlich hatte man sich lange Zeit an die ungeschriebene Regel gehalten, den Konfliktschauplatz auf den Kreis der Dozenten zu beschränken. Der Durchbruch zum Kreis der Eltern, der Schüler und des Verwaltungsrates der Schule war das Signal für die Intensivierung der Konfliktaustragung. Die bisher geltenden Regeln der Beschränkung in den Kampfmitteln mussten darum anderen weichen. Dies führte zu einem Durchbruch auf eine andere qualitative Stufe. Alle Betroffenen waren sich dessen bewusst.

Ähnlich lag dies bei dem Konflikt im folgenden Beispiel einer städtischen Verwaltung. Zum Ausweiten kamen noch einige andere eskalierende Momente. Der Wendepunkt war noch etwas komplexer.

- Unter den Beamten einer grösseren Abteilung bestanden seit Jahren viele Reibungspunkte. Zwischen dem Leiter dieser Abteilung, dem Gemeindesekretär und den Gruppenleitern, die dem Abteilungsleiter unterstellt waren, war es zu mehr oder weniger offenen Konflikten gekommen, die in der gesamten Verwaltung, auch in der Gemeindevertretung und im Senat, bekannt waren.
  Im Zuge notwendiger Sanierungsmassnahmen kündigte der Stadtsenat eines Tages eine grössere Organisationsuntersuchung an. Kurz danach wandten sich die Gruppenleiter in einem kollektiven Brief, in dem die Spannungen unumwunden beschrieben wurden, an den Senat und baten ihn, etwas zur Lösung dieser Probleme zu unternehmen.

Der Senat reagierte unmittelbar auf diesen Brief. Er ging jedoch auf die erwähnten Probleme überhaupt nicht ein, sondern kündigte den Gruppenleitern eine Disziplinarmassnahme an, weil sie nach dem Urteil des Senats gegenüber ihrem Vorgesetzten elementare Verhaltensregeln verletzt und sich selbst damit ins Unrecht gesetzt hätten.

Diese Reaktion wurde zum Startzeichen für eine Kette sich überstürzender Aktionen aller Betroffenen. Die Konflikte wurden danach besonders rücksichtslos und verbittert ausgetragen.

Der Wendepunkt hatte für das politische Gremium unter anderem die Bedeutung, dass man ihm politische Probleme machen könnte. Man war damit im Entscheidungszugszwang. Lieber hätte man diese Konflikte dem «freien Spiel der Kräfte» unter den Beamten überlassen. Der kollektive Brief bestand u.a. aus Vorwürfen gegen das politische Gremium sowie gegen den Bürgermeister und den Gemeindesekretär als Chef der städtischen Verwaltung.

Derartige Schwellen bzw. Wendepunkte werden als «point of no return» erlebt. Durch sie gliedert sich der Prozess der Eskalation in deutliche Stufen. Für jede Stufe gelten eigene Normen. Auf jedem Niveau findet man andere Rechtfertigungsmomente für das praktizierte Ausmass der Gewaltanwendung. Sobald eine Partei wesentlich über dieses Mass hinausgeht, überschreitet sie einen solchen Wendepunkt und öffnet Tür und Tor für eine nächste Stufe der Eskalation. Wenn solche Schwellen einmal überschritten worden sind, ist der Weg zurück um vieles schwieriger geworden.

Das Überschreiten der Wendepunkte bewirkt also, dass man zu einem intensiveren Konfliktniveau durchbricht. Für das neue Niveau gelten nun wieder andere Normen, Masse und Regeln. Aber auch diese Eskalationsstufe ist deutlich durch eine neue Schwelle begrenzt. Und gerade diese Begrenzungen geben den Konfliktparteien – trotz der Zunahme der Gewaltanwendung – neue Sicherheiten! Die Gewalt wird nicht mit einem Schlag grenzenlos, sondern neuerlich begrenzt. Dadurch können sich die Konfliktparteien immerhin aneinander orientieren. Sie verfügen also noch über Messpunkte und können mit einiger Zuverlässigkeit Schlüsse auf die Absichten der Gegenpartei ziehen. Die Erwartungen bleiben – wie Th. Schelling sagt – koordiniert. Denn obschon die Gewalt auf der nächsten Eskalationsstufe erheblich zunimmt, hüten sich die Konfliktparteien im allgemeinen, den Eindruck zu wecken, dass sie jetzt alles auf alles setzen. Sie bemühen sich vielmehr jedes Mal um eine Dosierung des Gewaltausmasses.

Das Erleben der Schwellenmomente und der qualitativen Unterschiede der einzelnen Eskalationsstufen wirkt auch präventiv bzw. prohibitiv. Die Konfliktparteien schrecken im allgemeinen davor zurück, selbst den Anlass für den Durchbruch zum nächsten Gewaltniveau zu geben. Sie fürchten, dass ihnen die

Gegenseite vorwerfen könnte, den «Dammbruch» verursacht zu haben. Darum respektieren sie die folgende Eskalationsstufe für längere Zeit als unbetretbar. Jede Seite scheut davor zurück, einem noch intensiveren Gewaltaustausch Tür und Tor zu öffnen.

Es gibt nämlich ein intuitives Wissen um solche Schwellen. Und auch ohne dass die Konfliktparteien die Eskalationstheorie und die Merkmale der einzelnen Eskalationsstufen zu kennen brauchen, haben sie ein Gefühl dafür, was als nächste Stufe betreten werden könnte, wenn sie die Schwellen nicht respektieren.

10. Phasenmodell der Eskalation

In den vorhergehenden Ausführungen haben wir die wichtigsten Mechanismen aufgezeigt, die der Eskalation die Antriebsdynamik verleihen. In der Auseinandersetzung mit der Literatur zur Eskalationsdynamik konnten wir unsere eigenen Beobachtungen und Analysen von Eskalationsprozessen in der mikro- und mesosozialen Dimension in mehr als dreihundert eigenen Praxisfällen ordnen und zu einer Phasentheorie führen. In den Praxisfällen konnten wir seit 1967 als Berater wirken und erleben, durch welche Umstände sich die Konfliktbehandlung einfacher oder schwieriger gestaltete, welche Interventionsarten angebracht waren und welche Rollen als Drittpartei am besten helfen konnten. Zusätzlich zur eigenen Tätigkeit als Berater und Mediator wirkten wir in hunderten von Fällen als Coach bzw. Supervisor. Und durch die Forschungs- und Lehrtätigkeit an der Universität konnten wir empirische Forschungen durchführen.

Auf diese Art sind die unterschiedlichen Schwellen deutlich geworden. Die Eigendynamik des Konfliktes führte dazu, sich weiter in den Konflikt treiben zu lassen. Jeder Versuch zur aktiven Konfliktlösung durch die Parteien glich dem Bemühen, gegen einen kräftigen Strom schwimmen zu müssen, der über verschiedene Stromschnellen zu einem mächtigen, reissenden Gewässer angeschwollen war. Im Gegensatz zu den meisten anderen Autoren stellen wir den Eskalationsprozess als eine *Abwärtsbewegung* dar: Er ist eine Bewegung über Stromschnellen, die zu einer zunehmenden sozialen Turbulenz führt. Während z.B. H. Kahn von einer Stufenleiter der Eskalation spricht, die von den Parteien beschritten wird, wenn sie sich stets «höherer» Gewaltformen bedienen, wollen wir mit der Abwärtsbewegung zum Ausdruck bringen, dass der Weg der Eskalation mit einer zwingenden Kraft in Regionen führt, die grosse, «unmenschliche Energien» aufrufen, die sich jedoch auf die Dauer der menschlichen Steuerung und Beherrschung entziehen. Denn einerseits bewegen sich die Konfliktparteien auf einem abschüssigen Gelände, das steiler wird und wenig Halt bietet. Andererseits wecken sie durch ihr Verhalten Energie, die zu einer Verstärkung und Beschleunigung des Geschehens führt. Durch den gleichsam entstandenen «Geschwindigkeits- und Bewegungsrausch» schwindet die Fähigkeit der Steuerung. In der Schlussbetrachtung zu diesem Kapitel wollen wir uns mit der eigentlichen Natur dieses archetypischen «Ganges des Menschen in die Bereiche der Unterwelt» noch näher auseinandersetzen und aufzeigen, welche Folgen die innere Dynamik der Eskalation für das Auftreten der dritten Partei hat (Kap. 10.10).

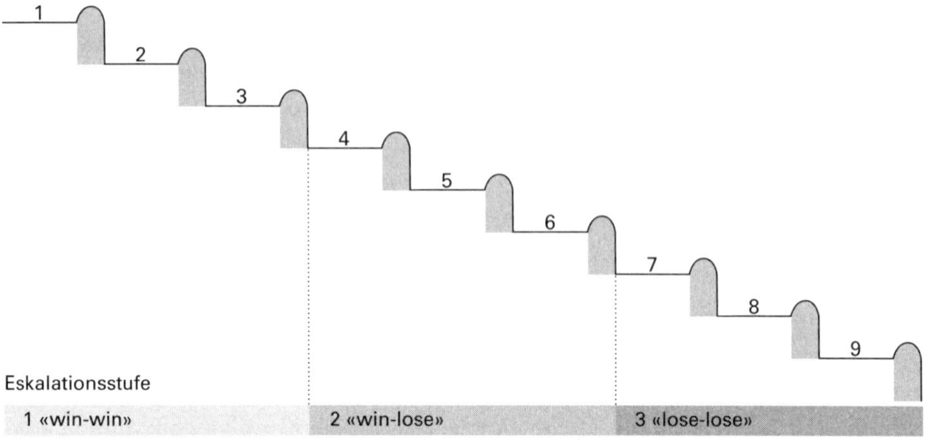

Fig. 10.1: Stufen und Schwellen der Eskalation

Unser Eskalationsmodell unterscheidet neun Eskalationsstufen (Fig. 10.1).

Mit dem Betreten des nächsten Gewaltniveaus begibt man sich als Konfliktpartei einer ganzen Kategorie von Handlungsmöglichkeiten. Das eigene Verhalten und das des Gegners werden weiter eingeengt, weil bestimmte Handlungsalternativen ausgeschlossen werden. Der Übergang von Stufe zu Stufe kann auch als das Abgleiten von einem Regressionsniveau zu einem noch niedrigeren Regressionsniveau dargestellt werden. Die Konfliktparteien lassen sich danach von Denkgewohnheiten, von Gefühlen und Stimmungen sowie von Motiven und Zielen leiten, die nicht dem Grad ihrer wirklichen Reife entsprechen, sondern Rückgriffe auf bereits durchlebte und «überwundene» Phasen in der Reifung sind (R. Hofstätter 1957, p. 215). *Die Wendepunkte markieren also Regressionsschwellen.* Dadurch ändern sich die Perzeptionen, die Einstellungen und Absichten, die Verhaltensweisen und das ganze Selbstkonzept der Konfliktparteien. In der abschliessenden Diskussion wollen wir auf die Problematik der Regression noch näher zurückkommen.

Fig. 10.2 gibt eine Übersicht über die Kernpunkte der neun Eskalationsstufen.

10.1 Stufe eins: Verhärtung

Die erste Stufe der Eskalation unterscheidet sich – äusserlich besehen – nur geringfügig von den alltäglichen Formen des normalen Umgehens miteinander, die gelegentlich von Spannungen oder Reibungen heimgesucht werden. Auch ein gut funktionierendes Team muss ab und zu konstatieren, dass verschiedene Meinungen und Standpunkte nicht zusammenkommen; und selbst in einer guten Ehe oder Freundschaft zeigen sich manchmal entgegengesetzte Erwartungen, Ideen,

Lösungsvorschläge und dergleichen, die nur mit grösserer Sorgfalt und Umsicht auf einen gemeinsamen Nenner gebracht werden können.

Einstellungen und Intentionen: Meinungen kristallisieren sich als Standpunkte heraus und nehmen starre Formen an. Die Parteien beharren auf ihren Ideen und Vorschlägen, benehmen sich weniger offen und sind in geringerem Masse für Beeinflussungsbemühungen der Gegenseite zugänglich. Standpunkte verfestigen sich und beginnen sich gegenseitig auszuschliessen. Innerhalb eines Teams bilden sich rund um die wiederholt vertretenen Standpunkte spontane Adhäsionsgruppen, die mit dem einen oder anderen Standpunkt global sympathisieren oder sich – ohne selbst genauer zu wissen, worauf sich diese Stellungnahme gründet – gegen einen anderen Standpunkt absetzen. Wenn sich Momente der Erstarrung und Verhärtung wiederholen, dann entsteht zwischen derartigen Sympathisanten zeitweilig Nähe, die Personen einschliesst oder ausschliesst.

Perzeptionen: Diese Haut wirkt allmählich als Filter, durch welches nicht mehr alle Eindrücke durchdringen, sondern selektiert werden (R. Blake 1961 b); die Parteien verzerren in ihrer Wahrnehmung die Dinge und Geschehnisse, je nachdem von welcher Person oder Gruppe sie stammen. Man merkt sich die positiven Aspekte der eigenen Sympathiegruppe und ihrer Leistungen leichter als die der Gegenpartei. Die Parteien entwickeln einen schärferen Blick für alles, was die verschiedenen Gruppen voneinander unterscheidet. Die Qualität des eigenen Standpunktes und der Sympathisanten wird der Tendenz nach höher angeschlagen als die der Gegengruppe.

Interaktionen: Im Zuge solcher Auseinandersetzungen beginnen sich einige Rollen verschiedener Personen schärfer herauszukristallisieren (H. Guetzkow und J. Gyr 1954): Personen, die Initiativen ergreifen; andere, die weitere Argumente antragen; wieder andere, die Verbindungen und Zusammenhänge aufzeigen usw. Bei dieser Stufe kristallisieren sich die Rollenerwartungen der übrigen Personen bereits auf die besonderen Beiträge solcher Personen. Dies fördert Einseitigkeiten im Auftreten und Festschreibung im Funktionieren der einzelnen Personen. Diese Verhaltensmuster bestehen jedoch nicht ständig, sondern kommen zunächst nur in Momenten der Verhärtung und Versteifung auf und können für die nächste Phase wieder verschwinden und untertauchen. Sobald jedoch wieder kritische Momente auftreten, tendiert die Gruppe zum neuerlichen Herauskristallisieren von Handlungsmustern, Rollen und Standpunkten in der bereits bekannten Form (M. Sherif 1962; F. Glasl 1969; M. Mulder 1978).

Nachdem solche Momente häufiger aufgetreten sind, können die Parteien konstatieren, dass dies ihre Offenheit und gegenseitige Aufgeschlossenheit vorübergehend beeinträchtigt. Das Auftreten dieser Schwierigkeiten und die Art und Weise, wie diese jedesmal «gemeistert» werden, haben bei den betroffenen Personen auf

Fig. 10.2: Die 9 Stufen der Konflikteskalation

dieser Eskalationsstufe zu einem bestimmten «Lernergebnis» geführt: Die Sympathiegruppenbildung und Kristallisation bestimmter Handlungsmuster scheinen sich bewährt zu haben, um über die Spannung hinwegzukommen. Darum entsteht in Ansätzen ein «Verhaltensmodell der Krisenbewältigung», das sich bei Spannung von selbst einstellt und für die beteiligten Personen als etwas Vertrautes und Bewährtes Sicherheit zu geben verspricht.

Die Parteien erkennen nunmehr diese Reibungsmomente als etwas Bekanntes. Sie haben die Gewissheit, dass diese durch Anstrengungen und Selbstbehauptung in ihren Auswirkungen zurückgedrängt werden können. Das gelegentliche Abgleiten gehört somit bereits zum Bild des «Normalen und Wahrscheinlichen», obschon die Parteien wissen, dass sie sich mehr anstrengen müssen, um ein weiteres Anwachsen der Schwierigkeiten und Störungen zu unterbinden. Denn wenn immer diese Störungen auftreten, werden sie als etwas Vermeidenswertes negativ

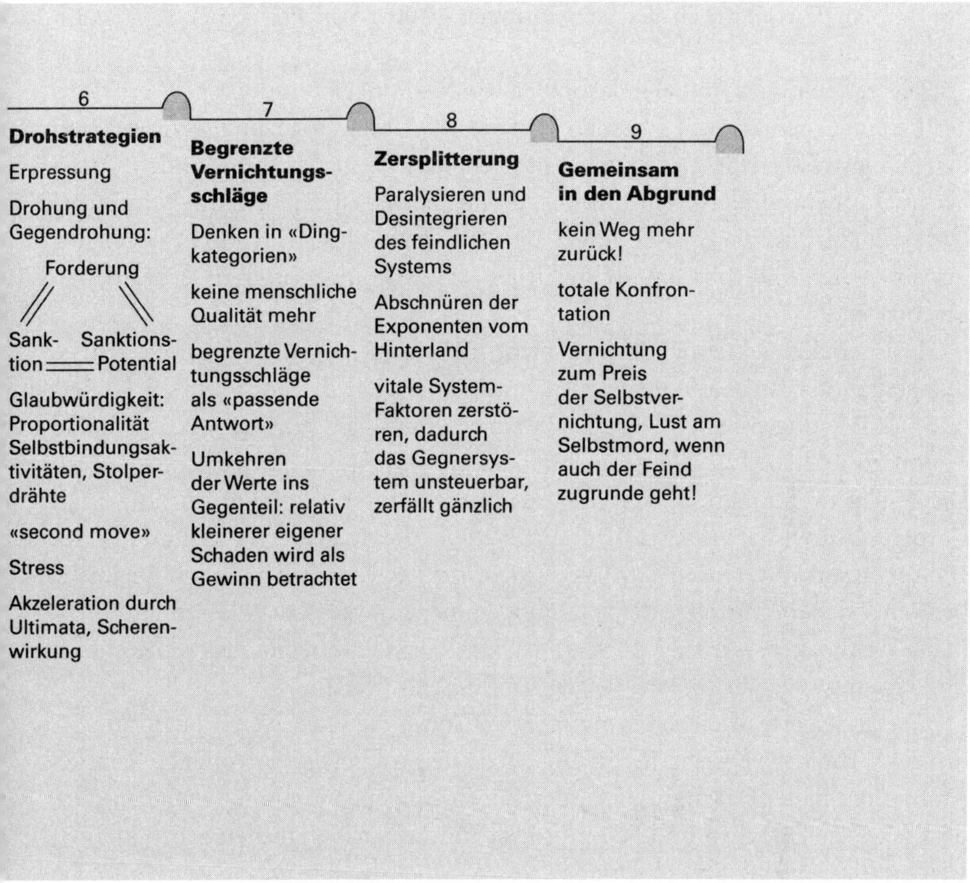

bewertet: «Aha, da passiert uns das schon wieder! Ich bin gespannt, ob jetzt wieder Herr... sagen wird, dass...» Das wiederholte Auftreten solcher Spannungen und Reibungen wird als Energie- und Zeitverlust, als unnötiger Widerstand gesehen. In solchen Momenten erleben die Parteien auch, dass sie voneinander auf mancherlei Art und Weise abhängig sind: Die eine Seite kann nicht ohne Einwirkung der anderen Seite autonom handeln. Diese Abhängigkeit wird als einschränkend erlebt.

Die Erlebnisse des Abgleitens zeigen den betroffenen Parteien, dass sie das Umgehen miteinander und die Formen der gemeinsamen Problemlösung nicht unter Kontrolle haben. Wenn schon das Auftreten solcher Momente nicht völlig zu verhindern ist, dann erweist sich das Korrigieren oder Ausräumen von Missverständnissen oder anderen Schwierigkeiten doch als mühsamer und aufwendiger, als man gedacht hat. Die Parteien erleben es belastend, dass die wechselseitigen Beziehungen jetzt ausdrücklicher Aufmerksamkeit und Pflege bedürfen.

Ein weiterer Fortschritt in der gemeinsamen Lösung von Problemen kostet also Beherrschung.

Das gelegentliche Aufeinanderprallen von Meinungen verändert das Verhältnis der Parteien zueinander. Es werden Widerstand, Gegensatz, Durchsetzungs- und Beharrungswille erlebt. Die Parteien merken, dass sie nicht um die andere Partei herum können, sondern sich mit ihr auseinandersetzen müssen: die Vermutung stellt sich ein, dass die Zielrichtungen der Parteien in vielerlei Hinsicht voneinander abweichen und dass unterschiedliche Grundhaltungen und anderes Erleben gegeben sind.

Die Parteien verkehren ab jetzt nicht mehr unbefangen miteinander, da sie mit gespannter Aufmerksamkeit und mit Unbehagen die auftretenden Gegensätze als Reibungen registrieren. Die Wahrnehmungsfähigkeit für solche Vorfälle nimmt zu und wird in den Momenten, da die Gegensätze sich zeigen, verstärkt. Die gesteigerte Aufmerksamkeit führt zu einer Stimmung der «Vorwarnung»: Mit Gespanntheit wird das abermalige Auftreten der Störungen erwartet und mit der Haltung beantwortet, diese Störungen nicht zur Regel werden zu lassen. Vielmehr bemühen sich die Parteien, die Spannungen nicht anwachsen zu lassen und nicht in ein Wettbewerbsverhalten zu verfallen, worin von vornherein die eigenen Ideen und Lösungswege über die der Gegenpartei gestellt werden.

Die gesteigerte Wahrnehmungsfähigkeit sowie die intensiveren Bemühungen um ein Verhindern eines weiteren Abgleitens steigern bei den betroffenen Parteien Ambivalenz in der Haltung zueinander: Bei Störungen kommt die Vermutung auf, dass es tiefere Ursachen und Hintergründe für die Schwierigkeiten geben könnte; weil die Tatsachen dafür jedoch noch wenig Anhaltspunkte geben, werden solche Verdachtsmomente wieder verworfen. Bei einer ähnlichen Situation treten sie aber hartnäckig wieder auf und werden wieder abgetan, weil sich die Parteien darum bemühen, die gemachten Erfahrungen nicht über die konkreten Einzelfälle hinaus zu generalisieren. Ab und zu stellt sich Zweifel ein, ob der eigene gute Wille von der Gegenpartei immer richtig erkannt und gewürdigt werde.

Beeinflussungsmethoden: Dennoch herrscht bei den Parteien die Überzeugung vor, dass durch den Einsatz rationaler Mittel, durch verstandesmässiges Argumentieren und Abwägen auf dem Wege einer geordneten verbalen Auseinandersetzung die auftretenden Spannungen wirkungsvoll bewältigt werden können. Dann könnten die unterschiedlichen Meinungen doch zusammenfinden.

Gerade die aufkommende Befangenheit und Gespanntheit, die zugleich die Reizbarkeit der Parteien erhöht, kann dazu führen, dass sich die Parteien weniger vollständig und deutlich einander mitteilen können, als dies vorher der Fall war. Missverständnisse und Verzerrungen können sich leichter einschleichen und die sachbezogenen Gespräche beeinträchtigen.

Diese Formen der Eskalation können sich sowohl bei kooperativen Problemlösungen als auch bei Verhandlungsgesprächen zeigen. Sie können in gleicher Weise wie Kooperationsbemühungen eskalieren und schliesslich in der Selbstvernichtung landen. Nach der Darstellung der Stufe zwei wollen wir auf diese Fragen noch zurückkommen.

10.2 Stufe zwei: Debatte und Polemik

Wenn es den Parteien nicht gelungen ist, das gelegentliche Abgleiten in Erstarrung und Beharrung zu unterfangen, dann kann sich das ganze Klima der weiteren Auseinandersetzung grundlegend verändern. Die Parteien nehmen rigorosere Haltungen an und scheuen harte, verbale Konfrontationen nicht. Sie bedienen sich nun schärferer Mittel, um ihre Standpunkte durchzusetzen.

Nach der Beschreibung der Änderungen in der Motivation, der Interaktion und der angewendeten Beeinflussungsmittel kommen wir noch auf eine globale Umschreibung der Schwelle zwischen den Stufen eins und zwei zurück. Die Bedeutung dieser Schwelle wird erst verständlich, wenn einigermassen deutlich ist, wie das Klima nach ihrem Überschreiten aussieht.

Intentionen und Einstellungen: Bei den betroffenen Parteien sind jetzt «gemischte Motive» (M.Deutsch und R.Krauss 1962; Th.Schelling 1957) für das gegenseitige Verhalten bestimmend. Denn einerseits sehen die Parteien die gemeinsamen Ziele und Interessen, die am besten durch Zusammenarbeit verwirklicht werden können; andererseits treten die Interessen und Ideen der einzelnen Parteien mehr in den Vordergrund und werden als konkurrierend erlebt. Die beteiligten Parteien kommen zu einer Mischung von «kooperativen» und «kompetitiven» Einstellungen. In bestimmten Phasen der Kommunikation kann die eine Richtung vorherrschen, in anderen Phasen die zweite. Zwischen beiden Richtungen und Einstellungen kann ein sehr labiles Gleichgewicht auftreten, das zu einer Erhöhung der Spannung zwischen den Parteien und innerhalb der Parteien führt. Diese Spannung steigert in der Folge die Reizbarkeit bei den Parteien.

Das Bewusstsein für das Eigeninteresse fördert das Zusammengehörigkeitsgefühl innerhalb der Parteien und führt zu einem gesteigerten Selbstwertgefühl. Dies kann zur Selbstüberheblichkeit und Arroganz führen, die zu Irritationen der Gegenseite beitragen. Dazu tritt das Betonen der Auffassungsunterschiede. Es mündet im Zuge der Auseinandersetzungen in eine starke Fixierung auf die bereits eingenommenen Standpunkte. Nunmehr wird das Verteidigen dieser Standpunkte zu einer Prestigesache: die Parteien meinen, dass vom Vertreten ihrer sachlichen Standpunkte ihre Interessenposition im nichtsachlichen Sinne abhänge.

Perzeptionen: Wie C. Kerr (1954) ausführt, bewirkt dies «induzierte Konflikte» rund um Fragen des Status, des Prestiges und dergleichen. Wenn in der ersten Eskalationsstufe das Kernproblem der Parteien gelautet hat: «Welches ist der bessere Standpunkt?», dann erleben die Parteien jetzt eine zweifache Problematik: «Welches ist der bessere Standpunkt, und wer vertritt seinen Standpunkt besser?» Die Parteien agieren nun aus dem Bewusstsein heraus, dass Nachgeben in der Sache nachteilige Folgen für ihre soziale Position, für Macht und Ansehen haben kann. Diese Aspekte der Auseinandersetzung treten nun – wenngleich noch in relativ schwacher Form – zu den bisherigen Streitpunkten und fügen neue Spannungsquellen hinzu. Die eigenen Interessen und die der Gegenpartei werden als konkurrierend und in mancherlei Hinsicht als ein «Entweder-oder-Dilemma» empfunden. So kommt es zu einer weiteren Verhärtung der Interessenstandpunkte.

Interaktionen: Im Umgehen der Parteien miteinander ist eine wesentliche Änderung des sozialen Klimas aufgetreten. Aufgrund ihrer subjektiven Einschätzung der Situation und der Interessen nehmen sich die Parteien vor, auf jeden Fall vor der anderen Partei auf der Hut zu sein. Mit einigem kritischem Vorbehalt und beginnendem Argwohn achten sie darauf, sich nicht durch zu grosse Unbefangenheit Nachteile einzuhandeln. Sie verfolgen bestimmte Manöver der Gegenpartei mit Misstrauen und rechnen damit, dass die Gegenpartei sachliche Argumente dazu gebraucht, um ihre Position vorteilhafter zu gestalten und Übergewicht zu gewinnen. Sie hoffen, aufgrund dieser *«Position der kleinen, relativen Überlegenheit»* die Gegenseite besser beeinflussen zu können. Doch gerade eine vermeintliche Verschiebung in Richtung asymmetrischer Verhältnisse ist für die andere Seite Anlass zu einigen Irritationen. Sie bemüht sich, das Gleichgewicht wieder herzustellen (H. Crott, M. Kutschker und H. Lamm 1977). Damit wird die Interaktion zwischen den Parteien zu einer Frage des Behauptens und Wiederherstellens des eventuell verlorenen Gleichgewichtes (P. Diesig 1961): *erstens* im Behaupten und Anführen wirksamer Argumente und Beweise zur Stützung der vertretenen *sachlichen* Auffassungen; *zweitens* in den sozialen *Basispositionen,* die für die gegenseitigen Beeinflussungen Möglichkeiten bieten; *drittens innerhalb* der Parteien, um die im Widerstreit befindlichen kooperativen und kompetitiven *Einstellungen* zu einem Ausgleich zu bringen. – Dazu kommt, dass man den regelmässig auftretenden Kollisionen nicht aus dem Wege geht, denn sie dienen dazu, sich selbst und der Gegenseite zu beweisen, dass man wirklich für die Sache engagiert ist und sich nicht ohne weiteres aus dem Feld schlagen lässt.

Diese Erfahrungen der Parteien führen zu einem paradoxen «Anpassungslernen». Es werden bei den Parteien bestimmte Verhaltensweisen fixiert, die eigentlich gar nichts nutzen zur Bewältigung des originären Problems. Sie dienen primär dem Abbauen der aufgestauten Spannung, die sich ergeben hat. Wenn jetzt jede

Partei ihrem Unmut Luft machen will, bewirkt gerade dieses Ventilieren eine Steigerung der Spannung *zwischen* den Parteien. Diese paradoxe Wirkung findet jedoch im «Anpassungslernen» der Parteien nicht ihren Niederschlag. N. Birbaumer (1977) weist daraufhin, wie dieses adaptive soziale Lernen stereotype Verhaltensweisen hervorbringt, die das ursprüngliche Problem ungelöst lassen und nur die subjektive Befriedigung der Spannungsbewältigung gewähren. Dieses soziale Lernen begünstigt das Aufkommen von Vergangenheitsbildern. Die Parteien erinnern sich leichter an Verhaltensweisen der Gegenseite, wenn sie gelernt haben, sie «wirkungsvoll» zu parieren. Allmählich wachsen sich diese Erinnerungsbilder zu klischeehaften Bildern von *typischen Verhaltensweisen* der Gegenpartei aus. Im Unterschied zu den Stereotypen auf Stufe vier sind dies *noch nicht* generalisierende und pauschalisierende Stereotypen von den Haupteigenschaften der *Parteien*, sondern nur von bestimmten *«typischen Verhaltensweisen»*, Taktiken oder Denk- bzw. Handlungsgewohnheiten. Erst im Zuge der Stufen drei und vier wachsen sich diese zu einem stereotypen Bild von der Gegenpartei aus.

Aufkommendes Misstrauen bei den Parteien wird mit einer Stärkung des Eigenwertgefühles kompensiert. Auf die Gegenseite wirkt diese Haltung verunsichernd. Mit Hilfe der nunmehr angewandten Beeinflussungsmethoden wird versucht, die Gegenseite in ihrer Überzeugungsfestigkeit zu erschüttern. Doch geht es auf dieser Stufe den Parteien in erster Linie um eine Haltung des Dominierens, um der Gegenpartei zu *imponieren*, nicht um sie zu *beherrschen*. Die Reaktion auf das Imponieren ist «Parieren», d. h., diese Taktiken abprallen lassen und gleichziehen. Die Parteien gewinnen Achtung vor dem Gegner, wenn er geschickt pariert. Die Gespräche werden zu Debatten. Das Verhalten schliesst viele Momente des bewussten oder unbewussten Taktierens mit ein. Die Parteien entwickeln einen scharfen Sinn für die inneren Widersprüche der Gegenseite. Wenn die Gegenpartei dabei ertappt wird, dass sie sich in der Argumentation widerspricht, dann wird ihr dies deutlich vor Augen geführt. Th. Gordon (1974) analysierte die Wirkung von «Du-Botschaften», die immer negative Urteile über die Gegenpartei implizieren. Die Wirkung dieses Verhaltens ist jedoch, dass sich die Gegenpartei gegen die Beurteilung zur Wehr setzt und sich nicht verantwortlich fühlt, ihr Verhalten zu verändern. Im Gegenteil: sie beharrt auf dem Standpunkt und versteift sich auf ein abweisendes Verhalten. Überdies werden Verletzungen bestehender Normen aufgegriffen und der Gegenseite vorgeworfen. Auch diese Erfahrungen verstärken die gegenseitige Befangenheit und den Argwohn. N. Rackham und J. Carlisle (1978) haben die Wirkung dieser «irritators» in Verhandlungen untersucht. Sie unterstreichen, dass das gegenseitige Weisen auf Fehler und Unzulänglichkeiten gerade bei ungeübten Verhandlern auftritt und das Gespräch eskaliert.

In den Beziehungen zwischen den Parteien treten wichtige Veränderungen auf, weil sie einander (bewusst oder unbewusst) nicht mehr als gleichwertig ansprechen. Sie streben nach Asymmetrie in den Beziehungen und begegnen der Gegenpartei «von oben herab». Die Kommunikation wird auf diese Weise vielschichtig und mehrdeutig, und dies trägt bei zur Trübung des Klimas zwischen den Parteien. In den Beziehungen der Parteien treten Veränderungen auf, die wir am besten mit Hilfe des Konzeptes der Transaktionsanalyse (E. Berne 1964; D. Bennett 1976) verdeutlichen. Dieses Modell versucht zu erklären, warum die Parteien bei bestimmten Kommunikationsformen aneinander vorbeireden oder einander gegenseitig irritieren, ohne selbst den Grund zu verstehen. Für unser Anliegen genügt es, das Modell der Transaktionsanalyse (TA) an dieser Stelle vereinfacht zu skizzieren. Es unterscheidet bei zwei kommunizierenden Personen drei verschiedene «Ich-Positionen», die miteinander in Beziehung treten können: Diese werden – im übertragenen Sinne – bezeichnet als

- Position der «*Eltern*» («parent»), d. h. der überlegenden, bestimmenden, führenden Instanz,
- Position des «*Erwachsenen*» («adult»), d. h. der selbständigen, offenen und selbstsicheren Instanz, die in wechselnden Situationen beweglich die passende Position, Rolle oder Verhaltensweise zu wählen versteht,
- Position des «*Kindes*» («child»), d. h. der anlehnungsbedürftigen, unselbständigen, stark impulsiven Instanz.

Bei kommunikativen Transaktionen kann es geschehen, dass z. B. die Ehefrau aus der Position der «Mutter» zu ihrem Mann spricht und ihn eigentlich als Kind behandelt. Wenn sich ihr Ehegatte in seiner Reaktion tatsächlich wie ein Kind gegenüber seiner Mutter benimmt, dann korrespondieren die Ich-Positionen der beiden Partner miteinander: Der Mann antwortet seiner Frau genau aus der Position heraus, in der sie ihn angesprochen hat; und er spricht in seiner Frau dieselbe Position an, aus der heraus sie gehandelt hat. Diese Beziehung wird «komplementäre Transaktionen» genannt (Fig. 10.3).

Das folgende Beispiel zeigt dies.

Frau: «Du musst doch zugeben, dass du nur durch deine Heirat mit mir Karriere gemacht hast!»

Mann: «Dafür bin ich dir auch mein Leben lang dankbar!»

Solange beide Parteien die aktivierten Ich-Positionen wechselseitig akzeptieren, birgt die Kommunikation in dieser Hinsicht keinerlei Probleme in sich. Die Reaktionsweisen stimmen dann zusammen. Professoren benehmen sich dann z. B. gegenüber den Studenten gleichsam als «Theokraten»; Studenten sehen sich selbst in jeder Hinsicht als minderwertig und respektieren die Überlegenheit der Professoren.

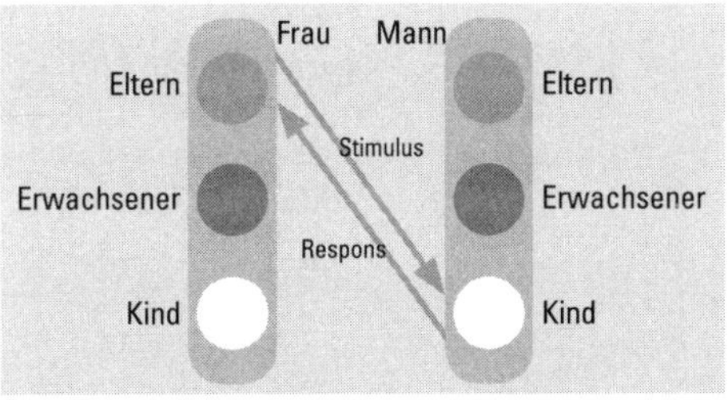

Fig. 10.3: komplementäre Transaktionen

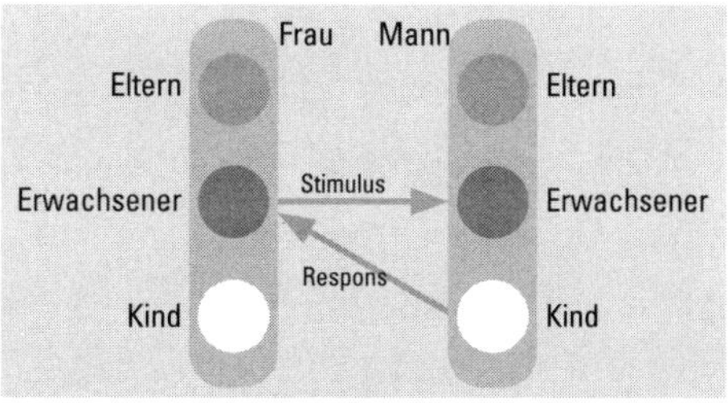

Fig. 10.4: Dreiecks-Transaktionen («angular transactions»)

Kommunikationsprobleme treten da auf, wo sich die Parteien nicht mehr «komplementär» zueinander verhalten, etwa, wenn sich eine «Dreiecks-Transaktion» bildet: die Studenten fordern Anerkennung als sozial gleichberechtigte Partner. Oder: Die Frau möchte aus der Position des Erwachsenen auch in ihrem Mann den Erwachsenen ansprechen, der jedoch als «Kind» reagiert z.B.:

Frau: «Deine Beförderung zum Abteilungsleiter kann unser Familienleben beeinträchtigen.»

Mann: «Keine Angst. Ich werde dir niemals vergessen, welche Opfer du gebracht hast, damit ich studieren konnte, und darum konnte ich befördert werden!»

Nach E. Berne (1964) können ähnliche «Dreiecks-Transaktion» («angular transactions») der kommunizierenden Partner mit dem obigen Schema (Fig. 10.4) symbolisiert werden.

Bei «Dreiecks-Transaktion» sind mit zwei Partnern drei verschiedene Ich-Positionen im Spiel. In solchen Gesprächen kommt es vor, dass sich zwei Personen auf dem offiziellen, «sozialen Niveau» nach aussen hin als zwei Erwachsene miteinander unterhalten, während sich unterschwellig eine Interaktion unter Ungleichen abspielt.

Ein Bruch in der Kommunikation tritt bei sogenannten «gekreuzten Transaktionen» auf; d.h., wenn sich der Ehemann als Erwachsener an den Erwachsenen in seiner Frau richtet, worauf sich die Frau in die Position des Kindes begibt und ihren Mann als «Vater» (parent) anspricht. Die Rollenbilder der beiden Parteien korrespondieren dann nicht miteinander. Es kommt zu einer befremdenden Kommunikation (siehe Fig. 10.5). Auch hier kann es geschehen, dass sich die Parteien auf dem sozialen Niveau als Gleiche ansprechen, dass aber unterschwellig-psychologisch die Beziehung der Ungleichheit gegeben ist. Oder die Parteien benehmen sich offiziell korrekt, reizen einander jedoch mit unterschwelligen, versteckten Botschaften (D. Bennett 1976). Diese Diskrepanz zwischen dem sozialen Niveau und dem psychologischen Niveau trägt zur Komplexität des Konfliktgeschehens bei. In der Sprache der Transaktionsanalyse kann diese Beziehung folgendermassen symbolisiert werden (siehe Fig. 10.6).

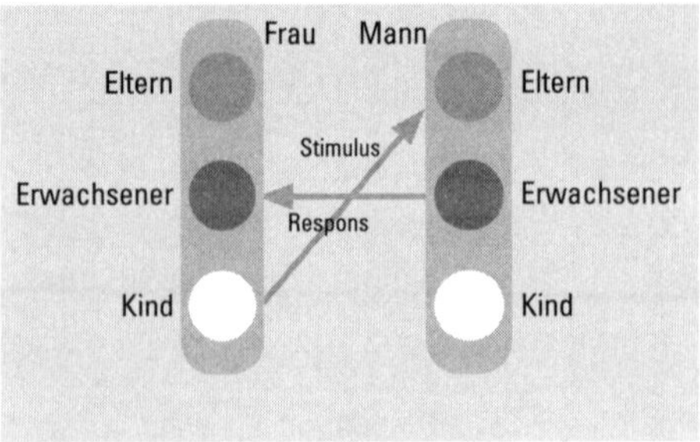

Fig. 10.5: Gekreuzte Transaktion

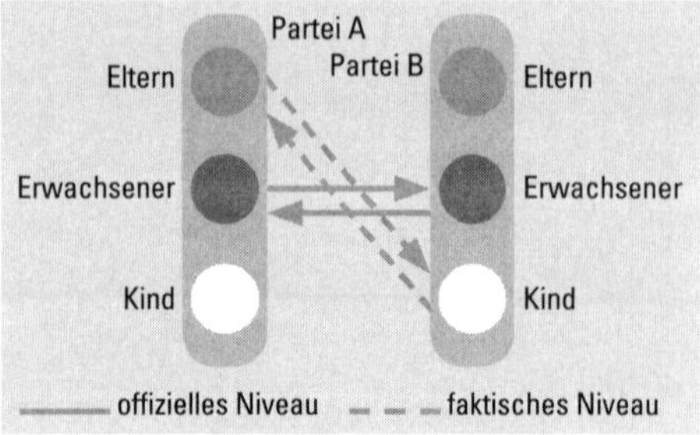

Fig. 10.6: Diskrepanz zwischen sozialem und psychologischem Niveau

Anhand des vereinfacht wiedergegebenen Modells der Transaktionsanalyse können wir im folgenden einige wesentliche Veränderungen in den Beziehungen zwischen den Parteien charakterisieren.

Auf den ersten drei Stufen der Eskalation kommt es nach und nach zu einer Änderung der Beziehungen der Parteien und zu Diskrepanzen zwischen dem sozialen und dem psychologischen Niveau.

Auf *Stufe eins* korrespondieren die verschiedenen Ich-Positionen, aus denen heraus die Parteien miteinander verkehren: Sie sind «komplementär». Die auftretenden Probleme der Verständigung werden innerhalb des geltenden Rahmens der gegenseitigen Beziehungen zu lösen versucht. Wenn also von Fall zu Fall «anguläre» oder «gekreuzte» Transaktionen auftreten, versuchen die Parteien, diese wieder zu entwirren und zur ursprünglichen Beziehungsstruktur zurückzuführen. Die Parteien bemühen sich, die aufgetretenen Entgleisungen auf Einzelfälle und Inzidente zu beschränken.

Beeinflussungsmethoden: Die Parteien bedienen sich in der Hauptsache verbaler und – wenigstens dem äusseren Anscheine nach! – rationaler Methoden der Auseinandersetzung und der gegenseitigen Beeinflussung. Sie versuchen, im Stil der Debatte mit dem Einsatz rhetorischer Mittel und verschiedener logischer Operationen Überlegenheit zu erreichen und die Gegenseite damit unter intellektuellen Druck zu setzen. Über diesen Weg wollen sie Zustimmung der Gegenseite erwirken. Eigentlich geht es hier um «Quasi-Rationalität»: d.h., man bedient sich äusserlich logischer Verfahren, treibt aber gerne mit Denkfehlern Missbrauch, wie sie unter anderem von H. Thelen (1954), A. van Hoesel (1957), W. Rother (1976) beschrieben sind. Zum Beispiel:

– *Kausalitätsstreit:* Es entspinnt sich ein Streit, in dem logische Schlussfolgerungen zu Trugschlüssen über Zusammenhänge von Ursachen und Wirkungen führen sollen. Indirekt geht es aber darum, Schuldfragen von sich abzulenken und der Gegenpartei anzulasten. Ein Beispiel dafür ist die «post hoc ergo propter hoc»-Folgerung, die darin besteht, dass man aus der zeitlichen Folge bestimmter Ereignisse auf den kausalen Zusammenhang schliessen will («danach, also deswegen!»).

- *Extreme Schlussfolgerungen* aus den Äusserungen der Gegenpartei ziehen: Man verallgemeinert eine bestimmte Aussage der Gegenseite und bekämpft sie danach als übertrieben; man radikalisiert die Behauptung und weist sie in der Folge als zu absolut ab, obwohl die Gegenpartei selbst niemals diese Behauptung in der radikalen Form aufgestellt hat.
- *Man suggeriert Zusammenhänge* der strittigen Sache mit anderen Aspekten, so dass man diesen Streitpunkt nicht isoliert von anderen diskutieren kann.
- *Appellieren an Denkgewohnheiten,* welche die eigenen Behauptungen begünstigen («In unserem Unternehmen haben wir immer gesagt, dass...») und keiner Begründung mehr bedürfen («Schon Goethe sagte,...»).
- Man stellt die Gegenseite vor ein *krasses Dilemma,* das man aus den bisherigen Aussagen entwickelt hat, um damit zu erreichen, dass sie sich einem «Kompromissvorschlag» füge, weil es immer vernünftig sei, einen «goldenen Mittelweg» zu wählen, bzw. weil die Wahrheit «immer in der Mitte» liege usw.

Im Grunde verschärfen diese Taktiken die Positionen und provozieren Polarisation im Denken wie auch im Verhältnis zwischen den Parteien. In die Argumentationsweise mischt sich ein überheblich zurechtweisender, belehrender und direktiver Ton, der jedoch eher zu einer weiteren Entfremdung, zum Wachsen des Abstandes und zur Erstarrung beiträgt als zu einem gegenseitigen Überzeugen.

Wir haben die praktizierten Beeinflussungsverfahren als «quasi-rational» charakterisiert, weil sie wegen der Versteifung der Parteien auf ihre Interessenpositionen zu Trugschlüssen führen, von denen sich die provozierende Partei einen Vorteil verspricht. Die Parteien rationalisieren überdies noch ihre Absichten. D.h., sie versuchen, ihre weniger edlen und kooperativen Motive zu verbrämen und positiver erscheinen zu lassen, als sie in Wahrheit gewesen sind. «Quasi-rational» nennen wir diese Taktiken auch, weil von den Parteien versucht wird, gegenseitig auf die Gefühle einzuwirken. Verschiedene Verfahren werden üblicherweise dabei angewandt, von denen exemplarisch die folgenden (H.Thelen 1954; A.van Hoesel 1957; I.Brown 1963; C.Gelner 1967; W.Rother 1976) erwähnt seien:

- *Emotionelles Ablenken:* unbedeutende Aspekte aus dem Verhalten oder der Argumentationskette der Gegenseite werden über Gebühr aufgebläht und dann angegriffen. Mit dem Entkräften der angegriffenen Punkte wird dann vorgetäuscht, dass die Gegenseite auf der ganzen Linie geschlagen sei.

- *Extreme, sehr emotionelle Äusserungen provozieren:* mittels «rationaler Äusserungen» kann man starke Gefühle und einzelne «heilige Werte» berühren und somit unbeherrschte Äusserungen provozieren. Mit der Reaktion gibt sich die Gegenpartei eine Schwäche, auf die es eigentlich ankommt. Denn diese Emotionen können dann gegen sie benutzt werden.
- *«Erst auf den Mann, dann auf den Ball spielen»* (A.v.Hoesel 1957): einige Angriffe können sich erst auf die Verunsicherung der Gegenpartei konzentrieren, um danach einige sachliche Punkte ins Treffen zu führen, gegen die sich die Gegenseite nicht mehr gut behaupten kann, weil sie in ihrer Person verunsichert worden ist, oder weil die Umstehenden ihr keine seriöse Aufmerksamkeit mehr widmen.
- *Gefühlsgeladene Begriffe* ins Gespräch bringen, die vieldeutig sind, an Vorurteile appellieren, Gefühlsblockaden bei der Gegenpartei bewirken usw. Die Parteien beginnen, gegenseitig Emotionen zu manipulieren.

Der Einsatz derartiger Taktiken führt in die Kommunikation Vieldeutigkeit ein, wodurch sich die Chancen auf Fehlinterpretationen vergrössern. Die Parteien lassen sich nicht mehr in die Karten sehen und bedienen sich öfters solcher Ausdrücke, die ihre Meinungen und Absichten nicht klar erkennen lassen; andererseits vertrauen sie auch den Aussagen der Gegenpartei nicht mehr völlig. Sie machen innerliche Vorbehalte, müssen vorsichtiger rätseln, um hinter die tieferen, verborgenen Absichten der Gegenpartei zu kommen, beginnen zu insinuieren und zwischen den Zeilen zu lesen. Um sich ein Bild der Absichten der Gegenseite machen zu können, muss man «auf den Busch klopfen» (C.Gelner 1967), d.h. bestimmte, nicht wirklich ernst gemeinte Äusserungen machen, um aus der Reaktion darauf schliessen zu können, ob die Gegenseite starke Interessen damit verbindet. Wenn auf dieser Eskalationsstufe der Vorschlag der einen Partei sofort mit einem Gegenvorschlag beantwortet wird (N.Rackham und J.Carlisle 1978), dann führt dies nicht zu einem Gespräch, in dem bereitwillig die verschiedenen Möglichkeiten geprüft werden, sondern bewirkt ein Blockieren des Willens der betroffenen Parteien. Irritationen nehmen zu.

Auf der *zweiten Eskalationsstufe* treten im Zuge der Konkurrenz mehr anguläre und gekreuzte Transaktionen auf. Die Parteien merken, wie ihre Aktionen mit Reaktionen beantwortet werden, mit denen sich die Gegenpartei als überlegen profilieren möchte bzw. gegen ein vermeintliches Manövrieren in eine nachteilige Position zur Wehr setzen will. Dies ist charakteristisch für Disparitäten und Asymmetrien in den Beziehungen. Bewusstes und unbewusstes Verhalten spielen hier durcheinander.

Wenn sich die Parteien verschiedener quasi-rationaler Beeinflussungsmethoden bedienen und somit die unkontrollierten Emotionen der Gegenseite reizen, dann agieren sie bereits aus verschiedenen «Ich-Positionen» aufeinander: Sie versuchen noch stets, äusserlich den Eindruck der Selbstbeherrschung und Sicherheit zu wecken, rationalisieren jedoch die unterschwellig wirksamen Gefühle der Revanche. Zwischen dem sozialen und dem psychologischen Niveau treten Diskrepanzen auf. Man trägt ein anderes Verhalten zur Schau, als es den eigentlichen Absichten entspricht.

Die Kommunikation zwischen den Parteien wird dadurch immer mehr vieldeutig und undurchsichtig. Gleichzeitig leistet dieses Verhalten dem Argwohn der Parteien Vorschub. Ein Prozess hat begonnen, der sich in der Folge als «Teufelskreis», bzw. Zirkelprozess selbst verstärkt. Auch wenn äusserlich der Schein gewahrt bleibt, dass die Parteien einander die Möglichkeit zur Rechtfertigung einräumen und einander fair behandeln, kommt es zu einem Wettkampf um Überlegenheit im Status, so dass mehr Gewicht in die Beeinflussungsbemühungen eingebracht werden kann. Dies führt jedoch zu «gekreuzten Transaktionen». Je mehr diese Kreuzungen auftreten, desto mehr vergrössern sie die Ambivalenz der Beziehungen; denn die Statusverunsicherung der Parteien nimmt bei gekreuzten Transaktionen zu.

Dies alles führt zu einer Verstärkung der eingangs beschriebenen dynamisierenden Mechanismen: Es werden stets mehr Streitpunkte eingebracht; Fragen nach den Kausalzusammenhängen dienen der Suche nach dem Schuldigen, und dies bewirkt die Gegentendenzen, nämlich dass Aufbauen simplistischer Modelle der Wirkungszusammenhänge im Konflikt. Das Defensivverhalten begünstigt pessimistische Antizipationen und beschleunigt die Eskalation.

Die Hauptmerkmale der zweiten Eskalationsstufe sind demnach:

- gemischte Motive der Parteien und labiles Gleichgewicht zwischen kooperativen und kompetitiven Einstellungen,
- Verknüpfung der eigenen Sachpunkte mit der Interessenposition als Partei,
- das Streben, sich zu behaupten und sich keiner Schwächung der eigenen Position auszusetzen,
- Aufkommen der Disparität durch das Stärken des Selbstwertgefühles (der Gruppenkohäsion) und das Verunsichern der Gegenseite,
- Einsatz «quasi-rationaler» Beeinflussungsmittel, wobei Logik und Verstand gebraucht werden, um die Gegenseite in die Enge zu treiben und mit «zwingenden» Argumenten und Schlussfolgerungen zum Annehmen unseres Stand punktes zu bewegen,
- indirektes Manipulieren der Gefühle der Gegenpartei, um über diesen Umweg zu einer sachlichen Beeinflussung zu gelangen.

Damit lässt sich auch der Inhalt der *Schwelle* zwischen den Stufen eins und zwei umreissen. Auf Stufe eins sind die Parteien bestrebt, auf jeden Fall die Regeln der Fairness zu wahren und keine Polarisation entstehen zu lassen. Darum kommen die erwähnten Taktiken dort nicht zur Anwendung. Wenn sie sich gelegentlich dennoch einschleichen, bemühen sich die Parteien doch, sie wieder auszubannen. Auf Stufe zwei agieren die Parteien bereits in dem Bewusstsein, dass diese Taktiken erlaubte Waffen sind. Jetzt steht nach ihrer Meinung bereits ihre Interessenposition auf dem Spiele. Dennoch bemühen sie sich auf Stufe zwei noch darum, das Interesse der Gegenseite am Aufrechterhalten der Beziehungen, an der weiteren gegenseitigen Auseinandersetzung nicht zu verwirken. D.h., dass der Gegenseite nicht das Recht auf Erwiderung und Rechtfertigung abgesprochen werden darf. Der Konflikt eskaliert zu den nächsten Stufen, sobald eine der Parteien meint, dass ihr dieses Grundrecht genommen wird.

Manche Autoren, wie beispielsweise M. Otto (1979), betrachten «Verhandlung», als Form der Auseinandersetzung, als eine Eskalationsstufe der Kooperation. Diese Auffassungen übersehen jedoch, dass für Situationen mit komplementären Interdependenzen Verhandeln von Anfang an eine passende Form der Problemlösung sein kann, wobei es durchaus nicht zu einer gespannten, von Irritationen gekennzeichneten oder feindseligen Art der Auseinandersetzung kommen muss. Verhandlungen können die Positionen und Interessen der betroffenen Parteien prinzipiell respektieren. Jedoch ist die These W. Mastenbroeks (1978) zutreffend, dass wegen der ständigen Dilemmata einer Verhandlungssituation die Gefahren einer Eskalation (hin zur Stufe zwei) sehr leicht auftreten können: Die Parteien müssen im Verhandlungsprozess ständig abwägen, inwieweit sie die gegenseitigen Interessen und Abhängigkeiten anerkennen oder nur die eigenen Interessen verfolgen; inwiefern sie Informationen offen geben oder gegenseitig zurückhalten; inwieweit sie sich gegenseitig konziliant oder unbeugsam zeigen usw. H. Crott, M. Kutschker und H. Lamm (1977) zeigten auf, dass die Verhandlungserfahrung der betroffenen Parteien Eskalation verhindern kann. Verhandlungserfahrung heisst hier aber, dass man mit dem Basisdilemma und den dadurch produzierten inneren Spannungen so umgehen kann, dass keine Eskalation auftritt.

Bei vielen Spannungen, z.B. im Bereich der «industrial relations» in Grossbritannien, kommt es immer wieder zu Spannungen und Konflikten zwischen den «shop stewards» und dem Management eines Unternehmens. Daraufhin finden Verhandlungen um konkrete Streitpunkte statt, die jedoch nicht die eigentlichen Issues der Parteien sind. Sie dienen vielmehr als Ersatzobjekte, um an diesen Sachpunkten einen langwährenden, unterschwelligen Positionskampf oder Systemveränderungskonflikt miteinander auszutragen. Dann muss die Verhandlungsform eigentlich dazu dienen, die Konflikt-Auseinandersetzung zu verdecken. So kommt es jedoch zu uneigentlichen Verhandlungen, die als kalte Konflikte in kürzester Zeit auf Stufe zwei der Eskalation landen und auf diesem Niveau weiter ausgetragen werden. Weil irgend ein «heisses» Austragen der Gegensätze durch die Machtverhältnisse innerhalb der Organisation nicht möglich oder ratsam ist, geschieht dies zuweilen in der mehr «zivilisierten» Form der Verhandlung.

10.3 Stufe drei: Taten statt Worte!

Für die beiden ersten Eskalationsstufen war das Wort das wichtigste Mittel der Auseinandersetzung. Nachdem durch einige bewusst provozierte oder unbeherrschte Aktionen die Schwelle zur Stufe drei überschritten worden ist, ändert sich das Erscheinungsbild des Konfliktes.

Ein Konflikt in einem Montessori-Gymnasium liess den Übergang zur dritten Stufe deutlich erkennen. Nach einer Reihe unbefriedigend verlaufener Lehrer-Konferenzen zu pädagogischen und didaktischen Problemen kam es zu einer Welle ausführlicher und emotionell geladener, scharfer Debatten innerhalb des Kollegiums. Verschiedene Gruppen brachten in Pamphleten ihren Standpunkt vor. In diesen Schriften herrschte ein intellektuell aggressiver, kritischer und polemischer Ton vor. Namentlich die Irrtümer und Fehlschlüsse der Gegenparteien wurden breit ausgemalt und mehr oder weniger lächerlich gemacht. Jede Gruppierung versuchte, soviel wie möglich ihre Anliegen in den internen Konferenzen zu verwirklichen. Die Sitzungen dauerten immer länger als man hätte planen können; man schloss mit mehr offenen Punkten ab als man bei Eröffnung der Sitzung hatte. Die Unzufriedenheit nahm bei allen zu. – Danach gelangte der Konflikt – beinahe schlagartig! – auf Stufe drei: Einige sehen kein Heil mehr in der Diskussion. Diese Überzeugung machte sich kurz danach bei allen Gruppen breit. Es erschienen keine Diskussionsstücke mehr. Statt dessen hatten die Gruppen beschlossen, ihre Auffassungen nicht mehr von der Zustimmung der Andersdenkenden abhängig zu machen. Darum ging jeder dazu über, tatsächlich gemäss seinen Auffassungen zu unterrichten. Die Schüler wurden nunmehr mit sehr unterschiedlichen pädagogischen und didaktischen Praktiken konfrontiert, die zueinander oft in krassem Widerspruch standen. Die Meinungsparteien stimmten sich intern schnell ab, setzten aber die Meinungsgegner mit ihren Unterrichtsformen vor vollendete Tatsachen. Dies wirkte über Schüler wieder auf die Lehrer zurück, wodurch eine indirekte Konfrontation zustande kam. Auf dieser Stufe trat eine Verhärtung der Standpunkte ein. Der Konflikt griff auf weitere Personen über. Schüler und Eltern wurden als Parteien in den Konflikt einbezogen.

Intentionen und Einstellungen: Nach der zweiten Eskalationsstufe sind die Parteien auf Stufe drei dazu übergegangen, ihre Position weiter zu stärken. Zwar sind immer noch gemischte Motive gegeben, der Schwerpunkt neigt aber bereits zum Konkurrenzverhalten. Nach den Verunsicherungen der vorhergehenden Stufe macht sich bei den Parteien deutlich stärkere Entschlossenheit bemerkbar: Sie sind zu der Einsicht gekommen, dass Gespräche zu nichts mehr führen. Darum gehen sie zu Taten über.

H. Kahn (1965) und Th. Schelling (1958) weisen daraufhin, dass die Erwartungen der Parteien in dieser Hinsicht eigentlich paradox sind. Für sich selbst sind sie nicht bereit, nachzugeben und ihre Überzeugung und Einstellung zu ändern; von der Gegenpartei erwarten sie jedoch durch Druckausübung, dass diese nachgebe. Selbst wird Stärke und Selbstsicherheit zur Schau gestellt, von der Gegenpartei wird erwartet, dass sie in ihrem Widerstand ermüde und sich der Auffassung des Gegners anschliesse.

Den Parteien geht es nun in erster Linie darum, den Gegner im Erreichen seiner Ziele zu bremsen und die eigenen Absichten durchzusetzen. Widerstand nimmt man dabei in Kauf. Erst später auf Stufe sechs ist es die Absicht der Konfliktparteien, gegenseitig den Widerstand zu brechen. Auf Stufe drei ist die Entschlossenheit der einen Partei gleichsam ein Block, an dem die andere Partei auffährt. Sobald die eine Partei merkt, dass die Gegenpartei aufläuft, bekommt sie das Gefühl, «einen Schritt weiter gekommen» zu sein. Nach dem Erleben der Nutzlosigkeit verbaler Auseinandersetzungen im erwähnten Beispiel des Gymnasiums hatten die verschiedenen Gruppen der Lehrerinnen und Lehrer den Eindruck, dass sie mit einseitigen Aktionen endlich wieder Fortschritt buchen konnten. Im Grunde bedeutet es nur, dass sich die Auseinandersetzung von der intellektuellen zur intentionellen Ebene verlagert hat und den Anschein eines Fortschritts geben kann.

Das Gefühl der Parteien, durch den Gegner blockiert zu werden, bestimmt nun das weitere Klima der Interaktion. Es wird ihnen deutlich, dass sie voneinander abhängig sind. Gleichzeitig erleben sie die Schattenseiten dieser *gegenseitigen* Abhängigkeit und wollen an ihre Stelle *einseitige* Abhängigkeit setzen.

Innerhalb einer Gruppe tritt eine weitere Stärkung des Selbstgefühls, der Gruppenkohäsion, d.h. des Zusammengehörigkeitsgefühls und gegenseitigen Bindung auf. Die einzelnen Personen erleben, «Schulter an Schulter zu streiten», «in einem Boot zu sitzen» und mit grosser Geschlossenheit nach aussen auftreten zu müssen (D. Cartwright und A. Zander 1953).

In der Gruppe entsteht Druck zur Konformität, Einmütigkeit und Einstimmigkeit. Es tritt Irritation gegenüber abweichenden Meinungen innerhalb des eigenen Lagers auf (M. Sherif 1962; R. Blake, H. Shepard, J. Mouton 1964; u.a.). Dieser Konformitätsdruck arbeitet einem unnuancierten Denken, Fühlen und Wollen in die Hand. Die individuellen Gefühle werden in wichtigen Angelegenheiten entpersönlicht und im Zweifelsfall denen der Gruppe untergeordnet. Wie die Untersuchungen von L. Festinger, S. Schachter und K. Back (1953) bestätigen, beugen sich die Individuen dem Meinungsdruck des Kollektivs, weil sie andernfalls in der Gruppe Kontakte verlieren oder einen ungünstigen Status erhalten und für Gruppenfunktionen unfähig befunden werden. I. Janis (1972) beschreibt bei Entscheidergruppen in politischen Krisen eindringlich, wie eine Gruppe Konformität erzwingt. – Im Falle des Konfliktes in dem Gymnasium ging es nun nicht mehr um viele unterschiedliche, persönlich vertretene Auffassungen, sondern die Gruppen etikettierten sich selbst anhand der Sachstandpunkte als «Befürworter der Didaktik, die Material zur Selbsttätigkeit der Schüler in den Vordergrund stellt», kurz «Material-Gruppe» genannt, oder als «Befürworter des lebendigen, gesprochenen Wortes im Unterricht», kurz: die «Vox-viva-Gruppe».

Individuelle, persönliche Gefühle werden vom Kollektiv aufgezehrt oder substituiert. Auch die Gefühle des gemeinsamen Blockiertwerdens, bzw. des Blockierens des Gegners tragen dazu bei, sich in der Gruppenzugehörigkeit intensiver erleben zu können. Sobald Emotionen im internen Leben der Parteien einen wichtigen Platz einnehmen, sind die Parteien nicht mehr imstande, sich mittels der Gefühle in die Gegenpartei einzuleben. Wirkliches Interesse für die Gedanken und Intentionen der anderen Seite schwindet. Dies ist der Boden für die Vorurteile und kollektiven Klischeebilder, die sich die Parteien voneinander bilden und die sich auf Stufe vier der Eskalation hartnäckig festsetzen.

Perzeptionen: Nun gewinnt das Symbolverhalten der Parteien grosse Bedeutung. Die Kernauffassung der Partei wirkt als Symbol für die Gruppenmeinung. Bestimmte Jargon-Ausdrücke, Fachtermini und dergleichen dienen dazu, sich von der anderen Partei deutlich zu unterscheiden. Auch der non-verbale Verhaltensstil bekommt Symbolwert (M. Argyle 1975): Bilder der «typischen Verhaltenszüge» des Gegners setzen sich fest.

Interaktionen und Beeinflussungsmethoden: Gegen Ende der zweiten Eskalationsstufe haben die Parteien «gelernt», dass verbale Ausführungen irreführend sein können. Verbale Kommunikation wird nicht weiter als funktional angesehen, damit die Sachprobleme mit der anderen Partei lösen zu können. Die Kommunikation ist dafür auf Stufe zwei bereits zu sehr belastet. Mit viel Reden können Veränderungen obstruiert werden. Darum werden jetzt alle Hoffnungen auf aktives Handeln gesetzt. Man erwartet sich davon eine Überzeugungswirkung auf die Gegenpartei. Der bislang aufgestaute Wille will sich nun ungehindert ausleben. Wie Th. Schelling (1958) aufzeigt, haben Taten für die handelnde Partei den Vorteil, dass sie einseitig und darum schnell erfolgen können und dass sie das Gefühl geben, quasi unabhängig zu sein. Darum tritt auf dieser Stufe eine starke Beschleunigungstendenz auf. Wenn sich die Gegenpartei nicht mit Worten überzeugen lassen will, dann muss dies durch Fakten geschehen. Es kommt zu Droh*gebärden*. Die Gegenpartei will jedoch diese Aktion nicht als unveränderbare Fakten anerkennen: Sie wird darum mit einer Gegenaktion antworten!

Verbale Kommunikation tritt zwar in den Hintergrund, bleibt aber natürlich noch bestehen, wenn auch in beschränktem Umfang. Der Schwerpunkt der Auseinandersetzung verlagert sich zusehends auf die *non-verbale* Kommunikation (siehe F. Gommlich und A. Tieftrunk 1999, S. 166 ff.).

Dies birgt aber viele Probleme und Gefahrenmomente in sich, die zur Verstärkung der Einbahndynamik der Eskalation beitragen. Denn durch das Schwinden der verbalen Kommunikation zwischen den Parteien sind die Parteien beim Interpretieren des Verhaltens der Gegenseite auf eigene Deutungen angewiesen. Wenn auch die Kommunikation innerhalb der eigenen Partei intensiver wird, so sind die einzelnen Personen durch das schwindende Einfühlungsvermögen und durch das gegenseitige Sich-Abschliessen stets mehr darauf angewiesen, innerhalb der eigenen Reihen eine ausreichende Erklärung für das Verhalten des anderen zu finden. Damit entstehen ähnliche Bedingungen, wie sie in den sozialpsychologischen Experimenten von S. Siegel und L. Fouraker (1960), H. Crott, M. Kutschker und H. Lamm (1977) mit Verhandlungen ohne verbale bzw. mündliche Kommunikation gegeben waren. Unter solchen Bedingungen kam es in der Regel zu Verhandlungsergebnissen, die eine Seite krass benachteiligte, während bei mündlicher Kommunikation die Verhandlungspartner zumeist Rücksicht nahmen auf die gegenseitigen Interessen und Erwartungen.

Weiters wird die non-verbale Kommunikation vieldeutiger. Denn kommunikative Handlungen drücken gleichzeitig immer Denotation (Focus, spezielle Aussage) und Konnotation (Kontext, Einbinden der Aussage in einen weiteren Rahmen) aus. In der non-verbalen Kommunikation wird die Denotation betont (M. Argyle 1992). Deshalb kann man aus einem Handeln, das nur taktische Bedeutung hat (um hier und jetzt unter besonderen Bedingungen etwas Spezielles zu erreichen), nicht problemlos auf Absichten für die lange Frist schliessen. Dennoch müssen die Parteien – weil sie Sicherheit und Orientierung suchen! –, aus dem Hic-et-nunc-Verhalten ableiten, welche prinzipielle Absicht die Partei eigentlich verfolgt. Gleichzeitig liegt darin eine Quelle der grössten Fehleinschätzungen beschlossen, die wegen des weiteren Unterbleibens des Gespräches nur schwer korrigiert werden können. Denn die Gegenseite wird mit den Folgerungen aus ihrem Handeln wiederum nur über Gegenaktionen der anderen Partei informiert. Wegen der Beschränkung der non-verbalen Kommunikation tritt Fehlbewertung der Absichten des Gegners auf. Im übertragenen Sinne können wir davon sprechen, dass sich zwischen die Parteien ein Filter schiebt; es tritt eine weitere Radikalisierung auf, weil jede Partei dazu neigt, der Gegenpartei eher negative Absichten zu unterstellen als positive.

Untersuchungen zur non-verbalen Kommunikation haben die Wirkung dieser Mechanismen gezeigt. In der normalen Kommunikation stimmen der Inhalt unserer Aussage und der Ausdruck unserer Stimme, der Tonfall, Gesichtsausdruck, Körperhaltung und Gebärden zusammen. Auf diese Weise können wir relativ eindeutige Botschaften vermitteln. Nun kommen Bedeutungsverschiebungen zustande durch die unterschiedliche Ausdrucks- und Mitteilungsfähigkeit unseres Gesichtes, der Stimme, der Körperhaltung usw. A. Mehrabian (1972) hat experimentell gefunden, dass sich zwischenmenschliche Einstellungen (Sympathie, Freundschaft usw.) deutlicher im Gesichtsausdruck spiegeln als im Tonfall. P. Ekman und W. Friesen (1967) konnten feststellen, dass sich im Gesichtsausdruck zwar die besonderen Emotionen deutlich ausdrückten, dass die Intensität der Gefühle aber aus der Körperhaltung abgelesen wird. Bei späteren Untersuchungen konnten Ekman und Friesen (1969) konstatieren, dass der Ausdruck bestimmter Emotionen und Einstellungen im Gesicht leichter unter Kontrolle gebracht, d. h. verborgen werden kann. Vor allem negative Gefühle und Einstellungen «wandern» in Hände und Füsse als Ausdrucksmittel, weil diese offensichtlich weniger gut zu kontrollieren sind. So findet der Ausdruck negativer Gefühle dort seinen Ausweg und wird von der Gegenpartei doch registriert. A. Mehrabian (1972) konnte in seinen Forschungen feststellen, dass sich negative Gefühle eher im Körper als im Gesicht ausdrücken. Auch er sieht den Grund in der unterschiedlichen expressiven Beherrschbarkeit dieser Körperpartien.

Sobald die ganze Interaktion zwischen den Parteien negative Züge annimmt, vor allem wenn sich die Konfrontation nicht mehr übers Wort, sondern mittels der Tat abspielt, verlagert sich auch die Aufmerksamkit der Konfliktparteien von den verbalen Aussagen zu den non-verbalen Signalen, die als wahrhaftigerer Ausdruck der wirklichen Stimmungen und Absichten empfunden werden. Wenn zwischen der verbalen und der non-verbalen Aussage Diskrepanzen auftreten, dann orientieren sich die Parteien in erster Linie an den non-verbalen Signalen. D. Bugental, J. Kaswan und L. Love (1970) haben festgestellt, dass im Falle des gleichzeitigen Auftretens von negativen und positiven Signalen, z. B., wenn ein freundlicher Text unfreundlich gelesen wurde, die negativen Signale die grösste Glaubwürdigkeit hatten. Die Deutung war in solchen Fällen in der Regel negativ. M. Argyle (1975) fasst die wichtigsten Untersuchungsergebnisse mit der These zusammen, dass im Falle von *Bedeutungsdiskrepanzen* die Perzipierenden dazu neigen, die wahre Einstellung der Gegenpartei aus ihrem *non-verbalen* Ausdruck abzuleiten. Diese Befunde aus dem mikro-sozialen Bereich werden von H. Kahn (1965), M. Nicholson (1970) und M. Deutsch (1973) auch für den makro-sozialen Rahmen (Beziehungen zwischen Staaten) bestätigt. Wir können diese Sachverhalte so erklären, dass sich im Zuge der angespannten Beziehungen zwischen den Konfliktparteien die mehr pessimistische, d.h. negative Interpretation durchsetzt. Bei Diskrepanzen zwischen non-verbalen und verbalen Aussagen werden die verbalen Äusserungen eher in Zweifel gezogen. Die Parteien werden empfindlicher für das Wahrnehmen aller Abarten von negativen Einstellungen (A. Mehrabian 1972). Die Kommunikation ist auf die mehr physische Ausdrucksebene abgeglitten. Die Parteien haben gelernt, in der Kommunikation mit dem Gegner zwischen dem «Überton» und dem «Unterton» zu unterscheiden und vor allem auf den Unterton hinzuhören, weil sie meinen, dass sich unterschwellig darin die wahren Absichten offenbaren.

P. Watzlawick, J. Beavin und D. Jackson (1968) haben bei der Darstellung der Besonderheiten sogenannter «analoger» und «digitaler» Kommunikationsformen darauf hingewiesen, dass *non-verbale Kommunikation an einer wesentlichen Beschränkung leidet:* Mittels Gebärden, Körperhaltung usw. ist es beinahe unmöglich, bewusst auszudrücken, dass man eine bestimmte *spezifische* Handlung *nicht* auszuführen gedenke. Eine spezifische Handlung lässt sich nur andeuten, indem man zu ihrer Bewegung ansetzt. Jemanden nicht schlagen zu wollen lässt sich spezifisch nur dadurch ausdrücken, dass man zur Gebärde des Schlagens ansetzt und sie nur unvollkommen durchführt, beispielsweise indem man nahe vor dem Gesicht des Gegners die Bewegung abbricht. Damit ist aber diese Ausdrucksform einer Drohung, schlagen zu wollen, ähnlich. Non-verbales Verhalten tendiert dazu, bei der Gegenseite einen aggressiveren Eindruck zu wecken als es vom Handelnden zumeist beabsichtigt war, weil Negation einer Absicht mit non-verbalen Mitteln äusserst schwer ist. Dies erklärt, warum in dieser Phase der Eskalation überall die Gefahr lauert, dass eine starke Beschleunigung des Geschehens auftritt, weil man «auf Schlimmeres gefasst sein muss». Es ist paradox: Während es die Intention der Parteien ist, ihre Absichten durch Taten «unmissverständlich» zu bekunden, schleichen sich unbemerkt viele Fehlerquellen ein, die zu einer negativen Deutung des Geschehens führen. Damit treten deutlich «autistische Zirkelprozesse» zwischen den Parteien auf (D. Senghaas 1970; C. Cofer und M. Appley 1964); die im Sinne des «Richardson-Prozesses» die Eskalation weiter verstärken.

In dieser Phase kommt es zu verschiedenen Pattstellungen: Keine Partei kann einen Schritt vor oder zurück machen, weil sie Angst hat, dass dies missverstanden und gegen sie genutzt werden könnte. Die Versuchung ist jetzt gross, zu einer Verschiebung der Kräfteverhältnisse durch Ausweitung des sozialen Rahmens zu kommen.

Auf der dritten Eskalationsstufe tendiert das äusserlich wahrnehmbare soziale Niveau der Interaktion im Sinne der Transaktionsanalyse dazu, sich dem psychologischen Niveau anzugleichen. In der dritten Stufe herrscht somit die Tendenz vor, die beobachteten Diskrepanzen zwischen Wort und Tat sowie zwischen sozialem und psychologischem Niveau aufzulösen und zurückzuführen zu konsistenten, eindeutigen Einstellungen. Und diese wollen die Parteien dann festigen und zementieren. Es beginnen jetzt psycho-soziale Mechanismen zu wirken, die zu mehr oder weniger starken neurotischen Bindungen führen. Die Konfliktparteien sind danach in einer Weise aufeinander fixiert, dass sie nicht mehr realistisch sehen können, wie sie gegenseitig aufeinander einwirken.

Das Klima der Interaktion zwischen den Parteien zeichnet sich in der I. Hauptphase durch zunehmende Empfindlichkeit und Überempfindlichkeit, durch Reizbarkeit und ungezielte Ausbrüche aus. Wir können die Syndrome der Neurasthenie, die für Individuen ausreichend bekannt sind (G. Beard, 1878; K. Jaspers 1948; R. Treichler 1963), auch als Hauptmerkmale der Interaktion zwischen kollektiven Konfliktparteien erkennen. Ähnlich sieht auch D. Frei (1970) Eskalation als einen Prozess der sich «wechselseitig steigernden Nervosität». Die Parteien sind nicht mehr in der Lage, ihre Reaktionsweisen aus ihrer Identität heraus gut zu überblicken, wirkungsvoll zu steuern und zu kontrollieren. Sie betrachten sich für die Folgen ihres Handelns nicht mehr voll verantwortlich. Wir haben die Auswirkungen dieses Geschehens bereits in Kapitel 8.4 und 8.5 als «Anwachsen der dämonisierten Zone» beschrieben. Eine der wichtigsten Nebenwirkungen der Interventionen einer dritten Partei ist, aufs neue miteinander korrespondierende («komplementäre») Beziehungen herzustellen. Dies gehört im besonderen bei «Positionskämpfen» zu den Grundbedingungen für eine wirksame Konfliktbehandlung. Eine dritte Partei wird während der Orientierungsphase von den Konfliktparteien u. a. daraufhin beurteilt, ob sie durch ihre Anwesenheit die bestehende Disparität verstärken oder abschwächen wird.

Wir können die wichtigsten Merkmale der Konfliktdynamik auf der dritten Stufe demnach zusammenfassen:

- es herrschen gemischte Motive mit Überhang der Konkurrenzhaltung vor;
- das Streben, die eigene Entschlossenheit, Selbstsicherheit und Unverrückbarkeit deutlich zu beweisen, überwiegt;
- es kommt zu gegenseitigem Dominieren und Blockieren;
- nicht Worte, sondern Taten sprechen;
- im Handeln und im Wahrnehmen sind die non-verbalen Komponenten der Kommunikation ausschlaggebend, wobei die Art der Kommunikation negativen Interpretationen Vorschub leistet;
- Schwinden der Empathie in den Beziehungen zwischen den Parteien;
- die Vielschichtigkeit und Mehrdeutigkeit in der Interaktion der Parteien nehmen zu;
- innerhalb der Parteien wächst der Gruppenzusammenhalt mit starkem Meinungs-Konformitätsdruck.

Dies begünstigt die Beschleunigung des Geschehens, die «kognitive Komplexitätsreduktion» und eine eventuelle Ausweitung des sozialen Rahmens. Auch auf Stufe 3 wird debattiert und polemisiert – jedoch nicht, um den Gegner damit zu einer Änderung seines Standpunktes zu bewegen, sondern nur zur post-factum Rechtfertigung des Handelns.

Das Erleben der *Schwelle* zwischen zwei und drei ist die Angst vor diesen Intensivierungen. Denn wenn einmal die Taten sprechen, ist der «Weg zurück» schwieriger geworden. Die Situation ist komplexer geworden und für die Parteien weniger steuerbar. Mit Stufe drei entsteht ein Bruch zwischen den Parteien, der mit den bisher vorherrschenden Formen der Kommunikation nicht mehr geheilt werden kann; in der Folge entwickeln sie ein Eigenleben, das sie mehr und mehr voneinander scheidet, wenngleich die Parteien auch auf Stufe drei noch in dem Bewusstsein handeln, dass sie das Problem lösen können, wenn sie auch die Gegenpartei in den Lösungsprozess mit einbeziehen. Mit dem Überschreiten der Schwelle zur dritten Stufe lebt bei den Parteien die Angst auf, dass dieser gemeinsame Boden der Problemlösung verlorengehen könnte.

10.4 Stufe vier: Sorge um Image und Koalition

Einstellungen und Perzeptionen: Nach dem Überschreiten der Schwelle zur Stufe vier sind nicht mehr die gemischten (kompetitiven/kooperativen) Einstellungen bestimmend. Jede Partei strebt danach, ihre psychische Existenz zu sichern und sich vom Gegner nicht unterkriegen zu lassen. Damit ist die Ausei-nandersetzung in ein Stadium gelangt, das von den meisten Autoren als «der Prototyp des sozialen Konfliktes» überhaupt betrachtet wird: Es geht den Parteien um den eigenen Sieg bzw. die Niederlage des Gegners, «win-lose».

Die Einstellungen der Parteien werden in jeder Hinsicht rigoroser, starrer und aggressiver. Feindselige Haltungen sind auf allen Seiten deutlich erkennbar. Mit jedem Akt in der weiteren Auseinandersetzung werden sie gegenseitig verstärkt. Nach T. Newcomb (1947) entwickeln sich feindselige Impulse zu beharrlichen, autistisch feindseligen Einstellungen, wenn zwischen den Parteien beträchtliche Kommunikationsbarrieren auftreten, die einen offenen Prozess der Kommunikation hindern. Wenn überdies die Haltung des anderen als gefährlich erlebt wird, fördert dies das Erstarren zu einer autistisch feindseligen Einstellung.

Das Denken der Konfliktparteien bewegt sich nun in Dualitäten: schwarz oder weiss, dafür oder dagegen; Wahrheit oder Lüge. Schattierungen und Mischfarben sind verblichen. Die eigenen Standpunkte werden als Gegensatz zu denen der anderen Partei erlebt. Sie sind Antipoden; die Auffassungen und Absichten sehen sie als antithetisch, auch wenn objektiv betrachtet Gemeinsamkeiten überwiegen.

Was die Gegenpartei ist, was sie denkt, fühlt und will, wird als Negativform zum eigenen Sein gesehen. Dies alles verstärkt die aus der dritten Stufe bekannte beschränkte, starre rücksichtlose Haltung bis zum Fanatismus (W. Eckhardt 1965). Was sich denken lässt, soll man direkt und geradlinig in die Tat umsetzen und dabei auch vor Opfern nicht zurückscheuen (E. Hoffer 1965). Der Fanatiker tritt darum so kräftig auf, weil er sich auf einige wenige Gesichtspunkte beschränkt, diese aus ihrem Zusammenhang isoliert und dann alle Kraft auf das Verteidigen dieses Standpunktes konzentriert. Denken und Wollen werden «kurzgeschlossen». Das Gefühlsleben wirkt zwischen diesen beiden Polen kaum mehr als wägende Kraft.

Die Hauptsorge der Parteien gilt der Wahrung ihrer eigenen Reputation. Sie bemühen sich um ein gefestigtes Selbstbild. In den vorhergehenden Stufen der Eskalation haben sich die Parteien verschiedene Bilder der «typischen Verhaltensweisen» der Gegenpartei gemacht. Bisher beschränkten sich diese Bilder auf «Taktiken, Denkgewohnheiten, sozialen Habitus» usw. und wurden nicht über die Erfahrungssituationen hinaus verallgemeinert. *Auf der vierten Stufe kristallisieren verschiedene dieser Teilbilder, es werden die einzelnen Bilder zusammengefügt und zu allgemeinen Eigenschaften der Gegenpartei ausgedehnt; zugleich werden mehr Eigenschaften zu diesem Bild hinzugezogen und bilden ein «konsistentes» Konzept der Gegenpartei.* Es ist dies ein globalisierendes, pauschalisierendes Bild der Gegenpartei: Ein stereotypes Bild, das nicht mehr durch andere Erfahrung korrigiert werden kann, sondern fixiert ist (E. Davis 1964). Diesem Konzept der Gegenpartei steht das Selbst-Konzept gegenüber. Beide Konzepte erleichtern es, Angehörige der Gegenpartei eindeutig als Gegner identifizieren zu können; und umgekehrt erlaubt es einem selbst die Identifikation mit der eigenen Gruppe. Stereotypen versprechen eine leichtere Orientierung in der komplexer gewordenen Landschaft des Konfliktgeschehens. J. Brown (1957) beschreibt diesen Vorgang als «Stimulus-Generalisierung»: d.h., aufgrund bestimmter Ähnlichkeiten werden in der Folge die generellen Züge des Feindes auch auf die einzelnen Individuen übertragen, ohne dass man individuelle Unterschiede berücksichtigt. Das Denken in Stereotypen heisst Denken in *kollektiven* Eigenschaften. Das Individuum wird vorrangig als «Gattungswesen», als «Gruppenangehöriger», als Träger solcher Kollektivmerkmale gesehen (R. Bauer 1961).

Jede Partei überhöht ihr eigenes Selbstbild, indem sie sich selbst als klüger, anständiger, gewandter, erfahrener, realistischer usw. sieht als die Gegenseite. Alle möglichen schmeichelhaften Kapazitäten und Eigenschaften werden für sich beansprucht. Diese Züge des Selbstbildes werden als «Selbstglorifizierung» charakterisiert. Aber bei allem ist eines ganz wichtig: Das negative Feindbild umfasst in der Hauptsache die *Fähigkeiten und Kapazitäten*, die *Stärke und Effektivität* der Parteien, also auf die *persönliche, fachliche* und *soziale Kompetenz* des Gegners.

Sie erstreckt sich noch *nicht auf moralische Qualitäten* der fremden Partei, wenngleich die Stereotypen auch Urteile und Wertungen mit einschliessen. B. Bass und G. Dunteman (1963) führen verschiedene historische Beispiele aus der makro-sozialen Dimension an: Die eigene Potenz und die der Bundesgenossen wird erheblich überschätzt; die der Gegenpartei unterschätzt. Auch die Qualitäten der eigenen Führer werden weitaus positiver bewertet (R. und J. Likert 1976).

In scharfem Kontrast dazu steht das stereotype Bild von der Gegenpartei: Ihre Schwäche und Dummheit werden überprofiliert als Zerrbilder fixiert, die Blössen und verwundbaren Stellen der Gegenpartei werden erkannt und übertrieben dargestellt. Zwischen dem strahlenden Selbstbild und dem schmutzigen Fremdbild gibt es kaum Zwischentöne. Die Stereotypen sind stark polarisiert und soziale Antipoden.

Wie dies oben (Kap. 8.1) beschrieben ist, sind diese Selbstbilder und Feindbilder das Produkt von Projektionsvorgängen. Die grosse Kontrastwirkung erlaubt es den Parteien, mit der Abwertung des Gegners ein positives Selbstbild aufzubauen. Es ist kaum möglich zu sagen, ob das negative Feindbild eine Folgewirkung des positiven Selbstbildes ist oder umgekehrt; wir sehen hierin vielmehr einen Prozess des internen und externen Polarisierens und Projizierens, der gleichzeitig zu einem zweifachen Ergebnis führt, nämlich zum Selbstbild und zum Feindbild. Im Eskalationsgeschehen laden sich die polarisierten, antithetischen Stereotypen noch weiter auf und bewirken einen Spannungsstau, der sich in den Interaktionen kräftig entladen will. Die grosse Kontrastwirkung erlaubt es den Parteien, mit der Abwertung des Gegners sich gleichzeitig selbst aufzuwerten (E. Boesch 1964) und das eigene aggressive und destruktive Verhalten zu rechtfertigen (G. Allport 1954; A. Gladstone 1959; K. Aurin 1964 u. a.).

Auf der vierten Eskalationsstufe gilt die Aufmerksamkeit der Konfliktparteien der Wahrung ihres «guten Rufes». Sie haben sich ein Selbstbild gemacht und wollen, dass ihre Umgebung sie mit gleichen Augen sieht. Indessen ist auch die Gegenpartei bei denselben Menschen oder Gruppen bemüht, ihr Selbstbild dort bestätigt zu bekommen.

Solange eine Partei ein bestimmtes Selbstbild aufrechterhalten kann, kann sie sich selbst respektieren. Jede Partei bemüht sich, ihr Selbstkonzept, das stereotype Selbstbild, nicht revidieren zu müssen. Dennoch attackieren die Konfliktparteien das Selbstbild des Gegners, weil sie ihm ihr Feindbild entgegenstellen.

Mit dem Aufbauen und Fixieren der gegenseitigen Stereotypen haben sich die Beziehungen der Konfliktparteien stark verändert. Wann immer sie miteinander kommunizieren, stehen diese fixierten Bilder eigentlich zwischen ihnen. Sie decken auf die Dauer füreinander die wahren Wesenszüge zu. Jede Partei sieht von der Gegenseite nur noch, was mit ihren Vorstellungen von der anderen Partei

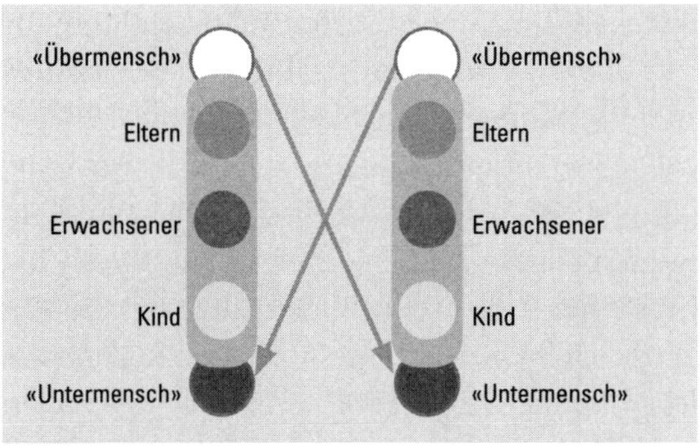

Fig. 10.7: Erweiterung der Ich-Positionen der Transaktionsanalyse

übereinstimmt. Diese Vorstellungen werden jedoch durch neue Erfahrungen nicht mehr korrigiert. Nur das wird in die Wahrnehmung aufgenommen, was zum stereotypen Bild passt (J. Kautsky 1965). Diese Bilder können wie «Gespenster» die Parteien verfolgen und gleichsam ihr eigenes Unwesen treiben.

Mit dem Konfliktgeschehen auf der vierten Stufe wird das Bild der drei Ich-Positionen im Sinne der Transaktionsanalyse nach oben und nach unten hin noch ausgebaut. Über die Position der «Eltern» wächst sozusagen noch die Position des absolut überhöhten Selbstbildes hinaus: Gleichsam der «Übermensch» des Selbstkonzeptes, der «Superman», der übermenschliche Fähigkeiten besitzt. In der Gegenpartei wird nicht mehr das abhängige, verletzbare, anlehnungsbedürftige und schwache Kind gesehen, sondern der «Untermensch», der die Personifikation der unansehnlichen Eigenschaften und Einstellungen ist. Auch diese Instanz bleibt immerhin noch innerhalb menschlicher Dimensionen, selbst wenn die absolute Inferiorität des Gegners im Feindbild manchmal sehr weit vorgeschritten ist. Im obigen Schema wird dies angedeutet (siehe Fig. 10.7).

Zwischen die Parteien stellen sich diese zusätzlichen Positionen. Keine der Parteien vermag sich jedoch mit dem Bild zu identifizieren, das ihr vom Gegner vorgehalten wird. Sie lehnt es ab, bekämpft es und drängt der Gegenseite ihr Feindbild auf. Die eine Partei sieht sich selbst zur Gänze gemäss den Zügen ihres Selbstbildes und nimmt von der Gegenpartei nur die Gesamtgestalt der schlechten Züge wahr. In dieser Phase müssen sich die Konfliktparteien bei Interviews ungemein anstrengen, um auf die Frage des Beraters nach einigen positiven Eigenschaften der Gegenpartei überhaupt etwas antworten zu können. Überdies haben wir konstatieren können, dass jetzt die Konfliktparteien dazu neigen, ihre Erfahrungen mit dem Gegner in der Philosophie zu generalisieren: «Menschen dieser Art sind kaum zu verändern! Sie sind nicht lernfähig!» Mit anderen Worten: Die Konfliktparteien haben es aufgegeben, ihren Gegner als entwicklungsfähig zu betrachten. Interventionen der Konfliktbehandlung stehen darum auf dieser Stufe vor der Aufgabe, den Unglauben in bezug auf die Entwicklungsfähigkeit der Gegenpartei in den Glauben an die eigenen Entwicklungsmöglichkeiten und die des Gegners umzubilden.

Interaktionen: Die stereotypen Bilder prägen die Beziehungen zwischen den Parteien. K. Boulding (1959, p. 120) fasst dies folgendermassen markant zusammen: «It is what we think the world is like, not what it is really like, that determines our behavior.» Mit diesen stereotypen Bildern drängen die Parteien einander in Rollen. Sie schaffen durch ihr gegenseitiges Verhalten Rollenzwänge, denen sie sich nur schwer entziehen können. Eine Partei provoziert die andere (unbewusst) zu einem Verhalten, mit dem sie das stereotype Bild ungewollt bestätigt. Zwischen den Parteien bilden sich Zirkelprozesse, die als «self-fulfilling prophecy» nur noch die vorgefassten Meinungen über den anderen bestätigen können. Die Parteien erleben auch, dass sie von der Gegenseite in bestimmten Rollen «gefangen» und festgehalten werden, so dass sie sich nicht mehr authentisch verhalten können. Die Gegenpartei schreibt ihnen mehr oder weniger vor, wie sie sich zu verhalten haben. Dadurch werden die eigenen Ausdrucks- und Entfaltungsmöglichkeiten beschnitten.

H.-E. Richter (1967) hat für heftige Familienkonflikte aufgezeigt, wie solche Rollenverhältnisse angebahnt, stabilisiert und zementiert werden. Versuche des Ausbrechens aus solchen Rollenarrangements werden direkt und indirekt von der Gegenpartei «bestraft».

Im besonderen wollen wir uns auf die Erkenntnisse von P. Watzlawick, J. Beavin und D. Jackson (1968) beziehen, weil sie die Mechanismen zu erklären versucht haben, welche die gegenseitigen Rollenzuteilungen stabilisieren. Die Parteien binden sich und die Gegenpartei an die korrespondierenden stereotypen Rollenbilder, in der Form des «double-bind». Jede Seite versteht sich nur als «reagierend» auf das Verhalten des Gegners, z. B. bei einem Ehekonflikt zwischen einer sehr primär reagierenden, dominierenden Frau und einem sehr sekundär reagierenden, introvertierten Ehemann: Im Interview erklärt die Frau, dass sie gewiss zum Dominieren neige, aber dass das apathische Verhalten ihres Mannes sie dazu zwinge. Ihr Verhalten ist nur *Reaktion* auf den Charakter des Mannes. Der Ehemann erklärt, dass er sich immer weiter in sich zurückgezogen habe, weil ihm seine Frau aufgrund ihres dominierenden Charakters keinerlei Chancen gebe, Initiativen zu ergreifen oder Entscheidungen zu treffen. Sein Verhalten sei nur eine *Reaktion* auf den Charakter der Frau. Beide sehen sich in der Rolle des Reagierenden und machen die Gegenpartei für dieses Verhalten verantwortlich. Gleichzeitig erlaubt ihnen dies, ihre Schwäche im Verhalten weiter zu kultivieren. Dazu wird einerseits das einseitige Verhalten der Gegenpartei provoziert, andererseits aber auch bekämpft. Der paradoxe Charakter ihrer Beziehungen ist charakteristisch.

Auf Stufe vier suchen die Konfliktparteien bereits gezielt nach Lücken in den bestehenden Normen, um der anderen Partei Unannehmlichkeiten zuzufügen. H. Kahn umschreibt dies für die Stufe, die mit unserer vierten in grossen Zügen korrespondiert, als «legale, aber unfreundliche Akte». In den internationalen Beziehungen ist dafür der Begriff der «Retorsionen» geprägt. – Durch die Irritationen des bisherigen Konfliktgeschehens geht es den Parteien allmählich nicht mehr darum, maximalen Nutzen aus der Auseinandersetzung zu gewinnen, sondern, wie S. Siegel und L. Fouraker (1960) sagen, das Unbehagen des Gegners zu maximieren. Dies geschieht durch «*Strafverhalten*».

Für das Strafverhalten ist ursprünglich ein Gleichheitsstreben bestimmend gewesen (siehe zur «Equity-Theorie» H. Crott, M. Kutschker und H. Lamm 1977), das jedoch zu einem Revanche-Streben geworden ist. Gleichheit wird hier zur Kompensation für vermeintliches Unrecht. Denn auch dann, wenn ein Verhalten unter Umständen gar nicht als Bestrafung gemeint war, tendieren die Parteien dazu, es so zu bewerten.

J. Klapprott (1977) hat die Wirkweise einer besonderen Form des Strafverhaltens untersucht, die er «dementierbares Strafverhalten» nennt. Eine Konfliktpartei verhält sich dann so, dass sie die Gegenpartei gemäss ihrem stereotypen Bild bewertet, anspricht und provoziert und ihr zugleich die Berechtigung nimmt, darauf feindselig zu reagieren. Ein Gefangener stolpert z. B. «aus Versehen» gerade vor dem verhassten Aufseher und schüttet das Essen auf dessen Uniform. Sogleich entschuldigt er sich betont höflich für dieses «Unglück», wobei die anderen Aufseher wie die Mitgefangenen am Ton merken, dass Entschuldigung und Höflichkeit eine ganz andere Bedeutung haben. Mittels ironischer, doppelbödiger Bemerkungen, die sich äusserlich jedoch oft penetrant genau an Vorschriften und andere Normen halten, wird hier ein Spiel mit den Diskrepanzen zwischen Inhalt und Form usw. getrieben. Man hat mit den Kommunikationswirkungen der dritten Stufe umzugehen gelernt. Klapprott spricht hier von «*dementierbarem* Strafverhalten», weil durch die Form keine Normübertretung konstatiert werden kann. Im Gegenteil: Würde der Aufseher darauf wütend reagieren, dann hätte er sich vor den Augen aller eine Blösse gegeben und sich selbst diskriminiert! Die Form des Verhaltens erlaubt es, eine negative Absicht zu leugnen und doch aggressive Gefühle auszuleben. Wer andere «dementierbar straft», kann sich der offiziellen Verantwortung dafür entziehen. Das Handeln kann dem Täter nicht zugerechnet werden, obschon der Effekt von ihm beabsichtigt war.

Auch die Formen des «dementierbaren Strafverhaltens» führen zu einem Spiel mit den verschiedenen Bedeutungsebenen der Kommunikation und damit zu Zirkelprozessen mit fixierten, paradoxen Beziehungen. Wenn der Gefängnisaufseher mit einem Wutausbruch reagiert, kann dies dem Gefangenen nur recht sein: Der

Aufseher hat damit vor Zeugen bewiesen, dass er unmenschlich ist. Er hat somit das stereotype Bild bestätigt.

Der Gefangene kann dagegen formelle Beschwerde erheben und so den Aufseher strafen. Klapprott führt dazu aus: «Für den Bestraften ist es gewöhnlich schwieriger, den Strafreiz als intentional, kontingent und aversiv nachzuweisen, obwohl er ihm meist gerade dadurch besonders aversiv erscheint, dass er beim Strafenden Absicht vermutet.» – Wir finden diese Verhaltensform besonders in kalten Konflikten wieder (Kap. 3.8.2). Sie sind Variationen des manipulativen Spiels mit gekreuzten oder Dreiecks- oder Paralleltransaktionen (D. Bennett 1976). Die Folge ist nur, dass der Aufseher im stillen nach einer Gelegenheit suchen wird, um es dem Gefangenen mit gleicher Münze zurückzuzahlen. Wenn Strafverhalten ins Spiel kommt, eskaliert der Konflikt schnell weiter. – Die doppelte Bindung der Konfliktparteien besteht unter anderem darin, dass beide einander bekämpfen und irritieren, dass sie einander aber benötigen, um diese Aversionen ausleben und abreagieren zu können (P. van de Griend 1975, in Anlehnung an P. Watzlawick, J. Beavin und D. Jackson 1968).

Während sich die Konfliktparteien gegenseitig in die beschriebenen Beziehungen manövrieren, bemühen sie sich gleichzeitig um Unterstützung durch Aussenstehende. Es beginnen gezielte Aktionen der «Image-Werbung». Die Konfliktparteien sprechen Nichtbeteiligte an, um von diesen ihr Selbstbild bestätigt zu bekommen. Verschiedene Auseinandersetzungen werden darum absichtlich in die Öffentlichkeit getragen, weil damit um Sympathisanten geworben werden kann. Publikumswirksamkeit wird geschätzt, weil sich im Publikum die potentiellen Verbündeten befinden können. Die Werbung um Bündnispartner kennt zwei Aspekte: zum einen geht es darum, auf andere das eigene Selbstbild zu übertragen, zum anderen soll auch das Feindbild auf die Umstehenden ausstrahlen. Das erste soll durch Anbiedern, durch Versprechungen oder Vortäuschen einer Schicksalsverbundenheit erreicht werden. Das zweite geschieht durch gezieltes Insinuieren, Denunzieren und Infiltrieren, wobei das Image des Gegners verdorben wird. Dies führt zu Gerüchte-Kampagnen und zu «Image-Spionage», d. h., eine Konfliktpartei testet an der Reaktion eines Aussenstehenden, welches Bild der Unbeteiligte von den Parteien hat.

In einem Beratungsinstitut unternahmen die Kernpersonen beinahe gleichzeitig Image-Feldzüge bei denjenigen Mitarbeitern, die sich bisher aus dem Streit herausgehalten hatten. Vorsichtig suchten sie abzutasten, ob die Neutralen nicht doch irgendeine Affinität mit der einen oder anderen Partei zu erkennen gaben. Mit Misstrauen wurde beobachtet, ob sich nicht Vertreter der anderen Parteien an die indifferenten Personen «heranpirschten».

Eine andere Form des Image-Kampfes zur Werbung um Unterstützung konnten wir unter Fachärzten in einem Krankenhaus beobachten. Bestimmte Streitfragen wurden einmal von der einen, dann von der anderen Partei zu solchen Zeitpunkten vor Dritten ausgetragen, in denen sich die provozierende Partei zwar legal verhielt, gleichzeitig aber die Gegenpartei in eine heikle Lage manövrierte. Diese war so arrangiert, dass sich die Gegenpartei durch ihre ungeschickte Reaktion öffentlich selbst als ungerecht abstempeln lassen musste.

Gezielte Aktionen der Koalitionswerbung sind typisch für die vierte Stufe, wobei wir verschiedene Bündnisformen näher unterscheiden müssen:

Symbiosen: Menschen oder Gruppen suchen Anlehnung an andere, weil sie sich von ihnen Kompensation für bestimmte Bedürfnisse erhoffen. Der Partner wird dabei, wie H.-E. Richter (1967) für die pathologische Familie aufzeigt, innerlich assimiliert. Es wird Konfluenz angestrebt. «Zusammen sind wir eine starke Persönlichkeit!» «Zusammen sind wir den Drohungen der Umwelt gewachsen!» Die Beziehungen zwischen den Partnern solcher symbiotischer Zusammenschlüsse werden von starken gegenseitigen Bindungen geprägt, welche die persönliche Selbständigkeit stark untergraben.

Koalitionen bilden sich, um durch einen längerfristigen Integrations- und Austauschprozess gemeinsame Ziele zu verfolgen. Die koalierenden Parteien erwarten sich vom Bündnis eine Nutzenmehrung für alle Partizipanten, ohne dass sie ihre Selbständigkeit aufzugeben brauchen.

Allianzen sind Zusammenschlüsse von Parteien, die sich gegen einen gemeinsamen akuten oder potentiellen Feind richten. Sie haben vor allem aggressive Zwecke. Ihr Bestehen rechtfertigt sich durch die Anwesenheit der gemeinsamen Drohung, des gemeinsamen Feindes. Darum fällt die Allianz auch auseinander, wenn der gemeinsame Antipode wegfällt. – Im Grunde erklärt sich die Krise verschiedener Gruppen von Bürgerinitiativen bzw. «social actions» aus ihrem Allianzcharakter: Der Hass gegen das bestehende System ist das Bindemittel, nicht ein gemeinsames Bild der angestrebten gesellschaftlichen Alternative. Bei den meisten revolutionären Bewegungen, die auf Massenunterstützung angewiesen sind, bildet die gemeinsame Antihaltung das hauptsächlichste Mittel der Solidarisierung, und sie zerfallen durch interne Machtkämpfe, sobald der gemeinsame Feind eliminiert ist.

Bei der vierten Stufe erkennen wir in erster Linie symbiotische Bündnisse.

Beeinflussungsmethoden: Mit dem Betreten der vierten Stufe drängen sich die Probleme der gegenseitigen Beziehungen stets mehr in den Vordergrund und rücken die Sachfragen in den Hintergrund. Darum konzentrieren sich die Parteien auf die Beeinflussung des Gegners, d. h. auf seine Identität, seine Verhaltensweisen im allgemeinen, auf seine Position und die Beziehungen zu Aussenstehenden.

Beeinflussung in den Sachfragen wird somit durch Druck auf die Partei selbst angestrebt und man erhofft sich Folgewirkungen auf die sachliche Auseinandersetzung. Die Einflüsse auf die Natur der Interaktion werden so zur Beeinflussungsmethode überhaupt. Weil die Glaubwürdigkeit der Quelle die Glaubwürdigkeit eines Argumentes bestimmt, richten sich die Angriffe auf die Quelle, d.h. die Glaubwürdigkeit der Gegenspieler.

Bei den Beeinflussungsaktionen gebrauchen die Parteien die unterschiedlichen Ausdrucks- und Bedeutungsebenen der Kommunikation, wodurch die Mehrdeutigkeit der Situation geschwind zunimmt. E. Goffman (1955) umschreibt dies als «unofficial communication», bzw. als «hinted communication», mit deren Hilfe die Parteien einander bestimmte Warnungen zukommen lassen, die jedoch so «verpackt» sind, dass sie vom Empfänger verstanden werden können und ihm doch erlauben, sein Gesicht zu wahren. – Ironisieren, Insinuieren, versteckte und offene Anspielungen, denunzierte Aggressionen usw. sind Verhaltensformen, die aus einem Spiel mit den Deutungsebenen der Kommunikation, mit «Überton» und «Unterton», mit Täuschungen und Fallenstellen dazu dienen, die Gegenseite in ihren eigenen Widersprüchen zu fangen und in ihren eigenen Unzulänglichkeiten «auflaufen» zu lassen.

Doch lässt sich bei den Parteien gerade auf dieser Eskalationsstufe ein starkes Bewusstsein der Schwelle zur fünften Stufe beobachten. Sie wissen intuitiv, dass sie nicht mutwillig einen «Gesichtsverlust» des Gegners provozieren dürfen. E. Goffman (1955) weist darauf hin, dass die meisten Kulturen ausgeprägte Verhaltensrituale für den Fall kennen, dass versehentlich das Gesicht einer Person (oder Gruppe) angegriffen wird: Personen ziehen sich z. B. zurück, wenn sie merken, dass ihre Integrität, ihr Selbstkonzept grundsätzlich in Zweifel gestellt wird; oder es kommt zu vehementen Ablenkungsmanövern, indem quasi scherzend reagiert wird. Wenn sich aber durch das Verhalten einer Partei unglücklicherweise ein Gesichtsangriff nicht mehr ignorieren oder vertuschen lässt, dann gibt es zunächst eine Reihe von Korrekturritualen, zu denen der Gesichtsangreifer mehr oder weniger gezwungen werden kann. Da es sich beim «Gesicht» um den «heiligsten Besitz» handelt, dauern solche Korrekturrituale in der Regel länger und bestehen aus mehreren «moves», um nachdrücklich das verletzte Gleichgewicht wieder herzustellen.

Wenn mutwillig, gezielt und wiederholt – vor allem aber in der Öffentlichkeit! – jemands Ehre verletzt wird, so dass er sein Gesicht verliert, dann befindet sich der Konflikt auf der fünften Stufe. Ein völlig anderes Klima herrscht dann vor.

Mit der vierten Eskalationsstufe ändert sich die *Perzeption der gesamten Konfliktsituation* grundlegend. Nun steht nicht mehr das Problem aus der sachbezogenen Sphäre im Mittelpunkt ihrer Aufmerksamkeit, sondern das Problem mit dem anderen Akteur: Der Konflikt steht nach Ansicht der Konfliktparteien hauptsächlich unter dem Einfluss der Eigenschaften der Gegenpartei und ihrer Entscheidungen und Handlungen. Indem man mit der Gegenpartei fertig werden kann, verspricht man sich, indirekt das ursprüngliche Problem lösen zu können. Dadurch verlagern sich die Bemühungen nun auf die Auseinandersetzung mit der Natur des Gegners, während die sachbezogenen Problemlösungsbemühungen ganz deutlich in den Hintergrund rücken. Gleichzeitig erleben in dieser Phase die Parteien ihre Unfähigkeit, mit den Differenzen zu Rande zu kommen. Die anfänglichen Spannungen und das gegenseitig verursachte Unbehagen wurden erst noch mit den strittigen Sachfragen in Beziehung gebracht. Alle jetzt unternommenen Aktionen sind jedoch ungeeignet, diese Probleme zu lösen, weil die Spannungen trotz aller Aktionen noch weiter ansteigen. Nur um ihrem gestauten Unmut Luft zu machen, um sich abzureagieren und zeitweilig ein Gefühl der Erleichterung zu bekommen, schlagen die Konfliktparteien direkt aufeinander los. Dadurch kann für kurze Zeit das Erlebnis der Ohnmacht und des Eingeengt-Seins überwunden werden; aber durch die ungewollten Folgewirkungen dieses Kurzschlusshandelns steigern die Parteien gegenseitig nur das Unbehagen. Dies löst eine neuerliche Kurzschlusshandlung aus, die zwar im direkten Erleben Erleichterung bringt, mittelfristig jedoch die Spannung wiederum erhöht. Hierdurch wird jeweils ein neuer Zyklus der gegenseitigen Provokation eingeleitet, der nur zur weiteren Akkumulation der Konflikte beiträgt. Diese Form des «sozialen Lernens» führt nach P. Lang (1977) und N. Birbaumer (1977) zu den *paradoxen Verhaltensweisen* der «Fehlanpassung», die nur bewirken, dass man sich dem Problem mit Quasi-Lösungen nähert. Dieses Verhalten fixiert sich, ohne dass sich die Akteure der fatalen Wirkung dieses Fehlverhaltens bewusst sind. Die Quasi-Problemlösung verspricht – wenigstens unmittelbar und kurzfristig – dieselbe Erleichterung wie die wirkliche Problemlösung, verschleiert aber das Illusionäre ihrer Wirkung. Ein Aussenstehender, der nicht in diesem Teufelskreis gefangen ist, erkennt besser, dass dieses Verhalten den Konflikt eher intensiviert und kultiviert, statt ihn zu lösen. Jetzt liegt der «Konflikt über die Konfliktlösung» vor, denn die Konfliktparteien sind davon überzeugt, dass die Gegenpartei durch ihr beschränktes und starres Denken und durch ihr Verhalten einer Problemlösung im Wege steht. Die Parteien erleben in dieser Phase die gegenseitige Abhängigkeit sehr stark und widersetzen sich dieser Abhängigkeit zutiefst! Dadurch wird aber der Konflikt immer mehr von Fragen der Macht geprägt. Schliesslich tritt mit dem Anwenden von Drohstrategien (Stufe 6) geradezu eine Macht-Besessenheit auf. Mit der Verlagerung der Streitpunkte (Stufe 5) auf Fragen der Legalität und Legitimität kündigt sich die Auseinandersetzung um die Instrumente der Macht an. Denn das Recht-haben-Wollen dient im Grunde dazu, der Gegenseite den eigenen Willen auferlegen zu können, mit Hilfe legaler Mittel.

Die Hauptmerkmale der vierten Eskalationsstufe lassen sich demnach mit den folgenden Punkten kurz zusammenfassen:

- die Parteien stellen einander noch stets vor vollendete Tatsachen,
- die Einstellungen der Parteien bekommen «Win-lose»-Charakter,
- autistische Feindseligkeit kommt auf und festigt sich, es wird fanatisch gehandelt,
- es wird in Dualitäten gedacht, das Gefühlsleben ist polarisiert,
- bei den Parteien setzen sich stereotype Selbstbilder und Feindbilder fest, die im Hinblick auf Kompetenzen und Verhaltensstile als Antipoden erlebt werden,
- das Selbstbild nimmt Züge des «Übermenschen» und das Feindbild solche des «Untermenschen» an,
- die Transaktionen sind in der Regel «gekreuzt»,
- wobei die Parteien einander in Rollen drängen und dort zu fixieren suchen;
- zwischen den Parteien bestehen doppelte Bindungen,
- es kommt zu Provokationen und Strafverhalten, im besonderen in der Form des «dementierbaren Strafverhaltens»,
- mittels Image-Werbungen werden Anhänger angezogen, indifferente Personen werden zur Entscheidung für die eine oder andere Partei gepresst,
- es bilden sich symbiotische Bündnisse, Koalitionen, Allianzen
- die Beeinflussungsmethoden richten sich primär auf die Akteure.

Die soziale Arena weitet sich sprunghaft aus, die Komplexität der Issues und ihre kausale Verflechtung nehmen stark zu.

10.5 Stufe fünf: Gesichtsverlust

Perzeptionen: Wir haben bei Stufe vier erwähnt, dass die Konfliktparteien manchmal «Gesichtsangriffe» gegeneinander versucht haben, um einander in solche Situationen zu manövrieren, worin sie sich vor den Augen der Öffentlichkeit selbst entlarven und somit ihr Gesicht verlieren sollten. Danach konnte diese «Selbstentlarvung» von der anderen Partei dazu gebraucht werden, auch der sozialen Umgebung den Nachweis der Verwerflichkeit des Gegners zu erbringen und den Gegner öffentlich zu diskriminieren, weil ihm Lüge, Betrug, Verrat, Manipulation usw. angelastet wird: Dies ist «Gesichtsangriff» und Gesichtsverlust.

Der «Gesichtsverlust» ist ein eingreifendes und dramatisches Geschehen. Er führt bei den Konfliktparteien zu einem «Aha-Erlebnis», in dem schlagartig das Gefühl auftritt, dass man die andere Partei gänzlich durchschaue. Man meint, den Gegner entlarvt zu haben und ihn nun in seinem wahren Wesen zu erkennen. Wenn jemand in unseren Augen sein Gesicht verloren hat, dann müssen wir sein Identitätsbild grundlegend revidieren. Damit ist die ganze Persönlichkeit der anderen Partei in Frage gestellt. E. Goffman (1955) formuliert in seiner Studie zu diesem Vorgang, dass das «Gesicht» den sozialen Wert darstellt, den eine Person (oder Gruppe bzw. grösserer sozialer Organismus) beansprucht. Man ist deshalb bemüht, sich selbst konsistent zu verhalten und darin vom anderen bestätigt zu werden (siehe dazu auch D. Holmes 1971). Ein «Gesicht zu haben» bzw. es zu wahren, bedeutet, dass man sozialen und moralischen Respekt für sich beanspruchen kann. Wie Goffman betont, ist das «Gesicht» ein «soziales Darlehen»: es wird einem so lange gelassen, als man sich seiner würdig erweist. – Darum hängt man in seinem Ruf von der sozialen Umgebung ab.

H. Garfinkel (1974) hat die Vorgänge und tieferen Hintergründe des Gesichtsverlustes analysiert. Er beschreibt ihn als Vernichtung der Identität, wobei wir ergänzen, dass dies sowohl für Einzelpersonen, eine Gruppe oder eine grössere soziale Institution gelten kann (siehe Glasl und Lievegoed 2004). Es werden durch den Gesichtsverlust nicht bloss einige neue Attribute dem alten Kern des Identitätsbildes hinzugefügt, sondern es entsteht ein grundlegend anderes Identitätsbild. Die «frühere Identität erhält bestenfalls den Stellenwert des Scheins», schreibt dazu Garfinkel (p. 79). Man wird zu einer *anderen Person schlechthin.* Die Masken fallen gleichsam ab, und die Parteien empfinden, dass sie eine Täuschung über Bord werfen; sie werden «enttäuscht». Es ist für die Konfliktbehandlung besonders wichtig, den wirklichen Gesichtsverlust in dem hier definierten Sinn von einem «Gesichtsverlust» in der Umgangssprache zu unterscheiden. Es handelt sich nicht um einen Gesichtsverlust, wenn z. B. eine Bank generell die Direktorentitel streicht und teure Dienstautos durch billigere ersetzt usw., sodass sich jemand nicht mehr «Filialdirektor» sondern nur noch «Leiter der Filiale X» nennen darf. Dies ist zwar eine Status- und Prestigeminderung, aber die moralische Glaubwürdigkeit und Integrität sind dadurch nicht geschmälert.

Harald Garfinkel weist auf den *rückwirkenden Effekt* des Gesichtsverlustes hin. Nach der Demaskierung erscheint die ganze Person des Gegners in einem neuen Licht, auch die Vergangenheit. – Bei Konflikten der fünften Eskalationsstufe haben wir sehr oft beobachtet, dass sich nach diesem dramatischen Moment die Parteien an Geschehnisse erinnerten, die viele Jahre zurück lagen. Mit dem Gesichtsverlust bilden sich die Parteien voneinander ein neues Deutungskonzept. Dabei erleben die Parteien, wie das frühere Verhalten im Lichte des neuen Deutungsrahmens «plötzlich völlig verständlich und logisch konsistent» erscheint. Dies bestärkt sie in dem Gefühl, dass die Gegenseite immer schon eine unehrliche Strategie verfolgt habe und sie bisher nur wirksam verbergen konnte. Die Parteien beschreiben diesen Erkennungsmoment übereinstimmend so: «Plötzlich fielen mir die Schuppen von den Augen! Es war, als ob ein Schleier vor meinen Augen verbrannte und das wahre Wesen des anderen enthüllte. Sofort begriff ich, dass auch die Aktion des Gegners vor einem Jahr darauf angelegt war, uns zu manipulieren. Selbst während der mühsamen Besprechung, die wir vor zwei Jahren miteinander führten, hatte die andere Partei offensichtlich denselben Kurs verfolgt, den ich erst jetzt durchschauen konnte!» – Mit diesen Erfahrungen stimmen auch die Befunde von A. Gladstone (1959), R. Bauer (1961), E. McNeil (1965) u. a. überein, die anführen, dass nach solchen Erlebnissen das ganze Verhalten des Gegners als besonders schlüssig und rational gesehen wird, weil die bisherigen Erfahrungen dem *neuen* Deutungskonzept angepasst werden. Mit dem Erleben der Stufe fünf werden die Diskrepanzen und Doppelbödigkeiten der dritten Stufe im nachhinein wieder «eindeutig», weil sie nach dem neuen Deutungskonzept geordnet werden. Diese Mechanismen lassen mit der fünften Stufe eine verschwörungstheoretische «Mythenbildung» von der grundsätzlichen Immoralität des Gegners aufkommen, die immer wieder zu schlüssigen Theorien über Komplotte der Gegenpartei führt. Diesen Mythen stehen die Legenden von der eigenen Arglosigkeit gegenüber. Die Konfliktparteien erkennen in der Regel nicht, dass durch diesen rückwirkenden Effekt ihre Erinnerungen so sehr gefiltert werden, bis sie mit dem neuen Erklärungskonzept übereinstimmen. Damit werden auch positive Erinnerungen völlig überlagert. Die besonders negativen Bilder setzen sich nunmehr hartnäckig fest.

Selbstbild und Fremdbild der Parteien haben sich also auf Stufe fünf grundlegend geändert. Um dies richtig zu verstehen, muss das Deutungsmodell der Transaktionsanalyse, das wir zum Verständnis des Geschehens auf der vierten Stufe bereits mit den Positionen des «Übermenschen» und «Untermenschen» ausgeweitet haben, nach beiden Richtungen noch wesentlich erweitert werden. Die Konfliktparteien erleben jetzt den Gegensatz nicht bloss als den von Superiorität und Inferiorität usw., sondern als den von «Himmel und Hölle», von *«Engel und Teufel.»* Diese Positionen, mit denen die Parteien sich selbst oder die Gegenseite identifizieren, übersteigen die gebräuchlichen moralischen Dimensionen.

In Kapitel 2.2 haben wir das Menschenbild erörtert, das unseren Konflikttheorien zugrunde liegt. Neben der Dreiheit von Leib-Seele-Geist haben wir auf den dreifältigen Geistkern hingewiesen, der aus dem Höheren Selbst, dem Alltäglichen Ich und dem Doppelgänger (der Schattenpersönlichkeit) des Menschen besteht.

Mit der Stufe 5 der Eskalation erweitert sich das Selbstbild über das normal menschliche Mass hinaus, bis eine (wahnhafte) Identifikation mit der eigenen «Lichtpersönlichkeit», dem eigenen Höheren Selbst, eintritt. Die Konfliktpartei sieht sich dann nur noch als «Kind des Lichtes», als «Kämpfer des Guten an sich», quasi als Engelwesen. Das Feindbild bewegt sich in die sub-humane Region: d. h., der Doppelgänger nimmt dann animalisch-bestialische und dämonische Züge an (siehe dazu auch A. M. Rocheblave-Spenlé 1973). Die «Verteufelung der Konfliktparteien» ist somit einerseits das Ergebnis von Projektionsvorgängen, andererseits bieten den Parteien die sichtbar gewordenen Aspekte des Doppelgängers der Gegenpartei die nötigen Projektionsflächen, auf die sie ihre eigenen, von sich abgelehnten Doppelgängerzüge projizieren.

Wie bereits auf der vierten Stufe, versuchen auch jetzt die Parteien, einander die Feindbilder aufzudrängen und ein Verhalten ihres Gegners zu provozieren, das dieses Schattenbild nur noch bestätigen kann. Und die Konfliktparteien halten einander in unheilvollen neurotischen Bindungen fest, gerade wenn sie einander bekämpfen. Das eigene wahnhafte Ideal-Selbstbild bedarf des Teufels im Gegner, um sich selbst als rein und lichtvoll erleben zu können: Je mehr der Gegner angeschwärzt wird, desto strahlender erhebt sich das Bild der eigenen Person oder Gruppe über den Feind. Das Fatale an dieser Wendung im Konfliktprozess ist jedoch, dass Wahnbild und Wirklichkeitsbild völlig ineinander verschmelzen. Je mehr sich eine Partei in den vorhergehenden Konfliktstufen hat gehen lassen und je weniger sie aus ihrer Moralität heraus dem Konflikt gegengesteuert hat, desto mehr ist ihr Verhalten tatsächlich vom Doppelgänger bestimmt. Die Konfliktparteien sind daraufhin nicht mehr imstande, voneinander alle widerstreitenden Aspekte in der Persönlichkeit des Gegners zu sehen; das Doppelgängerbild wird zum alleinigen Bild der Gegenseite. Damit verschärft sich der Konflikt weiterhin. Er wird totalisiert. Es geht nun nicht mehr um einige störende und irritierende Verhaltensweisen des Gegners, sondern um die moralische Qualität der betroffenen Parteien schlechthin. Die Totalisierung des Konflikts spricht sich darin aus, dass das Weltbild der Parteien, ihre Ideen und Ideale, ihre Werte und ihr ganzes Sein in den Konflikt eingeflossen sind und dessen Energie vergrössern. Von der fünften Eskalationsstufe an kann von einer umfassenden Ideologisierung des Konfliktes gesprochen werden (siehe u.a. E. Jones 1960; O. Holsti 1963; R.K. White 1965 1966 1977; usw.). Durch diese Ideologisierung erscheint der Konflikt von nun an als eine Sache heiliger Werte. Er wird zum «Religionskrieg», der aus Pflichtgefühl geführt wird. Der schleppende Bürgerkrieg in Nordirland ist dafür ein deutliches Beispiel: Der eigentliche Konflikt ist der Befreiungskampf der von den Engländern (Protestanten) kolonisierten Iren (Katholiken); nur dem äusseren Schein nach ist es ein Religionsstreit (F. Glasl 1978). Die Verteufelung der Parteien ist so weit gegangen, dass die Katholiken die protestantische Gegenpartei immer noch als Ketzer sehen, die ewig in die Hölle verdammt werden, und dass die Protestanten die Katholiken als Parteigänger des leibhaftigen Antichrist sehen (D. Barrit und Ch. Carter 1972). Der bestehende Konflikt wird darum als Kreuzzug dargestellt. Die eigene Partei identifiziert sich mit den Streitern Gottes, während die Gegenpartei mit Parteigängern des Teufels identifiziert wird.

Einstellungen: Zwischen den Konfliktparteien ist ein grundlegender Vertrauensbruch aufgetreten. Die Parteien erwarten in erster Linie voneinander Negatives. *Ein* Vorfall genügt ihnen als Beweis für die Richtigkeit ihrer *negativen* Erwartungen, während sie *mehrfacher* Beweise bedürfen, um sich zu einer *positiven* Interpretation des Verhaltens des Gegners umstimmen zu lassen. Die gegenseitige Kreditwürdigkeit ist verspielt. Keine der Parteien will der Gegenseite einen Vertrauensvorschuss gewähren, weil sie zunächst fürchtet, dass dieser missbraucht werden könnte. Hingegen erwarten oder fordern die Parteien gegenseitig, dass ihr Gegenüber den ersten Schritt zum Durchbrechen der bestehenden Stagnation bzw. Pattstellung unternehme. Jede Partei geht für sich davon aus, dass sie selbst genügend bewiesen habe, wie kooperationswillig sie in der Vergangenheit gewesen sei. Nun müsse ihrer Meinung nach die andere Seite überzeugend zu erkennen geben, dass sie Vertrauen schenken wolle. Zwischen den Parteien bestehen solche gegenseitigen Blockaden, die überdies noch durch Konditionen «verriegelt» sind, weil jede Partei ihr Vertrauen «auf Probe» erst schenken will, nachdem die Gegenseite in einer eindeutigen Gebärde des Vertrauens eine Hand ausgestreckt hat.

P. Watzlawick, J. Beavin und D. Jackson (1968) haben diese Haltungen näher untersucht. Jede Partei macht ihr Vertrauen von der Gegenseite abhängig und erwartet von ihr den ersten Schritt, um sich selbst keiner weiteren Frustration auszusetzen. Solange jeder dies vom Gegner erwartet, bleiben die Barrieren aufrecht. Gleichzeitig wird der *Gegenseite* die Schuld am Stagnieren gegeben, weil *sie* nicht den ersten Schritt mache!

Diese Vorgänge stärken den Teufelskreis der Projektion und Selbstfrustration. Die Parteien nehmen nur wahr, dass ihre Absichten von der Gegenseite frustriert werden. R. Abelson (1963) spricht in diesem Zusammenhang in Anlehnung an D. Riesman vom «Vergiftungseffekt», weil «jede Krise, ähnlich dem Fall-out, kumulativ Gift produziert, das eine lange Halbwertzeit besitzt...» Die Vergiftungswirkung kann länger andauern, auch wenn die Haltung der einen oder anderen Partei bereits wieder verändert ist. So verstärkt sich das gegenseitige Misstrauen gleichfalls in einem autistischen Zirkelprozess.

Mit dem «Aha-Erlebnis» der Demaskierung kommt bei den Parteien ein tiefes Gefühl des Ekels und der Abscheu auf. H. Garfinkel (1974) verweist auf viele Kulturen, in denen sich dieses Ekelgefühl im Ausspeien, im Beschmutzen und Besudeln des Gegners äussert. Er wird damit öffentlich als unrein und unwert gebrandmarkt. Die ist zugleich eine symbolhafte Selbstreinigung. Man macht sich vom Gegner los, mit dem man vielleicht jahrelang Gemeinschaft gehabt hat. Dies geschieht aus dem Empfinden heraus, vom Gegner jahrelang hintergangen und missbraucht worden zu sein. Nun kann man sich erlauben, negativen Gefühlen nachzugehen, die bisher «hinuntergeschluckt» werden mussten. Der Ekel entspringt dann der Selbstablehnung, weil man sich durch die Gemeinschaft mit dem «Verwerflichen» selbst beschmutzt habe.

In unserer Beratungsarbeit haben wir gelernt, auf diese Gefühle tiefempfundenen körperlichen Unbehagens bei der leiblichen Anwesenheit des Gegners oder beim blossen Gedanken an ihn zu achten. Die Parteien lehnten es aus innerer Abscheu heraus ab, mit der Gegenpartei gemeinsam eine Mahlzeit einzunehmen, solange der Gesichtsverlust nicht aufgearbeitet war.

Die Konfliktparteien sind bereit, zum Wiedergewinnen ihres Gesichtes grosse «Opfer» zu bringen, nur um sich wieder soziale Achtung und Anerkennung zu verschaffen (B. Brown 1968; D. Holmes 1971; D. Johnson und W. Tullar 1972). Das Streben nach sozialer Rehabilitation wird oft ein Anliegen erster Ordnung und weckt den Anschein einer «Rehabilitations-Besessenheit». Andere Personen, die weniger intensiv in den Konflikt einbezogen sind, stehen dieser Fixiertheit im Grunde verständnislos gegenüber.

Die psycho-soziale Lage der Konfliktparteien können wir am besten mit dem Bild der *«Echo-Höhle»* charakterisieren: Die Parteien haben einander demaskiert und verworfen, d. h. psychisch «verbannt». Die direkten Kontakte zwischen ihnen sind abgeschnitten. Jede Partei hört gleichsam nur noch ihre eigenen Klagen, weil die eigenen Anhänger die Urteile über sich selbst und über die Gegenpartei wie ein Echo verstärken. Aus den eigenen Reihen tönt zurück, was jeder als «Bestätigung von aussen» zu hören wünscht. Dies bewirkt, dass sich die verschiedenen Perzeptionen und Einstellungen noch weiterhin festigen. Wegen des dramatischen Gesichtsverlustes wenden sich auch die bisherigen Sympathisanten von den Hauptakteuren ab, so dass diese mehr gemieden werden und ihr eigenes Urteil weniger an objektiv Aussenstehenden prüfen können. Je länger diese Phase andauert, desto schwieriger wird es, die Parteien wiederum aus den autistischen Zirkelprozessen der «Echo-Höhle» zu befreien.

Der Konflikt wird von dieser Stufe an – wenn nicht schon früher – ein Konflikt um Werte. Mit der Vorgeschichte des Konfliktes in den vorhergehenden Eskalationsstufen kommt es jetzt zu einer direkten und harten Konfrontation der unterschiedlichen Wertauffassungen, weil Wertgefühle die Identität der Konfliktpartei berühren. Durch die Perzeptionsverzerrungen erscheinen den Parteien die Auffassungsunterschiede zumeist grösser, als sie bei einem emotionslosen Vergleich erkennbar werden könnten. R. Mack und R. Snyder (1957) betonen für Wert- oder Ideologiekonflikte, dass sie Kompromisse als Lösung eigentlich ausschliessen. Sobald sich zu dem bestehenden Interessengegensatz auch noch einer der Wertauffassungen gesellt, scheint ein Vergleich durch gegenseitiges Geben und Nehmen ausgeschlossen zu sein (V. Aubert 1972). Aubert spricht davon, dass der Gegensatz, der von den Parteien als Wertedissens erlebt wird, tiefer verwurzelt ist. Th. Schelling (1972) legt dar, wie die Parteien Barrieren aufbauen, wenn sie ihre Erwartungen als heilige Werte absolut stellen. Durch die Rigidität («Mit der Wahrheit kann kein Kuhhandel gemacht werden») wird die bestehende Konfrontationstendenz verstärkt.

Interaktionen und Beeinflussungsmethoden: Neben den bereits erwähnten Aktionen des Gesichtsangriffes und der Rehabilitationsbestrebungen treten noch weitere Interaktionsformen auf.

Eine oder mehrere Parteien haben mit dem Eintritt in die fünfte Stufe ihr Gesicht verloren. Nun wird in aller Öffentlichkeit das Gesicht des Gegners angegriffen. Die Parteien beobachten einander dabei, um dies zu vereiteln. Vor allem dient jeder Partei der aufgedeckte Versuch eines solchen Angriffs als Beweis für die Immoralität des Gegners. Diese «Enthüllungen» werden daraufhin publikumswirksam ausgeschlachtet. Die von P. Reckman (1971, p. 96 ff.) propagierte Aktion, die er «Image-Beschädigung» und «Kosmo-Striptease» nennt, zielt darauf ab, den Feind sich selbst «entblössen zu lassen». Dazu muss der Feind bis zur besinnungslosen Raserei gebracht werden, weil er dann «völlig nackt vor der Gemeinschaft» steht und sein «wahres Gesicht zeigt». Ähnlich fasst J. Galtung (1972) die von der ausserparlamentarischen Opposition praktizierten «Konfrontationstaktiken» zusammen: «Wenn die Unterdrückten von den Machthabern überwältigt werden, wird das wahre Wesen der repressiven Struktur für jedermann entlarvt... Die herrschenden Gruppen müssen in der Konfrontation früher oder später zum übersteigerten Gebrauch der Macht gereizt werden, was zu ihrer Demoralisierung führt» (p. 11). Gewaltfreie («non-violent») verzichten gerade bewusst auf solche Entlarvungstaktiken, weil sie ihrer Natur nach erst den Feind zu einem unkontrollierten, irrationalen Verhalten reizen, um ihm hinterher das wutverzerrte Gesicht als Wesensmerkmal zu spiegeln (Th. Ebert 1972 b; F. Glasl 1973). Wir meinen, dass die Unerbittlichkeit radikaler und terroristischer Gruppen ohne die Kenntnis dieser wirkenden Mechanismen unverständlich bleiben muss.

Wenn eine Partei nach einem Gesichtsverlust versucht, auch die Gegenseite zu entlarven, dann will sie damit zeigen, dass eigentlich der Gegner die wenig integere Partei ist. In solchen Situationen kann ein sektiererischer Eifer beobachtet werden, anderen Personen oder Gruppen das Feindbild aufdrängen zu wollen und somit die Glaubwürdigkeit des Gegners zu untergraben. Der Gegner wird mit «sektiererischer Besessenheit» angegriffen, weil es eine «heilige Verpflichtung» geworden ist, ihn zu bekämpfen. Darum charakterisiert W. Daim (1962) diese Haltung sehr genau, indem er schreibt: «Es ist das Böse schlechthin, dessen Existenz vernichtet werden muss, auf dass die Welt wiederum jenen geschlossenen Charakter anzunehmen vermag, den sie durch den Feind verlor.» Sobald es nach Meinung der Parteien um ihre Grundwerte geht, ist ihr ganzes Weltbild und Selbstbild in den

Konflikt einbezogen. Deshalb stellt sich der Konflikt spätestens jetzt in aller Heftigkeit als ein Kampf um die heiligsten Güter der Welt vor den Augen der Welt dar; nachgeben scheint darum zu einer Preisgabe der eigenen geistigen Existenz zu führen.

H. Garfinkel (1974) beschreibt die typischen Verhaltensweisen des Gesichtsangriffs als «Degradierungszeremonien». Es erfolgt mit der moralischen Entrüstung und öffentlichen Anklage eine «rituelle Zerstörung der Person». Vor anderen Menschen wird die verworfene Partei zu einer anderen Person gemacht. Dies wirkt nach Garfinkel nur unter einigen wichtigen Bedingungen:

- der verurteilte Vorfall und der dafür verantwortliche Täter werden nicht als etwas Alltägliches, sondern Aussergewöhnliches dargestellt;
- Vorfall und Täter werden als typisch bezeichnet;
- Vorfall und Täter werden als eine Einheit geschildert, d. h. als Exponenten eines Systems; gleichzeitig muss der Bezug zum dialektischen Gegenteil deutlich werden: Der Heiligen steht die Hure gegenüber; der Wahrheit die Lüge; dem Helden der Feigling usw.;
- die Zeugen der Degradierungszeremonie werden mit dem positiven Gegenbild identifiziert und die eigenen, positiven Gegenwerte werden als die richtigen Werte schlechthin dargestellt. Daraufhin hat man als Zuschauer nur die Wahl, sich ethisch oder anti-ethisch zu verhalten;
- der Ankläger spricht nicht als Individuum, sondern im «öffentlichen Auftrag», er weckt den Eindruck, nicht im eigenen Interesse, sondern in dem eines Kollektivs zu sprechen und zu handeln;
- der Ankläger schafft Distanz zwischen dem Täter und sich als Ankläger sowie zwischen dem Täter und dem Publikum;
- der Täter wird rituell von seinem Platz in der Gemeinschaft entfernt und eindeutig als zur Gegenseite (ethischen Antiposition) gehörig identifiziert, usw.

Diese von Garfinkel beschriebenen Verhaltensweisen dominieren auf der fünften Eskalationsstufe. Sie sind aber spiegelbildlich, weil die Parteien einander wechselseitig zu demütigen versuchen. Die Konfliktparteien konfrontieren einander nicht mehr mit rein personaler Gewalt, sondern mit struktureller Gewalt und Aggression. D. h., das destruktive Verhalten wird nicht mehr dem Angreifer (Ankläger) zugerechnet, sondern einem Kollektiv. I. Janis und D. Katz (1959) haben darauf hingewiesen, dass das Überlagern persönlich aggressiver Handlungen durch institutionell-strukturelle Gewaltausübung gerade zu dem «generalisierten Hass» führt, der schwer auszuheilen ist.

Diese «Degradierungszeremonien» ähneln den mittelalterlichen Ritualen des Ausstossens aus der Gemeinschaft, die mit dem Verhängen der Acht bzw. der Friedlosigkeit erfolgten. Was sich im Mittelalter institutionalisiert vollzog, ist ein treffendes Bild dessen, was sich psycho-sozial zwischen den Konfliktparteien ereignet. Mit dem Ächten verlor man früher die Rechtsfähigkeit; man konnte aktiv keine rechtsgültigen Handlungen verrichten und man stand auch passiv nicht unter Rechtsschutz. Auf Stufe fünf sprechen die Konfliktparteien einander eigentlich die moralische Rechtsfähigkeit und oft auch die Rechtsfähigkeit im bürgerlichen Sinn ab. Erklärungs- oder Rechtfertigungsprozeduren werden einander vorenthalten: Der Gegner wird gleichsam jenseits der anerkannten Rechtsbegriffe angesiedelt.

Bei Stufe vier des Konfliktprozesses haben wir die symbiotischen Koalitionsbemühungen beschrieben. Auf der fünften Stufe tritt zu den bisherigen Mechanismen in der Regel noch ein weiterer: Es entstehen starke gegenseitige Bindungen innerhalb der Konfliktparteien, die wir am besten als «Schuld-Symbiosen» umschreiben können. Die Wirkung dieser Symbiosen erklärt sich daraus, dass sich die Konfliktparteien hüben wie drüben stark engagiert haben, um einander Gesichtsverluste zuzufügen. Die eingesetzten Mittel sind dabei nicht immer zu rechtfertigen. Nachdem sich die Parteien dadurch kompromittiert haben, entsteht Komplizenschaft; die verschiedenen Lager schliessen sich intern enger zusammen, weil die einzelnen Mitglieder der Partei Schuldgenossen geworden sind. – Solche Schuld-Symbiosen sind schwer aufzubrechen, weil sie zum Grossteil durch Furcht zusammengehalten werden. Nur solange die eine Person die andere deckt und nicht abtrünnig wird, verfügt die Schuld-Symbiose über Macht.

Bei einem Konflikt in einer Behörde traten diese Merkmale besonders typisch in den Vordergrund. Eine Reihe von Faktoren wirkte zusammen, darunter eine Intrige des Personalchefs und eines stellvertretenden Abteilungsleiters gegen seinen Abteilungschef. Der Personalchef hatte aufgrund von Beschwerden der Gruppenleiter, die dem Abteilungschef unterstellt waren, eine Organisationsuntersuchung durchgeführt, wodurch der besagte Abteilungsleiter zeitlich seiner Funktion enthoben und sein Stellvertreter zum Nachfolger bestellt wurde. Durch den stark tendenziösen Untersuchungsbericht des Personalchefs hatte der Abteilungsleiter in der breiten Öffentlichkeit sein Gesicht verloren. – Unsere späteren Vermittlungsversuche stiessen auf sehr massiven Widerstand des gesamten Abteilungsleiterstabes, zumeist indirekt angeführt vom Personalchef, der jedoch äusserlich im Hintergrund zu bleiben verstand. Der Personalchef fürchtete, dass durch unsere Dazwischenkunft die konspirative Natur des Untersuchungsberichtes ans Licht kommen würde und er dadurch sein Gesicht verlieren müsse. Er bemühte sich deshalb immer wieder, den Stab der Abteilungsleiter zu einmütigen Standpunkten zu bewegen und den Stab nur als Kollektiv mit uns verkehren zu lassen.

Individuelle Gespräche mit uns versuchte er unmöglich zu machen, indem er im voraus Misstrauen säte. Denn solange alle Abteilungsleiter kollektive Erklärungen ablegten, konnte sich der Personalchef der Haltung seiner Kollegen sicher sein. Die gegenseitige Angst der Abteilungschefs – nachdem sie sich halb korrumpiert hatten –, dass doch einer aus der Gruppe ausbrechen könnte, stärkte diesen unheilvollen Bund. Die Personen, die mehr ungewollt in die Angelegenheit verstrickt worden waren, hätten zuweilen gerne die Ketten der Komplizenschaft abgeworfen, sahen sich jedoch starkem Gruppendruck ausgesetzt. – Eine der praktizierten Taktiken war, den Kollegen das Gefühl einer gemeinsamen Bedrohung zu vermitteln und die Kollegen vor das Dilemma zu stellen, entweder eine Vertrauensbeziehung mit uns anzuknüpfen und die Ausstossung aus dem Kollegenkreis zu riskieren, oder sich dem kollektiven Zwang zu unterwerfen und die eigene Funktion zu sichern. – Diese Schuld-Symbiose war auch später nicht mehr aufzulösen und auszuheilen.

Das Gesamtbild dieser Eskalationsstufe zeigt, dass zwischen den Konfliktparteien hinsichtlich ihrer Doppelgänger gegenseitige Fixierungen und Bindungen aufgetreten sind. Die Konfliktparteien starren gleichsam nur noch auf den Doppelgänger des Gegners und provozieren diesen dadurch. Ihre eigentliche Identität wird füreinander zur Gänze unsichtbar und auch ausgehöhlt.

Der Gegner und seine von ihm vertretene Sache werden in ethischer Hinsicht miteinander identifiziert. Dies hat zweierlei Wirkungen zur Folge. Einerseits «färbt die Eigenschaft der Akteure ab» auf ihre Handlungen. Wenn der besagte Abteilungsleiter durch und durch verworfen wird, dann taugen auch seine Entscheidungen, seine Entwürfe, seine funktionellen und persönlichen Handlungsweisen nichts. Wenn die Quelle verseucht ist, dann ist auch ihr Wasser ungeniessbar.

Durch die zunehmende gegenseitige Verteufelung, die mit der fünften Eskalationsstufe für den weiteren Verlauf des Konfliktes drastisch fixiert wird, haben die Konfliktparteien den Glauben an die Integrität bei der gemeinsamen Suche nach einer Lösung der Differenzen verloren. Die Gegensätze sind dafür bereits zu sehr totalisiert, ideologisiert und zu beinahe mythologischen Dimensionen ausgewachsen. Man ist stark von Interventionen durch Aussenstehende abhängig geworden. Auch interne Berater, die in vielen Organisationen in der Funktion der Personalfachleute, der Ausbilder oder Organisationskonsulenten usw. zur Verfügung stehen, werden in dieser Phase im allgemeinen stark abgewiesen. Die Wahrscheinlichkeit ist jetzt sehr gross, dass der Konflikt schnell akzeleriert und einer dramatischen «Endlösung» zutreibt, die deutlich zu Gewinnern und Verlierern führt, bzw. dass sich der Konflikt zu einer hoffnungslosen Pattstellung verfestigt, in der vielleicht nur noch ein Schiedsspruch oder ein Machteingriff einer dritten Instanz zu einer Lösung führen kann. Alle Formen sind mehr oder weniger von Fatalismus bestimmt.

Auf ähnliche Weise entwickeln sich in dieser Eskalationsphase auch die Beziehungen zur *sozialen Umgebung*. Durch die sozial tief einschneidenden Aktionen öffentlicher Gesichtsangriffe werden Umstehende zum Forum, zur richterlichen Instanz gemacht, die deutlich Partei wählen muss. In der Perzeption der Konfliktparteien wählen Dritte entweder eine moralische oder eine unmoralische Position, je nachdem, ob sie sich ihnen oder der Gegenseite anschliessen. Dadurch kommt es zur Ausweitung des sozialen Rahmens.

Die fünfte Eskalationsstufe zeigt demnach die folgenden Hauptmerkmale:

- Gesichtsangriffe und Gesichtsverlust; die Parteien erfahren die Gesichtsverluste des Gegners als «Aha-Erlebnis» der Enthüllung;
- der Identitätsverlust hat rückwirkenden Effekt; nun wird die Rationalität des Gegners überschätzt und führt zu «Mythenbildung»;
- Selbstbild und Fremdbild werden auf moralische Dimensionen ausgedehnt und totalisiert; die gegenseitigen Perzeptionen werden vom Engel- und Teufel-Bild bestimmt;
- die Parteien fixieren sich auf die Doppelgänger, die in doppelten Bindungen einander provozieren und festigen;
- die Konflikt-Issues werden von starkem Wert-Dissens und durch Ideologisierung überhöht und totalisiert; Kompromisse scheinen völlig unakzeptabel;
- die gegenseitigen negativen Erwartungen blockieren die Vertrauensbereitschaft;
- durch wiederholte Enttäuschungen und gegenseitige Frustrationen tritt ein «Vergiftungseffekt» auf, der spätere Annäherungen erschwert;
- Degradierungszeremonien führen zu Handlungen der Beschmutzung des Feindes und dienen der Selbstreinigung; sie enden in der rituellen Zerstörung der Identität der Gegenpartei;
- bei den Parteien tritt nach dem gegenseitigen Ausstossen und dem «Verhängen der Rechtlosigkeit» eine Versteifung auf Fragen prinzipieller Rechte auf; dies weckt den Eindruck der «Rehabilitationsbesessenheit»;
- die Selbstverstärkung der autistisch-feindseligen Einstellungen führt zum «Echo-Höhlen-Effekt»; die Parteien haben in erster Linie nur Interesse für sich selbst und ihre eigene Position und ergehen sich in Selbstbemitleidung;
- Angriffe auf den Gegner werden dabei als «heilige Verpflichtung» erlebt, die Angreifer stellen sich selbst als «öffentlicher Ankläger» dar; die soziale Umgebung wird zum «Zeugen» der «Vernichtung der Charaktermaske» des Gegners gemacht;
- die Parteien streben nach Parität im gegenseitigen Zufügen von Schaden;
- innerhalb der Parteien – und in Koalition mit Dritten – verstärken sich die

symbiotischen Bindungen und werden zu militanten Allianzen; zusätzlich können Schuld-Symbiosen auftreten.

Aus den Darstellungen geht hervor, dass der Schritt in die fünfte Stufe der Eskalation zu sehr dramatischen Veränderungen führt, die nach dem Urteil der Betroffenen einen Weg zurück unmöglich machen. Dies steigert die «Vorwärtsdynamik» des Konfliktprozesses erheblich.

Gegen Ende der vierten Eskalationsstufe erlebten die Parteien, dass sie mit einem offenen Gesichtsangriff den Konflikt auf ein wesentlich anderes Gewaltniveau treiben würden. Darum hüten sie sich, vorzeitig eine derart dramatische und folgenreiche Wendung im Konflikt herbeizuführen. Auch im Feindbild wurde jede Konfliktpartei immer wieder mit Skrupeln und Zweifeln konfrontiert: Es fiel ihnen schwer, ohne weiteres die prinzipielle Verworfenheit der Gegenpartei als Ausgangspunkt zu akzeptieren. Diese tiefgreifende Ambivalenz konnten die Parteien nicht allzulang durchstehen. Der Drang nach Klarheit und Eindeutigkeit drängte den Konflikt weiter in die Eskalation. – Die Parteien sind sich gerade dieses Schwellenüberganges bewusst. Auch in den meisten aussereuropäischen Kulturen wird das Überschreiten dieser Schwelle als wesentliches Eskalationsmoment bewusst erlebt (E. Goffman 1955).

Diese sechste Eskalationsstufe, die von Drohstrategien dominiert wird, kann jetzt sehr schnell betreten werden. Die Schwelle zwischen Stufe fünf und sechs wirkt dann bei weitem nicht mehr so abschreckend wie davor die zur Stufe fünf.

10.6 Stufe sechs: Drohstrategien

Mit dem Eintritt in die soeben beschriebene fünfte Eskalationsphase sind die Einstellungen der Konfliktparteien wesentlich radikaler geworden. Auf Stufe sechs der Eskalation nehmen Gewaltdenken und Gewalthandeln der Parteien erheblich zu. Diese greifen mehr und mehr zu erpresserischen und extremen Drohstrategien, um aufeinander Einfluss auszuüben.

Auch während des vorhergehenden Eskalationsprozesses haben die Konfliktparteien einander gelegentlich bedroht. Dies geschah jedoch noch mit anderen Absichten und anderen Auswirkungen als auf der sechsten Stufe. Es waren Einschüchterungs- bzw. *Drohgebärden.* Erpresserisches Drohverhalten und gegenseitiges Bestrafen werden oft miteinander verwechselt. Bei der Darstellung der vierten Eskalationsstufe haben wir dargelegt, dass wir der Unterscheidung von H. Crott, M. Kutschker und H. Lamm (1977) folgen und Strafen von Drohen differenzieren. Das gegenseitige Strafen der Konfliktparteien bezweckt gegenseitiges Abreagieren und gibt dem Ärger über bestimmte Verhaltensweisen des Gegners Ausdruck.

Drohverhalten will hingegen die Entscheidungen der Gegenpartei in eine ganz bestimmte Richtung zwingen und dazu auch von radikalen Mitteln der Abschreckung Gebrauch machen. Dabei lassen sich nach B. Russett (1963) verschiedene Phasen des Drohverhaltens unterscheiden:

1. Anfänglich sprechen die Parteien gegenseitig Drohungen aus, um zu zeigen, dass sie unnachgiebig sein wollen. Es kommt zu verschiedenen *Drohgebärden*, wobei sowohl die Forderung als auch die angedrohte Sanktion sehr unbestimmt bleiben und für die «drohende» Partei alle Möglichkeiten des Rückzuges offen bleiben. Von den Funktionen der Drohung, die Th. Milburn (1977) anführt, treten in dieser milden Form vor allem die folgenden in den Vordergrund:
   - die Droher wollen mit Drohungen Aufmerksamkeit für sich und ihr Anliegen,
   - die Droher wollen demonstrieren, dass sie autonom sind und anderen ihre Konditionen auferlegen können,
   - die Droher wollen mit dem Androhen einer Sanktion die Geltung einer bestehenden Norm unterstreichen und vom Gegner ein normkonformes Verhalten erwirken.

   Auch H. Kahn (1965) unterscheidet solche milde Formen des Drohens, die bereits auf den vorhergehenden Stufen der Eskalation auftreten können, von den nachfolgenden erpresserischen Formen.
2. Später werden die Drohungen bestimmter, eindeutiger und entschlossener. Die Parteien legen sich dann selbst auf das von ihnen in Aussicht gestellte Sanktions-Verhalten fest und können sich selbst nicht mehr zurückziehen.
3. Im dritten Schritt werden die Drohungen radikal formuliert. Sie sind ultimativ, d. h., sie stellen die bedrohte Seite vor eine Ja-Nein-Entscheidung, die keinen dritten Weg mehr offen lässt. Ein Ultimatum erscheint den Parteien als besonders folgenreich und endgültig.

Auf der sechsten Eskalationsstufe wird das Geschehen weitgehend von radikalen und extremen Drohmanövern und Drohaktionen bestimmt. Allerorts konfrontieren die Konfliktparteien einander mit derartig massiven Drohaktionen, dass kaum mehr für andere Gedanken Raum ist. – Damit wird der Konfliktprozess um vieles gewaltsamer. Die Drohung der einen Seite provoziert eine Gegendrohung der anderen Seite. Durch die gegenseitige pessimistische Antizipation tritt eine starke Beschleunigung der Eskalation auf. Die Kontrolle der Konfliktsituation wird zusehends schwerer, bzw. unmöglich. In dieser Phase ist die Gefahr einer sprunghaften Ausweitung des Konfliktes sehr gross. Die Ereignisse können sich überstürzen.

Die Konfliktparteien geraten mehr und mehr auseinander. Mit dem Auftreten der Drohmanöver wachsen Misstrauen und Furcht. Die Parteien lassen sich noch weniger in die Karten schauen. Auch wenn sie es wollten, können sie sich nicht mehr realistisch in die Gegenseite einfühlen und einleben.

In der Sicht des Drohers	In der Sicht des Bedrohten
Forderung an den Bedrohten	Schadensfolgen beim Erfüllen der Forderung
Absicht der Abschreckung, um Gewaltanwendung des Gegners zu unterbinden	Provokation der Gewalt, durch Gegendrohung einem Angriff vorbeugen
Demonstration der Entschlossenheit und Glaubwürdigkeit; Selbstbindung	Zweifel an der Glaubwürdigkeit des Drohers; Sanktionspotential des Drohers
Proportionalität zwischen	
Forderung und angedrohte Sanktion	Schadensfolgen und Sanktionierungspotential

Fig. 10.8: Hauptsächliche Aspekte der Drohmanöver

Mit der obigen Übersicht (Fig. 10.8) soll global umrissen werden, welche Aspekte der Drohmanöver in den Mittelpunkt unserer Betrachtungen gestellt werden müssen.

Die drohende Partei denkt nur daran, welche Bedeutung die Forderung und die Drohung für sie selbst hat. Die Auswirkungen auf die Gegenpartei kann sie sich unter diesem Blickwinkel kaum mehr richtig vorstellen. – Die bedrohte Partei hingegen sieht nur die eventuellen Schadensfolgen bei Erfüllen bzw. Nichterfüllen der ausgesprochenen Forderungen. Sie meint, nur zwischen zwei Übeln wählen zu können. Die taktischen Intentionen der drohenden Partei kennt sie nicht.

Zum besseren Verständnis der Drohmanöver müssen wir deshalb die Perzeptionen, Absichten und Einstellungen der *drohenden* Partei von der *bedrohten* Partei unterscheiden und einander gegenüberstellen. Gleichzeitig verdeutlicht diese Gegenüberstellung, wie sehr die gegenseitige Kommunikation Missdeutungen ausgesetzt ist und darum zur weiteren Verschärfung des Konfliktes beiträgt. – Das Geschehen auf dieser Eskalationsstufe muss noch im Zusammenhang mit überhöhtem Stress gesehen werden, in dem die Konfliktparteien ihre Entscheidungen treffen und sich gegenseitig immer mehr unter Druck setzen. Überdies nehmen durch den Stress die irrationalen Momente in den Konfliktparteien zu: Es kostet sie grosse Anstrengung, ihre Entscheidungen gut abzuwägen und die Folgen zu überdenken. – Für diese Eskalationsstufe gelten die beobachteten Mechanismen bei «Krisen-Entscheidungen», wie sie vor allem von R. North (1962), O. Holsti, R. Brody und R. North (1964), R. North und J. Triska (1965), Ch. Hermann (1969), G. Paige (1969), usw. beschrieben worden sind.

Nach Ch. Hermann (1969 und 1972) ist folgendes für eine Krise bestimmend:

1. den Entscheidern erscheinen die Fundamentalwerte einer grossen Gefährdung ausgesetzt,
2. sie haben nur wenig Zeit verfügbar, um ihre Entscheidung zu treffen, und

3. sie können die Bedingungen und Folgen ihrer Entscheidungen und Handlungen kaum vorhersehen, weil mit vielen Überraschungen zu rechnen ist.

Dadurch sind die Konfliktparteien als Entscheider grossen Spannungen ausgesetzt und es werden diejenigen pathologischen Denkweisen, Einstellungen und Verhaltensweisen gefördert, die wir bei den einzelnen vorhergehenden Eskalationsstufen ausführlich beschrieben und analysiert haben. Unter diesem Stress fühlen sich die Konfliktparteien immer mehr in die Enge getrieben: Einerseits engen sie einander selbst ein, und andererseits tritt kognitive Verengung, Bewusstseinsverengung auf (siehe vor allem R. Jenkins 1968). Hinsichtlich der Entscheidungssituation sind die Konfliktparteien mehreren Scherenbewegungen ausgesetzt:

- Einerseits wird die soziale Arena im Konflikt immer grösser, unübersichtlicher und komplexer – weil vielschichtiger –, andererseits wird die totale soziale Situation immer weniger kontrollierbar und steuerbar. Die sogenannte «dämonisierte Zone», in der die ungewollten (und unbewussten) Folgen des Handelns auftreten, wächst an und wird grösser als der von den Parteien beherrschbare Bereich. Dies bewirkt grosse Spannungen bei den Konfliktparteien, weil sie die Wirkungen ihrer Taten nicht mehr überschauen können, dennoch aber von der Gegenseite dafür verantwortlich gemacht werden!
- Einerseits werden auch die Streitfragen komplexer und gewichtiger, und es tritt eine Verlagerung bei der Issue-Komplexität auf: Es kommen jetzt keine neuen Streitpunkte mehr hinzu, die bestehenden werden jedoch starrer. M. Deutsch (1969) nennt dies «Issue-Rigidity», d.h. die Parteien versteifen sich auf diese Punkte und sind nicht imstande, sich mit alternativen Punkten auseinanderzusetzen und ihre eigenen Fragen fallen zu lassen. Andererseits beschneiden die Konfliktparteien einander die Entscheidungs- und Handlungsmöglichkeiten. Sie treiben gleichsam in einen immer schmäler werdenden Gang. Ch. McClelland (1962) rückt diese Tatsache sogar in den Mittelpunkt seiner Konfliktanalyse: Er versucht aufzuspüren, welche «Entscheidungsgelegenheiten» («decisional opportunities») die Konfliktparteien bei kritischen Momenten im Konflikt ungenutzt gelassen haben, bzw. inwiefern die Parteien einander Entscheidungsmöglichkeiten genommen haben.
- Schliesslich räumen die Konfliktparteien einander immer weniger Zeit ein, um Entscheidungen gut abzuwägen und auf alle Konsequenzen zu prüfen; vor allem mit dem Aufkommen der Drohstrategien wird der Zeitdruck sehr gross; gleichzeitig erfordern die Entscheidungen jedoch mehr Zeit, weil sich aus ihnen schwerwiegende Konsequenzen ergeben, weil der Tatbestand unübersichtlicher und gefährlicher wird und weil auch die soziale und geistige Existenz der Entscheider selbst auf dem Spiele stehen.

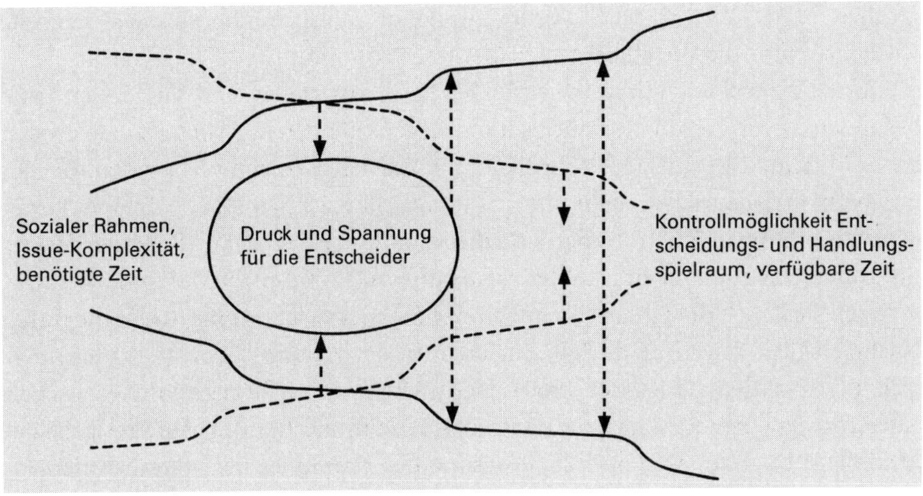

Fig. 10.9: Scherenbewegung in Krisensituationen

Diese Scherenbewegungen können wir graphisch symbolisieren wie in Fig. 10.9. Bei den Konfliktparteien treten gleichzeitig Druck und Spannung auf. Dies erfordert bei den Entscheidern grosse «Frustrationstoleranz»; sie müssen imstande sein, grosse Gegensätze innerlich zu überschauen, um eine Entscheidung aus ihrer eigentlichen Identität heraus zu treffen. Die Gefahr ist aber gegeben, dass von Mal zu Mal weniger «Ich-hafte» Entscheidungen getroffen werden, weil sich die Parteien mitreissen lassen. Ihr Handeln wird panisch, unausgeglichen, überstürzt, stereotyp und rigide. Solche Krisensituationen wirken sich desintegrierend auf die Identität der Konfliktparteien aus. An die Stelle der wahren Identität eines sozialen Organismus tritt ein illusionäres Selbstbild, das desto fanatischer behauptet und verteidigt wird, je widersprüchlicher es in sich selbst ist.

So wächst die Bereitschaft der Konfliktparteien, im weiteren Verlauf alles auf alles zu setzen. Sobald der Konflikt auf die siebte Stufe gelangt, gibt es für die Parteien aus eigener Kraft kaum noch ein Zurück.

Die *Perzeptionen* der Konfliktparteien im allgemeinen: Im Selbstbild und Fremdbild der Konfliktparteien ist keine wesentliche Veränderung aufgetreten, denn die Bilder von Licht und Schatten, bzw. Engel und Teufel sind nur weiter gefestigt und weitaus schematischer: Weil der Gegner nur Exemplar einer verwerflichen Macht schlechthin ist, sind die Personen auswechselbar geworden (D. Senghaas 1970).

Im übrigen richten nun die Konfliktparteien alle Aufmerksamkeit auf das wahrnehmbare Verhalten des Gegners. Dieses erscheint ihnen besonders aggressiv. Das eigene Verhalten wird jedoch nur als *Reaktion* auf den Druck des Gegners gesehen. Man sieht sich selbst vordergründig als «Reagierenden». Die Gegenseite wird darum für die Verschlechterung der Situation verantwortlich gemacht.

Motivationen und Einstellungen: Die Konfliktparteien sind auf dieser Stufe besonders wenig zu Konzessionen an die Gegenseite bereit. Als Drohende greifen sie zu Mitteln, die extreme Forderungen mit schweren Folgen verknüpfen. Es geht ihnen um «ja oder nein», nicht um eine eventuelle Zwischenlösung. Durch die gegenseitig erlittenen Frustrationen sind die Konfliktparteien der Auffassung, dass sie nur durch Unbeugsamkeit glaubhaft sein können (H. Kahn 1965). Für die bedrohte Partei stellt sich die Situation ähnlich dar. Sie meint, jetzt keine Schwäche durch Nachgiebigkeit zeigen zu dürfen, um nicht in der Zukunft überrannt und überwältigt zu werden (G. Snyder 1960). Sie fürchtet, durch Konzessionsbereitschaft Selbstrespekt einzubüssen (siehe dazu auch E. Goffman 1955). Diese Preisgabe der Flexibilität trägt zur weiteren Totalisierung des Konfliktes bei – ähnlich den für Stufe fünf beschriebenen Mechanismen. So manipulieren sich die Parteien zumeist vor den Augen einer breiteren Öffentlichkeit in Positionen, die ihnen später ein Nachgeben erschweren. Sie haben sich und ihren Ruf als Partei öffentlich festgelegt und meinen, nicht mehr davon abweichen zu können. Th. Schelling beschreibt diesen Vorgang am Beispiel von Gewerkschaftsführern, die sich gegenüber ihren Mitgliedern auf Forderungen festlegen und demzufolge in der späteren Verhandlung auf diese Forderungen psychologisch fixiert sind. M. Deutsch und R. Krauss (1962) haben nachgewiesen, dass in solchen Fällen die Verhandlungsergebnisse für alle Beteiligten schlechter sind und dadurch Anlass für weitere Frustrationen und Drohaktionen sind.

Eine der wirksamsten Drohformen ist für die «Machtlosen» in einer Organisation, z. B. die Studenten einer Fachhochschule, das Einschalten der öffentlichen Medien in Aussicht zu stellen. Die leitenden Stellen der Fachhochschule waren sich dessen bewusst, dass durch einseitige Information ein Schaden entstehen könnte, der durch Gegenmassnahmen der Public Relations nicht mehr gutzumachen wäre. Sie fürchteten, mit irgendwelchen schwer beweisbaren Anschuldigungen überrascht zu werden, die dem Ansehen der jungen Fachhochschule sehr schaden könnten, auch wenn sie unwahr wären. Dennoch wich das Kuratorium nicht von seinem eingenommenen Standpunkt ab. Daraufhin gaben einige Studenten gezielt einige Informationen an die Presse weiter, die von dieser begierig aufgenommen und publiziert wurden. Erst dann schien der Leitung die Lage ernst genug, um eine Änderung ihres Kurses zu überdenken.

Das Spielen mit Gefühlen der Angst ist eine der fatalen Erscheinungen der sechsten Eskalationsstufe. Angst bewegt dann die Parteien zu mehr irrationalem Verhalten, dessen Auswirkungen sich der Kontrolle der Agierenden entziehen.

Die drohende Konfliktpartei will die Situation total kontrollieren. Durch die Drohung meint der Droher, der anderen Seite die Konditionen für das Handeln einseitig diktieren zu können. Für die bedrohte Seite wirkt sich diese Strategie anders aus, als der Droher in erster Linie erwartet. Die bedrohte Partei erlebt sich durch ein Ultimatum und angedrohte Sanktionen eingeengt und festgenagelt. Es scheint, dass sie keine anderen Handlungsmöglichkeiten hat als die vom Gegner vorgegebenen. Dies bewirkt beim Bedrohten Gefühle der Ohnmacht, die sich bis zur besinnungslosen Wut steigern können. Er will jetzt vor allem dieser Ohnmacht entgehen. Nötigenfalls greift er zu irrationalen Mitteln, die ihm auch selbst schaden. Die Drohung bewirkt eine massive Gegendrohung. Wie J. Raser und W. Crow (1966) anhand von Simulationen im mikro-sozialen Bereich nachgewiesen haben, führt Drohung immer zur exzessiven Zunahme der Gewalt. Die Konfliktparteien verlieren dadurch die Kontrolle der Situation zur Gänze, anstatt, wie sie anfänglich meinten, ihre Kontrolle der Situation vergrössern zu können. Bei der Darstellung der Selbstbindungsmanöver werden wir diesen Effekt noch von einer anderen Seite her beleuchten.

In einem englischen Konzern waren neue Lohnverhandlungen begonnen worden. Die Gewerkschaften stellten Forderungen, die weit über der von der Regierung zugestandenen Marge lagen und von der Unternehmensleitung abgewiesen worden waren. Nach verschiedenen Verhandlungsrunden gerieten die Parteien in eine Sackgasse. Nun wurden alle verfügbaren Register gezogen, die breiteste Öffentlichkeit wurde in die Sache einbezogen, mit Ausnahme von Regierungsstellen. Schliesslich drohte die Gewerkschaft, eine Division des Konzerns, die Bierbrauerei, in der Zeit vor Weihnachen zu bestreiken. Diese Zeit ist wegen der Produktion für die Feiertage eine der wichtigsten. Um diesen Drohungen Nachdruck zu verleihen, wurden einzelne Betriebe aus der Division gezielt – und mit aller Härte – bestreikt. Beide Parteien konfrontierten einander mit einer besonders unnachgiebigen Haltung und betrachteten die Geschehnisse in diesen ausgewählten Betrieben als Präzedenzfälle für den Konzern. In Mitgliederversammlungen, mit Erklärungen vor Presse, Radio und Fernsehen wurden massive Drohungen ausgesprochen. Die Verhandlungsführer der Gewerkschaften erklärten, dass sie wegen der im kommenden Frühjahr bevorstehenden Wahl von Gewerkschaftsfunktionären wüssten, dass sie ihre Forderungen absolut durchsetzen müssten, um Chancen für die Wiederwahl zu haben. Die Unternehmerseite drohte mit Aussperrungen, mit dem Schliessen ganzer Betriebe, Produktionsverlagerungen usw. und war dazu übergegangen, einen kleinen Betrieb tatsächlich stillzulegen. Alle Seiten hatten in ihren Drohungen – sozusagen in grossen Schaumanövern – ihr ganzes Machtarsenal aufrollen lassen, um einzuschüchtern. Beide Seiten wollten so entschlossen und fest erscheinen, dass sie auch in Zukunft mit Drohaktionen glaubwürdig wirken und damit eine Abschreckungswirkung auf den Gegner ausüben konnten. In wenigen Tagen eskalierte der Konflikt bis zur siebten Stufe.

Dem Drohen liegt nämlich ein paradoxes Denken zugrunde. Die ausgesprochene Drohung bezweckt, den Gegner von einem Gewaltstreich abzuhalten. Zumeist gehen die drohenden Parteien davon aus, dass sie Gewalt in Aussicht stellen müssen, um gerade diese Gewalt nicht anwenden zu brauchen. Will diese Abschreckung jedoch wirksam sein, dann müssen die Drohenden auch die unerwünschteste der Reaktionsweisen des Gegners in die Sanktionen einkalkulieren. Drohstrategien gehen darum immer von der ungünstigsten der Möglichkeiten aus, vom «greater-than-expected-threat». D. Senghaas (1970) spricht in diesem Zusammenhang von «overdesign»; durch diese «pessimistische Antizipation» wird letztendlich gerade die soziale Wirklichkeit heraufbeschworen, die das Abschreckungsdenken eigentlich verhindern wollte – eine self-fulfilling-prophecy!

Manchmal dient eine Drohung nur dazu, eine Aggressionsabsicht zu verbrämen: Um den Gegner angreifen zu können und selber doch nicht als Angreifer verurteilt zu werden, wird eine unerfüllbare Forderung ausgesprochen; entspricht der Bedrohte dieser Forderung nicht, dann «ist der Angriff legitimiert». Der Angriff ist eine «Strafexpedition», weil ja der Gegner der Forderung nicht entsprochen habe. – W. Milburn (1977) weist daraufhin, dass der *Bedrohte* dazu neigt, die Drohung als Alibi für Aggressionsabsichten des Drohers zu perzipieren. Zusätzlich wirken beim Bedrohten noch andere Perzeptionsmechanismen. D. Senghaas (1970) spricht von «overperception» und «overreaction». Der Bedrohte antizipiert seinerseits Wirkungen, die der Droher vielleicht erst für später vorgesehen hat. Als bedrohte Partei meint man, diese Absichten bereits jetzt erkennen zu können. Auf diese seine eigene Antizipation reagiert der Bedrohte.

Die drohende Partei ist sich bestimmter Risiken bewusst. Um nach ihrer Meinung Gewaltausbrüche zu verhindern, droht sie mit einem viel höheren Gewaltausmass als Sanktion. Auch um den Gegner einzuschüchtern und ihn über seinen Handlungsspielraum irrezuführen, müssen die Parteien «überdrohen» (J. Niezing 1971). Die Denkweise der Abschreckung ist, wie G. Snyder (1960) betont, «rational» irrational. Zum Teil geschieht dies bewusst, zum andern Teil tritt Irrationalität unbewusst auf. H. Kahn (1965) und K. Deutsch (1968) weisen daraufhin, dass oft bewusst Irrationalität zur Schau getragen wird, um sich somit als unnachgiebig und für rationale Beeinflussung unzugänglich zu geben. H. Kahn und K. Deutsch haben in dieser Hinsicht die Denkweise des «chickens game» analysiert, in dem junge Männer in Autos aufeinander los rasen und den Gegner zum Nachgeben zwingen wollen und sich dabei betont irrational verhalten. Sie setzen dunkle Brillen auf oder trinken ostentativ vor dem Start Alkohol, nur um der Gegenseite zu verstehen zu geben, dass sie sicher nicht vernünftig reagieren und als erste ausweichen werden. Irrationalität wird also bewusst «rational» eingesetzt. – D. Senghaas (1971) nimmt die *unbewusst* auftretende *Irrationalität* der Konfliktparteien zum Massstab für den Eskalationsgrad: Je mehr die Konfliktparteien eigenen Schaden in Kauf nehmen, der um vieles höher sein kann als der zu erwartende Nutzen aus dem Erfüllen der Forderung, desto glaubwürdiger erscheinen die Drohungen. Die drohende Partei kann nicht alles fordern, sondern muss einige *Grenzen der Plausibilität und Proportionalität* wahren, wenn die Drohung vom Gegner ernst genommen werden soll. Denn wenn der Bedrohte an der Ernsthaftigkeit des Drohers zweifelt, negiert er die Drohung oder geht zur Gegendrohung bzw. zum tatsächlichen Gegenangriff über. Als Überlegungen der Proportionalität führt Th. Milburn (1977) u.a. an (Fig. 10.10):

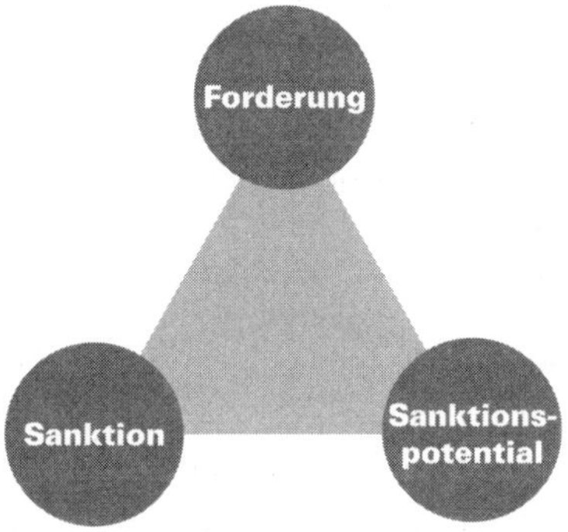

Fig. 10.10:
Das Drohungsdreieck

- wenn der Droher mehr fordert, als der Bedrohte mit grossen Anstrengungen erfüllen kann, dann wird die Drohung als Alibi für einen Angriff gesehen. Der Droher, der ernsthaft erscheinen möchte, hütet sich vor dem Überfordern;
- wenn die Forderung und die angedrohte Sanktion in ihrem Ausmass unangemessen sind, d.h., wenn die Forderung für die angedrohten Sanktionen entweder viel zu gering («Wenn du nicht deine Hausaufgaben machst, sprenge ich das Haus in die Luft!») oder viel zu gross («Wenn du nicht dem Christentum abschwörst, musst du dein Taschentuch als Pfand geben!») ist; und doch muss «überdroht» werden, um zu verhindern, dass der Bedrohte die Drohung negiert;
- wenn der Droher offensichtlich nicht über das Sanktionspotential verfügt, das für das Ausführen der angedrohten Sanktion notwendig ist.

Oft wird zur Erhöhung der Glaubwürdigkeit die Ausführung der Sanktionen «dosiert», d.h., sie erfolgt in Teilschritten. Bei der Entführung von Flugzeugen 1975 bis 1978 war zu beobachten, dass ein Wechsel in dieser Strategie erfolgte. Anfänglich hatten die Terroristen mit totalen Sanktionen gedroht, etwa mit dem In-die-Luft-Sprengen des Flugzeuges, wenn das Ultimatum abgelaufen ist. Später haben andere Kaper gedroht, jede Stunde einem anderen Geisel-Passagier eine Verwundung zuzufügen und Beweise dafür zu geben, um letztendlich mit dem Verstreichen der Ultimatumfrist das ganze Flugzeug und sich selbst zu vernichten. Die letzte Drohungsform hat viel mehr Glauben gefunden als die erstere. Mit diesen Befunden stimmen auch die Ergebnisse von B. Russet (1969), A. George, D. Hall und W. Simons (1971) überein.

Ausschlaggebend für die Proportionalität ist immer die *Perzeption des Bedrohten.* Wenn dieser findet, dass Drohung, Forderung und Drohungspotential in keinem realistischen Verhältnis zueinander stehen, dann ist die Glaubwürdigkeit der Drohung nicht gegeben. Der Droher bemüht sich deshalb, sich in den Bedrohten hineinzudenken. Die eigenen Perzeptionen des Drohers, die grossen Verzerrungen ausgesetzt sind, hindern ihn jedoch, sich wirklichkeitsgemässe Vorstellungen von den Überlegungen seiner Gegenpartei zu bilden. Beide Seiten stellen aber andere Aspekte aus dem Gesamtkomplex der Drohaktivitäten in den Mittelpunkt ihrer Aufmerksamkeit. Der Droher konzentriert sich darauf, was das Erfüllen der Forderung für ihn bedeutet. Für den Bedrohten steht in erster Linie auf dem Spiel, welche Freiheiten er durch die Drohung verlieren könnte. Der Droher sieht den Nutzen beim Erfüllen seiner Forderung vorrangig, der Bedrohte hingegen die Folgen seines Nachgebens. Der Bedrohte zieht überdies weitreichende Schlüsse bezüglich der vermeintlichen Absichten des Drohers, die hinter dessen Forderung stehen und richtet sich weitaus weniger auf das Sanktionspotential.

Damit haben wir uns dem wichtigsten Aspekt der Drohmanöver genähert, nämlich der *Glaubhaftigkeit der Drohung und des Drohers.* Wenn der Bedrohte die Drohung nicht ernst nimmt und dies öffentlich zeigt, hebt er die Denkweise des Drohens aus den Angeln. Er würde dann den Droher zwingen, seine Drohung auszuführen, nur um als Droher wieder glaubwürdig zu sein. Weil die angedrohte Sanktion eine Folge für die Zukunft ist, macht sich der Droher davon abhängig, dass der Bedrohte ihm die Ausführung der Sanktionen wirklich zutraut. Der Droher muss deshalb mit verschiedenen Aktionen seine Glaubhaftigkeit als Droher vergrössern. Gerade diese Manöver sind es, die den Konflikt auf dieser Stufe der Eskalation prägen und in der Folge beinahe irreversibel machen. Die angeführte «Einbahn-Dynamik» wächst erheblich an.

Wir haben anfangs bereits erwähnt, wie sich Gewerkschaftsführer vor den Augen ihrer Mitglieder auf bestimmte Verhandlungspositionen festlegen, an die sie für den weiteren Verlauf gebunden sind. Sie haben also keinen Entscheidungsspielraum mehr. Darin liegt ja das Paradoxe der Selbstbindung: Um mehr Macht über den Gegner zu gewinnen, macht man sich selbst mehr abhängig!

Am häufigsten sind die folgenden Manöver der Selbstbindung zu beobachten (siehe dazu Th. Schelling 1960 und 1972; B. Russett 1963; H. Kahn 1965):

- Die Forderung wird mit besonderem Pathos verkündet. Damit will der Droher Öffentlichkeitswirkung erzielen. Der Bedrohte kann die Drohung nicht schlechthin negieren. Gleichzeitig bekundet der Droher, dass er sich mit der angedrohten Sanktion auf die erwähnten Folgen festlegt. Die ganze Handlung wirkt als «rituelle Aktion».
- Forderung und Sanktionen werden als absolut und unverrückbar zum Ausdruck gebracht; damit wird von vornherein Feilschen oder Suche nach einer dritten Lösung von der Hand gewiesen. Es werden Rigidität und Unbeugsamkeit ausgedrückt.
- Die Selbstbindung des Drohers an die Forderung und die Sanktion wird zur Schau gestellt, indem man sich bei Nicht-Ausführung selbst der Lächerlichkeit preisgibt (Hitler: «Ich will Maier heissen, wenn ich nicht...!») oder anderen Selbst-Sanktionen aussetzt, z.B. mit dem Rücktritt drohen, mit Schaden für sich selbst usw. Wenn sich die Kaper eines Flugzeuges derselben Gefahr wie die Geiseln aussetzen, dann drückt dies ihr unwiderrufliches «self-commitment» aus.
- Die Droher engen sich auf wenige Handlungsalternativen ein, d.h., sie beschneiden sich selbst vor den Augen der Öffentlichkeit den Entscheidungsspielraum. Damit legt sich der Droher nicht auf irgendwelche unbestimmte Aktionen fest, sondern auf genau angegegebene Massnahmen; M. Deutsch und R. Lewicki (1970) sprechen hier vom «Selbst-Einsperren» («Locking-in»-Effekt).
- Die Droher manövrieren sich in Situationen, in denen sie sich deutlich so engagieren, dass sie im weiteren Verlauf automatisch gezwungen sind, die angedrohten Massnahmen auszuführen. Th. Schelling (1958), G. Snyder (1960) und D. Frei (1970) weisen auf die Bedeutung solcher «Stolperdrähte» («trip wires») hin, die z.B. so wirken, dass sich eine Partei erst durch ökonomische und kulturelle Aktivitäten in einem Land stark engagiert, so dass ein Angriff auf dieses Territorium wie ein Angriff auf die eigene territoriale Unabhängigkeit beantwortet werden muss; gemäss der militärischen Strategie der Stolperdrähte bewegt man erst Truppenteile in ein gefährdetes Gebiet, so dass jede Gefährdung dieser Truppen als Bedrohung der gesamten Streitkräfte ausgelegt wird.
- Die Droher «brennen hinter sich die Brücken ab», d.h., sie schneiden sich selbst Ausweich- oder Rückzugsmöglichkeiten ab und zwingen sich zu einem «Vorwärts-um-jeden-Preis!». Wenn jemand auf diese Weise den anderen überzeugt, dass er rücksichtslos und leichtsinnig ist und sich selbst die Möglichkeit des Nachgebens abgeschnitten hat, dann kann er daraus einen Vorteil gewinnen, vorausgesetzt, dass der Gegner rational ist (A. Rapoport 1972).

Damit eine ausgesprochene Drohung nicht als verbales Schattenboxen abgetan wird, sieht sich der *Droher* gezwungen, seine Entschlossenheit unter Beweis zu stellen, indem er in kleiner Dosierung doch Gewalthandlungen durchführt. Auch hier tritt die paradoxe Natur der Drohstrategie deutlich zu Tage: Weil der Droher grössere Gewaltanwendung mittels der Drohstrategie verhindern möchte, sieht er sich zu kleineren Gewaltakten gezwungen, nur um glaubwürdig zu erscheinen! Dies beweist aber – in der Perzeption des Bedrohten – die Aggressionsabsicht des Drohers und provoziert Gegengewalt. Diese muss stärker bemessen sein, wenn sie den Effekt der Gegenabschreckung haben soll. So steigert sich die Gewalt ungewollt im Wechselspiel des gegenseitigen Überdrohens.

Für den *Bedrohten* bemisst sich die Ernsthaftigkeit und Glaubwürdigkeit des Drohers nach etwas anderen Gesichtspunkten. Nach W. Kaufmann (1956) prüft der Bedrohte vor allem die Sanktionskapazität des Drohers und seine Bereitschaft, dafür selbst Kosten in Kauf zu nehmen. Weiter orientiert er sich am Verhalten des Drohers in der Vergangenheit. D.h., er prüft die Konsistenz von verbalem und non-verbalem Verhalten des Gegners und zieht aus eigenen Vorurteilen Schlüsse in bezug auf die weiterreichenden Intentionen des Drohers (Ch. Hermann 1969). Es wird dann ein höheres Mass der Aggression hineininterpretiert als es beim Droher tatsächlich gegeben ist. – Im Grunde wirken hier die Mechanismen der pessimistischen Antizipation. Ähnlich stellt auch H. Kahn (1965) die Perzeptionen des Bedrohten dar. Er betont die Wichtigkeit von Präzedenzfällen aus der Vergangenheit: Wenn sich der Droher bereits früher irrational und hart verhalten hat, dann nimmt der Bedrohte dies auch für die Zukunft an. Aus diesem Grund arrangieren die Droher auch künstliche Präzedenzfälle: Wo der Bedrohte an der Intention des Drohers zweifelt, kann er die Bereitschaft des Drohers «austesten» (Th. Milburn 1971) und sich so verhalten, dass er sich an der Grenze der Provokation bewegt. Für den Droher stellt sich dies als «eindeutige Provokation» dar und veranlasst ihn zum Zuschlagen. – Dies ist ein wahrer Tanz auf dem Vulkan, dessen Folgen für die Konfliktparteien bereits nicht mehr abzusehen sind. Die Droher selbst meinen, dass ihre eigenen Aktionen noch ziemlich rational sind, dass jedoch die Reaktionen des Bedrohten unberechenbar seien, wonach der Bedrohte für die weiteren Folgen verantwortlich ist.

Die erwähnte Selbsteinengung der drohenden Partei hat fatale Wirkungen. Neben der zunehmenden kognitiven Komplexitätsreduktion engen die Konfliktparteien einander die Denk- und Verhaltensalternativen drastisch ein. Eine Drohung konditioniert in erster Linie das Verhalten des Bedrohten: Der Droher lässt ihm keine andere Wahl als die vorgegebene. Für den Bedrohten werden die Wahlmöglichkeiten begrenzt. Auf den ersten Blick scheint es, als ob der Droher grosse Macht über den Bedrohten ausübe, weil er die Konditionen festgesetzt hat, die der Bedrohte respektieren muss. Der Droher hat für sich den Vorteil des «ersten Zuges» beansprucht und den Bedrohten unter Zugzwang gebracht. Th. Schelling (1958) weist jedoch daraufhin, dass damit der Droher vom Bedrohten abhängig wird. Denn durch die Aktionen der Selbstbindung macht er sein Verhalten (die Sanktionsmassnahme) vom Verhalten des Bedrohten abhängig. Indem der Droher dem Bedrohten den «zweiten Zug» zuweist, hat der Droher selbst keinerlei Wahlmöglichkeiten mehr. M. Deutsch und R. Lewicki (1970) charakterisieren dies als «Manöver, um sich selbst in die Rolle des Reagierenden» zu begeben. Droher und Bedrohter sind darum aneinander gebunden. Auch wenn die drohende Partei kurze Zeit die Illusion der Macht hat, so muss sie doch danach erleben, dass sie sich in den Manövern der Selbstbindung der Freiheit begeben hat. Der paradoxe Charakter der Drohstrategien verbirgt oft den wahren Sachverhalt. Weil sie sich einmal dazu entschieden haben, Gewalt anzudrohen, müssen sie die zwangsläufigen Konsequenzen in Kauf nehmen – oder grundsätzlich aus dem Teufelskreis der Drohmanöver ausbrechen. Und obschon die Droher grösserer Gewalt vorbeugen wollten, werden sie in der Folge (ungewollt und unbewusst) mit einer Gewaltzunahme konfrontiert, für die sie nicht sich, sondern den Gegner verantwortlich machen. K. Deutsch (1968) fasst die indirekten Folgen derartiger Drohstrategien als «acht Denkfehler der Drohung und Abschreckung» zusammen:

1. die Parteien verstricken sich in kurzfristiges, Ad-hoc-Denken,
2. die Droher wecken den Eindruck, dass ihr ursprüngliches Ziel weit mehr Wert besitzt und damit alle Kosten rechtfertigt,
3. man behandelt nur noch isolierte Einzelfälle und verliert das grössere Ganze aus dem Bewusstsein,
4. die Parteien leben in dem Wahn, dass sie die Situation völlig unter Kontrolle hätten,
5. die Parteien übersehen den kumulativen Effekt aller Drohungen
6. und meinen, auch unter schwerem Stress noch rational zu handeln,
7. die Parteien gehen von der prinzipiellen Ungleichheit der Parteien aus
8. und meinen, dass sich die Motive der Gegner nie ändern könnten.

Diese Denkfehler wirken nach unserer Erfahrung in zwei Richtungen: einerseits gebären sie neue Drohmanöver, andererseits treten sie als Folge der Drohhandlungen auf und werden weiter gefestigt. Sie können auch nach dem Abflauen des akuten Konfliktes nur schwer überwunden werden.

Im Gesamtbild zeigt sich auf dieser Stufe ein sprunghaftes Anwachsen der Gewalt. Eigentlich pflanzt sich die Gewalt wie ein Krebsgeschwür in einem todbringenden Wachstum fort. Für die Konfliktparteien wird die Kontrolle über das eigene Verhalten und über die Gesamtsituation praktisch unmöglich. Unter dem zunehmenden Stress desintegriert das Parteiensystem oft zu kleineren Einheiten: Das Gewalthandeln ist im Falle Nordirlands zu einem sich selbst perpetuierenden Geschehen geworden und hat sich in den «grass-roots-movements» weitgehend von der Dynamik des ursprünglichen politischen Geschehens abgelöst. Darum kann auch ein politischer Lösungsprozess zunächst nicht das Gewaltausmass beeinflussen. Im Gegenteil: die verselbständigten Gewaltmaschinerien sehen sich durch politische Annäherungen in ihrer Existenz gefährdet und müssen sich darum gegenseitig unter Beweis stellen. D. Senghaas (1970) hat nach unserem Urteil zu Recht darauf hingewiesen, dass die Anwendung von Drohstrategien allgemein gesellschaftliche Aggressionen mobilisiert und legitimiert. Durch die Beziehungen zwischen den Parteien werden die Hassgefühle innerhalb der Parteien gegenseitig verstärkt und alle gemeinsam nach aussen gerichtet. Durch die «soziale Ansteckung» werden die untereinander vorhandenen Antipathien und Aggressionen zugleich auf einen gemeinsamen, externen Feind gerichtet. Diese gemeinsame Ausrichtung führt gleichzeitig zu einer gegenseitigen Verstärkung. J. Dash (1966) hat auf der Grundlage der Systemlehre diese Erscheinungen im Sozialen untersucht und mit denen des Magnetismus verglichen. Die von ihm aufgezeigten Analogien zwischen beiden Bereichen sind erstaunlich. So wie die einzelnen Eisenteilchen bei Erhitzung ihre magnetischen Kraftfelder alle gleich ausrichten und dadurch wesentlich steigern, so tritt auch im Sozialen eine «paramagnetische Gleichrichtung» der einzelnen negativen Einstellungen und die Bildung eines «Gesamtmagnetfeldes» auf. J. Dash erklärt das Entstehen des «sozialen Paramagnetismus» aus den Interaktionen innerhalb der Konfliktparteien: Jedes Individuum erlebt, dass seine Reaktionen auf das Feindverhalten denen der anderen Gruppenmitglieder ähnlich sind. Dies wirkt verstärkend für die Einzelpersonen, es fördert und beschleunigt Konsensbildung. «Auf diese Weise bestärkt und verstärkt die Gruppe die Einstellungen und Aktionen der Individuen und die Reaktion der Gesamtgruppe ist heftiger als die Reaktion eines durchschnittlichen Gruppenmitgliedes, das isoliert reagieren würde», schreibt J. Dash (p. 143). Koalitionsbildung steht nunmehr auch unter dem Zeichen der gegenseitigen Resonanz, die zu einer Gesamtverstärkung der Impulse führt. Die Konfliktparteien versuchen, auf die Umgebung starken Einfluss zu gewinnen, weil Sympathisanten als Ausweitung der Machtbasis gesehen werden. Sie wirken in das soziale Umgebungsfeld so hinein, dass sie starke Bindungen oder eindeutige Abstossung bewirken. Koalitionspartner werden als Erweiterung der eigenen Einflusspháre gesehen und manipuliert. Ähnlich spricht auch T. Jurriaanse (1978) davon, dass die Parteien in Analogie zum Magnetismus Kräftelinien und (magnetische) Kraftfelder aufbauen und absichern, die danach als Gesamt-Machtsystem operieren. Im Grunde trifft eigentlich erst hier die Bezeichnung «psycho-soziale Mechanismen» für stereotype Verhaltensweisen ganz zu, nachdem diese Strebungen und Emotionen der Konfliktparteien nicht nur zum animalischen Niveau abgesunken sind, sondern unter das Animalische zum Mechanischen. Auf jeden Fall sind die typischen Denkweisen der Konfliktparteien auf der sechsten Stufe so zu verstehen, als ginge es bloss um das Manipulieren von Massen und Quantitäten, wobei kaum mehr menschliche Werte hemmend wirken. Durch die gegenseitige Einengung im Entscheidungsspielraum werden Fragen der Macht in den Mittelpunkt gerückt: Der Droher muss wissen, dass er die angedrohte Sanktion nötigenfalls in die Tat umsetzen kann; und der Bedrohte untersucht fieberhaft, ob er über genügend Gegenmacht verfügt, um die angedrohten Folgen zu verhindern oder zur Gegenoffensive überzugehen. Das Denken der Parteien wird von Machtüberlegungen korrumpiert. Dies prägt auch das Verhalten in den nachfolgenden Eskalationsstufen.

Die wichtigsten Aspekte der sechsten Eskalationsstufe sind also:

- In den Perzeptionen werden die Selbstbilder und Feindbilder weiter fixiert,
- die Bilder werden schematisch, die Personen erscheinen als blosse Repräsentanten von Kategorien und als individuell auswechselbar,
- zwischen der Erlebniswelt des Drohers und des Bedrohten treten unüberbrückbare Diskrepanzen auf, welche die Kommunikation zwischen den Parteien unterbinden,
- die Einstellungen der Parteien werden unnachgiebig und absolut,
- die Parteien streben danach, die Gegenpartei und die Gesamtsituation unter absolute Kontrolle zu bekommen; Drohungen dienen dem Konditionieren der Gegenpartei, wirken jedoch auch konditionierend auf den Droher zurück,
- Drohungen führen zu «overperception», «overreaction» und «overdesign», d. h. zum Überdrohen und zu extremen Fehlschlüssen über die wahren Intentionen der Parteien,
- Irrationalität tritt zwangsläufig auf und bestimmt das Handeln unbewusst, andererseits wird sie auch bewusst zur Schau gestellt,
- der Droher stellt Überlegungen zur «Proportionalität» von Forderung, Sanktion und Sanktionspotential und den Risiken an, die jedoch vom Bedrohten anders perzipiert werden,
- damit Droher und Drohung glaubhaft sind, betont der Droher durch Akte der Selbstbindung, dass es ihm ernst ist,
- der Droher engt die Entscheidungs- und Handlungsspielräume für sich und den Gegner ein und manövriert sich in eine Abhängigkeit vom Bedrohten,
- die Drohstrategien führen zur Radikalisierung und zum explosiven Wuchern der Gewalt; dadurch neigt die Situation zu Akzeleration und sprunghaften Ausweitung der sozialen Arena.

Drohmanöver wirken nur so lange, als deutlich ist, dass es den Parteien bei allem darum geht, ein noch grösseres Gewaltausmass zu verhindern. Andernfalls würden sie ja sofort zu Aktionen übergehen und nicht erst drohen. Auch wenn die Konfliktparteien nur eine vage Vorstellung davon haben, welchen Gewalten sie auf dieser Eskalationsstufe Tür und Tor öffnen, so wirkt ihre Angst davor doch einige Zeit prohibitiv. Die immanente Dynamik der Eskalation auf der sechsten Stufe drängt jedoch zu einem Überschreiten der nächsten Schwelle. Nur die Ahnung, dass sie sich damit noch grösseren Risiken der Vernichtung aussetzen, könnte die Konfliktparteien jetzt davon abhalten.

10.7 Stufe sieben: Begrenzte Vernichtungsschläge

Perzeptionen der Konfliktparteien: Der Einsatz von Drohungsstrategien in der vorhergehenden Phase hat das Sicherheitsgefühl der Konfliktparteien weitgehend erschüttert. Sie neigen dazu, einander alles zuzutrauen. – Jede Partei hat in erster Linie nur noch die eigene Existenzsicherung vor Augen. Sie lässt nur noch die eigene Problemperzeption gelten und misstraut grundlegend anderen Ansichten. Die gegnerische Partei wird in diesem Problembild nur als hinderlicher Faktor gesehen, der den Weg zur Problemlösung blockiert. Darum muss jetzt der Gegner durch gezielt dosierte Schläge in seiner Existenz angeschlagen werden. In einem derartigen Bild der Gesamtkonfliktsituation kann der Existenz des Gegners kein Platz mehr eingeräumt werden. Die Parteien können sich eine Lösung der Gegensätze bei gleichzeitiger Existenz des Feindes im Grunde nicht vorstellen. Das Problem bliebe nach ihrem Empfinden dabei ungelöst. Eine gemeinsame Anstrengung *mit* dem Gegner, um in irgendeiner Form den Konflikt kooperierend zu lösen, widerstrebt den Parteien zutiefst. Sie *meinen*, die Sache geht um «lose-lose»..

Mit dem Eintritt in Stufe sieben der Eskalation hat sich das gegenseitige Feindbild abermals entscheidend geändert. Die Konfliktparteien sehen jetzt ihren Gegner überhaupt nicht mehr als Träger humaner Werte bzw. als Träger menschlicher Würde, die letztlich bei aller Aggression doch respektiert werden müsste, sondern sie erleben einander als «verdinglichte», gleichsam unbeseelte, ungeistige Entitäten (A. Mitscherlich 1964), leblose und gefühllose «Objekte», die ohne moralische Skrupel manipuliert und nötigenfalls auch vernichtet werden können. Diese Perzeption bewirkt grösstmöglichen psychischen Abstand vom Gegner.

Jede Konfliktpartei denkt über den Gegner, der zum störenden Objekt herabgesunken ist, nur noch in Quantitäten des Schadens und der Zerstörung, jenseits von menschlichen Gefühlsdimensionen. Wie K. Deutsch und D. Senghaas (1971) aufzeigen, findet diese Denkweise über den Gegner ihren deutlichen Niederschlag in der Wortwahl der Akteure. Man belegt den Gegner ausschliesslich mit schmutzigen Ausdrücken und spricht über «Endlösung», «Schluss-Machen» mit dem Feind, über das «Austilgen», «Ausrotten» oder «Unschädlich-Machen» des Gegners, als handle es sich um einen Insektenschwarm. Mittels der Inhaltanalysen von R. White (1949, 1951), O. Holsti (1963) und W. Eckhardt (1965 und 1968) kann die drastische Veränderung in der Wortwahl klar konstatiert werden, die u. a. Ausdruck für die gegenseitigen Perzeptionen ist.

Für Stufen sieben, acht und neun der Eskalation bleiben diese Perzeptionen so bestehen und werden durch das übrige Geschehen wechselseitig gefestigt.

Motivation und Einstellungen: Auf dieser Stufe steht bei den Konfliktparteien die Schädigungsabsicht deutlich im Vordergrund. Nach den Manövern der Drohung und Gegendrohung haben sich die Parteien gegenseitig zu Aktionen gezwungen, mit denen einander gezeigt werden müsste, dass man noch Bewegungsspielraum hat. Zum Durchsetzen der eigenen Erreichungsziele reicht dieser Spielraum jedoch nicht mehr aus, weil die andere Partei dabei hindern oder blockieren kann. Die Konfliktparteien erleben deshalb ihre Ohnmacht, bei der Lösung ihrer Sachprobleme voranzukommen. Ihre Bewegungsfreiheit und ihr Wille sind blockiert. – Zum gegenseitigen Schädigen bieten sich Angriffsflächen, die jetzt bewusst genutzt werden. Die Schädigungsschläge – nun zumeist ohne Ankündigung (Androhung) auch als Überraschungsaktionen durchgeführt – erfolgen nicht willkürlich gegen alle möglichen Güter des Feindes. Auf dieser Stufe zielen die Parteien in erster Linie auf die *Sanktionsmacht* des Gegners, die bei den Drohaktionen zur Abschreckung demonstrativ zur Schau gestellt worden ist. Die Zerstörungsschläge sind noch keine unbegrenzten Vernichtungsschläge, sondern dienen dem *Entmachten.* Auf das *Sanktionspotential,* das in den vorhergehenden Phasen akut eingesetzt worden ist und das auch künftig eingesetzt werden könnte, sind die Zerstörungsschläge gerichtet. Darin findet die Gewaltanwendung noch ihre Begrenzung.

Die Sanktionsorgane und Sanktionsmittel, die bei Drohungen und Gegendrohungen eine wichtige Rolle gespielt hatten, sind die Zielscheibe. Bei Konflikten in Organisationen richten sich die (gegenseitigen) Zerstörungsschläge auf Methoden und Instrumente der Organisation, auf Prozeduren sowie die finanzielle Position des Unternehmens, oft auch auf die Legalitätsbasis einer Organisation. Bei einer Verwaltungsbehörde wurde durch das Offenlegen von Geheimnissen, die zuweilen mit zweifelhaften Akten politischer Macht zu tun hatten, die Legitimitätsbasis einer Stadtverwaltung, eines Stiftungsvorstandes oder einer Gewerkschaftsführung usw. wirksam untergraben. Andere Zerstörungsaktionen richteten sich gegen das etablierte Kontrollsystem einer Organisation. Systeme der Aufsicht, der Zeit- und Qualitätskontrolle wurden z. B. durch das Vernichten von Stempelkarten, Personalkarteikarten oder Magnetbändern ausser Wirkung gesetzt. Die Ordnungsdienste wurden offen bzw. anonym bedroht und in ihrer Amtsausübung behindert. In einem Krankenhaus konzentrierten sich alle weiteren Angriffe konsequent immer wieder auf die Personalabteilung, die als «Polizei-Geheimdienst» der Organisation dargestellt wurde. Gleichzeitig wurde schlagartig eine Reihe von zweifelhaften Fällen der Personalpolitik vor gerichtliche Instanzen gebracht, es wurden Pressekampagnen organisiert, die Personalstelle mit Aufgaben überhäuft usw. In einem anderen Betrieb wurden die Vorarbeiter und Schichtführer rücksichtslos angegriffen, weil sie als «Bluthunde» der Unternehmensleitung aufgetreten seien. – Die Zielrichtung hängt davon ab, welche besondere institutionelle oder materielle Mittel die Parteien im Konflikt bei den Drohaktionen bisher eingesetzt hatten. In der Regel ist der Konflikt auf diesem Gewaltniveau nicht lange zu stabilisieren.

Durch «pessimistische Antizipationen» neigen die Parteien dazu, das zu vernichtende Drohpotential grösser zu sehen, als es vielleicht tatsächlich ist. Hierin liegt eine bedeutende Ausweitungsgefahr für den Konflikt. Jeder Zerstörungsschlag, der von der Gegenpartei als übertrieben bzw. exzessiv gesehen wird, führt zu einer Vergeltung. Auch der Vergeltungsschlag wird wieder als unangebracht beurteilt und führt zur Erwiderung.

Die Möglichkeit zur Zerstörung von Gütern des Gegners, die mit dessen Machtmitteln identifiziert werden, bietet den Konfliktparteien jetzt eine Ersatzbefriedigung. Der blockierte und gestaute Wille einer Konfliktpartei kann sich durch den Zerstörungsakt entladen. So kann man immerhin im Zerstören gegnerischer Güter Machtausübung erleben, nachdem man keine Macht hat, den Gegner zu beeinflussen bzw. zu dem erwünschten Handeln zu zwingen. Das Zerstören bietet einer Konfliktpartei subjektiv denselben Befriedigungswert als vorher die Macht, dem Gegner Konditionen diktieren zu können. – Der Verlust, den die andere Partei erleidet, wird als eigener Gewinn gebucht, auch wenn dies dem Zerstörer tatsächlich keinen wirklichen Nutzen bringt. Schaden zuzufügen bietet jetzt Befriedigung. Dazu tritt «Funktionslust» beim Zerstören auf und verstärkt das Zerstörungspotential.

Die bestehenden Gegensätze und Spannungen vergrössern sich als Folge jeder weiteren Zerstörungshandlung. Jede Partei versucht, ihre Kraft zu sammeln, um zu einem empfindlichen Schlag gegen den Feind auszuholen. Dadurch konzentriert sie alle Anstrengung auf das eine Ziel, den Gegner empfindlich verwunden zu können. – Dieses Kräftesammeln der einen Partei bewirkt komplementäre Bemühungen der Gegenpartei. Die angespannten Bemühungen stacheln einander gegenseitig weiter auf. Jede zusätzliche Spannung und jeder neuerliche Kräftestau drängen wieder zur Entladung. Es geht den Parteien in erster Linie (so S. Siegel und L. Fouraker 1960) um die «Optimierung der Dysfunktion für den Feind, um die grösstmögliche Steigerung seines Missbehagens», und überhaupt nicht mehr um das Erzielen eines relativen Vorteils. Darin zeigt sich jetzt die typische Grundeinstellung des «lose-lose», d.h. als Bereitschaft, selbst schmerzhafte Verluste in Kauf zu nehmen, wenn man nur die Gewissheit haben kann, dass der Schaden für die Gegenseite doch noch um einiges grösser wird.

Mit Absicht reizen und provozieren die Parteien einander ständig. Schadenfreude inspiriert zu den nächsten Reiz-Manövern. – Die Einstellungen der Konfliktparteien lassen sich damit charakterisieren, dass ihr Erleben zu einer Umkehrung der Gefühlswerte in ihr Gegenteil geführt hat: Die Schadenfreude wertet den Verlust des Gegners zum eigenen «Gewinn» um; ein irrationales Kalkül des Schadens und Nutzens bestimmter Aktionen leistet einer «pervertierten Selbstaufopferung» Vorschub, wenn dies der Gegenseite mehr Unannehmlichkeiten bringt.

Mit Hilfe bewusster Taktiken der Täuschung und Lüge versucht die Konfliktpartei, die Gegenseite zu treffen. Noch geht es nicht um die totale Vernichtung selbst, wohl aber um erschütternde Schläge, wodurch das Drohungs- und Sanktionspotential des Gegners ausgeschaltet werden soll. In allen genannten Fällen geht es den Parteien darum, den Gegner zu überleben. Erst auf der neunten Stufe kann der eigene Untergang Genugtuung gewähren, wenn man zugleich den Gegner ins Verderben stürzen sieht.

Bei einem Konflikt in einer Stadtgemeinde hatten wir unsere Vermittlung relativ ergebnislos beenden müssen. Der Konflikt war zu Beginn unserer Arbeit auf der sechsten Eskalationsstufe angelangt. Die Parteien sahen sich ausserstande, an dem Konflikt gemeinsam so zu arbeiten, dass eine wirkliche Lösung in Sicht kommen konnte. Im Ergebnis blieben einige Personen ausgestossen. Diese fühlten sich dadurch in ihren Auffassungen über den Gegner (politische Organe) so bestärkt, dass sie entschlossen waren, diesem mit allen Mitteln einen vernichtenden Schlag zuzufügen (d.h., den Rücktritt des Exekutivorgans der Gemeinde zu erzwingen). Dazu wurden die öffentlichen Medien der Gemeinde mobilisiert, Affären der Vergangenheit wurden präsentiert. Absicht dieser Aktionen war, ein Eingreifen der beiden höheren politisch-konstitutionellen Ebenen, Land und Bund, zu erwirken. Der kämpfenden Partei brachten all diese Manöver persönlich wie auch gesellschaftlich nur Nachteile. Und doch war sie davon besessen, sie einzusetzen, um diese Vergeltungsaktion durchstehen zu können. – Auch in diesem Fall war deutlich zu erkennen, dass das jahrelange Erlebnis der Ohnmacht diese Partei dazu verführt hat, durch Zerstörung der Umgebung eine Kompensation für das Machtbedürfnis zu erleben.

Wir haben bei der sechsten Stufe erwähnt, dass Drohstrategien Machtdenken *aufkommen* lassen. Auf der siebenten Stufe wird das Geschehen vom Machtstreben *beherrscht*. Die angestrebte Überlegenheit soll die Gegenseite wirklich nachhaltig blockieren. An Umstimmen oder Einlenken aus Einsicht glauben die Akteure nicht mehr. Die Unterschiede in Zielen und Werten werden in dieser Phase zwar noch in den Streit geworfen, durch das Überhandnehmen der Gewalt hat sich jedoch das Kräfteringen zur Gänze von den Streitfragen abgelöst. Die neuen Issues, die aufkommen, ergeben sich aus dem eingesetzten Gewaltinstrumentarium.

Die *Kommunikation* auf der siebten Stufe ist als Verkehr in einer Richtung zu verstehen. Jede Konfliktpartei kümmert sich nur noch darum, wie sie ihre Botschaft so eindringlich wie möglich *äussern* könnte. Sie kümmert sich nicht um Vorkehrungen für das *Aufnehmen* von Antworten oder Reaktionen. Die Kommunikation wird vollends monologisch. Th. Schelling (1958) beschreibt, wie das einseitige Gestalten der Kommunikation einen Machtvorsprung verleihen kann. Wenn ein Chef seinem Mitarbeiter telefonisch einen unangenehmen Auftrag erteilt und gleichzeitig erklärt, dass er den Mitarbeiter an seinem Apparat wegen eines offensichtlichen technischen Schadens am Telefon nicht hören könne, dann wird der Mitarbeiter keine andere Wahl haben als den Auftrag ohne Widerrede auszuführen. Ähnlich ist die Wirkung, wenn jemand nach einem Wutausbruch am Telefon den Telefonhörer mit dem Aussprechen massiver Drohungen ablegt und dadurch unerreichbar wird. – Damit Drohungsstrategien wirksam werden können, müssen die Parteien wenigstens so weit kommunizieren, dass sie Signale des Akzeptierens oder Ablehnens der Forderungen unmissverständlich aufnehmen und deuten können. Drohen mit gleichzeitigem Abbruch jeglicher Kommunikationsbeziehungen würde den Konflikt unmittelbar auf die siebte Stufe eskalieren lassen.

Im Verlauf der Stufen sieben und acht kommt es jedoch zum Zusammenbruch bzw. zur bewussten Vernichtung dieser Rückmeldungskanäle. Die Parteien tragen den Reaktionen des Gegners nicht mehr Rechnung, so dass weniger feindselige Reaktionen nicht mehr zu einer Minderung des Gewaltniveaus der Gegenseite führen können. Jede Seite geht nur noch von ihren Interessen und Absichten aus und will diese – koste es, was es wolle – durchsetzen. Durch den Zusammenbruch der zweiseitigen Kommunikationssysteme werden Signale zum De-eskalieren oder Beenden des Konfliktes sehr leicht übersehen oder missverstanden (G. Quester 1970).

Auf den vorhergehenden Eskalationsstufen haben wir sehen können, dass die bestehenden Normen des Rechts oder der Ethik von den Parteien anfänglich respektiert werden und später dazu dienen, mit legalen Handlungen der Gegenseite Nachteile zuzufügen. Nunmehr werden die Normen entweder völlig missachtet bzw. angegriffen, wenn sie sich als Hindernisse in den Weg stellen.

Im zwischenstaatlichen Konflikt tritt mit der Eskalation auf diese Stufe grundlegend anderes Recht in Geltung, nämlich das Kriegsrecht, das für die Beurteilung der Rechtmässigkeit der Druckmittel und des Schadenshandelns anderen Normen folgt. Bei manchen terroristischen Anschlägen der siebziger Jahre haben Vertreter der RAF beansprucht, dass ihr Handeln unter Kriegsrecht falle. Die Vertreter der Regierungen haben sich kategorisch geweigert, dieser Forderung nachzukommen, um die Gewalt – und ihre Legalitätsbasis – auch weiterhin eindämmen zu können.

Nach der Eskalation zur siebten Stufe verhalten sich die Parteien auch im mikro- und meso-sozialen Rahmen so, als würden für ihre Auseinandersetzungen andere Normen als bisher gelten. Man könnte auch in diesem Bereich von einem «Quasi-Kriegsrecht-Denken» sprechen.

In der *Grundeinstellung* der Parteien ist ein grundsätzlicher Wandel aufgetreten. Wir haben bei der Analyse der Stufen zwei und drei gezeigt, wie sich gemischte Motive mit überwiegend kooperativem Einschlag verschlechtern, bis die kompetitive Haltung dominiert. Auf den Stufen vier bis sechs herrscht die Einstellung vor: «Sieg oder Niederlage» («win-lose»). Ab der siebten Stufe sind die Parteien überzeugt, dass es nichts zu gewinnen gäbe. Was zählt, ist ein gegenseitiges Aufrechnen des Schadens: Wenn ich Verluste ertragen muss, dann soll wenigstens auch der Gegner Schaden erleiden.

Durch die beschriebenen Denkweisen, Einstellungen und Verhaltensweisen ist der Konflikt in ein entscheidendes Stadium getreten. Ein Weg zurück erscheint den Beteiligten jetzt sehr, sehr schwierig. Die in Bewegung gesetzte Dynamik drängt den Konflikt in eine weitere Verschärfung. Der Zeitdruck, unter dem entschieden und gehandelt werden muss, nimmt noch weiter erheblich zu. Mit dem Zugriff zu radikaleren Gewaltmitteln eröffnet sich ein neues Handlungsgebiet, das aber über die Hoffnungslosigkeit der Situation kaum hinwegtäuschen kann. H. Kahn (1965) nennt das Geschehen, das am meisten mit unseren Beschreibungen an diesem Ort übereinstimmt, darum eine *«bizarre Krise»* (Stufen einundzwanzig bis fünfundzwanzig seiner Eskalationsleiter).

10.8 Stufe acht: Zersplitterung

Mit dem Überschreiten der nächsten Schwelle werden die Vernichtungsaktionen um vieles heftiger. Es gilt jetzt, die Macht- und Existenzgrundlage des Gegners schlechthin zu vernichten, den Gegner zu zersplittern. Deshalb werden die Personen oder Gruppen, die an der Front der Auseinandersetzung auf vorgeschobenem Posten stehen, von ihrem «Hinterland» abzutrennen versucht. H. Kahn (1965) spricht hier bezeichnenderweise von «Angriffen auf das zentrale Nervensystem des Feindes». Die Zerstörungsaktionen sind tatsächlich auf die Zentren gerichtet, in denen die Entscheidungen gebildet werden. Darüber hinaus werden auch die «Versorgungs- und Legitimierungslinien» direkt angegriffen.

Diese Beschreibung lässt an militärische Auseinandersetzungen denken, trifft jedoch auf Konflikte im Mikro- und Meso-Rahmen zu. Bei einem Streik in einem englischen Unternehmen war es zu vielen Gewaltakten gekommen. Die Mitglieder des Managements griffen schliesslich die Gewerkschaftsvertreter massiv an, um die Gewerkschaft in sich zu zersplittern. Die Strategie sollte die Gewerkschaftsfunktionäre von ihren Mitgliedern völlig trennen. Hierzu wurden Skandalgeschichten in Umlauf gebracht, in denen die Gewerkschaftsführer als bestechlich und nur auf ihren persönlichen Vorteil ausgerichtet dargestellt wurden. Die eigenen Mitglieder sollten sich dadurch von ihren Vertretern lossagen. Dieser Angriff war um so wirksamer, als sich die Regierung um ein Eindämmen der Preisanstiegstendenzen bemühte und die Gewerkschaft kurz vor Neuwahlen stand. Diese Attacken wurden von den Gewerkschaften sofort mit Vergeltungsaktionen beantwortet, indem sie versuchten, zwischen die Aktionäre und das Management einen Keil zu treiben und damit die Machtbasis ihrer Gegner zu zerschlagen. – Die Folgen solcher Aktionen waren Zerklüftungen in beiden Lagern, die zu einer Schwächung des Zusammenhaltes führten. Es kam zu weiteren verzweifelten, blindwütigen Zerstörungstaktiken. Schliesslich waren beide Seiten entschlossen, die Gegenpartei wirklich zu vernichten. Die bestreikten Betriebe sollten durch härteste Kampfmassnahmen «verbluten», während die angegriffenen Gewerkschaften als «gemeinschaftsfeindlich» bestempelt wurden und durch die Regierung aufgelöst werden sollten. Die totale Zerstörung konnte in diesem Falle gerade noch unterbunden werden.

Für die Gewerkschaftsvertreter hatte der Verlust der Vertrauenswürdigkeit in den Augen ihrer eigenen Mitglieder verheerende Folgen, weil sie in den bevorstehenden Funktionärswahlen keine einzige Chance mehr hatten. Die Vertrauensbeziehung zu ihren Mitgliedern war jedoch ihre Machtbasis. Sobald diese erschüttert war, konnten sie auch in der Auseinandersetzung mit den Vertretern der Unternehmensleitung nichts mehr einbringen. In gleicher Weise waren auch die Unternehmensvertreter entmachtet worden. Eine ähnliche Entwicklung beschreibt B. Houlton (1976) im Fircroft College Dispute.

Die Parteien bedienen sich nunmehr auf allen Fronten vieler Listen, die nicht nur eine Zerstörung der *materiellen* Macht des Gegners, sondern das Aufspalten der Partei schlechthin bezwecken. Am liebsten so, dass sie sich nicht mehr erholen kann. Damit erfolgt eine Umkehrung des Abhängigkeitsdenkens: Die kämpfende Partei ist in ihrem eigenen System von den eigenen Mitgliedern abhängig und wird von diesen gerichtet. Durch das gegenseitige Ausspielen der verschiedenen Flügel innerhalb einer Partei kann Disharmonie gesät und vertieft werden. Die Reaktionen der Parteien führen zu noch mehr irrationalem Verhalten, weil aufkommende Gegensätze innerhalb der eigenen Reihen unterdrückt werden müssen. Dies geht zumeist mit einem sprunghaften Anstieg der Aggressivität nach aussen Hand in Hand. Durch die extremen Folgen des Konfliktes bildet sich in den Parteien oft massiver Widerstand gegen die eigene Führung. Das angeführte Beispiel des Streiks verdeutlicht das Kalkül der Parteien: Es geht ihnen nicht um das Erzielen eines Nutzens, sondern um den «relativ grösseren Schaden für den Gegner»; sie sind absolut bereit, grössten Schaden in Kauf zu nehmen, wenn der Schaden für die Gegenseite noch um einiges grösser ist. Die destruktiven Neigungen nehmen auf dieser Stufe Überhand.

E. Fromm (1975) hat in seinen Untersuchungen zur nekrophilen Lust an Tötung und Vernichtung aufgezeigt, dass sich dies im sprachlichen Ausdruck der Parteien verrät. Seine Befunde bestätigen die Ergebnisse von K. Deutsch und D. Senghaas (1971) wie auch unsere Beobachtungen: Nun sprechen die Parteien vom «Ausradieren» oder von der «Endlösung» usw., worin sich der Drang zum totalen Eliminieren des Gegners ausdrückt. Überdies zeichnet sich diese Einstellung nach E. Fromm durch eine abgöttische Begeisterung für Zerstörungsmaschinen aus. Zerstörung wird als jenseits menschlich ethischer Werte dargestellt. Es werden Strategien und Taktiken wie Maschinen und Apparate eingesetzt, deren störungsfreies Funktionieren an sich Befriedigung gewährt. Damit geht Bewunderung für Geschwindigkeit, Sterilität, Megagewalt, mechanisches Handeln und Denken, massive schreckhafte Ballung von Energie usw. einher. E. Fromm bezeichnet selbst die kalte, berechnende Denkart, die H. Kahn (1960) in seinen strategischen Überlegungen zum thermonuklearen Krieg ausbreitet, als nekrophile krankhafte Denkweise (p. 390). – Der Angriff auf den Gegner richtet sich gegen alle Zeichen oder Spuren von Vitalität. Zerstören der Lebensfähigkeit – am liebsten mit langfristig nachhaltigen Wirkungen – wird zum Ziel an sich. Bei allem hält die Parteien noch eine einzige Furcht davor zurück, der Gewaltanwendung völlig zügellos nachzugeben: Sie bemühen sich, ihre eigene Existenz, die Chance für das eigene Überleben, nicht in Gefahr zu bringen. Auch wenn sie zu weitgehender «Selbstaufopferung» bereit sind und infolgedessen grossen Schaden in Kauf nehmen, spekulieren sie immer noch auf Überleben. Sobald diese Selbstbegrenzung gefallen ist, haben die Parteien die Schwelle zur neunten Stufe überschritten.

10.9 Stufe neun: Gemeinsam in den Abgrund

Es ist für die Konfliktparteien ausserordentlich schwierig, den Konflikt auf der achten Eskalationsstufe wirksam zu begrenzen. Durch die Totalisierung der eingesetzten Gewalt ergibt sich eine Situation, in der ein Schritt zurück nicht mehr möglich ist. Nun ist die Losung der Parteien: «Vorwärts um jeden Preis!» Bedenkenlos wird alle verfügbare Gewalt eingesetzt. Die Parteien schalten auf «totalen

Kollisionskurs» um. Alle Brücken sind unwiederbringlich abgerissen und verbrannt worden. Den Parteien erscheinen die materiellen und immateriellen Kosten einer Umkehr um vieles höher als die Kosten einer totalen Vernichtung und Selbstvernichtung. H. Kahn (1965) fasst diese Haltung in dem Bild zusammen: «Alle Knöpfe der Vernichtungsmaschine werden gleichzeitig gedrückt.» Die Konfliktparteien führen einen totalen Vernichtungskrieg gegen ihre Umgebung, ohne noch Parteien oder Neutrale zu unterscheiden. Sie schlagen besinnungslos um sich, weil sie erleben, dass sie unaufhaltsam einem Abgrund zutreiben, aus dem es kein Entkommen mehr gibt. Ihre einzige Genugtuung ist das Wissen, dass sie im eigenen Untergang den Feind mit in den Abgrund reissen können und dass er mit ihnen zugrunde gehen muss. Damit erlaubt der wechselseitige Selbstmord den Parteien, sogar noch im Untergang über den Gegner zu triumphieren, weil seine Chance auf Überleben gleichfalls zerschlagen werden konnte.

10.10 Gesamtbild der neun Eskalationsstufen

Die Eskalation des Konfliktes hat über die neun Stufen eine Reihe wesentlicher Veränderungen gezeigt (die Zahlen bezeichnen die Stufen):

Die Perzeption der Gesamtsituation 1. Die Parteien richten sich anfänglich auf die Differenzen in der Objektsphäre, später (4–6) verlagert sich die Aufmerksamkeit auf die Differenzen in der Subjektsphäre. Dort meinen die Konfliktparteien die Kernprobleme zu finden. Schliesslich werden die Beziehungen zwischen den Akteuren wie Sachfragen betrachtet und ohne menschliche Regungen zu lösen versucht (7–9).

Die gegenseitigen Perzeptionen der Parteien: In den Beginnphasen (2–3) bilden sich die Parteien feste und stereotype Bilder von einigen «wesentlichen Verhaltensmustern», später (4) werden diese ausgeweitet zu stereotypen Bildern der Fähigkeiten und Charaktermerkmale der Gegenpartei. Danach (5–6) nehmen diese Bilder Züge übermenschlicher und untermenschlicher Wesen an, die in der Folge zu Personifikationen von Licht und Dunkel polarisieren und letztendlich (7–9) zu unpersönlichen, dinghaften Bildern von der Gegenseite werden.

Die Einstellungen der Konfliktparteien: Auf Stufen 1–3 herrschen gemischte Motive, d. h. kooperative zusammen mit kompetitiven Einstellungen vor. Danach (4–6) tritt die «Win-lose»-Haltung auf, die zu einer Polarisierung in allen Bereichen führt. Zuletzt (7–9) erkennen die Parteien, dass es nichts zu gewinnen gilt und höchstens der eigene Verlust geringer gehalten werden kann als der für die Gegenseite. Dadurch tritt eine Verbitterung und Verhärtung auf, die eine schnelle Gewaltsteigerung vorantreibt. Durch die Verschlechterung der gegenseitigen Kommunikation verstärken sich die negativen Einstellungen vom Misstrauen zum grundsätzlichen Argwohn (2–4) bis zur autistischen Feindseligkeit (5–6) und zum Hass auf den Gegner (6–8), der auch im Selbsthass enden kann.

Die gegenseitigen Beziehungen: In den Anfängen merken die Parteien, dass sie hinsichtlich der gegenseitigen Beziehungen einander Probleme bereiten können und deswegen auf der Hut sein müssen. Danach suchen sie eine Position der Überlegenheit (2–3), die später in Streben nach Dominanz und Unterdrückung übergeht (4–7). Die gegenseitigen Beziehungen werden somit zu einer ständigen Quelle des Ärgernisses und binden alle Energien. Die Parteien fixieren einander im Tun auf stereotype Bilder (3–4), später auf die Doppelgänger (5–6), wobei sie einander in diese Rollen manövrieren und darin bekämpfen. In den Endphasen (7–9) versuchen die Parteien, den Gegner von sich abzuschütteln und die Situation im Alleingang für sich zu bestimmen.

Die Beeinflussungsbemühungen der Parteien: Die ursprüngliche Flexibilität der Auffassungen verhärtet zu Standpunkten (2–3), die extrem und fixiert vertreten werden. Dennoch zielen die Beeinflussungsversuche auf die sachlichen Fragen; Zug um Zug verlagert sich die intellektuell-verbale Auseinandersetzung auf die Ebene des Tuns (3: Strategie der vollendeten Tatsachen); danach wird über den Umweg der Beeinflussung der Position der gegnerischen Partei Einfluss in den Sachfragen erhofft (3–4). Dies mündet in Massnahmen, die direkt auf die Position der Gegenpartei gerichtet sind (5–6). Mittels der Drohstrategien (6) treiben die Parteien einander immer mehr in die Enge und beschneiden einander gegenseitig die Entscheidungs- und Handlungsspielräume. Sie manövrieren einander in die Rolle des Reagierenden, der «keine andere Wahl hat, als zuzuschlagen». Zuletzt (7–8) bildet sich die Überzeugung, dass nur ohne den Gegner ein sachlicher Fortschritt erzielt werden kann. Die andere Partei muss deshalb schonungslos eliminiert werden.

Das Verhältnis der Parteien zu bestehenden Normen: Zu Beginn werden bestehende Normen voll anerkannt und die Parteien hüten sich davor, diese zu verletzen. Später (4–5) versuchen sie, Lücken im Maschennetz zu erkennen und gegen die andere Partei zu gebrauchen, ohne offensichtlich die Normen zu brechen. Danach (6–8) kennen sie keine Sorge mehr um die Normen bzw. greifen diese an, wenn sie ihren Zielen im Wege stehen.

Die Beziehungen zur sozialen Umgebung: Die anfänglich lockeren Beziehungen ändern sich, sobald die Parteien sich von der Umgebung abschliessen, um ihre innere Kohäsion zu stärken. In den folgenden Phasen (4) suchen sie – aus Sorge um ihre Reputation – Anlehnung an andere Personen oder Gruppen und versuchen, diese in Koalitionen für sich zu gewinnen. Danach (5) wird um Mitstreiter gerungen, bis sich schliesslich (5–6) die Angriffe gegen die soziale Umgebung richten, um auch sie unter Druck zu setzen. Zuletzt wird im Kampf gegen die Umgebung nicht mehr zwischen Sympathisanten oder Neutralen unterschieden.

Die Erwartungen hinsichtlich der Lösbarkeit der Differenzen: Auf den ersten Eskalationsstufen (1–3) erwarten die Parteien eine Lösung der sachlichen Differenzen; dazu können sie letztlich kooperieren. Später (4–5) schieben sich die Probleme der gegenseitigen Beziehungen zwischen sie und sie halten eine Lösung nur für möglich, wenn gleichzeitig auch in die Beziehungen der Parteien eingegriffen wird. Mehr und mehr (6–9) verlieren die Parteien den Glauben, dass sie ohne Dritte eine Lösung der Differenzen finden können. In den Endstufen können sich die Parteien kaum vorstellen, dass eine konstruktive Lösung gemeinsam mit dem Gegner möglich wäre. Eine «Endlösung» sieht für den Gegner keine Existenz-Position vor; Eingriffe von Dritten werden nur respektiert, wenn sie Macht repräsentieren.

In unserer Arbeit als Mediator, Konflikt-Berater und -Trainer nicht nur in vielen Ländern Europas sondern auch in aussereuropäischen Kulturen (Argentinien, Brasilien, Georgien, Kanada, Russland, Sri Lanka, südliches Afrika, USA) hat sich gezeigt, dass auch dort die Eskalationsstufen intuitiv erkannt werden. Es gibt jedoch Unterschiede in der emotionalen Bedeutung der einzelnen Stufen. In nordamerikanischen Kulturen wird der Übergang zu Stufe drei (Taten statt Worte) als weniger dramatisch empfunden als z.B. in Russland und Georgien. In asiatischen Kulturen wird schon das Entstehen von Klischeebildern als sehr dramatisch erlebt und nähert sich beinahe der Erlebnisintensität, die für europäische Menschen erst der Gesichtsverlust hat. Dennoch stellt auch in Asien der eigentliche Gesichtsverlust noch eine weitere Intensivierung dar.

Bei unseren empirischen Forschungsprojekten, in denen das Streitverhalten von Männern und Frauen (in Mitteleuropa) verglichen wird, hat sich bisher gezeigt, dass die Charakteristika der Eskalationsstufen von Männern und Frauen auf gleiche Art erkannt werden, wenngleich auf Stufe zwei das verbale Abwerten der Sachargumente und das Streben nach Überlegenheit von Frauen als schlimmer erlebt wird als von Männern; auch der Schritt zur Stufe drei wird von Frauen als dramatischer empfunden als von Männern, während die Stereotypenbildung der Stufe vier von Männern größeres emotionales Gewicht bekommt als von Frauen.

Aber sowohl zu den kulturellen Besonderheiten wie zu den Gender-Fragen sind noch viele Fragen offen, die empirische Forschung erfordern.

10.11 Eskalation auf heisse und kalte Weise

Wenn auch die Hauptmerkmale unserer Darstellung dieses Buches auf heisse und kalte Konflikte zutreffen, so gibt es von den Stufen 1 bis einschliesslich Stufe 5 doch auffällige Unterschiede (siehe F. Glasl 2003b), die wir in den wichtigsten Punkten im folgenden schematisch gegenüberstellen.

Eskalation auf die heisse Art	Eskalation auf die kalte Art
1. Verhärtung	
Es kommt zur Verhärtung und Kristallisierung von Standpunkten. Ärger und Betroffenheit darüber und Verspannungen werden gezeigt und direkt angesprochen. Bei Meinungsdifferenzen wird die Intensität der Überzeugungsarbeit erhöht.	Bei Meinungsdifferenzen wird geschwiegen oder das Thema gewechselt. Der Ärger wird geschluckt und nur indirekt geäussert: durch ostentative Nebengespräche, indirekte Anspielungen, Zynismus, negative Berichte ausserhalb der Gruppe.
2. Debatte, Polemik	
Polemik durch die Polarisierung in Denken, Fühlen, Wollen wird emotional ausgekostet und mit «sportlicher Freude» am Kräftemessen betrieben. Weil die vorgesehene Zeit für Debatten nicht ausreicht wird zusätzliche Zeit eingeräumt. Bestehende Regeln und Prozeduren werden möglichst ignoriert, um in der verbalen Auseinandersetzung nicht eingeschränkt zu sein. Streitgespräche werden chaotisch und überwuchern die normale Arbeit. Bei den Opponenten und bisher unbeteiligten Beobachterinnen und Zuschauern wird direkt für den eigenen Standpunkt geworben. Die eigene Überlegenheit wird übertrieben ausgelebt und triumphierend zur Schau gestellt. «Oberton» (offiziell Gesagtes) und «Unterton» (zwischen den Zeilen Gehörtes) der Debatten klaffen mehr und mehr auseinander. Die Streitenden springen absichtlich zwischen Sach- und Beziehungsebene, um taktische Vorteile zu ziehen. Die Anzahl der Streitthemen nimmt schnell zu. Es gibt noch keine starren Parteien, sondern je nach Streitthema finden immer wieder andere Personen zusammen.	Vor Sitzungen wird durch Lobby Stimmung für die eigene Sache und gegen den Standpunkt der Gegenpartei gemacht. Viel Energie wird aufgewendet, Fehler in den Auffassungen der Gegenpartei aufzuzeigen. Positionspapiere werden im Vorfeld in Umlauf gebracht, Zustimmung wird abseits offizieller Kanäle gesucht. In der Auseinandersetzung nimmt zynisches, sarkastisches Abwerten der gegnerischen Standpunkte (nicht der Personen) mehr Raum ein als das Werben für den Standpunkt. Anstatt direkter mündlicher Auseinandersetzung wird möglichst indirekt und schriftlich kommuniziert. Anonyme Beschlussfassung (Rundlauf statt Diskussion) sowie Regeln und Prozeduren nehmen zu. Im «Oberton» wird betont, dass die Auseinandersetzung sachlich geführt werden sollte, während der negative «Unterton», der gegen die unterstellten Absichten und Ansichten der Gegenpartei gerichtet ist, stärker wird. Immer mehr Themen, die in den Streit eingebracht werden, bleiben ungelöst und werden unbesprechbar bzw. tabuisiert. Die verbleibenden Gespräche werden zäher und starrer.
3. Taten statt Worte	
Nach Debatten und Polemiken meinen die Parteien, reden bewirke nichts mehr. Deshalb geht es ums Durchdrücken der Ideen gegen den Willen der anderen Partei. Bevor diese jedoch vor vollendete Tatsachen gestellt wird, wird offen angekündigt, «dass etwas geschehen wird». Überraschende Aktionen beschleunigen die Eskalation. Persönliche Aggression sowie erlittene Verletzungen werden unverhüllt gezeigt. Das erstarkte Wir-Gefühl und die Geschlossenheit der eigenen Gruppe werden prahlerisch ausgekostet. In den eigenen Reihen wird Meinungsanpassung gefordert, «Abweichler» werden zur Ordnung gerufen bzw. ostentativ bestraft («Exempel statuieren»). Das Einfühlungsvermögen für die Befindlichkeit der Gegenpartei ist drastisch geschwunden.	Starke Lobby ausserhalb der offiziellen Begegnungsforen und hinter dem Rücken der Gegner. Es wird gang und gäbe, der Gegenpartei Fallen zu stellen, durch Überraschungs- und Täuschungsmanöver und Hinweise auf formelle Vorschriften und «Sachzwänge» zu blockieren und auflaufen zu lassen. Die Gegner an der Zielerreichung zu hindern ist wichtiger als eigene Ziele zu verwirklichen. Frustrationen bei der Gegenpartei werden als «selbstverschuldet» kommentiert. Schadenfreude wird unterkühlt gezeigt und nach innen gefeiert. Konfliktparteien fühlen sich gebremst und blockiert. Ärger über die verfahrene Situation macht sich breit, bewirkt eine depressive Stimmung. Gefühle der Lähmung und Ohnmacht führen zu Phantasien über die Machtfülle und Bösartigkeit der Gegenpartei.

4. Images, Koalitionen	
Zusätzlich zu Aktionen des Durchdrückens werden Imagekampagnen offen geführt, durch Betonung des positiven Selbstbildes wird das Gegnerbild automatisch negativer. Bei jeder Gelegenheit wird der Gegner mit dem negativen Klischeebild konfrontiert. Symbiotische Zusammenschlüsse dienen dazu, sich bei Anderen Bestätigungen für die Richtigkeit der eigenen Anliegen und Vorgehensweise zu holen. Deshalb erfolgt Koalitionsbildung überwiegend durch emotionale Sympathiebekundungen, indem sich Gleichgesinnte für die gemeinsame Zielerreichung verbünden. Im Laufe der Zeit entstehen immer mehr militante Allianzen, die gegen den gemeinsamen Feind zu Felde ziehen. Die Grösse und Stärke der eigenen Koalition wird überschätzt und übertrieben dargestellt. Offenes Sticheln und Ärgern führen zu neuen Enttäuschungen und schüren das Misstrauen.	Aktionen gegenseitigen Behinderns und Blockierens nehmen zu. Immer öfter wird mit Anhängern ein geheimer «Kriegsrat» einberufen, um den Gegner in die Enge zu treiben. Häufig kommt es zu Pattstellungen, in die alle Seiten viele Kräfte investieren, die aber wenig bewegen. Unzufriedenheit über mangelnde Erfolge führt zu Selbstvorwürfen und Selbsthass («Implosionen») und entlädt sich gegen sich selbst. Verdecktes Sticheln und Ärgern wird geleugnet. Durch verdeckte Imagekampagnen und gezieltes Anschwärzen des Gegners soll das Selbstbild positiver werden, damit sich andere Menschen vom Gegner abwenden Rufschädigende Aussagen (die Fach- und Sozialkompetenz betreffend) werden massiv geleugnet. Weil jede Konfliktpartei Verletzungen und Schaden erleidet, wuchern gegenseitige Vorwürfe, Beschuldigungen und Schuldzuweisungen.
5. Gesichtsangriff und Gesichtsverlust	
Das (vermeintliche) Entdecken von Widersprüchen, Lügen und Verfehlungen führt zu grosser Entrüstung, die offen gezeigt wird. Beschuldigungen werden sehr emotional vorgebracht, damit sich die Personen, die sich bisher nicht stark engagiert haben, einer Seite anschliessen. Dies alles zielt auf den «Todesstoss» hin, mit dem der Gegner (bzw. die wichtigste Person der Gegnerpartei) öffentlich entlarvt wird. Dieser Person wird Lüge, Betrug, Manipulation nachgewiesen. Dies führt zur spektakulären Ausstossung der total diskreditierten Person (oder Gruppe). Durch Verteufelungen des Gegners wird die eigene Partei desto mehr als unschuldig, gutgläubig und ehrenhaft dargestellt. Mit Vehemenz werden dem überführten Missetäter Probleme der letzten Zeit angelastet. Offener Hass regiert die Szene.	Für die geplante Entlarvung werden im geheimen Schwarzbücher (Listen der Fehler des Feindes) angelegt, ausgetauscht und gesammelt. Der Zeitpunkt für die öffentliche Entlarvung vor Zeugen wird genau geplant. Überraschungsmanöver und Fangfragen werden eingebaut und inszeniert, durch die der Feind in die Enge getrieben wird, sich in Widersprüchen verfängt und sich als moralisch völlig verwerflich zu erkennen geben soll. Die Umzingelung wird schrittweise enger, bis der Gegner mit vernichteter Ehre zusammenbricht. Die eigentliche Entlarvung kann von der angreifenden Partei – äusserlich gesehen – sogar kontrolliert und beherrscht durchgeführt werden, so dass ihr keine unlautere Emotionalität vorgeworfen werden kann. «Wir konnten nicht anders, wir mussten es tun!» wird zur Rechtfertigung gesagt.
6. Drohstrategien	
Kein nennenswerter Unterschied zwischen heisser und kalter Austragungsform auf dieser Stufe.	
7. Begrenzte Vernichtungsschläge	
Kein Unterschied zwischen heisser und kalter Austragungsform auf dieser Stufe.	
8. Zersplitterung	
Kein Unterschied zwischen heisser und kalter Austragungsform auf dieser Stufe.	
9. Gemeinsam in den Abgrund	
Kein Unterschied zwischen heisser und kalter Austragungsform auf dieser Stufe.	

An dieser Stelle sind noch einige Bemerkungen zur gebrauchten Terminologie angebracht, im Zusammenhang mit der Problematik der Innen- und Aussenbeziehungen in Konflikten.

Um die Beziehungen zwischen den Konfliktparteien zu charakterisieren, haben wir oft psychiatrische Ausdrücke gebraucht. Wesentliche Vorgänge *zwischen* den Konfliktparteien können mit Erklärungsmodellen der Psychiatrie verstanden werden. Dies bedeutet jedoch nicht, dass die beteiligten Personen an sich neurotisch oder psychotisch sind. Auch wenn einzelne bezüglich vieler Fragen völlig gesund reagieren, tritt doch in Hinsicht auf den Feind Fixiertheit und stereotypes Denken, Fühlen und Wollen auf. Die *Interaktionen* weisen die typischen Formen auf, die mit psychiatrischen Ausdrücken bezeichnet worden sind.

Zwei sehr extreme Richtungen stehen einander gegenüber. Die psychoanalytisch orientierte Konfliktpsychologie behauptet, dass intrapsychische Konflikte zu sozialen Konflikten werden, wenn es den Einzelpersonen nicht gelingt, die widerstrebenden Impulse aus dem «Es», dem «Ich» und dem «Über-Ich» in sich zu einem Ausgleich zu bringen. Konflikte *zwischen* Menschen entspringen demnach den unbewältigten *intrapsychischen* Spannungen. – Dieser Schule steht beispielhaft die Kontingenztheorie von P. Lawrence und J. Lorsch (1969, 1972) gegenüber: Die soziale Aussenwelt prägt die interne Struktur eines sozialen Gebildes. Rollenverteilungen, Wege der Entscheidungsfindung, Führung und Kommunikation usw. werden von den Einflüssen aus der sozialen Umgebung bestimmt. Wir konstatieren, dass bis zu einem gewissen Grad und für einige Zeit Konfliktparteien einen Konflikt so begrenzen können, dass er nicht zwangsläufig die Umgebung einbezieht. Auch in solchen Fällen stehen die Parteien den Einflüssen offen, die ihre Spannung oder den Druck erhöhen, dem sie ausgesetzt sind. Als «offene dynamische Systeme» (F. Glasl / B. Lievegoed 2004) stehen Menschen oder soziale Organismen in einem dialogischen Verhältnis zu ihrer Aussenwelt. Die Art und Weise der Dialoggestaltung wird jedoch von der Identität der Person oder der Gruppe usw. bestimmt.

Zum Abschluss noch eine grundsätzliche Frage: Wie zwanghaft wirken die beschriebenen Mechanismen der Eskalation?

Unsere Darstellung der Eskalationsdynamik kann auf den ersten Blick als linear-kausal und fatalistisch missverstanden werden, wie dies bei R. Eckert und H. Willems (1992, p. 81) geschieht. Denn die dynamisierenden Mechanismen treiben den Konflikt zur Intensivierung und die Schwellen wirken als Warnzeichen; nach dem Überschreiten hindern sie auch die De-Eskalation. Alle diese Faktoren scheinen Konflikte automatisch zu eskalieren. Dennoch kann man aus den bisherigen Ausführungen nicht ablesen, dass wir von einer fatalistischen Grundstimmung ausgehen.

Jeder Konflikt stellt grosse Herausforderungen an unser Ich, d. h. an die integrative Kraft unserer Persönlichkeit oder Gruppe bzw. Organisation. Ohne einen Akt der Bewusstseins-Anstrengung, ohne Besinnung auf eigene Intentionen und Moralität, droht der Konflikt einen verhängnisvollen Verlauf zu nehmen.

Es ist möglich, dem Konflikt eine andere psychisch-geistige Qualität entgegenzustellen, als sie aus der Konfliktdynamik heraus provoziert wird. Wir ziehen es deshalb vor, «*Mechanismen*» nur diejenigen Faktoren und Wirkzusammenhänge zu nennen, die den Konflikt *intensivieren* können; sie führen zu mechanistisch determiniertem Verhalten, weil Bewusstsein und Ich-Kraft nicht mehr bestimmend sind. Konfliktbehandlung kann nicht Sache von automatisch ablaufenden Zwangsverfahren sein, sondern von Bewusstseinsanstrengungen. Sie erfordert einen Entschluss, gegen den Strom schwimmen zu wollen. Sie muss dem Konflikt eine Energie zuführen, die nicht aus dem Konfliktprozess selbst stammt.

Auf der vierten Eskalationsstufe haben wir gesehen, wie die Parteien um ihre Reputation besorgt sind. Auf die Dauer kann dies zu einer Fixierung führen, wodurch eine Konfliktpartei stets mehr von der Fremdeinschätzung abhängig wird. Mit anderen Worten: Die Parteien haben nicht mehr die innere Sicherheit, ihr Eigenwertgefühl aus sich selbst zu schöpfen. Sie können sich diesem fatalen Denken entziehen, wenn sie eine authentische Wahl treffen: «Ich lasse mich nicht auf Reputationsfragen fixieren!» Wer dies will, wird fortwährend Verführungen ausgesetzt sein. Eine einmal getroffene Wahl muss deshalb von Mal zu Mal neu bestätigt werden. Sie setzt kein automatisch ablaufendes Verhalten in Gang. Der Gewaltverzicht einer Partei wird nicht sofort durch eine Gewaltminderung der Gegenseite honoriert, sondern einige Male auf die Probe gestellt.

Solche Überlegungen lassen darum die Spekulationen von A. Etzioni (1964 a) als unrealistisch erscheinen, der meinte, es könnte in Umkehrung des «Richardson-Prozesses» zu einer Kettenreaktion der Abrüstung und Befriedigung kommen: Ein Akt der Abrüstung der einen Partei könnte demnach Vertrauen der Gegenseite bewirken, die mit einer Abrüstungsmassnahme antwortet. Daraufhin stärkt sich das Vertrauen der anderen Seite, die ihrerseits noch weiter abrüstet usw. – Die Erfahrung zeigt jedoch, dass *Mechanismen* zwar in Richtung der Konfliktintensivierung wirken, nicht jedoch in positiver Richtung.

Deshalb ist die Erwartung eines selbsttätigen Mechanismus des De-Eskalierens – ein positiv gekehrter Fatalismus! – nicht begründet.

Unsere Eskalationstheorie will so verstanden werden, dass eine Vielzahl von Mechanismen wirkt, die den Konflikt intensivieren, wenn ihnen nicht bewusst entgegengetreten wird. Durch Kenntnis der Eskalationsdynamik und der Stufen und Schwellen kann die verhängnisvolle Tendenz erkannt, die Herausforderung aufgegriffen und durch einen Bewusstseins- und Willensakt in eine Antwort umgeformt werden. Nur durch Mut kann dem Konflikt eine positive Wendung gegeben werden.

Aus unserem christlichen Menschen- und Gesellschaftsbild heraus, das sich auf die Anthroposophie von R. Steiner stützt, können wir dies folgendermassen zusammenfassen: Der Mensch ist in sich und in seiner Umgebung mit Gegenkräften konfrontiert, die zu einer Schwächung und Trübung seines Bewusstseins führen, wenn der Mensch nicht zu seinen eigenen ethischen Impulsen steht und authentisch zu handeln versucht. *Gerade in der Auseinandersetzung mit diesen Widersachern kann er sich Freiheit des Willens erwirken.* Dies ist die Herausforderung an den Menschen schlechthin: sich selbst und die gesellschaftlichen Zusammenhänge so zu entwickeln, dass Menschen nicht aus Zwängen, sondern aus Verantwortung heraus entscheiden und handeln.

In diesem Lichte sind auch die abschliessenden Ausführungen zu verstehen.

Bei der Darstellung der dynamisierenden Faktoren der Eskalation haben wir darauf verwiesen, wie sich zwischen den Konfliktparteien eine «dämonisierte Zone» bildet. Durch die gegenseitigen Frustrationen lässt sich jede Partei zu einem Verhalten hinreissen, das mehr Folgen nach sich zieht, als sie beabsichtigt hatte. Jede Partei betrachtet sich selbst nur für ihre Intentionen und den bewussten Teil ihrer Handlungen verantwortlich und nicht für die ungewollten und unbewussten Handlungsfolgen.

Mit der Eskalation treten in dieser «dämonisierten Zone» Handlungen auf, für die keine Partei verantwortlich sein will. Gerade dadurch nehmen Frustration, Verbitterung und Rachegefühle erheblich zu. Schritt für Schritt schreiten die Konfliktparteien in die Regression, wodurch in ihnen Kräfte aus einer vorhergehenden Stufe ihrer seelisch-geistigen Entwicklung mobilisiert werden. Wir messen deshalb den Forschungsergebnissen zur Regression grösste Bedeutung bei. K. Lewin (1935 und 1941) hat in sozialpsychologischen Experimenten Regression im Individuum und im sozialen Verhalten erforscht und hat nachweisen können, wie Frustrationen dazu führen, dass ein Individuum auf sein Verhalten aus einer zurückliegenden Entwicklungsphase zurückfallen kann. M. Pages (1974) weist auf ähnliche Erscheinungen im Leben der Gruppe hin, die zu gleichen Ergebnissen führen wie die Befunde von E. Glenn (1966) im meso- und makro-sozialen Bereich. Bei der Simulation internationaler Konflikte hat sich gezeigt, dass die Beziehungen der Nationen in bestimmten Fällen nur nach Verhaltensmodellen zu erklären waren, die für das Kindergartenalter charakteristisch sind (B. Röling 1970). In allen Dimensionen, von mikro-, über meso- bis hin zu makro-sozialen Gebilden ist ein Rückfall zu erkennen. Die handelnden Subjekte funktionieren «unter ihrem Niveau». Dadurch werden primitivere Denkweisen angesprochen und instinkthafte Regungen geweckt. Diese bestimmen danach das Geschehen, wenn nicht wieder das Ich zu Selbstbeherrschung und Selbstverantwortung findet. Durch eine anfängliche Trübung des Bewusstseins können in Menschen und in sozialen Organismen Kräfte freigesetzt werden, deren Kontrolle auf die Dauer über die Fähigkeiten derer geht, die sie aufgerufen haben.

Dadurch verschlechtert sich die Gesamtsituation und verstärkt die Irritationen der Konfliktparteien. Dies weckt in ihnen schlummernde unmenschliche und unsoziale – später selbst bestialische – Regungen, die aus tiefen Regionen des Unterbewussten aufbrechen und sich der Kontrolle und Lenkung durch den Menschen entziehen. Elias Canetti (1960) verweist zum Verständnis demagogischer Vorgänge, durch die Kollektive zu ungekannten Akten der Grausamkeit verführt werden, auf das geschickte Appellieren an archetypische Bilder. So haben bekanntlich die Demagogen des nationalsozialistischen Regimes an diese Urbilder appelliert und sie für ihre Zwecke zu mobilisieren verstanden. Um das Wesen dieser Vorgänge adäquat beschreiben zu können, müssen wir uns archetypisch-mythologischer Bilder bedienen:

Der Weg zweier Konfliktparteien in die Eskalation gleicht dem Abstieg zweier Menschen in die Unterwelt. Im Dunkeln sind sie vom Weg abgeraten und haben sich in die Gebiete der Unterwelt verirrt, in denen – nicht deutlich erkennbar – dämonisch-bestialische Ungeheuer schlummern. In ihrer Beklemmung beherrschen die verirrten Besucher nicht mehr ihr Tun. Aus Unachtsamkeit stossen sie aneinander, bis die brennenden Fackeln aus ihren Händen fallen. Im Dunkeln werden durch unvorsichtige und unbeherrschte Bewegungen einige der schlafenden Ungeheuer geweckt. Erst einmal geweckt, mischen sich diese Wesen zwischen die Besucher. Sie drängen sie zu weiterem unüberlegtem Handeln, das wiederum andere Tiere entfesselt. Im Dunkel meint jeder der Besucher, er werde von der anderen Person angegriffen, obschon in Wahrheit die Raubtiere auf sie einstürmen. Mit jedem Gegenschlag zur Abwehr werden zusätzliche Gewalten aus ihren Fesseln befreit. Im Tumult werden die glimmenden Fackeln zertreten, und im völligen Dunkel schlagen die Besucher der Unterwelt blindwütig um sich. Der Kampf endet zuletzt in der gegenseitigen Zerfleischung.

In der Eskalationsdynamik wirken durch einzelne Menschen und durch Gemeinschaften Kräfte in das soziale Geschehen herein, die auf der Grundlage jüdisch-christlichen esoterischen Wissens verstanden werden können. Menschen provozieren im Konflikt gegenseitig die Schwächen, die zur Trübung des Bewusstseins und der ethischen Haltung beitragen. Dadurch verschliessen sie sich mehr und mehr für die Inspirationen durch die «neun Chöre der Engel», die als Angeloi, Archangeloi und Archai, als Exusiai (Elohim), Dynameis und Kyriotetes, und als Throne, Cherubim und Seraphim zwischen Menschen und der dreifältigen Gottheit wirken (siehe dazu ausführlicher F. Glasl 2002, p. 185 ff.). Indem wir immer mehr aus unserer Schattenpersönlichkeit heraus denken, fühlen, wollen und handeln, erlauben wir den «Gegenmächten», dass sie die Wirksamkeit der Angeloi (und der anderen geistigen Begleitwesen) stören und in ihr Gegenteil pervertieren (siehe dazu R. Steiner 1906). Wie wir an anderer Stelle ausgeführt haben (siehe das

Interview von Th. Höfer 1994), erfordert Konfliktbehandlung auf den verschiedenen Eskalationsstufen, dass wir eine seelisch-geistige Beziehung zu den entsprechenden höheren Geistwesen, die über den Menschen wirksam sind, pflegen. Dies kann über verschiedene Wege geschehen, durch religiöse Übungen und Gebet, durch Wege der seelischen Läuterung und Meditation. Wenn wir als Drittpartei unser Sein und unser Tun in das Wirken der begleitenden höheren Geistwesen einzubetten bemüht sind, können wir die in uns vorhandenen positiven Kräfte besser aktivieren.

Teil 3
Strategie der Konfliktbehandlung

11. Interventionen der Konfliktbehandlung

11.1 Grundsätzliche Ausrichtung der Interventionen

Die Literatur über Konfliktbehandlungsinterventionen ist heute bereits schwer zu überblicken. Es wird darin für bestimmte Interventionsmethoden plädiert. Oft glauben die Autoren, diese Methoden seien immer und überall gleich sinnvoll und gleich wirksam. Jeder Praktiker und jede Praktikerin weiss aber, dass dem nicht so ist. Denn bestimmte Interventionen, z. B. die «Datenrückmeldung von Diagnosebefunden», sind in heissen Konflikten sehr zu empfehlen, während sie im kalten Konflikt nur zu einer weiteren Fixierung des Leugnungs- und Abwehrverhaltens beitragen würden. Und manche Interventionen, z. B. der Beziehungsklärung nach der Transaktionsanalyse, leisten in den Eskalationsstufen zwei bis vier sehr gute Dienste, während sie auf der fünften Stufe absolut unzureichend sind und deshalb kontraproduktiv wirken.

Gerade weil keine Methode immer und überall undifferenziert anwendbar ist, haben wir im Diagnoseteil versucht, situative Indikatoren für Interventionen anzugeben. Mit ihrer Hilfe können wir einigermassen abschätzen, welche Interventionen welche Wirkungen haben könnten. Dies ergibt unser Kontingenzmodell der Konfliktinterventionen, das wir in den weiteren Kapiteln dieses Buches darstellen.

Im Kapitel 1.4 haben wir bereits unterschiedliche Begriffe für Interventionen der Konfliktbehandlung angesprochen, die entweder auf eine Beeinflussung des Konfliktpotentials, des Konfliktprozesses oder der Konfliktfolgen gerichtet sein können. Dies ist bloss eine mögliche Sichtweise für die Unterscheidung von Interventionen.

Eine zweite Sichtweise unterscheidet, ob die Interventionen in erster Linie präventiv oder kurativ sind.

11.1.1 Präventive Interventionen

Mit präventiven Interventionen wird beabsichtigt, dass es gar nicht erst zum Ausbruch eines Konfliktes kommt. Dies ist möglich, indem wir u. a. die bestehende Organisation und Führung regelmässig nach vorhandenem Konfliktpotential untersuchen. Wir tun dies mit Instrumenten, die wir als «Methoden der Gesundenuntersuchung» bezeichnen. Sie gehen von den sieben Wesenselementen der

Organisation (Kap. 5.4.2.1) aus und erkunden, ob nach dem subjektiven Erleben der Mitarbeiter mögliche Störungen, Unstimmigkeiten, Widersprüche usw. in der Organisation gegeben sind und wie sie sich eine Lösung dieser Probleme vorstellen könnten (siehe Glasl, Kalcher und Piber 2004).

Oder die Präventivmassnahmen können sich auf einen möglichen Konfliktprozess beziehen: z. B. Schulung in Kommunikation, im Umgehen mit Druck und Stress, mit Konflikten usw. Damit kann verhindert werden, dass ein Konflikt, der vielleicht auf der ersten Eskalationsstufe angelangt ist, weiter eskaliert.

Und zum dritten können Präventivmassnahmen erreichen, dass im Konfliktfall der Schaden möglichst begrenzt wird. Dies geschieht z. B. durch Haftungsbestimmungen im Handelsrecht, oder durch eine vertragliche Regelung für den Fall der möglichen Auflösung einer Firma, des Aufteilens des Vermögens usw. Aber es kann auch um seelische Schadwirkungen gehen, die mit Schiedsklauseln oder anderen Massnahmen abgewendet werden sollen.

11.1.2 Kurative Interventionen

Mit kurativen Massnahmen soll ein bereits vorhandener Konflikt gelöst oder begrenzt, kontrolliert oder geregelt werden usw. Die meisten Interventionen dieses Buches sind vor allem für kurative Aktionen gedacht und erprobt. Darum wird mit der Diagnose bereits erhoben, welche Streitpunkte gegeben sind und wie diese erlebt werden, was sich im Konfliktverlauf bereits alles an gegenseitigen Konditionierungen und Verwundungen ergeben hat usw. Darauf können sich dann die Interventionen richten, um einen entspannten Zustand herzustellen, in dem die vormaligen Konfliktparteien wieder konstruktiv miteinander arbeiten mögen.

Die gewählten Interventionen können nun eine Lösung oder Beendigung des Konfliktes erreichen, indem sie die gegebene Eskalation *steigern* oder *reduzieren.* Dies ergibt die folgende Unterscheidung:

11.1.3 De-eskalierende Interventionen

Wenn wir die Faktoren und Mechanismen kennen und verstehen, die zur Eskalation von Konflikten führen, dann sind wir auch in der Lage, diese Kenntnis für das Reduzieren der Eskalation, d. h. De-Eskalieren, zu nutzen. Dies ist z. B. möglich, wenn wir die gerade beobachtbaren Eskalationsmechanismen den Parteien zu Bewusstsein bringen oder wenn wir mit ihnen die nicht gewünschten Wirkungen ihres Handelns untersuchen und mit den eigentlichen Intentionen vergleichen. Oder wenn wir verzerrte Perzeptionen des gegenseitigen Verhaltens überprüfen und korrigieren. Bestenfalls wird dies zu einer Minderung der Spannung führen. Die

Konfliktparteien werden erkennen, dass sie den Konflikt wirksam unter Kontrolle bekommen können und trauen sich dadurch einen weiteren Schritt der Klärung zu. Vor allem bei heissen Konflikten empfehlen sich sofort derartige de-eskalierende Interventionen.

Aber es ist nicht von vornherein gesagt, dass nur de-eskalierende Interventionen sinnvoll oder effektiv sind. Es kann generell – oder wenigstens vorübergehend – geboten sein, einen bestehenden Konflikt sogar noch «anzuheizen», also zu eskalieren.

11.1.4 Eskalierende Interventionen

Bei der Beschreibung kalter Konflikte haben wir bereits erwähnt, dass es im Interesse einer dauerhaften Konfliktlösung sehr nützlich sein kann, den Konflikt «aufzutauen», d.h., durch eskalierende Massnahmen noch zu steigern. Denn eines der grossen Probleme des kalten Konfliktes ist die unausgesprochene Vereinbarung zwischen den Parteien, so zu tun, als wäre alles gar nicht so schlimm! Oder in professionellen Organisationen mit starkem konfessionellem oder weltanschaulichem Hintergrund können Schuldgefühle der Konfliktparteien dazu führen, dass das Bestehen von Spannungen geleugnet wird. Damit unterbleiben aber auch Bemühungen zur Lösung der Probleme.

Mit verschiedenen Mitteln kann eskalierend gewirkt werden: Eine von der Drittpartei erstellte Prognose möglicher Folgen der bestehenden Konflikte kann zum Auflodern der Gegensätze führen. Anschliessend kann geklärt werden, ob die Parteien dafür letztendlich verantwortlich gemacht werden möchten. Oder es können die gegenseitigen Behinderungen und Störungen verstärkt werden, um sie so unerträglich zu machen, dass sich die Parteien endlich zu einer wirklichen Bearbeitung ihrer Beziehungsprobleme entschliessen (siehe dazu auch E. van de Vliert 1986).

In den späten sechziger Jahren des vorigen Jahrhunderts wurden derartige Interventionen in Sozialarbeit, Gemeinwesenarbeit, Gruppendynamik sehr propagiert, um auf diese Art gesellschaftliche Veränderungen zu ermöglichen (siehe F. Glasl 1973). Die sogenannte «offenlegende Konfliktstrategie» wurde der sogenannten «zudeckenden Harmoniestrategie» gegenübergestellt. In der Praxis führte dies zu den bekannten Protestbewegungen, Studentenstreiks, öffentlichen Störaktionen usw. der bewegten «68er-Generation».

11.1.5 Vier prinzipielle Interventionsrichtungen

Die vier letztgenannten Interventionsrichtungen verknüpfen wir jetzt in Form einer Matrix (Fig. 11.1):

Mit unseren Diagnose- und Interventionsmodellen kann grundsätzlich in jede der gewählten Richtungen gearbeitet werden. Das Vorhandensein eines Konfliktes bestimmt, ob wir präventiv oder kurativ intervenieren. Es ist aber einerseits von unserer Einschätzung der Situation abhängig, ob wir uns zu einem eskalierenden oder de-eskalierenden Vorgehen entschliessen, andererseits jedoch von unserer ethisch-philosophischen Grundeinstellung zum Konflikt (Kap. 5.5).

	de-eskalierend	**eskalierend**
präventiv	um Kommunikationsproblemen vorzubeugen, werden Informationsspielregeln vereinbart;	in Anwesenheit des Beraters werden Sorgen, Ängste, Unterstellungen gezielt angesprochen;
	Training in Kommunikationsmethoden	Konfrontationssitzung, um zu vermeiden, dass ein beginnender Konflikt kalt gemacht wird
kurativ	der Konfliktverlauf wird rekonstruiert und geklärt;	bestehende kalte Konflikte werden durch Rollenspiele dramatisiert, übertrieben;
	die Konfliktparteien klären ihre unterschiedlichen Perzeptionen des Verhaltens	ein Interessenvertreter ermutigt seine Klienten, sich für ihre Standpunkte stark einzusetzen

Fig. 11.1: Vier prinzipielle Interventionsrichtungen

Neben unserer grundsätzlichen Haltung zu eskalierenden oder de-eskalierenden Interventionsstrategien sind vor allem auch pragmatische Überlegungen massgeblich:

- Kann durch eine eskalierende Intervention voraussichtlich grösserer Schaden abgewendet werden oder nicht?
- Werden die Konfliktparteien durch eskalierende Interventionen im Glauben an Eigenaktivitäten zur Konfliktbehandlung gestärkt oder geschwächt?
- Führt eine eskalierende Strategie zu definitiven Gewinnern und Verlierern unter den Parteien?
- Werden durch eskalierende Interventionen die Konfliktparteien mehr von der Drittpartei abhängig oder nicht?
- Können die Konfliktparteien aus den Interventionen lernen?
- gefährdet eine eskalierende Intervention die Vertrauensbeziehung zur Drittpartei?
- Büsst die Drittpartei an Glaubwürdigkeit ein?

Zu Beginn einer Interventionsstrategie ist es immer gut, sich über die eigenen vorgefassten Meinungen Rechenschaft abzulegen. Denn durch sie verstellen wir uns die Sicht auf andere Möglichkeiten des Vorgehens. Wir bewegen uns dadurch immer nur in einem kleinen Kreis von Denk- und Handlungsgewohnheiten.

In den folgenden Kapiteln bringen wir die Interventionsmethoden nach derselben Systematik, mit der wir die Konfliktdiagnose dargestellt haben. Jedes Diagnoseergebnis soll dadurch auch Möglichkeiten des Handelns aufzeigen.

11.2 Die sechs seelischen Faktoren als Ansatzpunkte für Interventionen

Kapitel 2.3 erörtert die sechs seelischen Hauptfaktoren, die in Konflikten vielfältig beeinträchtigt werden und die in ihrer Wechselwirkung zur Eskalation oder Fixierung der Konflikte beitragen. Diese sechs Hauptfaktoren sind: (1) Die Perzeptionen, (2) das Denk- und Vorstellungsleben; (3) das Gefühlsleben und inneren Einstellungen, (4) das Willensleben, Motive und Ziele; (5) das äussere Verhalten (verbal und non-verbal) der Parteien; (6) die Folgen des Verhaltens und der anderen Äusserungen der seelischen Situation. Dieselben Faktoren können nun Ansatzpunkte für gezielte Interventionen sein.

1 *Perzeptionen als Ansatzpunkt für Interventionen*
Die einseitigen bzw. verzerrten Perzeptionen der Parteien sollen korrigiert werden; die Mechanismen, welche im Zuge des Konfliktgeschehenss zu Verzerrungen und Fixierungen der Perzeptionen geführt haben, sollen in ihrer Wirksamkeit gehemmt oder entkräftet werden; Vorurteile der Parteien sollen abgebaut werden usw.

2 *Gedanken, Vorstellungen, Erinnerungen, Interpretationen*
Ansatzpunkte für Interventionen sind: Die Parteien sollen sich ihrer Begrifflichkeiten, Vorstellungen und Deutungen der Sachverhalte und Ereignisse bewusst werden und sollen erkennen, inwieweit diese durch die Konfliktmechanismen beeinträchtigt sind.

3 *Gefühle und Einstellungen als Ansatzpunkt für Interventionen*
Die Parteien sollen Gefühle der Feindseligkeit, der gegenseitigen Diskriminierung usw. überwinden; sie sollen wieder Vertrauen zueinander fassen, einander tolerieren und respektieren.

4 *Willensleben (Triebe, Motive, Intentionen) als Ansatzpunkte für Interventionen*
Die Parteien sollen Klarheit über ihre bewussten und unbewussten Absichten bekommen; erstarrte Zielvorstellungen sollen wieder gelockert werden; Ziele und Mittel sollen neu überdacht werden usw.

5 *Äusseres Verhalten als Ansatzpunkt für Interventionen*
Das unkontrollierte destruktive Verhalten soll wieder in konstruktive Bahnen geleitet werden; das Verhalten soll sich wieder mehr mit den Intentionen des Handelnden decken; Gewalthandeln soll reduziert werden usw.

6 *Die Konfliktfolgen als Ansatzpunkt für Interventionen*
Die Parteien sollen die unbewussten Folgen ihres Tuns sehen und anerkennen und dafür Verantwortung auf sich nehmen; Absichten und deren Folgen als Wirkung des Gegnerverhaltens sollen getrennt beurteilt werden usw.

Verschiedene Schulen betonen den einen oder anderen dieser Hauptfaktoren oder erklären ihn allgemein zum «archimedischen Punkt» der Konfliktbehandlung. Dabei werden oft andere Faktoren unterschätzt oder nicht genutzt.

Wir wollen diese vielfältigen Interventionsmöglichkeiten in den nächsten Abschnitten konkret darstellen und nach ihrem Nutzen hinterfragen.

11.2.1 Auf Perzeptionen und Denken orientierte Interventionen

Wir haben beschrieben, wie sich die Bilder der Konfliktparteien (von den Issues, von der totalen Konfliktsituation und von sich bzw. von der Gegenpartei) im Konfliktverlauf ändern und wie sie diese deuten und im Gedächtnis fixieren. Die Perzeptionen der Konfliktparteien stimmen somit immer weniger überein:

- als Folge der abnehmenden Empathie der Konfliktparteien;
- durch die Störungen der Interaktion der Parteien, wodurch die selektive Wahrnehmung der Parteien nicht mehr an der Wirklichkeit korrigiert werden kann;
- als Wirkung der Komplexitätsreduktion und der Kausalitätssimplifizierung
- und als Ergebnis der pessimistischen Antizipation, wodurch sich die Aufmerksamkeit nur noch mehr auf die bedrohlichen, negativen Aspekte der Interaktion konzentriert.

Die Parteien kapseln sich zusehends voneinander ab, ihre Perzeptionen und Gedanken werden immer mehr «egozentrisch» und später «sozial autistisch». Weil Wahrnehmen und Denken aufs engste zusammenhängen, lassen sich die Interventionen nicht getrenn darstellen.

Eine grosse Zahl von Praktikern und Theoretikern konzentriert sich deshalb auf die positive Beeinflussung der Perzeptionen der Konfliktparteien. Viele der von R. Blake, J. Mouton und H. Shepard (1964); R. Beckhard (1969 b); R. Walton (1969) und vor allem von J. Burton (1969) angewandten Interventionen zielen in erster Linie auf eine Klärung der Perzeptionen der Parteien. Burton (p. 64) gründet seine Methoden der «kontrollierten Kommunikation» vornehmlich auf die «Missverstandstheorie» (J. Bernard 1957 b): Parteien geraten aufgrund mangelnder Information oder unzureichenden Wissens, aufgrund von Perzeptionsverzerrungen oder wegen bestehender Vorurteile oder kultureller und semantischer Beschränkungen in Konfliktverhalten. Folgerichtig muss sich Konfliktlösung der Klärung der Perzeptionen zuwenden. Die dritte Partei lässt dazu die Konfliktparteien erkennen, in welcher Weise unsere Perzeptionssinne und unsere Interpretationen Täuschungen, Beschränkungen und Verzerrungen ausgesetzt sind. Die Konfliktparteien sollen mit dieser Hilfe das Wirken störender Einflüsse in ihren Bildern von den Geschehnissen und den Parteien erkennen. Sie lernen, die Faktoren bewusst zu kontrollieren, die im Konflikt die Kommunikation beeinträchtigt haben. Burton fasst darum diese Interventionen unter dem Begriff *«reperception»* (p. 73) zusammen.

Interventionen zur Klärung der Perzeptionen können sowohl die Perzeption der gesamten Konfliktsituation, d. h. der Issues, der Ereignisse im Konfliktverlauf, Ursachen und Wirkzusammenhänge und dergleichen zum Inhalt haben, wie dies z. B. bei R. Eckert / H. Willems (1992) der Fall ist. Worauf sich die perzeptionsorientierten Interventionen zu konzentrieren haben, wird vom Typus des Konfliktes sowie vom Eskalationsgrad bestimmt. In kalten Konflikten verläuft dies in der Praxis wesentlich schwieriger als in heissen Konflikten; in den ersten drei Eskalationsstufen stehen die Aspekte der Objektsphäre bei den Konfliktparteien mehr im Vordergrund. Mit der vierten Eskalationsstufe kommt es zum Auskristallisieren und Erstarren der stereotypen Selbstbilder (Autostereotyp) und Fremdbilder (Feindbild, Heterostereotyp). Viele Interventionen haben auf dieser und der nächsten Stufe deshalb den Abbau der Feindbilder zum Gegenstand.

Insgesamt können perzeptionsorientierte Interventionen folgende Ziele anstreben:

a) die Parteien sprechen gegenüber einer dritten Partei ihre subjektiven Ansichten aus, d. h., sie «ventilieren» ihre Perzeptionen, ohne dass diese sofort abgewehrt werden;
b) die Parteien können sich über Drittparteien gegenseitig mit den Perzeptionen konfrontieren und auseinandersetzen, d. h., sie nehmen zur Kenntnis, dass die andere Partei eine abweichende Sicht auf die Situation hat; sie müssen das *Bestehen solcher Unterschiede anerkennen* ohne diese sofort abwehren zu wollen; auf diese Weise wird die Egozentrität der Perzeptionen wieder aufgelockert, es entsteht wiederum «Perzeptionsempathie» für die Gegenpartei;
c) die Parteien können die Einflüsse im Konfliktverlauf *entflechten,* vergleichen und prüfen;
d) die Parteien können die *Diskrepanzen in ihren Perzeptionen analysieren:* Was sehen sie unterschiedlich, warum sehen sie es unterschiedlich?

e) die Konfliktparteien können erkennen, wo *Verzerrungsmechanismen* im Spiel gewesen sind und wie sich das auf ihr Verhalten ausgewirkt hat;
f) die Konfliktparteien können die Ergebnisse der genannten Mechanismen in ihrer eigenen Perzeption *korrigieren* bzw. gänzlich abbauen (Kurativwirkung);
g) die Parteien können das *Wirken der Mechanismen* erkennen lernen, so dass sie in Zukunft Perzeptionsverzerrungen rechtzeitig *unterbinden* können (Präventivwirkung);
h) die Konfliktparteien erkennen, wie ihre Perzeptionen auf ihr Verhalten gewirkt haben und wie dadurch die Reaktionen der anderen Partei provoziert worden sind;
i) die Konfliktparteien werden sich ihrer Kognitionen und Konzeptionen, d.h. ihrer Denkstrukturen, ihrer Grundauffassungen und Ansichten bewusst und erkennen, wie diese ihre konkreten Perzeptionen beeinflusst haben;
j) die Konfliktparteien können sich voneinander *neue Perzeptionen* bilden, die auch künftigen Mechanismen der Perzeptionsverzerrung standhalten können.

Zur Illustration führen wir im folgenden einige typische Interventionsmethoden an, mit deren Hilfe mehrere dieser genannten Ziele verwirklicht werden können.

1. *Die Drittpartei bleibt ständig zwischen den Parteien*
Kurt Lewin (1948) beschreibt eine Vorgehensweise, bei der die dritte Partei ständig zwischen den Konfliktparteien steht und sich mit ihren Perzeptionen auseinandersetzt. Im Grunde erlaubt seine Vermittlung den Parteien nur das Ventilieren ihrer Perzeptionen. In diesem Fall wendet der Personalchef einer Näherei mehr als die Hälfte seiner Zeit dafür auf, die Konfliktparteien getrennt zu interviewen und sie ihre Vorstellungen und Wahrnehmungen bezüglich der Sachlage und der in den Konflikt verstrickten Parteien aussprechen zu lassen. Dies erleichtert die Betroffenen und erlaubt es dem Personalchef, die weiteren Lösungen des Problems einzuleiten. Damit kann zunächst eine gute Wirkung erzielt werden. Die dritte Partei verhilft jedoch den Parteien überhaupt nicht dazu, die in ihnen wirkenden Mechanismen durchschauen zu lernen. Ihre Handelsweise scheint den Parteien noch zu bestätigen, dass sie mit ihren (stereotypen) Ansichten über «all die gefühllosen Betriebsmechaniker» bzw. «all die dummen Näherinnen» andererseits recht haben. Dadurch werden sich bei den Parteien die Perzeptionen sogar noch weiter festsetzen. Bei der nächsten technischen Störung im Nähereibetrieb kann dann der alte Konflikt wieder aufbrechen. Mit dem blossen Ventilieren der Perzeptionen wird zwar bei den Parteien der emotionelle Druck beseitigt, die Perzeptionen werden aber keineswegs geklärt; die psycho-sozialen Mechanismen können nach wie vor weiter wirken. Die Parteien bleiben überdies von der Dritten Partei abhängig.

2. *Die dritte Partei führt mittelbare Konfrontationen herbei*
Die von R. Walton (1969) beschriebenen Verfahren gehen einen Schritt weiter. Die Drittpartei vermeidet vorerst jegliche direkte Konfrontation zwischen den Parteien: Sie sprechen nur ihr gegenüber aus, wie sie die Situation und die andere Partei perzipieren. Danach übermittelt Walton als Berater diese Perzeptionen den Parteien. Der Berater selektiert dabei selbst, womit er die Parteien indirekt konfrontieren will. Er arbeitet mit den Parteien getrennt an einer teilweisen Klärung der Bilder und an einem Verständnis der wirksamen Mechanismen.

Ein solches Vorgehen ist zumeist in den Beginnphasen der Konfliktbehandlung geboten, wenn die Eskalation bis zur vierten oder fünften Stufe vorgeschritten ist und die Parteien eine direkte Konfrontation noch nicht bewältigen können. Es kann dabei heilsam wirken, den Abstand zwischen den Parteien vorübergehend noch aufrechtzuerhalten. Dies gilt auch für Interventionen in kalten Konflikten.

Ein klassischer Vermittler oder ein Schiedsorgan wird sich in der Regel nicht direkt die Arbeit an den Perzeptionen zur Aufgabe stellen.

3. *Direkte Konfrontation*
R. Blake, J. Mouton und H. Shepard (1964), R. Beckhard (1969b); R. Walton (1969) und J. Burton (1969) helfen den Parteien bei einer direkten Konfrontation mit ihren Perzeptionen. Der Berater übermittelt den Parteien nicht mehr die gegenseitigen Perzeptionen, sondern begleitet einen Prozess der direkten Konfrontation. Burton versucht, beinahe alle von uns genannten Ziele der Arbeit an Perzeptionen zu erreichen. Seine Vorgehensweise ist dabei wenig strukturiert. Blake, Mouton und Shepard haben für Konflikte mit zwei Parteien hoch strukturierte Verfahren entwickelt, die in erster Linie der Klärung der Perzeptionen der gegenseitigen Beziehungen dienen.

Ein Beispiel von Blake e.a. (pp. 155ff.) macht dies deutlich. 1. Nach vorbereitenden Schritten sondern sich die Parteien voneinander ab, um auf einem Flipchart aufzuschreiben, wie sie sich selbst perzipieren (Autostereotyp) und auf einem anderen Blatt, wie sie die Gegenseite sehen (Heterostereotyp). 2. Im nächsten Schritt begegnen die Parteien einander, um die erarbeiteten Bilder gegenseitig auszutauschen. 3. Nun folgt eine Runde, in der nur informative Fragen gestellt werden: Wie kommen Sie zu diesem Bild? Was meinen Sie mit einem bestimmten Ausdruck? 4. Daraufhin ziehen sich die Parteien wieder getrennt zu einer Beratung zurück. Jede Partei versucht jetzt, Erklärungen dafür zu finden, warum Selbst- und Fremdbilder voneinander abweichen. Inwiefern könnte das eigene Verhalten dazu Anlass gegeben haben, dass uns die Gegenpartei als «Taktierer, Manipulierer, Opportunisten» und dergleichen erlebt hat? 5. Nach dieser Diskussion in der eigenen Partei tauschen beide Parteien wieder die bisherigen Arbeitsergebnisse aus und analysieren gemeinsam, wie sich immer noch vorhandene Diskrepanzen in den Perzeptionen erklären lassen. Was sind die wichtigsten Reibungsmomente zwischen den Gruppen? Welche Issues offenbaren die ärgsten Diskrepanzen? Wenn sich zu diesen Fragen ein Konsensus gebildet hat, planen die Parteien gemeinsam die nächsten Schritte. Die Rolle der Drittpartei beschränkt sich auf das Bewachen der Prozeduren; überdies interveniert der Berater, sobald sich in der Diskussion die typischen Konfliktmechanismen zeigen, so dass die Parteien das Wirken dieser Mechanismen verstehen und beherrschen lernen.

Dieses Verfahren kann auf ähnliche Weise in mehreren Zyklen ablaufen, bis die wichtigsten Perzeptionsverzerrungen abgebaut sind.

Nach unserer Erfahrung können diese Interventionen in *heissen* Konflikten bereits nach einer kurzen Orientierungsphase eingeleitet werden. In *kalten* Konflikten ist davon zu Beginn unbedingt abzuraten. Die gegenseitigen Konfrontationen erscheinen den Konfliktparteien viel zu bedrohlich. Sie mobilisieren dagegen unzählige Abwehrmechanismen. Auch für die fünfte Eskalationsstufe und darüber hinaus ist eine direkte Konfrontation nur nach sorgfältigen Vorbereitungsmassnahmen möglich. Ehe die Parteien die Auseinandersetzung mit dem Gegner bewältigen können, müssen sie erst wieder in sich selbst stabil geworden sein und Selbstvertrauen zurückgewonnen haben. Erst dann bestehen Chancen für eine fruchtbare Begegnung mit der anderen Partei.

Durch die Arbeit an den Perzeptionen und Perzeptionsmechanismen gelangen die Konfliktparteien zu einer «*Re-Konzeptualisierung des Konfliktes*»: Sie nehmen die Dinge und Personen anders wahr und sie ändern ihre Ansichten zur Lösbarkeit des Konfliktes. J. Burton (1969, pp. 83 ff.) hilft deshalb den Parteien, für ihre Konflikte Erklärungsmodelle zu entwickeln, welche die Grundannahmen und generellen Erwartungen der Parteien an die Oberfläche fördern. Sie erkennen die generellen Züge des Konfliktes, Mechanismen, Gesetzmässigkeiten und dergleichen und verdeutlichen einander, wie sie im allgemeinen zu einigen der Kern-Issues stehen: Wie sie z. B. demokratische Entscheidungsprozeduren bewerten, wie sie Eigenverantwortung definieren usw., und wie sich die besonderen Ereignisse dazu verhalten.

Ch. Margerison und M. Leary (1975, p. 8 ff.) richten ihre Interventionen deshalb auch auf die generellen Begriffe und Erwartungen der Parteien. Perzeptionsorientierte Interventionen können am Beginn der Konfliktbehandlung zu einer wesentlichen Klärung der Konflikte beitragen. Aber erst wenn sie flankiert oder konsolidiert werden durch Interventionen, die auch bei anderen Konfliktfaktoren ansetzen, können sie zu dauerhaften Wirkungen führen.

Neben den analytisch-rationalen Methoden können auch Interventionen angewendet werden, die imaginative, inspirative und intuitive Fähigkeiten in den Konfliktparteien ansprechen (siehe dazu F. Glasl 1987). Hierfür kann der Gebrauch von Farben, von Rollenspielen, non-verbalen Methoden und dergleichen helfen. Eine Methode aus unserer Praxis soll dies verdeutlichen:

Goldene Augenblicke; oder: Der Kampf Michaels mit dem Drachen: Wenn der Konflikt über die Schwelle zur fünften Stufe hinab eskaliert ist, fällt es den Parteien besonders schwer, bei der Gegenpartei überhaupt noch Positives zu sehen. Die dritte Partei kann mit dieser Methode im Rahmen einer sozio-therapeutischen Prozessbegleitung, in getrennter Arbeit mit den verschiedenen Konfliktparteien versuchen, wiederum den Blick auf gute Seiten der Gegenpartei frei zu bekommen.

1. Anton wählt einen kritischen Vorfall zwischen ihm und Bernd, in dem der Konflikt wesentlich verschärft worden ist. 2. Anton versucht sich dabei an Augenblicke zu erinnern, zu denen – trotz heftigster Gegensätze – die Gegenpartei sich selbst zu beherrschen und zu kontrollieren versucht hat, um das Ärgste zu verhindern. Welches Ringen zwischen dem Engel und dem Doppelgänger Bernds konnte Anton dabei beobachten? Welche positiven und welche negativen Absichten, Einstellungen oder Eigenschaften waren dabei miteinander in einen Kampf verwickelt? Anton unternimmt alles, um sich an diese Momente so gut wie möglich zu erinnern und sie sich in allen Details genau vorzustellen. Die übrigen Gruppenmitglieder (der eigenen Partei) helfen ihm dabei mit Fragen nach genauen Beschreibungen aller wahrzunehmenden Phänomene. 3. Anton versucht, sich noch an mehrere Momente des Ringens zwischen dem Engel und dem Doppelgänger, zwischen Michael und dem Drachen in der Gegenpartei, zu erinnern. Dies sind die «goldenen Augenblicke», die aneinandergereiht eine kleine «goldene Kette» ergeben können. Anton versucht wiederum, sich diese goldenen Augenblicke des Ringens vorzustellen. 4. Anton probiert mit den Helfern seiner Gruppe, ein Märchen oder eine Legende zu ersinnen, in welcher sich dasselbe elementare Ringen, das sich in der Gegenpartei vollzieht, jetzt zwischen verschiedenen Heldinnen und Gegenhelden abspielt. 5. Nachdem das Märchen (oder dergleichen) vollendet und noch einmal als Ganzes erzählt worden ist, versetzt sich Anton als Handelnder in dieses Märchen und begegnet diesem Helden. Der Held (das Höhere Selbst der Gegenpartei) bittet ihn, ihm bei seinem Kampf zu helfen. Was tut Anton – und seine Gruppe kann sich dabei mit ihm identifizieren und mitdenken und mitreden –, um dem Helden in seiner Not zu helfen? 6. Anton prägt sich diese Bilder gut ein. Er versucht, sich öfters daran zu erinnern, vor allem in den nächsten kritischen Situationen, in denen er mit dem Antagonisten wieder konfrontiert ist. Später kann Anton noch mit demselben Bild in andere Vorfälle eintreten und denselben Helden und Gegenhelden darin aufspüren.

Wir haben diese Methode für Situationen entwickelt und angewendet, in denen das Schwarz-Weiss-Denken eine Konfliktpartei völlig daran hinderte, auch deutliche Anzeichen guter Absichten in der Gegenpartei zu erkennen. Die Wirkung ist im allgemeinen sehr tief, oft sogar erschütternd, und die *Bilder* wirken lange nach. Ausdrücklich darf gesagt werden, dass diese Methode bei den Konfliktparteien keine «dichterischen Fähigkeiten» voraussetzt!

Ein anderes Beispiel, die von uns entwickelte Methode «*Lebendiges Denkmal*», ist zu Beginn non-verbal und geht später in Gespräche über: Anton, Bernd und Carla versuchen, Dieter in einer solchen Pose in den Raum zu stellen, dass er wie ein Denkmal dasteht. Die einzelnen Schritte dieses Verfahrens sind:

1. «*Vergangenheitspose*»: Dieter stellt sich in die Mitte des Raumes. Schweigend versuchen Anton, Bernd und Carla ihn in die Pose zu setzen, die ihrem Bild entspricht. Dabei bringen sie die Arme, Hände usw. in den Stand, der ihnen für Dieters bisheriges Verhalen typisch erscheint. Wenn Anton den Arm hebt, kann ihn Bernd vielleicht wieder zur Hüfte zurückführen. Auf diese Weise wird die Pose gefunden, auf die sich alle einigen können.
   Dieter muss dies alles über sich ergehen lassen. Nach etwa zehn Minuten sind Anton, Bernd und Carla mit der Pose und Haltung zufrieden. Dieter steht jetzt so vor ihnen, wie sie ihn in der *Vergangenheit* erlebt haben: Die Augenbrauen sind arrogant aufgezogen, der Kopf ist hoch erhoben, ein zynisches Lächeln spielt um den Mund; die rechte Hand ist mit ausgestrecktem Zeigefinger belehrend oder tadelnd erhoben. Die Körperhaltung ist asymmetrisch und strahlt Überlegenheit aus. Beide Beine stehen kräftig, im leichten Spreizstand, auf dem Boden.
2. Alle Personen, vor allem Dieter selbst, prägen sich diese Haltung gut ein, so dass sie diese später aus ihrem Gedächtnis wieder reproduzieren können.
3. «*Zukunftspose*»: Nun bringen Anton, Bernd und Carla ihren Kollegen Dieter in eine neue Pose. Diese soll ausdrücken, wie Dieter sein könnte, wenn er die in ihm vorhandenen guten Eigenschaften und Fähigkeiten weiter entwickeln würde. Dieses Denkmal ist die «*Zukunftsmöglichkeit*» Dieters. Dieters Denkmal zeigt jetzt eine Person, die selbstsicher auf beiden Beinen steht, jedoch in einer kleinen schreitenden Bewegung. Der Körper neigt sich interessiert dem Raum zu, die Arme sind in einer einladenden und zugleich helfenden Gebärde nach vorne geöffnet, der Kopf in einer aufmerksam horchenden Haltung.
4. Auch diese Pose prägen sich alle genau ein.
5. Jetzt nimmt Dieter die erste Pose wieder ein (Vergangenheitsbild). Danach führt er diese Pose in einer durchgehenden, langsamen Bewegung in die Pose der Zukunftsmöglichkeit über.

6. Während Dieter diese Übergangsbewegung mehrmals wiederholt, achtet er genau darauf, welche Bewegungen ihn Mühe kosten, was er dabei fühlt und wie er sich damit identifizieren kann.
7. Dieter erzählt, wie er die Posen erlebt hat und was sie für ihn bedeuten. Er beschreibt seine Gefühle während der Übergangsbewegungen. Danach stellt er Fragen an Anton, Bernd und Carla, weil ihm manches nicht verständlich war. Die Kollegen berichten nun, was sie zu den Posen veranlasst hat. Die ganze Übung mündet in ein offenes Gespräch ein, in dem noch mehr gegenseitige Perzeptionen ausgesprochen werden.
8. Es beginnt eine Runde, in der Bernd als Denkmal modelliert wird...

Diese Methode wirkt zumeist sehr direkt. Die Posen werden von Dieter oft anders erlebt als von den drei «Bildhauern», die ihn in diese Haltung gebracht haben. Durch die Bilder der Vergangenheit und der Zukunft werden die alten Perzeptionen viel leichter in Bewegung versetzt und aufgelöst. Durch das Modellieren der Zukunftsmöglichkeit Dieters müssen sich Anton, Bernd und Carla bemühen, die selektive Perzeption der Vergangenheit, die sich allmählich nur noch auf die unangenehmen Eigenschaften Dieters konzentrierte, zu überwinden. Dieter erlebt darin eine Befreiung: Er wird nicht ständig an das alte Bild gefesselt. Er empfindet im Modellieren seiner Zukunftsmöglichkeiten eine prinzipielle Anerkennung seiner Persönlichkeit, trotz seiner offensichtlichen Schwächen. Wenn Dieter selbst die Kollegen um Erklärungen bittet, bekundet er damit sein Interesse für die Perzeptionen der anderen. Aufgrund der Erfahrungen mit der Übergangsbewegung kann Dieter seine Kollegen um konkrete Ratschläge bitten: «Was könnt ihr mir raten, um aus meiner belehrenden Hand mit dem spitzen Zeigefinger eine einladende Hand zu machen?» Die Ratschläge dazu sollten nicht mehr bildhaft sein, sondern Verhaltensweisen beschreiben, zu denen man rät. Es liegt dann an Dieter, um sich manche der Ratschläge näher anzusehen und diese zu Vorsätzen zu fassen.

11.2.2 Auf Gefühle und Einstellungen gerichtete Interventionen

Im Zuge der Eskalation haben sich die Gefühle und die innere Einstellung der Konfliktparteien verändert: Von der kompetitiven Haltung über die auf Gewinn oder Verlust ausgerichtete Einstellung ist man zur Entschlossenheit gekommen, den Gegner mit ins Verderben ziehen zu wollen. Vertrauen ist dem grundsätzlichen Misstrauen gewichen. Die Achtung der Gegenpartei ist zur Verachtung geworden. Stress, Angst, Unsicherheit und Existenzangst sind die Stimmungen, in denen die Parteien nach Selbstbehauptung streben. Gefühle und Einstellungen müssen aus dem kurz- und mittelfristigen Verhalten sowie aus verbalen und non-verbalen Äusserungen mehr oder weniger intuitiv erfasst und interpretiert werden. Hierbei sind die Parteien gegenseitig auf fehlerhafte Informationsquellen und -kanäle angewiesen. Aus rudimentären Informationen müssen sie die Absichten und Ziele der Gegner zu einem Ganzen konstruieren. In diese Interpretationen mischen sich ihre eigenen Ängste und negativen Erwartungen. Die Parteien geben sich ungemerkt Projektionen hin. Einstellungen sind deshalb immer der Gefahr von Missperzeptionen ausgesetzt. Auf Gefühle und Einstellungen gerichtete Interventionen können dabei die folgenden optimalen Ziele verfolgen:

a) die Konfliktparteien werden sich ihrer *eigenen Gefühle und Einstellung* in den wichtigen Episoden des Konfliktverlaufes *bewusst;*
b) die Parteien geraten aus der *Isolierung* des Kommunikationsghettos, d.h., sie können ihre eigenen Einstellungen anderen mitteilen; sie können aus der monologischen in die dialogische Beziehung zur Drittpartei und zur Gegenpartei eintreten;
c) sie können ihre Perzeptionen der Attitüden ihrer Gegenpartei *korrigieren;*
d) und sie können die *Diskrepanzen* zwischen den Einstellungen und den äusseren Ausdrucksformen im Verhalten – sowohl bei sich selbst als bei der Gegenpartei – aufzeigen; sie können erkennen, inwiefern diese Diskrepanzen auf inadäquatem Verhalten des Gegners oder auf eigenen Perzeptionsverzerrungen beruhen;
e) die Parteien können die in ihnen und zwischen ihnen wirkenden *Mechanismen* erkennen und verstehen, die zum Entstehen und Fixieren der Einstellungen im Zuge des Konfliktes beigetragen haben;
f) die Konfliktparteien können die alten, im Konflikt fixierten Gefühle und *Einstellungen abbauen* und neue *entwickeln;*
g) die Parteien erkennen, welche *Grundprobleme* sich ihnen durch den Konflikt und durch die Gegenpartei als «Präsentator der Herausforderung» präsentieren und welche Arbeit an den eigenen Einstellungen dies erfordert.

Durch die indirektere Äusserung von Gefühlen und Einstellungen gestalten sich die darauf bezogenen Interventionen weitaus schwieriger als perzeptionsorientierte Interventionen. Innere Einstellungen sind überdies tiefer mit dem Kern der Persönlichkeit eines Menschen verknüpft. Sie werden als Intimbereich meist nur unter bestimmten positiven Voraussetzungen zugänglich. Wegen der Verankerung der Attitüden mit dem Identitätsgefühl der Parteien sind Haltungen nur schwer direkt und von aussen zu beeinflussen.

Grundsätzlicher Respekt vor der inneren Freiheit der Konfliktparteien ist geboten. Mit der Arbeit an den Attitüden beginnt man letztlich immer an der Identität der Parteien, an ihren Grundauffassungen und Werten zu arbeiten. Angesichts der Tiefe derartiger Interventionen betont R. Harrison (1970) als Grundregel, dass man keineswegs tiefer intervenieren solle, als unbedingt geboten ist und als die Klienten in Selbständigkeit anschliessend auch allein bewältigen können.

Überdies tritt bei der Arbeit an Gefühlen und Einstellungen eine erkennbare Wirkung viel langsamer als bei anderen Interventionen auf.

Darum stellen sich der dritten Partei vor Beginn von attitüdeorientierten Interventionen die grundlegenden Fragen:

- Sind die Parteien einer tieferen Konfrontation mit Gefühlen und Einstellungen überhaupt gewachsen? Werden sie nicht überfordert?
- Soll tiefer interveniert werden, auch wenn sich die Parteien im Prozess der Konfliktbehandlung nicht die Fähigkeit erwerben können, die initiierten Prozesse aus eigener Kraft fortzusetzen?
- Erlaubt die verfügbare Zeit Interventionen, die keine Sofortwirkungen zeigen?

Viele *traditionelle Mittel* der Konfliktlösung versuchen eine direkte Beeinflussung der inneren Einstellungen der Konfliktparteien. Die folgenden, sehr direktiven Beeinflussungsmittel gehen davon aus, dass die Konfliktparteien solche Einstellungen annehmen, wie sie von der Drittpartei erwartet oder gefordert werden:

1. *Zwang*
   Der Vorgesetzte oder der Vermittler kann mittels wirksamer Sanktionen die Konfliktparteien zwingen, von Feindseligkeiten abzusehen und «einander wieder zu respektieren». Die dritte Partei kümmert sich nicht darum, ob die Konfliktparteien diese Haltung nur äusserlich annehmen oder ob sie diese innerlich akzeptiert und gefestigt haben.

2. *Einschüchterung und Drohung*
   Die Drittpartei kann durch Einschüchtern Nachteile für die Konfliktpartei in Aussicht stellen, wenn sie sich den Forderungen der dritten Partei nicht fügt. Durch Drohung kann Angst oder Unsicherheit bewirkt werden. Diese wirkt vielleicht stärker als die ursprünglichen Absichten der Konfliktparteien, die für ihre Absichten eine Konfrontation riskiert haben. Zwingen und Drohen wirken auf das «Strategiekalkül» der Konfliktparteien ein. Angesichts der möglichen Folgen für die weitere Position oder Karriere in der Organisation scheinen ihnen dann die Kosten einer Auseinandersetzung nicht lohnend zu sein.

Eine mildere, aber nicht weniger direktive Form der Beeinflussung ist

3. *Moralisieren, Missionieren*
   Die dritte Partei appelliert an bestimmte ethische Überzeugungen, die von den Parteien nicht in Frage gestellt werden können. Auf diese Weise werden oft Konflikte in Organisationen mit starker weltanschaulicher, religiöser oder politischer Orientierung in Angriff genommen. Äusserliches Konformieren an diese Normen wird dann als innerliches Anerkennen betrachtet, auch wenn in Wirklichkeit die negativen Attitüden nur unterdrückt werden. Appellieren an Werte und Normen ist meistens ein indirekter Appell an Schuldgefühle der Konfliktparteien, und diese werden sich überlegen, ob sie mit dem Fortsetzen eines Konfliktes eine weitere Eskalation in Kauf nehmen wollen. Darum mag Moralisieren und Missionieren zwar zu einem vorübergehenden Waffenstillstand führen, unterschwellig kann aber die Auseinandersetzung heftiger werden. So kann der Einsatz der unter a, b und c genannten Mittel bewirken, dass ein heisser Konflikt zu einem kalten wird und kalt weiter eskaliert. Der Appell an einen der Grundwerte hat unter Umständen bei einer Konfliktpartei zur Folge, dass sie diesen Wert an sich in Frage stellt. Der Konflikt wird fortgesetzt und intensiviert, um diesen Wert ins Wanken zu bringen. Ähnliches kann bei «assertiven Techniken» wie sie u.a von D.E. Berlew (1977) als Universalmittel propagiert werden, auftreten.

Andere Methoden versuchen die Einstellungen der Konfliktparteien in eine bestimmte Richtung zu führen, ohne dass sich die Parteien dessen voll bewusst sind:

4. *Indirektes Konditionieren der Parteien, Ablenken oder Ableiten*
   Die dritte Partei führt – z.B. über äussere Verhaltenszwänge – bestimmte Situationen herbei, in denen zu erwarten ist, dass sich mit der Zeit auch die inneren Einstellungen der Parteien angleichen werden: Konfliktparteien werden sorgfältig getrennt; Die Drittpartei sorgt dafür, dass sie einander in der Arbeit nicht begegnen, denn «Zeit bringt Rosen»; zwei Konfliktparteien werden vor eine gemeinsame Aufgabe gestellt, die sie nur durch Zusammenarbeit lösen können (M. Sherif 1958 und 1966), wobei der Einsatz für die Aufgabe für sie höheren Wert hat als die Ziele der Auseinandersetzung. In Ausführung der gemeinsamen Aufgabe verblassen mit der Zeit die ursprünglichen negativen Einstellungen. Dies wird volkstümlich oft so ausgedrückt: «Die Zeit heilt Wunden!», «Aus der Vernunftehe kann immer noch eine Liebesehe werden!», «Hart arbeiten ist gesund!» usw.
   Auf längere Frist arrangieren sich die Parteien dadurch neu und passen sich an die Umstände an. Dies kann die Illusion einer nachhaltigen Einstellungsände-

rung wecken. Sobald jedoch die äusseren Umstände wegfallen oder die Drittpartei nicht mehr anwesend ist, kann die negative Einstellung in alter Intensität aufleben. Durch die Anwendung dieser Methoden ist schliesslich die Einstellung der Parteien mehr *von äusseren Einflüssen determiniert* worden. Sobald diese nicht mehr vorhanden sind, ist eine Änderung der adaptierten Einstellung wahrscheinlich. H. Kelman (1958) hat dies experimentell überprüft. Seine Befunde bestätigen, dass ein äusseres Anpassen der Einstellung unter dem Einfluss einer Macht über Mittel nur solange anhält, als eine Überwachung und Kontrolle der Mittel gewährleistet ist. Nur wenn eine Einstellungsänderung mit einer Internalisierung der neuen Werte, d.h. mit einer Integration in das Selbstkonzept der Person erfolgt, kann sie weiter bestehen.

5. *Manipulative Beeinflussung*
J.A.C. Brown (1963) zeigt, dass Manipulation verschiedene Formen und Intensitätsgrade annehmen kann: Von der Zwecklüge der Propaganda über die verborgene Stimulanz bestimmter Motivationsfaktoren bis zum «Brainwashing». In der Praxis der Konfliktlösung in Organisationen sind extreme Formen wahrscheinlich selten. Dennoch ist Manipulation gegeben, wenn ein Vorgesetzter die Motive einer Konfliktpartei so beeinflusst, dass diese sogar meint, sie hätte aus eigenem Antrieb ihre Einstellung verändert. Manipulation zeichnet sich dann durch drei Hauptmerkmale aus:
   - es werden bestimmte Motivationsfaktoren bei den Parteien stark angesprochen, die ein Handeln in Richtung der Ziele anderer auslösen;
   - die Konfliktparteien dürfen diesen Einfluss nicht durchschauen, darum wird ihre Aufmerksamkeit auf anderes abgelenkt;
   - die manipulierten Parteien werden von anderen als Mittel zu den Zwecken der Manipulierenden gebraucht, gleichzeitig wird ihnen der unrichtige Eindruck vermittelt, dass sie in ihrem eigenen Interesse handelten.

Manche der von M. Sherif (1958 und 1966) angewendeten Techniken weisen durchaus manipulative Züge auf. In der betrieblichen Praxis wird sehr oft versucht, interne Rivalität und Aggression auf Konkurrenten, Lieferanten oder Kunden zu richten und aus der erhöhten Aggressivität der Mitarbeiter Kapital zu schlagen. Durch diese Ablenkungsmanöver können sich bei den Konfliktparteien Illusionen über ihre Fähigkeit zur internen Zusammenarbeit bilden.

Bei Motiv-Manipulation werden primitivere als die im Konflikt wirksamen Motivationsfaktoren gezielt stimuliert. Wenn ein Prestigekampf begonnen hat, dann kann man bewusst die von A. Maslow (1954) niedriger genannten Triebfedern ansprechen: Das Bedürfnis nach Geborgenheit, das elementare Bedürfnis nach Erhaltung der physischen Existenz. Durch Drohung kann

Jobangst geweckt werden: Die Brotfrage führt dann die Parteien dazu, angesichts dieser vitalen Not ihre Differenzen aufzugeben. Ähnliches geschieht auf «elegantere Weise», wenn die Kampfhähne z.B. zum Besuch einer Fachmesse in ein Land geschickt werden, in dem sie die Sprache nicht verstehen und mit vielen «unvorhergesehenen» Schwierigkeiten kämpfen müssen, weil ihr Visum nicht in Ordnung ist, das Hotelzimmer doch nicht reserviert zu sein scheint usw. Dann werden die Basisbedürfnisse angesprochen und sie schliessen sich zusammen, um sich Bett, Essen usw. zu sichern. Auch für diese Verfahren gilt der empirische Befund H.Kelmans (1958), dass diese Attitüdeänderung nicht länger anhält, als die gemeinsame Abhängigkeit von den zwingenden Umständen dauert.

6. *Attitüdeänderung aus autonomem Antrieb*
   Bei der Behandlung von Konflikten können wir die Konfliktparteien zu einer Einstellungsänderung hinzuführen, indem wir ihnen Hilfe geben,
   - ihre Einstellung in der Vergangenheit kritisch zu betrachten und zu Selbsterkenntnis zu kommen,
   - ihre Einstellung aus eigenem Antrieb zu ändern.

Interventionen dieser Art führen uns vor ein ethisches Dilemma, indem wir zwar durch unser Eingreifen Bedingungen schaffen, die zu einem Durchbrechen der bisherigen Blindheit beitragen sollen und dennoch die Konfliktparteien nicht in eine bestimmte Richtung beeinflussen, die von uns bewusst oder unbewusst vorgegeben wird.

Das Respektieren der Entscheidungsfreiheit ist für uns das ausschlaggebende Unterscheidungsmerkmal der Methoden. Die ernsthafte Anerkennung des geistigen Wesenskerns des Menschen impliziert, dass ein Individuum selbst

- erkennen sollte, inwiefern bisher unbewusste, aus der Vergangenheit wirkende Motive zu einem Verhalten geführt haben, für das es bei wachem Bewusstsein die volle Verantwortung nicht übernehmen könnte;
- erkennen sollte, welchen situativen Einflüssen es nachgegeben hat, die zu unverantwortlichen Reaktionen geführt haben;
- erkennen sollte, von welchen Wünschen, Leitbildern, Werten, Ambitionen usw. für die weitere Zukunft es sich konkret hat leiten lassen.

Es ist die Verantwortung des Individuums, neue Perspektiven zu entwickeln, Initiativen zu ergreifen und seine Einstellung zu verändern. Mit Carl Rogers (C. Rogers und B. Skinner 1956) sehen wir die Fähigkeit, sich der Einflüsse bewusst zu werden und sich für sein Handeln und dessen Folgen verantwortlich zu stellen, als Wesensmerkmal des Menschen überhaupt. Aber es ist undenkbar, dass sich Menschen gegenseitig in ihrer Freiheit nicht einengen. Darum *bleibt das ethische Dilemma für die dritte Partei immer bestehen:* Wenn wir mit anderen an psychischen Faktoren arbeiten, dann können wir uns von unseren Ideen und Zielen leiten lassen. Wenn wir diese vor dem andern verbergen und ihn zu einer unreflektierten Übernahme bewegen wollen, dann beeinflussen wir ihn manipulativ: Der andere wird zum Instrument und von uns zur Verwirklichung *unserer* Ziele benutzt bzw. missbraucht.

Genauso ist für die Drittpartei der faktische Entscheidungsspielraum durch innere und äussere Zwänge, Einflüsse, unbewusste Strebungen usw. immer eingeengt. Darum ist es unrealistisch, Interventionen immer an einem absolut reinen Freiheitsideal messen zu wollen. Eine Intervention der dritten Partei betrachten wir als ethisch positiv, wenn sie sich bei gegebenen Einschränkungen und unter dem grösstmöglichen Bewusstsein dieser Einschränkungen von dem Ziel leiten lässt, die verbliebenen Freiheitsspielräume bestmöglich in Richtung grösserer Selbstverantwortung zu nutzen. Damit muss die Fähigkeit des Klienten, zu unseren Absichten nein sagen zu können, respektiert und im Prinzip ständig vergrössert werden. *Anerkennen der Freiheit umfasst auch die Freiheit zum Missbrauch des gegebenen Handlungsspielraumes und damit die Fähigkeit zum «Bösen». Und eigentlich ist dies erst die Grundbedingung fiir das Entwickeln und Verwirklichen der Fähigkeit zur Freiheit* (R. Steiner 1967). Nur in diesem ständigen Spannungsfeld verwirklicht sich die Persönlichkeit. Nach C. Rogers (1956) kann sich die Person in dieser Spannung – sich für die Ideale oder das Böse entscheiden zu können – selbst entwerfen. Sie muss damit leben lernen, dass sich in ihre Ideale immer wieder zum Teil «unsaubere», unehrenhafte und von ihr selbst abgelehnte Motive hineindrängen. In diesem Sinne ist man als Person immer im Begriffe, zu werden («becoming a person»), sich zu aktualisieren.

An Beispielen praktischer Intervention zeigen wir, wie autonome Attitüdenänderung versucht werden kann. Die Beispiele beschränken sich auf einige Haltungen, die in den Eskalationsstufen 1 bis 4 problematisch sind:

- das Entwickeln von Aufgeschlossenheit und Interesse für die andere Partei: Empathie;
- Überwinden von Misstrauen, Entwickeln von Vertrauen;
- Klärung von Erwartungen;
- Überwinden von Ängsten.

Am besten kann das Behandeln der Emotionen und Attitüden direkt verknüpft werden mit der Arbeit an den Aspekten unseres Diagnosemodells: Issues, Konfliktverlauf, Parteien, Beziehungen und Organisation als Konfliktpotential, Grundeinstellungen zum Konflikt und zu den Konfliktregulatoren. An ihnen werden die Einstellungen der Parteien füreinander am deutlichsten sichtbar und überprüfbar.

Voraussetzung für die Arbeit mit Einstellungen ist Interesse für die andere Partei und die Fähigkeit, sich in sie einzuleben: «Empathie». Die Konfliktparteien sollen hiermit ihre Fixierung auf die eigene Erlebniswelt durchbrechen. Beispiele für Interventionen zur Entwicklung von Empathie sind u. a. die folgenden:

Gewaltfreie Kommunikation nach M. Rosenberg (2001)
Besonders wichtig und wirksam ist Rosenbergs Ansatz, mit dem er den Konfliktparteien dazu verhilft, dass sie ihre eigenen Emotionen wahrnehmen und dann differenziert und authentisch ausdrücken können. Dazu lernen die Menschen, echte Gefühle von Nicht-Gefühlen – wie Bewertungen, Gedanken, Unterstellungen – zu unterscheiden. Und sie erwerben sich einen Wortschatz für emotionale Erfahrungen (S. 56 ff.), weil sie oft gelernt haben, ihre Gefühle zu ignorieren, zu unterdrücken oder zu deformieren. Dann geht es darum, für die Gefühle Verantwortung zu übernehmen, d. h., zu ihnen zu stehen. Durch diese Art des Umgangs mit Gefühlen erschliessen sich mehr und mehr auch die Wurzeln dieser Gefühle, nämlich die Bedürfnisse der Menschen.

Der gespiegelte Dialog nach C. Rogers (1965)
Die Konfliktparteien stellen abwechselnd dar, wie sie eine bestimmte Situation erlebt haben. Oder sie diskutieren einige Issues, die nicht allzu sehr, aber auch nicht allzu wenig emotionell beladen sind. Eine dritte Person hilft ihnen, die vereinbarten Kommunikationsregeln wirklich einzuhalten. Anna schildert in wenigen Sätzen, wie sie die Dinge sieht. Bernd muss dem Sinn nach, jedoch in eigenen Worten möglichst genau wiederholen, was Anna gesagt hat. Wenn Anna mit dieser Wiedergabe einverstanden ist, darf Bernd seine eigene Ansicht zu den Dingen darlegen. Nun muss Anna getreu wiedergeben, was ihr Bernd erläutert hat. Nachdem Bernd der Wiederholung zugestimmt hat, kann Anna ihre eigene Ansicht erörtern. Dies kann pro Runde eine Viertelstunde oder etwas länger dauern. Durch diese Strukturierung des Gespräches werden sich die Parteien dessen bewusst, dass sie manchmal nur halb zuhören oder bereits ihre Entgegnung vorbereiten, ehe der Partner ausgeredet hat.

Periodische Zusammenfasssungen M. Miles (1959)
Diese Interventionsmethode für gruppendynamische Schulungen ist auch in Konflikten nützlich. Die Parteien können nach zwanzig Minuten der Aussprache die Essenz der Meinungen und Haltungen der anderen Partei in eigenen Worten zusammenfassen. Danach hören sich die Parteien die Zusammenfassungen an und konstatieren, wo die Perzeption durch die Gegenpartei richtig oder unrichtig ge-

wesen ist. Es kann sich dabei zeigen, dass einer Partei das Einleben an bestimmten Stellen und bezüglich bestimmter Issues schwerfällt. Die Parteien können diese Erfahrung dazu nutzen, einige Kommunikationsblockaden zu untersuchen und abzubauen. Anstatt auf inhaltliche oder verbale Aspekte tiefer einzugehen, können die Konfliktparteien auch die non-verbalen Ausdrucksformen, die ihnen während des gespiegelten Dialogs Hinweise auf bestimmte Einstellungen gegeben haben, miteinander besprechen.

Alter-Ego-Kommentare nach M. Miles (1959, pp. 116f.):
Ziel dieser Interventionen ist es, sich in die Gefühle und Einstellungen des anderen einzuleben und zu lernen, diese Gefühle nicht zu unterdrücken, sondern zu erkennen. Man spricht für das Ich eines andern: «Alter-Ego». Miles beschreibt verschiedene Varianten: Während die Konfliktparteien miteinander eine Episode des Konfliktes besprechen, versucht jeder zu beobachten, wie sich die anderen Personen fühlen, was sie ärgert usw. Sobald Anna bei Bernd beobachtet, dass sie sich sehr ärgert und den Ärger hinunterschluckt, sagt Anna: «Alter-Ego für Bernd: Die Bemerkung von Carla ärgert mich jetzt sehr. Stimmt das, Bernd?» Bernd darf nur kurz ja oder nein sagen, damit das Gespräch weitergehen kann. So kann jeder aussprechen, was zumeist unterschwellig bleibt.

Eine Variante des Alter-Ego-Kommentars ist das in der Gestalttherapie entwickelte «Doppeln» (Ch. Thomann und F. Schulz von Thun 1995): Jeder hat für einige Zeit sein «Double» hinter sich, neben sich oder gegenüber sitzen. Dieses Alter-Ego spricht nur für eine Person deren Gefühle, Einstellungen usw. aus. Später kann man vereinbaren, dass jeder für sich selbst meldet, wenn er mit unterdrückten Gefühlen kämpft. Wir lassen oft die Personen füreinander Alter-Ego-Kommentare aussprechen, die psychisch am weitesten voneinander entfernt sind und die Reaktionen der anderen Partei nur schwer verstehen. Alter-Ego-Kommentare und Doppeln erfordern keine besondere Erfahrung. Doch zu Beginn muss oft die dritte Partei mit Alter-Ego-Kommentaren die Schwellenangst überwinden helfen.

Ähnlich fördert die folgende unserer Methoden das Einfühlungsvermögen:
«Rotierendes Tagebuch»: Die Konfliktparteien sitzen gemischt um den Tisch. Eine Besprechung wird jeweils nach einer Viertelstunde unterbrochen. In diesen Pausen schreibt jede Person auf ein Papier (Fig. 11.2) in wenigen Worten auf, was

In der gerade beendeten Gesprächsrunde habe ich gefühlt/gewollt/gehofft, dass...	Für die kommende Gesprächsrunde hoffe ich/nehme ich mir vor, dass ...
(Teilnehmer ergänzt den Satz)	(Teilnehmer ergänzt den Satz)
Dies kann improvisiert auf einen A4-Bogen geschrieben werden.	

Fig. 11.2: Rotierendes Tagebuch

man selbst während der letzten Gesprächsrunde gedacht, gefühlt und gewollt hat (linke Spalte), und was man für die *nächste* Gesprächsrunde erhofft, erwartet oder sich vornimmt (rechte Spalte). Danach schiebt jeder sein Blatt weiter zum linken Tischnachbarn. Jeder kann nun die Bemerkungen seines rechten Nachbarn lesen und behält das Papier. Nach der nächsten Runde schreibt jeder auf das Blatt, das er von seinem rechten Nachbarn zugeschoben bekommen hat, seine Bemerkungen. Danach schiebt er es wieder an den linken Nachbarn weiter, erhält das Papier seines rechten Nachbarn, liest dessen Bemerkungen usw. In den Schreibpausen wird vorerst über diese Kommentare nicht gesprochen. Erst nach Beendigung der Besprechung liest jeder laut vor, was auf dem vor ihm liegenden Blatt geschrieben steht. Nun kann ein allgemeines Gespräch in der Gesamtgruppe folgen, oder man lässt zu Beginn zwei Tischnachbarn über die Bemerkungen sprechen, ehe man in der Gesamtgruppe evaluiert. Man kann auch aus den Bemerkungen für jede Gesprächsrunde ein qualitatives *«Klima-Bild»* aufbauen. Dabei kann man gebräuchliche psychologische Ausdrücke verwenden oder jede Phase nur in übertragenen Bildern charakterisieren: «Es war nach meinem Empfinden nebelig; ich fühlte mich wie in einem Verkehrsstau, mein Eindruck war, dass wir wie Hänsel und Gretel durch den Wald irrten ...» Diese Bilder können Anlass zur Vertiefung in eine der Konfliktepisoden sein, die ähnliche Stimmungen bewirkt haben.

Der Rollentausch nach M. Miles (1959, pp. 133–135):

In gruppendynamischen Schulungen werden zwischenmenschliche Probleme oft durch Rollenspiele besprechbar. Zehn Minuten lang hat Anna den Schulleiter und Bernd den Schüler, der immer wieder zu spät kommt, gespielt. Nun tauschen beide ihre Rollen. Bernd setzt den Dialog in der Rolle des Schuldirektors fort und Anna in der Rolle des Schülers. Die dabei gemachten Erfahrungen werden hinterher ausgewertet.

Diese Methode lässt sich mit den Methoden des *Psychodramas (G. Leutz 1974)* auch auf Konflikte anwenden. Man greift eine kritische Episode aus dem Konfliktverlauf heraus, beschreibt sie aus der Erinnerung und dramatisiert sie. Dabei spielen Anna und Bernd ihre eigenen Rollen. Nach einiger Zeit tauschen sie ihre Rollen und setzen den Dialog fort. Als *isoliert* angewendete Intervention ist die Wirkung des Rollentausches nicht besonders gross (siehe dazu die empirischen Untersuchungen von B. Muney und M. Deutsch 1968). Sie kann aber zum Entdecken der eigenen Barrieren behilflich sein und überdies dazu dienen, psychischen Abstand zur eigenen Rolle zu gewinnen.

Wenn Konflikte intensiver eskaliert sind, kann eine ähnliche Intervention in getrennten Besprechungen mit jeder einzelnen Konfliktpartei (Person oder Gruppe) angewendet werden. Die dritte Partei übernimmt die *Rolle des «advocatus diaboli»:*

sie bringt die eventuellen Reaktionen oder Einwendungen der Gegenpartei vor, so dass man sich damit auseinandersetzen muss und die Auswirkungen des eigenen Verhaltens auf die andere Partei überblicken lernt. Nach einiger Zeit kann man eine andere Person bitten, die Rolle der Gegenpartei als advocatus diaboli zu spielen. Danach kann man an den Perzeptionen wie an den Einstellungen der spielenden Partei weiterarbeiten.

Das Entwickeln des Einfühlungsvermögens ist Grundvoraussetzung für die weitere Arbeit an Attitüden. Daneben ist das Aufbauen gegenseitigen *Vertrauens* wichtig. Die Erfahrung hat uns gelehrt, dass es meistens unfruchtbar ist, mit den Parteien über Vertrauen abstrakt zu sprechen. Überzeugend und aufbauend wirkt vielmehr, was die Parteien in die Tat umsetzen.

Ein Beispiel kann illustrieren, wie für die Arbeit an Gefühlen Farbübungen sinnvoll angewandt werden können: *Das Farbenschach*. Nachdem in einer Schule einige kritische Episoden genau analysiert worden waren, gaben wir den Personen grosses Zeichenpapier und echte Bienenwachsfarben (der Fa. Stockmar, weil diese die besten Mischfarben ergeben). Frau Eva und Herr Adam, Exponenten gegensätzlicher Parteien, wählen je eine Farbe. Frau Eva wählt eine blaue Bienenwachskreide und Herr Adam z.B. eine rote. Ein dritter Kollege steht dabei und sieht zu, wie die beiden mittels Farben aufeinander reagieren. Wie beim Schachspiel wird Zug um Zug etwas gemalt. Die wichtigsten Spielregeln sind: Schweigend malen, nur kleine, nonfigurative Motive; aufmerksam sich selber und den Partner beobachten, was die einzelnen Züge auslösen! (siehe Fig. 11.3: «Farbenschach»).

Herr Adam fängt also mit Rot an und zeichnet eine kleine Farbfläche. Das ist sein erster «Gesprächsbeitrag». Dann antwortet Frau Eva darauf mit einem blauen Motiv. Aber schon die Art, wie sie ihren Beitrag malt – nämlich schnell, kräftig und zielvoll – lässt Herrn Adam erschrecken. Und sie zeichnet z.B. eine spitze Form, eine Art Pfeil oder ein Projektil, das auf die weiche, wolkige rote Fläche zustösst. Dann kommt wieder Herr Adam an die Reihe und zieht sich noch mehr in eine weisse Ecke des Blattes zurück: wiederum weich, nebelig, zerflossen. Sofort folgt die blaue Wachskreide von Frau Eva, nochmals spitz, scharf und kräftig konturiert. Danach sucht das Rot des Herrn Adam wieder eine weitabgelegene Ecke des Blattes auf, diesmal aber etwas mehr geformt und konturiert (siehe Zug 5).

Das Farbenschach lässt beide intensiv erleben, was sich zwischen ihnen abspielt. Das Medium Farbe deckt dies sehr direkt auf. Der dritte Kollege beobachtet nur und mischt sich nicht ein. Nach etwa 10 Minuten ist die Übung beendet und alle reden miteinander über diesen Prozess: Was hat sich da Zug um Zug abgespielt? Warum ist Frau Eva so vorgegangen? Was hat sie gereizt? Das Weiche und Nebulöse des Herrn Adam hat sie geärgert. Darum ist sie mit dem blauen, aggressiven Pfeil auf das Rot des Herrn Adam losgegangen. In der Nachbespre-

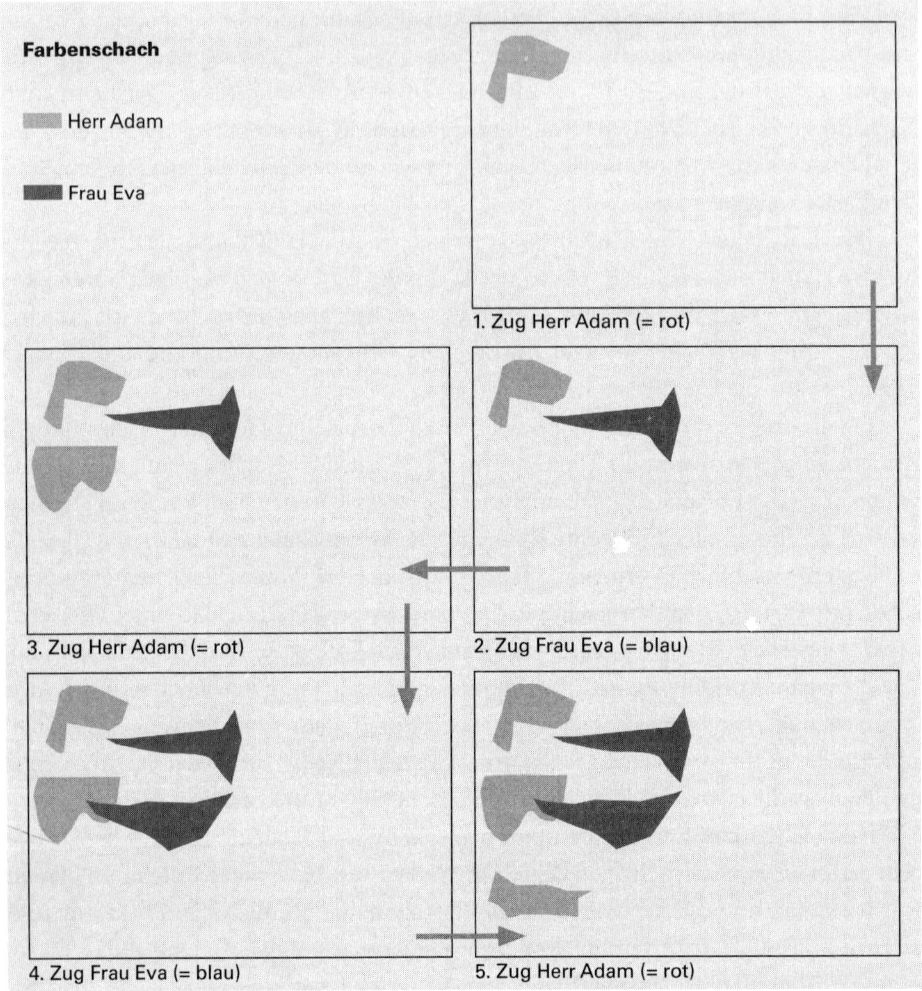

Fig. 11.3: Farbenschach

chung erklärt Frau Eva, dass sie schon lange das Unangreifbare, das Weiche und Widerstandslose an Herrn Adam geärgert habe. Er sei nie zu einer Stellungnahme zu bewegen gewesen, sondern sei – quallig und glitschig – immer weggerutscht. Mit ihrer harten, konturierten Aktion (blauer Pfeil) will sie eigentlich, dass er sich einmal stelle und deutlich sowie kräftig agiere. Weil daber Herr Adam so ist, wie er ist, hat er das nicht getan. – Bei jeder Konfliktdebatte war Herr Adam mit der Aufforderung zur Stellungnahme und direkten Auseinanderstzung konfrontiert worden und hatte sich nie darauf eingelassen. Mit jeder Besprechung der beiden Menschen war Evas implizite Einladung oder Provokation zur direkten Begegnung und Auseinandersetzung unterschwellig vorhanden. Weil sie von Herrn Adam nicht aufgegriffen und beantwortet worden war, hatte sich Frau Eva immer mehr auf den provozierenden Ton verlegt – während gerade dadurch Herr Adam noch mehr den Rückzug gesucht hatte.

Bei diesem Gespräch geht es nicht darum, dass wir hinterher psychologisieren und eventuelle Komplexe aufdecken. Hier interessiert uns nur der Prozess, was also Zug um Zug geschehen ist; welche Gefühle, Überlegungen und Absichten konkret gespielt haben und wie sich diese im Umgehen mit der Farbe auf dem Zeichenblatt ausgedrückt haben. Wenn sich im Nachgespräch wieder «Sprachschwierigkeiten» einstellen, können die Parteien das eine oder andere Gefühl auch durch Gebärden oder Mimik ausdrücken: die Menschen können etwas vorspielen und dergleichen, damit das «Unbeschreibliche» möglichst spontan und direkt mitgeteilt wird.

Eine andere Methode ist die folgende. Das *Überwinden* von *Angstvorstellungen* hat für Konflikte der Stufen 4–6 grosse Bedeutung. Die Vertreter der Gestalttherapie und andere bieten dafür die Methode der Traumarbeit, der Phantasiereisen und dergleichen. Die meisten dieser Interventionen erfordern Therapeutenerfahrung. Einfacher zu hantierende Methoden beschreiben A. Levi und A. Benjamin (1977). Sie versuchten in den jüdisch-arabischen Begegnungen Angstvorstellungen abzubauen, indem sie den Konferenzteilnehmern den Auftrag gaben, sich vorzustellen:

- es ist eine Regelung für die Autonomie der palästinensischen Bevölkerungsgruppe gefunden (als Annahme):
- wie gestaltet sich dann das Zusammenleben der beiden Volksteile innerhalb der neuen Konstitution?

Die meisten Angstvorstellungen lösten sich auf diese Weise relativ schnell auf. Levi und Benjamin suchten nach diesen Gesprächen nach «Sicherungen», die sie in eine solche Autonomieregelung einbauen könnten. In Kapitel 14.3.3 werden wir bei den sozio-therapeutischen Interventionen auf die Verhaltenstherapie und auf einige Methoden der Logotherapie zur Angstbewältigung eingehen. Die Methode «Goldene Augenblicke» (siehe p. 323 f.) haben wir in unserer Praxis entwickelt. Sie bietet wesentliche Hilfen für eine wirkliche Annäherung der Parteien.

Mit diesen Beispielen sollte illustriert werden, welche Formen attitüdeorientierte Interventionen annehmen können. Sie werden, mit den übrigen Interventionen verflochten, zur Vorbereitung und zur Nachbetreuung vorgenommen. Unsere Beispiele konzentrieren sich auf relativ strukturierte Interventionen, weil sie eine konkrete Arbeitsweise am deutlichsten zeigen können. Dieselben Interventionen können ad hoc und in anders strukturierter Weise vorgenommen werden. Daneben sind *non-verbale* im besonderen *künstlerische Interventionsmethoden* sehr wirksam, wenn man selektiv und vorsichtig mit ihnen umgeht. Sie werden von den Konfliktparteien oft als direkter und enthüllender bezeichnet als herkömmliche verbale Methoden (siehe dazu F. Glasl 1981 und 1987).

11.2.3 Auf das Wollen der Parteien bezogene Interventionen

Auf den intensiveren Stufen der Eskalation fürchten die Parteien, dass ihre ernst gemeinten Vertrauensbeweise von der Gegenpartei nicht erkannt, falsch gedeutet oder sogar missbraucht werden. Dadurch lassen sie gute Absichten wieder fallen. C. Osgood (1966) hat eine Taktik zur einseitig initiierten Entspannung in internationalen Krisen vorgeschlagen, die «GRIT-Taktik» («graduated and reciprocated initiatives in tension reduction»). S. Lindskold (1978) hat diese Vorgehensweise in experimentellen Untersuchungen mit Individuen und kleinen Gruppen überprüft und die von Osgood erwarteten Wirkungen tatsächlich bestätigen können. Die Abrüstungsschritte M. Gorbatschows folgten genau diesem Weg!

GRIT-Taktik nach C. Osgood (1966):

1. Eine Partei erklärt öffentlich ihren Vorsatz, zu einer einseitigen Massnahme der Spannungsverminderung überzugehen, z. B. das Abberufen der eigenen Botschafter rückgängig zu machen.
2. Dieselbe Partei führt eine eindeutige Gebärde der Versöhnung durch und lädt gleichzeitg die Gegenpartei ein, dasselbe zu tun.
3. Auch wenn die Gegenpartei darauf nicht positiv reagiert, folgt die nächste versöhnende Gebärde, z. B., indem die eigenen Ausweisungsbescheide für Bürger des anderen Staates ungültig erklärt werden und ihnen der weitere Verbleib gewährt wird.
4. Wenn die Gegenpartei darauf aggressiv reagiert, folgt eine – öffentlich angekündigte – «passende», aber deutlich sehr beschränkte Massnahme der Vergeltung, ohne dass die bisherigen versöhnenden Akte widerrufen werden.
5. Danach wird die nächste entspannende Massnahme angekündigt und durchgeführt.

In Experimenten hat sich gezeigt, dass dieses Vorgehen zwar guten Willen dokumentiert und doch nicht als Schwäche ausgelegt wird.

Für Konflikte in Organisationen haben wir dazu eine Variante entwickelt, mit der uns ein Abbau der Misstrauensvorbehalte gelungen ist, weil die Parteien nicht überfordert worden sind:

«Kleine Kreditangebote»: Die dritte Partei führt mit den Parteien getrennt Gespräche, in denen die folgenden Fragen behandelt werden:

Denken Sie an eine Periode von zwei Wochen. In dieser Zeit könnten ihre Gegenpartei und Sie etwas tun, um die Atmosphäre zu verbessern:

1. *Welche* kleine «Kreditangebote» *wünschen Sie sich* von der Gegenpartei? *Was* könnte die Gegenpartei tun, um kleine Vertrauensbeweise zu geben?
2. *Wie* sollte die Gegenpartei solche Kreditangebote unzweideutig sichtbar machen? Die Partei nennt die Art und Weise, wie diese Kreditangebote mitgeteilt werden könnten. Die dritte Partei spielt die Rolle des advocatus diaboli und bringt die Einwände vor: «Wie können Sie sicher sein, dass Ihnen keine Falle gestellt wird? Geben Sie nicht mehr preis als die Gegenpartei?»
3. *Welche* «kleine Kreditangebote» könnten *Sie selbst* der Gegenpartei machen?
4. Wie sollten Sie diese *mitteilen,* so dass keine Missverständnisse auftreten?
5. Bei welchen Ihrer Kreditangebote könnten Sie für die Dauer der genannten Frist auf Garantiekonditionen verzichten, wenn statt dessen vereinbart wird, dass danach die Auswirkungen des Kreditangebotes überprüft werden?
6. Die dritte Partei sorgt dafür, dass nach einem ähnlichen Gespräch mit der anderen Partei der Austausch ohne weitere Konditionen erfolgt.

Eine Partei ist oft nur bereit, ein Kreditangebot abzugeben, wenn im voraus bestimmte Konditionen erfüllt sind. Dies legt jedoch die Gegenseite als Beweis für mangelndes Vertrauen aus und sie fordert, dass erst ihren Konditionen entsprochen wird. So blockieren sie gegenseitig die Auflockerung. Anton sagt: «Ich vertraue Bernd nicht! Darum muss Bernd die Ware erst übergeben, danach werde ich ihm zuverlässig den Kaufpreis überreichen!» Während Bernd als Gegenpartei sagt «Ich vertraue Anton nicht. Darum muss er den Kaufpreis erst bezahlen! Dann werde ich sofort die Ware übergeben!» Die Parteien können erkennen, dass sie den Teufelskreis der gegenseitigen Vorbehalte und Drohungen nur durchbrechen, wenn sie die Drohungen ersetzen durch einseitige Versprechungen. Diese Vertrauensakte können den eigenen guten Willen dokumentieren. Weil sie für die Konfliktparteien stark symbolische Bedeutung besitzen, können sie nach guten Erfahrungen zu grösseren Kreditangeboten ermutigt werden.

Zu Beginn kann die Drittpartei als «Vertrauensdepot» dienen, so wie Anton und Bernd Ware und Geld bei einer Vertrauensperson hinterlegen können. Durch Befristung können die Parteien die Wirkung ihres Angebotes leichter übersehen. Am besten wirkt die Methode der kleinen Kreditangebote jedoch, wenn die Parteien einseitige Aktionen finden, die von keinen A-priori-Konditionen abhängig gemacht werden, sondern als unbedingte Versprechen präsentiert werden.

Durch die Klärung von Perzeptionen und das Aufdecken von Einstellungen kommen oft Gegensätze in Wertauffassungen stärker an die Oberfläche. Die folgenden Interventionen können der Klärung der Wertvorstellungen dienen.

Bedürfnisse und Bitten statt Forderungen nach M. Rosenberg (2001):
Wir haben bereits bei der Arbeit an Emotionen und Einstellungen auf Rosenbergs Methoden hingewiesen, die durch das Wahrnehmen der Emotionen zu den darunter liegenden tieferen Bedürfnissen hinführen. Der entscheidende Schritt besteht darin, dass die Konfliktparteien in sich selber nachspüren, welche Bedürfnisse sie haben. Diese werden dann nicht als Forderungen sondern in klarer, positiver Handlungssprache als Bitten formuliert (S. 81 ff). Im Gegenzug interessiert sich die Partei, die ihre Bitte ausgesprochen hat, auch für die Bedürfnisse der Gegenpartei. Während Forderungen Verhärtungen bewirken, schaffen Bitten Öffnungen. Dieser Ansatz Rosenbergs ist sehr grundlegend und äusserst wirksam und gehört zur Grundausstattung jeder Drittpartei.

Die *Suche nach «Doables» (d. h. nach sofort Machbarem) nach D. Weeks* (1994, S. 203 ff.):

Dudley Weeks empfiehlt, nicht nach Interessen oder Forderungen der Konfliktparteien zu fragen, sondern nach Bedürfnissen, Nöten oder Notwendigkeiten. Ein «Doable» ist ein *machbarer* Veränderungsvorschlag, der mit höchster Wahrscheinlichkeit ohne Komplikationen umgesetzt werden kann, der allen Beteiligten annähernd gleiche Vorteile bringt, der mehrere gemeinsame Bedürfnisse abdeckt und in irgend einer Form Zusammenarbeit der Parteien erfordert; seine Umsetzung wirkt vertrauensbildend und verstärkt die positiven Haltungen.

Analyse der Wertvorstellungen nach Th. Gordon (1977, pp. 263 ff.):
Die einzelnen Personen schreiben für sich auf:
1. die zehn Dinge, die sie am liebsten tun würden,
2. ihre stärksten Überzeugungen, für die sie wirklich kämpfen würden,
3. und sie reihen 1 und 2 von den wichtigsten bis zu den relativ unwichtigsten Wünschen und Werten.

Diese Listen werden miteinander verglichen und besprochen. Welche Werte der Liste würden Sie tatsächlich vor Publikum verteidigen? Wie sind Sie zu diesen Auffassungen gekommen? Was tun Sie, damit Sie diese Werte in Beruf und Privatleben so konsequent wie möglich verwirklichen?

Durch diese Aussprachen wird zu den bisherigen Analysen konkreter Issues und Ereignisse der Bereich der Werte angesprochen. Dabei zeigt sich, dass Grundwerte in der Biographie eines Menschen als Leitthemen immer wieder aufgetreten sind. Der konkrete Konflikt ist für sie vielleicht nur ein exemplarischer Fall eines prinzipiellen Problems. Auch wenn nach einem solchen Gespräch die Werte der Menschen unverändert bleiben, können Einblicke in diese Bereiche zur gegenseitiger Achtung führen. In Konflikten der vierten und fünften Eskalationsstufe führen solche Gespräche oft zu überraschenden Entdeckungen.

Manchmal ist es leichter, die gemeinsamen *«Un-Wert»-Vorstellungen* aufzusuchen: Was betrachtet man gemeinsam als unfair, unmoralisch, unmenschlich usw. Sobald die Engel-Teufel-Bilder der fünften Eskalationsstufe Fuss gefasst haben und die Parteien einander als Repräsentanten von Un-Werten erleben, können die Parteien zueinander wieder ein wenig Vertrauen fassen, wenn sie merken, dass auch die Gegenseite Interesse daran hat, dass bestimmte Dinge *nicht* geschehen. Es kann Konsens entstehen, was man gemeinsam vermeiden möchte. Viele Autoren raten für die Konfliktlösung, mit den Parteien Oberziele zu suchen, die alle gleichermassen anerkennen. Nur wenige Autoren bieten dazu konkrete Verfahren. A. Levi und A. Benjamin (1977) legen dar, wie sie in Arbeitskonferenzen mit arabischen und jüdischen Bewohnern Israels zu Übereinstimmung in einigen wesentlichen Zielen gelangen. Die von ihnen befolgte Methode weist grosse Übereinstimmung auf mit der Arbeitsweise von H. Werbik (1976).

Gemeinsame Suche nach Oberzielen («ethisches Prinzip») nach H. Werbik (1976), H. Kaiser, G. Korthals-Beyerlein und H.-J. Seel (1977):

H. Werbik fasst dieses Prinzip folgendermassen zusammen (p. 249): «1. Fasse in einer Konfliktsituation jedes Handlungsziel als Mittel für ein Oberziel auf! 2. Suche bei den Konfliktparteien die miteinander verträglichen Oberziele! 3. Ersetze die ursprünglichen Handlungsziele durch solche, die ebenfalls geeignete Mittel für die miteinander verträglichen Oberziele sind, so dass sich ingesamt ein System von miteinander verträglichen Oberzielen ergibt!»

H. Kaiser e. a. haben diese allgemeinen Imperative weiter operationalisiert und getestet. Ein fruchtbares Arbeiten mit dieser Methode setzt nach unserer Erfahrung voraus, dass die Parteien bereits zu verstehen begonnen haben, durch welche Mechanismen ihre gegenseitigen Perzeptionen in der Vergangenheit bestimmt worden sind. Der Prozess der Suche nach gemeinsamen Oberzielen kann ihnen dabei helfen.

11.2.4 Verhaltens-orientierte Interventionen

Das Verhalten der Konfliktparteien wird im Zuge der Eskalation immer vielschichtiger:

- das Verhalten verlagert sich schwerpunktmässig zusehends vom verbalen in den non-verbalen Bereich;
- die Diskrepanzen zwischen Absicht, Verhalten und Wirkungen werden grösser; in der Kommunikation sind Überton und Unterton immer weniger kongruent;
- im Verhalten kommen ein oder mehrere der 8 Funktionen zum Ausdruck, ohne dass dies von den Akteuren so erkannt wird;

- das Verhalten bezweckt mehr und mehr Nebenwirkungen auf Dritte, um diese eventuell zu Koalitions- oder Allianzpartnern zu machen, oder um sich bei Umstehenden zu rechtfertigen;
- destruktives, d.h. aggressiv zerstörerisches Verhalten und obstruktives Verhalten, um einander Hindernisse in den Weg zu legen, zu strafen, zu sanktionieren usw., dominiert;
- die *dämonisierte Zone* wächst;
- das Verhalten wird durch alle Wechselwirkungen in den Parteien und zwischen den Parteien zunehmend konditioniert und fixiert; es erstarrt zu einigen wenigen stereotypen und zwanghaft ablaufenden Verhaltensformen.

Interventionen können eine Beeinflussung des äusseren Verhaltens versuchen und die folgenden Ziele mögen dabei verwirklicht werden:

a) die Parteien werden sich der Funktionen ihres Verhaltens bewusst;
b) die Parteien lernen, die eventuellen Diskrepanzen zwischen ihren Absichten, ihrem Verhalten und den ungewollten Folgewirkungen zu überschauen und zu verringern (Kongruenz);
c) sie erkennen die Faktoren, welche konditionierend bzw. determinierend auf ihr Verhalten wirken;
d) das Verhalten der Parteien wird unter Kontrolle gebracht, so dass die schädlichen Folgen geringer werden (Verhaltenskontrolle);
e) das Verhalten wird in bestimmte Bahnen gelenkt, so dass es weniger gewaltsam oder destruktiv ist;
f) für die Kontrolle des Verhaltens werden explizite Beurteilungskriterien erstellt, so dass Abweichungen wirkungsvoll korrigiert werden können;
g) die bisherigen Interventionen, die auf Perzeptionen und Attitüden gerichtet waren, werden durch verhaltensorientierte Interventionen konsolidiert und operationalisiert, wodurch ihre Umsetzung verstärkt wird.

Die unter a bis c genannten Ziele können als Folgewirkung der perzeptions- und attitüdeorientierten Interventionen auftreten, weil sie auf Vertiefung der Selbstkenntnis ausgerichtet sind. Nicht jede verhaltensorientierte Intervention verfolgt alle genannten Ziele, sondern jeweils nur einige oder mehrere von ihnen. Im folgenden wollen wir verschiedene dieser Interventionsmöglichkeiten darstellen.

1. Verhaltensregelung

In den meisten Organisationen ist es gebräuchlich, auftretende Konflikte zu lösen, indem man das Verhalten der Parteien in geordnete Bahnen zu lenken versucht. Dies kann zweierlei Formen annehmen:

Konfliktregulatoren bewirken eine *generelle* Verhaltensregelung, die nicht nur für die aktuellen Konfliktparteien gilt, sondern für alle Mitarbeiterinnen und Mitarbeiter oder Angehörigen der Institution. Verhaltensnormen sind auch Voraussetzung dafür, dass ein Konflikt eventuell mit juristischen Verfahren behandelt oder für Schiedsverfahren zugänglich wird (S. LaTour, P. Houlden, L. Walker, J. Thibaut 1976). Auf generelle Verhaltensregelung gehen wir deshalb an dieser Stelle nicht mehr weiter ein.

Die zweite Form ist die der *speziellen Verhaltensregelung.* Hiermit wird das Verhalten der direkt betroffenen Konfliktparteien in bestimmte Bahnen geleitet, ohne dass man sich weiters um eine Beeinflussung der Perzeptionen und Einstellungen oder anderer Faktoren kümmert. Mittels direkter Verhaltensanweisungen werden die äusseren Formen des Verhaltens wie Gewalt, Aggression, Kampftaktiken usw., beeinflusst. Im Alltag geschieht dies, wenn sich der Chef bei seinen Mitarbeitern bestimmte Verhaltensweisen verbietet, «weil das nicht zu unserem Betrieb passt», «weil es unschön ist» oder Aufsehen erregt («Wir zanken uns nicht, wenn andere dabei sind!»). Verhaltensregelung kann durch Strafen, Versprechungen und andere Sanktionen unterstützt werden. Sie kann von anderen erzwungen oder von der Konfliktpartei selbst zur Auflage gemacht worden sein.

In der Regel lassen Interventionen der Verhaltensregelung die deformierten und fixierten negativen Perzeptionen und Attitüden unverändert. Auch ein Richter lässt unberücksichtigt, ob durch seinen Rechtsspruch mehr Verständnis, Liebe oder Kooperationsbereitschaft zwischen den streitenden Parteien auftritt. T. Newcomb (1947) weist auf empirische Befunde, nach denen eine generelle Verhaltensregelung zwar die direkte destruktive Wirkung eindämmt, nicht aber zu einer Verbesserung der gegenseitigen Einstellungen führt. Die wichtigste Wirkung war jedoch immer eine Unterbindung der sozialen Ansteckung, weil das Konfliktverhalten öffentlich als negativ diskriminiert worden war.

Trotz vieler Unzulänglichkeiten der Verhaltensregelung kann diese in manchen Konfliktsituationen oft die einzig mögliche Methode sein, die eine weitere Eskalation (wenigstens vorübergehend) unterbindet.

Bei Konflikten der fünften oder sechsten Stufe sind die Parteien oft nur zu verhaltensregelnden Massnahmen bereit. Sie beobachten dann sehr kritisch, wie die Gegenpartei mit diesen Vereinbarungen umgeht. Wenn die Konfliktparteien bestimmten Spielregeln für die nächste Konfrontation zustimmen, dann macht eine dritte Partei für diese Zeit Gebrauch von einer speziellen Konfliktregelung. Diese ist in den meisten Fällen unabdingbar, wenn man verhindern will, dass die Konfliktparteien bei der Arbeit an ihren Problemen wieder in ihr übliches Konfliktverhalten verfallen. M. Deutsch (1973, p. 385) weist auf die Unterstützungsfunktion solcher Kommunikationsregeln oder Spielregeln für die Konfrontationsbesprechungen:

«Die Essenz fairer Spielregeln ist, dass sie unbevorurteilt sind. Ein Verhalten unter Achtung solcher Regeln setzt die Bereitschaft der Parteien voraus, von der Gegenpartei genau dasselbe Verhalten zu akzeptieren, das man auch ihr gegenüber an den Tag legt. Solche Spielregeln bieten beiden Seiten dieselben Chancen, ihre Anliegen vorzubringen und auf die der Gegenseite zu reagieren. Zusätzlich begrenzen oder definieren sie, inwieweit jede Seite die andere verletzen darf. Durch Regeln wird jede Seite klar für ihre Positionen und ihr Verhalten verantwortlich, so dass keine Partei die Wirklichkeit leugnen kann, nicht willentlich lügen oder die Verantwortung für ihr Verhalten der Gegenpartei in die Schuhe schieben kann.»

Diese Funktionen der Verhaltensregeln gelten im besonderen für die einzelnen Aktionen der dritten Partei im Rahmen der Orientierungsphase, wenn vorläufige Vereinbarungen zum Status quo und zur Strategie der weiteren Konfliktbehandlung getroffen werden müssen.

2. Verhaltensbegrenzung

Hiermit werden nicht so sehr Formvorschriften erstellt, sondern bestimmte Objekte (im Krieg: Kulturdenkmäler oder Rot-Kreuz-Lazaretts), Personen (in Nordirland ist es tabu, Frauen, Kinder oder geistliche Würdenträger willentlich anzugreifen), Issues («Debatten über Politik dulde ich nicht in meinem Büro!»), Räume («Konflikte tragen wir nicht auf der Strasse oder auf der Tribüne aus!») oder Zeiten usw. für Konfliktverhalten zum Tabu erklärt.

Mit einer Verhaltensregelung oder Verhaltensbegrenzung sollen bestimmte unerwünschte Folgewirkungen verhindert werden. Es geht um das Beherrschen und Voraussagen der *direkt* erkennbaren Auswirkungen des Konfliktes. Die *indirekten* Folgen können jedoch unsichtbar bleiben. Verhaltensbegrenzung kann zu einem Aufstauen negativer Einstellungen führen, die schliesslich einen Ausweg in andere Gebiete, auf andere Personen usw. suchen. Konflikte werden dadurch verschleppt oder kalt gemacht oder exportiert: Der von seinem Chef unterdrückte Arbeiter schlägt seine Frau, diese das Kind, das Kind den Hund usw.

3. Verhaltenssublimierung, Ablenkung auf andere Objekte oder Personen usw.

A. Etzioni (1964) rät zu einer Ablenkung des Konfliktverhaltens auf ungefährliche Gebiete: Tätliche Auseinandersetzungen können lieber zu heftigen verbalen Gefechten werden; anstelle des Bürgerkrieges mit militärischer Gewaltanwendung können parlamentarische Debatten treten; nationale Gegensätze können so umdirigiert werden, dass sie sich in kultureller oder ökonomischer Konkurrenz entladen. Sport erfüllte schon bei den Griechen eine Ventilfunktion: Die Gegensätze der bislang autonomen Kleinstaten konnten sich ausleben, ohne dass die Bildung eines überregionalen Gemeinwesens dadurch behindert worden wäre.

4. Verhaltenskonditionierung:
Belohnung oder Strafe sollen bestimmte Verhaltensweisen begünstigen oder hemmen. Sie können zu einer positiven oder negativen Konditionierung werden. Mit den Methoden der Verhaltenstherapie (siehe dazu N.Birbaumer 1977) werden (a) die *äusseren* oder (b) *inneren Stimulusfaktoren* der einzelnen Personen so beeinfusst, dass sie bei den Konfliktparteien einen anderen Verhaltensreflex auslösen, (a) In Konfliktsituationen können *externe* Umstände, die mit unangenehmen Erinnerungen oder Vorstellungen behaftet sind, vermieden werden: Eine Sitzung des Managementteams findet nicht im berüchtigten Konferenzraum sondern in einer gemütlichen Ecke der Kantine statt. Hintergrundmusik bringt Entspannung, Blumen sorgen für eine freundliche Note usw. (b) *Innere Stimulusfaktoren* können beispielsweise mit Methoden der «*Aversionstherapie*» (S.Rachman und J.Teasdale 1969) beeinflusst werden: Man kann gegenüber bestimmten eigenen Verhaltensweisen Gefühle der Abneigung entwickeln, indem sofort beim Auftreten des ungewünschten Verhaltens durch elektrische Schocks oder andere unangenehme Erlebnisse eine Aversion gegen das Verhalten gezüchtet wird. Oder es kann ein Brechmittel eingenommen werden. Sobald man die Wirkung verspürt, muss man sich ein Vorstellungsbild des eigenen Verhaltens suggerieren. Die Methode der positiven Selbstverstärkung («covert reinforcements» nach J.Cautela 1969) besteht u.a. darin, dass eine gewünschte Verhaltensänderung in der Vorstellung suggeriert wird, wonach dieses Bild mit der Vorstellung eines sehr angenehmen Erlebnisses verknüpft wird. Dies sind nur einige Illustrationen.

Neben den praktischen Problemen einer Übertragung auf Konfliktsituationen in Organisationen stellen sich dabei eine Reihe von ethischen Fragen. – Bei der Erörterung von Interventionen der sozio-therapeutischen Prozesskonsultation werden wir darauf noch näher eingehen.

5. *Autonome Verhaltensänderung*
Einige Methoden haben eine von den Konfliktparteien autonom vorgenommene Verhaltensänderung zum Ziel. Dazu müssen die Konfliktparteien ihr eigenes Verhalten kennen und verstehen lernen und ihr Verhalten aus eigenem Antrieb so ändern, dass sie Selbstkontrolle über ihr Verhalten gewinnen. Bisher haben wir Verhaltensregulierung als eine von anderen ausgeübte Kontrolle des Verhaltens erwähnt. Diese Kontrolle kann auch von den Konfliktparteien selbst ausgeübt werden.

Schulen des Verhaltens: Das Verhalten kann z.B. mit Hilfe von Tonband- oder Videoaufnahmen durch Beobachter usw., der handelnden Konfliktpartei zu Bewusstsein gebracht werden. Die perzeptionsorientierten Interventionen sind zumeist Feedback der Perzeptionen des Verhaltens der Gegenpartei. In Rollenspielen, strukturierten Übungen usw. kann neues Verhalten ausprobiert und so verbessert werden, dass eine grössere Kongruenz der Intention und des Verhaltens sowie der vorhersehbaren Folgewirkungen des Verhaltens erreicht wird. Die Konfliktparteien können einander aktiv beim Erlernen neuen Verhaltens unterstützen. Eine modifizierte Anwendung der Techniken des «management by objectives» (siehe F. Glasl und B. Lievegoed 1975) kann hierbei von grossem Nutzen sein. Die Konfliktparteien umschreiben das angestrebte neue Verhalten so, als könnten sie dieses Verhalten bereits jetzt physisch beobachten:

- «Anna beschränkt ihre Redezeit pro Wortmeldung auf max. eine Minute»,
- «Bernd macht keine Witze über Personen, die einen Vorschlag ins Gespräch bringen.»

Durch solche Formulierungen ist es später leichter, das Verhalten zu evaluieren. Die Konfliktparteien können sich bestimmte Spielregeln geben. Später können sie wieder auf die formalisierten Regeln verzichten, wenn das Lernen neuen Verhaltens genügend konsolidiert ist. Eine besonders wirksame Methode autonomer Verhaltensregulierung wollen wir im folgenden kurz skizzieren.

Rollenverhandeln nach R. Harrison (1971): Nach dieser Methode vereinbaren die Konfliktparteien in wirklichen Verhandlungsgesprächen, was sie an ihrem Verhalten konkret verändern wollen. Die wichtigsten Schritte dieses Verfahrens sind:

1. Jede Person besinnt sich auf jede andere Person (Anton: Bernd, Carla, Dieter).
2. Danach schreibt Anton auf, was er sich als konkretes Verhalten von Bernd wünscht, und zwar
   - was Bernd häufiger, mehr oder noch besser tun sollte,
   - was Bernd unterlassen oder weniger tun sollte,
   - was Bernd auf jeden Fall unverändert beibehalten sollte.

   Anton schreibt dies auch in bezug auf Carla und Dieter auf. Auf gleiche Art notieren Bernd, Carla und Dieter, was sie von den anderen Teamkollegen wünschen.
3. Die Listen werden ausgetauscht. Somit weiss jeder, was sich die anderen von ihm wünschen. Dazu können Verdeutlichungen erbeten werden, jedoch werden keine Diskussionen über richtig bzw. unrichtig erlaubt.
4. Nun beginnen bilaterale Verhandlungen: Anton und Bernd verhandeln über die in den Listen geäusserten Wünsche, um sich im gegenseitigen Geben und Nehmen auf einige konkrete Punkte zu einigen.
5. Das Ergebnis wird formell in sehr konkreten Umschreibungen des vereinbarten Verhaltens notiert.

6. Die Parteien vereinbaren Sanktionen für den Fall der Verletzung dieses Vertrages und einigen sich auf einen Zeitpunkt für die Kontrolle.
7. Dasselbe wird mit einem anderen Partner durchgeführt, bis jeder mit jedem Vereinbarungen getroffen hat.

Harrison empfiehlt eine formelle Abwicklung des Verfahrens. Damit soll die Verbindlichkeit und die Beidseitigkeit betont werden.

Diese Methode erweist sich als sehr effektiv, wenn bereits Klärungen der Perzeptionen erfolgt sind und vor allem mit komplementären Abhängigkeiten. Die Parteien sind oft an die Methodik des Verhandelns gewöhnt. Gemeinsames Verhandeln setzt voraus, dass man einander das Recht auf Forderungen nicht abspricht. Auch die Symmetrie im Gebrauch der Macht ist charakteristisch für Verhandlungen.

Perzeptionen und Verhaltensweisen werden faktisch stark von den Einstellungen einer Person bestimmt, so wie umgekehrt Denk- und Perzeptionsstrukturen und Verhaltensgewohnheiten die vorhandenen Einstellungen verstärken und stabilisieren. Die Interventionen werden in der Praxis immer Mehrfachwirkungen haben.

Von besonderem Wert sind die von M. Rosenberg (2001) entwickelten und vielfach erprobten Methoden der gewaltfreien Kommunikation. Sie dienen gleichzeitig zur Klärung und Veränderungen von Perzeptionen der Konfliktparteien wie auch zum Entwickeln einer wahrhaftigen Empathiefähigkeit. Dadurch können die Konfliktparteien gegenseitig fixierte Vorstellungen und vorschnelle Urteile und Unterstellungen überwinden und die wirklichen Gefühle und Absichten des Gegners erkennen. Erst wenn die Sicht auf die Gegenpartei nicht mehr durch Klischees verstellt ist, können sie einen Prozess der gemeinsamen Problemlösung beginnen. Rosenbergs Methoden sind so differenziert und gleichzeitig universell anwendbar, dass sie die Grundlage jeglicher Konfliktbehandlung sind.

12. Die fünf Diagnosedimensionen als Ansatzpunkte für Interventionen

Unter den Dimensionen unseres Diagnosemodells haben wir 1. die *Issues,* 2. den *Konfliktverlauf,* 3. die *Parteien,* 4. die gegenseitigen *Beziehungen* sowie 5. die *Grundeinstellungen* zum Konflikt, zu den Konfliktregulatoren und den Konfliktbehandlungsbemühungen der Parteien behandelt. Diese fünf Dimensionen sind auch für Interventionen der Konfliktbehandlung wichtige Ansatzpunkte.

12.1 Issue-bezogene Interventionen

Das Bild der Eskalation hat bezüglich der *Issues* hauptsächlich die folgenden Veränderungen gezeigt:

- die Parteien weiten die Streitgegenstände immer mehr aus, die Issue-Komplexität nimmt zu; andere, kleinere Reibungspunkte werden durch Ansteckung zu Streitpunkten;
- die verschiedenen Issues werden mehr miteinander verflochten, die einzelnen Issues werden komplexer, pauschaler, genereller, während gleichzeitig die Fähigkeit der Parteien zur Komplexitätsbewältigung abnimmt;
- die Issues werden von den Parteien mit ideologischen und Wertdimensionen verknüpft erlebt; die Issue-Rigidität nimmt zu;
- die Issues werden der Kausalitätssimplifikation ausgesetzt.

Durch Verzerrung der Perzeptionen und autistisches Einkapseln usw. wird die Sicht auf die gegenseitigen Issues verringt. In den Issues drücken sich die extremen und fixierten Perzeptionen aus.

In der Literatur haben vor allem R. Fisher (1964), M. Deutsch (1973), K. Thomas (1976) und D. Sheane (1978) auf die Bedeutung der Issue-bezogenen Interventionen gewiesen und diese untersucht bzw. weiter entwickelt.

Mögliche Ziele Issue orientierter Interventionen können sein:

a) die Konfliktparteien berichtigen ihre verzerrten Perzeptionen in bezug darauf, WAS für die Gegenpartei eine Issue darstellt; sie kennen die Anzahl, Art und Beschaffenheit der Issues der Gegenparteien;
b) die Konfliktparteien besitzen Issue-Empathie, sie anerkennen die Tatsache, dass die Issues für die verschiedenen Parteien unterschiedliche subjektive Bedeutungen haben;

c) die Parteien haben Konsens darüber erreicht, was sie gemeinsam als Issues für weitere Konfliktbehandlung betrachten;
d) die Issue-Rigidität ist aufgelockert;
e) die Parteien haben inhaltliche Einigung erreicht.

Perzeptionsorientierte Interventionen haben bereits indirekte Auswirkungen auf Ziele a, b und c. Mit attitüdeorientierten Interventionen, im besonderen durch Rollentausch, advocatus diaboli, die GRIT-Taktik und das Verfahren der kleinen Kreditangebote wird gleichzeitig eine Flexibilisierung angestrebt, wodurch die Issue-Rigidität aufgelockert werden kann. Die dort beschriebenen Methoden können sinngemäss auf die Issues angewendet werden.

R. Walton (1969) unterscheidet «emotionelle» von «substantiellen Issues» und empfiehlt für beide Arten unterschiedliche Interventionen: An den emotionellen Issues könne über eine Beeinflussung der Perzeptionen und Attitüden der Konfliktparteien gearbeitet werden; in den substantiellen Issues könne besser durch Verhandlungen oder durch kognitive Übereinstimmung eine Änderung erzielt werden. Bei der Typologie von Konflikten haben wir unsere Einwände gegen diese Unterscheidung begründet. Gerade die «substantiellen Issues», die sich auf die Objektsphäre beziehen, sind in den Parteien denselben psycho-sozialen Mechanismen ausgesetzt. Überdies helfen auch in einem Verhandlungsprozess Interventionen zur Klärung der Perzeptionen und zur Änderung der Attitüden.

Im folgenden demonstrieren wir einige Issue-Interventionen.

12.1.1 Inventarisieren der Issues

Die Konfliktparteien haben meistens unrichtige Vorstellungen davon, welche Issues die Gegenseite bewegen. Die Issues sind egozentriert und sollten durch Interventionen wieder allozentriert werden. Damit werden Mechanismen, die sozialen Autismus fördern, unwirksam gemacht.

Inventarisieren der Issues ist hierfür eine wichtige Voraussetzung. Der Berater kann erst mit den Parteien getrennt inventarisieren. Als Hilfsmittel könnten die in Kapitel 5.1 angeführten Methoden dienen. Man beginnt mit dem Auflisten der eigenen Issues und macht in ähnlicher Weise aufgrund von Spekulationen und Vermutungen eine Liste der Issues der Gegenpartei (ähnlich A. Levi und A. Benjamin 1977). Durch Spekulationen über die Sicht der anderen Partei wird Interesse für die Issues der Gegenpartei geweckt. Dadurch üben sich die Parteien bereits darin, die Tatsache unterschiedlicher Issue-Perzeptionen anzuerkennen, womit spätere Interventionen an den Issues begünstigt werden. Beim Austausch der Listen können sich die Parteien zum folgenden aussprechen:

- Welche Issues auf der Liste der Gegenpartei hatten wir erwartet?
- Welche Issues sind für uns ziemlich überraschend?
- Welche Scores für die Gewichtung der Issues (negativ, positiv) sind für uns überraschend und nicht ganz verständlich?

Eine ähnliche Wirkung hat die Arbeit mit der Konfliktpartitur (Kap. 5.2) und die Mikro-Analyse kritischer Episoden des Konfliktes zum Zweck der Arbeit an den Attitüden (Kap. 11.2.1), wenn die Parteien aussprechen, was für sie in der analysierten Episode die Kern-Issues waren.

Mit einem einfachen Verfahren haben wir das Inventarisieren der Issues oft so gestaltet, dass gleichzeitig an der Symmetrie der gegenseitigen Beziehungen gearbeitet wurde und man dabei lernte, Kommunikationsregeln einzuhalten.

Abwechselndes Inventarisieren: Anna und Bernd (oder kleine Gruppen ihrer Parteien) kommen zusammen, um in einer gemeinsamen Sitzung die Issues zu inventarisieren. Auf einem Flipchart werden zwei Kolonnen gebildet: links werden die von Anna und rechts die von Bernd genannten Issues aufgeschrieben. Anna beginnt und darf drei Issue-Überschriften nennen und mit Schlagwörtern kurz erläutern. Bernd kann sie mit der Methode des gespiegelten Dialogs ihrer Essenz nach in eigenen Worten wiedergeben und dazu Fragen stellen. Danach darf Bernd drei seiner Issue-Überschriften auflisten. Anna wiederholt gleichfalls und bittet um zusätzliche Informationen. Dann nennt sie drei weitere Issues. Dies wiederholt sich in so vielen Runden, bis die Issues zur Gänze aufgelistet sind.

Durch die Auflistung der Issues und den Austausch der Listen können die Konfliktparteien lernen, die subjektiven Wirklichkeiten der anderen Partei als Factum anzuerkennen, als Gegenwirkung zur «Issue-Egozentrität».

Ein wichtiger Vorteil dieses Verfahrens ist, dass sich die dritte Partei als neutral profilieren kann. Die Parteien lernen den Nutzen ihrer Steuerungen erkennen. Sie fügen sich beim Inventarisieren leichter dieser Disziplin, weil es noch nicht um ihre inhaltlichen Standpunkte zu den Issues geht. An den Unterschieden der Issue-Listen können Mechanismen der Perzeptionsverzerrung verdeutlicht werden.

Perzeptions-Check nach M. Miles (1959, p. 132): Die Konfliktparteien können mit diesem Verfahren besser die Haltung des Gegners zu den einzelnen Issues kennenlernen, weil sie einander über die subjektive Bedeutung und Gewichtung der Issues gegenseitig interviewen. 1. Die Parteien listen individuell ihre Issues auf. 2. Sie notieren zu diesen Issues, was sie ihnen emotionell bedeuten, eventuell in Scores, d. h. wie emotionsgeladen, wichtig, unabdingbar usw. sie ihnen sind. 3. Die Parteien notieren auch, wie sie die Haltung der Gegenpartei zu diesen Punkten einschätzen. 4. Diese Listen und die Scores werden ausgetauscht und verglichen. Die Unterschiede zwischen den Bewertungen durch die verschiedenen Parteien können eventuell auch in Differenz-Scores nach dem Verfahren von A. Levi und A. Benjamin (1977, p. 410) markiert werden. 5. Die Parteien interviewen einander in Zweiergruppen zu den Isues und zu den scores, in denen sie sich offensichtlich am meisten geirrt haben. Im weiteren Verlauf können Gespräche der Perzeptionsklärung usw. folgen.

So gewinnen die Parteien Empathie für die Issues und die damit verknüpften Gefühle. Je mehr sich die Parteien ihrer Subjektivität in bezug auf die Issues bewusst sind, desto eher können sie sich einigen, an den Issues zu arbeiten (M. Follet 1941; K. Thomas 1976).

12.1.2 Issue-Konsens

Nach dem Anerkennen der Issues ist es notwendig, sich auf einige Issues zu einigen, die man miteinander als nächste bearbeiten will bzw. unberücksichtigt lassen kann. Es erleichtert die Konfliktbehandlung, wenn die Parteien wenigstens übereinstimmen, dass sie in bezug auf bestimmte Issues Differenzen haben (St. Chase 1951, p. 163: «To agree to disagree»). Dann können die Parteien ihre Anstrengungen auf die Issues konzentrieren, die ihnen gleichermassen ein Anliegen sind. Die inhaltliche Arbeit an bestimmten Issues kann stagnieren, wenn ein Dissens über die Bedeutung einiger Issues auftritt. Um einen neuerlichen Konsens auf Issues zu erreichen, kann das genannte Verfahren wiederholt werden.

12.1.3 Fraktionieren der Issues (nach R. Fisher)

Die Tendenz zur Generalisierung und Pauschalisierung der Issues (Issue-Komplexität) erschwert die Lösung von Konflikten.

R. Fisher betont deshalb, dass die Issues «fraktioniert» werden sollen, d. h., dass sie Schritt für Schritt entflochten und in kleine Issues zerlegt werden. Dadurch sind sie leichter zu überprüfen und zu beeinflussen.

Issues werden nach Fisher fraktioniert, indem die Drittpartei – vorzugsweise mit den Konfliktparteien zusammen – die Issues ordnet:

- Welche Subparteien haben welche Issues (ähnlich J. Burton 1969)?
- Welches sind die spezifischen Issues?
- Welches sind Ideologie- und Wert-Issues?
- Bei welchen Issues würde die Behandlung und Lösung *in der Sache* selbst einen Präzedenzfall schaffen?
- Bei welchen Issues würde die Behandlung einen Präzedenzfall *in prozeduraler Hinsicht* schaffen?

Mit den zwei letzten Fragen sollen Issues in Angriff genommen werden, die für die Parteien exemplarische Bedeutung haben. Sie sollen für den Beginn nicht zu schwierig aber auch nicht zu unbedeutend sein. Darum wird man für die Diskussion solche auswählen, die von den übrigen Issues getrennt zu behandeln sind, wenngleich sie mit ihnen verknüpft sind. Issues können auch entflochten werden, indem man bei einer Analyse des Konfliktverlaufes die Momente aufsucht, zu denen durch die Ereignisse die Issues miteinander verknüpft worden sind.

Das «Issue-Quartett» zum Fraktionieren der Issues: Diese Methode kann in ungezwungener Form, ähnlich einem Kartenspiel, bei dem Quartette gebildet werden, angewendet werden. Erst haben die Parteien in der Gesamtgruppe gemäss dem Verfahren der «Problemlandkarte» ihre Issues auf Kärtchen notiert und im nächsten Schritt zu Problemfeldern gruppiert. So sind einzelne Clusters von Issues entstanden. Nun werden die Parteien ersucht, ein Cluster herauszugreifen, z.B.: «Die Diskussionsleitung bei unseren Teambesprechungen» und auf neue Kärtchen Sub-Issues aufzuschreiben, die unter der Bezeichnung «Diskussionsleitung» konkreter zu verstehen sind. Jetzt legt Anton ein Kärtchen auf den Tisch: «Voreingenommenheit des Gesprächsleiters». Die anderen Personen legen Sub-Issues zu der Karte Antons, die dessen Sub-Issue am meisten ähneln: «Übergehen der anderen Meinungen bei Zusammenfassungen», «Stellen suggestiver Fragen», «Unter Druck setzen von abweichenden Meinungen» usw. Dies wiederholt sich in mehreren Runden, bis alle Sub-Issues auf dem Tisch liegen. Es werden dann zuerst die Sub-Issues weiter behandelt, mit denen die meisten Sub-Issues korrespondierten. Das Fraktionieren der Issues hat ein «Re-Konzeptualisieren» des Konfliktes zur Folge. Die Konfliktparteien können daran erkennen, wie bestimmte psycho-soziale Mechanismen zur zunehmenden Verflechtung von Issues beigetragen haben. Mit dem Fraktionieren und schrittweisen Behandeln kann sich die Grundeinstellung der Parteien zur Lösbarkeit des Konfliktes ändern, denn dies ermöglicht kleine Erfolgserlebnisse, während abstrakte und komplexe Issues ein Gefühl der Ohnmacht bewirken.

12.1.4 Flexibilisieren der Issues

Bei den Konfliktparteien ist eine Fixierung auf bestimmte Issues aufgetreten. Die Standpunkte sind erstarrt und die Parteien sehen keine Möglichkeit der Annäherung. Interventionen können nun versuchen, die kognitive und emotionelle Fixierung und Rigidität aufzulockern. Je besser man die Issues voneinander kennt und bereits fraktioniert hat, desto leichter wird Flexibilisierung erreicht. Die Parteien können dann für sich untersuchen, ob sie auf bestimmte Issues festgelegt sind.

Wenn eine starke emotionelle Fixierung auf Issues gegeben ist, kann mit den Parteien eine Analyse der inneren Faktoren analog zur *Kräftevektoren-Analyse von Lewin (1951)* durchgeführt werden. Auf einer Seite wird aufgelistet, welche Antriebsfaktoren einen motivieren, diese Issue aufzugeben. Auf der anderen Seite werden die Faktoren aufgeschrieben, die dem entgegenwirken. Mit kürzeren oder längeren Pfeilen bei jedem bewegenden und bremsenden Faktor kann man visualisieren, wie kräftig diese erlebt werden. Danach kann näher untersucht werden, welche hemmenden und bremsenden Faktoren gegenwärtig durch das Verhalten der Gegenpartei verstärkt werden. Schliesslich kann das eigene Verhalten untersucht werden, das vielleicht das Verhalten der Gegenpartei mitverursacht hat.

Für vorwiegend kognitiv fixierte Standpunkte hat J. Eiseman (1978) das Verfahren der «Integrative Framework Construction» (IFC-Methode) entwickelt, das zur Grundausrüstung eines Konflikthelfers gehören sollte. Wir wollen es hier kurz beschreiben: *Das Bilden eines integrativen Rahmenkonzeptes (IFC-Methode) nach J. Eiseman (1978).* Diese Methode bezweckt eine Flexibilisierung der Standpunkte, die durch folgende Interventionen erreicht wird:

- *Dimensionalisieren der Standpunkte:* Wenn eine Führungskraft z. B. einen menschenorientierten Führungsstil verficht und die Gegenpartei einen sachorientierten Stil, dann können beide Ansichten als zwei Dimensionen derselben Sache dargestellt werden. Das *Grid-System von R. Blake und J. Mouton* (1967), in dem fünf verschiedene Führungsstile durch unterschiedliches Zusammenwirken dieser beiden Dimensionen aufgezeigt werden, ist ein Beispiel dafür.
- *Erweitern der Dimensionalität:* Zu den bisherigen Dimensionen (z. B. Mensch versus Sache), die in der Kontroverse im Mittelpunkt des Interesses gestanden haben, werden einige neue hinzugefügt, wie: Leistungsqualität, Kontrollaufwand, Schnelligkeit. Danach werden die bisherigen Standpunkte zu den neuen Dimensionen in Beziehung gesetzt und diskutiert.
- *Analysieren der semantischen Bedeutungen* bestimmter Ausdrücke: Was versteht die eine Partei unter «demokratisch» und was die andere? Dies kann ähnlich der Methode des Perzeptions-Check von M. Miles geschehen.
- *Suche nach noch extremeren oppositorischen Standpunkten:* Wenn eine Partei ein bestimmtes Verhalten mutig und die andere feige findet, kann man beide Standpunkte auf ein Kontinuum auftragen und mit den Parteien untersuchen, ob es links und rechts von den vertretenen Standpunkten noch extremere Standpunkte gäbe. Durch das Analysieren noch extremerer Positionen, die vielleicht beide Parteien gleichermassen ablehnen, können sie Gemeinsamkeiten in den Un-Werten entdecken (Kap. 11.2.3). So können neue Positionen gefunden werden, die zwischen den bisher vertretenen liegen und eine Synthese sind.

Die Prinzipien Eisemans sind mit den Gedanken R. Assagiolis (1972) zur *Bildung von Synthesen* ähnlich; Assagioli fügt der Polarisation von Standpunkten eine neue Dimension hinzu. Die gewonnene Synthese geht dann über einen Kompromiss hinaus. Assagioli gibt dazu das Beispiel: Wenn zwischen den Parteien für einen Gegenstand Sympathie bzw. Antipathie bestanden hatte, dann konnte durch Indifferenz eine Kompromisshaltung erzielt werden. Das Entwickeln «wohlwollenden Verstehens» (Empathie, Einfühlungsvermögen) ist eine neue Qualität, die durch Synthese beider antithetischer Ausgangspositionen entsteht.

Ch. Besemer (1995) beschreibt eine Reihe von einfachen Interventionen zum Flexibilisieren des Issues (S. 132 ff.): Die *PMI-Methode* nach E. de Bono (1989) erleichtert es, zu den Lösungsvorschlägen Plus-Richtungen (alle positiven Aspekte), Minus-Richtungen (alle negativen Aspekte) und die Interessant-Richtung (alle interessanten Gesichtspunkte, die eine Beachtung wert sind) zu sammeln. Die *ADI-Methode* ist ähnlich und sortiert die Vorschläge nach A (Agreement), D (Disagreement) und I (irrelevant für die Lösung).

12.1.5 Transponieren der Issues

Für manche Issues ist ein direktes Bearbeiten unmöglich, weil die Parteien zu sehr auf bestimmte Grundwerte festgelegt sind oder weil sie das Konfliktpotential, dem sie ausgesetzt sind, nicht wirksam beeinflussen können. Hk. Thierry (1977) gibt hierfür das Beispiel eines Konfliktes in einer Fabrik. Die Technologie führt dort zu unerträglicher Hitze, zu Lärm, Gestank und Schmutz. Nachdem die Arbeiter einige Monate auf Abhilfe gewartet haben, fordern sie sofortige Verbesserungen. Die Betriebsleitung muss erkennen, dass das Problem nach dem Stand der Technik unlösbar ist. Damit müsste auch der Konflikt weiter bestehen bleiben. Betriebsrat und Unternehmensleitung einigen sich jedoch auf eine finanzielle Entschädigung: Zulagen für Hitze, Lärm, Gestank und Schmutz. Darüber wird heftig gerungen, weil Uneinigkeit besteht über eine objektive Messung der Belastung und über die Höhe einer angemessenen Zulage. Schliesslich wird ein Verhandlungsergebnis erzielt, mit dem alle Parteien zufrieden sind. Der Konflikt zwischen Arbeitern und Unternehmensleitung ist verschwunden.

Der Konflikt ist «gelöst», weil aus dem ursprünglichen Problem ein völlig anderes gemacht wurde: Anfänglich ging es um die physischen Arbeitsbedingungen, schliesslich wurde der Konflikt zu einem Dissens über Messgrössen und Normen der Gerechtigkeit. Der Sachkonflikt wurde zu einem Normenkonflikt. Die Konflikt-Issues sind transponiert worden! Verschiedene Autoren haben auf diese Möglichkeit der Konfliktbehandlung gewiesen: Karl Marx betonte, dass der grundlegende Konflikt zwischen Unternehmern und Arbeitern oft verschleiert wird, indem man die Konfliktenergie mit Ersatzstreitpunkten abspeise. R. Walton (1969) weist darauf, dass ein scheinbar auswegloser Konflikt wieder lösbar gemacht werden kann, indem man ihn mit den Parteien umdefiniert. V. Aubert (1972) empfiehlt die Wandlung eines Interessen- und Wertgegensatzes in einen Dissens über Faktoren und Normen, so dass er mit legistischen Methoden der Konfliktlösung beigelegt werden könne. Ein Zieldissens kann nach J. Galtung (1972) besser in einen Mitteldissens umgewandelt werden. Einen ähnlichen Weg beschreitet ja die Methode von H. Werbik (1976), die er als «ethisches Prinzip» bezeichnet. N. Luhmann (1975) vertritt die Theorie, dass Prozeduren bei der Konfliktlösung dort wirkungsvoll seien, wo die Parteien nicht mehr die Legitimität der Sachlösung beurteilen können und sich deswegen mit der Beurteilung der Legalität des angewendeten Verfahrens zufrieden geben. Hk. Thierry (1977) hat dies als *«Umformulieren» des Konfliktes* bezeichnet. Mit K. Thomas (1976) und H. Prein (1979 b) kann man diesen Vorgang auch als «Re-Konzeptualisieren» des Konfliktes betrachten. Die Aufmerksamkeit der Parteien wendet sich Ersatz-Issues zu, die sie nun mit derselben Heftigkeit zum Gegenstand ihrer Auseinandersetzung machen.

J. Galtung (1973) unterscheidet bei Konflikten einen *«Basiskonflikt»* (im obigen Fall der Arbeitsbedingungen der Fabrik die Forderung nach Verbesserung der Arbeitsbedingungen und das Ablehnen durch die Geschäftsleitung) und einen *«Metakonflikt»* (pp. 127 ff.), der abgeleitet ist und eine regulierte Austragung der Differenzen erlaubt, ohne dass die Schadenswirkungen auftreten wie bei einer Fortsetzung des Basiskonfliktes. Bei «isomorphen Metakonflikten» spiegelt sich das Wesen des Basiskonfliktes im Metakonflikt, während bei Metakonflikten ohne isomorphen Aufbau nach Galtung auch andere Issues in den Streit aufgenommen werden, deren (Ersatz-)Lösung zur selben Befriedigung führt wie die Lösung der ursprünglichen Basiskonflikte.

Bei Ersatzkonflikt, Umformulieren usw. werden die Issues ausgetauscht.

An Interventionen dazu sind u. a. bekannt:

- Lernprozesse einleiten, um ein anderes Verständnis des Konfliktprozesses und der Konfliktbehandlungsmöglichkeiten zu gewinnen: Dies fördert ein Re-Konzeptualisieren,
- den Parteien Ersatz-Issues anbieten, die gefühlsmässig für die Parteien denselben symbolischen Wert haben wie die ursprünglichen Issues,
- symbolische Ersatzlösung des Konfliktes,
- Alternativen vorlegen, die den Eindruck wecken, als ob die ursprünglichen Gegensätze überwunden wären, wenngleich damit vielleicht neue Gegensätze aufgeworfen werden.

Bei den von Thierry noch weiter erwähnten Beispielen von Interventionsmethoden weckt dieser Autor den Eindruck, dass letztlich alle Bemühungen der Konfliktbehandlung aus einem Transponieren der Issues bestehen. Aber in der Eskalation treten neue Issues in den Vordergrund. Wenn de-eskaliert wird, treten wieder die Issues an die Oberfläche, die vor dem letzten Eskalationsschritt im Vordergrund gestanden haben. Wenn sich bei den Parteien ein erhöhtes Bewusstsein ihrer Perzeptionen, Einstellungen, Intentionen und Verhaltensweisen bildet, dann konzeptualisieren sie den Konflikt neu und wenden sich damit auch anderen Issues zu.

Für Konflikte eines intensiveren Eskalationsgrades kann bewusstes Transponieren der Issues oft unabdingbar sein, um eine katastrophale Fortsetzung des Konfliktes zu verhindern. Dennoch werden Methoden des Transponierens der Issues oft auch Bewusstseinsmanipulation sein.

Bei der Arbeit an den Issues ergibt sich eine logische Sequenz der einzelnen Interventionen:

- erst gilt es, die Issues zu inventarisieren und bewusst zu machen,
- sie näher zu definieren,
- die Zusammenhänge untereinander näher zu analysieren,
- um schliesslich über Fraktionieren, Dimensionalieren und Flexibilisieren zu Änderungen in den Inhalten der Issues zu gelangen.

Dieser Weg ist gleichzeitig ein Weg von der Oberfläche in die Tiefe, von den Perzeptionen zu den Attitüden, bis dies letztlich im konkreten Handeln der Parteien zum Ausdruck kommt.

12.2 Auf den Konfliktprozess bezogene Interventionen

Im Konfliktprozess kommt es zur gegenseitigen Verstärkung aller im Konflikt wirksamen Faktoren. An dieser Stelle wollen wir nur auf einige Kernprobleme weisen, die sich aus der Dynamik des Geschehens ergeben:

- die dynamisierenden Basismechanismen machen es den Konfliktparteien schwer, sich zu orientieren und richtig zu entscheiden; es tritt eine Scherenbewegung auf, durch die alle Parteien mit stets komplexer werdenden Sachverhalten und immer geringeren Einflussmöglichkeiten konfrontiert werden;
- die sich verschärfenden Zwangslagen bewirken und erhöhen Stress, Entscheidungen werden immer mehr von irrationalen Faktoren getrübt;
- der Zeithorizont der Konfliktparteien schrumpft, während die langfristigen Konsequenzen ihres Handelns schwerwiegender werden; die Fähigkeit der Be-

wältigung komplexer Prozesse nimmt ab, während die Verflechtungen immer grösser werden;
– der Konfliktprozess eskaliert, indem stets neue Schwellen übersprungen werden, die nur mit viel höherem Einsatz wiederum in Richtung De-Eskalation überschritten werden können; die Eigendynamik des Konfliktes begünstigt vielmehr eine weitere Intensivierung der Eskalation.

Konfliktbehandlungsinterventionen können direkt und indirekt auf die Beeinflussung des Konfliktverlaufes bezogen sein: 1. Man kann intervenieren in bezug auf die *Vergangenheit*, die Konfliktgeschichte; 2. man kann in den *gegenwärtig* laufenden Konfliktprozess intervenieren; 3. Interventionen können auf das *künftige* Eskalationsgeschehen bezogen sein. Die Hauptziele sind dabei im allgemeinen:

a) die Konfliktparteien können die dynamischen Faktoren der Eskalation erkennen und verstehen;
b) die Konfliktparteien können sich gegenüber den wirksamen Einflüssen immunisieren und ihre eigene Haltung bewusster bestimmen;
c) die Konfliktparteien können den Konfliktverlauf in der gewünschten Richtung beeinflussen.

Der Konfliktverlauf ergibt sich aus dem wechselseitigen Zusammenwirken aller im Konflikt vorhandener Elemente. Darum können alle übrigen Interventionen auf *indirekte Weise* den Konfliktverlauf günstig beeinflussen. In den folgenden Abschnitten geben wir einige praktische Beispiele von Interventionen, die den Konfliktverlauf direkt beeinflussen sollen.

12.2.1 Vergangenheitsbezogene Interventionen

Die meisten Instrumente zur Diagnose des Konfliktverlaufes dienen den Konfliktparteien dazu, ihre Perzeptionen des Konfliktverlaufes zu korrigieren.

Konfliktpartitur, Konfliktatlas:
Mit Hilfe unserer «*Konfliktpartitur*» (Kap. 5.2, Fig. 5.5) werden die wichtigsten Momente im Konfliktgeschehen verständlich gemacht: Welche Verflechtungen sind aufgetreten? Wie haben die verschiedenen Ereignisse einander beeinflusst? Wenn man die Fakten mit den Teilnehmern in der chronologischen Reihenfolge rekonstruiert, können sie ihre Perzeptionen an diesen Daten korrigieren. In unserer Praxis wenden wir in der Regel viel Zeit dafür auf, mit den Konfliktparteien die Ereignisse in Raum und Zeit, nach Personen und Issues genau zu bestimmen. Die Parteien machen dabei oft überraschende Erfahrungen, wenn jemand plötzlich ausruft: «War diese Sitzung wirklich erst nach der Explosion im Abteilungsteam?

Ich habe immer geglaubt, dass sie vorher stattgefunden hatte und Anton deshalb bei der nächstbesten Gelegenheit Rache nehmen wollte...» Diese spontanen Entdeckungen können generelle Einsichten über die Beeinträchtigung unserer Perzeptionsfähigkeit im Konflikt bewirken. Wenn somit Korrekturen der eigenen Perzeptionen vorgenommen werden, ermutigt dies auch auf anderen Gebieten zu Revisionen von Auffassungen. In einer nächsten Gesprächsrunde werden mit der Konfliktpartitur die Wendepunkte genauer rekonstruiert: Wann änderte sich das Klima wesentlich? Wie war es vorher – und wie ist es nach diesem Wendepunkt geworden?

Ein wichtiges Ziel dieses Vorgehens ist, dass sich die Konfliktparteien mit dem Geschehen bewusst konfrontieren, welches sie miteinander zu verantworten haben. Dadurch erscheint es sinnlos, für alles nur die Gegenpartei verantwortlich machen zu wollen. In einer nächsten Besprechungsrunde gehen wir – entgegen der chronologischen Reihenfolge – von der augenblicklichen Situation aus und fragen: «Welche Ereignisse erleben sie immer noch als sehr schmerzhaft, sehr peinlich, verletzend, unverständlich usw.? Gehen Sie im Zeitstrom zurück und notieren Sie einzeln, welche Vorfälle dies gewesen sind. Wo spüren Sie, dass die Wunde immer noch schmerzt, obschon sie vernarbt ist?»

Konfliktparteien tauschen danach diese Momente aus und erläutern sie. Nun kann man vielleicht in eine Mikro-Analyse mehrerer kritischer Episoden eintreten und daran Perzeptionserklärungen erreichen. Mit der «Matrix der Spannungszonen» können Dialoge zwischen Personen oder Subgruppen eingeleitet werden.

Mikro-Analyse eines kritischen Momentes im Konfliktverlauf (bis zur sechsten Eskalationsstufe):

In Gruppen bis zu fünf Personen wird ein kritischer Moment ausgewählt. Die Personen können jeweils einzeln ihre Antworten auf die Fragen vorbereiten und Schritt für Schritt miteinander austauschen und verdeutlichen.

1. Beschreiben Sie, was sich ihrem Eindrucke nach damals konkret ereignet hat: Wer handelte? Wie tat er das? Wie reagierten andere darauf? Sie können am besten mit der Formulierung beginnen: «Meiner Erinnerung nach, sagte...», «Ich habe das folgende Bild...».
2. Was waren für Sie die Probleme, Issues in dieser kritischen Situation?
3. Welche Erwartungen hatten Sie vor Beginn der Auseinandersetzung: Was hatten Sie erhofft? Was hatten Sie im voraus befürchtet?
4. Welcher Motive, Einstellungen, Ziele sind Sie sich bezüglich dieser Situation bewusst? Was waren Ihre Beweggründe in der spezifischen Situation?
5. Sind Ihre Absichten im Verhalten stimmig zum Ausdruck gekommen? Glauben Sie, dass zwischen Absichten und Verhalten Diskrepanzen aufgetreten sind?

Die kleinen Gruppen sprechen so, dass sie ihre Antworten erläutern, hinterfragen und vertiefen. Bei Differenzen zwischen den Gruppenmitgliedern werden andere Momente analysiert, in denen sich dieselben Probleme gezeigt haben.

Nachdem die Antworten besprochen sind, evaluiert die Gruppe, ob sich während des Gesprächs ähnliche Einstellungen bzw. Perzeptions- oder Äusserungsdiskrepanzen gezeigt haben und analysiert diese nach analogem Verfahren.

Mikro-Analyse einer kritischen Episode (F. Glasl 1980):

Die von uns entwickelte Methode einer Inzident-Analyse geht nach dem in Kap. 2.3 (siehe Fig. 2.2) dargestellten Modell vor. Sie beginnt bei den von der Partei A (Anna) erlebten Folgen des Handelns der Partei B (Bruno) aus, schält die inkriminierenden Verhaltensweisen heraus und leuchtet erst dann die inneren Faktoren von Bruno aus, nämlich die Perzeptionen, Vorstellungen und Gedanken, danach die Gefühle und Haltungen, zuletzt die Absichten und Ziele von Bruno. Die Arbeitsschritte sind:

1. Anna und Bruno einigen sich darauf, welche kritischen Episoden sie bearbeiten wollen. Um die Erinnerung daran wachzurufen, skizzieren sie beide ganz kurz, wer sonst noch anwesend war, um welche Themen es ging, zu welcher Tageszeit das war usw. Hilfreich ist es, wenn zuvor eine Konfliktpartitur erstellt worden ist.
2. *Anna* beschreibt als erste ganz konkret und in «Ich-Botschaften», wie sie die *Wirkungen* der Auseinandersetzung subjektiv erlebt und empfunden hat: «Ich war wütend... Ich fühlte mich wie ein kleines Kind... Ich war völlig perplex...» Bruno wiederholt sinngemäss die Aussagen Annas, ohne jeglichen Kommentar. Anna bestätigt die Richtigkeit der Wiedergabe bzw. korrigiert sie.
3. *Anna* beschreibt weiters, was sie als störendes *Verhalten* Brunos in Erinnerung hat. Auch diese Aussagen gibt Bruno ohne Kommentar ungefiltert wieder, und Anna bestätigt oder korrigiert, wo dies angebracht ist.
4. Danach beschreibt *Bruno*, an welche seiner *Verhaltensweisen* er sich nach der Beschreibung durch Anna erinnert. Auch dabei gibt er keine Erklärungen für das Warum und Wie, sondern beschreibt nur seine Selbstwahrnehmung. Nun wiederholt Anna sinngemäss Brunos Aussage, dieser bestätigt bzw. korrigiert.
5. Erst jetzt stellt *Bruno* dar, was er vor oder während seines Tuns damals *wahrgenommen*, *gedacht* und *gefühlt* hat. Anna gibt dies kurz und ohne Kommentar wieder, Bruno bestätigt oder korrigiert nötigenfalls.
6. Sodann beschreibt Bruno, an welche *Impulse* und *Absichten* er sich aus der damaligen Situation erinnert. Anna kann dazu noch weitere Details erfragen und wiederholt Brunos Aussagen. Dieser bestätigt bzw. korrigiert.

Nach dieser Sequenz werden die Rollen A und B umgekehrt: Wo erst Anna die erlebten Wirkungen beschrieben hat, tut dies jetzt Bruno über alle 6 beschriebenen Schritte. Danach kann wieder ein nächster Zyklus mit dem entsprechenden Tausch der Rollen beschrieben werden.

Bei Anwendung in Konflikten bis zur Eskalationsstufe 6 wird dadurch vieles aufgehellt, und andere Issues werden in ihrer wahren Bedeutung gut sichtbar.

Analyse kritischer Entscheidungssituationen (auf der Grundlage von *R. Mach und R. Snyder* 1957 und *K. Deutsch* 1963 und 1967):

Die Konfliktparteien wählen eine kritische Episode aus und die Kernpersonen von damals beschreiben aus ihrer Erinnerung:

- wie sie die Situation damals allgemein perzipiert hatten,
- wie sie damals an relevante Informationen gelangt waren,
- welchem Druck sie sich damals ausgesetzt glaubten:
  Wer übte Macht auf sie aus? Wem fühlten sie sich verantwortlich?
- welche Entscheidungsalternativen sie damals zu besitzen meinten,
- welche Handlungsalternativen sie damals verworfen hatten,
- was ihre Mutmassungen über die Absichten der Gegenparteien waren,
- wie sie die Auswirkungen ihrer Entscheidungen damals beurteilt hatten,
- mit welchen Schwierigkeiten sie während der Entscheidung gerungen hatten.

Jeder legt so seine Sicht dar. Die übrigen Personen stellen Fragen, ohne jedoch in Diskussion zu treten. Dieses Gespräch deckt die internen und externen Einflussfaktoren auf. In der Hitze des Konfliktgeschehens hatten sich die Parteien seinerzeit übertriebene Vorstellungen über reale Einflussmöglichkeiten der Gegenpartei gebildet, die nun korrigiert werden. Zum Abschluss sprechen die betroffenen Personen aus, was sie aus diesen Klärungen gelernt haben.

Der Konfliktverlauf ist ein komplexes Geschehen, das mittels solcher Mikro-Analysen «fraktioniert» wird. Dadurch können die Parteien gelegentlich die grossen Linien nicht mehr erkennen. Dann ist es angebracht, wiederum am Bild der Gesamtgestalt des Prozesses zu arbeiten. Das folgende Beispiel ist eine Methode aus unserer Praxis, mit der imaginative Fähigkeiten angesprochen werden, ähnlich den «Phantasiereisen» der Gestalttherapie.

Imaginative Prozessanalyse:

Die Konfliktparteien konzentrieren sich auf wenigstens drei oder vier aufeinanderfolgende Perioden im Konfliktverlauf, weil mit dieser Methode die Metamorphose der einzelnen Phasen erfasst werden soll:

1. Die Parteien konzentrieren sich in ihrer Erinnerung auf die erste der ausgewählten Phasen. Durch Zuruf listen sie die wichtigsten Fakten dieser Phase

gemeinsam auf. Danach konzentrieren sie sich auf die zweite Phase, sammeln auch hierfür die wichtigsten Daten usw.

2. Die Gruppe kehrt zur ersten Phase zurück und charakterisiert ausschliesslich durch *Bilder von Landschaften und Witterungszuständen* diese Phase: Die Gruppenmitglieder können zur besseren Konzentration die Augen schliessen und sich mit ihrem Gefühl intensiv zurückversetzen in die damalige Situation. Die aufsteigenden Bilder sprechen sie aus, andere fügen dazu ihre eigenen Bilder:
   Anton: «Ich sehe eine englische Hügellandschaft. Viele kleine Wege schlingen sich durch das Land. Es gibt viele Wolken, aber es ist beinahe windstill.»
   Bernd: «Ich sehe Hochgebirge, kahl und leer, viele Wolken, ab und zu kommt aus sehr unterschiedlichen Richtungen eine Windböe. Es ist leicht frostig...»
   Alle hören gut zu; es werden keine Notizen gemacht. Auch wenn Bildelemente der verschiedenen Personen voller Widersprüche zu denen anderer sind, bleiben sie doch Teil des Gesamtbildes wie bei einer Fotomontage.
3. Danach prägen sich alle das *Gesamtbild der Beiträge* gut ein, bis sie das Bild in der Erinnerungsvorstellung vollständig reproduzieren können. Auf diese Weise werden Bilder von *jeder Phase* aufgebaut und eingeprägt. Nachdem alle Bilder entstanden sind, vollziehen sich die nächsten zwei Schritte individuell in jedem Teilnehmer und ohne Anleitung seitens der dritten Partei.
4. Man lässt das Bild der *ersten Phase* in der Erinnerung aufkommen, bis es wieder in allen Farben lebt. Sodann lässt man es in der Vorstellung wieder verblassen. Jetzt wird das Bild der *zweiten Phase* in die Vorstellung zurückgerufen und wieder ausgewischt. Dies geschieht mit *allen Phasen.*
5. Zuletzt lässt jeder individuell wieder das Bild der ersten Phase in der Vorstellung aufklingen und führt es allmählich in das Bild der zweiten Phase über, bis auch dieses in voller Intensität in der Vorstellung lebt. Danach lässt jeder für sich dieses Bild in das der dritten Phase usw. übergehen. Wenn z.B. die erste Phase überwiegend wechselnd bewölkt gewesen ist, während die zweite Phase mit Gewittern und Hagelschauern charakterisiert worden ist, dann lässt man in die Landschaft der ersten Phase die Gewitter usw. aufkommen und lässt die Hügelkette in eine Atlantikküste metamorphisieren.
6. Sobald jeder fertig ist, werden die Erfahrungen besprochen:
   - Was erkannte ich direkt an den Bildern?
   - Welche Bilder waren mir gefühlsmässig fremd?
   - Welche Dynamik offenbarte der Konfliktprozess bei dem Bemühen, die Vorstellungsbilder ineinander übergehen zu lassen? Welches Gefühl bewirkte das?
   - Wie lässt sich die Grunddynamik des Konfliktes qualitativ charakterisieren?

Diese Bilder werden anschliessend wieder mit den realen Geschehnissen in Beziehung gesetzt. Für die einzelnen Ereignisse lassen sich «Akte im Drama» umschreiben. Bilder wirken intensiver und länger nach als analytische Umschreibungen. Die Metaphern stellen sich im Bewusstsein ein, sobald die Parteien wieder in eine ähnliche Situation geraten; sie können das auftretende Grundgefühl schneller erkennen und damit eine weitere Eskalation vielleicht eindämmen. Die Methode ist in der Praxis einfacher als sie scheint.

Mit den genannten Interventionsmethoden werden die Konfliktparteien befähigt, die Dynamik des Konfliktes zu erkennen und zu verstehen. Die Parteien können ihre Funktion im Konflikt erkennen und daraus für die Arbeit an den Konflikten lernen.

12.2.2 Gegenwartsbezogene Interventionen

Während eine Konfliktbehandlung durchgeführt wird, bestehen die Konflikte zwischen den Parteien vorläufig noch weiter fort. Es kann jederzeit wieder zu Eskalationen kommen. Darum sind Interventionen geboten, mit denen eine weitere Eskalation während der Konfliktbehandlung unterbunden wird. Im besonderen eignen sich dazu verhaltensorientierte Interventionen.

Status-quo-Regelung:
Der Konflikt wird mittels Verhaltensregelung mit befristeter Wirkung stabilisiert oder de eskaliert. Dies geschieht zumeist in der Beginnphase, der Orientierungsphase. Mit vorläufigen Vertretern der Parteien kann für eine Frist eine *Verhaltensbegrenzung* vereinbart werden, z.B.: Die Presse wird nicht mehr informiert; weitere Feindseligkeiten unterbleiben und können nur in den vereinbarten Besprechungen zum Zwecke der Konfliktbehandlung ventiliert werden usw. Status-quo-Regelungen sind nur wirksam, insofern einige Grundbedingungen erfüllt sind:
- das zu begrenzende Verhalten sollte speziell benannt sein; es ist dadurch leichter zu überprüfen; welches Verhalten begrenzt werden soll, ergibt sich, wenn man die dynamisierenden Mechanismen erkennen kann, die am stärksten eskaliert haben;
- es sollte ein Meldeverfahren und ein Meldeorgan für Fälle der Missachtung der Status-quo-Regelung vorhanden sein. Nach R. Walton (1969) sind zusätzliche Ventile geboten. In der Praxis installieren wir dazu eine kleine «Beschwerdekommission», in der wir Mitglied sind;
- trotz eventueller Übertretungen sollte die Regelung für die vereinbarte Frist in Geltung bleiben;
- es sollte eine Vereinbarung für die Evaluation nach Ablauf der Frist bestehen.

Indem die Parteien einer Status-quo-Vereinbarung zustimmen, nehmen sie die Verantwortung für die Kontrolle der Geschehnisse auf sich.

Immunisieren gegenüber dynamisierenden Faktoren:
Die Drittpartei weist die Konfliktparteien darauf, sobald es während ihrer Anwesenheit zu eskalierendem Verhalten kommt. Dies führt zur Selbstbeobachtung, die einigen psychischen Abstand zum eigenen Handeln voraussetzt. Wenn sich bei der nächsten Begegnung der Konfliktparteien des öfteren Momente des Erkennens einstellen, dann beginnen die Parteien, den Teufelskreis des *Reaktionsverhaltens* zu durchbrechen. Anstelle des direkten, reflexhaft impulsiven Reaktionsverhaltens tritt eine Reaktionsverzögerung. An diesem Verzögerungsmoment kann weiterhin die Selbststeuerung der Parteien ansetzen.

Analyse gegenwärtiger kritischer Entscheidungssituationen:
Mit Fragen wie für die Analyse vergangener kritischer Entscheidungssituationen kann eine momentane Situation mit den Parteien – zumeist getrennt – untersucht werden. Am besten eignen sich Entscheidungsmomente, in denen eine weitere Eskalation droht. Neben den genannten Fragen wird auf Momente des Überreagierens, der pessimistischen Antizipation, der Komplexitätsreduktion usw. geachtet. Lässt sich eine Partei «zu den Waffen der Gegenpartei zwingen?» Ist die Haltung genügend gefestigt, um Provokationen zu widerstehen? Was erleben die Parteien als Gefahren eines möglichen Überspringens der nächsten Eskalationsschwelle? Wenn die dritte Partei das Vertrauen der Konfliktparteien geniesst, kann sie durch Informationen über die eigentlichen Absichten und Überlegungen zu einem Abbau der dynamisierenden Faktoren beitragen. Interventionen dieser Art werden von O. Young (1972) und M. Deutsch (1973) «taktische Interventionen» genannt.

Durch Interventionen in den aktuellen Konfliktverlauf setzt sich die dritte Partei der Gefahr aus, als Konfliktpartei erlebt zu werden, weil dadurch taktische oder strategische Bemühungen der Parteien verzögert oder gehemmt werden können. Noch mehr trifft dies auf Interventionen zu, die eine weitere Eskalierung des Konfliktes bezwecken und diese methodisch herbeiführen. Beispiele dazu finden sich bei G. Bach und P. Wyden (1969), G. Peabody (1972) und S. Robbins (1974) sowie E. v. d. Vliert (1986). Wir gehen eskalierenden Interventionen nicht aus dem Weg. Mit dem zeitweiligen Verschärfen der Konflikte können Versuche der Unterdrückung von Konflikten beendet werden. In der intensiveren Auseinandersetzung werden die eigentlichen Issues der Parteien erscheinen, und sie können in der Art und Weise ihres Agierens einander ihre Anliegen mit Engagement nahebringen. Eine anschliessende Auswertung der eskalierenden Episode kann mehr Früchte abwerfen als ein all zu behutsames Vorgehen, das die Hintergründe des Konfliktes vielleicht ungewollt verschleiert.

12.2.3 Zukunftsbezogene Interventionen

Ein wirksames Mittel zum Auftauen kalter Konflikte ist das *Prognostizieren des möglichen Konfliktverlaufes:* Was würde geschehen, wenn die dritte Partei ihre Bemühungen wieder aufgäbe? Was würde geschehen, wenn sich eine Partei einer Konfliktbehandlung widersetzen wollte?

Im besonderen können die dynamisierenden Mechanismen einzeln mit einer Partei in Gedanken *extrapoliert* werden: Wenn z.B. der Direktor der Schule den Elternrat in den Konflikt einbeziehen wollte; wenn einer der Lehrer den Unterrichtsfachmann seiner eigenen politischen Partei in den Konflikt zerren wollte usw., wie könnte der Konflikt dann behandelt werden? Diese Extrapolation und das Überdenken der Konsequenzen für die Kontrolle der Konfliktsituation kann mit allen dynamisierenden Faktoren vorgenommen werden. Andere Interventionen sind die GRIT-Taktik von C.Osgood, die kleinen Kreditangebote usw.

Sehr wirksam ist die «Verschlimmerungsfrage». Die Konfliktparteien werden gefragt, was sie selbst noch zu einer weiteren Verschlimmerung der Situation beitragen können. Das schafft Bewusstsein für die eigenen Anteile an einer Eskalation und kann ein Überdenken der Haltung bewirken.

Wenn die bereits genannten Interventionen erfolgreich gewesen sind, tragen sie zur Präventivwirkung bei. Die Konfliktparteien erkennen nämlich weitere Handlungsalternativen, ihr sachlicher, räumlicher und zeitlicher Horizont wird erweitert. Sie erleben eine Erleichterung und lassen sich dadurch weniger zu impulsiven Reaktionen hinreissen. Schritt für Schritt können sie dadurch die Kontrolle über die Situation zurückgewinnen.

12.3 Auf die Parteien bezogene Interventionen

Die wichtigsten Veränderungen in der Infrastruktur der Parteien sind:

- die Parteien isolieren sich und schirmen sich voneinander ab; sie verlangen von ihren Mitgliedern mehr und mehr exklusive Mitgliedschaft;
- innerhalb der Parteien nimmt der Druck auf die Mitglieder zu und fördert das Polarisieren und Kristallisieren von Rollen, im besonderen das Entstehen autoritärer Führerstrukturen;
- die einzelnen Mitglieder der Parteien sind einem verstärkten Konformitätsdruck ausgesetzt;
- die Beziehungen zwischen den Repräsentanten der Parteien und ihren Hintermannschaften entwickeln sich in Richtung eines «gebundenen Mandates», wodurch die Gefahr der Selbstverstärkung des Konfliktes erhöht wird;

– durch die Bildung von Koalitions- und Allianzsystemen tendieren die Konflikte zu einer Ausweitung des sozialen Feldes vom mikro-sozialen zum meso- oder makro-sozialen Umfang.

Zahlreiche Interventionen bezwecken darum eine Beeinflussung der internen stabilisierenden oder verstärkenden Faktoren, wie z. B. der internen Entscheidungsstrukturen und Entscheidungsprozesse, der Beziehungen unter den Mitgliedern einer Partei, der internen Konfliktbewältigungsfähigkeit usw. Mit solchen Interventionen können in der Hauptsache die folgenden Ziele verfolgt werden:

a) die Parteien sind in sich selbst stabiler geworden und können die Konfrontation mit der Gegenpartei selbstsicherer bewältigen;
b) die internen Konstellationen, die zu einer Verschärfung des Konfliktes zwischen den Parteien beigetragen haben, sind aufgelockert und die internen Mechanismen der Verstärkung dieser Konstellationen sind ausser Wirkung gesetzt;
c) die Beziehungen zwischen den Exponenten bzw. Repräsentanten der Parteien und ihrer eigenen Hintermannschaft geben den Exponenten mehr Entscheidungs- und Handlungsspielraum für Aktionen der Konfliktlösung.

12.3.1 Interventionen zur Stärkung der internen Integration der Parteien

Bei kalten Konflikten und bei Konflikten der vierten bis sechsten Eskalationsstufe sind zu Beginn mehr Interventionen geboten, die zu einer internen Stabilisierung der Parteien führen, um später für die Arbeit an den Beziehungen zwischen den Parteien besser zugerüstet zu sein.

J. Burton (1964 b), W. Mastenbroek (1978) und andere meinen, dass Konfliktlösung nur möglich sei, wenn die Parteien in sich selbst einigermassen stabil sind. Burton wendet deshalb die Methoden der «*kontrollierten Kommunikation*» auch auf die Verbesserung der Infrastruktur der Parteien an. Mit demselben Ziel arbeiten S. Cohen, H. Kelman, F. Miller und B. Smith (1977) erst am Verbessern des eigenen internen Funktionierens der Konfliktparteien. Weil die Parteien im Konflikt erleben, dass ihre interne Einheit gefährdet wird, wollen sie durch Verhärtung eine Sicherung und Stärkung der eigenen Integration (A. Rapoport 1974). Das Tragische an Konflikten ist jedoch, dass die Parteien dadurch zu einer *Quasi-Solidarität* geführt werden, die ihre interne Stärke dem gemeinsamen Bekämpfen des gemeinsamen Gegners dankt.

Viele Interventionen richten sich deshalb auf die Verbesserung des internen Funktionierens der Parteien. Sie bieten Hilfe an

- zum besseren Signalisieren der bestehenden internen Probleme; die dritte Partei stellt dafür Selbstdiagnose-Methoden zur Verfügung;
- zum besseren Bewältigen von Problemen der Entscheidung, der Kommunikation und Führung usw.; dazu kann die dritte Partei interne Schulungsmassnahmen durchführen und dergleichen.
- zur wirksameren Behandlung der eigenen internen Konflikte.

Je intensiver jedoch eine Drittpartei in die Behandlung der parteiinternen Probleme eintritt, desto mehr gefährdet sie ihre Unparteilichkeit in den Augen der Konfliktparteien. Bei komplexeren Organisationen mit mehreren Parteien kann die dritte Partei am besten aus mehreren Konfliktberaterinnen und -beratern bestehen. Jede Person kann ein besonderes Naheverhältnis zu einer der Parteien aufbauen und bei der Bewältigung interner Probleme helfen. Als Gesamtteam können sie jedoch ausreichende Neutralität garantieren. Wenn es den Konflikthelfern nicht gelingt, im eigenen Team Neutralität zu entwickeln, dann können sie nach aussen noch weniger unparteilich sein.

W. Mastenbroek (1979) erwägt die Möglichkeit, als Drittpartei zum vorhandenen Machtzentrum eine aktive Beziehung aufzubauen und die vorhandene Macht für sich einzusetzen bzw. über den Aufbau eines neuen Koalitionsblocks selbst zu einem Machtzentrum werden. Mit dieser Anlehnung an die Macht verspielt die Drittpartei nach unserer Erfahrung definitiv alle Strategien, die nicht Macht zur Methode machen.

In *kalten Konflikten* ist es wichtig, mit den Konfliktparteien – vorerst getrennt – wieder ein positives Selbstverständnis aufzubauen. Nun muss es den Parteien gelingen, in sich selbst eine Basis für künftiges Engagement zu schaffen. Sie stehen mit der dritten Partei vor der Aufgabe, eventuell verschüttetes Wertempfinden aufzuspüren. Dies wird noch erschwert durch die überwiegend zynische oder sarkastische Haltung der Konfliktparteien gegenüber Werten und Idealen. Wir haben verschiedentlich versucht, erst die gemeinsamen «Un-Werte» aufzuspüren: Über welche Vorfälle im Arbeitsgeschehen können Sie wirklich in eine Art *«Heiligen Zorns»* geraten, weil darin etwas angegriffen wird, das Ihnen kostbar ist? – Mit besonders zynischen oder sarkastischen Personen haben wir einen Exkurs in die persönliche Biographie unternommen: Können Sie sich an Vorfälle Ihrer Kindheit oder Jugend erinnern, bei denen Sie gewaltigen «Heiligen Zorn» in sich fühlten? Beschreiben Sie uns diese Situation in allen Einzelheiten, dass wir uns in Ihr Erinnerungsbild einfühlen können. Welche Gefühle lebten damals in Ihnen? Beschreiben sie mehrere Episoden Ihres Lebens, in denen Sie gleichfalls von «Heiligem Zorn» erfüllt waren, in allen Details und Farben. Vergleichen wir dann diese Situationen und diese Gefühle miteinander. Erkennen Sie Gemeinsamkeiten in den Situationen und Gefühlen? Erinnern Sie sich an ähnliche Situationen im Rahmen Ihrer beruflichen Tätigkeit? Waren dort dieselben Merkmale vorhanden? Welche Werte sprechen daraus? Finden Sie Spuren davon in Ihren Freizeitaktivitäten oder im Familien- und Freundeskreis? Sehen Sie Möglichkeiten, diese Werte in der Arbeitssituation zu verwirklichen?

Diese Exploration des eigenen Wertsystems ist jedes Mal eine Entdeckungsreise, die viele verschüttete Seiten des Mensch-Seins an das Tageslicht fördert und zu einer wesentlichen Wendung im Konfliktverlauf beitragen kann.

12.3.2 Interventionen zum Auflockern fixierter interner Konstellationen

J. Burton (1969, p. 13 ff.) weist auf das Bestehen von Subparteien innerhalb der Gesamtparteien. Die Konfliktdynamik trägt zu einem Pauschalisieren der Parteien bei: Obschon oft Meinungsunterscheide bestehen, werden diese unter starkem Konformitätsdruck immer mehr zu einem Pauschalstandpunkt verschmolzen. So wie R. Fisher (1964) zum Fraktionieren komplexer Issues rät, so betont Burton gleichsam das Fraktionieren der Parteien: Mit jeder Subpartei soll eine Lösung der Subkonflikte versucht werden.

Diese Vorgehensweise wirkt nur, wenn bereits Verständnis der Konfliktparteien für die Strategien und Methoden der dritten Partei besteht. Andernfalls setzt sich die Drittpartei dem Verdacht aus, den Konflikt durch «Teilen und Herrschen» manipulativ regulieren zu wollen.

In Kap. 6.3 haben wir Konstellationen innerhalb der Konfliktparteien in Anlehnung an H.-E. Richter (1972) behandelt und dabei auf die Bedeutung der Rollenverträge gewiesen. Zum Auflockern dieser unheilvollen Konstellationen ist die dort beschriebene Analyse der Rollenverträge eine wirkungsvolle Interventionsform. Nur müssen in der Regel bei kalten Konstellationstypen mit den einzelnen Personen erst bestimmte Hürden genommen werden. Aus Angst vor eventuellen späteren Sanktionen der mächtigen Rolleninhaber ziehen sie es vor, mit den unangenehmen Rollenarrangements weiter zu leben. Bestimmte soziotherapeutische Interventionen zum Überwinden der Angst können über diese Schwelle hinweghelfen.

Für weniger auskristallisierte und fixierte interne Konstellationen beschreibt M. Miles (1959, pp. 117 f.) einige einfache Möglichkeiten der Anwendung von Soziogrammen. Man kann eine Besprechung mehrmals unterbrechen und die Teilnehmer individuell aufschreiben lassen, zu welchen Personen sie besondere Nähe oder Distanz, Zustimmung oder Ablehnung usw. empfinden. Nach Beendigung des Gesprächs können gegenseitige Affinitäten grafisch dargestellt werden. In der Diskussion werden die Parteien erläutern, inwiefern damit momentane oder vielleicht allgemeinere Beziehungen charakterisiert werden. Was hindert sie eventuell an Bemühungen, diese Beziehungen zu verändern?

In unserer Beratungspraxis haben wir die folgende Variation zur grafischen Methode des Soziogramms entwickelt.

Das lebendige Soziogramm:

Durch den Einsatz non-verbaler Ausdrucksmittel soll die Zugehörigkeit zu Subgruppen, sollen Polarisationen, Achsen und dergleichen offengelegt werden.

1. Nach einer Diskussionsrunde werden die Gesprächsteilnehmer gebeten, sich in der individuellen Rückschau ein Bild ihres Verhältnisses zu allen Gruppenmitgliedern zu machen. Die zwei (oder drei) Kernpersonen, die am vehementesten unterschiedliche Standpunkte vertreten haben, stellen sich in einem grossen, freien Raum an zwei (drei) sehr weit voneinander abgelegenen Plätzen so auf, dass um sie herum noch freier Raum bleibt. Durch grösseren oder geringeren physischen Abstand zueinander sowie in ihrer Körperhaltung (zugewandt, abgewandt, stolz erhobenen Gesichtes oder vorgebeugt usw.) bringen sie möglichst genau zum Ausdruck, in welcher psychischen Distanz sie zu den anderen Exponenten gestanden haben.
2. Die übrigen Diskussionsteilnehmer begeben sich ohne zu reden in den Raum und suchen ihre Position in bezug auf die Exponenten und zu allen übrigen Gruppenmitgliedern. Sie gehen im Raum umher, probieren verschiedene Konstellationen aus, bis die Positionen wie auch die eingenommenen Haltungen möglichst prägnant ihre Position in der Gruppe ausdrücken. Während die Personen umhergehen, beobachten sie die Reaktionen der übrigen: Verlässt Anton seinen Platz, sobald Bernd eine Position neben ihm einnehmen will? Wählt Carla einen Platz in der gegenüberliegenden Ecke des Raumes? Bleibt Dieter an seiner Stelle stehen, wendet aber sein Gesicht dem weiter entfernten Anton zu usw.?
3. Wenn jeder seine Position definitiv gefunden hat, setzt man sich an diese Stelle hin, dass die Abstände für das anschliessende Gespräch fixiert werden.
4. Nun wird das Schweigen aufgehoben und die Teilnehmer beschreiben zuerst die beobachteten Reaktionen der Teamkollegen. Danach bitten sie einander um Erklärungen: Warum ist Anton weggegangen? Was wollte Dieter mit dem Blick in die andere Richtung ausdrücken? Die Gespräche können zu einer vertieften Analyse der Konstellationen führen, in der die gegenseitigen Rollen charakterisiert und die Rollenverträge explizitiert werden. Das lebendige Soziogramm wirkt in der Regel sehr direkt.

Das von uns im Jahre 1970 entwickelte lebendige Soziogramm ist ein Vorläufer der späteren *systemischen Aufstellungen*, die aber über das lebendige Soziogramm weit hinausgehen. Vor allem mit den Strukturaufstellungen von Insa Sparrer und Matthias Varga von Kibéd (2002) kann gut am internen und externen Beziehungsgefüge gearbeitet werden (siehe R. Daimler / I. Sparrer / M. Varga von Kibéd 2003).

Die beschriebenen Interventionen können dazu beitragen, dass die fixierten Rollen und Beziehungen aufgedeckt und zur Diskussion gestellt werden. Durch den Einsatz von attitüde- oder verhaltensorientierten Interventionen können die ungeschriebenen Rollenverträge verändert werden.

12.3.3 Interventionen zur Erweiterung der Handlungsspielräume der Exponenten

Mit der Eskalation geraten die Exponenten oft in grössere Abhängigkeit zu ihrer Hintermannschaft. Relativ freie Mandatsverhältnisse können weitgehend gebunden werden; die Exponenten werden sich je länger desto mehr von ihrer Hintermannschaft steuern lassen und sich als deren Sprachrohr nach der Art der «Volkstribunen» verstehen. Die Verengung des Handlungsspielraumes der Parteienvertreter erschwert die Lösung des Konfliktes, und es kann eigentlich keine Partei einen Schritt der Konfliktlösung unternehmen. R. McKersie, Ch. Perry und R. Walton (1965) und D. Druckman (1977) wollen aus diesem Grunde den Exponenten der Parteien helfen, ihre Verhandlungen mit der eigenen Hintermannschaft erfolgreich zu gestalten. Wenn die Exponenten der Parteien nur ihre eigenen Ziele durchsetzen wollen, dann machen sie es dem Exponenten der Gegenpartei noch schwerer. Interventionen sollen deshalb den Exponenten beim Lösen ihrer Bindung an die Hintermannschaft helfen. M. Deutsch (1973, p. 386 ff.) gibt einige Hinweise für solche Massnahmen. Anton kann sich z. B. darüber klar werden, was er von Bernd erwarten und fordern kann. Danach kann er sich ein Bild der Probleme machen, die daraus für Bernd in dessen Position entstehen. Anton überlegt sich danach, womit er Bernd beim Lösen dieser Probleme helfen könnte und prüft, welche Ziele und Werte sie gemeinsam verwirklichen könnten, wenn Bernd tatsächlich den Erwartungen Antons entsprechen würde. Und Anton bietet Bernd Hilfe zur Bewältigung seiner Probleme an.

In unserer Praxis haben wir an der Hand ähnlicher Fragen mit den Gruppen eine Status-quo-Regelung entworfen. Im besonderen vereinbarten wir, wie die Hintermannschaften über diese Regelung informiert werden sollten. Wenn die Exponenten engen Mandatsbindungen ausgesetzt waren, wurde mit der Information über die Status-quo-Regelung gleichzeitig mitgeteilt, nach welchen Verfahren die Einhaltung dieser Regelungen überprüft wird. Wenn die Einhaltung der Vereinbarungen erst gegen Ende der Geltungsdauer ausgewertet werden sollte, dann konnte der Exponent von seiner Gruppe fordern, dass sie ihm für diese Frist ein offenes Mandat gebe. Durch diese Beeinflussung der Kontrollbeziehungen zwischen der Partei und ihrem Exponenten konnte eine Erweiterung des Handlungsspielraumes für den Exponenten erzielt werden.

Auch bei geringerer Eskalation ist die Arbeit mit Exponenten des Typus «Volkstribun» (Kap. 6.2.2) schwierig. Sie widersetzen sich solchen Verfahren, mit denen sie von ihrer Hintermannschaft isoliert werden. Dieser Widerstand entstammt der Abhängigkeitsposition der Volkstribune und ist ernst zu nehmen. Sie können ihr Hinterland ungenügend beeinflussen und gehen darum nicht auf Begegnungen zwischen den Parteivertretern ein. Wir haben in solchen Situationen den Volkstribunen geraten, aus den eigenen Reihen zwei Personen einzuladen und zu den Besprechungen mitzunehmen, um mit ihnen darüber nachzudenken, wie die Vorschläge mit der Hintermannschaft besprochen werden könnten ohne sie dem Verdacht des Verrates auszusetzen. Die Besprechungen zwischen den Parteien wurden zu diesem Zweck mehrmals unterbrochen. In den Pausen konnte sich jeder in den eigenen Reihen auf die Konsequenzen für die eigene Partei beraten.

12.4 Die Beziehungen zwischen den Parteien als Interventionsfeld

Die informellen Beziehungen der Konfliktparteien erschweren im Laufe des Konfliktes die Kommunikation über eventuelle Lösungsversuche. Wir fassen hier nur einige dieser Tendenzen zusammen:

- die Interaktionen werden völlig asymmetrisch: Anfänglich demonstrieren die Parteien einander intellektuelle Überlegenheit, später wird die Gegenpartei unterdrückt und aktionsunfähig gemacht;
- die Transaktionen der Konfliktparteien (gekreuzte, anguläre Transaktionen) verhindern ein direktes Gespräch und manövrieren die Parteien in Positionen, die diese abweisen;
- die Konfliktparteien drängen einander stereotype Rollen auf und fixieren gegenseitig diese Positionen und Rollen; später entstehen daraus neurotische Bindungen, welche für die Parteien schwer aufzubrechen sind.

Die Organisation gestaltet für die sozialen Konflikte einen formellen Rahmen. Dieser prägt die Beziehungen der Parteien. Durch die Anwendung inadäquater Organisationsprinzipien (Kap. 5.4.2) und durch das Verschleppen bestimmter unbewältigter Probleme der Beziehungen aus einem organisatorischen Subsystem in das nächste kann die Organisation zum Konfliktpotential werden.

Verhaltenswissenschaftlich fundierte Interventionsmethoden stellen in der Regel Verbesserung der Beziehungen zwischen den Parteien in den Mittelpunkt ihrer Bemühungen: Das Klären der gegenseitigen Perzeptionen, Attitüden und Intentionen, das Ändern der Verhaltensweisen und das Arbeiten an den organisatorischen Problemen usw. sollen zum Aufbau konfliktfreier Beziehungen führen. Unsere Ausführungen zu den pathologischen Konstellationen zwischen den Konfliktparteien und zur Organisation als Konfliktpotential betrachten gleichfalls die gegenseitigen Beziehungen von Konfliktparteien als Kernprobleme sozialer Konflikte. Deshalb müsste eine einigermassen vollständige Darstellung dieser Interventionen den Rahmen dieser Ausführungen sprengen. Wir beschränken uns im vorliegenden Abschnitt auf einige Probleme der Beziehungen zwischen den Parteien. Die besonderen Ziele solcher Interventionen können sein:

a) die Parteien sind sich der Art der bisherigen Beziehungen bewusst und sie Verstehen die Einflussfaktoren, denen sie ausgesetzt gewesen sind;
b) die Mechanismen, welche in den Beziehungen zwischen den Parteien bisher wirksam waren, sind reduziert bzw. ausser Wirkung gesetzt;
c) die zwischen den Parteien bestehenden Trennwände sind durchlässig geworden und hemmen nicht mehr;
d) die Parteien haben für die Zukunft gelernt, wie sie ihre Beziehungen so gestalten können, dass Differenzen nicht dysfunktional werden.

Kapitel 5.4.2.1 (Organisation als Konfliktpotential) zeigt verschiedene Möglichkeiten der Konfliktlösung in den drei Subsystemen und Typen von Organisationen. Wir beschränken uns deshalb auf Methoden für die Veränderung informeller Beziehungen und der Einstellung gegenüber formellen Abhängigkeiten.

12.4.1 Interventionen, bezogen auf die informellen Beziehungen

Die Drittpartei achtet bei Begegnungen der Konfliktparteien auf die Symmetrie in den Beziehungen. Dazu sind Spielregeln für die Kommunikation behilflich («kontrollierte Kommunikation» nach J. Burton 1969). Interventionen zur Entwicklung empathischer Fähigkeiten unterstützen ebenfalls die Entwicklung symmetrischer Beziehungen. Dafür bietet M. Rosenberg (2001) eine Fülle praktischer Methoden und Übungsanleitungen für Trainings.

Die meisten psychologisch-orientierten Methoden setzen bei den informellen Beziehungen der Konfliktparteien an. Viele davon haben wir bereits im Kapitel 11.2 dargestellt (Interventionen bezogen auf Perzeptionen, Gefühle, Intentionen und Verhaltensweise). Dazu kommen noch die von uns mit D. Lemson entwickelte «U-Prozedur» (F. Glasl 1998, p. 163 ff.), die Methodik von Ch. Thomann und

F. Schulz von Thun (1995) zur Auflösung und Überwindung von Teufelskreisen (p. 226 ff.) und Methoden der «Aufstellungen» (siehe G. Weber 1994, I. Sparrer und M. Varga von Kibéd 1998, 2000). Anstelle einer Charakterisierung dieser komplexen Methoden sei auf die genannten Werke selbst verwiesen.

Mit der Analyse ungeschriebener *Rollenverträge* wird nicht nur das äussere Rollenverhalten verändert, sondern es soll die *«Basis-Formel»* selbst, die den gegenseitigen Perzeptionen, Attitüden und Verhaltensweisen zugrunde gelegen hat, verändert werden. Die Konfliktparteien finden somit zu einer neuen Definiton ihrer gegenseitigen Beziehungen. Die folgende Methode diente in unserer Praxis öfters als Vorstufe für die spätere Arbeit an Rollenverträgen.

Der imaginäre Monolog

Mit dieser Methode werden die imaginativen Fähigkeiten angesprochen als auch Verständnis für die unterschwellige psycho-soziale Dynamik in den Beziehungen zwischen den Parteien geweckt.

1. Die Konfliktparteien haben einige kritische Episoden ausgewählt und diese näher beschrieben (Perzeptionen): Was waren die Issues? Was waren die perzipierten Probleme? Welche Spannungen hatten sich damals gezeigt, und was spielte sich in der Interaktion zwischen den Parteien konkret ab?

2. In der folgenden Gesprächsrunde identifizieren sich alle übrigen anwesenden Personen mit *Antons* Rolle und Verhalten in der analysierten Situation und sprechen: «Ich, Anton finde...» Anton selbst schweigt. Er hört zu und macht nötigenfalls Notizen. Bernd, Carla und Dieter sprechen in der Ich-Form frei aus, was sie als *Anton* in der Situation wirklich gedacht, gefühlt und gewollt haben, *jedoch* was sie damals *nicht* ausgesprochen haben. Beispielsweise sagt Bernd: «Ich (Anton) kann dieses arrogante Gehabe von Bernd nicht ausstehen!» Carla: «Ich (Anton) lasse mich von Bernd wie ein Schuljunge abkanzeln!» Dieter: «Ich verstehe nicht, warum sich Dieter auf die Seite Antons geschlagen hat. Dieter denkt in erster Linie an seine Karriere!» Wie beim Brainstorming darf keine einzige Äusserung beurteilt oder zensiert werden.

3. In der nächsten Runde identifizieren sich Anton, Carla und Dieter mit *Bernd* und drücken seine unausgesprochenen Gedanken, Gefühle und Absichten aus. Dies wird mit jedem Hauptakteur so getan.

4. Nun reagieren alle darauf: Was war mir unverständlich? Was war für mich überraschend? Was hat mich getroffen? Was steht im Widerspruch zur eigenen Erinnerung? usw. Das Gespräch konzentriert sich auf die Gefühle, die in den Monologen zum Ausdruck gekommen sind. Die Gruppe prüft, ob dies auch die Kernthemen für andere Beziehungsprobleme zwischen den Parteien sind. Diese Methode kann zum Aufdecken der «Formeln» in den Rollenverträgen führen.

Bei M. Miles (1959, pp. 120 ff.), D. Hall (1972) und A. M. Rochblave-Spenlé (1973, pp. 112 ff.) finden sich einfache Interventionen zur Klärung und Veränderung von Rollenbeziehungen. Sie sind auf informelle und formelle Beziehungen (siehe auch die «job expectation technique» – JET – von E. Huse 1975, pp. 181 f.) anwendbar und erfordern keine besonderen gruppendynamischen Erfahrungen.

Mit den folgenden Interventionen können die Trennwände zwischen den Parteien allmählich aufgehoben werden.

Das Bilden von Verbindungsgruppen; Kontakt- und Resonanzgruppe

In der Literatur finden sich Beispiele für gemischt zusammengesetzte Gruppen, die einen Brückenschlag zwischen den Parteien vorbereiten. H. Thelen (1954) empfiehlt, gemässigte Vertreter der Parteien zu einer «bridging group» zusammenzuführen und mit einer deutlichen Aufgabe zu betrauen. Durch diese Aufgabenstellung müssen sich die Mitglieder der Verbindungsgruppe auf andere Aspekte als auf die trennenden Issues ausrichten. Sie werden von der dritten Partei intensiv begleitet und geschult. Sobald sich in der Verbindungsgruppe ein wirklicher Gruppenzusammenhalt gebildet hat, können die Mitglieder ihre Erfahrungen in ihre Parteien hineintragen. Nach M. Sherif (1962), A. Siegel und S. Siegel (1966) kann der positive Effekt auf Referenzgruppen zurückgeführt werden. Die praktischen Erfahrungen mit dem Austausch von Studenten verschiedener politischer Systeme, oder beispielsweise mit gemeinsamen Ferienlagern katholischer und protestantischer Kinder aus Nordirland und dergleichen, verdeutlichen die besonderen Bedingungen, unter denen das Bilden von Verbindungsgruppen Erfolg verspricht:

- die Mitglieder sollten a titre personel in die Gruppe kommen;
- sie sollten möglichst vom Typus des «Senators» (Kap. 5.2.2) sein;
- für die Arbeit der Verbindungsgruppe ist Begleitung geboten, um die auftretenden Probleme in den Beziehungen zu Erfahrungen verdichten zu können;
- die Gruppenmitglieder müssen beim Wiedereintritt in ihre Stammgruppe auf Begleitung durch die dritte Partei bzw. auf Schutz rechnen können.

Wenn diese Bedingungen nicht insgesamt annähernd erfüllt sind, kann es in der Verbindungsgruppe eher zu einem Reproduzieren und Verstärken der bestehenden Konflikte kommen. Die Bildung einer solchen Gruppe kann der Drittpartei Zugang zu den Parteien geben. Zumeist werden wir von einer gemischten Gruppe zum ersten Mal angesprochen, um uns ihren Konflikt anzusehen und uns zu überlegen, ob wir eigentlich Hilfe bieten können. Dieselbe Gruppe kann – wenigstens für den allerersten Beginn – als *Kontakt- und Resonanzgruppe* in Funktion bleiben. Denn die Parteien haben sich für ihre ersten Kontakte mit uns offensichtlich auf diese Personen als vorläufige Vertreter einigen können. Wenn diese Voraussetzung nicht gegeben ist, lassen wir eine Kontakt- und Resonanzgruppe bilden. Diese setzt sich aus Vertretern der einflussreichsten Parteien in der Organisation zusammen, die trotz eventueller extremer sachlicher Standpunkte in der Art und Weise ihres Auftretens keine radikalen, d.h. gewaltsamen Formen wählen. Sie müssen also noch bereit und imstande sein, mit der Gegenpartei zu kommunizieren. Über diese Kontaktgruppe kann die Drittpartei:

- direkten Zugang zu allen Parteien bekommen;
- Einsicht in die Standpunkte der Parteien erhalten;
- von den Parteien als Helfer angesprochen werden;
- Vorschläge und Methoden in der Kontaktgruppe selbst durchtesten;
- strategische Schritte erklären und dazu Resonanz bekommen.

Die vordringlichste konkrete Aufgabe dieser Gruppe ist eine Status-quo-Regelung und Überwachung ihrer Einhaltung. Dadurch bekommt diese Gruppe eine legitime, als nützlich anerkannte Funktion. Sie wird auch zum Erprobungsfeld für weitere Interventionen der Konfliktbehandlung. Sie können Perzeptionsklärungen vornehmen, an Attitüden arbeiten und zu Spielregeln für die Zusammenarbeit in der Kontaktgruppe finden. Diese Gruppe arbeitet exemplarisch im Konflikt vor. Wir schulen sie gleichzeitig in der Anwendung diverser Interventionsmethoden. Später kann auch die Mitverantwortung für Interventionen übernehmen. In manchen Fällen war es geboten, die Gruppe von einer neuen ablösen zu lassen. Wenn in einem komplexen Makro- oder Meso-System sich die Arbeit der Konfliktbehandlung mit einer solchen Gruppe durchführen lässt, ist bereits einer der ersten Schritte des Internalisierens der Fähigkeiten zur Konfliktbewältigung gelungen.

Nach unserer Erfahrung gilt es, in kalten Konflikten bei den Parteien grössere Barrieren zu überwinden, um überhaupt eine Kontakt- oder Resonanzgruppe bilden zu können. Lange Zeit muss dann die externe Drittpartei selbst zwischen den Parteien hin und her pendeln.

12.4.2 Interventionen, bezogen auf die formellen Beziehungen

Die Organisation als Konfliktpotential manifestiert sich immer in den Beziehungen der Konfliktparteien, die durch das Abweisen der formell vorgegebenen Interdependenzen einen Konflikt auslösen. Andererseits können sie selbst bei unzureichenden organisatorischen Regelungen doch einen Weg finden, um miteinander ohne Konflikte auszukommen. Ausschlaggebend ist, welche Haltung die Parteien zum vorhandenen Konfliktpotential einnehmen. Die Änderung der Haltung ist mit attitüdeorientierten Interventionen möglich. Dazu kommt, dass

- die bestehenden formellen Abhängigkeiten ihrer Art nach untersucht werden;
- die Abhängigkeitsbeziehungen gesäubert, d.h. von eventuellen Verschleppungen der ungelösten Probleme des einen Subsystems in das andere befreit werden;
- die Beziehungen gemäss den Prinzipien für dieses Subsystem neu gestaltet werden.

Für die Konfliktparteien mischen sich die persönlichen Elemente mit solchen, die von der Funktion oder vom Berufsdenken geprägt werden. Die Personen sind schliesslich über ihre Funktionen mit der Organisation verknüpft. Berufshabitus und persönliche Gewohnheiten verschmelzen dadurch miteinander.

Die folgende Interventionsmethode hat sich für die Entflechtung dieser Aspekte bei synergetischen Abhängigkeiten bewährt. Sie wird mit den Parteien getrennt durchgeführt. Später können sie aufgrund dieser Vorarbeiten gemeinsam an ihren Beziehungen arbeiten.

Imaginäres Eskalieren und De-Eskalieren der Abhängigkeiten
Die Konfliktparteien konzentrieren sich auf eine typische Abhängigkeitsbeziehung mit der Gegenaprtei.

1. Wie ist *formell* der Sinn und Zweck der Funktion meiner Gegenpartei zu umschreiben?
2. Wie müsste aufgrund des *faktischen* Funktionierens der eigentliche Sinn und Zweck der Funktion meiner Gegenpartei umschrieben werden?
3. Bin ich in meiner Funktion wirklich auf die Gegenpartei angewiesen oder könnte diese Funktion aus der Organisation weggedacht werden? Wenn es diese Funktion überhaupt nicht gäbe: Was würde wesentlich fehlen? Inwiefern wäre mein Funktionieren dadurch erschwert?
4. Was müsste meine Gegenpartei in ihrer Funktion alles tun, so dass ich meine Abhängigkeit von ihr erst wirklich extrem stark fühlte? Warum tut sie dieses nicht?
5. Was könnte ich in meiner Funktion tun, damit die Gegenpartei ihre Abhängigkeit von mir extrem stark zu fühlen bekäme? Warum tue ich das nicht?
6. Was stimuliert beide Parteien dazu, der Gegenpartei die Abhängigkeiten fühlbar zu machen?
7. Was sollte am informellen Zusammenspiel zwischen den Parteien verändert werden, um das gegenseitige Ausspielen der Abhängigkeiten zu beenden?
8. Was sollte an der formellen Abgrenzung und Abstimmung unserer Funktion verändert werden?
9. Nach diesem Gespräch werden die Erfahrungen offen ausgewertet.

Durch das Bilden extremer Vorstellungen (Schritte 3 und 4) werden bislang unterdrückte Ängste und Wünsche sichtbar und Standpunkte flexibilisiert. Die Wirkung ist nach dem Modell von J. Eiseman (1978) zu erklären: Durch die Extreme werden die bisherigen Standpunkte der Parteien auf einem Kontinuum zu noch extremeren Positionen in Beziehung gesetzt und relativiert bzw. flexibilisiert. Nach der strukturierten Übung kann am Beispiel der ausgesprochenen Erlebnisse verdeutlicht werden, wie Probleme aus dem einen Subsystem in das andere verschleppt werden können, wenn immer eine Lösung dort, wo sich die Probleme zeigen, versäumt wird. Die Schritte 4 und 5 können erweitert werden, wenn sich zeigt, dass die gegenseitigen Beziehungen von Projektionen der Parteien geprägt werden. In Ergänzung zu Schritt 4: Welche Gefühle weckt ein solches Verhalten der Gegenpartei in mir? Wie gehe ich damit um? Und in Ergänzung zu Schritt 5: Welche Gefühle leben dann in mir, wenn ich mich zu beherrschen bemühe? Welche Fähigkeiten müsste ich entwickeln, um diese «Herausforderungen» konstruktiv zu bewältigen? Mit der letzten Variante können die Konfliktparteien gegenseitig anerkennen, dass ihnen ein Problem «präsentiert» wird, dessen Bewältigung eine Herausforderung an die weitere Entwicklung bedeutet. Die Konfliktparteien können der Herausforderung ausweichen, indem sie der anderen Partei als «Präsentator des Problems» aus dem Weg gehen oder die andere Partei eliminieren. Sie können jedoch auch diese Herausforderung aufgreifen und sie zum Anstoss einer Weiterentwicklung der Beziehungen machen. Was die Konfliktparteien aus den präsentierten Problemen machen, hängt weitgehend von ihrer Grundeinstellung zum Konflikt schlechthin ab.

Für Interventionen in bezug auf Organisation im weitesten Sinne verweisen wir im übrigen auf unsere Vorgehensweise bei der Organisationsentwicklung (F. Glasl und L. de la Houssaye 1975, F. Glasl 1983, W. Hasper und F. Glasl 1988, F. Glasl, T. Kalcher und H. Piber 2004), auf die dabei praktizierte Organisationsphilosophie (F. Glasl und B. Lievegoed 2004 und auf F. Glasl 2004 b sowie A. Schreyögg 2002).

12.5 Auf die Grundeinstellungen bezogene Interventionen

Möglichkeiten zur Behandlung eines Konfliktes sind weitgehend von den Grundeinstellungen zum Konflikt abhängig. Wenn die Parteien den Konflikt als unlösbar perzipieren, dann wird ihnen ein Versuch der Konfliktbehandlung sinnlos erscheinen. Und wenn sie nach ihrer Auffassung in einen Systemveränderungskonflikt verwickelt sind, den sie selbst initiiert haben, werden sie Bemühungen der Konfliktbehandlung entweder abweisen oder in ihre Strategie einbinden. Darum steht am Beginn aller Interventionsstrategien die Diagnose der generellen Grundauffassungen und Grundeinstellungen zum Konflikt. Mit dem Eskalieren der Konflikte ändern sich auch die Grundeinstellungen der Parteien:

- sie sehen immer weniger Möglichkeiten, den Konflikt in irgendeiner Art der Zusammenarbeit mit der Gegenpartei zu lösen; schliesslich glauben sie, der Konflikt sei nur «trotz» der Gegenpartei oder «unter Ausschaltung» der Gegenpartei zu beenden;
- die Konfliktparteien erleben auf die Dauer einen kooperativen Beitrag zur Konfliktbehandlung als «unzumutbar» und vertrauen stets mehr auf Machteingriffe;
- im Laufe der Eskalation verlagert sich der Konflikt immer mehr auf einen «Konflikt um die Konfliktlösung», d.h. auf die Frage, welche Mittel prinzipiell erlaubt oder zweckmässig seien.

Bei Positionskämpfen oder Systemveränderungskonflikten bauen die Konfliktparteien eventuelle Interventionen einer dritten Partei in ihr «Strategie-Kalkül» ein oder sie widersetzen sich einer Einmengung Dritter. Bei kalten Konflikten besteht wenig Bereitschaft, aus den Verschanzungen und Laufgräben heraus zu kommen und der Drittpartei Kredit für die ersten Schritte der Konfliktbehandlung zu gewähren.

Entscheidend für den Erfolg der Konfliktbehandlung ist jedoch, inwiefern die dritte Partei wenigstens für die Beginnschritte Duldung oder Mitwirkung zumindest einer Partei gewinnen kann.

Interventionen, die eine für Konfliktbehandlung günstige Grundeinstellung erreichen wollen, können generell die folgenden Ziele verfolgen:

a) die Konfliktparteien sind sich der Prämissen ihres Strategie-Kalküls bewusst und erkennen ihr eventuell fehlerhaftes Strategie-Kalkül;
b) die Parteien sind sich ihrer Grundauffassungen bewusst und erkennen, wie sich diese zu den Grundauffassungen ihrer Gegenpartei verhalten;
c) die Parteien sind empfänglich für Signale der Gegenpartei, mit denen diese ihre Einlenkungsbereitschaft bekunden will;
d) die Konfliktparteien dulden die Aktivitäten der dritten Partei bzw. bekunden wenigstens die Bereitschaft, «etwas» am Konflikt geschehen zu lassen;
e) die Konfliktparteien sind bereit, sich für die Bewältigung des Konfliktes einzusetzen.

Die Interventionen setzen als perzeptionsorientierte Interventionen bei der Sicht der Parteien auf die Gesamtsituation an und zielen als attitüdeorientierte Interventionen darauf, die erstarrten Positionen wiederum aufzuweichen. In der Literatur, auch zur modernen Mediation, finden sich eigentlich nur selten Ansätze zu solchen Interventionen (C. Osgood 1966; M. Deutsch 1973). Die meisten Autoren setzen nämlich implizit voraus, dass eine anfängliche, prinzipielle Bereitschaft zu irgendeiner Form der Konfliktbehandlung vorhanden sein muss und dass es nicht Aufgabe der dritten Partei sein kann, diese Grundvoraussetzung erst noch zu schaffen. In der Praxis stellen sich diese Fragen hingegen sehr eindringlich:

- Wie kann man als dritte Partei Zugang zu den Parteien bekommen?
- Was kann man tun, um wenigstens «the benefit of the doubt» zu erhalten?
- Auf welche Weise kann man den Parteien seine Hilfe anbieten?

Es ist vom Eskalationsgrad abhängig, welche Schritte man konkret unternehmen kann, um als Drittpartei sichtbar zu werden und Kontakte zu bekommen. Im Kapitel zur Orientierungsphase werden wir verschiedene Interventionen näher beschreiben und auf diese Probleme eingehen.

Interventionen zur Beeinflussung der Grundauffassungen und Grundeinstellungen können unter anderem sein:

Evaluieren der bisherigen Bemühungen um eine Beendigung oder Lösung des Konfliktes

Bei den ersten Kontakten mit den Konfliktparteien werden gewöhnlich die Issues vor der dritten Partei ausgeschüttet. Diese müssen vorerst als vordergründige Probleme der Konfliktparteien akzeptiert werden. Mit den nächsten Schritten wird die Drittpartei in einem Gespräch erkunden, wie denn die Parteien die Lösbarkeit des Konfliktes beurteilen: Welche Voraussetzungen müssen ihres Erachtens erfüllt sein? Welche Lösungswege stellen sie sich vor? Wie sehen sie darin ihre eigenen Rolle und die der dritten Partei? Was haben sie bereits unternommen, um Kontrolle über den Konflikt zu gewinnen? Wie ist die generelle Haltung zu Konflikten? Hat diese Einstellung eine Beschränkung der verfügbaren Massnahmen zur Beilegung der Differenzen bewirkt? Und schliesslich: Haben die Parteien bereits zur Gegenpartei Signale ausgesendet, mit denen sie ihre Bereitschaft zur Beendigung des Konfliktes zum Ausdruck bringen wollten? Sind diese Signale – nach ihrer Meinung – von der Gegenpartei vielleicht missverstanden worden?

Th. Schelling (1957) weist auf diese Tragik des Konfliktgeschehens. Selbst wenn die Parteien ausdrücken wollen, dass sie zu einer Konfliktbegrenzung bereit sind, werden die Signale missdeutet und tragen u. U. sogar noch zur weiteren Verschärfung bei. Diese Erfahrung verstärkt dann die bereits vorhandenen Frustrationen. Als Drittpartei kann man zumeist bereits in einem sehr frühen Stadium den Parteien solche Signale zutragen und diese davor bewahren, dass sie den Verzerrungsmechanismen zum Opfer fallen. Auch mit Hilfe einer Reflexion der bisherigen

Bemühungen, gemeinsam oder getrennt mit den Konfliktparteien, kann diese subjektive Abwägung der erwarteten Ergebnisse und der einzusetzenden «Kosten» von Perzeptionsfehlern gesäubert werden.

Wenn die Konfliktparteien die Prämissen ihres eigenen Denkens über Konflikte erkennen und diese gedanklich zu anderen Auffassungen in Beziehung setzen, dann können sie ihre eigene Grundüberzeugung eher relativieren. Dadurch können sie verstehen, dass sich der ursprüngliche Streit, der um einige Issues ging, zu einem «Streit um den Streit» entwickelt hat. Alle Bemühungen um die Kontrolle des Konfliktes werden dadurch zwangsläufig paralysiert und nähren die Verbitterung der Parteien. In extremen Fällen steigert sich diese bis zur völligen Hoffnungslosigkeit und zum Fatalismus, in dem es schliesslich einerlei ist, was weiter geschieht.

Externe Situation ambivalent machen

Je weiter Konflikte eskaliert sind, desto mehr ist es zumeist geboten, dass durch *Veränderungen der sozialen Umgebung* die Statik der Sicht auf die Situation durchbrochen wird. Dies zwingt die Konfliktparteien, sich auf ihre Schritte im Konflikt zu besinnen. N. Luhmann (1975) erwähnt dazu, dass Undeutlichkeit über die Haltbarkeit der Koalitionen die Parteien zum Nachdenken zwingt. J. Galtung (1973) führt an, dass das Akzeptieren einer Konfliktbehandlung begünstigt wird, wenn der Ausgang nicht eindeutig von vornherein zu bestimmen ist. Die Situation muss also mehrdeutig und ambivalent werden. Wenn die Konfliktparteien hingegen meinen, dass der Ausgang im Guten wie im Schlechten genau prognostiziert werden kann, werden die Haltungen der Parteien noch mehr fixiert.

Die Konfliktparteien können durch solche Einsichten zu einer minimalen Bereitschaft finden und immerhin passiv dulden, dass jetzt irgend etwas geschieht. Für die ersten Schritte in der Konfliktbehandlung ist dies bereits ein Erfolg, weil dadurch die dritte Partei überhaupt Gelegenheit bekommt, durch ihr praktisches Auftreten zu zeigen, ob sie den Parteien wirklich Hilfe bieten kann. Als externer Helfer kann man ganz bestimmten Konfliktbehandlungsstrategien den Vorzug geben und die erklärte Bereitschaft der Konfliktparteien dazu als unzureichend empfinden. Innerhalb einer Gesamtstrategie der Konfliktbehandlung kann es aber durchaus geboten sein, aufgrund der erklärten minimalen Bereitschaft mit einer Art Schiedsverfahren zu beginnen. Dieses kann vorübergehend zu einer Befriedigung führen, die danach weiterreichende Bemühungen der Vermittlung rechtfertigt. Der Erfolg verschiedener Vermittlungsaktionen kann schliesslich in eine Prozesskonsultation einmünden, in der die Konfliktparteien sehr aktiv an der Lösung ihrer eigenen Probleme arbeiten.

12.6 Schlussbemerkungen zu den Kapiteln 11 und 12

C. Fink (1968) verglich viele Modelle der Konfliktbehandlung und stellte fest, dass die untersuchten Autoren die Komponenten als Ansatzmomente ihrer Interventionen wählen, die sie an Konflikten generell als relevant erachtet haben.

Dies trifft im vollen Umfang auf unsere Beschreibung von Ansatzmomenten für Interventionen zu, weil wir uns bei der Darstellung der Konflikttypologie (Kap. 3) und der Konfliktdiagnose (Kap. 5 und 6) vom interventionsorientierten Denken haben leiten lassen. Eine Intervention ist nur wirksam, wenn sie nicht isoliert erfolgt, sondern mit anderen vorbereitet, durch andere Interventionen flankiert, vertieft und ergänzt und weiter konsolidiert wird. Die Beschreibung und Diskussion der einzelnen Interventionen hat dies immer wieder gezeigt.

Für uns ist deshalb das Übergreifende der Interventionen wichtig. Die (unvollständige) Übersicht (Fig. 12.1) zeigt beispielsweise auf, wie sich Interventionen in der Subjektsphäre mit Interventionen nach den fünf Diagnosedimensionen überdecken. Die Kenntnis der *Komponenten* dieser Interventionen (z. B. Perzeptionsklärung) und die *Wirkungsrichtungen* (z. B. auf Issues bezogen) ist für die Strategie der Konfliktbehandlung wichtig.

	Die fünf Dimensionen der Diagnose				
	Issues	Konfliktverlauf	Parteien intern	Beziehungen zw. Parteien	Grundeinstellungen
Perzeptionen und Denken	Issues inventarisieren, definieren, transponieren von Issues	Konfliktpartitur, Eskalationsprognose	Erkennen des Rollentypus, Analyse der Vertreterbeziehungen, Denkmal	Analyse der Rollenbilder, imaginäres Eskalieren und De-Eskalieren der Abhängigkeiten	Evaluieren der Grundauffassungen von Konfliktlösungsbemühungen
Gefühle und Einstellungen	Issue-Empathie, Issues flexibilisieren	Mikro-Analyse kritischer Entscheidungsmomente	Lebendiges Soziogramm	Imaginärer Monolog, kleine Kreditangebote	Externe Situation ambivalent machen, Strategie-Kalkül beeinflussen
Wollen	Issues flexibilisieren, transponieren	Trend-Extrapolation, Kreditangebote, GRIT	Rollenverhandeln	Rollenverhandeln, Rollenvertrag	Ziele-Mittel-Klärung, Un-Werte klären
Verhalten	Verhaltensbegrenzung	Status-quo-Regelung	Rollenverhandeln, interne Informationsstrategie für status-quo-Abkommen; Verhandlungsinstruktionen	GRIT-Taktik, Rollenverhandeln, Spielregeln kontrollierte Kommunikation	Rückkehr zu Konfliktregulatoren, verbessern der Spielregeln

Fig. 12.1: Beispiele für die Überschneidung von Interventionsansätzen

Die unterschiedlichen Interventionsmethoden erfordern von der Drittpartei sehr verschiedene Vorkenntnisse und Erfahrungen. Die meisten Interventionen setzen jedoch mehr als gewöhnliche gruppendynamische Erfahrung und Übung voraus. Erst dann kann verhindert werden, dass die beschriebenen Interventionen rezepthaft zur Anwendung gelangen. Für Interventionen in Konfliktsituationen ist ein kreatives Vorgehen geboten, wobei man nicht dasselbe Problem hintereinander mit mehreren verschiedenen Interventionen behandelt, sondern vielmehr nach Möglichkeiten sucht, um mit einer Methode gleichzeitig an mehreren Komponenten des Konfliktes anzusetzen.

Mit der erforderlichen Kreativität schliessen wir auch die Kreativität der Konfliktparteien als Klienten mit ein. In den meisten Fällen haben wir die konkreten Interventionen erst mit den Mitgliedern einer Kontakt- und Resonanzgruppe adaptiert oder strukturiert, so dass sie

- für sie selbst in ihrer Sprache verständlich werden,
- die Ziele und Gestaltungsprinzipien dieser Methoden wirklich kennen und verstehen und selbst weiter in konkretes Handeln übersetzen können,
- die nötigen Vorbereitungsschritte mit angeben können.

Wir haben immer wieder Interventionsmethoden beschrieben, die nicht nur die denkerisch-analytischen Fähigkeiten der Menschen mobilisieren, sondern auch ihre bildhaften, imaginativen, inspirativen und intuitiven Kapazitäten zum Einsatz bringen. Diese Methoden sind immer wieder geboten, wenn Teilanalysen doch noch kein wesentliches Ganzes offenbaren. Künstlerisch inspirierte Interventionen wirken wegen des ihnen immanenten holistischen Prinzipes. Bilder von Märchengestalten, von Legenden oder Fabeln usw. führen die Teile wieder zusammen. Das Bild eines alten Bauern mit drei Söhnen, die untereinander das Erbe bereits verteilt haben und mit dem viel später geborenen, vierten Bruder nicht neuerdings teilen wollen, offenbarte in einem komplexen Fall den Konfliktparteien mehr über die Kernproblematik, als irgendeine psychologisch-soziologisch-spieltheoretisch-entscheidungstheoretisch formulierte Diagnose der Beziehungen zwischen vier Abteilungen eines grossen Unternehmens. In Bildern werden auf eine gemüthafte Weise die Issues, der Konfliktverlauf, die Parteien, die gegenseitigen Beziehungen und die Grundeinstellungen usw. zu einem Ganzen verknüpft. Sie bleiben länger und eindringlicher im Bewusstsein der Betroffenen lebendig und treten spontan auf, wenn die Parteien aufs neue einer ähnlichen Situation ausgesetzt sind. Bei Auswertungen unserer Interventionen zeigte sich jedes Mal, dass selbst bei den Skeptikern solche Interventionen die nachhaltigsten Wirkungen hinterlassen hatten, weil archetypische Bilder tiefer wirken.

Der Einsatz dieser Methoden erfordert Mut und Kreativität. Der Erfolg hat uns immer wieder ermutigt. Die Kreativität ist ein Geschenk des Vertrauens, das wir in die Menschen setzen. So wie die Konfliktparteien im Zuge der Konfliktlösung lernen werden, ihre eigenen Konflikte in Angriff zu nehmen, so wird auch der Konflikthelfer ständig lernen müssen, dass er nur dann Hilfe bringen kann, wenn er sich von den situativen und konzeptuellen Gegebenheiten inspirieren lässt und mit den Menschen im Konflikt jedes Mal ganz eigene Wege zu gehen sucht. Er wird dabei erfahren, dass der Glaube an die Selbstheilungsfähigkeit der Menschen Berge versetzen kann.

13. Allgemeine Prinzipien für Interventionen der Konfliktbehandlung

13.1 Interventionssprinzipien im Spannungsfeld von Praxis-Theorie und sozialen Techniken

Bei allen Aktivitäten der Konfliktbehandlung muss die dritte Partei fortwährend nach zwei Richtungen hin urteilen und entscheiden: Eine Richtung ist die *Orientierung an der Situation:* Die Konfliktsituation muss gewissenhaft und methodisch diagnostiziert werden, bis die Möglichkeiten für Interventionen und deren wahrscheinliche Wirkungen überschaubar sind. Konzeptuelle Modelle sollen die Orientierung in der Vielfalt der Erscheinungen erleichtern und Einblick in die Wirkzusammenhänge geben. Dies führt zu einem Verstehen und Konzeptualisieren der Konfliktsituation. Die zweite Richtung der *Orientierung ist die an Prinzipien und Strategien* für Interventionen und an konkreten Techniken, Methoden und Instrumenten. Die Konzepte umfassen allgemeine Ziele, Werte und Grundsätze, zu denen sich eine dritte Partei bekennt.

Strategien definieren wir als ein mehr oder weniger bewusstes Ganzes an handlungsleitenden Auffassungen über die Beziehungen der intervenierenden Partei zum Klienten, über den Weg zur Erreichung der Ziele unter Einbeziehung der möglichen Handlungsweisen der Akteure in diesem Feld und über die dabei zweckmässigen Methoden und Techniken. Zusammen mit Gestaltungsregeln für die Anwendung von Interventionen bilden Fundamentalphilosophie, Strategie, Gestaltungsprinzipien und konkrete Interventionsmethoden eine «Praxis-Theorie», bzw. eine «praxeologische Theorie» (siehe dazu F. Glasl und L. de la Houssaye 1975, p. 7). Zwischen den Maximen einer Praxis-Theorie und den konkreten Massnahmen und Instrumenten der Interventionen besteht ein Spannungsfeld. Jede intervenierende Drittpartei muss darin ihr eigenes Urteil und ihre eigene Entscheidung finden.

Viele Autoren haben allgemeine Prinzipien für den Einsatz konkreter Interventionsmethoden und -instrumente entwickelt.

R. Walton (1969) empfiehlt eine rhythmische Abwechslung zwischen «konfrontierenden» und «integrierenden» Aktivitäten. Einseitiges Konfrontieren würde unweigerlich zu einer Vertiefung der Gegensätze führen, und gegenseitig nur nach Gemeinsamkeiten zu suchen würde die bestehenden Differenzen übertünchen. Es könnte auf die Dauer doch nicht wirkliche Gemeinsamkeit garantieren.

A. Levi und A. Benjamin (1977) strebten nach einer Abwechslung von «Focus» und «Flexibilität»: Sie versuchten einerseits, die Probleme mehr und mehr zu spezifizieren und einzukreisen, andererseits für die Suche nach alternativen Lösungen den Vorstellungshorizont der Parteien wieder zu erweitern.

W. Mastenbroek (1979 und 1981) gibt ein anderes Beispiel für das Pendeln zwischen zwei Prinzipien. Er betont die Abwechslung von Interventionen des «Differenzierens» und «Integrierens» usw. In der Literatur finden sich dazu mehrere verwandte Ansätze. Ein Vergleich der darin erwähnten Prinzipien zeigt, dass die meisten Autoren Paare von Prinzipien formulieren. Sie geben Pole an, zwischen denen die konkreten Interventionen rhythmisch hin und her pendeln.

13.2 Polarität und Rhythmus bei der Konfliktbehandlung

Eine Interventionsstrategie entsteht aus dem rhythmischen Pendeln zwischen verschiedenen Handlungspolen. Auf diese Weise wird das Handeln in der Zeit strukturiert und bildet die Grundlage für einen organischen Prozess zur Neugestaltung sozialer Situationen. Rhythmus ist bei Interventionen in sozialen Organismen immer geboten, damit nicht Einseitigkeit und Erstarrung auftreten. In weit grösserem Masse gilt dies noch für Konfliktsituationen, denn

- Konflikte zeichnen sich durch das Beharren auf Einseitigkeiten aus;
- die Pole im sozialen Leben sind polarisiert, d. h. unüberbrückbar voneinander getrennt, isoliert und fixiert und im Erleben der Parteien in einem antagonistischen Verhältnis zueinander («Demokraten-Potentaten», «Progressive-Konservative», «Praktiker-Theoretiker», «Techniker-Kaufleute» usw.);
- das Handeln der Konfliktparteien ist unflexibel und provoziert eine Verschärfung der Gegensätze usw.

Wenn bei der Anwendung von Interventionen zur Konfliktbehandlung *Rhythmus als Gestaltungsprinzip* beachtet wird, dann kann die rhythmisierende Wirkung zu einer wesentlichen Auflockerung der Konfliktsituation beitragen. Dies wird an Interventionen des Flexibilisierens der Issues oder der attitüdeorientierten Interventionen (Alter-Ego-Kommentar, Rollentausch, GRIT-Taktik usw.) konkret deutlich. Im nachfolgenden stellen wir generelle polare Prinzipien dar, zwischen denen die Interventionen rhythmisch hin und her pendeln sollten.

13.2.1 Pendelbewegung zwischen spezieller und genereller Orientierung («Fokus – Kontext» bzw. «Differenzieren – Integrieren»)

W. Mastenbroek (1979) spricht von der Notwendigkeit, mit den Interventionen abwechselnd zu differenzieren und zu integrieren. Ein Aspekt des Differenzierens d.h. der *speziellen Orientierung* ist es, nicht globale, abstrakte, komplexe Issues in Angriff zu nehmen, sondern spezielle, konkrete bezeichnete Situationen, Issues oder Momente zu besprechen. Spezielle Orientierung erleichert das Überprüfen der Perzeptionen, Attitüden und Gefühle, der Intentionen und Verhaltensweisen der Konfliktparteien und das Abbauen von Verzerrungen usw. Ausflüchte und Abwehrmechanismen können am besten an konkreten, speziellen Gegenständen erkannt und abgearbeitet werden. Mit dem Prinzip der speziellen Orientierung kann so die Tendenz zur Komplexitätsausweitung unterbunden werden.

Durch die *generelle Orientierung* werden Teile wiederum zu einem Ganzen in Beziehung gesetzt. K. Thomas (1976) führt die Konfliktparteien nach einer gezielten speziellen Analyse von Issues zu der Frage, inwiefern eine spezielle Regelung für andere einen generellen Präzedenzfall schaffen könnte. A. Levi und A. Benjamin (1977) beschreiben, wie die Anwendung dieses polaren Prinzipienpaares in der Praxis zur Auflockerung von Perzeptionen und Attitüden geführt hat.

In der Praxis hat sich gezeigt, dass es zu Verengung führt, wenn nur spezifizierende Interventionen erfolgen. Die Konfliktparteien fühlen sich als Gefangene einer Situation. Gleichzeitig erleben sie, dass ihre Probleme die speziellen Momente und Detail-Issues des Konfliktes wesentlich überschreiten. Das einseitige Hinwenden auf generelle, komplexe und abstrakte Issues, bzw. Situationen oder Vorgänge resultiert hingegen in unverbindlichen Gesprächen. Diese zeitigen keine greifbaren Resultate. Die Konfliktparteien versuchen bei generellen Diskussionen jedoch, die Gegenpartei zu «genauen Beweisen», «detaillierten Aussagen» usw. zu bewegen, um diese gezielt entkräften zu können. Es lässt sich dann immer ein Beispiel aus einer anderen Situation finden, das zum Untermauern des eigenen Standpunktes dienen kann.

13.2.2 Pendelbewegung zwischen Konfrontieren und Zusammenführen («Differenzieren – Integrieren», «Polarisieren – Synthetisieren»)

Nach W. Mastenbroek bestehen die Interventionen der Konfliktbehandlung aus wiederkehrenden Zyklen, bei denen diese zwei Prinzipien rhythmisch zur Anwendung kommen. *Konfrontieren* oder Differenzieren geschieht mit Interventionen, durch welche die Konfliktparteien ihre eigenen Ansichten, Einstellungen, Handelsweisen, Lösungen usw. aussprechen. Jede Partei muss das Recht beanspruchen können, ihre eigene Sicht der Dinge zu explizitieren, ohne dass sie daraus nachteilige Folgen zu fürchten braucht. Dieses Selbstpräsentieren verschärft vorerst die bestehenden Gegensätze. Darum sind hierfür Verhaltensregeln etwa im Sinne der Kontrollierten Kommunikation nach J. Burton (1969) von Nutzen.

Zusammenführen oder *Integrieren* (R. Walton 1969; W. Mastenbroek 1979; H. Prein 1979 a) bzw. *Synthetisieren* (R. Assagioli 1972; J. Eiseman 1978) bedeutet, dass die Parteien nach dem Betonen des Trennenden nach Gemeinsamkeiten suchen (H. Werbik 1976; H. Kaiser, G. Korthals-Beyerlein, H. J. Seel 1977). Dies wirkt gegen die Natur der Konfliktmechanismen, die ja bekanntlich durch die selektive Perzeption die Unterschiede anstelle der Gemeinsamkeiten erleben lassen. Zusammenführen bedeutet oft nach schwierigen Konfrontationen nicht mehr, als dass die Parteien doch noch einen Issue-Konsens finden. Zu langes Beharren auf konfrontierenden Interventionen polarisiert und verhärtet die Parteien noch mehr. Wenn sich die Interventionen jedoch zu sehr der Suche nach Gemeinsamkeiten zuwenden, dann entwickeln die Konfliktparteien dagegen Abwehrreaktionen, weil sie finden, dass dies die bestehenden Gegensätze verschleiere oder bagatellisiere. Differenzen sind jedoch vorhanden und sollen nicht ignoriert oder beschönigt werden, sonst könnte auf anfängliche Euphorie später tiefe Enttäuschung folgen. Die Konfliktparteien beanspruchen gleichsam «ihr Recht auf ihren Standpunkt», nachdem sie einander bisher dieses Recht ständig aberkannt haben. Konfrontieren führt jetzt dazu, dass die Tatsache des Verschieden-Seins der subjektiven Realitäten von den Konfliktparteien anerkannt werden muss.

Die Erfahrung hat uns gelehrt, gemeinsame Besprechungen zwischen den Konfliktparteien nach Möglichkeit niemals mit einer konfrontierenden Aktion abzuschliessen. Wenn das Gespräch nach einer Konfrontation abgebrochen wird, führt diese unerledigte Situation bei den Konfliktparteien zu einer gedanklichen Fortsetzung der Konfrontation (B. Zeigarnik 1927). Im Nachhinein suchen sie nach einer eindrucksvollen Erwiderung auf die Darstellungen der Gegenpartei. Sie ersinnen Taktiken und Ausflüchte usw., welche die bestehende Polarisation vertiefen und noch mehr zementieren. Deshalb bemühen wir uns, eine Serie von Interventionen mit *generellen und zusammenführenden Momenten zu beenden.*

13.2.3 Pendelbewegung zwischen Identifizieren und Distanzieren («psychische Nähe – psychische Distanz»)

Wenn eine Partei noch mit Haut und Haaren in den Konflikt verstrickt ist, wird ihr Bewusstsein vom Konflikt beherrscht. Sie kann keinen kritischen Abstand zu ihrem Verhalten gewinnen. Andererseits verhindert grosser psychischer Abstand, dass sich die Parteien für die Situation und die Lösung der Probleme verantwortlich fühlen.

Interventionen werden regelmässig zwischen beiden Polen pendeln müssen: Durch Interventionen zur *Stärkung der Identifikation* werden sich die Konfliktparteien für den Konflikt als mitverantwortlich betrachten können. Über-Commitment fördert hingegen eine Stimmung der Hoffnungslosigkeit. Selbstanklagen helfen einer Partei jedoch nicht, dass sie zu ihren Konflikten eine aktive Haltung gewinnen kann.

Andererseits werden Interventionen zu *kritischer Distanz* verhelfen, ohne dass die Parteien die Verantwortung für die Lösung des Konfliktes von sich weisen. Erst durch psychischen Abstand wird Flexibilisieren möglich. Die Parteien können somit zu dem nötigen De-Commitment gelangen und sich aus der Sackgasse der weiteren Eskalation zurückziehen. A. Filley (1975) betont als Prinzip das «De-Personalisieren». Es ist die Gegenkraft zur Personifizierungstendenz sozialer Konflikte und eine andere Ausdrucksform für das Entwickeln psychischer Distanz. Wie V. Frankl (1975) betont, kann Humor helfen, diesen Abstand leichter zu gewinnen; Ironie führt hingegen bereits zu einem Über-Distanzieren. Der therapeutische Ansatz des NLP (Neurolinguistisches Programmieren) arbeitet hauptsächlich mit Methoden des Dissoziierens (Distanzieren) und neuen Identifizierens.

13.3 Das Zusammenwirken der polaren Prinzipien

Die Darstellung der polaren Prinzipien hat gezeigt, dass Interventionen ständig auf ein dynamisches Gleichgewicht achten müssen (siehe Fig. 13.1), wenn sie helfen sollen. Wie weit der Pendelausschlag in die eine oder andere Richtung zu gehen hat, wird in der Praxis bestimmt:

- vom Typus des Konfliktes;
- vom Eskalationsgrad, in dem sich der Konflikt befindet;
- von der Art der Konfliktbehandlungsstrategie;
- von der Phase, in der sich die Konfliktbehandlung gerade befindet;
- und nicht zuletzt von der Fähigkeit der Konfliktparteien und der intervenierenden Drittpartei, auftretende Spannungen zwischen diesen Polen zu ertragen.

Bei einer laufenden Konfliktbehandlung muss die Drittpartei gut wahrnehmen,

- ob sie für einige Zeit z.B. ausreichend *konfrontierend* interveniert hat und deshalb wieder für einige Zeit mit *zusammenführenden* Interventionen das Verbindende der Parteien erarbeiten sollte,
- oder ob genug *spezifizierend* interveniert worden ist (durch Issue-Fraktionieren, Issue-Dimensionalisieren, Mikro-Analyse kritischer Episoden usw.) und jetzt der Gegenpol *generalisierender* Interventionen angebracht wäre,

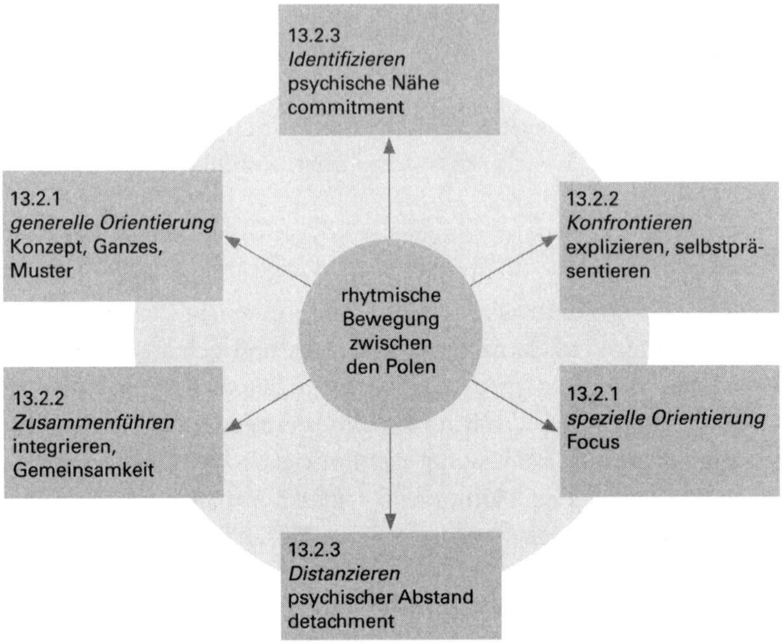

Fig. 13.1: Die Spannungsfelder zwischen den Polen der Interventionsprinzipien

- oder ob sich die Konfliktparteien durch Interventionen der *psychischen Nähe* genügend dem eigen Anteil am Konflikt gestellt haben und nunmehr wieder *psychische Distanz* für die Meta-Sicht der Dinge angebracht wäre.

Denn die Sozialkunst der Konfliktbehandlung besteht im richtigen Ausbalancieren der Intensität sowie der rhythmischen Gestaltung der Dauer der Interventionen. Wir achten deshalb bei der Schulung von Beraterinnen und Beratern darauf, dass sie ihre eigenen Präferenzen und Einseitigkeiten, Stärken und Schwächen gut erkennen und im Blick auf die Konfliktsituation ihrer Klienten die erforderliche Intensität und Dauer gut einschätzen können. Diese muss für die Konfliktparteien stimmig sein. Denn die Konfliktparteien haben ihr eigenes Maß für das Zuviel und das Zuwenig, das nicht mit dem Maß der Drittpartei überein zu stimmen braucht.

Kontraproduktive Wirkungen entstehen, wenn Interventionen in der einen oder anderen Richtung überzogen werden:
- ein Zuviel an *Konfrontation* wird zum *Polarisieren* – während ein Überbetonen des *Zusammenführens* in die *Harmoniesucht* umschlagen kann,
- zu viele *spezifizierende* Interventionen führen zu *1001-Detail-Sucht* – hingegen landet eine übermässige Betonung *generalisierender* Interventionen beim

Komplexitäts-Komplex, mit dem endlos nach allgemeinen und theoretischen Zusammenhängen gesucht wird,

- zu starkes Betonen der *psychischen Nähe* bewirkt ein übertriebenes Verantwortungs- und Schuldgefühl, das wir (nach der griechischen mythologischen Figur des Atlas, der die Last des ganzen Himmelsgewölbes auf seinen Schultern trägt) *Atlas-Komplex* nennen – im Gegensatz zur *absoluten Fluchttendenz*, die durch einseitiges Betonen der *psychischen Distanz* geschaffen wird.

Diese überzogenen Formen können als einseitige Grundhaltungen sowohl bei den Konfliktparteien als auch bei der Drittpartei auftreten. Wenn sie einmal durch Selbsterkenntnis und durch ehrliche Rückmeldungen von anderen Personen, durch Supervision und Coaching erkannt und benannt worden sind, dann kann auch an der Überwindung der Einseitigkeiten gearbeitet werden.

R. Harrison (1970) konstatiert, dass viele verhaltenswissenschaftlich geschulte Konfliktberater dazu neigen, mit den Interventionen möglichst tief auf die Konfliktparteien einzuwirken. Er stellt dieser Tendenz die Grundregel gegenüber, dass eine dritte Partei grundsätzlich niemals tiefer intervenieren sollte, als unbedingt nötig ist. Nach Harrison und E. Huse (1975) sind Interventionen weniger tief, wenn sie sich auf organisatorische Aspekte oder auf kognitive Fähigkeiten richten. Sie werden tiefer, wenn emotionelle Ebenen in den Personen angesprochen werden und sind am tiefsten, wenn auch ihre Wertvorstellungen und weltanschaulichen Orientierungen davon berührt werden. Die «oberflächlicheren Ansatzpunkte» sind nach Harrison auch öffentlich zu beobachten (Organisationsschema, Budgets, Funktionsumschreibungen usw.), während die tieferliegenden Aspekte als private, sehr persönliche Aspekte betrachtet werden. Harrison plädiert für eine Beschränkung in der Tiefenwirkung, weil andernfalls die Klienten zu sehr von der dritten Partei abhängig werden könnten und nicht selbständig mit den gelernten Ansätzen weiter arbeiten. Mehr oberflächlich ausgerichtete Interventionen sind leichter zu institutionalisieren und sichern die Organisation. Viele Berater vergessen, dass sie bei der Arbeit in realen Organisationen nicht über dieselben Kontroll- und Steuerungsmöglichkeiten verfügen, die sie vielleicht in Trainingssituationen mit unverbindlich gemischten Gruppen gewöhnt sind. Sie können bei zu tief gehenden Interventionen die Folgen für die Individuen und die Organisation ungenügend einschätzen.

Wir teilen prinzipiell diese Auffassung Harrisons. In konkreten Situationen wird sich aber erst zeigen, wie weit die Tiefe der Interventionen gehen muss. Auf Eskalationsstufe fünf ist es mit oberflächlichen Interventionen nicht getan. Für uns ist das Kriterium der Tiefe einerseits, ob kognitive, bzw. perzeptive Aspekte berührt werden oder ob es um Attitüden und Werte geht. Massgeblich ist aber noch vielmehr, wie weit das Bewusstsein der Parteien reicht: Ob es sich nur auf ihre Vorstellungen und Gedanken beschränkt, ob ihr Bewusstsein auch Gefühle und Intentionen durchdringt und ob sie hier aus ihrer Identität heraus richtungsgebend, gestaltend, steuernd, kontrollierend aktiv sind, oder ob sie von unbewussten Regionen übermannt und beherrscht werden. Der Grad der eigenen Bewusstseinsdurchdringung ist das Mass für Interventionen: Sobald eine Intervention in einen Bereich geht, den das Bewusstsein der Konfliktpartei nicht durchdringt, bedeutet dies, dass die Partei dafür keine Mitverantwortung tragen kann. Sie kann den Interventionen der Drittpartei ausgeliefert sein.

Vielleicht ist aber gerade mit dem Annähern an diesen Grenzbereich eine Verlegung der Bewusstseinsschwellen möglich. Die Dynamik der Eskalation hat gezeigt, wie das Bewusstsein von Stufe zu Stufe zurückgedrängt zu werden droht und wie eine Bewältigung des Konfliktes nur möglich ist, wenn das Bewusstsein der Konfliktparteien dazu den archimedischen Punkt bietet. Rhythmische Pendelaktivitäten zwischen den genannten Polen versetzen – wie auch L. de la Houssaye (1975) am Beispiel der klassischen NPI-Strategie der Organisationsentwicklung darstellt – die Parteien wiederholt in Spannungen. Dazu müssen sie auch bereit sein. Wenn sie die polaren Prinzipien verstehen, werden sie die Wirkungen der Interventionen besser integrieren können. Die Spannungen können die Parteien in Grenzsituationen führen: Bisherige Auffassungen und Haltungen werden dabei auf die Probe gestellt. In solchen Situationen innerer Spannung können die Parteien zu neuen Einsichten gelangen, die ihnen beim Abbau alter, erstarrter Denkweisen usw. helfen. Mit der Pendelbewegung werden die Parteien in eine Dialoghaltung geführt. Wenn die Parteien im Zuge der Konfliktbehandlung die Höhen und Tiefen der verschiedenen Pole ausgeschritten haben, werden sie Fähigkeiten zur Bewältigung von Spannungen entwickelt haben, welche die Grundlage für jede aktive Auseinandersetzung mit Konflikten ist.

14. Strategiemodelle der Konfliktbehandlung

In der Literatur zur Konfliktbehandlung durch Drittparteien finden sich vielfältige Ansätze zu Behandlungsstrategien, oft unter sehr verschiedenen Bezeichnungen, wie z.B.:

- gerichtliche Entscheidung
- Schiedsverfahren, Arbitrage-Verfahren
- «conciliation»
- Vermittlungsverfahren, «Mediation» (im klassischen Sinn)
- «Gute Dienste»
- Machtintervention
- autoritäre Entscheidung
- Prozessbegleitung
- Konfliktlösung über Parteienvertreter
- usw.

In diesem Kapitel können wir, aufbauend auf unsere Ausführungen zur Konfliktdiagnose, klären

- was der Inhalt verschiedener Strategien einer Drittpartei sein kann,
- was das Ziel verschiedener Strategien ist,
- welche Wirkung diese haben,
- welche Rollen eine Drittpartei dabei bekleidet,
- welche Funktionen verschiedene Rollenmodelle von Drittparteien erfüllen,
- und vor allem: in welchen Situationen das eine oder andere Strategie- oder Rollenkonzept angebracht ist.

In unseren bisherigen Ausführungen haben wir zahlreiche Hinweise für unterschiedliche Interventionen in Konflikten gegeben. Es ist schwer, die Vielzahl der Indikationen noch zu überschauen. Aber die Beschreibung idealtypischer Strategiemodelle und dazugehöriger Rollenmodelle erlaubt der dritten Partei das Ordnen der vielfältigen Gesichtspunkte und gibt Hinweise zu einem sinnvollen Ganzen. Interventionen werden nur dann positive Wirkungen erbringen, wenn sie eine möglichst konsistente Gestalt von Massnahmen zu erkennen geben. Daran können sich die Konfliktparteien orientieren – in einer Situation, die ihnen bisher die Orientierung immer mehr erschwert hat.

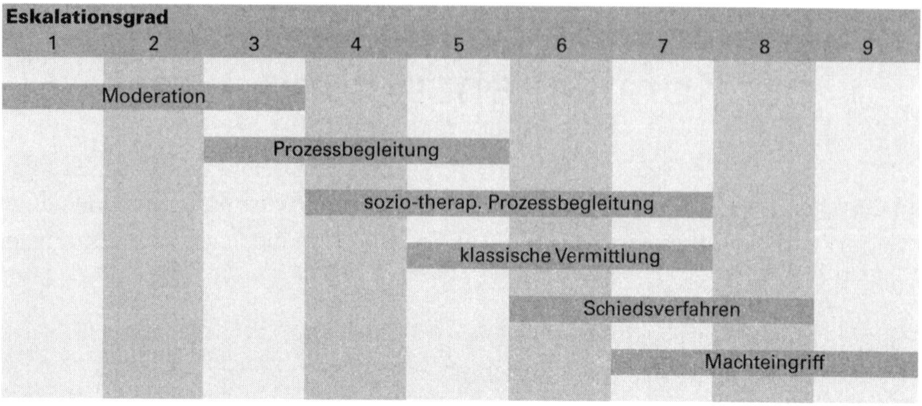

Fig. 14.1: Rollen- und Strategiemodelle und Eskalationsgrad

14.1 Übersicht der Strategie- und Rollenmodelle

Als wichtigste Modelle für Strategien und Rollen werden wir in diesem Kapitel die folgenden eingehender darstellen und diskutieren:

1. die *Moderationsstrategie* – mit der Rolle des Moderators, der Moderatorin
2. die Strategie der *Prozessbegleitung* – mit der Rolle des Prozessbegleiters, der Prozessbegleiterin
3. die *sozio-therapeutisch orientierte Prozessbegleitung* – mit der Rolle des sozio-therapeutischen Prozessbegleiters bzw. der sozio-therapeutischen Prozessbegleiterin
4. die Strategie der «*conciliation*» – mit der Rolle des «conciliators»
5. die *Vermittlungsstrategie* («Mediation») – mit der Rolle des klassischen Vermittlers bzw. der klassischen Mediatorin
6. das *Schiedsverfahren* (inkl. gerichtliche Verfahren) – mit der Rolle des Arbiters
7. die Strategie des *Machteingriffes* – mit der Rolle der Machtinstanz.

Alle Strategie- und Rollenkonzepte haben für unterschiedliche Konflikte unterschiedlichen Wert. Art und Intensität eines Konfliktes bestimmen, welche Strategien in einer gegebenen Situation am meisten erfolgversprechend sind.

Je nach der Situation kann demnach z.B. eine sozio-therapeutische Prozessbegleitung auf Stufe 3 oder eine klassische Vermittlung durchaus noch auf Stufe 8 versucht werden (so auch R. Proksch 3/2001, S. 141).

Seit etwa 1985 findet Mediation grosses theoretisches und praktisches Interesse (siehe vor allem Ch. Besemer 1995, J. Folberg und A. Taylor 1984, S. und S. Williams 1994). Die ursprünglich aus der Diplomatie stammenden Vermittlungsver-fahren werden heute in abgewandelter Form eingesetzt: als Scheidungsmediation,

Familienmediation, für aussergerichtlichen Tatausgleich zwischen Opfern und Tätern, für politischen Interessensausgleich zwischen Bürgerinitiativen und Institutionsvertretern. Allerdings ist das Konzept der Mediation dadurch zu einem «Containerbegriff» geworden, in den alles Mögliche hineinprojiziert werden kann. Ein genaues Studium der als Mediation angebotenen Methoden und Verfahren erweist, dass es sich dabei um sehr unterschiedliche Ansätze handelt, nämlich um Moderation, Prozesskonsultation, klassische Vermittlung (Mediation) und Conciliation. Das zeigen die weiteren Unterscheidungen von Folberg und Taylor (1984, S. 130 ff.) zwischen «Labour Mediation», «Therapeutic Mediation», «Lawyer Mediation», «Supervisory Mediation» und «Muscle Mediation», «Scrivener Mediation», «Structured Mediation», «Court-Connected Mediation», «Community Mediation», «Shuttle Mediation», «Crisis Mediation», «Celebrity Mediation» und «Team Mediation». Dabei zeigt sich, dass das ganze Spektrum zur Anwendung kommt, von Moderation, Prozessberatung, sozio-therapeutischer Prozessberatung usw. bis zu Formen des Schiedsverfahrens.

Wenn wir die von J.Folberg und A.Taylor, von S. und S. Williams und von R.Bush und J.Folger (1994) gebrauchten spezifischen Begriffe zur Mediation genauer untersuchen und die von diesen Autoren angeführten Indikationsbereiche zu den Eskalationsstufen in Beziehung setzen, ergibt sich folgendes Bild (Fig. 14.2):

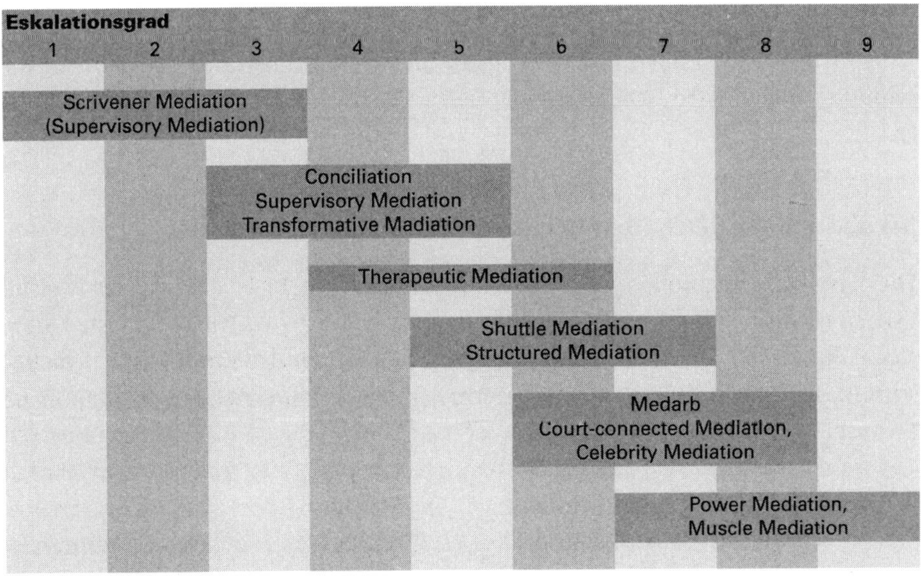

Fig. 14.2: Differenzierte Mediationsbegriffe nach Folberg / Taylor (1984), Williams / Williams (1994), Bush / Folger (1994)

Es zeigt, dass sich Anwendungsbereiche bestimmter Mediationsformen mit denen der von uns dargestellten Drittpartei-Strategien zu etwa 95% decken. Auch die Hauptmerkmale der einzelnen Mediationsformen mit den spezifischen Interventionen decken sich in etwa auf gleiche Weise mit den Drittpartei-Strategien.

Die von R.Bush und J.Folger (1994) beschriebene «Transformative Mediation» weist die größte Übereinstimmung mit «Conciliation» und mit besonders non-direktiven Formen der Prozessberatung auf. Bei der aktuellen Differenzierung der Mediationsbegriffe zeigt sich weiters, dass manche Prämissen, die lange Zeit als unabdingbar für moderne Mediation behauptet wurden, nicht mehr haltbar sind. So wurde – beispielsweise bei Familienmediaiton und Familientherapie – lange Zeit vehement auf die Trennung von Therapie und Mediation gepocht – heute gibt es «Therapeutic Mediation»! Die Konfliktsituation erfordert eben ein adequates Vorgehen, jenseits ideologischer Positionen. In ähnliche Weise wurden auch Mediation und Arbitrage als unvereinbar bezeichnet – während sich angesichts der Erfordernisse der Konfliktsituationen auch die Integration beider Ansätze in der «Medarb» als sinnvoll und hilfreich erwiesen hat. Die Klassische Vermittlung gibt es noch unter der Bezeichnung «Shuttle Mediation».

Wegen der prinzipiell großen Übereinstimmung unserer Bezeichnungen mit denen Folbergs, Taylors und Williams führen wir in der nebenstehenden Fig. 14.3 beide Terminologien in einer Übersicht zusammen.

Weil aber globale Begriffe keine differenzierten Vergleiche ermöglichen, versehen wir in Kap. 15 die Rollen und Strategien mit den von uns in den folgenden Abschnitten angeführten Bezeichnungen (siehe F. Glasl 2003a) für Drittpartei-Ansätze.

14.2 Eskalationsgrad und Strategiemodelle

Die Übersicht der Rollen- und Strategiemodelle (Fig. 14.1) gibt an, für welche Eskalationsstufe jede Strategie *schwerpunktmässig* am fruchtbarsten ist. Überschneidungen werden durch die vielen Besonderheiten der Konfliktdiagnose bestimmt. (Für die Rollenbezeichnungen verwenden wir durchgehend die männliche Form.)

14.2.1 Moderation

Der Moderator kann darauf vertrauen, dass die Parteien die Konflikte nach einigen Interventionen selbst bewältigen können. Er versucht, die an Ort und Stelle auftretenden Probleme der Interaktion sowie inhaltliche und prozedurale Differenzen

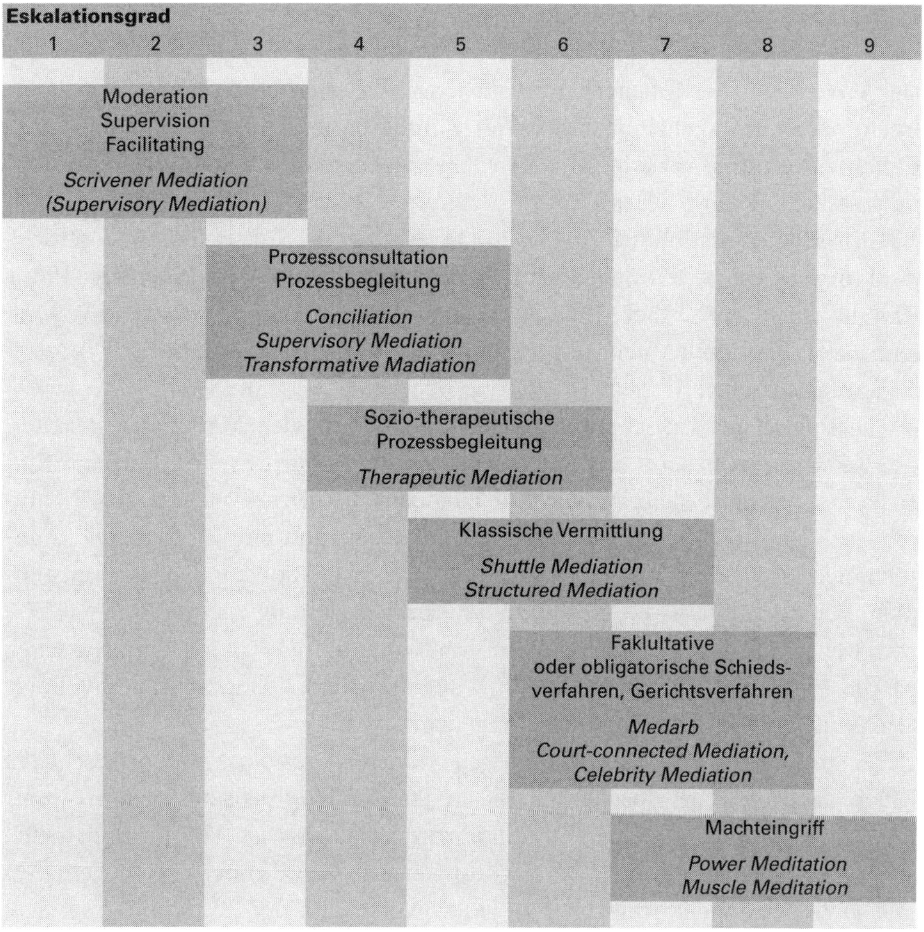

Fig. 14.3: Verbindung der Bezeichnungen für Drittpartei-Strategien und moderner Mediationsformen

mit sofortigen «Selbstheilungseingriffen» zu korrigieren. – Diese Interventionsstrategie beweist ihren Nutzen für Konflikte der zweiten Eskalationsstufe sowie für weniger komplexe Konflikte des dritten Eskalationsgrades. Dann wird sie bereits mehrere Elemente der Prozessbegleitung umfassen müssen. Unsere Umschreibung des zweiten und dritten Eskalationsgrades deckt sich weitgehend mit den Situationen, die u.a. von H. Guetzkow und J. Gyr (1954), A. van Hoesel (1957, 1961), R. Beckhard (1969), A. Filley (1975) und der Metaplan (siehe Siemens-Autorenteam 1974) umschrieben sind und wofür die Interventionsstrategien der Moderation empfohlen werden.

14.2.2 Prozessbegleitung («Prozesskonsultation»)

Der Prozessbegleiter arbeitet an bereits länger fixierten Perzeptionen, Attitüden, Intentionen und Verhaltensweisen der Konfliktparteien. Gefestigte Rollen und Beziehungen müssen wiederum aufgelockert werden; die Organisation muss u.U. umgestaltet werden.

Prozesskonsultation ist für Konflikte der vierten Eskalationsstufe schwerpunktmässig am besten angebracht. Bei R.Blake, J.Mouton, H.Shepard (1964), R.Walton (1969), R.Fisher (1972), O.Young (1972), H.Prein (1979a) und W.Mastenbroek (1979) finden sich Beschreibungen der Situationen, die für eine Prozessbegleitung sprechen.

Diese globalen Umschreibungen decken sich mit den Merkmalen der vierten Eskalationsstufe, mit teilweisen Übergängen zur dritten und fünften Stufe. St.La Tour, P.Houlden, L.Walker und J.Thibaut (1976) und R.Katz (1977) führen dazu auch die Befunde ihrer experimentellen und empirischen Felduntersuchungen an, die mit den Hauptzügen unseres Eskalationsmodells übereinstimmen. Für noch intensivere Konflikte ist Prozessbegleitung nach R.Fisher (1972) von wenig Nutzen: Bei intensiveren Konflikten werden die tief verwurzelten psycho-sozialen Mechanismen zu wenig angesprochen. L.Goodstein und R.Boyer (1972) melden ähnliche Einschränkungen an.

P.van de Bunt (1978) konkludiert *generalisierend* aus bloss *zwei* beobachteten Fällen, dass eine Prozessbegleitung, die zu den Konfliktgegenständen selbst wenig inhaltliche Beiträge liefert, in Konflikten wenig effektiv ist. Van de Bunt stützt sich dabei auch auf ähnliche Beobachtungen von M.Rijkeboer und H.Verhallen (1974). In den angeführten Fällen ist jedoch vom Autor der Eskalationsgrad nicht differenziert worden. Aus den Beschreibungen der Konfliktsituation gewinnen wir den Eindruck, dass der Eskalationsgrad weit intensiver als Stufe 4 oder viel weniger intensiv gewesen ist. – R.Fisher (1972) macht noch eine weitere Einschränkung für Konflikte, in denen vorwiegend Machtfragen oder Verteilungsprobleme anstehen. Mit dem Strategie- und Rollenmodell des «Conciliators» tragen wir diesem Umstand Rechnung.

14.2.3 Sozio-therapeutische Prozessbegleitung

Interventionen der Prozessbegleitung müssen oft therapeutisch vertieft werden. Sie sollen zum Durchbrechen bestehender neurotischer Rollenbindungen, des sozialen Autismus usw. beitragen. Diese Strategie ist vor allem für die fünfte Eskalationsstufe wirkungsvoll, wenn durch Gesichtsverlust die Identität der Parteien grundlegend in Mitleidenschaft gezogen worden ist.

Die von J. Weakland (1960), H.-E. Richter (1967, 1972) oder P. Watzlawick, J. Beavin und D. Jackson (1968) usw. umrissenen Situationsmerkmale sind Elemente der fünften Eskalationsphase und legen eine sozio-therapeutisch orientierte Begleitung nahe. In der Fachliteratur zu sozialen Konflikten in Organisationen finden sich unseres Wissens nur bei D. Katz (1964), O. Young (1972), V. Aubert (1972) Angaben, die in die Richtung unserer eigenen Thesen weisen.

14.2.4 Vermittlung (Mediation im klassischen Sinn)

Der klassische «Mediator» bemüht sich zwischen den Parteien um einen akzeptablen Kompromiss, der den Interessen aller Rechnung trägt und eine Koexistenz ermöglicht. – Diese Strategie ist hauptsächlich für die sechste (und siebte) Eskalationsstufe angebracht, weil die Parteien jetzt ausserstande sind, in direkter Begegnung die Probleme kooperativ zu lösen. A. Douglas (1962), R. Walton (1969), R. Fisher (1972), H. Prein (1979 a und 1979 c) und W. Mastenbroek (1979), die empirischen Untersuchungen von M. Deutsch (1973) sowie von St. La Tour, P. Houlden, L. Walker und J. Thibaut (1976) weisen in dieselbe Richtung wie unser Modell.

14.2.5 Schiedsverfahren

Der «Arbiter» entscheidet aufgrund eigener Beurteilung, wie der Konflikt gelöst werden kann. Der Konflikt muss sich dabei auf einen von den Parteien umschriebenen Dissens über Fakten bzw. Normen beziehen. – Schiedsverfahren bieten noch auf den Stufen sieben und acht einen Ausweg, auch nachdem Bemühungen um Vermittlung bereits gescheitert sind und durch Macht- und Gegenmachtstrategien ein toter Punkt entstanden ist. Die Aspekte, welche vor allem R. Blake, J. Mouton, H. Shepard (1964), V. Aubert (1972), Ch. Margerison und M. Leary (1975) sowie K. Thomas (1976) und H. Prein (1979 a) als indikativ für Schiedsverfahren beschrieben haben, stimmen in den wesentlichen Punkten mit unseren Konstatierungen zur sechsten und vor allem zur siebten und achten Eskalationsstufe überein. St. La Tour, P. Houlden, L. Walker und J. Thibaut (1976) haben einige der Indikatoren für Schiedsverfahren experimentell geprüft. Beim Vergleich der Strategie- und Rollenmodelle gehen wir noch auf einige dieser Aspekte näher ein.

14.2.6 Machteingriff

Aufgrund ihrer Machtüberlegenheit kann die Machtinstanz ihre Massnahmen gegen den Willen der Betroffenen durchsetzen. Wenn ein Machteingriff nicht zur Eliminierung oder Vernichtung eines der Antagonisten führt, muss die Machtinstanz überdies in der Lage sein, nach ihrem Eingriff die Situation langfristig zu beherrschen. – Diese Interventionsstrategie ist im besonderen – wie aus den Ausführungen von R. Blake, J. Mouton, H. Shepard (1964), H. Prein (1979) und M. Otto (1979) ergeht – für die intensivsten Eskalationsstufen angebracht.

In der Regel trifft der Eskalationsgrad als Indikation für die genannten Rollen- und Strategiemodelle für alle möglichen Typen von Konflikten zu. Für die folgenden Konflikte sind jedoch einige Modifikationen geboten:

- stark formgebundene (zumeist meso- und makro-soziale) Konflikte,
- bei denen die Issues hauptsächlich auf komplementäre Abhängigkeiten verweisen,
- und zwischen Parteien, die vorwiegend in komplementären Beziehungen zu einander stehen.

Es handelt sich hier überwiegend um typische Konflikte im sozialen Subsystem sowie um «Industrial relations»-Konflikte im makro-sozialen Feld, d. h. zwischen Arbeitgeber- und Arbeitnehmerorganisationen. Zur Umschreibung der geringfügig anders gelagerten Strategien und Rollen bedienen wir uns der englischen Bezeichnungen, weil damit der Bezug zur einschlägigen Literatur am leichtesten herzustellen ist.

14.2.7 Der «Chairman»

Eine *Abart* der *Moderation* ist das Einschalten eines neutralen Konferenz- oder Verhandlungsleiters, der nur die Interaktion und die Prozeduren reguliert und sich dabei jeglicher inhaltlicher Beeinflussung enthält.

14.2.8 Der «Conciliator»

An die Stelle der *Prozessbegleitung*, wie sie oben und in Abschnitt 15.2 verstanden wird, tritt die Interventionsstrategie des «*Conciliators*» (St. Chase 1951, Ch. Margerison und M. Leary 1975). Wie A. Douglas (1962) konstatierte, sind bei diesen Typen von Konflikten oft Interventionen seitens einer dritten Partei erforderlich, die weder mit denen eines Mediators noch mit solchen eines Prozessbegleiters identisch sind.

Damit wird der Einwand untermauert, den R. Hyman (1972) gegen Interventionen der Prozesskonsultation gemacht hat: Die Parteien stehen nicht in einem (synergetisch-)kooperativen Verhältnis zueinander. Darum widersetzen sie sich solchen Interventionen, die auch die impliziten Motivationsstrukturen, Einstellungen und Verhaltensstrategien der Parteien zur Diskussion stellen wollen. Im

Grunde sind auch Interventionen eines «Conciliators» solche der Prozessbegleitung. Die *Prozesse* sind jedoch *keine synergetischen,* auf Integration der Fähigkeiten und Ressourcen der betroffenen Parteien ausgerichtete Prozesse, sondern zumeist *Verhandlungsprozesse.* Auch bei Verhandlungsprozessen können prozessbegleitende Interventionen behilflich sein, die sich inhaltlicher Beeinflussung enthalten können.

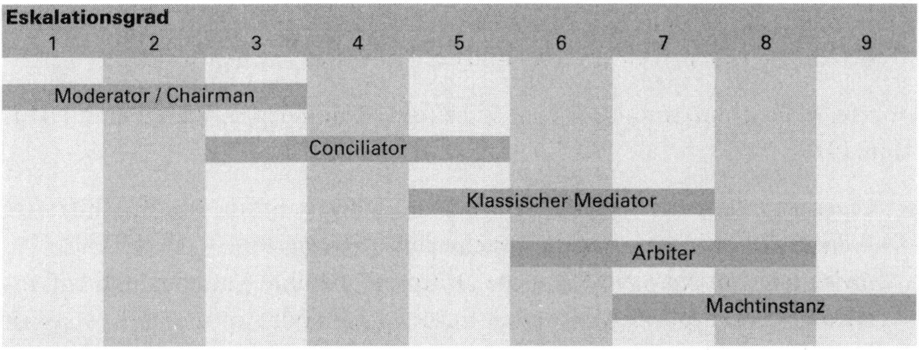

Fig. 14.4: Rollenmodelle und Eskalationsgrad, bei meso- und makro-sozialen Konflikten, stark formgebunden, bei komplementärer Independenz.

Zur Unterscheidung von üblichen Prozessbegleitungsstrategien ziehen wir vor, bei dieser Prozessbegleitung von «Conciliation» zu sprechen, um die anders geartete Dynamik der Beziehungen zwischen den Konfliktparteien zu betonen. Damit ähnelt «Conciliation» in vielem der Interventionsstrategie eines klassischen Mediators bei Vermittlungsverfahren.

14.3 Vergleichspunkt für Rollenmodelle

H. Prein (1979 a) führt drei Dimensionen für den Vergleich von Interventionsstrategien und Rollenmodellen an:

- *Art der Druckausübung:* Auf welche Weise kann die Drittpartei den Prozess der Konfliktbehandlung beeinflussen? Verfügt sie über eigene Macht?
- *Art des Beitrages:* Welche Interventionen sind für die unterschiedlichen Rollenmodelle typisch?
- *Interessenposition der Drittpartei:* Ist sie neutral oder der Interessenvertreter einer Partei?

Die von O. Young (1972) erwähnten Funktionen einer Drittpartei können ebenfalls als Vergleichspunkte herangezogen werden:

- *Informationsbehandlung:* Welche Rolle spielt die Drittpartei bei der Übermittlung und Verarbeitung von Informationen?
- *Taktische Funktion:* Wie kann die Drittpartei so auf die Taktiken der Konfliktparteien Einfluss nehmen, dass sie zu einer Verständigung gelangen?
- *Aufsichtsfunktion:* Wie kann die Drittpartei garantieren, dass später die Ausführung der Vereinbarungen zu keinem neuerlichen Konflikt führt? Kann die Drittpartei die Ausführung begleiten oder beaufsichtigen?
- *Funktion des Re-Konzeptualisierens:* Wie trägt die Drittpartei dazu bei, dass sich die Betroffenen ein anderes Bild des Konfliktes machen können?

Weitere Vergleichungspunkte bieten St. La Tour, P. Houlden, L. Walker und J. Thibaut (1976):

- *Umgehen mit der verfügbaren Zeit:* Wieviel Zeit gewährt die Konfliktsituation? Wieviel Zeit beanspruchen die verschiedenen Strategien?
- *Bedeutung von Normen:* Kann die Drittpartei für ihre Entscheidung auf anerkannte und explizite Messpunkte zurückgreifen oder müssen diese von den Betroffenen selbst definiert werden?

Für eine vergleichende Darstellung der in den vorigen Abschnitten erwähnten Rollenmodelle konzentrieren wir uns auf sieben Vergleichspunkte, für welche ausreichende empirische Befunde, theoretische Modelle und eigene praktische Erfahrungen vorhanden sind. Bei jedem Rollenmodell wollen wir beleuchten:

1. *Schwerpunkte der Interventionen:* Richten sich die Interventionen relativ mehr auf Perzeptionen, Attitüden, Intentionen oder Verhaltensweisen? Wie wird an diesen Ansatzpunkten gearbeitet? (Fig. 15.1)
2. *Akzeptanz der Konfliktbehandlung:* Wie haben die Betroffenen zum Ausdruck gebracht, dass sie die vorgeschlagenen Verfahren oder Lösungen anerkennen? (Fig. 15.2)
3. *Durchsetzungsmacht, Beeinflussungspotential:* Welchen Faktoren verdankt die Drittpartei ihre Einflussmöglichkeiten? Bei wem liegt die Durchsetzungsmacht? (Fig. 15.3)
4. *Abstand zwischen den Parteien:* Auf welche Weise geht die Drittpartei mit dem entstandenen psychischen (und u. U. physischen) Abstand zwischen den Parteien um? (Fig. 15.4)
5. *Ausmass der Selbsttätigkeit der Parteien:* Kommen die Lösungen von den Parteien selbst oder von der Drittpartei? (Fig. 15.5)
6. *Zeitaufwand:* Wieviel Zeit benötigen die Interventionsstrategien? (Fig. 15.6)
7. *Wirkung: kurativ – akut – präventiv:* Führen die verschiedenen Interventionsstrategien zu einer Bewältigung der Probleme, die aus der Vergangenheit kom-

men? Wirkt sich die Strategie für die Zukunft präventiv aus? Führt das Auftreten der Drittpartei zu einer akuten Reduzierung der Konflikte? (Fig. 15.7)

Nach der detaillierten Darstellung der verschiedenen Modelle diskutieren wir diese zusammenfassend im Lichte dieser sieben Vergleichspunkte (Fig. 15.1 bis 15.7).

15. Strategie- und Rollenmodelle näher betrachtet

Nach der globalen Übersicht des vorigen Kapitels gehen wir jetzt auf die Besonderheiten ein.

15.1 Moderation

1. Schwerpunkte der Interventionen
Die Interventionen wenden sich am meisten der Klärung von *Perzeptionen* und *Issues* zu. Aufkommende Fehlperzeptionen kann der Moderator sofort erkennen lassen, indem er «Blitzlichter» bzw. kurze diagnostische Pausen einbaut und prüfen lässt, ob Absicht und Aufnahme einer Botschaft wirklich identisch sind (Perzeptionscheck). Differenzen können aufgedeckt werden, indem die Betroffenen einander erläutern, was die verwendeten Begriffe für sie bedeuten. Für gelegentliches Erstarren von Meinungen und Standpunkten eignen sich die Methoden von J. Eiseman (1978). Moderator bzw. «Chairman» können viel zur Klärung von Begriffsverwirrungen beitragen. Wenn sie im übrigen blosse Verfahrenssteuerung betreiben, laufen sie mit solchen Begriffsklärungen kaum Gefahr, parteilich zu werden. Empfehlenswert sind auch Methoden der Visualisierung: «Pinwände», die Arbeit mit Flip-charts, Schreibtafeln, Kärtchen usw., (siehe hierzu die Methoden und Instrumente in: Siemens-Autorenteam 1974).

Charakteristisch für die ersten Eskalationsphasen ist das Aufkommen von Befangenheit, die beginnende Bildung von Standpunkt-orientierten Subgruppen, Kampf um Beharren auf eigenen Vorstellungen usw., auf die zahlreiche *attitüdeorientierte Interventionen* eingehen können. H. Guetzkow und J. Gyr (1954, pp. 375 ff.) empfehlen dafür u.a. eine Reihe von kleinen *«Rückzugstaktiken»*, mit denen sich die Gesprächsteilnehmer von einem verteidigten Standpunkt wieder lösen können: Aufschieben der Besprechung bestimmter Issues, um sie in der Zwischenzeit zu analysieren und um Informationen einzuholen usw.; Trennen von Streitpunkten (Issue-Fraktionieren) und Diskussion kleinerer Issues; Abwechseln von Grossgruppen und Kleingruppen usw. – Der Einsatz von Methoden der Selbstbeobachtung, wie u.a. von M. Miles (1959) erleichtert das Erkennen beginnender Polarisation.

Analog den Methoden von H. Werbik (1976), H. Kaiser, G. Korthals-Beyerlein und H. Seel (1977) können Parteien Zieldifferenzen lösen, wenn sie ihre Ziele als Mittel zur Erreichung von Oberzielen verstehen und sich auf diese einigen.

Auf die interne Struktur der *Parteien* bezogene Interventionen spielen kaum eine Rolle. Hingegen dienen auf den *Konfliktverlauf* und die *Beziehungen* gerichtete Interventionen dem Aufdecken eventuell vorhandener «Unterströme» in der Kommunikation. Sogenannte «Blitzlichter» (siehe Siemens-Autorenteam 1974) sind kurze Unterbrechungen in Momenten sichtbarer Spannungen und Unruhen. Mündlich oder schriftlich – mit Hilfe anonymer Moderationskärtchen oder dergleichen – wird von jedem kurz charakterisiert, wie er die Situation empfindet – «Rotierendes Tagebuch», «Alter-Ego-Kommentare» und andere einfache Methoden (vor allem Th. Gordon 1977) können Unterströmungen sowie aufkommende anguläre oder gekreuzte Transaktionen zwischen den Konfliktpersonen besprechbar und veränderbar machen. H. Thelen (1954), A. van Hoesel (1957 und 1961), C. Gelner (1967) und W. Rother (1976) usw. geben brauchbare Hinweise für das Aufdecken und Abbauen unfairer Diskussions- und Debattentaktiken, die zu verbaler Gewalt führen. – Der Moderator kann die Aufmerksamkeit der Konfliktpersonen auch auf die Ausdrucksmöglichkeiten der non-verbalen und non-vokalen Kommunikation und ihrer Gefahren weisen usw.

Weitere Methoden für Konfliktmoderation bieten R. Ballreich und F. Glasl (2000), A. Hugo-Becker und H. Becker (2000, S. 330 ff.), F. Gommlich und A. Tieftrunk (2000) sowie A. Redlich (Hamburg 1997).

Verhaltensorientierte Interventionen des Moderators – oder «Chairman» – werden zum Grossteil im Steuern der gebrauchten Prozeduren zur Problemlösung und Entscheidungsfindung bestehen. Das Repertoire an verfügbaren Konferenz- und Besprechungstechniken, an Methoden zur Ideen- und Entscheidungsfindung steht dazu zur Verfügung. Solche Methoden gehören heute zum selbstverständlichen Instrumentarium arbeitszentrierter Teams. Die Methode des «Integrated Decision Making» von A. Filley (1975) ist auf Moderationsinterventionen zugeschnitten. Für intensivere Konflikte ist sie jedoch nicht ausreichend.

Moderationsinterventionen können auch zur Klärung von Aufgaben, Funktionsumschreibungen, Ablauf- und Planungsfragen usw. beitragen. Das von R. Beckhard (1969 b) entwickelte Verfahren des «confrontation meeting» ist hierfür gut. Für Konflikte auf der vierten oder einer noch tieferen Eskalationsstufe ist es jedoch nicht geeignet, weil sich die Konfliktparteien dies schon oft geliefert haben. Bei allen Interventionen wird die Drittpartei den vom Konflikt Betroffenen Methoden an die Hand geben, die nicht deren Verarbeitungskapazität übersteigen. Der Moderator wird die Konfliktparteien dazu anregen, mit neuen Arbeitsweisen zu experimentieren um sich von ihm wieder schnell lösen zu können.

Dieselben Interventionsmethoden, die bei den Eskalationsstufen eins und zwei – teilweise auch drei – sehr wirkungsvoll sein können, mögen bei intensiveren Konflikten bereits Irritation bewirken. Die Konfliktparteien meinen oft, dass ihre

Probleme zu tief sitzen und dass sie nicht mit «Tricks» oder «Gesellschaftsspielchen» bagatellisiert werden dürfen.

2. Akzeptanz der Konfliktlösung
In der Regel erleben die Parteien den Konflikt als «rational und verbal lösbar». Es hat noch kein «Streit um den Streit» eingesetzt. Darum wird prinzipielle Bereitschaft zur Mitwirkung an der Konfliktbehandlung kaum problematisch sein. Die Parteien sind hinreichend motiviert, um sich für die Lösung ihrer Differenzen einzusetzen. – Oft ist ein vorheriges persönliches Kennenlernen der einzelnen Parteien nicht erforderlich. Der Moderator kann sich vor den Betroffenen präsentieren und durch sein Verhaltensbeispiel zeigen, wie er zu arbeiten gedenkt.

3. Durchsetzungsmacht
Der Moderator beschränkt sich auf das Ratgeben. Er kann durch Interventionen zum richtigen Zeitpunkt sein Können als Experte demonstrieren. Er hat keinerlei Macht, die Anwendung von Verfahren oder die Ausführung von Vorschlägen zu erzwingen.

Der Moderator vermeidet nach Möglichkeit psychische oder physische Trennung der Parteien. Wenn zeitliche Absonderungen aufgetreten sind, bemüht sich die Drittpartei, diese so schnell wie möglich zu überbrücken. Höchstens zu Lernzwecken, zum Flexibilisieren von Entscheidungsprozessen oder als «Vertrauenstest» werden die Parteien gelegentlich getrennt und später wieder zusammengeführt. Die Aktionen des Moderators sollen so sein, dass er sich aufgrund seines Status oder seines fachlichen Könnens nicht zu weit von den Parteien abhebt, damit sich die Parteien nicht zu viel auf ihn orientieren und direkte gegenseitige Kontakte mindern. Nach kurzer Zeit können die Parteien wieder völlig selbständig an der Lösung ihrer Probleme arbeiten.

5. Selbsttätigkeit der Parteien
Von allen Interventionsstrategien ist die Moderation am direktesten «Hilfe zur Selbsthilfe». Der Moderator stimuliert grundsätzlich eigene Initiativen der Parteien zu den inhaltlichen Fragen und zu den anzuwendenden Methoden und Verfahren. Mit dem schrittweisen Übertragen der Moderationsfunktion in das alltägliche Handeln wird die Selbsttätigkeit der Parteien optimiert.

6. Zeitaufwand
Die Interventionen erfolgen zumeist während der gemeinsamen Besprechungen der Parteien. Es ist darüber hinaus wenig Vor- und Nacharbeit erforderlich. Interventionen haben in der Regel auch sofortige Wirkung.

7. *Wirkung: kurativ – akut – präventiv*
Die Interventionen zielen auf kurzfristige Wirkungen. Der akute Verlauf der Auseinandersetzung zwischen den Parteien wird dadurch korrigiert. Der Moderator wendet sich kaum «chronifizierten» Verhaltensweisen oder historisch verwurzelten Problemen zu, ist also selten kurativ tätig.

15.2 Prozessbegleitung, Prozesskonsultation

Kurt Lewin (1948) regte eine systematische Beschäftigung mit Methoden der Prozessbegleitung an. Später präsentierten R. Blake / J. Mouton / H. Shepard (1964) und vor allem R. Walton (1969) ihre Modelle für Prozessinterventionen der Drittpartei. J. Burton (1969) suchte nach Anwendungsmöglichkeiten dieser Methoden auch in regionalen und internationalen Spannungsgebieten.

In der Regel sind die Methoden der Prozessbegleitung in Konflikten aus der Suche nach wirksamen Alternativen zur klassischen Vermittlung und Arbitrage hervorgegangen. Positive Erfahrungen mit Prozesskonsultation in der Organisationsentwicklung (E. Schein 1969) konnten dazu genutzt und ausgebaut werden.

Die *Ziele* der Prozesskonsultation sind im allgemeinen:

a) die Parteien sind durch die Konfliktbehandlung befähigt worden, ihre akuten Probleme, die in der Vergangenheit zu Konflikten geführt haben, aus eigener Kraft zu lösen,
b) durch Prozessbegleitung sind die Folgen der psycho-sozialen Konfliktmechanismen – in den Perzeptionen, im Denken, in den Attitüden, Intentionen und Verhaltensweisen der Parteien – saniert,
c) die Konfliktmechanismen sind selbst ausser Wirkung gesetzt,
d) die Konfliktparteien haben sich mittels der Konfliktbehandlung durch Dritte das Wissen und die Fähigkeiten erworben, in Zukunft Konflikte weitgehend selbständig zu bewältigen.

Die meisten Autoren betonen die folgenden Funktionen und Stilmerkmale des Prozessbegleiters:

- helfend, unterstützend, stimulierend auftreten, damit die Parteien zur aktiven Lösung der eigenen Probleme ermutigt werden («facilitator», R. Fisher 1972),
- nicht zwingend bezüglich inhaltlicher Issues (H. Prein 1979 a und b), während bei der Vorgabe von Interventionsmethoden und Prozeduren direktives Vorgehen oft geboten ist (W. Mastenbroek 1979); R. Fisher nennt dies «qualified non-directiveness» (p. 78),
- nicht beurteilend, bei der Diagnose nicht suggestiv (im Gegensatz zu R. Blake, H. Shepard, J. Mouton 1964).

Prozessbegleitung bedeutet für uns *aktive, konstruktive und integrale Konfliktbehandlung:*

Aktiv: weil sie die Parteien dazu befähigen soll, die Verantwortung für die bisherigen Konflikte auf sich zu nehmen und selbst – unterstützt durch den Prozesskonsulenten – an der Bewältigung der eigenen Probleme zu arbeiten. *Konstruktiv* bedeutet, dass nicht nur die Formen der Konfliktaustragung modifiziert werden sollen, sondern dass die psycho-sozialen Mechanismen der Eskalation von den Parteien erkannt und autonom beeinflusst werden. Dazu beabsichtigt Prozessbegleitung eine Erweiterung und Vertiefung des Bewusstseins der Konfliktparteien. Das Bewusstsein soll die bisher unbewussten Regionen mehr durchdringen. *Integrale* Konfliktbehandlung umfasst die Arbeit am Konfliktpotential.

Im Konflikt haben die Parteien einander ständig mit Problemen konfrontiert, die als Herausforderung für die Entwicklung verstanden werden können. Darum kann selbst nach Konflikten der dritten bis fünften Eskalationsstufe eine aktive, konstruktive und integrale Konfliktlösung den Parteien zum Funktionieren auf einem viel höheren Reifegrad verhelfen. So können Konflikte – wenn man den Mut hat, sich ihren Herausforderungen zu stellen! – eine emanzipatorische Funktion erfüllen.

1. Interventionsschwerpunkte

Wenn Prozessbegleitung geboten ist, verlagert sich der zeitliche Vorrang von Interventionen in der Regel auf Faktoren der *Subjektsphäre.* Dies schafft Voraussetzungen, um später – eventuell gleichzeitig mit der weiteren Arbeit an der Subjektsphäre – an die Faktoren der *Objektsphäre* objektiver herantreten zu können. In der Subjektsphäre werden perzeptions-, attitüde-, intentions- und verhaltensorientierte Interventionen mehr oder weniger dasselbe Gewicht bekommen, wenngleich der Schwerpunkt immer wieder auf *Perzeptionsklärungen* liegen wird.

Die meisten der von R. Blake, H. Shepard, J. Mouton (1964), J. Burton (1969) oder R. Walton (1969) beschriebenen Interventionen widmen sich der Konfrontation der stereotypen Selbstbilder und Feindbilder. Gleichzeitig wird am Abbau der psycho-sozialen Mechanismen selbst gearbeitet.

Attitüdeorientierte Interventionen konzentrieren sich auf das Entwickeln empathischer Fähigkeiten. Diese sind die Grundlage für Verbesserungen der Beziehungen zwischen den Parteien. Einstellungsänderungen sollen möglichst den Charakter autonomer Änderungen tragen. Auf diese Weise können die Parteien wieder Vertrauen zueinander aufbauen, ihre erstarrten Positionen verlassen und sich für die Anliegen der Gegenpartei öffnen. R. Fisher (1972) weist auf tragische Fehlschläge mit Methoden des Sensitivitytrainings in wirklichen Konfliktsituationen, weil dabei die Begrenzungen für Interventionen bei Menschen, die nachher in

Vertrauen miteinander arbeiten müssen, unrichtig eingeschätzt worden sind. Zum anderen liegt der Grund in einer unrichtigen Phasierung der Prozessbegleitung.

Intentionsorientierte Interventionen helfen den Parteien, sich über die Motive ihrer Auseinandersetzung klar zu werden und ihr «Strategie-Kalkül» auf Sinn und Zweck zu überprüfen. Oft ist es notwendig, dass die Betroffenen mit Hilfe der Drittpartei einander unmissverständlich Beweise des guten Willens geben.

Verhaltensorientierte Interventionen: Der Prozessbegleiter wird direkte Begegnungen der Konfliktparteien vorbereiten. Für diese Gespräche wird der Begleiter Kommunikationsspielregeln ausarbeiten und vereinbaren, ihre Anwendung während der Aussprachen beaufsichtigen und nötigenfalls bei zeitlichen Polarisationen durchsetzen.

Die Interventionen werden im besonderen auf ein rhythmisches Gleichgewicht konfrontierender und zusammenführender Interventionen achten müssen. – Andererseits wird man mit den Konfliktparteien auch an autonomen Verhaltensänderungen arbeiten. Der Prozessbegleiter tritt demgemäss gelegentlich in der Trainerfunktion auf (J. Burton 1969). H. Kaiser, G. Korthals-Beyerlein und H. Seel (1977) betonen vor allem die Schulung im Hantieren gemeinsamer Begriffe, mit denen die Konfliktparteien ihre Probleme eindeutig benennen können. Damit kann der «Streit um den Streit» unterbunden werden. *Issue-bezogene* Interventionen: In der Regel wird es kaum geboten sein, Issues zu transponieren. Der Schwerpunkt liegt eigentlich bei Interventionen zur Beeinflussung des *Konfliktverlaufs* und der gegenseitigen *Beziehungen.* Nach der mehr oder weniger formellen Regelung des Status quo wird es möglich, die Konfliktgeschichte zu analysieren, die Ereignisse zu entflechten und näher zu untersuchen. Während dies geschieht, werden die darin akut wirkenden eskalierenden Faktoren aufgedeckt. Lernend an der Vergangenheit gewinnen die Konfliktparteien wieder Kontrolle über ihre Beziehungen. Die Arbeit an den *Beziehungen* der Konfliktparteien erfordert die meiste Aufmerksamkeit des Prozessbegleiters. – Bei kalten Konflikten müssen solche Interventionen erst durch parteizentrierte Interventionen vorbereitet werden. In der Praxis hat sich gezeigt, dass die innere Konsolidierung der Parteien dazu weit fortgeschritten sein muss. Die Parteien müssen hinreichend selbstkritisch geworden sein und ihre Mitverantwortung für die Konfliktsituation akzeptieren, ehe sie der Konfrontation mit der Gegenpartei gewachsen sind. Wo wir dies ungenügend berücksichtigt hatten, lösten wir intensive Schuldabwälzungsaktionen und anderes Abwehrverhalten aus.

Bei heissen Konflikten kann die Arbeit an den gegenseitigen Beziehungen zur Vertiefung der parteienzentrierten Interventionen mit jeder Partei führen, die wiederum positiv auf die Arbeit an den gegenseitigen Beziehungen zurückwirkt. In der Orientierungsphase wird der Prozessbegleiter vorrangig an den *Grundeinstellungen* der Parteien arbeiten.

2. Akzeptanz der Konfliktbehandlung durch die Parteien

Bei Konflikten auf der dritten Eskalationsstufe ist im allgemeinen noch eine ausreichende Motivation vorhanden, sich für eine aktive Konfliktlösung einzusetzen. Mit der vierten – vor allem der fünften – Eskalationsstufe haben die Barrieren gegenüber Konfliktbehandlungsversuchen zugenommen. Der Prozessbegleiter muss sich deswegen um das Überwinden solcher Versperrungen bemühen. Danach wird er auf Basis eines redlichen Vertrauensvorschusses an der Konfliktbehandlung beginnen können. Durch strenges Achten auf Symmetrie in den Beziehungen zu den Konfliktparteien erleichtert der Prozessbegleiter es den Konfliktparteien, ihm ihr Vertrauen auszusprechen.

3. Durchsetzungsmacht der dritten Partei

Der Prozessbegleiter verfügt über keine eigene Durchsetzungsmacht. Wenn sie ihm aufgrund seines fachlichen Prestiges zugetragen wird, dann wird er sich hüten, sie als Druckmittel zu gebrauchen. Für Interventionsmethoden und Kommunikationsspielregeln muss den Konfliktparteien Sinn und Zweck der einzelnen Massnahmen verdeutlicht worden sein. Die Fortschritte im Bewusstseinsbildungsprozess der Parteien erlauben es der Drittpartei, die Konfliktparteien zum Adaptieren vorhandener Interventionsmethoden für ihre besondere Situation zu mobilisieren. Einsicht und Motivation machen eine eventuelle Durchsetzungsmacht der dritten Partei überflüssig und unerwünscht (H. Prein 1979b). Ein Anlehnen an die Machtzentren in der Organisation, wie es gelegentlich von M. Otto (1979) empfohlen wird, untergräbt die Glaubwürdigkeit des Prozessbegleiters und raten wir sehr ab.

4. Distanz zwischen den Parteien

Im Konfliktverlauf haben sich die Parteien mehr oder weniger voneinander isoliert. Dies hat nachteilige Wirkungen, weil die Begegnungen indirekter werden. Andererseits sind dadurch auch schwierige Begegnungssituationen vermieden worden – bei kalten Konflikten sogar auf ein Minimum reduziert! Der Prozesskonsulent muss diese Distanz für den Beginn seiner Aktionen zunächst respektieren. Er wird sogar – wie auch J. Burton (1969) und H. Prein (1979 b) betonen – anfänglich den Abstand zwischen den Parteien wahren und selbst kompensatorisch füllen, d. h., dass er vorübergehend am Vorbild seines eigenen Verhaltens die Eigenschaften und Fähigkeiten in die Konfliktsituation einführen muss, zu denen die Parteien nicht fähig sind: Empathie, Respekt vor der subjektiven Erlebniswelt des anderen, Anerkennen der positiven Absichten in jeder Partei usw. Über die Drittpartei lernen die Betroffenen überhaupt wieder Vertrauen aufzubringen. – Wenn diese Einstellung tragfähig ist, können die Konfliktparteien in direkten Konfrontationen an Issues,

Beziehungen usw. arbeiten. Auf die Dauer wird der Prozessbegleiter danach streben, den Abstand zwischen den Parteien wieder vollends zu überbrücken (siehe dazu E. Neilsen 1972).

5. Selbsttätigkeit der Parteien
Es ist dem Prozessberater daran gelegen, die Konfliktparteien weitestgehend zu eigenen Ideen und Versuchen zu motivieren, weil das soziale «Immunsystem» noch intakt ist. Aktive und konstruktive Konfliktbehandlung baut deshalb auf Mitwirkung der Parteien. Nur so kann die gewünschte «emanzipatorische Wirkung» auftreten. Die Gefahr ist gross, dass aus dem Interesse an sofortigen Wirkungen der Konflikt über die Köpfe der Parteien hinweg reguliert wird. Dies hätte aber von der vierten Eskalationsstufe an keine nachhaltige Wirkung mehr.

6. Zeitaufwand
Prozessbegleitung erfordert relativ viel Zeit. Die Interventionen richten sich auf Perzeptionen, Gefühle, Intentionen und Verhaltensweisen, auf Formen der gegenseitigen Beziehungen, die «chronifiziert» und gefestigt sind. Früchte der Interventionen sind zumeist nicht sofort zu erkennen, sondern müssen durch nachfolgende Aktionen und flankierende Massnahmen auf anderen Gebieten konsolidiert werden. In den von uns angeführten Beispielen von Konflikten, die wir nach den Strategien der Prozessbegleitung behandelt haben, waren für komplexere Situationen in der Regel eineinhalb bis zwei Jahre erforderlich. Prozessbegleitung wird oft unter Hinweis auf den Zeitaufwand abgewiesen (St. La Tour, P. Houlden, L. Walker, J. Thibaut 1976; M. Otto 1979). In der Praxis hat es sich bewährt, in der Orientierungsphase genau zu untersuchen, für welche Issues und Probleme eine Massnahme mit direkter Wirkung erforderlich ist und welche Probleme nur über längerfristige Aktionen gelöst werden können. Das Differenzieren nach unterschiedlicher Zeitrelevanz erlaubt es dann, nach Sofortmassnahmen die erforderliche Zeit für die mittelfristigen Änderungsprozesse aufzuwenden.

7. Wirkung: kurativ – akut – präventiv
Im Konfliktverlauf haben sich Perzeptionen, Attitüden, Gefühle usw. in den Konfliktparteien festgesetzt, die abgebaut werden müssen. Kurative Aktivitäten stehen deshalb im Vordergrund. Durch Eigenaktivitäten und integrierte Lernprozesse der aktiven, konstruktiven und integralen Konfliktbehandlung werden die Parteien befähigt, mehr und mehr aus eigener Kraft an den bestehenden Konflikten zu arbeiten. Dies ist notwendig für die Bewältigung von zukünftigen Konflikten. L. Coser (1961) betont die Wichtigkeit einer deutlichen, formellen Beendigung eines Konfliktes. Bei Prozessbegleitung ist eine derartige symbolische Beendigung der Konflikte schwer durchführbar, weil die Arbeit an der Vergangenheit mit den

akuten Problemen so verflochten ist, dass die Übergänge meistens nicht scharf zu markieren sind. Darum ist es wichtig, «Meilensteine» zu formulieren und ihre Verwirklichung zu betonen.

15.3 Sozio-therapeutische Prozessbegleitung

Für die sozio-therapeutische Prozessbegleitung gelten im Grunde dieselben Ziele und Interventionen, wie wir sie für die Prozessbegleitung beschrieben haben. Weil die Konflikte zu einer existentiellen Erschütterung des Identitätskonzeptes der Hauptakteure geführt haben, sind jedoch mehr Tiefgang, Sorgfalt und Ausdauer geboten. Sozio-therapeutische Begleitung erfordert intensive persönliche Arbeit mit Individuen. Weil mit der fünften Eskalationsstufe sozusagen das «Soziale Immunsystem» selbst nicht mehr funktioniert, kann nicht sofort auf die Selbstheilungskräfte gebaut werden. Die helfende Partei bedeutet für die Konfliktparteien mehr als ein Berater. Es muss sich zwischen Klient und Begleiter ein tieferes Vertrauensverhältnis bilden können. Die Konfliktparteien erwarten mehr zur Sicherung des Vertrauensklimas und zum Schutz ihrer verwundbaren Stellen. Bisher sind in der Literatur noch nicht viele Ansätze sozio-therapeutischer Prozessbegleitung bei Konflikten in Organisationen zu finden. In unserer Praxis haben wir uns seit 1967 immer stärker auf diese Tätigkeit konzentrieren dürfen. Die meisten Anregungen konnten dazu von der Literatur zur Familientherapie gewonnen werden. Eine modifizierte Anwendung ergab viele Möglichkeiten für Konflikte innerhalb von Organisationen. – Eine andere Inspirationsquelle sind die Methoden der Psychosynthese (R. Assagioli 1973), der Gestalttherapie (F. Perls 1975) und der Logotherapie (V. Frankl 1975).

Unsere Basis ist das dreigliedrige Menschenbild auf der Grundlage der Arbeiten von Rudolf Steiner, wie wir dies in Kapitel 2 dargelegt haben. Die hier entwickelten Strategien und Methoden sind jedoch erste Ansätze, die in der zukünftigen Arbeit noch weiter entwickelt und theoretisch durchdrungen werden müssen.

Bei der genaueren Abgrenzung der Prozesskonsultation zur sozio-therapeutischen Prozessbegleitung folgen wir L. Brammer und E. Shostrom (1960). Prozessbegleitung beschäftigt sich mehr mit «bewussten, im Zusammenhang mit aktuellen Krisen-und Konfliktsituationen stehenden Schwierigkeiten des Klienten», während bei der therapeutisch orientierten Prozessbegleitung vor allem unbewusste Blockaden, neurotisch fixierte Einstellungen und Rollenmuster usw. Gegenstand der Interventionen sind. Sozio-therapeutische Interventionen sollen den Konfliktparteien helfen, die Kontrolle ihres Ich über ihre Gedanken, Gefühle und Intentionen wieder zurückzugewinnen, um aus den Teufelskreisen der Eskalationsdynamik auszubrechen. Wir wollen mit der Bezeichnung «sozio-therapeutisch» betonen, dass wir mit *sozialen* Pathologien befasst sind. *Nicht die einzelnen Konfliktparteien sind neurotisch, sondern in bestimmten Konstellationen und Situationen treten in den gegenseitigen Beziehungen und den aufeinander bezogenen Verhaltensweisen ähnliche pathologische Muster auf, wie sie aus der Individual-Psychiatrie bekannt sind.* Wenn sich bei Simulationen internationaler Regressionserscheinungen zeigt, dass die Logik der *Interaktion* zwischen zwei kriegführenden Nationen nur dann richtig simuliert werden kann, wenn man von Denkmustern, Gefühlsmodellen und Willensrichtungen ausgeht, die für Kinder im Kindergarten charakteristisch sind, dann bedeutet auch dies nur, dass die *sozialen Beziehungen* und die darauf orientierten Einstellungen so weit regrediert sind. Die individuellen Regierungschefs und Minister der kriegführenden Nationen können nach wie vor in allen übrigen Situationen ihres täglichen Lebens als psychisch Gesunde verkehren.

Sozio-therapeutische Interventionen wenden sich im besonderen zu

a) dem Durchbrechen von Dead-lock-Situationen und dem Abbau der sie bedingenden psycho-sozialen Blockaden und Barrieren,
b) dem Abbauen von blockierenden Angstgefühlen,
c) dem Wiederfinden eines Sinnbezuges in der als «hoffnungslos» erlebten Konfliktsituation,
d) dem inneren Konsolidieren der Identität der Konfliktparteien,
e) dem Aufbau des «sozialen Immunsystems».

Im nachfolgenden wollen wir nur noch die Besonderheiten beleuchten, die mit der sozio-therapeutischen Prozessbegleitung zur bereits behandelten Prozesskonsultation hinzutreten.

1. *Schwerpunkte von Interventionen*

Der Schwerpunkt liegt allgemein auf den Faktoren der *Subjektsphäre.* Die Konfliktparteien erleben, dass «Personifikationen von Gut und Böse» schlechthin einander gegenüberstehen; Selbstbild und Feindbild haben die Züge des Gegensatzes von Licht und Schatten, Engel und Teufel und dergleichen angenommen. Methoden der *Perzeptionsklärung* müssen viel öfter zyklisch wiederholt und vertieft werden. Um wiederum positive Ansätze bei der Gegenpartei erkennen zu helfen, empfiehlt sich im besonderen unsere Methode der «Goldenen Augenblicke, oder: Der Kampf Michaels mit dem Drachen». Variationen dazu können geboten sein: Die Konfliktparteien suchen dann die Goldenen Momente in sich selbst auf und setzen diese zu den Goldenen Momenten der Gegenpartei in Beziehung. Weitere Möglichkeiten bieten die erwähnten Darstellungen der Gestalttherapie, der Psychosynthese und der Logotherapie.

Bei *Emotions- und Attitüde-orientierten* Interventionen wird sich der Schwerpunkt der Interventionen auf das Abbauen fixierter Angst verlagern. Die von G. Leutz (1974) beschriebenen Methoden des Psychodramas verhelfen den Konfliktparteien, durch das Ausagieren ihrer Angstphantasien diese zu externalisieren, zu verobjektivieren und besprechbar zu machen. P. Baumgardner (1975) gibt praktisch hantierbare Beschreibungen von «Phantasiereisen», mit denen die ängstlichen Personen in ihrer Vorstellung über die Schwellen ihrer Angstdomänen geleitet werden. Baumgardner lässt dann die Klienten in ihrer Phantasie diese angsterregenden Situationen wiederholt aufsuchen und explorieren. Es geht darum, zur Angst einen Dialog aufzubauen. Ähnlich wird autistische Isolation durchbrochen. Die Konfliktparteien müssen über das bewusste Erkennen und Signalisieren der Angsterreger zur aktiven Auseinandersetzung mit diesen geführt werden.

V. Frankl (1975) fasst das Wesentliche seiner Therapie von Angstneurosen folgendermassen (p. 162) zusammen: «Der Patient soll lernen, die Neurose objektivieren und sich von ihr distanzieren. Der Patient soll lernen, der Angst ins Gesicht zu sehen, ja ihr in das Gesicht zu lachen.» Und dann schreibt Frankl: «Nichts lässt den Patienten von sich selber distanzieren wie der Humor. Der Humor würde verdienen, ein Existential genannt zu werden. Nicht anders als die Sorge (M. Heidegger) und die Liebe (L. Binswanger).» Frankl illustriert dies u. a. mit der sogenannten «*Paradoxen Intention*»: Ein Schauspieler fürchtet immer wieder, dass er eines Tages auf der Bühne zusammenbrechen könne. Und deswegen stolpert er öfters während seiner Auftritte. Der Therapeut gibt den Auftrag, sich intensiv gerade das vorzunehmen, was er ansonsten fürchtet: «Ich werde bei der nächsten Aufführung zeigen, wie gut ich stolpern und hinfallen kann! Denen werde ich zeigen, wie man das macht! Und bei der übernächsten Aufführung werde ich noch öfters und noch besser hinfallen!» Dazu sucht der Therapeut mit dem Patienten gerade die Situationen in der Phantasie auf, vor denen er spontan flüchtet. Für diese formuliert er dann paradoxe Aufträge.

Diese Methode der «*De-Reflexion*» ist darauf gerichtet, zu den befürchteten Situationen Abstand und Gelassenheit zu entwickeln. De-Reflexion weist viele Ähnlichkeiten mit der Methode des *De-Sensibilisierens* auf, wie diese von der Verhaltenstherapie (siehe N. Birbaumer 1977; W. de Moor und L. Orlemans 1972) angewendet wird. Mit dem Patienten wird eine «Hierarchie» der gerade befürchteten und gescheuten Situationen gebildet, indem man untersucht, vor welchen Situationen diese Angst am stärksten ist, bis sie alle nach dem Grad ihres Angst-Erregungspotentials gereiht sind. Danach beginnt man mit den am wenigsten bedrohlichen Situationen. Während sich der Patient in seiner Vorstellung in diese Situation begibt, versucht er beim Aufkommen der Angstgefühle eine ihm besonders angenehme Vorstellung aufzurufen.

Wir können solche Interventionen nur beispielhaft anführen und illustrieren, wie der circulus vitiosus der *Selbstinduktion* (P. Lang 1977) durchbrochen werden kann. Diese Methoden können die Konfliktparteien zu einem De-Commitment führen, wodurch sie sich von bestimmten Forderungen oder Erwartungen (beispielsweise Beharren auf Rehabilitation) lösen.

Intentionsorientierte Interventionen: Manchmal wird es fruchtbar sein, biographische Wurzeln für Konflikte aufzuspüren. Welche Lebens- und Berufsziele streben die Parteien an? Was sind ihre bewussten Motivationsfaktoren? Welche unbewussten Absichten kommen gleichfalls zum Ausdruck? Welche Rolle spielen Werte und Ideale im Konflikt?

Verhaltensorientierte Interventionen werden mehr auf die Inkonsistenz zwischen Intentionen und verbalem und non-verbalem Verhalten aufmerksam machen. Stereotype Verhaltensweisen gegenüber der Konfliktpartei können erkannt und unter autonome Verhaltenskontrolle gebracht werden. Die Verknüpfung mit attitüdeorientierten Interventionen ist besonders eng. Für direkte Begegnungen zwischen den Konfliktparteien wird die Drittpartei noch strenger auf die Einhaltung der vereinbarten oder auferlegten Spielregeln der Kommunikation achten müssen.

Issue-bezogene Interventionen bemühen sich um das Flexibilisieren der Issues. Bei starker Fixierung auf «formelle Rehabilitation» kann mit den Verfahren der Suche nach gemeinsamen Oberzielen («ethisches Prinzip» von H. Werbik 1976) eventuell ein Transponieren von Issues erreicht werden. Die Konfliktpartei kann danach Mittel finden, die dem selben Ziel dienen, nämlich nach dem «Verbannen» geistig und psychisch in der Gemeinschaft wieder anerkannt zu werden.

Interventionen, die sich auf den *Konfliktverlauf* richten, werden auch auf den Abbau der «Mythen» gerichtet sein, die durch das «Aha-Erlebnis» des Demaskierens gebildet worden sind: Derartige «Mythen» und «Personifizierungstendenzen» können aufgelöst werden, wenn mit den Parteien der Konfliktprozess entflochten und neu gedeutet wird (Re-Konzeptualisieren).

Parteizentrierte Interventionen zielen auf eine innere Festigung der Parteien. Dazu ist es notwendig, dass jede Partei wiederum an sich selbst und ihren eigenen Wert glauben kann. Die erwähnten Biographie-Untersuchungen können dazu beitragen. Die Arbeit an den gegenseitigen Beziehungen kann nach den in Kapitel 12.4 dargestellten Methoden erfolgen. Im besonderen erweist sich die Analyse der doppelten Bindungen und paradoxen Beziehungen nach P. Watzlawick, J. Beavin und D. Jackson (1970) als fruchtbar. Die Interventionen der Drittpartei sind wichtigste Voraussetzung, um die gegenseitigen Beziehungen und Bindungen aus Distanz betrachten und später durchbrechen zu können. Dies gilt auch für die Arbeit an den *Grundeinstellungen* der Konfliktparteien.

2. Akzeptanz durch die Konfliktparteien
Basis für die Mitarbeit der Konfliktparteien ist das Vertrauen, das sie dem soziotherapeutischen Prozessbegleiter zutragen. Mit dem Glauben an die Wiedergewinnung der Selbstheilungsfähigkeit der Parteien sind sie auch motiviert, an der Konfliktbehandlung mitzuwirken. Im Laufe des Prozesses wird dieses Vertrauen erfahrungsgemäss noch mehrere Belastungsproben durchstehen müssen.

3. Durchsetzungsmacht der dritten Partei
Das Fachprestige des sozio-therapeutischen Prozessbegleiters legitimiert ihn zum Beharren auf bestimmten Spielregeln und Interventionsmethoden, auch wenn die Parteien diesen anfänglich mit Unglauben begegnen. Die Parteien können befürchten, dass es mit dem Abbruch der Begleitung überhaupt keine Alternativen mehr gäbe; darum sind sie bereit, einen Versuch zu wagen. Unter Umständen arbeiten sie nur deshalb mit, weil sie sich nicht durch eine abweisende Haltung bei der Gegenpartei in Diskredit bringen wollen.

4. Distanz zwischen den Parteien
Es ist in der Regel notwendig, die Konfliktparteien zunächst einige Zeit getrennt anzusprechen. Direkte Begegnungen können für alle Betroffenen sehr leicht zu weiterem Chronifizieren beitragen: «Also jetzt geht es sogar mit einem Fachmann schief, daran kann man sehen, dass es doch niemals...» Die dritte Partei stellt sich zwischen die Parteien, bis sie genügend Selbstsicherheit entwickelt haben und der anderen Partei wirklich Interesse entgegenbringen. Sie haben dann gelernt, die eventuell auftretenden psycho-sozialen Konfliktmechanismen zu erkennen und sich ihnen gegenüber wieder wirkungsvoll zu immunisieren. Danach kann der Abstand zwischen den Parteien Schritt für Schritt abgebaut werden.

5. Selbsttätigkeit der Parteien
Initiativen und Ideen können zu Beginn kaum erwartet werden; erst im Laufe der Behandlung werden sie gemeinsam mit der Drittpartei erarbeitet. In Fragen der Prozeduren und Methoden wird der Begleiter Verständnis für die Ziele seiner Interventionsmethoden schaffen; in der Anwendung wird er jedoch vorläufig noch steuernd auftreten. Bis ein toter Punkt in den Beziehungen zwischen den Parteien überwunden ist, wird der Begleiter längere Zeit auch inhaltliche Standpunkte vertreten und dazu eigene Initiativen nehmen, die später mit den Parteien modifiziert und zur eigenen Sache gemacht werden können.

6. Zeitaufwand
Von allen Interventionsstrategien erfordert diese die meiste Zeit. Dies bedeutet nicht, dass die dritte Partei selbst mehr Zeit für die Parteien aufzuwenden hat, sondern dass der Eigenzeit und der Dauer mehr Rechnung getragen werden muss.

Massnahmen sollen bei den Parteien auch «wegsinken» können und «überschlafen» werden. Die Parteien müssen aus eigener Kraft bestimmte Haltungsänderungen durch Bewährungssituationen konsolidieren können.

7. Wirkung: kurativ – akut – präventiv
Die meiste Sorge gilt den kurativen Wirkungen: Abbauen alter Perzeptionen, Einstellungen und Verhaltensweisen, die tief im Identitätsbild der Parteien verankert sind. Gleichzeitig werden wir durch solide Massnahmen die Situation stabilisieren, in der sich später die Konfliktparteien gemeinsam auseinandersetzen können. Die akuten Konflikte müssen vorläufig mittels verhaltensregulierender und verhaltensbegrenzender Massnahmen eingedämmt werden. Wegen der symbolischen Wirkung für die Konfliktparteien ist bei Status-quo-Regelungen viel Umsicht geboten. Wenn durch solche Regelungen die asymmetrischen Beziehungen noch extremer asymmetrisch werden oder wenn sich in ihnen eine Verurteilung des Verhaltens der Parteien ausdrückt, dann untergräbt dies die Glaubhaftigkeit der Drittpartei.

Präventive Wirkung ist erst gegeben, wenn die sozio-therapeutische Begleitung in eine «normale Prozesskonsultation» übergehen kann.

15.4 Klassische Vermittlung, klassische Mediation

Auf den Eskalationsstufen fünf, sechs und sieben erscheint den Parteien der Konflikt bereits so schwer lösbar, dass sie keine Möglichkeiten für kooperative Konfliktbehandlung sehen. Die Konfliktparteien perzipieren ihre Interessen beinahe ausschliesslich als gegensätzlich und unvereinbar. Lediglich ein Interesse scheint ihnen gemeinsam zu sein: Weiteren Schaden einzuschränken oder zu vermeiden! Die Möglichkeit einer «Ausheilung» des Konfliktes schliessen die Parteien zumeist aus. Eine Beendigung weiterer Konflikthandlungen erscheint ihnen geboten, insofern sich Aktionen auf *regulierbare* Faktoren beschränken bzw. zu einer Abgrenzung der Einflussgebiete führen (C. Kerr 1954). Im allgemeinen fehlt jedoch die Bereitschaft zu intensiven Auseinandersetzungen. Aus diesem Grund wird bei Konflikten ab der fünften Eskalationsstufe oft nach dem Vermittler und nicht dem Prozesskonsulenten gerufen. Man hat mit der Gegenpartei «nichts mehr gemein», oder besser gesagt: Man *will* mit der Gegenseite nichts mehr gemein haben. Weil die Parteien jedoch auf verschiedene Weise voneinander abhängig sind, ist ein gemeinsames Interesse für eine Regelung in einem mehrseitigen Verhandlungsgeschehen vorhanden. Vermittlung lässt die Parteien noch Möglichkeiten, den Ausgang gemäss ihrer eigenen Interessenlage einigermassen selbst zu beeinflussen. Mit einem Arbiter hingegen kann nicht mehr über eine Lösung verhandelt werden.

Die Techniken der klassischen Vermittlung sind Gegenstand der «Kunst des Friedensschlusses». Bei Vermittlung in Organisationen – im besonderen bei Streiks und anderen Arbeitskonflikten – konnte auf diese Erfahrungen zurückgegriffen werden. Durch die Ausweitung des Mediationsbegriffs zum Überbegriff für Konfliktbehandlung (F. Glasl 2002) ist auch viel zur Vermittlung geforscht worden. Den besten Einblick geben R. Proksch (1998–2001) und Ch. Besemer (1995).

Vermittlungsinterventionen sind bei Verhandlungsprozessen von autonomen oder komplementär interdependenten Parteien untersucht worden. Bei stagnierenden Verhandlungen konnte durch einen Mediator ein toter Punkt überwunden werden und die Parteien vermochten nachher wieder weiter zu verhandeln. Vermittlungsstrategien sind auch bei Konflikten zwischen synergetisch interdependenten Parteien angezeigt, wenn die Eskalationsstufen fünf, sechs oder sieben erreicht sind.

Klassische Vermittlungsaktionen können die folgenden Ziele verfolgen:

a) Kommunikationsbarrieren für eine effektive Beendigung und Regelung des Konfliktes sind reduziert oder beseitigt, so dass eine konstruktive Regelung fortgesetzt werden kann («taktische Vermittlung» nach C. Kerr 1954),
b) die Parteien anerkennen gemeinsame «Un-Werte» und koordinieren ihre Aktionen soweit, dass sie diese Un-Werte vermeiden,
c) die Parteien lernen eine wirkungsvolle Verhandlungstechnik, mit der sie zeitliche Engpässe überwinden können,
d) die Parteien einigen sich auf die Kontrolle der regulierbaren Faktoren als Basis für gegenseitige Duldung und Koexistenz («strategische Vermittlung» nach C. Kerr 1954).

Vermittler können ihre eigenen Vorschläge einbringen und eventuell Druckmittel einsetzen, um die Haltung der Konfliktparteien nachgiebiger zu machen. Vermittler wenden sich mehr den Issues zu und arbeiten viel weniger an der Verbesserung der Beziehungen. Eigentlich tritt der klassische Vermittler zwischen den Parteien als drittes Verhandlungssubjekt ein (N. Vidmar 1971; O. Young 1972). Die Parteien führen die Verhandlungen indirekt über den Vermittler, wobei der Vermittler zu beiden Seiten hin in Verhandlungen treten muss. Darum gehören zum klassischen Vermittler Kenntnis und Beherrschung der Verhandlungsdynamik, der Techniken und der Taktiken sowie der Finten. Der Vorzug eines Vermittlers in diesem «triadischen» Verhandlungsprozess kann dabei deutlich erkannt werden, wenn die Rolle der Drittpartei mit den fünf Verhandlungsdilemmas in Beziehung gesetzt wird, wie sie W. Mastenbroek (1978, pp. 584 ff.) formuliert:

1. *Abhängigkeitsdilemma*
   Die Parteien sind voneinander abhängig – wollen aber möglichst die eigenen Interessen durchsetzen.
2. *Informationsdilemma*
   Die Parteien schwanken zwischen Offenheit und Geschlossenheit im Geben von Informationen.
3. *Druckdilemma*
   Die Parteien müssen wählen, wie weit sie starr oder konzessionsbereit sind.
4. *Beziehung zur Hintermannschaft*
   Die Parteien müssen sich einerseits mit den Möglichkeiten des direkten Verhandlungspartners auseinandersetzen, andererseits müssen sie sich der Bindungen in ihrer eigenen Partei bewusst sein und zwischen beiden Polen eine Haltung einnehmen.
5. *Machtsymmetrie*
   Die Parteien wollen einerseits Machtüberlegenheit, andererseits müssen sie Machtsymmetrie wahren, um der Gegenpartei nicht das Interesse an der Verhandlung zu nehmen.

Hierbei erfüllt der Vermittler Funktionen, die den Konfliktparteien bei der optimalen Bewältigung dieser Dilemmas helfen sollen. Angesichts des *Abhängigkeitsdilemmas* hilft er bei der Suche nach einem Ausgleich beider Interessen, wobei die «Kosten und Gewinne» aller Parteien relativ gleich ausfallen. Im *Informationsdilemma* kann der Vermittler dazu beitragen, dass Informationen nicht aus pessimistischer Antizipation heraus zurückgehalten werden; andererseits kann er den Parteien die Informationen so zuspielen, dass sie gegenseitig ein geringes Risiko eingehen, dass sie mit einseitiger Preisgabe von Informationen Angriffsflächen bieten. In bezug auf das *Druckdilemma* kann der Vermittler pessimistische Antizipationen reduzieren, die Absichten und Angebote der Gegenpartei erläutern und vor Fehlperzeptionen bewahren. Überdies kann er Sicht auf andere als bisher diskutierte Lösungsalternativen geben.

In Hinblick auf das 4. Dilemma (zwischen Verhandlungsgegner und eigener Partei) kann der Vermittler die Exponenten bei Verhandlungen mit der eigenen Partei unterstützen. Wenn Vorschläge offiziell von der dritten Partei stammen, dann können die Verhandlungsführer ihren eigenen Reihen zeigen, dass sie sich nicht vor der Gegenpartei gedemütigt oder gebeugt haben. Für das *Machtdilemma* wirkt unparteiliches Auftreten des Vermittlers neutralisierend auf die Parteien ein. Weil zwischen der Drittpartei und den einzelnen Parteien nicht dieselben Konfliktmechanismen wirken wie zwischen den Parteien selbst, kann der Vermittler die Parteien zu einem Verhalten in Richtung des kooperativen Poles bewegen. Ehe der Vermittler einen Vorschlag weiterleitet, kann er mit der vorschlagenden Partei über die Zweckmässigkeit und Realisierbarkeit der Vorschläge beraten. Er kann sich nötigenfalls weigern, diese weiterzuleiten, wenn er daraus eine Störung des Vermittlungsprozesses befürchtet (siehe vor allem R. Fisher und S. Brown 1989, R. Fisher, W. Ury und B. Patton 1995, W. Ury 1991).

1. Interventionsschwerpunkte
Mit der selektiven Informationsvermittlung wirkt die dritte Partei auf die *Perzeptionen* der Parteien ein. Der Vermittler kennt die Intentionen der Parteien und kann diese verdeutlichen. Wenn dabei Fehlperzeptionen auftreten, kann er diese korrigieren. Er ist als Quelle relativ unverdächtig, solange er sich unparteilich benimmt. So kann der Vermittler nach C. Kerr (1954) die irrationalen Störfaktoren in der Kommunikation reduzieren und die Chance für akzeptable Lösungen erhöhen. Mit der Drittpartei können die Konfliktparteien ihre Gefühle ventilieren, ohne dass sich dies sofort nachteilig auf den weiteren Konfliktverlauf auswirkt.

Die *einstellungs- und willensorientierten Interventionen* bezwecken mehr Konzessionsbereitschaft und kleine Vertrauensvorschüsse (siehe die GRIT-Taktik und die «kleinen Kreditangebote»), D. Sheane (1978) bietet Interventionen für den schrittweisen Aufbau des Vertrauens und zur Begrenzung der Risikogefahren.

H. von Hentig (1965) und H. Crott, M. Kutschker und H. Lamm (1977) weisen darauf hin, dass es zur Flexibilisierung erstarrter Attitüden nützlich sein kann, ambivalente, undeutliche oder labile Situationen zu schaffen. Denn diese zwingen die Parteien zu einer Neuorientierung, in der sie ihre bisherige Einstellung im Licht geänderter Tatsachen neu überdenken müssen.

Verhaltensorientierte Interventionen zielen in der Regel auf das Begrenzen, Kanalisieren und Regulieren des Verhaltens. So weit wie möglich wird der Vermittler dies über Vereinbarungen oder allseitige Zustimmung zu seinem Vorschlag zu erreichen suchen. Bei direkten Begegnungen der Parteien werden die Beziehungen ad interim vom Vermittler geregelt. Die Einhaltung der Spielregeln wird von ihm bewacht und garantiert. – Im Zuge der Verhandlungen zwischen den Parteien kann der Vermittler helfen, besonders dysfunktionale Taktiken zu erkennen und abzulegen. Schulung in Techniken des Verhandelns kann die Parteien befähigen, sich später flexibler zu verhalten und beabsichtigte Nebenwirkungen auf das Verhalten der Gegenpartei auszuschalten.

Klassische Vermittlerinterventionen sind überwiegend *Issue-bezogen:* z. B. Konzentration auf Issues, die für die Parteien vorerst besprechbar sind (St. Chase 1951; C. Kerr 1954, J. Folberg und A. Taylor 1984, W. Ury. 1991, S. und S. Williams 1994, Ch. Besemer 1995, G. Falk und P. Heintel und Ch. Pelikan 1998, G. Klammer und P. Geissler 1999): Reihung der Issues so, dass die Parteien über weniger emotionelle Issues Erfolgserlebnisse haben; Issue-Konsens usw. Für unlösbare Issues wird Transponieren von Issues versucht. – Bei all diesen Interventionen kann die Drittpartei sogar inhaltlich Einfluss ausüben. – Th. Schelling (1957) hat auf die symbolische Bedeutung bestimmter Issues oder Handlungen hingewiesen. Bestimmte Lösungsvorschläge werden leichter akzeptiert, wenn sie deutlich an symbolische Schwellen, Teilungsregeln usw. appellieren.

Interventionen zur Beeinflussung des *Konfliktverlaufes* sind hauptsächlich die als «taktisch» beschriebenen Massnahmen. Blockaden der De-Eskalation können überwunden werden, wenn die Drittpartei eine möglichst objektive Sicht auf die Folgen bestimmter Taktiken gibt, oder wenn der Mediator Garantien für die Beaufsichtigung der Vereinbarungen anbietet und dadurch Misstrauen überwindet. Oft wirkt sich das vorübergehende Wahrnehmen von Kommunikationsfunktionen durch die Drittpartei günstig aus. Allerdings werden die Parteien mit diesen Aktionen wesentlich mehr vom Vermittler abhängig. Th. Schelling (1958) weist auf die Möglichkeit, dass eine der Konfliktparteien versuchen könnte, sich durch taktische Manöver einen Positionsvorteil zu erwirken, der die bisherigen Erfolge der Vermittlung möglicherweise untergräbt. Dafür kann der Vermittler als «*Meldeinstanz*» dienen: Die Parteien können ihn im voraus über geplante Aktionen in Kenntnis setzen und ihm ihre Ziele und Motive erläutern.

Parteizentrierte Interventionen: Die Konfliktparteien gestehen dem Vermittler nur selten zu, dass er sich mit ihren internen Strukturen und Prozessen beschäftigt. Um interne Konstellationen dennoch aufzulockern, empfiehlt D. Sheane (1978), das soziale Umfeld zu beeinflussen und bestehende Koalitionen aufzuweichen. Es können sich auch einige Koalitionspartner mit der dritten Partei zu einem «Bund der Gemässigten» oder «neutralen Block» zusammenschliessen. Wenn Personen nicht direkt von den Konflikten anderer profitieren, können sie den Vermittler stützen und somit die parteiinternen Konstellationen beeinflussen.

Auf die Art der gegenseitigen *Beziehungen* nimmt der Vermittler kaum direkten Einfluss. Er beachtet die Machtsymmetrie in den Lösungsvorschlägen und für die Situationen, in denen die Konfliktparteien einander direkt begegnen (S. Siegel und L. Fouraker 1960; P. Diesig 1961; W. Mastenbroek 1979).

Die *Grundeinstellungen* zum Konflikt werden von den Interventionen indirekt berührt. Durch einen Vermittler wird das Strategie-Kalkül der Parteien beeinflusst: Ohne Drittinterventionen ist das Risiko weiterer Verluste grösser. Der Vermittler benutzt dies und übt so mehr Druck auf das Strategie-Kalkül aus: Er droht, die öffentliche Meinung zu mobilisieren oder seine Funktion zurückzulegen.

Die bisherigen Ausführungen zeigen, dass nicht nur die Konfliktparteien mit den «Verhandlungsdilemmas» ständig ringen, sondern dass dies auch für die Beziehungen zum Vermittler und vice versa gilt. Darum ist der Vermittler vielen

Gefahrenmomenten ausgesetzt. Er kann als Partei perzipiert werden oder von einer Partei in den Konflikt manövriert werden, so dass er den Ausgang der Auseinandersetzung im Kampfstil mitbestimmt, genau wie die Parteien selbst.

2. Akzeptanz
Die Konfliktparteien geben dem Vermittler vorerst nur für das Verfahren einigen Vertrauensvorschuss. In der Hauptsache sind sie aber auf die zu erzielenden Lösungen orientiert. Wenn der Vermittler unparteilich auftritt, wird der Vertrauenskredit für sein Verfahren verlängert und erweitert.

Einzelne inhaltliche Lösungen werden «a posteriori» akzeptiert, d.h., nachdem die Parteien die Konsequenzen für sich und die Gegenpartei geprüft haben. Der Vermittler muss darum die Akzeptanzbereitschaft im laufenden Vermittlungsprozess immer wieder mit Teilerfolgen nähren. St. La Tour, P. Houlden, L. Walker und J. Thibaut (1976) haben in ihren Experimenten gefunden, dass beim Fehlen anerkannter gültiger Prinzipien und Kriterien für den Inhalt der Lösung die Parteien bereit sind, einem Vermittlungsverfahren zuzustimmen, in dem sie die Normen und Prinzipien der späteren Lösung noch indirekt beeinflussen können. – In jeder Hinsicht ist für ein Vermittlungsverfahren eine geringere Akzeptanz erforderlich als für Prozessbegleitung oder sozio-therapeutische Prozesskonsultation, weil die Parteien zu jedem Teilergebnis Stellung nehmen können.

3. Durchsetzungsmacht der dritten Partei
Der Vermittler greift in eine Situation ein, in der Machtdemonstrationen dominiert haben. Er wird die Macht der Parteien vorläufig suspendieren müssen und dadurch die Situation vorübergehend ambivalent gestalten. In dieser Situation können indifferente Gruppen oder Partner von der Drittpartei ins Spiel gezogen werden, um den Lösungsvorschlägen des Vermittlers mehr Nachdruck zu verleihen. – Nach Luhmann übt dies eine Verzögerungswirkung aus (p. 103): Anstatt sofort zur Tat zu schreiten, soll der Konflikt aufs neue in die *Urteils- und Entscheidungsphase* zurückverlegt werden. Beim Abwägen der Situation wird die veränderte Machtkonstellation von den Parteien mit verdiskontiert werden müssen. Der Vermittler kann auch taktisch das «öffentliche Interesse» ins Spiel bringen.

Insgesamt kann der Vermittler beinahe ebenso viel Druck auf die Parteien ausüben, als diese gegenseitig aufeinander ausüben, solange dieser Druck nicht asymmetrische Wirkungen hat (E. Warren 1954; C. Kerr 1954). Wenn den Parteien klar ist, dass es bei Nichteinigung zu einem autoritären Eingriff einer dritten Instanz kommt, wird die Einigung über einen Vermittler gefördert. Der Vermittler ist im Grunde ein drittes Verhandlungssubjekt. Dies legitimiert ihn dazu, selber auch von den in Verhandlungen üblichen Druckmitteln Gebrauch zu machen. Das von J. Folberg und A. Taylor (1984) angeführte Spektrum unterschiedlichster Mediator-

Rollen, das von «therapeutischer Meditation» über «Muskelmeditation» bis zur «gerichtsnahen Meditation» reicht, ergibt sich gerade aus dem unterschiedlichen Gebrauch von Macht- und Druckmitteln. Zum Teil handelt es sich dabei gar nicht mehr – wie Folberg und Taylor auch selbst bemerken (S. 135–137) – um Mediation, sondern z. B. um sozio-therapeutische Prozessbegleitung oder um Arbitrage, bzw. bei der Muskelmeditation um mehr oder weniger verhüllte Machteingriffe. Dies alles unter dem Sammelbegriff «Meditation» zu fassen, trägt allerdings sehr zur Verwirrung bei.

Die Drittpartei kann von den Parteien beauftragt werden, die Einhaltung der Vereinbarungen zu überwachen und nötigenfalls durchzusetzen. Die «Kontakt- und Resonanzgruppe» kann anstelle des Vermittlers für die Überwachung sorgen.

4. Distanz zwischen den Parteien

Der Vermittler stellt sich die meiste Zeit zwischen die Parteien. Er trennt sie (auch physisch) und kanalisiert ihre gegenseitigen Beziehungen. So wird er zur Drehscheibe und zum Filter der Kommunikation (Ch. Rehmus 1953). Zwischen den Parteien wird auf diese Weise eine «Zone der Neutralität» geschaffen und lange Zeit aufrechterhalten und bildet einen Puffer. In späteren Stadien wird der Vermittler direkte Begegnungen zwischen den Konfliktparteien arrangieren, um Detail- oder Ausführungsfragen zu regeln. Erst muss jedoch über die Grundsätze der gemeinsamen Lösung Einigung erzielt sein.

5. Selbsttätigkeit der Parteien

In der Regel stimuliert der Vermittler eigene Initiativen und Vorschläge der dritten Partei. Wegen der Beschädigung der Selbstheilungskräfte werden die Aktionen der Konfliktparteien immer mehr vom Vermittler bestimmt. Auf diese Weise entsteht ein breites Feld von Aktionen, das mit dem Vermittler gemeinsam gestaltet wird. Zur Überwindung toter Punkte im Verhandlungsgeschehen ergreift die Drittpartei auch eigene Initiativen. Oder sie kleidet Anregungen der einen Partei als eigene Vorschläge ein, um den Gegnern das Akzeptieren zu erleichtern.

6. Zeitaufwand

Der Zeitaufwand ist relativ gross, weil nach allen Seiten hin Verhandlungen zu führen sind. Mehrfaches Sondieren, Vorbringen und Revidieren von Vorschlägen kostet Zeit. Dazu kommt noch, dass die Exponenten jeder Partei erst noch die Zustimmung ihrer eigenen Hintermannschaft erwirken müssen und dafür die Hilfe des Vermittlers beanspruchen können. Zur Dynamik des Verhandelns gehören zahlreiche Manöver, mit denen die Parteien für die Gegenpartei oder die Öffentlichkeit dokumentieren wollen, dass sie bereits schwerwiegende Konzessionen gegeben hätten. Auch wenn es sich dabei nur um Aktionen des «politischen Wechselgeldes» handeln sollte. H. von Hentig (1965) weist auf die prozessimmanenten «Verhandlungskrisen», die beim Verlassen eingefrorener Positionen aufzutreten pflegen und den Ablauf erheblich verzögern.

7. Wirkung: kurativ – akut – präventiv
Vermittlung lässt in der Regel kurative Wirkungen ausser Betracht. Ihr Ansatzpunkt ist die akute Konfliktsituation, und sie strebt nach Reduktion der destruktiven Wirkungen der Auseinandersetzung. Darum bezwecken die Interventionen eine Wirkung im akuten Fall und eine ausreichende Sicherung gegen ein Wiederaufleben der alten Konflikte.

Vermittler werden darauf achten, dass der Konflikt nicht mit Verlierern oder Siegern endet, wenngleich eine deutliche – oft symbolisch-ritualisierte – Beendigung des Konfliktes notwendig ist (L. Coser 1961). Je mehr beim Erreichen der Übereinstimmung Druck und Macht eingesetzt worden sind, desto mehr ist es notwendig, auch nach erreichtem Konsens die Situation unter Kontrolle zu behalten. Auch ein Kompromiss kann als Unterdrückung erlebt werden. Das Unbehagen darüber lässt die alten Konflikte neu aufkommen.

15.5 Die «Conciliation»

Das Rollenkonzept des «Conciliators» und die dazu passende Strategie sind in der anglo-amerikanischen Literatur (siehe dazu St. Chase 1951; E. Peters 1952 und 1955; Ch. Rehmus 1953 und 1965; Ch. Margerison und M. Leary 1975) weit verbreitet. Es befindet sich zwischen der Strategie der Prozessbegleitung und der Vermittlung. Ch. Rehmus (1965) grenzt Conciliation gegenüber Vermittlung folgendermassen ab (p. 119): «Conciliation ist der passivere Versuch, Harmonie und Zusammenarbeit bei Vertragsverhandlungen zu erzielen, Vermittlung ist die weitaus aktivere Rolle, wobei auch vom Vermittler die Initiative zu Kompromissen und zu alternativen Lösungen ergriffen wird.» A. Douglas (1962) betont, dass sich Conciliation von Vermittlung im klassischen Sinn unterscheidet, weil sie sich mehr der emotionellen und irrationalen Seite des Konfliktlösungsprozesses zuwenden muss. Nach Douglas tendiert Conciliation mehr zur Prozessbegleitung. Der Conciliator hat aber nicht dieselbe Durchsetzungsmacht wie der Vermittler zur Verfügung.

Conciliaton bewährt sich für Issues, die vorwiegend auf komplementäre Beziehungen der Parteien Bezug haben und ist im Grunde eine Strategie der *Prozessbegleitung* bei *Verhandlungsprozessen* und in Situationen, in denen der Schwerpunkt nicht auf synergetischen sondern auf *komplementären Beziehungen* liegt. St. La Tour, P. Houlden, L. Walker und J. Thibaut (1976) kommen aufgrund ihrer Experimente zu ähnlichen Befunden. Denn wenn der Typus unseres «Volkstribunen» (stark abhängige Repräsentanten) gegeben ist, wird eine Prozessbegleitung eingeschränkt.

Diese Ergebnisse stimmen in den wesentlichen Punkten mit den Untersuchungen von N. Vidmar (1971) überein. Die charakteristischen Merkmale dieser Situation treffen also in der Regel auf Konflikte in industriellen Arbeitsbeziehungen und innerhalb der Organisation auf Konflikte über Machtbeziehungen zu, die bis zur vierten, fünften oder sechsten Stufe eskaliert sind. Die Natur der komplementären Beziehungen hindert die Parteien daran, sich «in die Karten blicken zu lassen» bzw. ihre mittel- und langfristigen Ziele und Strategien offen miteinander zu besprechen, weil sie einander auch später wieder in einer Verhandlung begegnen können. Es wäre illusorisch, für diese Beziehungen das Instrumentarium der Prozessbegleitung bzw. der sozio-therapeutischen Prozesskonsultation anwenden zu wollen.

Im Unterschied zur Vermittlung konzentriert sich Conciliation nicht auf die Ergebnisse von Verhandlungsprozessen, sondern auf die günstige Beeinflussung des Konfliktverlaufes in Verhandlungsprozessen. E. Peters (1952 und 1955) illustriert dies mit seinen Praxisfällen.

Im nachfolgenden beschränken wir uns auf die wichtigsten Unterschiede der Conciliation im Vergleich zur Prozesskonsultation und zur Mediation.

Ziele der Conciliation können hauptsächlich die folgenden sein:

a) die psycho-sozialen Kommunikationsbarrieren, die einer effektiven Regelung durch Verhandlung bzw. durch kooperative Verfahren im Wege stehen, sind reduziert bzw. beseitigt,
b) die Konfliktmechanismen sind so weit erkannt und ausser Wirkung gesetzt, dass sie keine ungewollte oder unbewusste Eskalation bewirken,
c) die Parteien können die Probleme, welche mit den unterschiedlichen Beziehungen und Rollen verknüpft sind, differenzieren und geeignete Behandlungswege erkennen,
d) die Konfliktparteien einigen sich auf Behandlungswege für die Probleme und Konflikte,
e) die Parteien sind befähigt, die unterschiedlichen Problembehandlungswege effektiv zu beschreiten (Verhandlungsmethoden, kooperative Methoden).

1. Schwerpunkte der Interventionen

Der Conciliator setzt bei den weniger tiefen persönlichen Konfliktfaktoren an: Er wendet Verfahren der Perzeptionsänderung an wie bei der Prozessbegleitung, kann aber in der Regel beim Klären der stereotypen Selbstbilder und Feindbilder weniger tief schürfen. Die persönlichen Züge an diesen Bildern können differenziert und in Richtung der sozialen Rollenaspekte vertieft werden. *Attitüdeorientierte*

Interventionen konzentrieren sich auf das Flexibilisieren der Einstellungen und Standpunkte sowie auf das Überwinden von Gefühlsblockaden.

Mit *intentionsbezogenen* Interventionen kann der Conciliator auf De-Commitment hinarbeiten.

Das Hauptgewicht *verhaltensorientierter* Interventionen liegt auf autonomer Verhaltensbegrenzung und Verhaltenskontrolle; die Methoden der Rollenverhandlung sind besonders geeignet. Dazu kommt Schulung in de-eskalierenden Verhandlungstechniken (J. Carlisle und N. Rackham 1978). *Issue-bezogene* Behandlung: Die genannten Interventionsmethoden sind praktisch uneingeschränkt anwendbar, im besonderen wird Unterscheiden von Issues nach Behandelbarkeit und Transponieren von Issues geboten sein, um das Gebiet regulierbarer Konflikte zu erweitern. – Der Conciliator beeinflusst den Konfliktverlauf, indem er den Prozess der Verhandlung begleitet, gegebenenfalls auch den Parteien getrennt bei Vorbereitung und Nachbereitung der Verhandlungen hilft. Methoden zur Erleichterung des De-Commitment, das Anbieten von Rückzugswegen bei Über-Commitment dienen dem Auflockern der eskalierenden Faktoren. – *Parteizentrierte* Interventionen: Hilfe bei der Vorbereitung auf Verhandlungsgespräche reduziert das «Druckdilemma» (W. Mastenbroek 1978). Der Conciliator wird sich intensiver als der Mediator den internen Konstellationen der Konfliktparteien zuwenden, um bei stark gebundenen Mandaten oder grosser psycho-sozialer Abhängigkeit des Exponenten («Volkstribun») auflockernd zu wirken. Die Hauptsorge gilt dem Verbessern der *Beziehungen* zwischen den Parteien. Hinsichtlich der *Grundeinstellungen* richtet sich der Conciliator vorrangig auf eine Beeinflussung des Strategie-Kalküls und auf das Benutzen vorhandener Konfliktregulatoren.

Bei Positionskämpfen ist es vorzuziehen, die Konflikte vorübergehend ausserhalb der formalisierten Konfliktregulatoren anzusprechen und erst im weiteren Verlauf zu einer Verbesserung der Konfliktregulatoren zu kommen.

2. Akzeptanz durch die Parteien

Für den Conciliator ist mehr A-priori-Akzeptanz erforderlich, mehr Vertrauen und eigene Motivation der Parteien, um Interventionen zu erlauben, die tiefer gehen als die des Vermittlers. Als Conciliator kann man sich weniger auf formelle Verfahren berufen als der Mediator.

3. Durchsetzungsmacht

Der Conciliator kann kaum Druckmittel eines Vermittlers einsetzen, kann aber das öffentliche Interesse und moralische Druckmittel weit mehr ins Treffen führen. Im Grunde müssen die Parteien mit Hilfe der Interventionen zu einer Entflechtung der Macht und zu einer neuen Regelung der gegenseitigen Machtkonstellation kommen.

4. Distanz zwischen den Parteien
Die bestehende Distanz zwischen den Parteien muss der Conciliator zunächst anerkennen. Er wird sich zeitweilig zwischen die Parteien stellen und ihnen schrittweise zu einem Abbau des Abstandes helfen. Der Conciliator wird aber die grundsätzlichen Vorbehalte gegenüber einer uneingeschränkt offenen und kooperativen Begegnung respektieren müssen.

5. Die Selbsttätigkeit
Sie geht bei Parteien weiter als beim klassischen Vermittler. Der Conciliator beschränkt seine eigenen Vorschläge auf Ausnahmefälle, um tote Punkte in den Verhandlungen zu überwinden.

Bei synergetischen Interdepenzen kann der Conciliator aufgrund seines eventuellen einschlägigen Fachwissens beim Re-Konzeptualisieren der Situation helfen. Danach können die Parteien möglichst selbständig und in eigener Verantwortung am Verringern des Konfliktpotentials in der Objektsphäre arbeiten.

6. Zeitaufwand
Ähnlich dem Vermittler erfordert die Arbeit an den gemeinsamen Beziehungen und vor allem mit den Hintermannschaften der Exponenten viel Zeit. In der Regel wird Conciliation aber weit weniger Zeit als Prozessbegleitung erfordern.

7. Wirkung: kurativ – akut – präventiv
Conciliation wendet sich intensiver dem Ausheilen der alten Konflikte und dem Schaffen einer ausreichenden Grundlage für die Bewältigung zukünftiger Probleme zu, als dies bei der klassischen Vermittlung der Fall ist. Dadurch entsteht ein Gleichgewicht kurativer, akuter und präventiver Massnahmen und Wirkungen.

15.6 Schiedsverfahren, richterlicher Entscheid

Mit Hilfe von Schiedsverfahren (Arbitrage), einem richterlichen Entscheid oder anderen legistischen Verfahren sollen die Parteien zur Annahme einer verbindlichen Lösung geführt werden. Der Konflikt wird durch solche Behandlungsverfahren grundsätzlich über Verhaltensregulierung bzw. Verhaltenskontrolle beendet. Die Schiedsinstanz muss in jeder Hinsicht neutral, unparteilich und unbefangen sein. Unter *Neutralität* verstehen wir nach O. Young (1972), dass die dritte Partei nicht aufgrund ihrer eigenen Interessenlage das Ergebnis des Schiedsverfahrens zugunsten der einen oder anderen Partei beeinflusst. Neutralität bezieht sich als «Interessenindifferenz» auf die Ergebnisorientierung; *Unparteilichkeit* definieren wir nach Young, dass die Drittpartei nicht persönliche Präferenzen für eine der Parteien hat, weil sie zu ihr mehr emotionelle Affinität besitzt. Dies ist die Akteurorientierte Seite. N. Luhmann (1975) weist noch auf die *Unbefangenheit*, d.h. die unbevorurteilte Anwendung der vorgegebenen Verfahrensnormen. Diese sind die wichtigsten Legitimitätsgrundlagen für diese Arten der Konfliktbehandlung: A. Gerth und E. Sing (1992) bringen (p. 350 ff.) konkrete Muster von Schiedsverträgen und Schlichtungsabkommen. Je nach der Gesetzeslage eines Landes müssen Schiedsverträge den zivilrechtlichen Prozessnormen entsprechen. Ziele des Schiedsverfahrens (richterlichen Verfahrens) können sein:

a) die Akzeptanz der inhaltlichen Lösung des Konfliktes ist deutlich,
b) der Konflikt ist insgesamt substituiert,
c) das Verhalten der Konfliktparteien ist durch die Entscheidung im Schiedsverfahren reguliert, begrenzt und unter fremde Kontrolle gestellt; ausserdem sind Sanktionen zum Erzwingen des Schiedsspruches vorhanden,
d) die Konflikthandlungen zwischen den Parteien sind in der vorgelegten Sache deutlich und formell beendet.

Ein Schiedsverfahren kann nur einsetzen, wenn der ursprüngliche Dissens über Interessen, Werte, emotionell-irrationale Aspekte usw. zu einem *Dissens über Fakten und Normen* (V. Aubert 1972, p. 190 f.) transformiert worden ist und wenn der Arbiter in der Lage ist, seinem *Verfahren* anerkannte Normen zugrunde zu legen bzw. für die *inhaltliche Entscheidung* anerkannte Kriterien und Prinzipien analog anzuwenden (St. La Tour, P. Houlden, L. Walker, J. Thibaut 1976). Die Parteien sind zu einem Schiedsverfahren nur bereit, insofern ihnen Ersatzkriterien für Angelegenheiten geboten werden, für die es in der sozialen Wirklichkeit keine unzweifelhaften Beurteilungsmassstäbe gibt (L. Festinger 1950).

Die korrekte und unbefangene Anwendung der bestehenden Verfahren ist eine der wichtigsten Legitimitätsgrundlagen für die spätere Sachentscheidung des Arbiters. Darum ist der Gleichheitsgrundsatz essentiell für den Erfolg eines Schiedsverfahrens. Die Kriterien der Neutralität, Unparteilichkeit und Unbefangenheit sind ja nur weitere Spezifizierungen des Egalitätsprinzipes.

1. Schwerpunkte der Interventionen

Der Arbiter muss die *Perzeptionen* der Parteien mehr oder weniger so akzeptieren wie sie sind. Daneben kann er den Konflikt völlig nach eigener Sicht und Interpretation definieren und diese Definition den Parteien verbindlich auferlegen. – Voraussetzung zur Einleitung eines schiedsrichterlichen Verfahrens ist aber, dass die Parteien der Schiedsinstanz bereits eine auf Fakten- und Normendissens reduzierte Umschreibung ihres Konfliktes vorlegen. Der Arbiter kann seine Entscheidung nur innerhalb des von den Parteien vorab konzeptualisierten Rahmens treffen. Bei einem gerichtlichen Verfahren kann der Konflikt von der Drittpartei selbständig definiert worden sein. Mit der Wahrung der Neutralität, Unparteilichkeit und Unbefangenheit kann der Arbiter insoweit auf die *Attitüden* der Parteien einwirken, dass sie der Ausführung des Schiedsspruches nicht Widerstände entgegensetzen. Im übrigen sieht es der Arbiter nicht als seine Sache, die Attitüden der Parteien direkt zu beeinflussen. Darum werden die Gefühle der Feindschaft durch Schiedsverfahren nicht geheilt. Dies kann zur Folge haben, dass die Parteien die Verantwortung für alle weiteren Schritte der Konfliktlösung auf Dritte abwälzen. Die Fähigkeit der Konfliktbewältigung wird dadurch nicht erhöht.

Intentionsbezogene Interventionen kommen nicht zur Anwendung. Oft sehen Gerichtsverfahren vor, dass der Richter zu Beginn noch an die Parteien appelliert, sich auszusöhnen – aber dies ist meistens nur eine ritualisierte Geste.

Verhaltensorientierte Interventionen dominieren: Verhaltensbegrenzung, Verhaltenskontrolle und Verhaltenskonditionierung mittels der verfügbaren Sanktionen der dritten Partei.

Die Sachentscheidung bezüglich der Issues steht im Mittelpunkt. Vorab müssen die Issues, die dem Arbiter vorgelegt werden, sauber definiert und abgegrenzt worden sein. Daneben richtet sich die weitere Arbeit in der Hauptsache auf das Transponieren der Issues. Der *Konfliktverlauf* wird akut durch Regelungen beeinflusst. Die Regelung erstreckt sich in derselben Form auch auf die Zukunft. Dies gewährleistet nicht, dass sich die unterschwellig noch vorhandene Konfliktdynamik nicht über andere Issues aufs neue manifestiert. Auf die interne Beschaffenheit der *Parteien* nimmt der Schiedsspruch nur Bezug, wenn dies eine der vorgelegten Issues darstellt.

Die gegenseitigen *Beziehungen* der Parteien werden mittels der Interventionen, die auf das Verhalten und den Konfliktverlauf bezogen sind, beeinflusst. Ausserdem regelt ein Schiedsspruch zumeist eine Trennung oder formalisiert die gegenseitigen Beziehungen.

Die *Grundeinstellung* der Parteien muss sich vor der Konfliktregelung durch einen Arbiter bereits soweit geändert haben, dass Konfliktsubstitution eine Ersatzbefriedigung für den ursprünglichen Konflikt gewähren kann.

2. Akzeptanz der Konfliktbehandlung durch die Parteien

Die Parteien müssen das Verfahren a priori akzeptiert haben. Die Verfahrenslegitimität (N. Luhmann 1975) ist die Grundlage einer späteren Umsetzung des Sachentscheides.

J. Galtung (1973, p. 124) formuliert dies ähnlich: «Wir werden dabei den Gedanken verfolgen, dass die Lösung akzeptiert wird, indem der Mechanismus angenommen wird, und dass die Akzeptierung des Mechanismus durch seine Institutionalisierung, d. h., durch seine Verankerung in der Sozialstruktur gesichert wird.»

Aus diesem Grund erfolgt zu Beginn einer freiwilligen Arbitrage die Definition der Issues recht sorgfältig. Der Arbiter wird möglichst im voraus festlegen, nach welchen Normen er die Sache beurteilt und wie er dabei vorgeht.

Verfahrenstrenge ist die Akzeptanzgrundlage für die Sachentscheidung, die damit in der Folge der direkten Beeinflussbarkeit durch die Konfliktparteien entzogen worden ist. N. Luhmann (1975, p. 31) nennt dies «*motivfreies* Akzeptieren..., das ohne allzuviel konkrete Information typisch voraussehbar ist». Bei obligatorischen Gerichtsverfahren ist die A-priori-Akzeptanz auferlegt, und die Parteien haben gar keine andere Wahl.

3. Durchsetzungsmacht der dritten Partei

Die Sanktionsmacht, über welche die Schiedsinstanz direkt oder indirekt verfügen kann, muss ausreichend sein. Sonst wird durch spätere Weigerung der Anerkennung des Schiedsspruches das Prestige der Schiedsinstanz untergraben. Darum haben Schiedspersonen in der Regel einen besonders hohen gesellschaftlichen Status.

4. Distanz zwischen den Parteien

Der Arbiter schenkt dem gegenseitigen Abstand der Parteien keine Aufmerksamkeit. Hingegen erlegt ihm die Verpflichtung zur Wahrung seiner Unbefangenheit auf, sich entsprechend den Rollenvorschriften seines Amtes zu verhalten und gleichen, formellen Abstand zu den Konfliktparteien zu beachten. Es bleibt den Parteien selbst überlassen, ob sie nach Beendigung des Schiedsverfahrens den zwischen ihnen bestehenden Abstand überbrücken oder vielleicht noch mehr zementieren wollen, insofern nicht bereits der Schiedsspruch eine gegenseitige Scheidung und Abgrenzung auferlegt hat.

5. Selbsttätigkeit der Parteien

Die Initiative liegt nach dem Vorlegen an eine Schiedsinstanz völlig bei dieser. Den Parteien wird es nur überlassen, die erforderlichen Materialien zur Unterstützung ihrer Repliken und Dupliken usw. zu produzieren. Die Verfahrenssteuerung liegt beim Arbiter.

6. Zeitaufwand

Das Schiedsverfahren kann angesichts der zeitlichen Zwangslage beschleunigt erfolgen. Je komplexer oder undurchsichtiger der Sachverhalt bzw. der Normenbestand ist, desto längere Zeit kann das Schiedsverfahren in Anspruch nehmen. Im allgemeinen ist laut St. La Tour, P. Houlden, L. Walker, J. Thibaut (1976) Arbitrage um so mehr geboten und akzeptabel, je grösser der Zeitdruck wird.

7. Wirkung: kurativ – akut – präventiv
Schiedssprüche beschränken sich in der Regel auf die akute Situation. Unstimmigkeiten können als Fakten oder Normendissens mit rückwirkender Kraft entschieden werden. Eine Heilung des gewachsenen Konfliktes ist dadurch nicht gegeben. Schiedsverfahren gehen davon aus, dass durch das Extrapolieren der akuten Entscheidung Konfliktprävention für die umschriebenen Fälle auftritt.

15.7 Machteingriff

Wenn die Konfliktregulatoren versagen und andere Bemühungen um eine Beilegung des Konfliktes fehlgeschlagen sind, dann kann ein Machteingriff angebracht sein. In Organisationen können Vorgesetzte der Konfliktparteien oder höchste Aufsichtsorgane aufgrund formeller Kompetenzen eingreifen. Die gebräuchlichen Ziele der Konfliktbeherrschung durch Machteingriffe können sein:

a) die intervenierende Drittpartei erlangt Konfliktbeherrschung, d.h., die Formen und die Folgen des Konfliktes stehen unter Kontrolle,
b) die intervenierende Machtinstanz kann das Konfliktpotential der Objektsphäre beeinflussen und Entscheidungen mit Zwangsmitteln durchsetzen,
c) die Machtinstanz kann Äusserungen der Konfliktfaktoren unterdrücken bzw. unerwünschte Folgen solcher Äusserungen unterbinden.

Damit ist nicht gesagt, dass die Machteingriffe unbeschränkt sein müssen. Die Direktion kann ihren Machteingriff nur auf wenige Gebiete beschränken, die zu den Issues des intensivsten Eskalationsgrades des Konfliktes gehören und diese somit der Streitsphäre entziehen, wenn sie dazu die Durchsetzungs- oder Sanktionsmacht besitzt! Dies kann für eine nachfolgende, mehr kooperative Art der Konfliktbehandlung, eine eventuelle Vermittlung usw., gute Voraussetzungen schaffen.

Es gibt in der Praxis «*verbrämte Machteingriffe*». Ein Experte soll für den Machthaber untersuchen, welche Lösungsmöglichkeiten es (aus der Warte der Machtinstanz gesehen) noch gibt oder zu welchen Lösungen die Parteien noch selbst fähig wären.

Der Experte kann sich dabei mit der späteren Entscheidungs- und Machtinstanz völlig identifizieren (siehe M. Otto 1979 über die Allianz des Beraters mit der Machtinstanz) und untersuchen:

– Welche Durchsetzungschancen bestehen in der gegebenen Situation für die Machtinstanz überhaupt? Ist u.U. die Legitimität der Machtinstanz in Frage gestellt, wie dies bei einem Systemveränderungskonflikt der Fall ist? Können bestehende Konfliktregulatoren noch wirksam benutzt werden, auch wenn sie dazu eventuell erweitert werden müssen?

- Welche Kosten (auch im übertragenen Sinn) entstehen für die Machtinstanz bei weiterer Duldung des Konfliktes?
- Welche «Kosten» erwachsen der Machtinstanz eventuell aus dem Machteingriff? Kann dies z. B. ihr Image in der Öffentlichkeit in Gefahr bringen?

Der Experte arbeitet auf diese Weise als verlängerter Arm der Machtinstanz und ist somit Bestandteil des Machteingriffes. Seine Arbeit hat auf die Grundeinstellung der Machtinstanz und auf deren Strategie-Kalkül Einfluss. Die Untersuchungen des Experten können auch dazu dienen, sich über den Aufbau eines Legitimitätsbeweises nach erfolgtem Eingriff beraten zu lassen. Dies wird nicht nur in der internationalen Politik nach Invasion und Besetzung eines Satellitenstaates betrieben, sondern auch in Organisationen.

1. Schwerpunkte der Interventionen

Die Machtinstanz kann sich über die *Perzeptionen* der Konfliktparteien völlig hinwegsetzen und ihre eigenen Ansichten und Interpretationen auferlegen. Lediglich das Bild, das sich die Parteien von ihren Koalitionspartnern und der damit verfügbaren Macht gebildet haben, wird die Machtinstanz berücksichtigen. Sie wird bei den Konfliktparteien ein Image grösster Machtüberlegenheit aufbauen müssen, so dass diese ihre Bündnismacht als unzureichend für eventuellen Widerstand perzipieren.

Die *Emotionen* der Parteien werden so beeinflusst, dass sie zu Lähmung, zu Gefühlen der Schwäche und Angst führen.

Willensänderungen werden nur insofern beabsichtigt, als bei den Konfliktparteien unmittelbar nach dem Machteingriff Unterwerfung und Anpassung erreicht werden sollen. Weiters bedient sich die Machtinstanz nach dem Eingriff verschiedener Mittel, um nachträglich ihre Massnahmen legitimieren zu können. Motivmanipulation, Zwang und indirekt konditionierende Massnahmen stehen hier im Vordergrund. Beim Einsatz formell legitimierter Macht muss die Machtinstanz Aversionen aufgrund des Eingriffs wieder abbauen, um die Situation stabilisieren zu können.

Verhaltensorientierte Interventionen beabsichtigen völlige Verhaltenskontrolle durch verhaltensregulierende oder verhaltenskonditionierende Massnahmen.

Interventionen auf die *Issues* bezogen: Die Machtinstanz bestimmt selbst, auf welche der Konflikt-Issues sie mit den Massnahmen Bezug nimmt. Durch den Eingriff tritt jedoch insgesamt die Wirkung des Issue-Transponierens auf: Die Massnahmen können andere Issues in den Hintergrund drängen und dadurch u. U. zu einer Solidarisierung der Parteien führen. Gemeinsam erscheint ihnen das Überwinden der intervenierenden Drittpartei dann wesentlicher als das Betonen ihrer bisherigen Issue-Differenzen. – *Konfliktverlauf:* Die Verhaltenskontrolle durch die Drittpartei führt zu einem Unterdrücken von Verhaltensweisen, durch die der Konflikt weiter eskalieren könnte. Eine akute Beherrschung des Konfliktverlaufes bedingt jedoch, dass die Machtinstanz die Situation viel weiter und intensiver unter Kontrolle hat, als es für die akute Beherrschung selbst nötig gewesen wäre: Sie muss auch abschreckende Wirkung haben. – *Parteizentrierte* Interventionen: Die Machtinstanz muss eventuelle Koalitionssysteme aufbrechen, aufweichen oder blockieren. Das Prinzip des «divide et impera» sichert der Machtinstanz, dass die Machtbilanz nicht zu ihren Ungunsten umschlagen kann. *Beziehungen* zwischen den Parteien: Die Drittpartei achtet darauf, dass die Konfliktparteien keine Allianz gegen die intervenierende Partei bilden. Darum sorgt sie für Trennwände, erschwert ihre direkte Kommunikation, steuert und zensuriert ihre Informationen usw.

Auswirkungen auf die *Grundeinstellungen:* Die Machtinstanz muss erreichen, dass die Konfliktparteien lieber den Eingriff dulden, als in den Widerstand zu gehen oder den Konflikt um jeden Preis fortzusetzen. Durch den Eingriff kann eine wichtige positive Wirkung erzielt werden: Die Parteien sind gezwungen, die totale Situation neu abzuwägen. Es tritt möglicherweise Distanz zum bisherigen Geschehen auf. Die Parteien können im Licht der neuen Tatsachen zu anderen Bewertungsmassstäben und Zielen gelangen.

2. Akzeptanz durch die Parteien

Der Machteingriff ist nicht von Motivation oder Akzeptanz seitens der Konfliktparteien abhängig. Die Übermacht zwingt zum Unterwerfen unter die geschaffene Situation, solange keine Alternativen sichtbar sind.

3. Durchsetzungsmacht der Drittpartei

Die eingreifende Drittpartei droht mit dem Einsatz der verfügbaren Macht bzw. geht tatsächlich dazu über. Sie bedient sich dabei grundsätzlich derselben Drohstrategien, wie sie von den Parteien ab der sechsten Eskalationsstufe angewendet worden sind. Wenn formelle Macht zur Anwendung kommt, muss man die Legitimitätsgrundlage gleichzeitig mit dem Eingriff demonstrieren – mit Wirkung für die Umgebung der Konfliktparteien.

4. Abstand zwischen den Parteien

Die Machtinstanz wird in der Regel kein Interesse daran haben, die ursprünglichen Konfliktparteien näher zusammenzuführen, solange diese nicht die Kontrolle durch die Drittpartei voll akzeptiert haben. Die Machtinstanz kann für den Abstand zwischen den Parteien Bedingungen setzen und diese überwachen.

5. Selbsttätigkeit der Parteien
Die dritte Partei bestimmt im wesentlichen alle Faktoren, Lösungen und Verfahren einseitig.

6. Zeitaufwand
Der Eingriff kann in kürzester Zeit, überraschungsartig erfolgen. Die Beherrschung der Situation nach dem Eingriff kann jedoch lange Zeit erfordern.

7. Wirkung: kurativ – akut – präventiv
Machteingriffe haben an sich keinerlei kurative Wirkung. Sie bestehen in der Hauptsache in der akuten Konfliktbeherrschung bzw. Konfliktreduktion. Präventivwirkung ist nur gegeben, insoweit die Drittpartei die Situation weiter unter Kontrolle behält.

15.8 Vergleich der Strategie- und Rollenmodelle

Mit den nachfolgenden Übersichten (Fig. 15.1 bis 15.7) werden die wesentlichen Unterschiede der beschriebenen Rollenmodelle zusammenfassend dargestellt. Die Kurven können in der Regel keine absoluten und auch keine exakt quantifizierbaren Grössen ausdrücken. Sie wollen viel mehr anzeigen, wie sich hinsichtlich der einzelnen Vergleichspunkte der Schwerpunkt relativ verlagert. In den Übersichtsschemas 14.1 und 14.2 zu Beginn des 14. Kapitels haben wir gezeigt, wie wir die einzelnen Strategie- und Rollenmodelle zu den neun Stufen der Eskalation in Beziehungen setzen. Wir haben auf die hohe Entsprechung unserer Unterscheidungen mit den differenzierten Mediationsbegriffen hingewiesen. Deshalb sind bei den Vergleichen diese Mediationsformen nicht mehr ausdrücklich aufgeführt worden.

Mit dem Vergleich der beschriebenen Modelle, vom Moderator bis zum Machteingriff, wollen wir die qualitativen Unterschiede näher charakterisieren. Es wird daran deutlich, dass die Konfliktbehandlungsmethoden von kooperativen zu persuasiven bis zu koerziven Massnahmen metamorphosieren.

15.8.1 Interventionsschwerpunkte

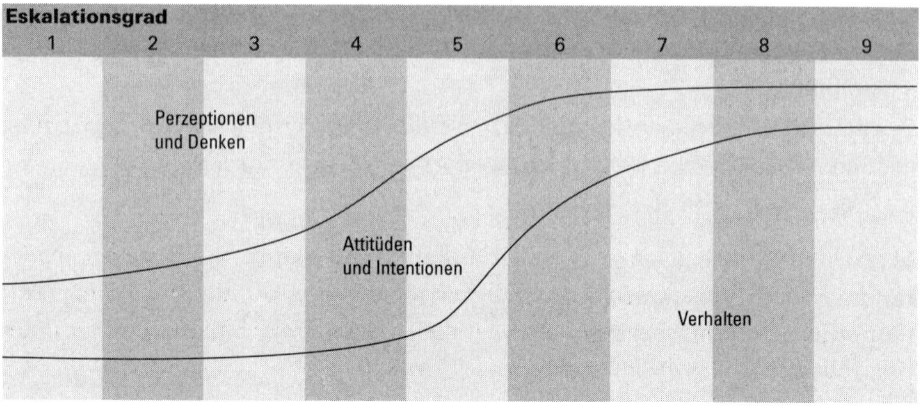

Fig. 15.1: Verlagerung des Schwerpunktes auf Perzeptionen, Attitüden und Intentionen, Verhalten

Die Verlagerung des Schwerpunktes auf Perzeptionen und Denken, Attitüden und Intentionen, Verhalten zeigt Fig. 15.1.

– *Arbeit an Perzeptionen und am Denken.*
  Der *Moderator* greift bei Missverständnissen direkt ein, klärt kognitive und semantische Differenzen und führt Methoden ein, mit denen auftretende Missperzeptionen aufgedeckt und korrigiert werden.
  Bei *Prozesskonsultation* spielen Klärungen der Issues und der Feindbilder bzw. Selbstbilder eine grosse Rolle.
  Sozio-therapeutische Prozesskonsultation widmet sich mehr der Klärung des Selbstkonzeptes, des Identitätsbildes. Prinzipielle Anschauungen zum Beruf und Privatleben sind Gegenstand von Interventionen.
  Der *klassische Vermittler* muss sich bei seinen Aktionen nur auf Klärungen von Missperzeptionen beschränken, die beim Aufnehmen der von ihm übermittelten Botschaften auftreten. Transponieren von Issues führt zu einer Re-Konzeptualisierung des Konfliktes, die seine Regulierbarkeit erhöht.
  Bei einem *Schiedsverfahren* muss man die von den Parteien vorgelebten Perzeptionen so hinnehmen, wie sie von ihnen formuliert worden sind. Äusserungen von offensichtlichen Missperzeptionen werden durch Verhaltensnormen reguliert.
  Bei *Machteingriffen* kann man sich über die Perzeptionen der Parteien hinwegsetzen. Die Drittpartei wird jedoch bei den Konfliktparteien ein Image der Machtüberlegenheit aufbauen müssen.
– *Arbeit an Attitüden und Intentionen*
  Der *Moderator* bemüht sich, Konkurrenzhaltungen zugunsten kooperativer Attitüden abzubauen. Beginnende Erstarrung soll wieder gelöst werden.

Prozessbegleitung ist nur wirkungsvoll, wenn die Konfliktparteien wieder empathiefähig sind. Die Drittpartei wirkt auf gegenseitiges Öffnen und Vertrauen hin, auf Flexibilisieren der Einstellungen und Auflösen von Rollenfestlegungen.
Therapeutische Prozesskonsultation verlagert den Schwerpunkt der Interventionen auf Attitüden: Durchbrechen sozial-autistischer Einstellungen, Wecken des Interesses für Werte der Gegenpartei, Aufbau eines neuen Selbstwertgefühls sind die wichtigsten Zielrichtungen.
Klassische Mediation muss sich beschränken auf Hilfe bei der Suche nach Rückzugsmöglichkeiten bei exzessiver Selbstbindung; Anerkennen des Bestehens von gegenseitigen Abhängigkeiten und übergeordneten gemeinsamen Interessen; Kompromissbereitschaft; Motivation zu Kreditangeboten.
Schiedsprozesse können kaum auf Einstellungen der Parteien einwirken. Durch das Akzeptieren einer Schiedsinstanz anerkennen sie mittelbar die Existenzberechtigung der Gegenpartei.
Machteingriffe bedienen sich direkter oder indirekter Motivmanipulation und Konditionierung und bezwecken Furcht und Unterwerfung.

– *Arbeit an Verhaltensweisen*
Interventionen der *Moderation* versuchen eine direkte Korrektur des Verhaltens. Verhaltens-Feed-back, Einführung von Kommunikations- und Entscheidungstechniken ergänzen die Hic-et-nunc-Interventionen.
Prozesskonsultation und sozio-therapeutisch orientierte Prozessbegleitung bedienen sich zunehmend der Hic-et-nunc-Regelung des Verhaltens, für langfristige Verhaltensmodifikation der Methoden der autonomen Verhaltensänderung, die mit Perzeptions- und Attitüdeänderungen integriert werden.
Der *Vermittler* versucht möglichst autonome Verhaltenskontrolle und Verhaltensbegrenzung. Indirekt wird er auch Methoden der Verhaltenssublimierung anwenden.
Bei *Schiedsverfahren* stehen verhaltensbegrenzende und verhaltensregulierende Massnahmen insgesamt im Vordergrund.
Machteingriffe bezwecken völlige Verhaltenskontrolle, unterstützt durch verhaltensregulierende und verhaltenskonditionierende Massnahmen.

15.8.2 Akzeptanz der Drittpartei und der Konfliktlösung durch die Parteien

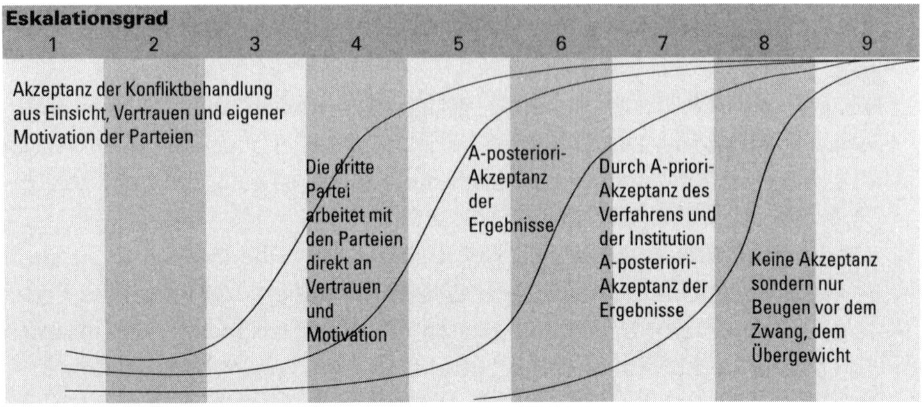

Fig. 15.2: Akzeptanz der Konfliktlösung durch die Konfliktparteien

Die Akzeptanz der Konfliktlösung durch die Konfliktparteien zeigt Fig. 15.2. In den ersten drei Eskalationsstufen ist bei den Konfliktparteien eine zureichende Basis des Vertrauens vorhanden, so dass *Moderator* oder *Prozesskonsulent* nur indirekt an einer Vertrauens- und Akzeptanzbasis arbeiten. Eigene Motivation ist die Akzeptanzbasis.

Bei der *sozio-therapeutisch orientierten Prozesskonsultation* gilt die Hauptsorge der Drittpartei der Motivation der Konfliktparteien, als Basis für Zusammenarbeit an der gemeinsamen Lösung der Konflikte.

Der *Klassische Vermittler* wendet viel Energie und Zeit dafür auf, dass die Konfliktparteien die gegenseitigen Vorschläge bzw. die von der dritten Partei vorgelegten Ideen und Lösungsansätze akzeptieren. Nur insoweit das jeweilige (Teil-)Ergebnis den Erwartungen der Parteien entspricht, wird Akzeptanz gegeben sein.

Bei *Schiedsverfahren* gilt das vorab erklärte Einverständnis mit dem formalisierten Verfahren und mit der Schiedsinstanz als Voraussetzung, um hinterher auch den Schiedsspruch zu akzeptieren und umzusetzen.

Der *Machteingriff* wird nur angesichts der Übermacht, des unausweichlichen Zwanges akzeptiert, solange sich keine besseren Alternativen zeigen.

15.8.3 Durchsetzungsmacht der Drittpartei

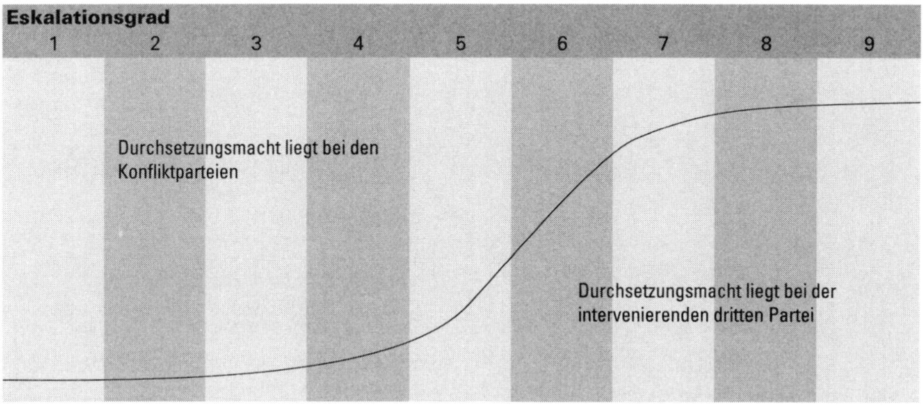

Fig. 15.3: Verhältnis der Durchsetzungsmacht der Konfliktparteien zur Drittpartei

Das Verhältnis der Durchsetzungsmacht der Konfliktparteien zur Drittpartei zeigt Fig. 15.3.

Moderator und Prozesskonsulent verfügen gegenüber den Konfliktparteien über keinerlei eigene Macht. Sie können auf keine Weise erzwingen, dass ihre Vorschläge zur Durchführung gelangen.

Der *sozio-therapeutisch orientierte Prozesskonsulent* kann sein fachliches Prestige weitaus mehr einsetzen. Durch Ablehnung von Vorschlägen der Drittpartei riskieren die Parteien, dass sie das Odium auf sich ziehen, nicht bona fide an der Konfliktbehandlung mitwirken zu wollen.

Der *klassische Vermittler* muss bereits in dem Kräfte- und Machtverhältnis der Konfliktparteien seine eigene Macht als Einflussfaktor in Rechnung stellen. Dennoch verfügt der Vermittler während des Vermittlungsprozesses kaum über Sanktionsmittel, mit denen er die Konfliktparteien zum Akzeptieren einer Lösung zwingen könnte; indirekt verfügt der Vermittler jedoch über ein Sanktionsmittel: er kann in der Aussenwelt oder in der öffentlichen Meinung die Haltung einer unwilligen Partei anprangern. Dieses Druckmittel wird jedoch nur angewendet, um aus einer Stagnation zu geraten.

Der *Arbiter* muss vor einem Schiedsspruch die Gewähr über die Durchsetzbarkeit haben, weil im Falle der Weigerung sein Prestige erheblich geschädigt wird und dies für zukünftige Schiedsfälle nachteilige Präzedenzfälle schafft. Wenn die Schiedsinstanz nicht über eigenes Sanktionspotential verfügt, kann sie durch ihren Ausspruch Sanktionen anderer legitimieren.

Der *Machteingriff* ist nur wirksam, wenn er sich auf massive Machtüberlegenheit stützen kann.

15.8.4 Hantieren des Abstandes zwischen den Konfliktparteien

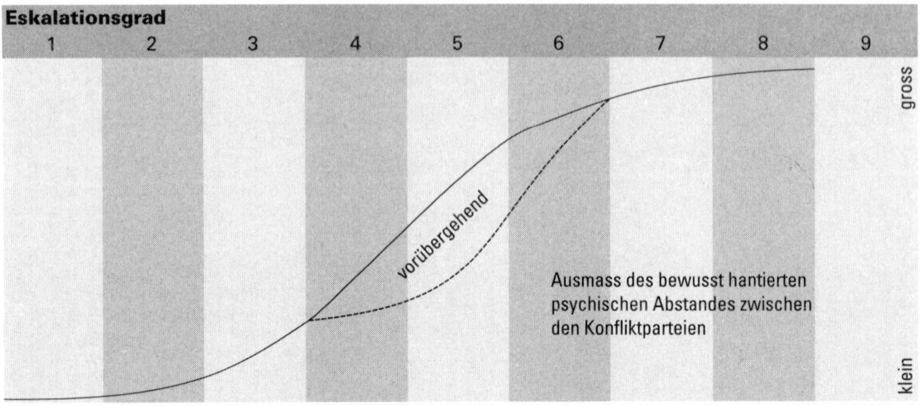

Fig. 15.4: Hantieren des psychischen Abstandes zwischen den Parteien durch die Drittpartei

Die Drittpartei geht als *Moderator* davon aus, dass die Parteien mit den Problemen und Spannungen im direkten Kontakt miteinander zurecht kommen. Wenn es nötig wird, dass sich die Drittpartei zwischen die Konfliktparteien stellt, dann nur sehr kurz, und dies soll auf keinen Fall den vorhandenen Abstand vergrössern.

Prozesskonsultation muss für einige Zeit den Abstand zwischen den Parteien aufrecht erhalten, um eine Verschlechterung der Beziehungen als Folge direkter Begegnungen zu verhindern.

Interventionen der *sozio-therapeutischen Prozesskonsultation* führen zumeist die Konfliktparteien nach sorgfältigen Vorbereitungen wieder zu einer direkten Begegnung miteinander. Die Drittpartei stellt sich «schützend» zwischen die Parteien, bis diese die in der direkten Begegnung auftretenden Mechanismen erkennen und kontrollieren können.

Bei *klassischer Vermittlung* kann der grosse Abstand zwischen den Parteien nur noch von einer Drittpartei überbrückt werden. Zwischen den Parteien sorgt somit ein bewusster Abstand als «Zone der Neutralität» für einen Puffer zwischen den Parteien. Hier bewegt sich der Vermittler in seiner Verbindungsfunktion.

Die *Schiedsfunktion* lässt die Parteien untereinander Abstand wahren. Nach Beendigung des Schiedsverfahrens wird der Abstand zwischen den Parteien zumeist nicht überbrückt. Es ist ihnen selbst überlassen, ob sie Distanz wahren wollen, bis ausreichende «Abkühlung» eingetreten ist.

Beim *Machteingriff* kann die Drittpartei völlig neue Bedingungen für die Parteien setzen, die auch von Einfluss auf den Abstand sind.

15.8.5 Anteil der Selbsttätigkeit der Konfliktparteien und der Drittpartei

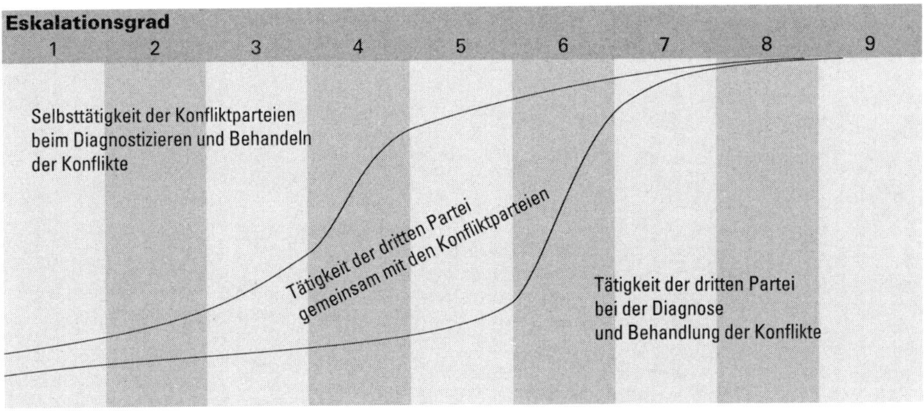

Fig. 15.5: Selbsttätigkeit und Tätigkeit der Drittpartei bei der Konfliktbehandlung

Die Interventionen der *Moderation* und der *Prozesskonsultation* bauen auf eine maximale Eigenaktivität der Konfliktparteien. Von den Betroffenen werden Vorschläge stimuliert und ihre Ideen fliessen in die Methoden der Konfliktbehandlung ein, so dass sich die Parteien mit dem Ziel, dem Weg und den Inhalten der Konfliktbehandlungsstrategien weitestgehend identifizieren können.

Der entscheidende Wendepunkt liegt hier bei der fünften Eskalationsstufe. Der *sozio-therapeutisch* ausgerichtete *Prozesskonsulent* muss – wenigstens zu Beginn seiner Interventionen – einen toten Punkt überwinden und einen Prozess einleiten, der später von den Konfliktparteien aufgegriffen und aus eigener Kraft weitergeführt werden kann. Die Interventionen müssen zu einem Durchbrechen der gegenseitigen Blockaden gelangen. Inhalt und Methode werden weitgehend von der Drittpartei bestimmt, die Betroffenen wirken jedoch unterstützend mit.

Bei Interventionen der *klassischen Mediation* bestimmt die dritte Partei weitgehend die einzelnen Schritte der Annäherung. Über die Drittpartei wird für Teilübereinstimmung, Prozedurvereinbarungen usw. Konsens erreicht. Die Parteien sind in hohem Masse von den Initiativen des Vermittlers abhängig. Dieser ist eine dritte Kraft zwischen den Parteien.

Die Konfliktparteien lassen sich überwiegend von den Aktionen der *Schiedsorgane* leiten.

Bei einem *Machteingriff*, durch eine dritte Partei werden die Konditionen, die Prozeduren, die Inhalte usw. einseitig von der Drittpartei auferlegt.

15.8.6 Zeitaufwand

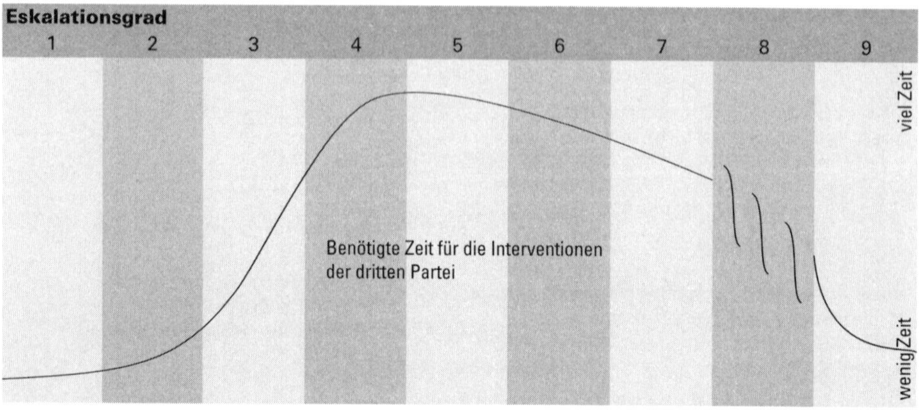

Fig. 15.6: Benötigte Zeit für Interventionen der Drittpartei

Interventionen der *Moderation* können zeitlich sehr beschränkt sein. Sie führen zu Ad-hoc-Verbesserungen der Gesprächsführung und Problemlösungsmethoden.

Prozesskonsultation richtet sich auf die längerlaufenden, mehr strukturell verankerten Prozesse in und zwischen den Parteien. Weil die Interventionen sowohl auf die Wirksamkeit der psycho-sozialen Mechanismen als auf die Effekte dieser Mechanismen abzielen, erfordern sie mehr Zeit.

Der grösste Zeitaufwand ist für die *sozio-therapeutischen Prozesskonsultationen* erforderlich. Die Interventionen richten sich auf die Mechanismen in und zwischen den Parteien, auf Änderungen im Identitätserleben und Selbstwertgefühl der Parteien, sowie auf eine Integration von Interventionen in der Subjektsphäre und Objektsphäre.

Der Zeitaufwand für die *Klassische Vermittlung* wird von der Dynamik des Verhandlungsprozesses bestimmt. Der Mediator hat Verhandlungen nach zwei Seiten zu führen. Mit jeder Partei wird er erst mögliche Konzessionen durchdenken, diese an der Gegenpartei austesten, revidieren, zurückspielen usw. Je mehr sich die Konfliktparteien im vorhergehenden Geschehen auf starre Positionen unter Einsatz ihres Prestiges festgelegt haben, desto zäher und langwieriger wird der Prozess des De-Commitment sein.

Ein *Schiedsprozess* geht auf definierte Probleme ein, um zu einem Ausspruch nach anerkannten Normen zu gelangen. Je weniger die Normen der Entscheidung selbst umstritten sind, desto schneller wird die Entscheidung getroffen.

Der *Machteingriff* kann zu einer sofortigen Beendigung der Konflikthandlungen führen – was nicht «Lösung» bedeuten muss.

15.8.7 Kurative und präventive Wirkungen der Interventionen

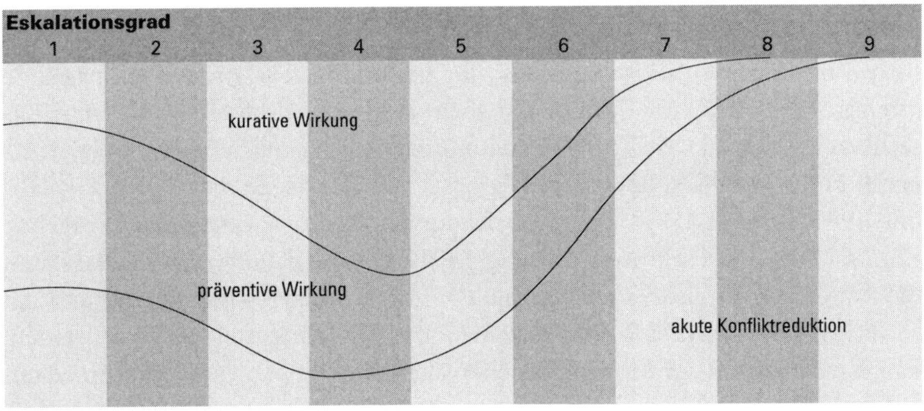

Fig. 15.7: Wirkung: kurativ – akut – präventiv

Interventionen der *Moderation* erzielen Wirkungen für die unmittelbare Vergangenheit, für die unmittelbare Zukunft und für die jetzt vorhandenen Spannungen in der Gegenwart.

Bei *Prozessbegleitung* müssen die aus der Vergangenheit wirkenden Konflikte abgebaut werden. Eine Präventivwirkung tritt auf, wenn die Parteien an der Konfliktbehandlung lernen, künftig Konflikte selbständig zu bearbeiten.

Sozio-therapeutische Prozessbegleitung muss sich am intensivsten mit kurativen, «therapeutischen, heilenden» Interventionen beschäftigen. In stärkerem Masse ist es notwendig, für die gegenwärtigen Konflikte regulierende und kanalisierende Massnahmen zu ergreifen, damit die therapeutischen Interventionen nicht von akuten Konfliktwirkungen unterlaufen werden.

Interventionen eines *klassischen Vermittlers* verlegen den Schwerpunkt bereits auf akute Konfliktreduktion: Der Status quo soll so geregelt werden, dass er als minimal erforderliche Basis für spätere Koexistenz dienen kann.

Schiedsverfahren beschränken sich überwiegend auf akute Konfliktreduktion.

Machteingriffe haben keinerlei kurative Wirkung. Sie führen über Konfliktbeherrschung zu einer Konfliktreduktion.

15.9 Wandel des Rollenkonzeptes im Konfliktbehandlungsprozess

In den bisherigen Ausführungen sind für bestimmte Eskalationsgrade passende Strategie- und Rollenmodelle beschrieben worden. Welches Rollenkonzept tatsächlich den Vorzug verdient, hängt vom *Eskalationsgrad beim Eintritt* der Drittpartei in die Konfliktsituation ab. Wenn wir mit Konflikten der vierten Eskalationsstufe konfrontiert sind, empfiehlt sich für den Beginn am ehesten ein Vorgehen nach der Strategie der Prozessberatung. Die Rolle kann dann für die ersten Phasen die eines Prozessbegleiters sein. Sobald die Interventionen wirksam sind und zur De-Eskalation führen, muss das Rollenkonzept der Drittpartei angepasst werden. Es kann allmählich zur Moderation übergehen oder, wenn der Konflikt trotzdem weiter eskaliert ist oder erst nach längeren Kontakten als intensiver erkannt wird, zu einer sozio-therapeutischen Prozessbegleitung vertieft werden.

Wir haben schon oben darauf hingewiesen, dass seit etwa 1980 «Mediation» im Sinne des aus den USA nach Europa kommenden Ansatzes zum globalen Überbegriff für Drittpartei-Interventionen geworden ist. Mit diesem umfassenden Verständnis gibt es Mediation in vielen Anwendungsbereichen: Scheidungsmediation, Familienmediation, Täter-Opfer-Mediation, Umweltmediation, Sportmediation, Wirtschaftsmediation, internationale Mediation usw. Mit dieser Begriffsausweitung ist das Problem gegeben, dass so etwas wie Omnikompetenz einer Mediatorin oder eines Mediators suggeriert wird, während in Wahrheit jeder dieser erwähnten Mediationsbereiche seine besonderen Regeln und Interventionsmethoden hat. Wer professionelle Scheidungsmediation beherrscht ist nicht a priori geeignet, Umweltmediationen durchzuführen. Und wer kompetent ist für Täter-Opfer-Mediationen ist nicht von vornherein kompetent für Wirtschaftsmediation. Deshalb ziehen wir unbedingt differenzierte Begriffe von Mediation vor, wie wir dies dargelegt haben (F. Glasl 2003 a).

Jedes Rollenkonzept muss sich mit der Veränderung des Konfliktprozesses wandeln. Umgekehrt gilt auch das Prinzip der *Subsidiarität:* Wenn Prozessbegleitung angezeigt war und von den Konfliktparteien nicht aufgegriffen werden kann, empfiehlt sich eine sozio-therapeutische Prozessbegleitung oder die Rolle des Klassischen Vermittlers. Es ist möglich, zum nächsten Rollenkonzept zu greifen.

Es gibt noch eine Schwierigkeit: Wenn die Drittpartei z. B. überzeugt ist, dass der Konflikt am zweckmässigsten mit Prozesskonsultation behandelt werden müsste, können die Konfliktparteien selbst den Konflikt anders perzipieren.

Für die Strategiewahl der Drittpartei ist zunächst – wenigstens für die Orientierungsphase – die Konzeptualisierung des Konflikts durch die Betroffenen massgeblich. Wenn sie mit der Rolle der dritten Partei unbedingt die eines Vermittlers verbinden, dann wird die Drittpartei vorerst doch diese subjektive Realität anerkennen müssen. Im Beharren auf vorgefasste Modellvorstellungen seitens der Konfliktparteien wird sich letztlich eine wesentliche Seite ihres Konfliktes ausdrücken. Erst wenn die Drittpartei mit den Konfliktparteien ins Gespräch gekommen ist und somit deren Konzeptualisierung ihrer eigenen Situation Gegenstand der Arbeit gewesen ist, wird sie vielleicht ihre Auffassung der effektivsten Rolle den Konfliktparteien näherbringen können. Dies geschieht in einem Lernprozess, in dem sowohl die Konfliktparteien als auch die intervenierende Partei gemeinsam Lernende sind.

16. Phasen der Konfliktbehandlungsstrategien

16.1 Phasenmodelle in der Literatur

Bei der Anwendung einzelner Interventionen ergeben sich bestimmte Schritte des Vorgehens: Die Klärung der Perzeptionen beginnt im Beispiel der Methode von R. Blake, J. Mouton und H. Shepard (1964) mit einer Besinnung auf das Image, das sich eine Partei von sich selbst und von der Gegenpartei gebildet hat, später werden diese Bilder ausgetauscht und verglichen usw.; die Arbeit an den Issues beginnt mit dem Inventarisieren und schreitet über das Austauschen und Vergleichen vor zu einem Prozess des Fraktionierens und Flexibilisierens usw. Manche Schritte sind logisch notwendig, andere sind psychologisch geboten, wie beispielsweise das Prinzip, dass die Interventionen allmählich intensiver werden sollten (R. Harrison 1970), oder, dass Begegnungen zwischen den Antagonisten mit einer zusammenführenden Intervention abgeschlossen werden sollen.

Wie kann nun die *Konfliktbehandlung* insgesamt zeitlich gegliedert werden? Die Literatur liefert dazu noch wenige Anhaltspunkte. Die von R. Walton (1969) oder W. Mastenbroek (1979) angeführten Prinzipien für die Sequenzen von Interventionen sind zwar allgemeine Gestaltungsprinzipien für *einzelne* Interventionen, ergeben aber noch zu wenige Gesichtspunkte für die Phasierung einer *Gesamtstrategie* der Kontliktbehandlung. Bei kritischen Analysen von Konfliktbehandlungsinterventionen der Praxis (siehe dazu u.a. R. Fisher 1972; M. Rijkeboer und H. Verhallen 1974; H. Kelman und S. Cohen 1976) wird in der Regel nicht berücksichtigt, ob die angewendete Interventionsmethode für den Eskalationsgrad und Konflikttypus angezeigt war. Und es wird ausser Betracht gelassen, dass die beste Intervention schlecht wirkt, wenn sie nicht ausreichend eingeleitet sowie durch andere Interventionen flankiert und vertieft und durch Nachbetreuung konsolidiert wird.

Die meisten Autoren fordern vor der Durchführung bestimmter Interventionen einige Vorbereitungen: Den Konfliktparteien soll der Sinn und Zweck der Interventionen einsichtig sein; die Parteien sollen bestimmten Spielregeln zugestimmt haben; nach den Konfrontationsgesprächen planen die Parteien ihre weiteren Schritte, und es treten eventuell Zyklen ein. R. Walton (1969) spricht ganz allgemein über «Eröffnungsinterviews» und über «Follow-up-Aktionen», gibt aber weiter kaum Anhaltspunkte für die Phasierung. Ähnlich W. Mastenbroek (1979), der Walton in den meisten Punkten folgt (siehe auch H. Prein 1982). A. Filley (1975) bietet eine Konfliktlösung in Phasen an, welche nach den einzelnen Phasen eines Entscheidungsprozesses verläuft.

Manche Phasenmodelle können aber höchstens als Schritte einer sehr *spezifischen* Konfliktbehandlungsstrategie gesehen werden: A. Filley geht über eine *Moderationsstrategie* nicht hinaus; R. Blake, H. Shepard, J. Mouton behandeln hauptsächlich Teilaspekte einer «*Conciliation-Strategie*» oder einer «*Prozesskonsultation*». Die Darstellung von A. Douglas (1962) beschränkt sich auf die einzelnen Phasen einer *Vermittlungs-* oder *Conciliation-Strategie.* Ähnliches gilt für J. Folberg/A. Taylor (1984), deren ausdifferenziertes Vorgehenskonzept in erster Linie für *Mediation* (im weiteren Sinne) gedacht ist. Auch das besonders klare und praktikable Modell der «acht essentiellen Schritte der Konfliktlösung» von D. Weeks (1994) ist als eine spezielle Strategie zu verstehen, nämlich eine *Prozessbegleitungsstrategie,* die Weeks «*Conflict Partnership Process*» nennt, mit dem «Facilitator» als Drittpartei. G. Schwarz (1995, p. 252 ff.) spricht aufgrund seines gruppendynamisch fundierten Modells global von *Analysephase* und *Lösungsphase*, ohne jedoch auf die situativen Besonderheiten seiner vorher unterschiedenen Konfliktarten einzugehen. Sein Vorgehen entspricht der *Moderations- und Prozessberatungsstrategie.*

16.2 Gesamtstrategie und spezielle Strategien

Bei der Konfliktbehandlung muss jede Drittpartei die einzelnen Interventionen so zu einer Gesamtstrategie integrieren, dass die verschiedenen Wirkungen aufeinander aufbauen. Überdies haben die Konfliktparteien zu ihrer Orientierung ein Recht darauf, zu wissen, was auf sie zukommt, wieviel Zeit beansprucht wird, welche Kosten dabei entstehen, welches Risiko sie damit auf sich nehmen usw.

Wir unterscheiden eine Gesamtstrategie und spezielle Strategien. Eine *Gesamtstrategie* der Konfliktbehandlung umfasst eine Reihe von speziellen Strategien, wie z. B. Moderation, Prozesskonsultation, Vermittlung usw. Im vorigen Kapitel haben wir angedeutet, dass die beschriebenen Rollen- und Strategiemodelle im Zuge der wirkungsvollen De-Eskalation beispielsweise von der Vermittlung zur sozio-therapeutischen Prozessbegleitung und im weiteren Verlauf zur Prozesskonsultation und Moderation überwechseln. Dies nennen wir das «*Sukzessionsprinzip*»: Es schreitet zu Verfahren fort, die immer mehr Eigentätigkeit der Konfliktparteien fordern. Aber wenn beispielsweise das Bemühen um Vermittlung versagt hat, kann man zu Schiedsverfahren oder Machteingriffen übergehen, falls eine Beendigung des Konfliktes sonst unmöglich wäre. Dies haben wir «*Subsidiaritätsprinzip*» genannt. Sukzessives oder subsidiäres Vorgehen können Sequenzen spezieller Konfliktbehandlungsstrategien sein, die insgesamt eine der drei Hauptphasen einer

Gesamtstrategie der Konfliktbehandlung darstellen. Wir bezeichnen diese Phase als zweite Hauptphase einer Gesamtstrategie, die «*spezielle Konfliktbehandlungsphase*» (Fig. 16.1).

Die erste Hauptphase nennen wir «*Orientierungsphase*» Sie hat zum Ziel, die eigentliche Konfliktbehandlung mit den Parteien vorzubereiten. U.a. geht es in der Orientierungsphase darum, dass die Konfliktparteien der Konfliktbehandlung durch eine Drittpartei zustimmen (ausgenommen bei einem Machteingriff), dass also die Akzeptanz gewährleistet wird; dass globale und spezielle Pläne für das Vorgehen einsichtig werden; dass sich die Parteien innerlich auf ihren eigenen Beitrag in der Konfliktbehandlung vorbereiten können und die vorgeschlagenen Kommunikationsregeln verstehen und unterstützen usw. – Die Orientierungsphase kann also die «Vorbereitungen» umfassen, die R. Blake, H. Shepard und J. Mouton (1964) generell andeuten, oder die «Eröffnungsinterviews» nach R. Walton (1969), oder die «Pre-Mediations-Phase» (Ch. Besemer 1995) zur Klärung der gegenseitigen Rollen, Rechte und Pflichten und anderes mehr.

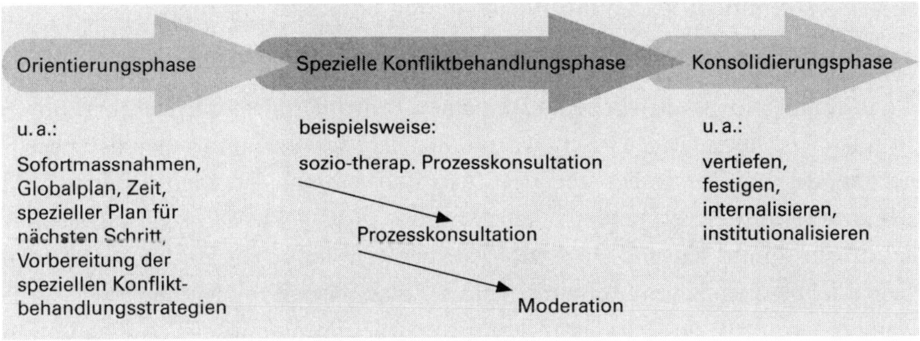

Fig. 16.1: Phasen der Gesamtstrategie der Konfliktbehandlung

Die dritte Hauptphase ist die «*Konsolidierungsphase*». In ihr geht es um das Vertiefen und Festigen der erzielten Ergebnisse. Diese Wirkungen werden in der Subjektsphäre weiter internalisiert. Die in der Objektsphäre erreichten Veränderungen werden institutionalisiert und dadurch besser verankert. Eine Strategie der Prozesskonsultation kann so in einen Organisationsentwicklungsprozess (siehe W. French und C. Bell 1973; D. Gebert 1974; F. Glasl und L. de la Houssaye 1975; B. Sievers 1977; F. Glasl 1983, F. Glasl, T. Kalcher und H. Piber 2004) übergehen.

Es ist auch möglich, dass Konfliktbehandlung mit einer Prozessbegleitung endet und nicht mit einer Moderation fortgesetzt wird. Oder es kann nach einer erfolgreichen Vermittlungsaktion bei einem Kompromiss bleiben. Dann gehört die Ausführung und Überwachung zu den Aktionen einer «Normalisierung der Beziehungen». In der Konsolidierungsphase geht es also um Massnahmen, die auch nach der Beendigung der Aufsichtsfunktion eine weitere Entschärfung des Konfliktes garantieren. Wenn dadurch Abkühlung und De-Eskalation erreicht worden sind, kann – vielleicht erst nach einigen Jahren, wie wir dies manchmal in unserer Praxis erlebt haben – die Bereitschaft vorhanden sein, den zwar regulierten aber immer noch unausgeheilten Konflikt nach den Methoden der Prozessbegleitung usw. wirklich tiefgehend zu behandeln.

Die drei Hauptphasen sind zur Verdeutlichung gegeneinander abgegrenzt worden. In der Praxis überlappen sie einander mehr oder weniger. Mit den Kernakteuren ist vielleicht schon die Konfliktbehandlung weiter fortgeschritten als mit den übrigen Mitarbeitern einer Organisation. Andere Gruppen müssen u. U. erst noch Verständnis für die Rolle der Drittpartei und ihre Strategie gewinnen. Die Zeit wird nicht mechanisch und formell, sondern organisch gegliedert.

16.3 Prinzipien für die Gesamtstrategie

16.3.1 Die Pendelbewegung zwischen den polaren Prinzipien

Für die einzelnen Interventionen und für Sequenzen von Interventionen gelten die in Kapitel 13 beschriebenen allgemeinen Prinzipien. Diese Prinzipien führen zu einer Pendelbewegung zwischen den Polen der speziellen und generellen Orientierung, des Konfrontierens und des Zusammenführens, des Identifizierens und Distanzierens. Diese Prinzipien ergeben für die zeitliche Phasierung insofern einige Anhaltspunkte, als eine Drittpartei längere Zeit den einen Pol und später den Gegenpol betonen kann. Im Rahmen einer Prozessbegleitung hatten verschiedene kleinere Gruppen die wichtigsten kontroversiellen Punkte in einer Organisation näher untersucht. Sechs Wochen lang tagten die Untersuchungsgruppen einmal wöchentlich. Dabei wurde das Problem immer breiter und vielfältiger und immer mehr in Einzel-Issues aufgegliedert. Erst danach haben alle Gruppen untereinander die Kernresultate ausgetauscht und gemeinsam Schwerpunkte für die weitere Arbeit vereinbart. – Während auf diese Weise hinsichtlich eines polaren Prinzipienpaares vorübergehend eine erhebliche Spannung aufgebaut wurde, bewahrten wir jedoch zwischen den anderen Polen rhythmisch ein Gleichgewicht.

16.3.2 Dilemma zwischen Untersuchen und Eingreifen

Ein weiteres Prinzip kommt vor allem bei einer mittelfristig laufenden Konfliktbehandlung zum Tragen. L. Goodstein und R. Boyer (1972) weisen auf ein strategisches Dilemma, dem eine Drittpartei von allem Anfang an ausgesetzt ist. Die Konfliktparteien haben als Klienten eine Erwartung, die der des Konflikthelfers diametral entgegengesetzt ist: Die Konfliktparteien setzen die Drittpartei unter grossen Handlungsdruck; es sollte sofort eingegriffen werden, Wirkungen sollten unmittelbar sichtbar werden – während externe Berater das Bedürfnis haben, erst noch gründlich und ausführlich zu untersuchen, ehe sie intervenieren können.

Weder das eine noch das andere allein ist wirklich von Nutzen. In der Regel wird die Drittpartei nach einem akzeptablen Verhältnis zwischen Interventionen der Diagnose und der Konfliktbehandlung streben müssen. Diagnostische Interventionen bedeuten ja von Anfang an bereits ein Eingreifen in die Konfliktsituation. Darum muss sich die Drittpartei bereits bei allen diagnostischen Aktivitäten ihres Einflusses auf die Parteien und ihrer Beziehungen bewusst sein. Sie muss diesen Einfluss strategisch durchdenken und gestalten.

J. Braakman und J. Vogt (1977) haben in ihrem Phasenmodell zwischen einer Phase der Diagnose, einer Phase der Berichterstattung und einer Ausführungsphase unterschieden. In der Praxis führt dies jedoch zu Problemen, weil der Konfliktprozess während der Diagnose nicht stillgesetzt werden kann. Überdies ist von einer Berichterstattung, wie sie für klassische Organisationsexpertisen üblich war, in der Regel abzuraten, wenn der Konflikt bereits bis zur dritten Stufe oder noch tiefer eskaliert ist. Insbesonders schriftliche Berichte werden dann zu einer zusätzlichen Konflikt-Issue. Die Konfliktparteien lesen die schriftlichen Ausführungen aufgrund der wirkenden Perzeptionsverzerrungen sehr selektiv, interpretieren sie projektiv, suchen nach Aussagen über Schuld oder Unschuld usw. und verwenden den Bericht als Kampfmittel. Jede Seite kann das aus ihm herausgreifen, was ihre Ansichten bestätigt. Und was ihren Auffassungen widerspricht, beweist ihr sozusagen, dass entweder der Experte die Situation nicht wirklich durchschaut oder aufgrund manipulativer Einflüsse seitens der Gegenpartei tendenziös darstellt. In unserer Praxis hat es sich bewährt, eventuelle Diagnosebefunde mit einer Kontakt- und Resonanzgruppe zu erarbeiten. Diese Gruppe wird bei ihren eigenen Besprechungen bereits die meisten der genannten Reaktionsweisen zu erkennen geben. Sie kann sich der Perzeptionsbeeinträchtigungen bewusst werden, wodurch sie der eigenen Hintermannschaft die Befunde besser vermitteln kann.

In kleinen Gruppen kann es leichter gelingen, manche Verhaltensweisen als Ausdruck von Konfliktmechanismen zu verstehen und mittels verschiedener Interventionen aufzulockern. – Bei kalten Konflikten wird selbst diese Vorgehensweise nur nach langwierigen und gründlichen Vorbereitungen möglich sein. Schwerpunktmässig wird gewiss in der Orientierungsphase und bei den ersten Schritten einer speziellen Behandlungsstrategie mehr an Aktivitäten des Analysierens und Diagnostizierens erfolgen, während später die Konfliktbehandlung im Sinne eines bewussten und gewollten Veränderns und Beeinflussens der wirksamen Konfliktfaktoren die Oberhand bekommt.

16.3.3 Kurzfristige und langfristige Massnahmen

Bei verschiedenen Strategiemodellen spielen kurzfristige Massnahmen mit sofortiger Wirkung und langfristige Massnahmen, deren Wirkung erst später merkbar ist, eine Rolle. In der Regel üben die Konfliktparteien auf die intervenierende Drittpartei Druck aus, um zu sofortigen Eingriffen zu schreiten. Dieser Druck ist – von der Lage der Parteien aus gesehen – berechtigt. Die Fortsetzung des Kampfes bietet ihnen im Augenblick wenig Perspektiven. Darum soll ein rasches Eingreifen eines Beraters oder einer Mediatorin usw. gewährleisten, dass die Gegenpartei in der Zwischenzeit nicht noch die Situation zu ihren Gunsten verändern kann. Je intensiver der Konflikt eskaliert ist, desto höher der Druck der Konfliktparteien auf die Drittpartei. Jede Konfliktbehandlung muss einen Ausgleich zwischen der Forderung nach sofortigen Eingriffen mit kurzfristiger Wirkung und der Notwendigkeit für mittel- und langfristig wirksame Massnahmen finden.

Schritt für Schritt werden wir bestimmte Bedingungen aufbauen, die erst nach einiger Zeit von den Parteien erkannt und verstanden werden. In der Orientierungsphase konzentrieren sich die Aktionen am Anfang auf eine Status-quo-Regelung. In mehreren Fällen haben wir jedoch erlebt, dass eine «Feuerwehraktion» für eine wirksame Status-quo-Regelung bei den Parteien und im besonderen bei den formellen Machtinstanzen die Illusion wecken kann, dass hiermit der Konflikt schon gelöst sei. Während wir uns nach der Status-quo-Regelung anschickten, die Voraussetzungen für eine nachhaltige Konfliktbehandlung weiter auszubauen, wollte uns der Vorstand formell und nachdrücklich für die Hilfe dankend verabschieden. Nachdem die «Feuerwehr» den Brand im Hotel gelöscht hat, sollte eigentlich näher untersucht werden, ob nicht die Bauweise des Hotels, das verwendete Material, die Qualität der Feuermeldeinstallationen, die Schulung des Personals usw. im nächsten Brandfall eine neue Katastrophe heraufbeschwören können. Während Sofortmassnahmen ergriffen werden, sollte das Verständnis für die langwieriger zu behandelnden Probleme wachsen. Auch in einem bereits laufenden Prozess der Prozesskonsultation müssen wir wiederholt auf unerwartete Probleme mit einer unmittelbar wirksamen Massnahme reagieren, um weitere schädliche Einwirkungen auf die Konfliktbehandlung einzudämmen. – Bei einer sozio-therapeutischen Prozessbegleitung mit den Verwaltungsbeamten einer Stadtgemeinde zeigte sich, dass die einzelnen Parteien nach der Arbeit mit uns immer wieder von den politischen Funktionären der ihnen nahestehenden Parteien über den Fortschritt befragt wurden. Der Erfolg bestimmter Interventionen wurde auf diese Weise von den Politikern – mit denen wir weniger häufig direkte Arbeitskontakte hatten – immer wieder untergraben. Nach solchen Gesprächen waren die Standpunkte der Beamten neuerlich verhärtet. Durch tendenziöse Informationen aus der Hand der Politiker war häufig der Zweifel an der Aufrichtigkeit des Kollegen, mit dem sie unter unserer Begleitung an bestimmten Problemen gearbeitet hatten, verstärkt aufgekommen. Mit den Politikern und den Beamten vereinbarten wir daraufhin für einige Zeit ein Informationsembargo. Die Politiker und die Beamten sollten miteinander nicht über den Inhalt, die Methode und den Erfolg der von uns begleiteteten Gespräche reden. Die Parteien hielten sich an diese Abmachung, und nach einiger Zeit konnte dieses Embargo wieder aufgehoben werden.

16.3.4 Konsolidierung durch zyklische Überlappung

Viele Interventionen mögen bei erstmaliger Anwendung zu direkten positiven Wirkungen führen. In einer Mikro-Analyse einer kritischen Konfliktepisode können die Parteien plötzlich ihre Perzeptionsverzerrungen erkennen. Daraufhin korrigieren sie ihre bisherigen unrichtigen Vorstellungen und versprechen einander, dass sie bei der nächsten Gelegenheit eventuelle Irritationen sofort melden werden. Nach unseren Erfahrungen halten solche Spontanwirkungen bei Konflikten ab der zweiten Eskalationsstufe nur dann stand, wenn sie konsolidiert werden. Bei den nächsten Interventionen wird unter Umständen an anderen Issues gearbeitet, an denen andere Perzeptionsbeeinträchtigungen erkannt und korrigiert werden können. Diese wirken wieder konsolidierend auf die ersten Spontanerkenntnisse und -vorsätze zurück. Auf diese Weise können Gefühle und Einstellungen, welche die Perzeptionen weitgehend bestimmen, verändert werden. Vorsätze oder Vereinbarungen zu Verhaltensänderungen werden erst durch gefestigte Einstellungen in die Tat umgesetzt. Wiederholungen und Überlappungen führen dazu, dass die neuerliche Klärung einer Fehlperzeption die Ansätze zu Einstellungsänderung vertiefen. Dies kann wiederum zu einer Änderung der Konzeptualisierung führen.

Die spontanen Vorsätze der Konfliktparteien können nun in einer nächsten, von der Drittpartei strukturierten und begleiteten Begegnung, bestätigt und gefestigt werden. Wenn sie mehrere «Belastungsproben» durchstanden haben, werden sie auch in neuerlichen Stress- und Krisensituationen stabil genug sein und nicht wieder von den Konfliktmechanismen überspült werden.

Diese Konsolidierungswirkung kann an einem Beispiel generell folgendermassen beschrieben werden (Fig. 16.2).

1. Bei der ersten Mikro-Analyse wird vorrangig an der Klärung von Perzeptionen gearbeitet. Ausserdem werden bestimmte Motive und Ziele als dysfunktional erkannt. Die Einstellungen der Konfliktparteien werden etwas aufgelockert. Die Parteien versprechen einander bestimmte Verhaltensweisen, die sie unter Kontrolle bekommen wollen.

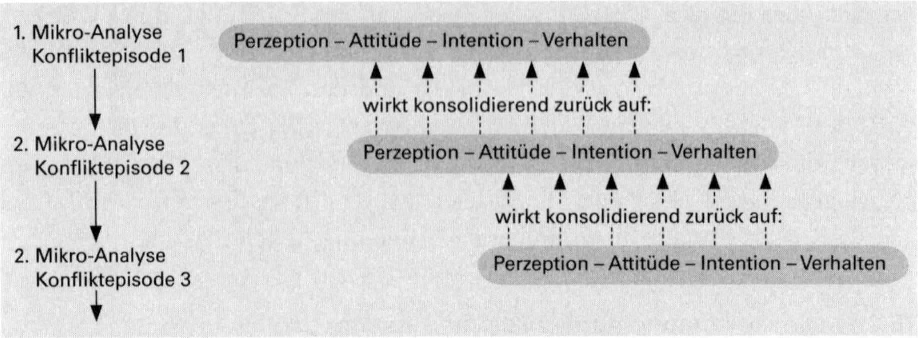

Fig. 16.2: Stufenweises Konsolidieren durch zyklische Überlappung

2. Bei der Mikro-Analyse einer anderen kritischen Episode werden zum Teil ähnliche Perzeptions-, Einstellungs- und Verhaltensprobleme aufgedeckt, zum Teil kommen auch neue Aspekte hinzu. Die neuerliche Behandlung derselben oder der ähnlichen Aspekte festigt die bisherigen Korrekturen und Vorsätze. Gleichzeitig wird wiederum Neuland betreten, ähnlich der ersten Gesprächsrunde, es treten abermals kleine Änderungen in den Perzeptionen, Einstellungen, Intentionen und Verhaltensweisen auf.
3. Bei der dritten Mikro-Analyse anderer Vorgänge werden zum dritten Mal Aspekte berührt, die bereits in der ersten und zweiten Gesprächsrunde behandelt worden sind. Dadurch werden dieselben Aspekte aus der ersten und zweiten Gesprächsrunde nochmals behandelt und vertieft sowie bestätigt.

Dieses Vorgehen liegt auch der von R. Walton (1969) und W. Mastenbroek (1979) vertretenen zyklischen Behandlungsweise zugrunde.

Je mehr eine Strategie der Konfliktbehandlung selbst Prozesscharakter hat, desto mehr kann mit zyklischen Überlappungen eine stabile Verankerung neu angelegter Verhaltensweisen erreicht werden. Dies bestimmt letztendlich den kurativen und präventiven Effekt einer Konfliktbehandlung. Im übrigen gestaltet sich die Strategie nach den Einsichten, die sich aus der Diagnose der konkreten Situation im Laufe der Konfliktbehandlung ergeben. Darum ist es geboten, die Strategie ständig anzupassen. In der Praxis sehen wir dafür Entscheidungsmomente vor, in denen wir – vor allem bei den Strategien der Prozesskonsultation, der sozio-therapeutischen Prozessbegleitung und der Conciliation – so viel wie möglich mit den Betroffenen selbst über strategische Änderungen entscheiden.

16.4 Die erste Hauptphase der Konfliktbehandlung: Orientierungsphase

Mit dieser Phase soll nach zwei Seiten Orientierung ermöglicht werden:
- die Drittpartei macht sich ein erstes Bild der Situation,
- die Konfliktparteien gewinnen einen Eindruck der Person und der Rolle, der Ethik und der Vorgehensweise der Drittpartei.

Vor allem die externe dritte Partei wird sich gründlicher orientieren und den Konfliktparteien vorstellen müssen. Die folgenden Ziele werden in der Regel mit der Orientierungsphase verfolgt:

a) es ist geklärt, wer formell und wer faktisch *Auftraggeber* ist und welchen Einfluss der Auftraggeber auf die Konfliktbehandlung ausüben kann,
b) es ist geklärt, welche *Personen und Gruppen* zunächst *aktiv* an der Konfliktbehandlung mitwirken sollen,
c) die Drittpartei hat sich ein Bild des *Konflikttypus* gemacht und überblickt die Möglichkeiten und Grenzen der nächsten Interventionen,
d) die intervenierende dritte Partei kennt die *Grundeinstellung* der Parteien und ihre minimale Bereitschaft zur Mitwirkung an der Konfliktbehandlung (*Akzeptanzbasis* für Massnahmen),
e) die Konfliktparteien kennen die *Rollenauffassung der dritten Partei,*
f) mit den Konfliktparteien ist geklärt, unter welchen *Bedingungen* die dritte Partei zu intervenieren bereit ist,
g) zwischen den Konfliktparteien und der dritten Partei sind *Schutzgarantien* für die Konfliktparteien vereinbart worden,
h) die Konfliktparteien kennen die *Spielregeln*, die bei den nächsten Interventionen zur Anwendung gelangen,
i) der *Status quo* ist soweit geregelt, dass während der nächsten Massnahmen die bereits erzielten Ergebnisse der Orientierungsphase nicht durch weitere eskalierende Massnahmen der Parteien gefährdet werden,
j) zwischen der Drittpartei und den Konfliktparteien sind offizielle Wege und Formen der *Kommunikation* vereinbart worden.

Es hängt vom Eskalationsgrad zu Beginn der Interventionen ab, wie gründlich zu diesen Punkten Massnahmen ergriffen werden müssen.

a) Klären des Auftraggebers

Aufgrund unserer Erfahrungen in intensiver eskalierten Konflikten unterscheiden wir zwischen einem De-jure-Auftraggeber und einem De-facto-Auftraggeber (siehe F. Glasl 1980 c und 1981). Der *De-jure-Auftraggeber* kann z. B. in einer Fabrik der Betriebsleiter sein, der als Vorgesetzter der Konfliktparteien externe Hilfe hinzuziehen will und sich selbst nicht als Konfliktpartei betrachtet. In anderen Fällen, z.B. bei einer Universität, können der Senat oder das Kuratorium De-jure-Auftraggeber sein, weil sie über die formelle Macht und die budgetären Mittel für Beratungen verfügen; dennoch können sie selbst eine wichtige Konfliktpartei in einem Konflikt zwischen Studenten, Dozenten und dem Kuratorium sein. Als *De-facto-Auftraggeber* betrachten wir die faktisch massgeblichen und einflussreichen Konfliktparteien, die bisher genug Einfluss besessen hatten, um die Eskalation des Konfliktes voranzutreiben. Wir streben grundsätzlich immer nach einer Beauftragung durch den De-facto-Auftraggeber, d.h. auch wirkliche Zustimmung des Betriebsrates, der verschiedenen Gruppen in der Organisation usw., weil mit der blossen Beauftragung seitens des De-jure-Auftraggebers die Gefahr besteht, dass die Akzeptanzgrundlage unzureichend ist.

Um zur *De-facto-Beauftragung* zu gelangen, deklarieren wir in der Praxis unsere Auffassung einseitig, d.h. von uns aus. Danach unternehmen wir Kontaktversuche zu den einzelnen Parteien, um mit ihnen die Möglichkeiten der Beauftragung zu besprechen. Auf diese Weise kann die Drittpartei gleichzeitig demonstrieren, wie sie ihre Rolle sieht. Eine Konfliktpartei kann sich auf dieser Grundlage schwer weigern, wenigstens einen Kontaktversuch mit der Drittpartei zu unternehmen. Manchmal befürchten Konfliktparteien Nachteile, wenn sie offiziell und sichtbar mit der dritten Partei in Verbindung treten. Dies gilt im besonderen für Konflikte, bei denen die formellen Machtträger der Organisation selbst eine der gewaltsamsten Konfliktparteien gewesen sind. Wir bieten in solchen Situationen die Möglichkeit, jederzeit – auch anonym – schriftlich oder telefonisch Kontakt mit uns aufnehmen zu können, ohne dass dies zu irgendeiner weiteren Mitwirkung verpflichtet. Es ist gerade zu Beginn der Konfliktbehandlung wichtig, dass die Arbeit am Konflikt nicht mit der *Taktik der Kontaktweigerung* vereitelt wird. Wie Th. Schelling (1957) eindringlich zeigt, kann die einseitige Kontaktweigerung ein eminentes Machtmittel sein, mit welchem die Beziehungen zwischen den Konfliktparteien einseitig und asymmetrisch werden. In der Art der Kontaktnahme zur Drittpartei offenbart sich dies möglicherweise. Mit Gesprächen über die Beauftragung ist zu klären, wie weit der De-jure- oder der De-facto-Auftraggeber auf das laufende Geschehen Einfluss nehmen: Wie weit kann der Vermittler selbständig Kontakte aufnehmen? Kann der De-jure-Auftraggeber einseitig das Verfahren beenden oder ist dies nur mit einem Vertreter der De-facto-Auftraggeber möglich?

b) Klärung des Personenkreises, der mit der Konfliktbehandlung angesprochen wird

Nach ersten Orientierungen und nach annähernd genauer Bestimmung des Konflikttypus kann den Konfliktparteien erläutert werden, welcher Personenkreis auf eine aktive Mitwirkung an der Konfliktbehandlung rechnen kann: Bleibt die Führungsspitze ausserhalb dieses Kreises? Schliesst sich der De-jure-Auftraggeber aus oder unterwirft er sich gleich den übrigen Parteien denselben Spielregeln und Bedingungen? usw.

Aus solchen Erklärungen leiten die Konfliktparteien oft ab, dass sie von der Drittpartei als Konfliktparteien – und das bedeutet für sie «Mitschuldige» – betrachtet werden. Wenn z. B. das Personalamt durch eine Massnahme erheblich zur Eskalation beigetragen hat, während es sich selbst als «neutrales Schiedsorgan» verstanden hat, dann kann es sich dagegen wehren, als Konfliktpartei «abgestempelt» zu werden. Darum muss die dritte Partei in den Formulierungen beurteilende Ausdrücke unbedingt vermeiden. Wir haben aus solchen Erfahrungen gelernt, vorerst über «Auskunftpersonen» zu sprechen, mit denen wir Kontakte wünschen.

c) Bestimmung des Konflikttypus

Aufgrund der verfügbaren Informationen und Beobachtungen kann sich die dritte Partei ein Bild des Konflikttypus machen. Damit sind Möglichkeiten und Grenzen der weiteren Konfliktbehandlung vorläufig abzuschätzen. Eine weitere, besonders wichtige Diagnosefrage zu Beginn aller Interventionen ist immer die globale Bestimmung des Eskalationsgrades des Konfliktes.

d) Grundeinstellung, Akzeptanzbasis

In den ersten Kontakten zwischen Drittpartei und Konfliktparteien kann sich die dritte Partei von den Grundeinstellungen und der konkreten Bereitschaft zur Mitarbeit ein Bild machen. Neben den bereits angeführten Interventionen kann der Konflikthelfer zu einer Öffnung der Parteien auch mittels einseitiger Aktionen beitragen; u. a. durch die folgenden:

- öffentlich (z. B. über die Betriebszeitschrift, andere öffentliche und allen zugängliche Medien) sein Hilfsangebot sichtbar machen,
- durch Prognose der wahrscheinlichen zukünftigen Entwicklungen kann er zum Überdenken des Strategie-Kalküls Anstösse geben,
- seine Rolle und Art der Hilfeleistung öffentlich andeuten und Kontaktmöglichkeiten anbieten,
- seine Auffassungen zur De-facto- und De-jure-Beauftragung proklamieren,
- durch empathische Interpretation der jüngsten Handlungen der Konfliktparteien zeigen, dass er selbst zur positiven Interpretation und Verdeutlichung der Verhaltensweisen der Konfliktparteien fähig ist usw.

Im übrigen muss sich die Drittpartei bei allen Annäherungsversuchen dessen bewusst sein, dass ihr faktisches Verhalten kritisch beobachtet und beurteilt wird. Im Verhalten drückt sich für die Parteien, die ab der dritten Eskalationsstufe vor allem den non-verbalen Signalen vertrauen, die eigentliche Haltung des Helfers aus. Strikte Neutralität und Unparteilichkeit wie Unbefangenheit sind oberstes Gebot. Dies wird glaubwürdiger, wenn die Drittpartei bekundet, dass sie jederzeit auf Bedenken gegen ihr Auftreten eingehen will und dazu konkrete Kontaktkanäle anbietet.

Wenn das Auftreten eines Vermittlers erforderlich ist, wird die Drittpartei mit den einzelnen Parteien in unverbindlichen Vorverhandlungen abtasten, wie weit die Bereitschaft der Parteien geht. Dabei muss oft eine wichtige Barriere überwunden werden: Die Konfliktparteien, die zum Einlenken bereit sind, wollen den Eindruck vermeiden, dass sie dies eventuell aus Schwäche tun. Darum kann man als Drittpartei eine Partei gerade nach einer Episode ansprechen, die ihr etwas Erfolg gebracht hat und ihre Stärke demonstriert. Wie H. von Hentig (1965) betont, soll den einzelnen Parteien dabei garantiert werden, dass ihre Bereitschaft der anderen Partei vorerst noch nicht bekannt wird, ehe diese nicht selbst eine minimale Bereitschaft gegenüber der Drittpartei bekundet hat.

Diese Barriere tritt oft auf der sechsten Eskalationsstufe auf. Für die Wirkung der gegenseitigen Drohstrategien muss ein Droher Glaubwürdigkeit aufbauen. Wenn die eine Partei aus der Vermittlungsbereitschaft schliessen könnte, dass die Gegenpartei aus Angst vor der Übermacht zum Einlenken bereit ist, könnte sie nach eventuellem Misslingen eines Vermittlungsversuches ihre eigene Glaubwürdigkeit als Drohender eingebüsst haben. Solange für die Strategie-Kalküle der Parteien noch pessimistische Antizipation bestimmend ist, wird sie mit dem Eingehen auf einen Vermittlungsversuch nicht ihre künftige Position in einer fortgesetzten Drohstrategie aufs Spiel setzen. Eine andere Möglichkeit ist das Verhandeln mit indirekten Sprechern der Parteien, die jedoch selbst nicht Parteiexponenten sind. In Organisationen können dies der Rechtsanwalt der einen Seite oder z. B. der Gewerkschaftsvertreter der anderen Partei usw. sein (H. Prein 1979 a).

Für die Akzeptanz eines Schiedsverfahrens muss man über die Verfahren, die Schiedsinstanz und die vorzulegenden Issues mit den Parteien getrennt verhandeln. Dies erfordert das Auftreten eines Vermittlers, der jedoch für die Parteien nicht mehr tun kann als die Voraussetzungen für Arbitrage zu verschaffen.

e) Rollenumschreibung der Drittpartei

Nach der Orientierung und vorläufigen Bestimmung des Konflikttypus und Eskalationsgrades sollte die Drittpartei den Konfliktparteien so früh wie möglich erklären, wie sie ihre Rolle sieht. In kurzen und deutlichen Formulierungen kann zum Ausdruck kommen, welches der von uns genannten Rollenkonzepte für die nächste Phase der Konfliktbehandlung praktiziert wird. Es empfiehlt sich, dies unmissverständlich und schriftlich zu dokumentieren, weil es beiden Seiten – der

Drittpartei und den Konfliktparteien – Deutlichkeit und Sicherheit gewährleistet. Dieses Rollenkonzept kann jedoch nur vorläufig sein, weil mit fortschreitender Konfliktbehandlung ein Wandel des Rollenkonzeptes notwendig wird. Wenn nach den bisherigen Interventionen ein «sukzessiver Rollenwechsel» möglich wird, z.B. vom Vermittler zum Prozesskonsulenten, dann wird dies in Zusammenarbeit mit den Konfliktparteien geschehen, weil deren Rolle zu der einen Drittpartei komplementär ist. Es ist nicht leicht, die bisher an die Drittpartei herangetragenen Rollenerwartungen zu ändern. Und doch ist dies zugleich ein wichtiger Auswertungs- und Besinnungsmoment für die Konfliktparteien.

Wenn nach dem «Subsidiaritätsprinzip» zu einer weniger kooperativen Rolle gewechselt werden muss, ist es fraglich, ob dieselbe Person, die z.B. erst als Prozesskonsulent aufgetreten ist, auch als Vermittler akzeptabel wäre. In solchen Fällen ist für die Vermittlung zu einer anderen Person zu wechseln.

Die Konfliktparteien haben vorher oft unangenehme Erfahrungen mit Beratern gemacht. Sie zeigen dann Misstrauen und werden das Auftreten des neuen Beraters nach dem des Vorgängers negativ beurteilen. Es hat sich darum bewährt, bei der eigenen Rollenumschreibung unmissverständlich zu definieren, wie man seine Rolle als Drittpartei *vor allem* ***nicht*** *sieht.* Bei der Umschreibung unserer Rolle als sozio-therapeutischer Prozessbegleiter haben wir z.B. erklärt, dass wir nicht die beruflichen Fähigkeiten der Konfliktparteien bewerten bzw. die Rechtmässigkeit oder Unrechtmässigkeit ihres Handelns beurteilen werden.

Die Drittpartei muss sich nach der einseitigen Erklärung ihrer Rolle den Kommentaren der Konfliktparteien stellen, damit die Rollendefinition geklärt wird.

f) Bedingungen für die Interventionen

Mit der Umschreibung ihrer Rolle kann die Drittpartei erklären, unter welchen Bedingungen sie an der Konfliktlösung arbeiten will. Zum Teil decken sich diese mit den Umschreibungen der Aufgaben, die wir vor allem *nicht* erfüllen werden.

Zum anderen kann die Drittpartei in intensiveren Konflikten erklären, dass z.B. jede Partei das Recht hat, ihre weitere Mitarbeit zu versagen, sobald sie der Drittpartei misstraut; die Drittpartei kann betonen, nur dann weitere Schritte zu unternehmen, wenn eine Mehrheit ihr Auftreten unterstützt usw. In der Regel umschreiben diese Bedingungen auch, wie die Drittpartei ihr Verhältnis zu den De-jure- und De-facto-Auftraggebern versteht.

Das Bekanntgeben solcher Bedingungen soll bewirken, dass die Art des Eingriffes der Drittpartei deutlich wird. Mit diesen Äusserungen bekundet die Drittpartei ihre Grundeinstellung und Ethik in Ausübung dieser Funktion. Dies führt zu einem psychologischen Vertrag zwischen den Konfliktparteien im Hinblick auf die Drittpartei.

g) Schutzgarantien für die Konfliktparteien
Die Konfliktparteien müssen zur Drittpartei Vertrauen fassen, Es ist durchaus berechtigt, wenn die Konfliktparteien auch formelle und offizielle Garantien fordern. Die Drittpartei kann Berufungs- und Beschwerdewege anbieten oder auf Möglichkeiten zu disziplinarischen Sanktionen gegen die Drittpartei: z.B. bei der eigenen berufsständischen Organisation, bei öffentlich-rechtlichen Organen usw. weisen. Es ist deshalb von Nutzen, wenn der professionelle Konflikthelfer bzw. die Mediatorin einem derartigen Berufsverband angehören, der aus eigener Initiative Disziplinarverfahren etabliert hat, um über die ethische Integrität und die fachliche Qualität der Professionellen zu wachen.

Man kann als dritte Partei den Parteien auch raten, dass sie mit Klagen jederzeit öffentliche Medien einschalten können. Dann muss sich die Drittpartei gegenüber dem Forum der öffentlichen Meinung verantworten. Dies ist natürlich nicht ungefährlich, weil der Konflikt dadurch im Umfang wachsen kann.

h) Spielregeln für Interventionen vereinbaren
Bei Interventionen der Moderation kann die Drittpartei von Fall zu Fall den Parteien Spielregeln vorschlagen und vereinbaren. Die Parteien wirken dann beim Erstellen der Regeln möglichst aktiv mit. Bei intensiveren Konflikten empfiehlt es sich, in der Orientierungsphase für die ersten Schritte einige Spielregeln zu umschreiben und für die Einhaltung einzustehen. Vermittler und Schiedsinstanzen müssen noch weitaus mehr auf die Formalisierung von Kommunikationsspielregeln achten, weil vor allem das Einverständnis mit den Verfahrensnormen die Basis für das spätere Akzeptieren mit der Sachlösung ist.

Einverständnis mit bestimmten Spielregeln zeigt den Konfliktparteien, die einander vielleicht noch nicht ehrliche Bereitschaft zur Konfliktbehandlung zugetraut haben, dass sie zu konkreten Schritten bereit sind.

i) Status-quo-Regelungen
Um überhaupt mit der Konfliktbehandlung beginnen zu können, ist eine gewisse Stabilisierung der Situation erforderlich. Auch bei Konflikten etwa der vierten Stufe wird man sich in der Regel als «Vermittler» auf dem Wege von Verhandlungen zwischen den Parteien um eine solche Regelung bemühen. Eine Status-quo-Regelung ist eines der wichtigsten Ergebnisse der Orientierungsphase, das zu weiteren Schritten der Annäherung Mut geben kann.

Gleichzeitig erlaubt das Vereinbaren solcher Regelungen die Bildung einer «Kontakt- und Resonanzgruppe», wie dies oben beschrieben worden ist.

j) Formelle Kommunikationskanäle zwischen Drittpartei und Konfliktparteien
Die Drittpartei muss sicher stellen, dass sie nach eigenem Gutdünken Kontakte mit allen Parteien unterhalten kann. In stark formgebundenen Konflikten kann das Beschreiten der vorgegebenen Kanäle jedoch den Nachteil haben, dass der Zugang zu bestimmten unorganisierten Parteien – z. B. bei wilden Streiks, bei Widerstandsaktionen von Gruppen der untersten Ebene usw. – von einer Konfliktpartei als «Anerkennung-präjudizierend» abgelehnt wird. Sie kann es der Drittpartei übel nehmen, dass diese Kontakte zur nicht anerkannten Partei unterhält. Die Konflikthelfer werden aber immer darauf bestehen müssen, dass ihre Kontakte in keiner Weise als präjudizierend verstanden werden. Die erwähnte «Kontakt- und Resonanzgruppe» hat sich dafür als besonders wirksam erwiesen und kann gegen Ende der Orientierungsphase gebildet werden (L. Goodstein und R. Boyer 1972; W. Mastenbroek 1979; H. Prein 1979 a).

Vom Verlauf der Orientierungsphase hängt es ab, ob die Konfliktparteien an der weiteren Konfliktbehandlung mitwirken oder nicht. Sobald in der Orientierungsphase eine Grundlage beidseitigen Vertrauens zwischen den Konfliktparteien und der Drittpartei gelegt ist, sind die wichtigsten Hürden zur Konfliktbehandlung bereits überwunden.

Die erwähnten Ziele und Aktivitäten der Orientierungsphase verdeutlichen, dass sich die Drittpartei mit den ersten Schritten nicht auf blosse Diagnose beschränkt, sondern ständig interveniert.

Gleichzeitig tragen die Interventionen dazu bei, dass die Konfliktsituation aufgrund ihrer konkreten Reaktionen näher diagnostiziert wird. Im Reagieren gibt sich die Dynamik des Konfliktes zu erkennen. Das Was ist dabei genau so wichtig wie das Wie, die äussere Erscheinungsform der Reaktionen.

Gleiches gilt für die Konfliktparteien: Auch sie fordern die Drittpartei als neuen Partner zu Reaktionen heraus. An der Art und Weise ihres Reagierens lesen sie ihre fachlichen und ethischen Qualitäten ab. *Wie* sie sich verhält ist ihnen aufschlussreicher als was sie inhaltlich und formell erklären will. Bei allem wird die Drittpartei nur dann glaubwürdig sein, wenn sie in ihrem Auftreten authentisch ist und ihre Ethik in konsistentem Handeln bekundet. Als Drittpartei muss sie sich dasselbe Grundrecht vorbehalten, das sie auch den Konfliktparteien als Partner zugestanden hat: Das Recht, Nein sagen zu können, wenn die Voraussetzungen zur Konfliktbehandlung unzureichend sind und wenn ihre Fähigkeiten den Problemen voraussichtlich nicht gerecht werden können, oder wenn gegen die Drittpartei Manipulation im Spiele ist.

Die Glaubwürdigkeit des Konflikthelfers sowie seine menschliche und fachliche Integrität werden andauernd auf die Probe gestellt. Darum ist die Arbeit an Konflikten für einen Berater genau so existentiell wie für die Konfliktparteien.

16.5 Die zweite Hauptphase der Konfliktbehandlung: Spezielle Konfliktbehandlungsstrategien

Jede spezielle Konfliktbehandlungsstrategie kennt ihre eigenen Grundregeln für die Phasierung. Im nachfolgenden wollen wir die einzelnen Strategien in den Grundzügen und an praktischen Beispielen illustriert darstellen.

16.5.1 Phasen der Moderationsstrategie

Moderation erfordert im allgemeinen wenig Orientierung und Diagnose. In der Praxis sind einige Vorinterviews und Beobachtungen von Sitzungen, in denen die Konfliktparteien miteinander konfrontiert sind, ausreichend, um später an Ort und Stelle ad hoc zu intervenieren. Die Interventionen konzentrieren sich auf die Beeinflussung des laufenden Geschehens und erfordern in der Regel wenig konsolidierende Nachfolgeaktionen. Dennoch verdienen die für die Orientierungsphase genannten Punkte auch für eine Moderation die volle Aufmerksamkeit. Die Massnahmen dazu werden jedoch in allem weniger ausdrücklich und weitreichend sein. Aus den Darstellungen der ersten drei Eskalationsstufen kann abgeleitet werden, auf welche Momente sich die Schwerpunkte der Diagnose richten werden.

A. Filley (1975) bietet mit seiner Methode der Konfliktlösung nur Hinweise für die eventuelle Phasierung einer Moderationsstrategie. Er empfiehlt eine schrittweise Vorgehensweise nach seinem Modell des «Integrated Decision Making» (IDM), das stark Issue-bezogen ist:

1) Zu Beginn des Verfahrens empfiehlt Filley, die Perzeptionen, Attitüden und gegenseitigen Beziehungen der Konfliktparteien mit diesen kritisch zu beleuchten.
2) Dann sollte das Verfahren zur Definition der Probleme (Issues) führen. Damit werden die Differenzen «de-personalisiert», d.h., die Parteien können erkennen, dass durch die Konfliktdynamik persönliche Eigenschaften mit funktionellen und sachlichen Komponenten vermischt worden sind.
3) Nach dem Inventarisieren und Definieren der Issues wird ein Suchprozess beginnen, der sich einer Vielzahl von Methoden bedienen kann, die wir bei der Moderationsstrategie erwähnt haben.
4) Schliesslich wird mit den Parteien an einem Konsens gearbeitet.

Im Grunde stellen die Schritte dieses Konfliktbehandlungsverfahrens eine Variante zu Analyse- und Entscheidungsverfahren dar, wobei zu Beginn den persönlichen Momenten und den zwischenparteilichen Beziehungen mehr Aufmerksamkeit zugewendet wird als üblich ist.

Es empfiehlt sich, bei der Moderation die gemeinsame Klärung der Issues als Ausgangspunkt zu nehmen. Daran können des weiteren die Perzeptionen und Verhaltensweisen und in Verbindung damit auch die Einstellungen und Intentionen der Konfliktparteien zueinander und zu den Issues geklärt und bearbeitet werden. Faktoren der Subjektsphäre und der Objektsphäre können ohne besondere Probleme gleichzeitig Gegenstand der Interventionen sein. Wenn sich dies als notwendig erweist, kann bei den problematischen Faktoren der Subjektsphäre mehr extensiv gearbeitet werden.

Auf den ersten drei Eskalationsstufen wird noch kaum ein externer Berater hinzugezogen. Wenn dennoch ein interner Konsulent einen externen Kollegen zu Hilfe ruft, dann kann bereits in einem frühen Stadium versucht werden, die Interventionen wieder möglichst auf den internen Moderator zu verlagern bzw. die Gruppe schnell von einem externen Moderator zu emanzipieren.

Eine weitere Konsolidierung – die dritte Hauptphase der Konfliktbehandlung – wird darin bestehen, die Selbstauswertung als feste Gewohnheit in der Gruppe zu verankern. Einzelne Personen oder Gruppen können in Methoden der Führung, des Teamverhaltens, in Konferenztechniken und dergleichen geschult werden.

16.5.2 Phasen der Prozessbegleitung

Bei R. Blake, H. Shepard, J. Mouton (1964) sowie H. Prein (1982) besteht die Prozessbegleitung – nach der erwähnten Orientierung – im wesentlichen aus den Schritten: 1. Vorstrukturieren der einzelnen Begegnungen – 2. Explizitieren, Austauschen und Rektifizieren der Perzeptionen – 3. Gemeinsame Entscheidung über einen folgenden ähnlichen Zyklus bzw. 4. Entscheidung über die nächsten zu unternehmenden Schritte bei der gemeinsamen Lösung der Probleme, die mit dem Konflikt verknüpft sind. Ähnlich phasieren R. Walton (1969) und R. Harrison (1971) ihre Prozesskonsultation. Walton betont Interventionsprinzipien und die zyklische Wiederholung ähnlicher Interventionen. W. Mastenbroek (1981) hat darauf sein Modell der Phasierung der Prozesskonsultation gebaut, das (1) mit jeder spezifizierten Issue eine Konfrontation der Perspektiven der Konfliktparteien vornimmt. Diese kann entweder (2) zu einer «Synthese» fuhren, d. h., man einigt sich auf bestimmte Interpretationen und Lösungen, oder (3) es ist eine weitere Spezifizierung von Issues und Problemen nötig, bei denen sich (4) wiederum eine Konfrontation der gegensätzlichen Perzeptionen, Standpunkte und Lösungsperspektiven ergibt, oder (5) eine Synthese. Diese Bewegung zwischen These und Antithese kann sich auf dieselbe Weise vielmals wiederholen. Solche zyklische Bewegungen der Interventionen bettet Mastenbroek insgesamt ein in die folgende

Prozess-Konsultationsstrategie: 1. Orientierung und Vorbereitung, die in einigen Punkten mit unserer Beschreibung oben übereinstimmt. – 2. Strukturieren des parteiinternen Gefüges der Parteien und der Beziehungen zwischen ihnen («Strukturieren des networks der Parteien»). Damit werden Interventionen zur Kanalisierung der Kommunikation zwischen der Drittpartei sowie das Mitwirken eines Machtzentrums, das Erstellen von Spielregeln für Begegnungen der Konfliktparteien usw. umfasst. – 3. Die Interventionen erfolgen sodann in den beschriebenen Zyklen des Konfrontierens und Zusammenführens. – 4. Vor und während dieser Arbeit werden die Konfliktparteien in Schulungsaktivitäten dazu befähigt, an den Konflikten möglichst selbständig – wenn auch unter Begleitung – zu arbeiten und somit für die Bewältigung künftiger Spannungen ausgerüstet zu sein. Nach Mastenbroek sind diese Aktivitäten nicht zeitlich hintereinander und nicht voneinander gesondert zu verstehen. Sie überlappen einander mehr oder weniger. Die Schritte eins bis vier sollen nur angeben, dass im Laufe der Zeit eine Schwerpunktverlagerung auftritt.

Ähnlich versteht J. Burton (1969) sein Vorgehen, bei dem das Strukturieren und Kontrollieren der Begegnungssituation, das Klären der Perzeptionen und das Abbauen von Konfliktmechanismen, die einer weiteren Problemlösung im Wege stehen könnten, den Kern seiner Strategie bilden.

In unserer Praxis haben wir einige Grundzüge für Prozessbehandlungsstrategien entwickelt, die wir im nachfolgenden in den wesentlichen Zügen beschreiben. Wir illustrieren sie am konkreten Verlauf eines unserer Projekte nach den Strategien der Prozessbegleitung. Die Konflikte spielten in einem Gymnasium mit etwa 60 Lehrern. Es gab viele Parteien, die je nach Issues andere Subparteien bildeten, die also nicht in bloss zwei Lager polarisiert waren.

Erste Schritte nach der Orientierungsphase

In der Orientierungsphase hatten fünf Delegierte der wichtigsten Gruppierungen bzw. Strömungen mit uns eine Kontakt- und Resonanzgruppe gebildet. Diese Gruppe hatte mit uns eine vorläufige Status-quo-Regelung erarbeitet und in der Schule erläutert. Später hatte die Kontaktgruppe auch die weiteren Schritte mit uns durchdacht und beschlossen. Diese Gruppe bestand aus gemässigten Vertretern aller Parteien, hatte aber Zugang zu allen extremistischen und radikalen Personen, die als Hauptakteure im Konflikt aktiv waren.

Erster Schritt: Aufbau der Selbstheilungskräfte mit Hilfe einer Kontakt- und Resonanzgruppe. Es ging vorerst um das Bilden einer kleinen Gruppe, die bei der weiteren Konfliktbehandlung mit dem externen Prozessbegleiter die Strategie entwickelte und die über die zu beteiligenden Personen entscheiden konnte. Sie sollte die Massnahmen den übrigen Lehrern, Schülern und Eltern erläutern.

Als Brückengruppe wurde sie zum *Schrittmacher* des Prozesses. Einzelne Kern-Issues und Probleme der Beziehungen zwischen den Konfliktparteien wurden erst mit dieser Gruppe erhoben und bearbeitet. Gleichzeitig erfolgte ein «training-on the-job» in Interventionsmethoden der Konfliktbehandlung. Die Kontaktpersonen übten mit unserer Hilfe einige einfache Interventionstechniken zur Arbeit an den Issues, zur Perzeptionsklärung, zum Verdeutlichen der Attitüden usw. – Mit der Kontakt- und Resonanzgruppe wurde der Konfliktverlauf an Hand einer «Konfliktpartitur» rekonstruiert und auf diese Weise konnten die relevanten Issues und wichtigsten Hauptakteure ermittelt werden. Im weiteren Verlauf trauten sich die Personen aus der Kontakt- und Resonanzgruppe zu, die Konfrontationssitzungen mit den Hauptakteuren mit uns gemeinsam zu begleiten.

Zweiter Schritt: Mit der «Konfliktpartitur» begannen wir die Issues der Objektsphäre und der Subjektsphäre zu entflechten. Bei der Prozessbegleitung konzentrierte sich die Arbeit *zunächst auf die Subjektsphäre.* (In der Regel gilt dies auch für andere Prozessbegleitungsstrategien.) Weil in der Subjektsphäre wesentliche Trübungen vorhanden sind, läuft jedes sachlich gemeinte Gespräch über Ziele der Schule, Schulleitung, Demokratisierungsfragen usw. Gefahr, nur zu einem Reproduzieren der Konflikte zu führen.

Die Kontakt- und Resonanzgruppe konnte dies am eigenen Leib erfahren. Durch die Schulung in einfacheren Interventionsmethoden konnte sie erleben, dass eine Klärung der Subjektsphäre für die spätere Arbeit an der Objektsphäre von Nutzen ist.

Diese Lernerfahrung wurde von der Kontaktgruppe nunmehr einem breiten Kreis in der Schule mitgeteilt. Die Pläne sahen zwei dreitägige Konferenzen für etwa 20 Personen vor. Dies war der Auftakt zur intensiven Arbeit an den Issues der Subjektsphäre, d. h. an den gegenseitigen Beziehungen der Parteien.

Dritter Schritt: Intensive Begegnungen mit den *Hauptakteuren* des Konflikts. Das wichtigste Anliegen der zwei Klausurtagungen war, erst die gröbsten Probleme der Beziehungen zwischen den Konfliktparteien abzubauen und neues Verständnis sowie Fähigkeit des Bewältigens von Differenzen aufzubauen.

Mit der Kontakt- und Resonanzgruppe wurden die Gespräche stark strukturiert. Die Mitglieder der Kontaktgruppe wirkten in Gruppen von vier bis fünf Personen als «Moderatoren», während die Besprechungen in der Grossgruppe (etwa zwanzig Personen) von uns externen Begleitern geleitet wurden. Die Arbeit begann mit der «Konfliktpartitur» und jede Person griff eine der wichtigsten Konfliktepisoden heraus. Danach wurden die Kleingruppen gebildet, in denen die Personen mit den stärksten gegensätzlichen Auffassungen zu den Issues dieser Episoden beisammen sassen. Für die Mikro-Analysen waren die Interventionen so strukturiert:

1. Klärung der Perzeptionen, 2. gegenseitige Erklärung der Attitüden, 3. Analyse der Verhaltensweisen. Jede Mikro-Analyse schloss mit dem Zusammenfassen der Issues, die geklärt werden konnten, sowie der Issues, die noch stets kontroversiell waren. In der anschliessenden Besprechung der Gesamtgruppe vertieften wir die kontroversiellen Punkte mit denjenigen Personen, die damit aufs engste verknüpft waren. Die übrigen Klausurteilnehmer sassen als Beobachter im Aussenkreis und evaluierten dieses Gespräch. – Dieses Vorgehen wiederholte sich mehrere Male. Gegen Ende dieser Konferenz waren verschiedene dramatische Durchbrüche gelungen. Die Hauptakteure hatten die wichtigsten Episoden der letzten fünf Jahre klären können. Nunmehr wurde inventarisiert, welchen Issues man sich in der zweiten Klausurkonferenz zuwenden sollte. Es schälten sich einige Probleme der Subjektsphäre heraus, aber in der Hauptsache nahm man sich vor, nun an den Issues der Objektsphäre zu arbeiten. Dazu wurden Hausaufgaben vereinbart. Individuell sollte zu den Issues Material gesammelt und geordnet werden. In Dreiergruppen wollte man noch verschiedene Fragen der gegenseitigen Beziehungen – vor allem zu Personen, die nicht die Konferenz mitgemacht hatten – analog dem Vorgehen der ersten Konferenz klären.

Vierter Schritt: Hinaustragen der erzielten Ergebnisse und Einsichten. Die Kontakt- und Resonanzgruppe informierte die übrigen Mitarbeiter der Schule, auch das Schülerparlament. In den vereinbarten Dreiergruppen wurde aufgrund der «Matrix der Spannungszonen» – zumeist unter Begleitung eines Mitgliedes der Kontakt- und Resonanzgruppe – an den verbliebenen Problemen der gegenseitigen Beziehungen zumindest so weit gearbeitet, dass eine offene und sachbezogene Diskussion der Issues der Objektsphäre ermöglicht wurde.

Für die zweite Konferenz strebte man die Beteiligung eines breiteren Teilnehmerkreises an. Darum wurden andere Lehrer und fünf Schüler der höchsten Klassen in das bisherige Geschehen eingeweiht. In kleinen Gesprächen bekamen sie die Gelegenheit, den Prozess der ersten Konferenzgruppe in abgeschwächter Form selbst nachzuvollziehen.

Fünfter Schritt: Konzentration auf die Objektsphäre. Mit der Kontakt- und Resonanzgruppe wurde diese Konferenz geplant und geübt. Zu Beginn der Konferenz selektierten die Teilnehmer gemeinsam alle Issues, die sie als Kernfragen empfunden hatten. Diese Issues wurden nunmehr fraktioniert und mit Hilfe einer Untersuchungsmethode («U-Prozedur», siehe F. Glasl, T. Kalcher und M. Piber 2004) gründlich analysiert.

Die anschliessenden Gespräche förderten die Grundauffassungen zu den wichtigsten Issues zutage. Befreit von den Verzerrungen und Trübungen der Konfliktmechanismen erwiesen sie sich als weitaus weniger gegensätzlich als die betroffenen Personen ursprünglich gedacht hatten. In der Gesamtgruppe wurden vor allem die gemeinsam erkannten Ziele und Philosophien (für moderne und menschliche Formen des Unterrichtes) und gemeinsam abgelehnte «Un-Werte» identifiziert. – Die zweite Konferenz endete mit einem «Wunschzettel» für die Zukunft: In welche Richtung sollte sich die Zusammenarbeit zwischen Lehrenden und Schülerinnen und Schülern entwickeln? Mit welchen Problemen sollen wir uns in der nächsten Zukunft beschäftigen? In welchem Stil wollen wir weiter an der Lösung der Differenzen und Probleme arbeiten?

Sechster Schritt: Ausstrahlen der erzielten Ergebnisse auf die Schule. Am Ende der zweiten Konferenz war der Plan entstanden, ein neues Team für die Schulleitung zu bilden. Dieses Team sollte vorübergehend die bisher einköpfige Leitung der Schule ablösen, und es sollten dazu von allen Lehrern Kandidaten nominiert werden. Lehrerkonferenzen mussten in Zukunft anders strukturiert, vorbereitet und geführt werden. Mit den Schülern wollte man einige der wichtigsten Probleme, die bisher nur aus der Sicht der Lehrer diskutiert worden waren, näher analysieren. Mit diesen Plänen ging die Prozesskonsultation der Konfliktbehandlung in einen breit angelegten Organisationsentwicklungsprozess über, der nach dem von uns beschriebenen Modell (F. Glasl und L. de la Houssay 1975) von uns begleitet wurde und zu tiefgreifenden Änderungen in der ganzen Schule führte.

An diesem Praxisbeispiel sollten einige der wichtigsten strategischen Regeln der Prozessbegleitung illustriert werden:

1. Die Fähigkeit der Selbstheilung soll zu einem frühen Zeitpunkt in der Organisation angelegt werden. Schulung, exemplarisches Vorarbeiten an den wichtigsten Issues sowie Institutionalisierung in Form der Kontakt- und Resonanzgruppe sind dazu angewiesene Mittel.
2. Die Arbeit verlagert sich im Zuge der Prozesskonsultation von der kleinen Gruppe der gemässigten und kommunikationswilligen Personen zu den Hauptakteuren. Über die Kontaktgruppenmitglieder wird den Hauptakteuren der Brückenschlag zu den übrigen Mitarbeitern erleichtert.
3. Die Konfliktbehandlung konzentriert sich zu Beginn vorrangig – nach der Entflechtung der Issues der Objektsphäre und der Subjektsphäre – auf die Subjektsphäre. Damit wird bei den Konfliktparteien eine neue Basis geschaffen, um selbst – nach dem Abbau der hemmenden Faktoren in ihren gegenseitigen Beziehungen – an der Objektsphäre aktiv zu arbeiten.
4. Die Arbeit an der Subjektsphäre bewegt sich – in zyklischer Wiederholung und Vertiefung – von den Perzeptionen zu den Attitüden und Intentionen und schliesslich zu den Verhaltensweisen. Durch die zyklische Vorgehensweise werden die bereits bearbeiteten Aspekte konsolidiert.

5. Die unter Begleitung der Drittpartei erzielten Ergebnisse werden unter eigener Verantwortung der Parteien weiter vervollständigt und vertieft. Die Fähigkeit zur aktiven, konstruktiven und integralen Konfliktbehandlung wird dadurch internalisiert.
6. Die vormaligen Kernakteure sind mit den Mitgliedern der Kontakt- und Resonanzgruppe verantwortlich für die Verbreitung und Verankerung bei den übrigen Mitarbeitern. Mit den Informationen zum bisherigen Vorgehen werden die Kernprobleme für die Arbeit an der Objektsphäre ermittelt. Dafür sind vielleicht andere Personen hinzuzuziehen als diejenigen, die in der Beginnphase am meisten engagiert waren. Durch das Heranziehen anderer Personen wird die Geschlossenheit bestimmter Fronten aufgeweicht.
7. Die Ergebnisse der Arbeit an der Subjektsphäre und Objektsphäre führen zu kurzfristigen Änderungen wesentlicher Elemente der Organisation («Interim-Führungsteam») und zu Ansätzen für eine mittelfristige Organisationsentwicklung.

16.5.3 Phasen der sozio-therapeutischen Prozessbegleitung

Sozio-therapeutische Prozessbegleitung weist in der Phasierung einige bedeutende Unterschiede zur oben beschriebenen einfachen Prozessbegleitung auf, wobei manche Elemente umsichtiger behandelt werden. In der Hauptsache sind dies die folgenden:

1. Die Status-quo-Regelungen im Zuge der Orientierungsphase greifen in der Regel weit mehr in die bestehenden Funktionen ein. Es kann notwendig sein, mit sofortiger Wirkung ein bestimmtes Team, eine Kommission oder dergleichen aufzuheben, eine Entscheidung des Vorstandes rückgängig zu machen (Status-quo-ante-Regelung) oder in Schwebe zu halten usw.
2. Für derartige Eingriffe müssen zeitweilige Ersatzlösungen gefunden werden. Ein Interim-Team kann einen Sonderauftrag bekommen, um das Weiterführen des Managements in der Periode der Konfliktbehandlung zu garantieren.
3. Ehe die Parteien in direkten Konfrontationen an der Klärung und Lösung ihrer Probleme arbeiten können, muss mehr an der internen Stabilisierung der Parteien gearbeitet werden, wie z. B.: Mit welchen Führungsfragen ringen sie in ihren eigenen Abteilungen? Wie stehen sie überhaupt zu ihrer Funktion?
4. Die Drittpartei baut erst direkte, helfende Beziehungen zu den Kernakteuren getrennt auf. Sie gibt ihnen Feed-back, analysiert mit ihnen ihr Verhalten und die Diskongruenz zu den Absichten usw.

5. Ehe direkte Begegnungen zum Zwecke der Klärung stattfinden, werden sichere Kommunikationsspielregeln erarbeitet und mit den Parteien getrennt geübt. Zusätzlich müssen Garantiemassnahmen gefunden werden, damit sich die Parteien nicht untragbaren Risiken ausgesetzt glauben.
6. Konfrontationen der Hauptakteure müssen regelmässig stattfinden und öfter wiederholt werden. Es zeigt sich, dass die Parteien an den erreichten Ergebnissen in der Zwischenzeit wieder zu zweifeln beginnen und deswegen dieselbe Situation mehrmals miteinander analysieren wollen. Gleichzeitig prüfen sie damit die Konsistenz der vorher gemachten Aussagen.
7. Ergebnisse der Klärung müssen auf dem Weg der Prozessbegleitung mit den übrigen Akteuren intensiv neu erarbeitet – und nicht nur nachvollzogen - werden. Von diesem Zeitpunkt an wird es möglich sein, aus dem Kreis der weniger intensiv einbezogenen Konfliktpersonen eine Art «Kontakt- und Resonanzgruppe» zu bilden, die eine ähnliche Funktion erfüllen wird wie in der oben beschriebenen Prozessbegleitung.
8. Es wird in der Regel nötig sein, parallel zur Prozessbegleitung mit den übrigen Mitarbeitern noch längere Zeit die sozio-therapeutisch orientierte Prozesskonsultation mit den Kernakteuren parallel fortzusetzen und später mit der übrigen Prozessbegleitung zu verknüpfen.
9. Bei der Arbeit an der Objektsphäre wird es öfters erforderlich sein, wiederum Exkurse in die Subjektsphäre zu machen.

16.5.4 Phasen der Klassischen Vermittlungsstrategie

Wir haben die Vermittlungsstrategie als einen triadischen Verhandlungsprozess beschrieben. A. Douglas (1957 und 1962) führt deshalb auch für den Vermittlungsprozess die vier Phasen des Verhandlungsprozesses an:

1. Die Parteien bestimmen für sich, zu welchen minimalen und maximalen Veränderungen sie bereit sind;
2. Die Parteien tasten ab, wie weit die andere Partei zu gehen bereit ist. Dabei werden Scheinmanöver ausgeführt, um einander das Erkennen der wirklichen Ziele und Strategien zu erschweren. Die Parteien üben über die Drittpartei aufeinander Druck aus, um zur Veränderung der Standpunkte zu bewegen;
3. Schliesslich kommt es zu zeitlichem Stagnieren, weil die Unnachgiebigkeit auf allen Seiten gesteigert wird; es tritt eine Krise auf, nach der die Vermittlungsbemühungen entweder geplatzt sind oder zur Verständigung geführt haben;
4. Jetzt muss noch bei den Hintermannschaften um Verständnis für die erzielten Ergebnisse geworben werden.

H. von Hentig (1965) führt für den makro-sozialen Bereich acht Phasen einer Vermittlungsstrategie auf, die auch für die Arbeit in Organisationen richtungsweisend sein können:

1. Es kommt zu ersten *Testversuchen*, um herauszufinden, ob die Parteien zu einem Vermittlungsversuch positiv stehen. Dabei müssen sie gegenseitig ihr Gesicht insofern wahren können, dass sie nicht mit dem Einlenken den Eindruck der Schwäche wecken. Der Vermittler muss die erhaltenen Zusagen und Erklärungen der anderen Partei vorsichtig durchblicken lassen.
2. Über den Vermittler versuchen die Parteien, die *gegenseitigen Bedingungen für die Verständigung* herauszufinden. Der Vermittler wird deshalb solche Informationen, die einer Seite eventuell strategischen Vorteil bringen könnten, sorgfältig filtern. Als Vermittler wird man nur dann etwas an die eine Partei durchblicken lassen, wenn diese auch zu einer Botschaft an die Gegenpartei bereit ist.
3. Manipulative Änderung äusserer Umstände: Der Vermittler wird eigenes Druckpotential dazu gebrauchen können, um die Gesamtsituation ambivalenter, mehrdeutiger zu gestalten. Dadurch zwingt er die Parteien zum Überdenken ihres bisherigen Strategie-Kalküls.
4. Neuerliche direkte Fühlungnahme des Vermittlers mit den Parteien, bis sie aufgrund der vorher ausgetauschten Erwartungen und Forderungen zu einer direkten Verhandlung – unter den Auspizien des Vermittlers - bereit sind.
5. Direkte Verhandlungen, in mehreren Runden, mit Konsultationen der Hintermannschaften.
6. Die Verhandlungskrise, in der die Parteien bis zum äussersten gehen, um selbst nur geringe Konzessionen machen zu müssen und von der Gegenseite grösstmögliche Zugeständnisse zu erhalten. Die Drittpartei wird ihren eigenen Kompromissvorschlag vorlegen und mit Druckmitteln durchsetzen.
7. Einigung.
8. Nachspiel, mit Regelung weniger bedeutsamer Issues, Aufsicht der Erfüllung der Vereinbarungen usw.

Bei Vermittlungsbemühungen zwischen Konfliktparteien in Organisationen müssen wir mehr Mühe für die Begleitung der Exponenten der Parteien in ihren Beziehungen mit ihren eigenen Hintermannschaften aufwenden. Im Innenverhältnis der Parteien ist es in der Regel notwendig, mit sozio-therapeutischen Prozesskonsultationen zur Auflockerung der Standpunkte und zur Erweiterung der Entscheidungsmargen der Exponenten beizutragen.

Wenn die Vermittlungsstrategie für die Konfliktparteien erfolgreich gewesen ist, kann aus der intensiven Arbeit an den parteiinternen Verhältnissen mit der Zeit eine Prozessbegleitung oder Conciliation für die Arbeit an den Beziehungen zwischen den Parteien hervorgehen. In vielen Fällen bleibt es jedoch bei dem erzielten Kompromiss.

16.5.5 Phasen der Conciliation-Strategie

Die einzelnen Phasen weichen kaum vom Vorgehen eines Vermittlers ab. Der Schwerpunkt der Interventionen verlagert sich im Beginn jedoch mehr auf Hilfe bei den ersten Schritten gegenseitiger Annäherung. Der Conciliator wird fallweise herangezogen, um den Parteien beim Ausarbeiten ihres Standpunktes zu helfen, mit dem sie später der Gegenpartei gegenübertreten werden. Vor den Begegnungen sind Trainings möglich, um grössere Flexibilität im Verhandlungsgeschehen zu erreichen.

Mit dem Erzielen einer Übereinstimmung für die Gebiete, in denen Verhandlungen möglich sind, werden für die gemeinsam zu lösenden Probleme Prioritäten erstellt und Schritte der Problemlösung erarbeitet. In der nachfolgenden Begleitung können die Phasen der Prozessbegleitung befolgt werden.

16.5.6 Phasen des Schiedsverfahrens

Schiedsverfahren sind nicht nach den Notwendigkeiten psycho-sozialer Prozesse strukturiert, sondern nach logischen Gesichtspunkten. Sie laufen also in der Hauptsache als Prozesse der Problemanalyse, d.h. als Untersuchungsprozesse und als Beurteilungs- und Entscheidungsprozesse. Für ein Schiedsverfahren besteht die Orientierungsphase im Prüfen der Akzeptanzgrundlage bei den Parteien. Wenn es um obligatorische Schiedsverfahren geht, die nicht auf Initiative der Parteien ansetzen, dann muss (gemäss den Prozeduren der institutionalisierten Konfliktregulatoren) der Konflikt an die Schiedsinstanz geleitet werden. – Bei freiwilliger Anrufung einer Schiedsinstanz durch die Parteien besteht die Orientierungsphase darin, über die Anerkennung der Verfahren und Organe dieses Schiedsverfahrens zu verhandeln und somit ein spezielles Verfahren zu vereinbaren, das von dem nachfolgenden in Einzelheiten abweichen kann.

Wenn das Verfahren selbst einmal akzeptiert ist, dann ist die Legitimitätsgrundlage für die spätere Sachentscheidung gewährleistet. Ab jetzt liegt die Initiative und Steuerung des Verfahrens in Händen der Schiedsinstanz. Die Konfliktparteien werden nur einbezogen, wo dies nach dem Urteil der Schiedsinstanz und nach den formellen Verfahrensvorschriften (z.B. nach dem Grundsatz «audite et altera pars») zur Klärung der Tatbestände erforderlich ist. Die wichtigsten allgemeinen Phasen eines Schiedsverfahrens sind demnach:

1. Anrufung durch eine oder mehrere Parteien – bzw. Aufgreifen des Konfliktes aus eigener Initiative im Falle obligatorischer Gerichtsbarkeit.
2. Prüfen der Zuständigkeit der Schiedsinstanz, Prüfen der vorgelegten Problemdefinition und Unterzeichnen des Schiedsvertrages,
3. Erheben der Tatbestände durch Materialprüfung, Anhörung der Parteien usw.,
4. Anhören der Parteien, die für bestimmte Entscheidungen plädieren,
5. Bildung eines eigenständigen Urteils der Schiedsinstanz, Einholen von Sachverständigengutachten usw.,
6. Prüfen der normativen Grundlagen für die Entscheidung: Ist die Rechtslage geklärt? Stehen die Beurteilungs- und Entscheidungskriterien ausser Zweifel? Muss die Schiedsinstanz eventuell zu einer autoritativen Feststellung einer Norm kommen?
7. Autonome Entscheidung der Schiedsinstanz, aufgrund eigener Interpretation des Tatbestandes und der Normen,
8. Mitteilung der Entscheidung an die Parteien; die Parteien bekommen die Gelegenheit, auf die Entscheidung zu reagieren, ohne die bindende Wirkung des Entscheides dadurch aufheben zu können,
9. Vorkehrungen für die Ausführung und Kontrolle der Ausführung; Kontrolle der verfügbaren Sanktionsmittel.

Mit dem Schiedsspruch ist der Konflikt faktisch noch nicht beseitigt. Es hängt von den Folgeaktionen ab, ob das Schiedsverfahren zu einer Beherrschung der Konflikte führt, die eine weitere De-Eskalation einleitet.

16.5.7 Phasen eines Machteingriffes

Es ist praktisch unmöglich, für die vielen denkbaren Formen der Machteingriffe allgemeine, generalisierbare Gliederungen in Phasen zu umschreiben. Wenn der Machteingriff so erfolgt, dass die Drittpartei aufgrund eigenen Machtpotentials, eventuell noch aufgrund formell legitimierter Macht – Vorgesetzter, oberstes Entscheidungsorgan einer Organisation – vorgeht, dann kann ein «Untersuchungsverfahren» vorgeschaltet sein. Wenn die Machtinstanz die bestehenden Koalitionssysteme durchbricht und sich auf eine Seite schlägt, dann tritt sie in den Konflikt ein und wird sich gemäss den für die Eskalation beschriebenen Gesichtspunkten verhalten. Der Konflikt eskaliert dadurch so lange, bis die Drittpartei die Kontrolle über die Situation gesichert hat. Wir sehen deshalb von einer näheren Beschreibung ab.

16.5.8 Phasen einer modernen Mediation

Für Mediation in der oben erwähnten globalen Begriffsbedeutung werden verschiedene Phasenmodelle beschrieben. Beispielsweise empfehlen L. Montada / E. Kals (2001, p. 179 ff.) sechs Phasen, A. von Hertel (2003) fünf. Für den deutschsprachigen Raum ist das Sieben-Phasen-Modell von Ch. Besemer (1995) sozusagen zum Standard geworden. Er spricht von einer Vorphase, in der es zu Erstkontakten und zur Information über Mediation an die Konfliktparteien kommt. Darauf folgt Phase 1, *Einleitung,* in der es um das Schaffen guter Voraussetzungen, Vereinbarungen u.dgl. geht. In Phase 2 werden die *Sichtweisen* der Parteien dargestellt, Differenzen und Gemeinsamkeiten festgestellt. In Phase 3, *Konflikterhellung, Konfliktvertiefung,* werden zu den Konfliktthemen die Gefühle, Hintergründe und Interessen herausgearbeitet. In Phase 4, *Problemlösung,* geht es um die gemeinsame Lösungssuche, die mit Phase 5, *Übereinkunft,* zu einer verbindlichen Vereinbarung gebracht wird. Phase 6 ist die *Umsetzung* und Phase 7, *Nachbehandlung,* dient der Evaluation und der Nachbesserung.

Diese Phasen gelten für Supervisory Mediation und Transformative Mediation, welche die grösste Ähnlichkeit mit Moderation und Prozessberatung aufweisen

Mehr und mehr setzt sich aber in der Mediation die Erkenntnis durch, dass ein Phasenmodell nur eine qualitative Orientierung geben kann, niemals aber eine Festlegung einer Schrittfolge sein darf.

16.6 Die dritte Hauptphase der Konfliktbehandlung: Konsolidierungsphase

Eine Strategie der *Moderation* ist in der Regel mit gebräuchlichen Interventionen der Teamführung, Planung, Zielbestimmung usw. zu konsolidieren. Der externe Moderator wird sich im Moderationsprozess nicht zwischen die Parteien stellen und auch nicht deren eigene Verantwortung für die Behandlung ihrer Konflikte aushöhlen. Wenn immer dies möglich ist, wird vielmehr die Selbsttätigkeit der Konfliktparteien ermutigt.

Und doch können im Zuge der Moderation Illusionen über die weitere Selbstheilungsfähigkeit der Konfliktparteien entstehen. Die Parteien können sich wegen der Anwesenheit der Drittpartei unbemerkt mehr Disziplin auferlegen. Sie zeigen sich von ihren besseren Seiten, um sich nicht vor den Augen eines Neutralen als unfair selbst zu disqualifizieren.

Wenn die dritte Partei später den Schauplatz verlassen hat, kann gleichzeitig dieser Disziplinierungsfaktor verschwunden sein. Darum wird sich die dritte Partei nicht abrupt zurückziehen. Der Moderator kann seine Anwesenheit Schritt für Schritt verringern, dafür aber mit den Konfliktparteien überprüfbare Eigenaktivitäten vereinbaren. Die Durchführung solcher «Follow-up»-Aktivitäten erfolgt dann in Abwesenheit des Moderators, wobei der Moderator nur noch eine Gewissens- und Erinnerungsfunktion behält.

Wenn sich die Moderation auf einige Konferenzen ausserhalb der Arbeitssituation beschränkt, dann gilt die Sorge den Problemen des Wiedereintrittes in die Arbeitssituation. Sind dafür die Vereinbarungen ausreichend konkretisiert worden? Gehen wir nicht mit vagen Vorsätzen auseinander? Haben wir Formen für das Signalisieren eventueller Irritationen vereinbart? Wirken diese Formen vielleicht mehr als Barrieren für das Melden neuerlicher Spannungen, als dass sie dieses Melden erleichtern und ermutigen?

Man sollte auf jeden Fall vereinbaren, dass nach einer Periode von etwa sechs Monaten (abhängig von der Intensität der erforderlichen Zusammenarbeit der früheren Konfliktpersonen) die Moderation und ihre Wirkungen ausdrücklich evaluiert werden: Was ist aus den Vereinbarungen geworden? Was hat sich als unrealistisch erwiesen? Wie können wir zu neuen realisierbaren Vereinbarungen kommen? Sind unsere Konfliktregulatoren zweckmässig gewesen? – Wenn sich in der Zwischenzeit die Verhältnisse wirklich normalisiert haben, dann ist es immer noch besser, diese Veränderungen zu Bewusstsein zu führen. Davon geht eine stärkende Wirkung aus. Wenn sich in der Zwischenzeit doch neue Probleme ergeben haben, dann kann noch rechtzeitig an diesen Problemen gearbeitet werden.

Zur Konsolidierung einer *Prozessbegleitung* und einer transformativen Mediation geht die Konfliktbehandlung in der Regel in einen Prozess der Organisationsentwicklung über. Dies ist bereits der Fall, wenn sich die Konfliktbehandlung überwiegend auf die Faktoren der Objektsphäre richtet, auch wenn dann gelegentlich noch intensivere Exkursionen in den Bereich der Subjektsphäre notwendig sind.

Wenn ein Prozess der Organisationsentwicklung folgt, wird sich zeigen, ob durch die Konfliktbehandlung die Fähigkeit der Konfliktparteien bedeutend erhöht worden ist, um mit tiefen Unterschieden hinsichtlich Zielauffassungen, Konzeptionen zur Organisation usw. konstruktiv umzugehen. Das existentielle Engagement bei Konflikten hat zur Folge, dass die betroffenen Personen verbindlicher an der Neugestaltung der Organisationen arbeiten! Nach unserer Erfahrung ist durch den Weg des Leidens aneinander eine existentielle Grundlage dafür geschaffen worden, dass die Organisation gemäss den «sozial-ökologischen Gestaltungsprinzipien» der Organisationsentwicklung (F. Glasl 1980 c) neu gestaltet werden kann. Denn die Konfliktparteien haben bei Konflikten in ihrem leiblichen, seelischen und geistigen Sein erleben müssen, auf welche Weise soziale Formen zur Verstümmelung eines Menschen beitragen können.

Auch für die Prozessbegleitung ist eine periodische Evaluation der Ergebnisse und der Folgeprozesse wie bei einer Moderation angebracht.

Sozio-therapeutische Prozessbegleitung wird in der Regel in normale Prozessbegleitung und in Organisationsentwicklung übergehen. Wenn in Organisationen sehr tiefgehende sozio-therapeutische Interventionen nötig waren, bieten wir in der Regel an, nach einem Jahr eine Auswertung gemeinsam mit Angehörigen der Organisation durchzuführen.

In den besten Fällen haben es die Organisationen zu einer Gewohnheit gemacht, jedes Jahr wenigstens einmal eine «Bilanz» zu erstellen: Welche Probleme zeigen sich heute? Wie stehen wir zu den Problemen, die letztes Jahr noch aktuell waren? Was haben wir aus der Konfliktbehandlung lernen können?

Klassische Vermittlung geht nicht so selbstverständlich in Organisationsentwicklung über. Dies ist oft erst nach längerer Zeit möglich, wenn die Konfliktparteien die gefundene Koexistenz als tragbar erlebt haben. In verschiedenen Fällen einer erfolgreichen Vermittlung haben wir uns auf Einladung einer Partei mit sozio-therapeutischen Massnahmen weiter in die parteiinterne Situation vertiefen können. Durch diese Folgeaktivitäten ist es später möglich geworden, dass eine Partei Initiativen zur weiteren Konfliktbehandlung nehmen konnte.

Nach einer Vermittlungsaktion können auch vorläufige Umstrukturierungen der Organisation erfolgen, bei denen die Konfliktparteien nicht so intensiv aktiv einbezogen werden, als dies bei Organisationsentwicklung der Fall wäre. Die Gefahr ist sogar gross, dass Organisationsentwicklung – aufgrund der vorausgesetzten intensiven und offenen Partizipation der betroffenen Mitarbeiter – die noch unausgeheilten Konflikte eher aufs neue stimuliert und provoziert. Darum kann es manchmal aus pragmatischen Gründen besser sein, die Organisation *vorläufig* nach den Methoden des klassischen Reorganisierens neu zu strukturieren.

Für *Conciliation* gilt ähnliches wie für die Vermittlung.

Schiedsverfahren können nach dem Schiedsspruch als abgeschlossen betrachtet werden. Im Falle einer Weigerung der Ausführung kann der Einsatz des Sanktionspotentials notwendig sein. Damit geht die Konfliktbehandlung – nach dem Subsidiaritätsprinzip – eigentlich in einen *Machteingriff* auf formal-legaler Basis über. Nach dem Verkünden des Schiedsspruches kann noch etwas zur Erhöhung der Akzeptanz unternommen werden, damit der Schiedsspruch nicht zu einem neuerlichen Streit führt. Es können auch Massnahmen geboten sein, um zu verhindern, dass der Konflikt auf Gebiete abwandert, die ausserhalb des Geltungsbereiches des Schiedsspruchs liegen. Denn eine Partei könnte versuchen, einen für sie nachteiligen Schiedsspruch zu kompensieren. Darum ist es in der Praxis oft erforderlich, die nachherige Ausführung mehr oder weniger nach den Methoden eines Vermittlungsverfahrens zu begleiten.

17. Schlussbemerkung

Nah ist
Und schwer zufassen der Gott.
Wo aber Gefahr ist, wächst
Das Rettende auch.

Aus dem Gedicht «Patmos»
von Friedrich Hölderlin

Konflikte sind eine dreifache Herausforderung für jeden, der mit ihnen zu tun hat. Denn für diese Herausforderung ist es einerlei, ob wir als Betroffener oder als professionelle Beraterin und Mediator damit zu tun haben:

1. Wir werden bis zum äussersten gefordert, um die Ereignisse in all ihrer verwirrenden Komplexität zu überblicken und zu durchschauen: denn Konflikte sind vielschichtig, überall treten unzählige Faktoren in beinahe unübersehbaren Verflechtungen auf.
2. Wir sind jederzeit der Gefahr ausgesetzt, durch die Geschehnisse mitgerissen zu werden und jeglichen Boden unter den Füssen zu verlieren, der uns Halt gibt: denn in Konflikten wird unsere ganze Person angesprochen, unser ganzes Wahrnehmen, Denken, Fühlen und Wollen wird ständigen Korrumpierungen ausgesetzt und führt zu einem Handeln, das nicht mehr von unserem Ich getragen wird; weil wir uns selbst verlieren, verlieren wir den Halt; und statt selber zu handeln werden wir gedrängt und geschoben.
3. Wir werden mit all unseren widersprüchlichen Licht- und Schattenseiten konfrontiert, als Konfliktpartei genau so wie als beratende Drittpartei – und wir müssen uns den ungeläuterten Seiten unserer Persönlichkeit, unserer Gruppe oder der Organisation stellen:
   Konflikte führen uns immer in Grenzsituationen, in denen alles davon abhängt, wie wir uns zu uns selber stellen – und in welchem Menschen- und Weltbild wir uns verankert wissen.

In der Komplexität der Konfliktsituationen mögen die von uns gebrachten Diagnose- und Erklärungsmodelle wie eine Landkarte dienen, die Orientierung gibt und den Weg trotz aller verschlungener Pfade weisen kann. Dadurch können wir der Gefahr begegnen, dass uns Konflikte wie eine grosse Naturkatastrophe überwältigen und uns einem Gefühl der Blindheit aussetzen.

In der Turbulenz des Geschehens, wenn wir uns unter grossem Entscheidungs- und Handlungsdruck befinden, mögen die Interventionskonzepte dazu beitragen, dass wir einen Weg des Handelns finden, der die noch vorhandenen Selbstheilungskräfte in Menschen aktiviert. Dadurch können wir dem Gefühl der Ohnmacht, das uns in Konflikten entweder lähmt oder zur blindwütigen Zerstörung ansetzt, wirksam begegnen.

Denn die hier gebotenen Konzepte und Methoden des Konfliktmanagements sind eine praktische Anwendung der Grundhaltung der Gewaltlosigkeit. Diese Gewaltlosigkeit erscheint uns das beste Vorgehen, um an einem menschlichen Zusammenleben konstruktiv mitzubauen. Nur der Ersatz von Gewaltmethoden durch solche Verfahren, die an Bewusstsein und Ethik appellieren, scheint uns wirklich sinnvoll zu sein, wenn wir aus den Teufelskreisen der Regression und Destruktion ausbrechen wollen.

Die hier dargestellten Methoden der Konfliktbehandlung führen in der Regel zu einer eindringlichen Selbstkonfrontation. Aber nur durch schmerzhafte Momente der Selbstkonfrontation können letztlich unsere besten Kräfte geweckt werden. Je tiefer die Selbsterfahrung im Konflikt ist, desto stärker kann auch das Erlebnis der eigenen Möglichkeiten sein. Je grösser der Widerstand, desto kräftiger kann Entwicklung wachsen. Unser Menschenbild wird gleichzeitig mit unserem Selbstbild immer wieder auf die Probe gestellt. So erleiden wir durch intensive Konflikte wahrhaftig einen Sterbe- und Auferstehungsprozess. In ihm können wir erleben, dass Leiden wirklich sinnvoll ist – wenn wir in den dunkelsten Tiefpunkten die Perspektive eines christlichen Menschenverständnisses nicht verlieren.

Anhang

18. Literaturverzeichnis

Abelson, R., A «derivation» of Richardson's equations. In: Journal of Conflict Resolution, vol. 8, 1963, pp. 13–15.

Adams, J.S., Toward an understanding of inequity. In: Journal of Abnormal and Social Psychology, vol. 67, 1963, pp. 422–436.

Adler, A., Menschenkenntnis. 1954.

Adler, A., Der Sinn des Lebens. Frankfurt am Main 1973.

Adorno, Th.W., The authoritarian personality. New York 1950.

Afzalur Rahim, M./A. Blum, Global perspectives on organzational conflict. o.O. 1994.

Albath, H./J. Eilemann, Zusammen leben. Mit Konflikten in Partnerschaft, Familie und Gruppe umgehen lernen. Reinbek bei Hamburg 1983.

Alemann, U. von, Partizipation – Demokratisierung – Mitbestimmung. Opladen 1975.

Albeda, W., Arbeidsverhoudingen in Nederland. Alphen a/d Rijn 1976.

Albeda, W., Conflict en conflictregeling in de Nederlandse verhoudingen. In: TED, Nive-tijdschrift, jan. 1978, pp. 44 ff.

Alger, Ch., Decision-making theory and human conflict. In: E. B. McNeil (ed), The nature of human conflict. Englewood Cliffs (N.J.) 1965.

Alinsky, S. D., Reveille for radicals. New York 1969.

Alinsky, S. D., Rules for radicals: a practical primer for realistic radicals. New York 1971.

Allport, G.W., The nature of prejudice. Double Anchor 1954.

Archibald, W. P., Using Marx's theory of alientation empirically. In: R.F. Geyer/D. R. Schweitzer (eds.), Empirical alienation studies, an overview. Leiden 1976.

Ahrendt, H., Revolutie. Utrecht 1965.

Argyle, M., Körpersprache und Kommunikation. Paderborn 1992.

Argyris, Ch., Interpersonal barriers to decision making. In: Harvard Business Review, March – April 1966, pp. 84–97.

Assael, H., Constructive role of interorganizational conflict. In: Administrative Science Quarterly, vol. 14, 1969, pp. 573–582.

Assagioli, R., Psychosynthesis. New York 1971.

Assagioli, R., The balancing and synthesis of the opposites. P.R. F. Issue no. 29, New York 1972.

Assagioli, R., The act of will. New York 1973.

Aubert, V., Competition and dissensus: two types of conflict and of conflict resolution. In: Journal of Conflict Resolution, vol. 7,1963, pp. 26–42. In deutscher Übersetzung in: W.Bühl (Hrsg.), Konflikt und Konfliktstrategie. Munchen 1972, pp. 26–42.

Aurin, K., Andorra – ein psychologisches Modell. In: E.E. Boesch e.a. (Hrsg.), Vorurteile, ihre Erforschung und Bekämpfung. Frankfurt am Main 1964, pp. 95–112.

Aurin, K./C.C. Bowman/W. Jacobsen/H. E. Wolff e.a., Politische Psychologie als Aufgabe unserer Zeit. Frankfurt am Main 1963.

Axelrod, R., Conflict of interest: a theory of divergent goals with application to politics. Chicago 1970

Bach, G. R./P. Wyden, The intimate enemy. New York 1969.
Balint, M., Therapeutische Aspekte der Regression. Reinbek bei Hamburg 1973.
Balke, W. M./K. R. Hammond/G. D. Meyer, An alternate approach to labour management relations. In: Administrative Science Quarterly, vol. 18, 1973, pp. 311–327.
Ballreich, R./F. Glasl: Team development and organizational development as means for conflict prevention and conflict resolution. In: Ropers, N./M. Fischer/E. Manton (eds.): Berghof Handbook for Conflict Transformation. Berlin 2000.
Bandler, R./J. Grinder, Neue Wege der Kurzzeittherapie. Paderborn 1984.
Bardeleben, Die zwangsweise Durchsetzung im Völkerrecht. 1930.
Barker, R./T. Dembo/K. Lewin, Frustration and regression: an experiment with young children. In: University of Iowa studies in child welfare, vol. 18, 1941.
Barker, R. G., An experimental study of the resolution of conflict by children, time elapsing and amount of vicarious trial – and error behavior occuring. In: McNemar/Merill, Studies in personality. New York 1942.
Barkun, M., Conflict resolution through implicit mediation. In: Journal of Conflict Resolution, vol. 8, 1964, pp. 121–130.
Barritt, D. P./Ch. F. Carter, The Northern Ireland problem, a study in group relations. London/ New York/Oxford 1972.
Bartunek, J. M., Third party intervention and the bargaining behavior of group representation. In: Journal of Conflict Resolution, vol. 19, 1975, pp. 532–557.
Bartussek, W., Pantomime und darstellendes Spiel. Körperausdruck, Selbsterfahrung, Persönlichkeitsbildung. Mainz 1990.
Bass, B. M./G. Dunteman, Biases in the evaluation of one's own group, its allies and opponents. In: Journal of Conflict Resolution, vol. 7, 1963, pp. 16–20.
Bauer, R. A., The communicator and the audience. In Journal of Conflict Resolution, vol. 2, 1958, pp. 67–77.
Bauer, R. A., Problems of perception and the relations between the United States and the Soviet Union. In: Journal of Conflict Resolution, vol. 5, 1961, pp. 223–229.
Baumgardner, P., Gifts from Lake Cowichan. Palo Alto 1975.
Baur, G./C. Loewe/P. und A. Athanassoglou, Konfliktmanagement. Bern 1977.
Beck, R./G. Schwarz: Konfliktmanagement. Augsburg 2000.
Beckhard, R., Organizational development: strategies and modeis. Reading (Mass.) 1969.
Beckhard, R., The confrontation meeting. In: W. Bennis/K. Benne/R. Chin (eds.), The planning of change. New York 1969, pp. 478–485.
Bekke, A.J.G.M., Organisatieontwikkeling: confrontatie van individu, organisatie en maat-schappij. Rotterdam 1976.
Bekkers, F./H.W. Blom/T. Ebert/J. Galtung e. a., Geweldloze actie en sociale verdediging. Rotterdam 1971.
Bennet, D., TA and the manager. New York 1976.
Berkel, K., Konfliktforschung und Konfliktbewältigung. Berlin 1984.
Berlew, D.E., Conflict, an under-utilized resource. Nive-najaarsdag 1997, Den Haag 1977.
Bernard, J., Parties and Issues in conflict. In: Journal of Conflict Resolution, vol. 1, 1957, pp. 111–121.
Bernard, J., The sociological study of conflict. In: International Sociological Association, The nature of conflict. Paris 1957.

Berne, E., Transactional analysis in psychotherapie. New York 1961.
Berne, E., Games people play. New York 1964.
Besemer, Ch., Mediation. Vermittlung in Konflikten. Baden 1995.
Bidlingmaier, J., Zielkonflikte und Zielkompromisse im unternehmerischen Entscheidungsprozess. Wiesbaden 1968.
Biehal, F. (Hrsg.), Lean Service. Bern/Stuttgart/Wien 1993.
Billmann, E., Entwicklung und exemplarische Erprobung eines handlungstheoretischen Verfahrens zur Supervision von Konfliktberatern. Forschungsbericht Nr. 103 des Sonderforschungsbereich 22, Sozialisations- und Kommunikationsforschung. Nürnberg 1978.
Birch, H. G., The role of motivational factors in insightful problem-solving. In: Journal of Comparative Psychology, vol. 38, 1945, pp. 295–317.
Birbaumer, N. (Hrsg.), Psychophysiologie der Angst. München/Wien/Baltimore 1977.
Blake, R./J. S. Mouton, Competition, communicationand conformity. In: I. A. Berg/B. M. Bass, Conformity and deviation. New York 1961, pp. 199–229.
Blake, R./J. S. Mouton, Comprehension of own and of outgroup positions under intergroup competition. In: Journal of Conflict Resolution, vol. 5, 1961, pp. 304–309.
Blake, R./J. S. Mouton, The influence of competitively vested interests on judgements. In: Journal of Conflict Resolution, vol. 6, 1962, pp. 149–153.
Blake, R./H. Shepard/J. S. Mouton, Managing intergroup conflict in industry. Ann Arbor/Houston 1964
Blake, R./J. S. Mouton, The managerial grid. Houston 1967.
Blau, P./W. R. Scott, Formal organizations. San Francisco 1962.
Blauner, R., Alienation and freedom. Chicago/London 1970.
Blood jr., R. O., Resolving family conflicts. In: Journal of Conflict Resolution, vol. 4, 1960, pp. 209–219.
Boasson, Ch., A review of Jessie Bemard, T. H. Pear, Raymond Aren and Robert C. Angell, The nature of conflict. In: Journal of Conflict Resolution, vol. 2,1958, pp. 194–198.
Bobbitt, R. A., Internal-external control and bargaining behavior in a prisoner's dilemma game. Ph. D. Dissertation, Austin (Texas) 1967.
Boekestijn, C, De psychologie van relaties tussen groepen. In: J. M. F. Jaspars, R. van der Vlist (eds.), Sociale Psychologie in Nederland, vol. II, de kleine groep. Deventer 1979.
Boesch, E. E./Earl E. Davis/H.C. Kelman u. a., Vorurteile, ihre Erforschung und ihre Bekämpfung. Frankfurt am Main 1964.
Bono, E. de, The mechanism of mind. London 1969.
Bono, E. de, Lateral thinking. London 1970.
Bono, E. de, Konflikte. Neue Lösungsmodelle und Strategien. Düsseldorf/Wien/New York 1989.
Bonoma, Th.V./Th.W. Milburn, Social conflict: another look. In: Journal of Social Issues, vol. 33, 1977, pp. 1–8.
Borne, G. von dem, Der Gral in Europa. Stuttgart 1976.
Bos, A. H., Organisatietypologie. In: B.C.J. Lievegoed, Organisaties in ontwikkeling. Rotterdam 1972.
Bos, A.H., Levensvoorwaarden voor een sociaal organisme. In: A. Bos/D. Brüll/A. Henny, Terecht of on-terecht. Zeist 1976, pp. 50–76.
Boszormenyi-Nagy, J./J. B. Framo, Intensive family therapy. New York 1965.

Boulding, K. E., Organization and Conflict. In: Journal of Conflict Resolution, vol. 1, 1957, pp. 122–134.
Boulding, K. E., National images and international Systems. In: Journal of Conflict Resolution, vol. 3, 1959, pp. 120–131.
Boulding, K. E., Conflict and defense. New York 1962.
Boulding, K. E., Two principles of conflict. In: R. Kahn/E. Boulding (eds.), Power and conflict in organizations. London 1964.
Boulding, K. E., A pure theory of conflict applied to organizations. In: R. Kahn/E. Boulding, (eds.), Power and conflict in organizations. London 1964, pp. 136–145.
Boulding, K. E., The power of nonconflict. In: Journal of Social Issues, vol. 33,1977, pp. 22–33.
Braakman, J./J. Vogt, Konflikthantering in organisaties door een extern adviseur/bemiddelaar. Arnhem/Nijmegen 1977.
Brammer, L. M./E. L. Shostrom, Therapeutic psychology. Englewood Cliffs 1960.
Brester-Flothuis, L./P. Teunissen/B. ter Veer, Onderwijs over de Problemen van oorlog en vrede in het atoomtijdperk, ohne Jahrgang, ohne Ortsangabe.
Brickman, Ph., Social conflicts. Readings in rule structures and conflict relationships. 1974.
Brickman, Ph., Crime and punishment in sports and society. In: Journal of Social Issues, vol. 33, 1977, pp. 140–164
Bronfenbrenner, U., The «mirror image» of Soviet-American relations. In: Journal of Social Issues, 1961, vol. 17, pp. 45–56.
Brown, R., Social psychology. New York 1965.
Brown, B. R., The effects of need to maintain face in interpersonal bargaining. In: Journal of experimental social psychology, vol. 4, 1968, pp. 107–122.
Brown, J A. C., Techniques of persuasion. Harmondsworth 1963.
Brown, J. S., Principles of intrapersonal conflict. In: Journal of Conflict Resolution, vol. 1,1957, pp. 135–154.
Brown, L. D., Managing conflict at organizational interfaces. Reading etc. 1983.
Brüll, D., Sociaal en onsociaal. In: A. Bos/D. Brüll/A. Henny (eds.), Te-recht of on-terecht. Zeist 1976.
Brunner, H., Grundzüge der deutschen Rechtsgeschichte. Leipzig 1908.
Buchholz, E.-W., Ideologie und latenter sozialer Konflikt. Stuttgart 1969.
Buchinger, K., Konfliktmanagement heute: Ich-Autonomie genügt nicht. Leider. In: Hernsteiner, Fachzeitschrift für Management-Entwicklung, 3/1994.
Bugental, D. E./J. W. Kaswan/L. R. Love, Perception of contradictory meanings conveyed by verbal and nonverbal Channels. In: Journal of Personality and Social Psychology, vol. 16, 1970, pp. 647–655.
Bühl, W.L., (Hrsg.), Konflikt und Konfliktstrategie. Ansätze zu einer soziologischen Konflikttheorie. München 1973.
Bühlmann, R., Zur Entwicklung des tiefenpsychologischen Begriffs der Projektion. Zürich 1971.
Burke, R. G., Methods of resolving superior-subordinate conflict: the constructive use of subordinate differences and disagreements. In: Organizational Behavior and Human Performance, vol. 5, 1970, pp. 393–411.
Burkolter-Trachsel, V., Zur Theorie sozialer Macht. Bern/Stuttgart 1981.
Burton, J. W., Conflict and communication. London 1969.

Bush, R.A.B/J.B. Folger, The promise of mediation. Responding to conflict through empowerment and recognition. San Francisco 1994.
Canetti, E., Masse und Macht. Hamburg 1960.
Caplow, T., Two against one. Englewood Cliffs (N.J.) 1968.
Carlisle, J./N. Rackham, The effective negotiator. In: Journal of European Industrial Training, vol. 2, 1978, pp. 6–12.
Cartwright, D./L. Festinger, A quantitative theory of decision. In: Psychological Review, vol. 50, 1943, pp. 595–621.
Cartwright, D./A. Zander (eds.), Group Dynamics: research and theory. New York 1953.
Cattell, R., New concepts for measuring leadership, in terms of group syntality. In: D. Cart- wright/ A. Zander, Group dynamics: research and theory. New York 1953.
Cautela, J. R., Behavior therapy and self-control: techniques and implications. In: CM. Franks (ed.), Behavior therapy. New York 1969, pp. 323–341.
Chalmers, W.E./G.W. Cormick (eds.), Racial conflict and negotiation: perspectives and first case studies. Michigan 1971.
Chase, St., Roads to agreement. New York 1951.
Chesler, M., Change-through-crisis-model. In: R.G. Havelock/M. C. Havelock, Training for change agents. Michigan 1973.
Chin, R., The utility of system models and developmental models for practitioners. In: W. Bennis/ K. Benne/R. Chin (eds.), The planning of change. New York 1969, pp. 297–312.
Claessens, D., Rolle und Macht. München 1970.
Clark, J.V., A healthy organization. In: W. Bennis/K. Benne/R. Chin (eds.): The planning of change. London 1972, pp. 282–297.
Clark, J.V./C. G. Kone, Towards an overall view of organizational development in the early seventies. In: J.M. Thomas/W. G. Bennis (eds.), The management of change and conflict. Harmondsworth 1972, pp. 284–303.
Clegg, S., The theory ot power and organization. London/Boston/Henley 1979.
Cobb, S., A narrative perspective on mediation. Toward the materialization of the «storytelling» metaphor. In: J. Folger/T. Jones (eds.), New directions in mediation. Thousand Oaks/London/ New Delhi 1994.
Cofer, C.N./M.H. Appley, Motivation: theory and research. New York 1964.
Cohen, St.P./H.C. Kelman/F.D. Miller/B.L. Smith, Evolving intergroup techniques for conflict resolution: an Israeli-Palestinian pilot Workshop. In: Journal of Social Issues, vol. 33, 1977, pp. 165–189.
Cole, S.G., Conflict and cooperation in potentially intense conflict situations. In: Journal of Personal and Social Psychology, vol. 22, 1972, pp. 31–50.
Coleman, J.S., Community conflict. Glencoe (III.) 1957.
Collins, B.E./H. Guetzkow, A social psychology of group processes for decisionmaking. New York 1964.
Converse, E., The war of all against all (review). In: Journal of Conflict Resolution, vol. 12, 1968, pp. 471–532.
Corsten, H., Betriebswirtschaftslehre der Dienstleistungsunternehmungen. Wien/München 1988.
Corwin, R.G., Pattems of organizational conflict. In: Administrative Science Quarterly, vol. 14, 1969, pp. 507–521.
Coser, L.A., The functions of social conflict. Glencoe (III.) 1956.

Coser, L.A., Social conflict and the theory of social change. In: British Journal of Sociology, vol. 8, 1957, pp. 197–207.
Coser, L.A., The termination of conflict. In: Journal of Conflict Resolution, vol. 5, 1961, pp. 347–353.
Coser, L.A., Peaceful settlements and the dysfunctions of secrecy. In: Journal of Conflict Resolution, vol. 7, 1963, pp. 246–253.
Crisand, E./P. Reinhard, Methodik der Konfliktlösung. Heidelberg 1995.
Crott, H./M. Kutschker/H. Lamm, Verhandlungen (I und II). Stuttgart/Berlin 1977.
Crozier, M., The bureaucratic phenomenon. Chicago 1964.
Crozier, M./E. Friedberg, Macht und Organisation. Königstein/Taunus 1979.
D'Ambrosio, R., Der stumme Mund. Bern 1971.
Dahrendorf, R., Soziale Klassen und Klassenkonflikt in der industriellen Gesellschaft. Stuttgart 1957.
Dahrendorf, R., Zu einer Theorie des sozialen Konfliktes. In: Hamburger Jahrbuch für Wirtschafts- und Gesellschaftspolitik. Tübingen 1958.
Dahrendorf, R., Elemente einer Theorie des sozialen Konflikts. In: Gesellschaft und Freiheit. München 1961.
Dahrendorf, R., Industrie- und Betriebssoziologie. Berlin 1965.
Daim, W., Das Bild des Feindes. In: Der Christ in der Welt. 1962, Nr. 4, pp. 124–132.
Dalton, M., Men who manage. New York 1959.
Dash, J.G., A condensation in war – peace space. In: L.v. Bertalanffy/A. Rapoport, General Systems Yearbook, vol. 11, 1966, pp. 143–146.
Däumling, A.M., Meditative, imaginative und expressive Verfahren im Sensitivity Training. In: Gruppendynamik, 1976, Nr. 3, pp. 182–189.
Davies, J.C., The circumstances and causes of revolution: a review. In: Journal of Conflict Resolution, vol. 11, 1967, pp. 247–257.
Davis, Earl E., Zum gegenwärtigen Stand der Vorurteilsforschung. In: E.E. Boesch/Earl E. Davis/H.C. Kelman u. a. (Hrsg.), Vorurteile, ihre Erforschung und Bekämpfung. Frankfurt am Main 1964, pp. 51–71.
Davis, L.E./J.C. Taylor, Design of Jobs. Harmondsworth 1972.
Deutsch, K.W., Political community at the international level. New York 1954.
Deutsch, K.W., The nerves of government. New York 1963.
Deutsch, K.W., Changing images of international conflict. In: Journal of Social Issues, vol. 23, 1967, pp. 1–7.
Deutsch, K.W., Threats and deterrence as mixed motive games. In: The analysis of international relations. Englewood Cliffs (N.J.) 1968, pp. 124–130.
Deutsch, K.W./D. Senghaas, Die brüchige Vernunft von Staaten. In: D. Senghaas (Hrsg.), Kritische Friedensforschung. Frankfurt am Main 1971.
Deutsch, M./R.M. Krauss, Studies of interpersonal bargaining. In: Journal of Conflict Resolution, vol. 6, 1962, pp. 52–76.
Deutsch, M., Productive and destructive conflict. In: J.M. Thomas/W. G. Bennis, Management of change and conflict. Harmondsworth 1972, pp. 381–397.
Deutsch, M./R.J. Lewicki, «Locking-in» effects during a game of chicken. In: Journal of Conflict Resolution, vol. 14, 1970, pp. 367–378.
Deutsch, M., The resolution of conflict. Yale 1973.

Deutsch, M., Recurrent themes in the studies of social conflict. In: Journal of Social Issues, vol. 33, 1977, pp. 222–225.
Deutsch, M., Subjective features of conflict resolution: psychological, social and cultural influences. In: R. Väyrynen (ed.), New directions in conflict theory. London/Newbury Park/New Delhi 1991.
Diesig, R, Bargaining strategy and union-management relationships. In: Journal of Conflict Resolution, vol. 5, 1961, pp. 369–378.
Dimock, M., Bureaucracy self-examined. In: R.K. Merton e.a. (eds.), Reader in Bureaucracy. Glencoe 1952.
Dodd, S.C., A proposed barometer of international tensions. In: Journal of Conflict Resolution, vol. 3, 1959, pp. 430–433.
Dollard, J., e.a., Frustration and aggression. New Haven (Conn.) 1939.
Dongen, H. J. van, De wet van de verschuivende probleemstelling, een probleem van machtbases. In: Tijdschrift M & O, vol. 33, 1979, pp. 339–349.
Donohue, W./M. Bresnahan, Communication issues in mediation cultural conflict. In: J. Folger/ T. Jones (eds.), New directions in mediation. Thousand Oaks/London/New Delhi 1994.
Doob, L.W. (ed.), Resolving conflict in Africa: the Fermeda Workshop. New Haven (Conn.) 1970.
Doob, L.W./W. J. Foltz, The Belfast Workshop. In: Journal of Conflict Resolution, vol. 17,1973, pp. 489–512.
Döring-Meijer, H.: Die entdeckte Wirklichkeit. Paderborn 2000.
Dörner, D., Die Logik des Misslingens. Reinbek bei Hamburg 1989.
Douglas, A., What can research tell us about mediation? In: Labor Law Journal, vol. 6, 1955.
Douglas, A., The peaceful settlement of industrial and intergroup disputes. In: Journal of Conflict Resolution, vol. 1, 1957, pp. 69–81.
Douglas, A., Industrial peacemaking. New York 1962.
Druckman, D., Dogmatism, prenegotiation, experience, and simulated group representations as determinants of dyadic behavior in a bargaining situation. In: Journal of Personality and Social Psychology, vol. 6, 1967, pp. 269–290.
Druckman, D./K. Zechmeister, Conflict of interest and value dissensus. In: Human Relations, vol. 26, 1973, pp. 449–466.
Druckman, D., Boundary role conflict. Negotiations as dual responsiveness. In: Journal of Conflict Resolution, vol. 21, 1977, pp. 639–662.
Druckman, D./R. Mahoney, Processes and consequences of international negotiations. In: Journal of Social Issues, vol. 33, 1977, pp. 60–87.
Drukker, E./J. Hendriks, Chronologie van een macro-conflict. In: Tijdschrift M & O, juli/ augustus 1981, pp. 309–329.
Duhm, E., Das Beratungsgespräch als Lernsituation. In: Psychologische Beiträge, Bd. 1965, pp. 222–236.
Duttweiler-Institut, Gottlieb (Hrsg.), Hemmende Strukturen in der heutigen Industriegesellschaft. Zürich 1969.
Dijck, J. J. J. van, Organisatie in verandering. Rotterdam 1972.
Ebert, Th., Polarisation und Versöhnung im Prozess gewaltfreier Konfliktaustragung. In: Gewaltfreie Aktion, 1972, Nr. 13/14, pp. 3–11.
Eckert, R./H. Willems: Konflikt Intervention. Opladen 1992.

Eckhardt, W., War Propaganda, welfare values, and political ideologies. In: Journal of Conflict Resolution, vol. 9, 1965, pp. 345–358.
Eckhardt, W., The values of fascism. In: Journal of Social Issues, vol. 24, 1968, pp. 89–104.
Edgar, M./B. Fraser-Le Roy, Conflicting roles in budgeting for operations. In: Harvard Business Review, July/Aug. 1977, pp. 137–146.
Eiff, A.W. von, Seelische und körperliche Störungen durch Stress. Stuttgart 1976.
Eiseman, J.W., Reconciling «incompatible positions». In: Journal of Applied Behavioral Science, vol. 14, 1978, pp. 133–150.
Ekman, P./W.V. Friesen, Non-verbal leakage and clues to deception. In: Psychiatry, vol. 32, 1969, pp. 88–105.
Eiden, M., Working on the quality of working life. Internal Report University of Trondheim. Trondheim 1979.
Ephron, L.R., Group conflict in organizations: a critical appraisal of recent theories. In: Berkeley Journal of Sociology, vol. 6, 1961, pp. 53–72.
Elliot, R.S.P./J. Hichie, Ulster, a case study in conflict theory. London 1971.
Etzioni, A., A comparative analysis of complex organizations, on power, involvement and their correlates. New York 1961.
Etzioni, A., Winning without war. New York 1964.
Etzioni, A., On self-encapsulating conflicts. In: Journal of Conflict Resolution, vol. 8, 1964, pp. 242–255.
Etzioni, A., Organizational control structure. In: J.G. March (ed.), Handbook of organizations. Chicago 1965.
Etzioni, A., The active society. New York 1968.
Ewen, A., Bericht über eine Übung zur Konfliktbewältigung. In: Gruppendynamik, Bd. 8,1977, Nr. 5, pp. 379–383.
Ezerman, G.C., Een kortstondige procesaanpak van conflicten in een instelling. In: Tijdschrift M&O, juli/augustus 1981, pp. 348–359.
Faller, K./W. Kerntke/M. Wackmann, Konflikte selber lösen. Mühlheim a.d.R. 1996
Feger, H., Konflikterleben und Konfliktverhalten. Bern/Stuttgart/Wien.
Festinger, L., Informal social communication. In: Psychological Review, vol. 57, 1950, pp. 271–282.
Festinger, L., An analysis of compliant behavior. In: M. Sherif/M.O. Wilson (eds.), Group relations at a crossroads. New York 1953.
Festinger, L./S. Schachter/K. Back, The Operation of group Standards. In: D. Cartwright/A.-Zander (eds.), Group dynamics: research and theory. New York 1953, pp. 204–222.
Festinger, L., A theory of cognitive dissonance. Evanston (III.) 1957.
Filley, A.C., Interpersonal conflict resolution. Dallas/Oakland etc. 1975.
Fink, C.F., Some conceptual difficulties in the theory of social conflict. In: Journal of Conflict Resolution, vol. 12, 1968, pp. 412–460.
Fischer, L., Mahatma Gandhi. Berlin 1955.
Fisher, R., (ed.), International conflict and behavioral science. New York 1964.
Fisher, R. J., Third party consultation: a method for the study and resolution of conflict. In: Journal of Conflict Resolution, vol. 16, 1972, pp. 67–94.
Fisher, R./S. Brown, Gute Beziehungen. Die Kunst der Konfliktvermeidung, Konfliktlösung und Kooperation. München 1989.

Fisher, R./W. Ury/B. Patton, Das Harvard-Konzept: sachgerecht verhandeln – erfolgreich verhandeln. Frankfurt/New York 1995.
Flanders, A., Collective bargaining. Harmondsworth 1969.
Flechtheim, O. K., Sozialismus und gewaltfreie Aktion. In: Gewaltfreie Aktion, 3. Jhg., Nr. 9/10, pp. 17–28.
Folberg, J./A. Taylor, Mediation. A comprehensive guide to resolving conflicts without litigation. San Francisco 1984.
Folger, J./T. Jones (eds.), New directions in mediation. Thousand Oaks/London/New Delhi 1994.
Follet, M. Parker, Constructive conflict. In: H. C. Metcalf/L. Urwick (eds.), Dynamic administration, the collected papers of Mary Parker Follet. New York 1940.
Frank, J. D., Sanity and survival, psychological aspects of war and peace. London 1968.
Frankl, V. E., Ärztliche Seelsorge. Wien 1946.
Frankl, V. E., Homo patiens. Wien 1950.
Frankl, V. E., Der Wille zum Sinn und seine Frustration durch die moderne Industriegesellschaft. In: Gottlieb Duttweiler-Institut (Hrsg.), Hemmende Strukturen in der heutigen Industriegesellschaft. Zürich 1969.
Frankl, V. E., Theorie und Therapie der Neurosen. München/Basel 1975.
Frei, D., Kriegsverhütung und Friedenssicherung. Frauenfeld 1970.
French, J. R. P. jr., The disruption and cohesion of groups. In: Journal of abnormal and social psychology, vol. 36, 1941, pp. 361–377.
French, W. L./C. H. Bell jr., Organisationsentwicklung. Bern/Stuttgart 1994.
Freud, S., Massenpsychologie und Ich-Analyse. Frankfurt am Main 1967.
Frey, R. L./J. S. Adams, The negotiators dilemma: simultaneous ingroup and outgroup conflict. In: Journal of Experimental and Social Psychology, vol. 8, 1972, pp. 331–346.
Frey, S.: Die Macht des Bildes. Bern/Göttingen/Toronto/Seattle 1999.
Friedeil, M. F., A laboratory experiment in retaliation. In: Journal of Conflict Resolution, vol. 12, 1968, pp. 357–373.
Fromm, E., The anatomy of human destructiveness. Connecticut 1975.
Fürstenberg, F., Industrielle Arbeitsbeziehungen. Linz/Wien 1975.
Gallo, Ph. S. jr./Ch. G. McCintock, Cooperative and competitive behavior in mixed-motive games. In: Journal of Conflict Resolution, vol. 9, 1965, pp. 68–78.
Galtung, J., Institutionalized conflict resolution: a theoretical paradigm. In: Journal of Peace Research, 1965, pp. 348.
Galtung, J., Polemologie. Amsterdam 1968.
Galtung, J., Conflict als een wijze van leven. In: Maandblad voor geestelijke volksgezondheid, 1969, pp. 184–215.
Galtung, J., A framework of the analysis of social conflict. London 1971 a.
Galtung, J., Gewalt, Frieden und Friedensforschung. In: D. Senghaas (Hrsg.), Kritische Friedensforschung. Frankfurt am Main 1971, pp. 55–105, 1971 b.
Galtung, J., Die gewaltfreie Revolution. In: Gewaltfreie Aktion, Bd. 4, 1972, Nr. 11, pp. 7–16.
Galtung, J., Institutionalisierte Konfliktlösung. In: W. L. Bühl (Hrsg.), Konflikt und Konfliktstrategie. München 1973, pp. 113–177.
Gamson, W. A., A theory of coalition formation. In: American Sociological Review, 1961 a, pp. 373 ff.
Gamson, W. A., An experimental test of a theorie of coalition formation. In: American Sociological Review, 1961 b, pp. 565 ff.

Gamson, W.A., Rancorous conflict in community politics. In: American Sociological Review, 1966, pp.71–81.

Garfinkel, H., Bedingungen für den Erfolg von Degradierungszeremonien. In: Gruppendynamik, 5. Jg, April 1974.

Gebert, D., Organisationsentwicklung. Stuttgart/Berlin/Köln/Mainz 1974.

Gebert, D., Möglichkeiten und Grenzen des personalen Ansatzes im Rahmen von Organisationsentwicklung. In: R. Wunderer (Hrsg.), Humane Personal- und Organisationsentwicklung. Festschrift für Guido Fischer. Berlin 1978.

Gebert, D., Beiträge der Organisationsentwicklung für Lösungsansätze auf der personellen Ebene. In: K. Trebesch (Hrsg.), Organisationsentwicklung in Europa. Beiträge zum Ersten Europäischen Forum für Organisationsentwicklung. Bern/Stuttgart 1980.

Gerth, A./E. Sing, Knatsch, Zoff und Keilerei. München 1992.

Gelner, C, Die Kunst des Verhandelns. Heidelberg 1967.

Gent, B.v., Over samenwerking en conflict. In: Tijdschrift voor agologie, 1972 nr. 4, pp.196ff.

George, A.L./D.K. Hall/W.R. Simons, The limits of coercive diplomacy: Laos, Cuba, Vietnam. Boston 1971.

Gergen, K. J./K.W. Back, Aging, time perspective and preferred solutions to international conflicts. In: Journal of Conflict Resolution, vol. 9, 1965, pp.177–186.

Gerritsen, P./L.W.J. Kouwenhoven, De armoede van het conflict. In: Tijdschrift M & O, juli/augustus 1981, pp.295–308.

Geyer, R.F./D.R. Schweitzer (eds.), Empirical alienation studies, an overview. Leiden 1976.

Gladstone, A., The conception of the enemy. In: Journal of Conflict Resolution, vol. 3, 1959, pp.132–137.

Glasl, F., Neutralität der Schweiz im Sanktionssystem des Völkerbundes. Dissertation Universität Wien. Wien 1967.

Glasl, F., Techniken der Konfliktlösung. In: Der Christ in der Welt, Sept. 1969.

Glasl, F., Een toekomstbeeld van de ontwikkeling van mechanisering en automatisering. In: Proloog op 1982. Veghel 1972.

Glasl, F., Methods of conflict-solving. Seminarunterlagen des NPI. Zeist/Johannesburg 1972.

Glasl, F., Gewaltsame und gewaltfreie Aktionsstrategien. In: Der Christ in der Welt, Jg. 23,1973, Nr.4, pp.94–107.

Glasl, F., Selbstdiagnose einer Schule. In: F. Glasl/L. de la Houssaye (Hrsg.), Organisationsentwicklung. Bern/Stuttgart 1975, pp.107–120, 1975 a.

Glasl, F., Verhaltensänderung durch gruppendynamische Bildungsprozesse? In: Gottlieb Duttweiler-Institut (Hrsg.), Verhaltensorientierte Weiterbildung. Rüschlikon-Zürich 1975 b, pp.100–121.

Glasl, F., Zwänge zu einem neuen Managementdenken? In: Brennpunkte, Rüschlikon-Zürich 1975 c.

Glasl, F., De problemen van Noord-Ierland in het licht van driegeledingsideeen. In: A.Bos/D.Brüll/A.Henny (eds.), Leven met afhankelijkheden. Zeist 1978, pp.85–105.

Glasl, F. (ed.), Conflicthantering in organisaties. Themanummer M & O, tijdschrift voor organisatiekunde en sociaal beleid, Jan./Febr. 1979.

Glasl, F., Bedingungen für Organisationsentwicklung in der öffentlichen Verwaltung. In: K. Trebesch (Hrsg.), Organisationsentwicklung in Europa. Beiträge zum Ersten Europäischen Forum über Organisationsentwicklung. Bern/Stuttgart 1980 a.

Glasl, F., Organisationsentwicklung in einer elektronischen Fabrik. In: Schuler, H./W. Stehle (Hrsg.), Psychologie in Wirtschaft und Verwaltung, Stuttgart 1980 b.

Glasl, F., Das Homo-mensura-Prinzip bei der Gestaltung von Organisationen. Referat zum Autoren-Kolloquium «Organisationsentwicklung im Vergleich USA-Europa», Dez. 1979, Bielefeld, Wuppertal 1980 c.

Glasl, F., Konfliktmanagement in Organisationen. In: K. Trebesch (Hrsg.), Organisationsentwicklung in Europa. Beiträge zum Ersten Europäischen Forum über Organisationsentwicklung. Bern/Stuttgart 1980 d.

Glasl, F., Social Conflict and the Influence of Sub-Natural Forces. In: the Anthroposophical Review 1982, no. 3, pp. 2–6.

Glasl, F., Wie geht Organisationsentwicklung mit Macht in Organisationen um? In: Zeitschrift «Organisationsentwicklung», 1983 Nr. 2, pp. 41–71.

Glasl, F. (Hrsg.), Verwaltungsreform durch Organisationsentwicklung. Bern/Stuttgart 1983 a.

Glasl, F., Conflictmanagement. In: E.v.d. Wolk/E.W. Hommes (red.), Groot vademecum voor directeur en bestuurder. Haarlem/Laren 1984.

Glasl, F., Een visie op mogelijkheden van conflicthantering in de rijksdienst. In: R.v.d. Valk (red.), Organisatieverandering in de Rijksdienst. ,s-Gravenhage 1985.

Glasl, F., Conflictmanagement. In: J.J. Peters (red.), Management in de gezondheidszorg. Utrecht/Amsterdam 1986.

Glasl, F., Imagination und Inspiration bei der Konfliktlösung. In: H. Rothbucher/F. Wurst (Hrsg.), Phantasie – eine vernachlässigte Dimension in der Erziehung. Salzburg 1987.

Glasl, F., Die grossen Konflikte der Gegenwart und ihre Auswirkungen auf die Unternehmen. In: Demuth, A. (Hrsg.), Konfliktmanagement und Umweltstrategien. Imageprofile 1992. Düsseldorf/Wien/ New York/Moskau 1992.

Glasl, F., Das Unternehmen der Zukunft. Stuttgart 1994.

Glasl, F., Sources of conflict in intercultural management and cooperation. In: H. Gachowetz (ed.), Intercultural Management, in. Austrian Turkish Management Seminar. pp. 101–116. Salzburg 1995.

Glasl, F., Der Weg in die Zukunft ist mit Konflikten gepflastert. In: Perspektiven anthroposophischer Arbeit. 50 Jahre Verlag Freies Geistesleben, Stuttgart 1997, S.79–112.

Glasl, F.: Machtkampf zwischen Stadtrat und Amtsleiter – Ein Praxisfall zur Strategie der Konfliktbehandlung. In: Zeitschrift Konsens, Heft 5/1999, pp. 310–319.

Glasl, F.: Konfliktfähigkeit statt Streitlust. Dornach 2000.

Glasl, F.: Das Anwendungsspektrum unterschiedlicher Mediationsformen. Ein kontingenztheoretisches Modell. In: Mehta, G./K. Rückert (Hrsg.): Mediation und Demokratie. Heidelberg 2003a.

Glasl, F., Interventionsstrategien für heisse und kalte Konflikte im mikro- und meso-sozialen Bereich. In: Mehta, G./K. Rückert, Mediation und Demokratie. Heidelberg 2003b.

Glasl, F., Selbsthilfe in Konflikten. Bern/Stuttgart 1998, 2000, 2002.

Glasl, F./E. Brugger (Hrsg.), Der Erfolgskurs Schlanker Unternehmen. Bern/Stuttgait/Wien 1994.

Glasl, F./L. de la Houssaye, (Hrsg.) Organisationsentwicklung. Bern/Stuttgart 1975.

Glasl, F./B. Lievegoed, Führungstechniken. In: E. Gaugier (Hrsg.), Handwörterbuch des Personalwesens. Stuttgart 1975.

Glasl, F./B. Lievegoed, Dynamische Unternehmensentwicklung. Bern/Stuttgart 2004.

Glasl, F.,/T. Kalcher,/H. Piber, Professionelle Prozessberatung. Das Trigon-Modell der OE-Basisprozesse. Bern/Stuttgart/Wien 2004

Gleich, S. von, Die Umwandlung des Bösen. Basel 1975.

Glenn, E. S., A cognitive approach to the analysis of cultures and cultural evolution: In: L. von Bertalanffy/A. Rapoport (eds.), General Systems Yearbook, vol. 11, 1966, pp. 115–132.

Glenn, E. S./R. H. Johnson/P. R. Kimmel/B. Wedge, A cognitive interaction model to analyze culture conflict in international relations. In: Journal of Conflict Resolution, vol. 14, 1970, pp. 35–48.

Godbeer, Factors introducing conflict in the choice behavior of children. Dissertation New-Haven. New Haven 1940.

Goffman, E., On face-work. In: Psychiatry, vol. 18, 1955, pp. 211–231.

Goldman, R.M., A theory of conflict processes and organizational offices. In: Journal of Conflict Resolution, vol. 10, 1966, pp. 328–343.

Gommlich, F./A. Tieftrunk: Mut zur Auseinandersetzung: Konfiiktgespräche. Niedernhausen/Ts. 1999.

Goodstein, L. D./R. K. Boyer, Crisis intervention in a municipial agency. In: Journal of Applied Behavioral Science, 1972, nr. 3, pp. 318–340.

Gordon, Th., Lehrer-Schüler-Konferenz. Hamburg 1977.

Gordon, Th., Managerkonferenz. Reinbek bei Hamburg 1980.

Goss-Mayr, H., Der Mensch vor dem Unrecht. Wien 1976.

Gouldner, A., Cosmopolitans and locals: toward an analysis of latent social roles. In: Administrative Science Quarterly, vol. 2, 1957, pp. 281–306.

Gouldner, A., Organizational analysis. In: R.K. Merton/Broom/Cottrell jr. (eds.), Sociology today: problems and prospects. New York 1959.

Grampp, W. D., False fears of disarmament. In: Harvard Business Review, Jan./Febr. 1964, pp. 28–179.

Gray, J., Angst und Stress. München 1971.

Grimshaw, A.D., Research on intergroup relations and conflict: a review. In: Journal of Conflict Resolution, vol. 8, 1964, pp. 492–504.

Groen, J. J., Groepsagressie en oorlog. Een psycho-biologische bijdrage. In: Tijdschrift Intermediair, 1974, nr. 45, 8 nov. 1974.

Grossmann, H., Bürgerinitiativen Schritte zur Veränderung? Frankfurt am Main 1971.

Guetzkow, H./J. Gyr, An analysis of conflict in decision-making groups. In: Human Relations, vol. 7, 1954, pp. 367–381.

Gulliver, P., Disputes and negotiations. A cross-cultural perspective. Orlando/Florida 1979.

Hagenauer, K.: Arbeitszufriedenheit und Leitbildentwicklung in einem Krankenhaus. Diplomarbeit Universität Salzburg (Institut für Psychologie), Oktober 2001.

Haley, J./L. Hoffmann, Techniques of family therapy. New York/London 1967.

Hall, D.T., A model of coping with role conflict: the role behavior of college educated women. In: Administrative Science Quarterly, vol. 1972, pp. 471–486.

Hall, E.T., The hidden dimension. Doubleday 1968.

Hammond, K. R./B. Brehmer, Cognition, quarrels and cybernetics. Boulder (Col.) 1969.

Happel, H., Wie vermeide ich Konflikte? München 1975.

Harrison, R., Choosing the depth of organizational intervention. In: Journal of Applied Behavioral Science, vol. 6, 1970, pp. 181–202.

Harrison, R., Role negotiation: a tough minded approach to team development. In: W. Burke/ H. Hornstein; The social technology of organization development. Washington 1971.

Harrison, R., Understanding your organization's character. In: Harvard Business Review, May/June 1972, pp. 119–128.

Harsanyi, J.C., Bargaining in ignorance of the oppenent's utility function. In: Journal of Conflict Resolution, vol. 6, 1962, pp.29–38.
Hartmann, O. J., Angst – ein Krankheitssymptom unserer Zeit. In: Die Kommenden, 10. 1. 1976 und 25. 1. 1976.
Hasper, W./F. Glasl, Von kooperativer Marktstrategie zur Unternehmungsentwicklung. Bern/Stuttgart 1988.
Heidt, W., Der dritte Weg, die Alternative zu Kapitalismus und Kommunismus. Achberg 1973.
Heinen, E., Unternehmenskultur. München/Wien 1987.
Heintel, P./E. Krainz, Projektmanagement. Eine Antwort auf die Hierarchiekrise? Wiesbaden 1988.
Henle, M., An experimental investigation of dynamic and structural determinants of substitution In: Contributions to psychological theory, vol. 2, 1942, nr. 3.
Hentig, H. von, Der Friedensschluss. München 1965.
Hermann, Ch.F., Crises in foreign policy: a situation analysis. Indianapolis/New York 1969.
Hermann, Ch.F. (ed.), International crisis: insights from behavioral research. New York/London 1972.
Hermann, M.G./N.Kogan, Negotiation in leader and delegate groups. In: Journal of Conflict Resolution, vol. 12, 1968, pp.332–344.
Herman, S. M./M. Korenich, Authentic management: a Gestalt orientation to organizations and their development. Reading (M.) 1977.
Hoedemaker, E.D., Distrust and aggression: an interpersonal-international analogy. In: Journal of Conflict Resolution, vol. 12, 1968, pp.69–81.
Hoesel, A.F.G. van, Klarer Denken, Sprechen und Diskutieren. Heidelberg 1961.
Hoesel, A.F.G. van, Zindelijk denken. Bilthoven/Antwerpen 1957.
Höfer, Th., Wir arbeiten daran! Interview mit Friedrich Glasl. In: Flensburger Hefte «Konfliktbewältigung», Flensburg 1994, pp. 26–61.
Hofer, N.: Taktiken der Konfliktregler beim Aussergerichtlichen Tatausgleich. Diplomarbeit Universität Salzburg (Institut für Psychologie), August 1999.
Hoffer, E., Der Fanatiker. Reinbek bei Hamburg 1965.
Hofstätter, P.R., Psychologie, Fischer-Lexikon. Frankfurt am Main 1957.
Hofstätter, P.R., Einführung in die Sozialpsychologie. Stuttgart 1959.
Höhn, R., Führungsbrevier der Wirtschaft. Bad Harzburg 1969.
Holm, K., Verteilung und Konflikt. Ein soziologisches Modell. Stuttgart 1970.
Holmes, D.S., Compensation for ego-threats: two experiments. In: Journal of Personality and Social Psychology, vol. 18, 1971, pp.234–237.
Holmes, J.G., The effects of the structure of intragroup and intergroup conflict on the behavior of representatives. Ph.D. Dissertation Chapel Hill (N. C.) 1971.
Holsti, O.R., The belief System and national images: a case study. In: Journal of Conflict Resolution, vol. 6, 1962, pp.244–252.
Holsti, O.R., The value of international tension measurement. In: Journal of Conflict Resolution, vol. 7, pp.608–617.
Holsti, O.R./R.A. Brody/R.C. North, Measuring affect and action in international reaction models: empirical materials from the 1962 Cuban Crisis. In: The Journal of Peace Research, vol. 1, 1964, pp.170–189.
Holsti, O.R., Individual differences in «definition of the Situation». In: Journal of Conflict Resolution, vol.14, 1970, pp.303–310.

Holzman, M., Theories of choice and conflict in psychology and economics. In: Journal of Conflict Resolution, vol. 2, 1958, pp. 310–320.
Homans, G. C., Social behavior: its elementary forms. New York 1961.
Horai, J./J. T. Tedeschi, Effects of credibility and of punishment on compliance to threats. In: Journal of Personality and Social Psychology, vol. 12, 1969, pp. 164 ff.
Horney, K., Our inner conflicts. Norton 1945.
Horowitz, D., Ethnic groups in conflict. Berkeley/Los Angeles 1985.
Houlton, B., Papers provoked by the Fircroft College Dispute. Society of Industrial Tutors, 1977.
Houssaye, L. de la, Das Organisationsentwicklungsmodell des NPI. In: F. Glasl/L. de la Houssaye, Organisationsentwicklung, Bern/Stuttgart 1975, pp. 15–28.
Houtman, A. M. A., Machtaspecten binnen de hulpverlening. Nijmegen 1975.
Howard, J., Behavior/human potential: the revolution in feeling. In: Time, 11.9. 1970, pp. 46–54.
Hugo-Becker, A./H. Becker: Psychologische Konfliktmanagement. München 2000.
Hulsebosch, J., Spanningen in het management team. Leiden 1966, pp. 42–61.
Hüther, G., Biologie der Angst. Göttingen 2002
Hyman, R., Strikes. Fontana 1972.
Ilfield, F. W., Overview of the causes and prevention of violence. In: Archives of general psychiatry, vol. 20, 1969, pp. 675–689.
Illich, I., Die Entschulung der Gesellschaft. Reinbek bei Hamburg 1973.
Jackson, D. D. (ed.), The etiology of schizophrenia. New York 1960.
Jahoda, M./N. Warren (eds.), Attitudes. Harmondsworth 1966.
Janis, I. L., Decisional conflicts: a theoretical analysis. In: Journal of Conflict Resolution, vol. 3, 1959, pp. 6–27.
Janis, I. L./D. Katz, The reduction of intergroup hostility: research problems and hypotheses. In: Journal of Conflict Resolution, vol. 3, 1959, pp. 85–100.
Janis, I. L., Victims of groupthink. Atlanta etc. 1972.
Jaspers, K., Allgemeine Psychopathologie. Berlin/Heidelberg 1948.
Jaques, E., Measurement of responsibility. Cambridge 1956.
Jenkins, R., Perception in crisis. In: Proceedings of the International Peace Research Association, Second Conference, vol. 1, pp. 155–176. Assen 1968.
Jones, E., Problems of partition and segregation in Northern Ireland. In: Journal of Conflict Resolution, vol. 4, 1960, pp. 96–105.
Johnson, D. W./R. J. Lewicki, The initiation of superordinate goals. In: Journal of Applied Behavioral Science, vol. 5, 1969, pp. 9–24.
Johnson, D. F./D. G. Pruitt, Preintervention effects of mediation versus arbitration. In: Journal of Applied Psychology, vol. 56, 1972, pp. 1–10.
Johnson, D. F./W. L. Tullar, Style of third party Intervention, face-saving and bargaining behavior. In: Journal of Experimental Psychology, vol. 8, 1972, pp. 319–330.
Jung, C. G., Symbolik des Geistes. Zürich 1948.
Jungk, R., Der Atomstaat. München 1977.
Jurriaanse, T., De innerlijke kwaliteiten van electriciteit, magnetisme en kernenergie. In: Mededelingen van de anthroposophische vereniging in Nederland, sept. 1978, pp. 257–268.
Kahn, H./A. J. Wiener, Crises and arms control. Hudson Institute publication, 9. Okt. 1962, pp. 7–16.
Kahn, H., On escalation, metaphors and scenarios. New York 1965.

Kahn-Freund, O., Intergroup conflicts and their settlement. In: A. Flanders (ed.), collective bargaining. Harmondsworth 1969, 59–85.

Kahn, R.L./E. Boulding, Power and conflict in organizations. London 1964.

Kahn, R.L./D.M. Wolfe/R.P. Quinn/D.J. Snoek, Organizational stress. Studies in role conflict and ambiguity. New York/London/Sidney 1964.

Kaiser, H.J./G. Korthals-Beyerlein/H. J. Seel, Überlegungen zum Aufbau einer handlungstheoretisch fundierten Strategie zur Lösung interpersonaler Konflikte. Forschungsbericht 95 des Sonderforschungsbereichs 22, «Sozialisations- und Kommunikationsforschung». Nürnberg 1977.

Kappler, E., Die Aufhebung der Berater-Klienten-Beziehung in der Aktionsforschung. In: R. Wunderer (Hrsg.), Humane Organisationsentwicklung, Berlin 1978, pp. 42–62.

Katz, D., Consistent reactive partieipation of group members and reduction of intergroup conflict. In: Journal of Conflict Resolution, vol. 3, 1959, pp. 28–40.

Katz, R., The influence of group conflict on leadership effectiveness. In: Organizational behavior and human Performance. Vol. 20, 1977, pp. 265–286.

Kaufmann, W.W., Military policy and the national security. Princeton (N.J.) 1956.

Kautsky, J.H., Myth, self-fulfilling prophecy, and symbolic reassurance in the East-West-Conflict. In: Journal of Conflict Resolution, vol. 9, 1965, pp. 1–17.

Kelley, H.H., Experimental studies of threats in interpersonal negotiations. In: Journal of Conflict Resolution, vol. 9, 1965, pp. 79–105.

Kelman, H.C., Compliance, identification, and internalization, three processes of attitude change. In: Journal of Conflict Resolution, vol. 2, 1958, pp. 51–60.

Kelman, H.C./L. Bailyn, Effects of cross-cultural experience on national images: a study of Scandinavian students in America. In: Journal of Conflict Resolution, vol. 6, 1962, pp. 319–334.

Kelman, H.C., Manipulation of human behavior: an ethical dilemma for the social scientist. In: W. Bennis/K. Benne/R. Chin (eds.), The planning of change, New York 1969, pp. 584 ff.

Kelman, H.C., The problem-solving workshop in conflict resolution. In: R.L. Merritt (ed.), Communication in international politics. Urbana 1972.

Kelman, H.C./S.P. Cohen, The problem-solving workshop. In: Journal of Peace Research, vol. 8, 1976, pp. 79–90.

Kerr, C, Industrial conflict and its mediator. In: American Journal of Sociology, vol. 60, 1954, pp. 230ff.

Kilmann, R., An organic-adaptive organization: The MAPS method. In: Personnel, vol. 51, 1974, nr. 3, pp. 35–41.

Kindler, H., Konflikte konstruktiv lösen. Wien 1994.

King, M. Luther, Wohin führt unser Weg? Frankfurt am Main 1968.

King, M. Luther, De bazuin van het geweten. Arnhem 1968.

Kirsch, W./E. Gabele, Aktionsforschung und Echtzeitwissenschaft. In: W. Bierfelder (Hrsg.), Handwörterbuch des öffentlichen Dienstes – Personalwesen. Berlin 1976.

Klapprott, J., Ärgern und Geärgertwerden: Subtile Formen der Bestrafung und einige Folgerungen für die Praxis des Strafvollzuges. In: Gruppendynamik, 1977, pp. 271–284.

Kolb, D./J. Bartunek, Hidden conflict in organizations. Uncovering behind-the-scenes disputes. London 1992.

Königswieser, R., Konfliktintervention – ein Modell. In: Hernsteiner, Fachzeitschrift für Management-Entwicklung 3/1994, pp. 16–20

Königswieser, R./Ch. Lutz (Hsg.), Das systemisch evolutionäre Management. Wien 1990.

Kornbluh, H., A review: James W. Kuhn: bargaining in grievance settlement. In: Journal of Conflict Resolution, vol. 6, 1962, pp. 382–386.
Kosiol, E., Die Unternehmung als wirtschaftliches Aktionszentrum. Reinbek bei Hamburg 1972.
Krause, F.: Entwicklung eines Modells für ein Konfliktmanagement im Krankenhaus. Diplomarbeit Fachhochschule Münster (Fachbereich Pflege), Dezember 1998.
Krech, D./R. Crutchfield, Elements of psychology. New York 1958.
Kress, G./D. Senghaas, Politikwissenschaft. Frankfurt am Main 1972.
Kriesberg, L., The sociology of social conflict. New Jersey 1973.
Krikke, J. M., Conflictmanagement in de praktijk. In: TED (Nive), jan. 1978, pp. 12 ff.
Krüger, H. J./J. Klüver/F. Haag, Aktionsforschung in der Diskussion. In: Soziale Welt 1975, p. lff.
Krüger, W., Konfliktsteuerung als Führungsaufgabe. München 1973.
Krysmanski, HJ., Soziologie des Konflikts. Reinbek bei Hamburg 1971.
Kubicek, H./H. G. Leuck/H. Wächter, Organisationsentwicklung: entwicklungsbedürftig und entwicklungsfähig. In: K. Trebesch (Hrsg.), Organisationsentwicklung in Europa. Beiträge zum Ersten Europäischen Forum für Organisationsentwicklung. Bern/Stuttgart 1980.
Kuhn, H. W., Game theory and models of negotiation. In: Journal of Conflict Resolution, vol. 6, 1962, pp. 1–4.
Kuhn, J. W., Bargaining in grievance settlement: the power of industrial work groups. New York 1961.
Landsberger, H. A., Interactionprocess analysis of mediation of labor-management disputes. In: Journal of Abnormal and Social Psychology, vol. 51, 1955, pp. 552–558.
Landsberger, H. A., The behavior and personality of the labor mediator: the party's perception of mediator behavior. In: Personnel Psychology, vol. 13, 1960, pp. 329–347.
Landsberger, H. A., The horizontal dimension in a bureaucracy. In: Administrative Science Quarterly, vol. 6, 1961, pp. 298–333.
Lang, P. J., Die Anwendung psycho-physiologischer Methoden in Psychotherapie und Verhaltensmodifikation. In: N. Birbaumer (Hrsg.), Psychophysiologie der Angst, München/Wien/Baltimore 1977.
Laing, R. D., Das Selbst und die anderen. Köln.
Laing, R. D./H. Phillipson/A.R. Lee, Interpersonal perception, a theory and a method of research. London 1966.
Lakin, M., Arab and Jew in Israel: a case study in a human relations approach to conflict. Washington 1969.
Lakin, M., Interpersonal encounter, theory and conflict in sensitivity training. New York 1972.
Lammers, C. J., Strikes and mutinies: a comparative study of organizational conflicts between rulers and ruled. In: Administrative Science Quarterly, vol. 14, 1969, pp. 558–572.
Lane, F. S., A study in role conflict. Florida 1967.
Latner, J., The Gestalt therapy book. New York 1973.
LaTour, St./P. Houlden/L. Walker/J. Thibaut, Some determinants of preference for modes of conflict resolution. In: Journal of Conflict Resolution, vol. 20, 1976, pp. 319–356.
Lawrence, P./J. Lorsch, Developing organizations: diagnosis and action. London 1969.
Lazarus, R. S./R. A. McCleary, Autonomy discrimination without awareness. In: Psychological Review, vol. 58, 1951, pp. 113 ff.
Lazarus, R. S./J. Deese/S.F. Osler, The effects of psychological stress upon Performance. In: Psychological Bulletin, vol. 49, 1952, pp. 293–317.

Lazarus, R. S., Psychological stress and the coping process. New York 1966.

Lefcourt, H. M., Recent developments in the study of locus of control. In: B.A. Maher (ed.), Progress in experimental personality research. New York 1972.

Leifels, G./U. Möller, Konflikte spielend begreifen. Offenbach 1984.

Lenglachner, M./Ch. Schmitz/M. Weyrer, Vom Streit zum Unternehmensdialog. Konflikte als Potential der Unternehmensentwicklung. In: Hernsteiner, Fachzeitschrift für Management-Entwicklung, 3/1994, pp. 4–10.

Leutz, G. A., Imagination und Psychodrama. In: Gruppendynamik, Jg. 1974, Nr. 2, pp. 97–105.

Levi, A. M./A. Benjamin, Focus and flexibility in a model of conflict resolution. In: Journal of Conflict Resolution, vol. 21, 1977, pp. 405–425.

Levin, G./D. Stein, System intervention in a school community conflict. In: Journal of Applied Behavioral Science, vol. 6, 1970, pp. 336–363.

LeVine, R. A., Anthropology and the study of conflict: introduction. In: Journal of Conflict Resolution, vol. 5, 1961.

Levinger, G., Kurt Lewin's approach to conflict and its resolution, a review with some extensions. In: Journal of Conflict Resolution, vol. 1, 1957, pp. 329–339.

Levinson, D. J./R. A. Schermerhorn, Emotional attitudional effects of an intergroup relations workshop on its members. In: Journal of Psychology, vol. 31, 1951, pp. 243–256.

Levinson, DJ., Authoritarian personality and foreign policy. In: Journal of Conflict Resolution, vol. 1, 1957, pp. 37–47.

Levinson, D. J., The intergroup relations Workshop: its psychological aims and effects. In: Journal of Psychology, 1954, nr. 38, pp. 103–126.

Lewicki, R. J./P. Alderfer, The tension between research and intervention in intergroup conflict. In: Journal of Applied Behavioral Science, 1973, pp. 424–450.

Lewin, K., A dynamic theory of personality, New York 1935.

Lewin, K., Resolving social conflicts. Selected papers on group dynamics. New York 1948.

Lewin, K., Field Theory in social science. New York 1951.

Leymann, H., Ätiologie und Häufigkeit von Mobbing am Arbeitsplatz – eine Übersicht über die bisherige Forschung. In: Zeitschrift für Personalforschung 2/1993, pp. 271–284.

Lievegoed, B. C. J., Organisationen im Wandel. Bern/Stuttgart 1974.

Lievegoed, B. C. J., Lebenskrisen – Lebenschancen. München 1979.

Likert, R./J. Likert, New ways of managing conflict. New York etc. 1976.

Linden, J. M. van der, Spelregels bij arbeidsconflicten. Scheveningen 1976.

Lindenau, Ch., Soziale Dreigliederung: Der Weg zu einer lernenden Gesellschaft. Stuttgart 1983.

Lindenberg, Ch., Waldorf-Schulen: angstfrei lernen, selbstbewusst handeln. Reinbek bei Hamburg 1975.

Lindskold, S./Th. Bonoma/J.T. Tedeschi, Relative costs and reactions to threats. In: Psychonomic Science, 1969, pp. 205 ff.

Lindskold, S., Trust development, the GRIT proposal and the effects of conciliatory acts on conflict and cooperation. In: Psychological Bulletin, vol. 85, 1978, pp. 772–793.

Linebarger, P. M. A., Schlachten ohne Tote. Berlin/Frankfurt am Main 1960.

Lippit, G., Organization renewal – a new challenge to management. In: European Training, vol. 1, 1972, pp. 9 ff.

Littlejohn, S./J. Shailor/W. Barnett Pearce, The deep structure of reality in mediation. In: J. Folger/T. Jones (eds.), New directions in mediation. Thousand Oaks/London/New Delhi 1994.

Litwak, E., Models of bureaucracy. In: American Journal of Sociology, 1961.

Loenen, J.H.M.M., Onderweg naar een synthese-aktiemodel. In: Civis mundi, Jg. 15, sept. 1976, pp. 175–183.

Lorenz, K., Vom Weltbild des Verhaltensforschers. München 1968.

Lorenz, K., Das sogenannte Böse. Wien 1963.

Lorsch, J./P. Lawrence (eds.), Managing group and intergroup relations. Homewood, Georgetown 1972.

Lott, A./B. E. Lott, Group cohesiveness as interpersonal attraction: a review of relationships with antecedent and consequent variables. In: Psychological Bulletin, vol. 64, 1965, pp. 259–309.

Louis, M.R., How individuals conceptualize conflict: identification of steps in the process and the role of personal/developmental factors. In: Human relations, vol. 30, 1977, pp. 451–467.

Lourenco, S.V./J. C. Glidewell, A dialectical analysis of organizational conflict. In: Administrative Science Quarterly, vol. 20, 1975, pp. 489–508.

Lückert, H.-R., Konflikt-Psychologie. Einführung und Grundlegung. München/Basel 1957.

Lüdemann-Ravit, P., Konflikt-Sprechstunde. Stuttgart 1994.

Luhmann, N., Macht. Stuttgart 1974.

Luhmann, N., Legitimation durch Verfahren. Darmstadt/Neuwied 1975.

Lumma, K., Strategien der Konfliktlösung. Hamburg 1988.

Mack, R. W./R. C. Snyder, The analysis of social conflict – toward an overview and synthesis. In: Journal of Conflict Resolution, vol. 1, 1957, pp. 212–248.

Magid, A., Dimensions of administrative role and conflict resolution among local officials in Northern Nigeria. In: Administrative Science Quarterly, vol. 12, 1967, pp. 321–338.

Maher, B.A., The application of the approach-avoidance conflict model to social behavior. In: Journal of Conflict Resolution, vol. 8, 1964, pp. 287–291.

March, J. G./H. A. Simon, Organizations. New York 1958.

Marcuse, H., Vernunft und Revolution. Neuwied/Berlin 1962.

Marcuse, H., Der eindimensionale Mensch. Neuwied/Berlin 1967.

Margerison, Ch./M. Leary, Managing industrial conflicts. The mediator's role. Bradford 1975.

Marwell, G., Conflict over proposed group actions: a typology of cleavage. In: Journal of Conflict Resolution, vol. 10, 1966, pp. 427–435.

Marx, E. C. H., Samenwerking tussen managers en specialisten. In: Tijdschrift Intermediair, 23 jan. 1970.

Maslow, A. H., Motivation and personality. New York 1954.

Maslow, A. H., Religions, values and peak experiences. Columbus (Ohio) 1964.

Maslow, A. H., Towards a psychology of being. New York 1968.

Mastenbroek, W. F. G., Conflicthantering in organisaties. In: Tijdschrift Intermediair, Jg. 12, 1976, nr. 23, 4. juni 1976.

Mastenbroek, W. F. G., Conflicthantering en onderhandelen. In: Tijdschrift Intermediair 1977, nr. 5.

Mastenbroek, W. F. G., De grote verworvenheid die onderhandelen heet. In: Personeelsbeleid, vol. 14, 1978, nr. 11, pp. 584–589.

Mastenbroek, W. F. G., Conflicthantering: een procesbenadering. In: Themanummer M & O, jan./febr. 1979, pp. 69–89.

Mastenbroek, W.F.G., Conflicthantering en organisatieontwikkeling. Alphen aan den Rijn/ Brussel 1981.

Mayntz, R., Soziologie der Organisation. Reinbek bei Hamburg 1963.

Mayr, K., Der andere Weg. Nürnberg 1957.
Mazur, A., A non-rational approach to theories of conflict and coalitions. In: Journal of Conflict Resolution, vol. 12, 1968, pp. 196–205.
McClelland, Ch. A., Decisional opportunity and political controversy: the Quemoy case. In: Journal of Conflict Resolution, vol. 6, 1962, pp. 201–213.
McClelland, Ch. A., Systemtheorie und Konflikt. In: W. Bühl (Hrsg.), Konflikt und Konfliktstrategie. München 1972, pp. 206–233.
McClelland, Ch. A., The beginning, duration and abatement of international crises: comparisons in two conflict arenas. In: Ch. Hermann (ed.), International crises. New York/London 1972.
McClintock, Ch. G./D. M. Messick, Empirical approaches to game theory and bargaining: a bibliography. In: L. von Bertalanffy/A. Rapoport (eds.), General Systems Yearbook, vol. 11, 1966, pp. 229–238.
McGrath, J. E./J. W. Julian, Interaction process and task outcomes in experimentally created negotiating groups. In: Journal of psychological studies, vol. 14, 1963, pp. 117–138.
McKersie, R. B./Ch. R. Perry/R. E. Walton, Intraorganizational bargaining in labor negotiations. In: Journal of Conflict Resolution, vol. 9, 1965, pp. 463–481.
McNeil, E. B., Waging experimental war: a review. In: Journal of Conflict Resolution, vol. 6, 1962, pp. 77–81.
McNeil, E. B., Psychology and war: a review. In: Journal of Conflict Resolution, vol. 7, 1963, pp. 777–780.
McNeil, E. B. (ed.), The nature of human conflict. Englewood Cliffs 1965.
Mees, U., Vorausurteil und aggressives Verhalten. Stuttgart 1974.
Mehrabian, A., Nonverbal communication. Chicago 1972.
Mehta, G./K. Rückert (Hrsg.), Mediation und Demokratie. Heidelberg 2003.
Merton, R., Social theory and social structure. Glencoe, II. 1957.
Mertens, W., Erziehung zur Konfliktfähigkeit. München 1974.
Metzger, W., Gestalttherapie und Gruppendynamik. In: Gruppendynamik, Jg. 1975, pp. 311–331.
Michener, H. A./E. D. Cohen, Effects of punishment magnitude in bilateral threat situations. In: Journal of Personality and Social Psychology, vol. 26, 1973, pp. 427ff.
Micke, W., Het triadisch konfliktmodel en de rol van derden als bemiddelaar. In: Civis mundi, 15. Jg., sept. 1976, pp. 194ff.
Milburn, T.W., The nature of threat. In: Journal of Social Issues, vol. 33, 1977, pp. 126–139.
Miles, M. B., Learning to work with groups. New York 1959.
Miller, D. C., The application of social system analysis to a labor-management conflict: a consultants case study. In: Journal of Conflict Resolution, vol. 3, 1959, pp. 146–152.
Miller, N. E., Comments on theoretical models, illustrated by the development of a theory of conflict behavior. In: Journal of Personality, vol. 21, 1956, pp. 82–100.
Mintzberg, H., The structuring of organizations. Englewood Cliffs N J 1979.
Minuchin, S., Gezinstherapie. Utrecht 1973.
Mitscherlich, A., Zur Psychologie des Vorurteils. In: E. E. Boesch/Earl E. Davis/H. C. Kelman u. a., Vorurteile, ihre Erforschung und Bekämpfung. Frankfurt/M 1964, pp. 41–50.
Mitscherlich, A., Die Idee des Friedens und die menschliche Aggressivität. Eschwege 1969
Modelski, G., The study of alliances: a review. In: Journal of Conflict Resolution, vol. 7, 1963, pp. 769–776.

Moleman, W.J., Ritme en werkelijkheid. In: H.J.G. Verhallen (ed.), Veranderaars veranderen. Alphen a/d Rijn/Brüssel 1979, pp. 128–140.
Montada, L./E. Kals, Mediation. Lehrbuch für Psychologen und Juristen. Weinheim 2001.
Moor, W. de/J. Orlemans, Inleiding tot de gedragstherapie. Deventer 1972.
Moore, Ch., The mediation process. Practical strategies for resolving conflict. San Francisco 1987.
Morley, I./G. Stephenson, Social psychology of bargaining. London 1977.
Morris, W. C./M. Sashkin, Organizational behavior in action. St. Paul 1976.
Morris, D., The naked ape. Cape/London 1967.
Morris, D., Manwatching, a field guide to human behavior. St. Albans 1978.
Moser, H., Aktionsforschung als kritische Theorie der Sozialwissenschaft. München 1975.
Mulder, M., Ondernemingsdemocratie: wenselijkheid? Amsterdam 1972.
Mulder, M., Verkleining van machtongelijkheid in de organisaties. Rotterdam 1974.
Mulder, M., Reduction of power differences in practice. Rotterdam 1975.
Mulder, M., Omgaan met macht. Amsterdam/Brüssel 1977.
Mulder, M., Conflicthantering, theorie en praktijk in organisaties. Leiden/Antwerpen 1978.
Muney, B. F./M. Deutsch, The effects of role-reversal during discussion of opposing view-points. In: Journal of Conflict Resolution, vol. 12, 1968, pp. 345–356.
Murphy, G., The freeing of intelligence. In: Psychological Bulletin, vol. 42, 1945, pp. 1–19.
Murray, H. A., The effect of fear upon estimates of the maliciousness of other personalities. In: Journal of Social Psychology, vol. 4, 1933, pp. 310–329.
Murray, V. V., Some unanswered questions on organizational conflict. In: Organization and Administrative Science, vol. 5, 1975, pp. 35–53.
Mursell, J. L., Succesful teaching, New York 1954.
Naase, Ch., Konflikte in einer Organisation. Ursachen und Reduzierungsmöglichkeiten. Stuttgart 1978.
Napier, A. Y./C. A. Whitaker, The family crucible. New York 1978.
Narbeshuber, J., Früherkennung von Konflikten im Betrieb. Unveröffentlichte Diplomarbeit am Institut für Psychologie, Universität Salzburg 2002.
Neilsen, E. H., Understanding and managing intergroup conflict. In: J. Lorsch/P. Lawrence (eds.), Managing group and intergroup relations. Homewood, Georgetown 1972, pp. 329–343.
Nelissen, N. J. M., Sociale ecologie. Nijmegen 1970.
Neuberger, O., Mobbing. Übel mitspielen in Organisationen. München/Mering 1999.
Neuberger, O., Mikropolitik. Der alltägliche Aufbau und Einsatz von Macht in Organisationen. Stuttgart 1995.
Neumann, E., Tiefenpsychologie und neue Ethik. Zürich 1949.
Newcomb, T. R., Autistic hostility and social reality. In: Human Relations, vol. 1, 1947, pp. 69–86.
Nicholson, M., Conflict analysis. London 1970.
Niezing. J., Afschrikking en crisis-management. In: Tijdschrift Intermediair, 17 december 1971.
North, R. C./H. E. Koch jr./D. A. Zinnes, The integrative functions of conflict. In: Journal of Conflict Resolution, vol. 4, 1960, pp. 355–374.
North, R. C., Decision-making in crisis: an introduction. In: Journal of Conflict Resolution, vol. 6, 1962, pp. 197–200.
North, R. C./O. R. Holsti/M. G. Zaninovich/D. A. Zinnes, Content analysis: a bandbook with applications for the study of international crisis. Evanston (III.) 1963.

North, R.C./J. Triska, USSR-Chinese relations: cohesive and conflictual aspects. In: Th.W. Milburn/ W.C. Parker jr. (eds.), Project Michelson Status report II, China Lake 1965, pp. 47 ff.
North, R.C., An ecological approach to the study of international relations. In: Journal of Social Issues, vol. 33, 1977, pp. 34–59.
Norman, R., Dienstleistungsunternehmen. Hamburg etc. 1987.
Oechsler, W. A., Konfliktmanagement. Theorie und Praxis industrieller Arbeitskonflikte. Wiesbaden 1979.
Osgood, C.E., Perspective in foreign policy. Palo Alto (Calif.) 1966.
Oskamp, S./D. Perlman, Factors affecting cooperation in a prisoner's dilemma game. In: Journal of Conflict Resolution, vol. 9, 1965, pp. 359–374.
Otto, M., Conflicthantering door een buitenstaander. In: M & O, jan./feb. 1979, pp. 145–161.
Pages, M., Neue Bemerkungen über das affektive Leben der Gruppe. In: Gruppendynamik, Jg. 1974, Nr. 2, pp. 104–125.
Paige, G.D., The Korean decision. New York 1969.
Parsons, T, On the concept of influence. In: Public Opinion Quarterly, 1963, pp. 37–62.
Patchen, M., Decision theory in the study of national action: problems and a proposal. In: Journal of Conflict Resolution, vol. 9, 1965, pp. 164–176.
Peabody, G. L., Power strategies. In: Journal of Applied Behavioral Science, vol. 8, 1972, pp. 341–360.
Pedler, M./M. Leary, Industrial relations. In: M. Thakur/J. Bristow/K. Carby (eds.), Personnel in change. London 1978, pp. 52–67.
Pelletier, K. R., Mind as healer, mind as slayer, a holistic approach to preventing stress. Seymour Lawrence (USA) 1977.
Peschanel, F., Phänomen Konflikt. Die Kunst erfolgreicher Lösungsstrategien. Paderborn 1993.
Perls, F., Legacy from Fritz. Palo Alto 1975.
Peters, E., Conciliation in action. New London (Conn.) 1952.
Peters, E., Strategy and tactics in labor negotiations. New London (Conn.) 1955.
Philipp, E./H. Rademacher, Konfliktmanagement im Kollegium. Weinheim/Basel 2002.
Phipps jr., Th. E., Resolving «hopeless» conflicts. In: Journal of Conflict Resolution, vol. 5, 1961, pp. 274–278.
Polsterer, E./M. Polsterer, Gestalt therapy integrated. New York 1973.
Pondy, L. R., Organizational conflicts: concepts and methods. In: Administrative Science Quarterly, vol. 12, 1967, pp. 296–320.
Pondy, L. R., Varieties of organizational conflict. In: Administrative Science Quarterly, vol. 14, 1969, pp. 499–506.
Portele, G., Fortbildung und Organisationsanalyse mit einem Lehrerkollegium. In: K. Trebesch (Hrsg.), Organisationsentwicklung in Europa. Beiträge zum Ersten Europäischen Forum für Organisationsentwicklung. Bern/Stuttgart 1980.
Prein, H.C.M., Stijlen van conflicthantering. In: Nederlands Tijdschrift voor de Psychologie, Jg. 31, 1976, pp. 321-334.
Prein, H. C.M., Diagnose en hantering van conflicten. In: A. Hazewinkel e.a., Conflicten tussen groepen in organisaties. Deventer 1978.
Prein, H. C.M., Rollen van een derde partij bij conflicthantering. In: Themanummer tijdschrift M & O, jan./febr. 1979, pp. 100–124, 1979 a.
Prein, H. C.M., De rol van procesbegeleider. In: Themanummer tijdschrift M & O, jan./febr. 1979, pp. 125–134, 1979 b.

Prein, H.C.M., De rol van bemiddelaar. In: Themanummer tijdschrift M & O, jan./febr. 1979, pp. 135–144, 1979 c.
Prein, H., Conflicthantering door een derde partij. Lisse 1982.
Prein, H., Trainingsboek conflicthantering. Alphen aan den Rijn/Brussel 1988.
Probst, Gilbert J. B., Selbstorganisation. Ordnungsprozesse in sozialen Systemen aus ganzheitlicher Sicht. Berlin/Hamburg 1987.
Prokofieff, S., Die okkulte Bedeutung des Verzeihens. Stuttgart 1995.
Proksch, R. Curriculum einer Mediationsausbildung – Lehrbriefe. In: Zeitschrift «Kon:sens» Heft 1/1998 bis Heft 6/1999, fortgesetzt in «Zeitschrift für Konflikt-Management» Heft 1/2000 bis Heft 3/2001.
Proxmire, W., Report from wasteland, New York/London 1970.
Quester, G.H., Wars prolonged by misunderstood signals. In: The Annals, Nov. 1970, pp. 30–39.
Raak, R.C., When plans fail: small group behavior and decision making. In: Journal of Conflict Resolution, vol. 14, 1970, pp. 3–19.
Rabbie, J.M., Effecten van een competitieve en cooperatieve intergroupsorientatie op verhoudingen binnen en tussen groepen. In: Nederlands Tijdschrift voor de Psychologie, vol. 29, 1974, pp. 239–257.
Rachman, S./J. Teasdale, Aversion therapy, an appraisal. In: CM. Franks (ed.), Behavior therapy. New York 1969, pp. 279–321.
Rackham, N./J. Carlisle, The effective negotiator. In: Journal of European Industrial Training 1978, pp. 6–11.
Rahim, A., The management of intraorganizational conflicts: a laboratory study with organization design. In: Management international review, vol. 19, 1979, pp. 97–106.
Rapoport, A., Lewis F. Richardson's mathematical theory of war. In: Journal of Conflict Resolution, vol. 1, 1957, pp. 249–299.
Rapoport, A., Fights, games and debates. Ann Arbor 1960.
Rapoport, A., Kataklysmische und strategische Konfliktmodelle. In: W. Bühl (Hrsg.), Konflikt und Konfliktstrategie. München 1972, pp. 264–291.
Rapoport, A., Conflict in man-made environment. Harmondsworth 1974.
Raser, J.R./W.J. Crow, A simulation study of deterrence theories. In: Proceedings of the International Research Inaugural Conference. Assen 1966.
Rathjens, G.W., The dynamics of the arms race. In: Scientific American, vol. 220, april 1969, nr. 4, pp. 15–25.
Reber, G. (Hrsg.), Macht in Organisationen. Stuttgart 1980.
Reckman, P., Naar een strategie en methodiek van sociale actie. Baarn 1971.
Reder, Chr., Organisationsentwicklung in der öffentlichen Verwaltung. Bern/Stuttgart 1977.
Redlich, A., Konflikt-Moderation. Hamburg 1997
Ree, A. van der, Conflictbeheersing in de praktijk. In: Sociaal Economisch Management, 29 april 1978.
Regnet, E.: Konflikte in Organisationen. Göttingen/Stuttgart 1992.
Rehmus, Ch.M., Mediation and conciliation. In: Labor Law Journal, vol. 4,1953, pp. 141–144.
Rehmus, Ch.M., The mediation of industrial conflict: a note on the literature. In: Journal of Conflict Resolution, vol. 9, 1965, pp. 118–126.
Reimer, E., Schafft die Schule ab! Reinbek bei Hamburg 1972.

Reischenböck, M./S. Plötzeneder: Qualitätssicherung durch Organisationsentwicklung in einem Altenheim. Diplomarbeit Universität Salzburg (Institut für Psychologie), Oktober 2001.

Rhenman, E./L. Strömberg/G. Westerlund, Conflict and co-operation. Chichester 1970.

Richardson, L. F., Arms and insecurity. Pittsburgh 1960.

Richardson, S. A., Lewis Fry Richardson (1881–1953): a personal biography. In: Journal of Conflict Resolution, vol. 1, 1957, pp. 300–304.

Richter, H.-E., Eltern, Kind und Neurose. Reinbek bei Hamburg 1967.

Richter, H.-E., Patient Familie. Reinbek bei Hamburg 1972.

Richter, H.-E., Flüchten oder Standhalten. Reinbek bei Hamburg 1980.

Rijkeboer, M./H. Verhallen (red.), Valkuilen in de organisatie-ontwikkeling. Groningen 1974.

Rinde, E./S. Rokkan, Toward an international program of research on the handling of conflicts: introduction. In: Journal of Conflict Resolution, vol. 3, 1959, pp. 1–55.

Robbins, S. P., Managing organizational conflict: a non-traditional approach. Englewood Cliffs 1974.

Roberts, A., Civilian resistance as a national defence. Harmondsworth 1967.

Robinson, J. A., The concept of crisis in decision-making. Washington 1962.

Robinson, J. A., Decision-making and coalition building: a review. In: Journal of Conflict Resolution, vol. 7, 1963, pp. 763–768.

Rocheblave-Spenle, A.-M., Psychologie des Konflikts. Freiburg 1973.

Rogers, C. R./B. F. Skinner, Some issues concerning the control of human behavior. In: Science, 1956, nr. 124, pp. 1057–1066.

Rogers, C, Dealing with psychological tensions. In: Journal of Applied Behavioral Science, vol. 1, pp. 6–24.

Röling, B. V. A. Inleiding tot de wetenschap van oorlog en vrede. Assen 1970.

Ropers, N./P. Schlotter, Die KSZE. Siegburg 1992.

Rose, A. M., L'origine des prejuges. Paris 1951.

Rosenberg, M. B.: Gewaltfreie Kommunikation. Aufrichtig und einfühlsam miteinander sprechen. Paderborn 2001.

Rosenstiel, L. von/W. Molt/B. Rüttinger, Organisationspsychologie. Stuttgart/Berlin/Köln/Mainz 1975.

Rother, W., Die Kunst des Streitens. München 1976.

Rotter, J.B., Generalized expectancies for internal versus external control of reinforcement. In: Psychological Monographs, vol. 80, nr. 609.

Rubin, J. Z./B. R. Brown, The social psychology of bargaining and negotiation. New York 1975.

Rubin, J. Z./D. G. Pruitt/S.H. Kim, Social conflict. Escalation, stalemate, and settlement. New York etc. 1994

Rubinstein, A. Z., Stalin's postwar foreign policy in perspective: a review. In: Journal of Conflict Resolution, vol. 8, 1964, pp. 186–193.

Rüegg, W., Soziologie. Frankfurt am Main 1969.

Ruhloff, J., Ein Schulkonflikt wird durchgespielt. Heidelberg 1970.

Russett, B. M., The calculus of deterrence. In: Journal of Conflict Resolution, vol. 7, 1963, pp. 97–109.

Rutherford, B. M., Psychopathology, decision-making, and political involvement. In: Journal of Conflict Resolution, vol. 10, 1966, pp. 387–407.

Rüttinger, B., Konflikt und Konfliktlösen. Goch 1980.

Salancik, G./J. Pfeffer, Who gets power and how they hold on to it: A strategic-contingency model of power. In: M. Weisbord, Organizational diagnosis. Reading etc. 1978.
Salewski, W., Konfliktregelung in Gruppen. In: Harvard manager 4/1985.
Sanford, R.N., Individual conflict und organizational interaction. In: R.L. Kahn/E. Boulding (eds.), Power and conflict in organizations. London 1964, pp. 95-104.
Sassen, H.W. von, Die Beziehung zwischen Hilfesuchenden und Helfenden. Referat zum 14. Kongress der internationalen Vereinigung für Individualpsychologie. Zürich 1979.
Sassen, H. von, Die Bedeutung der Dienstleistung im menschlichen Zusammenleben. In: F. Biehal (Hrsg.), Lean Service. Bern/Stuttgart/Wien 1993, pp. 68–75.
Satir, V, Conjoint family therapy. California 1967.
Schachter, S., Deviation, rejection, and communication. In: D. Cartwright/A. Zander (eds.), Group dynamics: research and theory. New York 1953, pp. 223–248.
Schaff, A., Marxismus und das menschliche Individuum. Reinbek bei Hamburg 1970.
Schein, E., Process consultation: its role in organization development. London 1969.
Schlaugat, K., Mobbing am Arbeitsplatz. MünchenlMering 1999.
Schelling, Th. C, Bargaining, communication, and limited war. In: Journal of Conflict Resolution, vol. 1, 1957, pp. 19–36.
Schelling, Th. C, The strategy of conflict prospectus for a reorientation of game theory. In: Journal of Conflict Resolution, vol. 2, 1958, pp. 203–264.
Schelling, Th. C, The strategy of conflict. Cambridge 1960.
Schelling, Th. C, Versuch über das Aushandeln. In: W. Bühl (Hrsg.), Konflikt und Konfliktstrategie. München 1972, pp. 235–263.
Schelling, Th. C, Arms and influence. New Haven/London 1965.
Schienstock, G./W. Müller, Organisationsentwicklung als Gegenstand von Verhandlungen. In: K. Trebesch (Hrsg.), Organisationsentwicklung in Europa. Beiträge zum Ersten Europäischen Forum für Organisationsentwicklung. Bern/Stuttgart 1980.
Schlippe, A. von, Familientherapie im Überblick. Paderborn 1986.
Schmid, H., Friedensforschung und Politik. In: D. Senghaas (Hrsg.), Kritische Friedensforschung. Frankfurt am Main 1971.
Schmidt, S. M./Th. A. Kochan, Conflict: towards conceptual clarity. In: Administrative Science Quarterly, 1972, pp. 359–370.
Schmitz, Ch./M. Weyrer, Wer braucht schon Konflikte? In: Managerie, 3. Jahrbuch für systemisches Denken und Handeln im Management, Heidelberg 1994.
Schmundt, W., Revolution und Evolution. Achberg 1973.
Schreyögg, A., Conflict-coaching. Anleitung für den Coach. Frankfurt am Main/New York 2002.
Schumacher, E. F., Small is beautiful. London 1973.
Schumacher, E. F., Ausblick: Es geht auch anders. In: Brennpunkte, 1974, Nr. 15, pp. 105–110.
Schumacher, E. F., A guide for the perplexed. London 1977.
Schwarz, G., Konfliktlösung als Prozess. In: G. Baur/C. Löwe/P. Athanassoglou/G. Louw (Hrsg.), Konfliktmanagement. Bern/Stuttgart 1977, pp. 121–136.
Schwarz, G., Gedanken zum Konfliktmanagement. In: Harvard Manager 1984, Nr. 1.
Schwarz, G., Konfliktmanagement. Wiesbaden 1995.
Schulz von Thun, F., Miteinander reden: Störungen und Klärungen. Reinbek bei Hamburg 1981.
Scodel, A. P./P. Ratoosh/J. S. Minas, Some personality correlates of decision making under conditions of risk. In: Behavioral Science, 1959, nr. 4, pp. 19–28.

Scott, J. P., Agonistic behavior: function and dysfunction in social conflict. In: Journal of Social Issues, vol. 33, 1977, pp. 9–21.
Scott, W. G., The management of conflict: appeals systems in organizations. Homewood (III.) 1965.
Seeman, M., On the meaning of alienation. In: American Social Review, vol. 24, 1959, pp. 783–791.
Seiler, J. A., Diagnosing interdepartmental conflict. In: J. Lorsch/P. Lawrence (eds.), Managing group and intergroup relations. Homewood, Georgetown 1972, pp. 310–324.
Seiss, R., Verhaltensforschung und Konfliktgeschehen. München/Basel 1969.
Senghaas, D., Abschreckung und Frieden. Studien zur Kritik organisierter Friedlosigkeit. Frankfurt am Main 1969.
Senghaas, D., Bedrohungsvorstellungen und Drohstrategien in den internationalen Beziehungen unter besonderer Berücksichtigung der Abschreckungspolitik. In: Papiere des Kolloquiums «Bedrohungsvorstellungen als Faktor der internationalen Politik» der Arbeitsgemeinschaft für Friedens- und Konfliktforschung. München 1970.
Senghaas, D., Kritische Friedensforschung. Frankfurt am Main 1971.
Senghaas, D., Aggressivität und kollektive Gewalt. Stuttgart 1971.
Shazer, S. de, Wege der erfolgreichen Kurztherapie. Stuttgart 1989.
Shazer, S. de, Worte waren ursprünglich Zauber. Lösungsorientierte Therapie in Theorie und Praxis. Dortmund 1998.
Shaw, M. E., Group dynamics: the psychology of small group behavior. McGraw Hill 1971.
Sheane, D., Coping with conflict. Seminar paper, unpublished, London 1978.
Sherif, M./C.W. Sherif, An outline of social psychology. New York 1956.
Sherif, M., Superordinate goals in the reduction of intergroup conflict. In: American Journal of Sociology, vol. 63, 1958, pp. 349–356.
Sherif, M., Intergroup relations and leadership. New York 1962.
Sherif, M., In common predicament. Boston 1966.
Shure, G. H./R. J. Meeker/E.A. Hansford, The effectiveness of pacifist strategies in bargaining games. In: Journal of Conflict Resolution, vol. 9, 1965, pp. 106–117.
Siegel, A. E./S. Siegel, Reference groups, membership groups and attitude change. In: M. Jahoda/ N. Warren (eds.), Attitudes. Harmondsworth 1966, pp. 187–195.
Siegel, S./L. E. Fouraker, Bargaining and group decision making. New York 1960.
Siemens-Autorenteam, Organisationsplanung. München 1974.
Sievers, B., Organisationsentwicklung als Problem. Stuttgart 1977.
Sievers, E. F., Bilder der Neurose heute. Ein Leitfaden zum Verständnis seelischer Konflikte. Bern/ Stuttgart/Wien 1971.
Simmel, G., Soziologie. Berlin 1908.
Simmel, G., Conflict, the web of group-affiliations. London 1955.
Simon, H. A., Models of man, social and rational. New York 1957.
Simon, F.B. (Hrsg.), Lebende Systeme. Berlin/Heidelberg etc. 1988.
Simpson, G., Conflict and community: a study in social theory. New York 1937.
Singer, D.J., Threat-perception and the armament-tension dilemma. In: Journal of Conflict Resolution, vol. 2, 1958, pp. 90–105.
Singer, D. J./P. Ray, Decision-making in conflict: from inter-personal to international relations. In: Bulletin of the Menninger Clinic, vol. 30, 1966, pp. 300–312.
Sjoberg, G., Contradictory functional requirements and social systems. In: Journal of Conflict Resolution, vol. 4, 1960, pp. 198–208.

Small, M., Reexamining the classic cold war: a review. In: Journal of Conflict Resolution, vol. 10, 1966, pp. 516–523.
Smith, M. B./J. S. Bruner/R. W. White, Opinions and personality. New York 1964.
Smith, M. J., Sage nein ohne Skrupel. Techniken zur Stärkung der Selbstsicherheit. Reinbek bei Hamburg 1979.
Smith, P. A./M. Leary, Should we do some joint training. In: Journal of European Industrial Training, vol. 2, nr. 6, 1978, pp. 17–22.
Smith, W. P./W. A. Leginsky, Magnitude and precision of punitive power in bargaining strategy. In: Journal of Experimental Social Psychology, 1970, pp. 57ff.
Snyder, G. H., Deterrence and power. In: Journal of Conflict Resolution, vol. 4, 1960, pp. 163–178.
Snyder, G. H., Crisis bargaining. In: Ch. Hermann (ed.), International crisis: insights from behavioral research. New York/London 1972.
Sofer, C., The organization from within, a comparative study of social institutions based on a social therapeutic approach. Chicago 1962.
Sommer, R., Personal Space: the behavioral basis of design. Prentice Hall 1969.
Sparrer, L, Wunder, Lösung und System. Heidelberg 2002.
Sparrer, I./M.Varga von Kibéd, M., Ganz im Gegenteil. Heidelberg 2002.
Sparrer, I./M. Varga von Kibéd: Vom Familien-Stellen zur Systemischen Strukturaufstellungsarbeit. In: Weber, G. (Hrsg.): Praxis des Familien-Stellens. Heidelberg 1998, pp. 394-404.
Sparrer, I./M. Varga von Kibéd: Tetralemmaarbeit als eine Form systemischer Strukturaufstellungen. In: Döring-Meijer, H. (Hrsg.): Die entdeckte Wirklichkeit. Paderborn 2000, pp. 49–76.
Staden, A. van, Besluitvorming in crisis-situaties. In: Tijdschrift Intermediair, 24 sept. 1971.
Stagner, R., The psychology of human conflict. In: E.B. McNeil (ed.), The nature of human conflict. Englewood Cliffs 1965.
Steiner, R., Sämtliche Vorträge und Bücher: Rudolf Steiner Gesamtausgabe, Dornach
Steiner, R., Vor dem Tore der Theosophie, Vortrag 4. Sept. 1906.
Steiner, R., Die Offenbarungen des Karma. Vorträge Hamburg, 16. bis 28. Mai 1910.
Steiner, R., Der menschliche und der kosmische Gedanke. Vorträge Berlin, 20. bis 23. Januar 1914. Dornach 1961.
Steiner, R., Notwendigkeit und Freiheit im Weltgeschehen und im menschlichen Handeln. Vorträge Berlin, 25. Januar bis 8. Februar 1916.
Steiner, R., Grundbedingungen des sozialen Lebens. Soziale Grundforderungen unserer Zeit. Vortrag 6. Dez. 1918.
Steiner, R., Gespenster des Alten Testamentes im Nationalismus der Gegenwart. Soziale Grundforderungen unserer Zeit, 7. Dez. 1918.
Steiner, R., Die Kernpunkte der sozialen Frage. Stuttgart 1920.
Steiner, R., 6. Mitgliederbrief, 24. Febr. 1924.
Steiner, R., Allgemeine Menschenkunde als Grundlage der Pädagogik. Dornach 1932.
Steiner, R., Philosophie der Freiheit. Stuttgart 1967.
Storr, A., Agressie bij de mens. Meppel 1968.
Subbarao, A., The impact of binding interest arbitration on negotiation and process outcome. In: Journal of Conflict Resolution, vol. 22, 1978, pp. 79–103.
Sunday Times Insight Team, Ulster. Harmondsworth 1972.
Tanaka, Y., Cross-cultural compatibility of the affective meaning systems. In: Journal of Social Issues, vol. 23, 1967, pp. 27ff.

Tannenbaum, A.S., Unions. In: J.G. March (ed.), Handbook of organizations. Chicago 1965, pp. 710–761.
Tedeschi, J.T./G.G. Gaes/A.N. Rivera, Aggression and the use of coercive power. In: Journal of Social Issues, vol. 33, 1977, pp. 101–125.
Thakur, M./J. Bristow/K. Carby (eds.), Personnel in change. London 1978.
Thelen, H., Dynamics of groups at work. Chicago 1954.
Thibaut, J./L. Walker, Procedural justice. Hillsdale (N.J.) 1975.
Thierry, Hk., Organisatie van tegenstellingen. Assen/Amsterdam 1977.
Thomann, Ch.: Klärungshilfe: Konflikte im Beruf. Reinbek bei Hamburg 1998.
Thomann, Ch./F. Schulz von Thun, Klärungshilfe, Reinbek bei Hamburg 1995.
Thomas, J. M./W. G. Bennis (eds.), Management of change and conflict. Harmondsworth 1972.
Thomas, K./R.H. Kilmann, Thomas-Kilmann conflict mode instrument. Tuxedo (N.Y.) 1974.
Thomas, K., Conflict and conflictmanagement. In: M.D. Dunnette (ed.), Handbook of industrial and organizational psychology. Chicago 1976.
Thomas, K./L. Pondy, Toward an «intent» model of conflict management among principal parties. In: Human Relations, vol. 30, 1977, pp. 1089–1102.
Thompson, J.D., Organizations in action. New York/London etc. 1967.
Thorndike, E.L., A constant error in psychological rating. In: Journal of Applied Psychology, vol. 4, 1920.
Thurlings, J.M.C., Het sociale conflict. Nijmegen 1960.
Tichy, N.M./H. Hornstein/J.N. Nisberg, Participative organization diagnosis and intervention strategies: developing emergent pragmatic theories of change. In: Academy of Management Review, April 1976, pp. 109–120.
Titscher, S., Struktur eines Ministeriums. Wien 1975.
Tjosvold, D., The conflict-positive organization – stimulate diversity and create unity. Reading(Mass.) 1991.
Todd, F.J./K.R. Hammond/M.M. Wilkins, Differential effects of ambigous and exact feedback on two-person conflict and compromise. In: Journal of Conflict Resolution, vol. 10, 1966, pp. 88–97.
Toynbee, A. J., Der Gang der Weltgeschichte. Stuttgart 1949.
Trebesch, K. (Hrsg.), Organisationsentwicklung in Europa. Beiträge zum Ersten Europäischen Forum für Organisationsentwicklung. Bern/Stuttgart 1980.
Treichler, R., Vom Wesen der Neurasthenie. In: Anthroposophie und Medizin. Dornach 1963.
Treichler, R., Die Entwicklung der Seele im Lebenslauf. Stuttgart 1981.
Trist, E.L., Conflict resolution and control. In: J.R. Lawrence (ed.), Operational research and the social sciences. London 1966.
Turner, S./F. Weed, Conflict in Organizations. Englewood Cliffs, N.J., 1983.
Ulich, E./P. Groskurth/A. Bruggemann, Neue Formen der Arbeitsgestaltung. Frankfurt am Main 1973.
Ulmer, S.S., The role of «costs» in political choice: a review. In: Journal of Conflict Resolution, vol. 7, 1963, pp. 171–176.
Ulrich, H./G. Probst, Anleitung zum ganzheitlichen Denken und Handeln. Bern/Stuttgart 1988.
Ury, W., Getting past no. Negotiation with difficult people. London/Sidney/Glenfield 1991.
Valavanis, S., The resolution of conflict when Utilities interact. In: Journal of Conflict Resolution, vol. 2, 1958, pp. 156–169.

Valkenburgh, P., Anatomie van het conflict. Alphen aan de Rijn 1969.
Väyrynen, R. (ed.), New directions in conflict theory. London/Newbury Park/New Delhi 1991.
Verba, S., Assumptions of rationality and non-rationality in models of the international system. In: World politics, vol. 14, 1961, pp. 93–117.
Verdross, A., Völkerrecht. Wien 1959.
Verdross, A., Abendländische Rechtsphilosophie. Wien 1963.
Vernon, M. D., The psychology of perception. Harmondsworth 1962.
Vernon, W. M., Animal aggression: review of research. In: Genetic Psychology Monographs, vol. 80, 1969, pp. 3–28.
Vester, F., Unsere Welt – ein vernetztes System. Stuttgart 1978.
Vester, F., Neuland des Denkens. München 1984.
Vidmar, N., Effects of representational roles and mediators on negotiation effectiveness. In: Journal of Personal and Social Psychology, vol. 17, 1971, pp. 48–58.
Vilmar, F., Menschenwürde im Betrieb. Reinbek bei Hamburg 1973.
Vinacke, W. E./A. Arkoff, An experimental study of coalitions in the triad. In: American Sociological Review, 1957, pp. 406ff.
Visser, D., Frei werden vom Schatten des Seniors. In: Manager Magazin, Febr. 1977, pp. 36–42.
Vliert, E. van de, Conflict en conflicthantering. In: Handboek arbeids- en organisatiepsychologie. Deventer/Antwerpen 1980.
Vliert, E. van de, Het preventie-escalatie model van conflictinterventie. In: Tijdschrift M & O, juli/augustus 1981, pp. 332–347.
Vliert, E. van de, Escalative intervention in small-groups conflicts. In: Journal of Applied Behavioral Science 1986.
Vossbein, R., Organisation. München/Wien 1989.
Wall jr., J. A., Intergroup bargaining. In: Journal of Conflict Resolution, vol. 21, 1977, pp. 459–474.
Wallach, M. A./N. Kogan/D. Bern, Group of influence on individual risktaking. In: Journal of Abnormal and Social Psychology, vol. 65, 1962, pp. 75–86.
Walton, R. E./R. B. McKersie, A behavioral theory of labor negotiations. New York 1965.
Walton, R. E./J. Dutton, The management of inderdepartmental conflict: a model and review. In: Administrative Science Quarterly, vol. 14, 1969, pp. 73–84.
Walton, R. E./J. Dutton/Th. P. Cafferty, Organizational context and interdepartmental conflict. In: Administrative Science Quarterly, vol. 14, 1969, pp. 522–542.
Walton, R. E., Interpersonal peacemaking: confrontation and third party consultations. Reading 1969.
Walton, R. E., A problem-solving workshop on border conflicts in Eastern Africa. In: Journal of Applied Behavioral Science, vol. 6, 1970, pp. 452–497.
Warren, R. L., The conflict intersystem and the change agent. In: Journal of Conflict Resolution, vol. 8, 1964, pp. 231–241.
Watson, J./R. Lippitt, Cross-cultural experience as a source of attitude change. In: Journal of Conflict Resolution, vol. 2, 1958, pp. 61–66.
Watzlawick, P./J. H. Beavin/D. D. Jackson, Pragmatics of human communication. London 1968.
Watzlawick, P., Anleitung zum Unglücklichsein. München/Zürich 1983.
Watzlawick, P., Wie wirklich ist die Wirklichkeit. München/Zürich 1983.
Weakland, J. H., The «double-bind» hypothesis of schizophrenia and threeparty interaction. In: D. D. Jackson (ed.), The etiology of schizophrenia. New York 1960.

Webber, R.A., Perceptions of interaction between superiors and subordinates. In: Human Relations, vol. 23, 1970, pp. 235–248.
Weber, B., Die Fluide Organisation. Bern/Stuttgart/Wien 1996.
Weber, G.: Zweierlei Glück. Die systemische Psychotherapie Bert Hellingers. Heidelberg 1994.
Weeks, D., The eight essential steps to conflict resolution. New York 1994.
Weitz, S., Attitude, voice and behavior. In: Journal of Personality and Social Psychology, vol. 24, 1972, pp. 14–21.
Wens, M./Ch. Wirtz, Klinische Psychologie. In: K.E. Rogge (Hrsg.), Steckbrief der Psychologie. Heidelberg 1971.
Werbik, H., Grundlagen einer Theorie des sozialen Handelns. Regeln für die Entwicklung empirischer Hypothesen. In: Zeitschrift für Sozialpsychologie, Bd. 7, 1976, pp. 248–261.
Wertheim Aymes, C.A., Die Bildersprache des Hieronymus Bosch. Den Haag 1961.
Wheeler, H., The role of myth systems in American-Soviet relations. In: Journal of Conflict Resolution, vol. 4, 1960, pp. 179–184.
Wherry, R.J., Factor analysis of morale data. In: Personnel psychology, vol. 11, 1954, pp. 78–89.
White, R.K., Hitler, Roosevelt, and the nature of war propaganda. In: Journal of Abnormal and Social Psychology, vol. 44, 1949, pp. 157–174.
White, R.K., Value-analysis: nature and use of the method. Ann Arbor 1951.
White, R.K., The cold war and the modal philosophy. In: Journal of Conflict Resolution, vol. 2, 1958, pp. 43–50.
White, R.K., Images in the context of international conflict: Soviet perceptions of the US and the USSR. In: H.C. Kelman (ed.), International Behavior. New York 1965, pp. 236–276.
White, R.K., Misperception as a cause of two world wars. In: Journal of Social Issues, vol. 22, 1966, pp. 1–19.
White, R.K., Misperception in the Arab-Israeli conflict. In: Journal of Social Issues, vol. 33, 1977, pp. 190–221.
Whitlau, W.A.C., Agressief gedrag in «affluent societies». In: Tijdschrift Intermediair, 24. Okt. 1969, pp. 41 ff.
Widmer, Der Zwang im Völkerrecht. Ohne Ortsangabe, 1936.
Willi, J., Die Zweierbeziehung. Spannungsursachen, Störungsmuster, Klärungsprozesse, Lösungsmodelle. Analyse des unbewussten Zusammenspiels im Partnerwahl- und Paarkonflikt: Das Kollusions-Konzept. Reinbek bei Hamburg 1975a.Williams, R.M., jr., The reduction of intergroup tensions. New York 1947.
Williams, S./S. Williams, Being in the middle by being at the edge. London/York 1994.
Wilson, J.Q., The strategy of protest: problems of negro civic action. In: Journal of Conflict Resolution, vol. 5, 1961, pp. 291–303.
Wright, Qu., The escalation of international conflicts. In: Journal of Conflict Resolution, vol. 9, 1965, pp. 434–442.
Wright, Qu., Design of a research project on international conflict and the factors causing their aggravation or amelioration. In: Western Political Quarterly, vol. 10, 1957, pp. 263–275.
Young, O.R., The intermediairies, third parties in international crises. Princeton/New York 1967.
Young, O.R., Intermediairies: additional thoughts on third parties. In: Journal of Conflict Resolution, vol. 16, 1972, pp. 51–65.
Zaleznik, A./M. Kets de Vries, Power and the corporate mind. Boston 1975.

Zeigarnik, B., Über das Behalten von erledigten und unerledigten Handlungen. In: Psychologische Forschung, Bd. 9, 1927, pp. 1–85.

Zimbardo, Ph./E. B. Ebbesen, Influencing attitudes and changing behavior. Menlo Park/London/Don Mills 1970.

Zinnes, D. A., Hostility in international decision-making. In: Journal of Conflict Resolution, vol. 6, 1962, pp. 236–243.

Zinnes, D. A./J. L. Zinnes/R. D. McClure, Hostility in diplomatic communication: a study of the 1914 crisis. In: Ch. F. Hermann (ed.), International crises: Insights from behavioral research. New York 1972.

Zuidema, H. L., Spanningen in het managementteam. In: Tijdschrift TED, 1967, nr. 11, pp. 745 ff.

Zuidema, H. L., Samen op het middenveld. In: Tijdschrift TED, jan. 1978, pp. 18 ff.

19. Sachwortregister

Bitte beachten Sie auch die folgenden Seiten!